Rules of Architecture Noted
by Liang Sicheng

梁思成注释
《营造法式》

[宋] 李诫 著　　梁思成 注释

天津出版传媒集团

天津人民出版社

图书在版编目（CIP）数据

梁思成注释《营造法式》/（宋）李诚著；梁思成
注释. -- 天津：天津人民出版社，2023.1

ISBN 978-7-201-18700-6

Ⅰ. ①梁… Ⅱ. ①李… ②梁… Ⅲ. ①建筑史 – 中国
– 宋代 Ⅳ. ①TU-092.44

中国版本图书馆CIP数据核字（2022）第190028号

梁思成注释《营造法式》
LIANGSICHENG ZHUSHI YINGZAOFASHI

（宋）李诚 著　梁思成 注释

出　　　版　天津人民出版社
出 版 人　刘　庆
地　　　址　天津市和平区西康路35号康岳大厦
邮政编码　300051
邮购电话　（022）23332469
电子信箱　reader@tjrmcbs.com

责任编辑　玮丽斯
监　　制　黄　利　万　夏
特约编辑　邓　华　丁礼江
营销支持　曹莉丽
装帧设计　紫图装帧

制版印刷　艺堂印刷（天津）有限公司
经　　销　新华书店
开　　本　710毫米×1000毫米　1/16
印　　张　45
字　　数　756千字
版次印次　2023年1月第1版　2023年1月第1次印刷
定　　价　139.90元

月夜看潮 ［宋］李嵩

　　界画是中国绘画很有特色的一个门类。"界画"的意思是作画时要用界尺引线，讲究科学准确地描摹亭台楼阁等建筑或舟车人物服饰，类似今天的建筑效果图、写生人物图。界画起源很早，晋代已有，成熟于隋唐，兴盛于宋。之所以兴盛于宋，与宋哲宗元祐六年（1091年）委派李诫编撰并由官方颁布的《营造法式》密不可分。《营造法式》规范了官式建筑"材分"制度，对用料、用工等实行规范化、科学化管理核算。为了说明法式，标准的图样是必不可少的文件。这些"科学与艺术"相结合的图样，正是"界画"的标准样式。在宋朝前后三百年的提倡和推动下，大多数画家都会画界画。到徽宗时期，界画已被皇家美术文献——《宣和画谱》排在了中国各画种中的第三位。

清明上河图　[宋]张择端

　　张择端的《清明上河图》是界画集大成者。张择端专擅界画，又是御用画师，他对不久前官方刚刚颁布的《营造法式》里的图样了然于胸。《清明上河图》里高大的城门、宏伟的虹桥，与《营造法式》图样是一致的，同时做了艺术处理。《营造法式》里的建筑结构蓝图，就成为《清明上河图》的底本依据。这幅纵 24.8 厘米，长 528.7 厘米的长卷，以散点透视构图法，将上千人物、各行各业、各种行为，描摹得精细入微。细心读者还能发现，图中有一车辆作坊，有车轮、车架子等构件，来往车辆坏了可以修理，也可以更换部件，这表现了源自《营造法式》的技术信息：预制部件、标准化制造。

林徽因和梁思成在宾大校园

梁启超寄给梁思成、林徽因的《营造法式》（陶本）

　　《营造法式》，这本代表中国建筑学最高水平的"天书"，数度失传。1919
年，建筑学家朱启钤意外在南京江南图书馆（今南京图书馆）发现《营造法
式》，更值得庆幸的是，这本书辗转到了梁思成手中。那是1925年，梁思成和
林徽因两人在宾夕法尼亚大学学建筑，收到梁父梁启超寄来的《营造法式》。扉
页上，梁启超郑重写道："一千年前有此杰作，可为吾族文化之光宠也。……此
本遂以寄思成徽因俾永宝之。"梁思成发誓弄懂这本"天书"，并沿其轨迹考察
终成建筑大师的历史众所周知，令人动容的是，梁林二人的婚期是1928年3月
21日，3月21日是《营造法式》作者李诫墓碑上刻的日期；他们日后为儿子取
名"从诫"，也是取"跟随李诫"之意。

编者前言

北宋李诚奉旨编修的《营造法式》，在很长时期内是一部无人能懂的天书，差点成为只闻其名不见其形的传说轶闻。

早在1925年，梁思成还在宾夕法尼亚大学建筑系念书时，就收到父亲梁启超特意寄来的礼物——不久前才重现于世的陶本《营造法式》。梁思成学成回国后，加入中国营造学社，先从清式营造法入手，撰写了《清式营造则例》，再探索宋式建筑，从唐及辽、宋建筑遗例开始，经十数年实例考察调研完成《中国建筑史》。最后，他才展开对"天书"《营造法式》的研究。

在十分艰难的外部条件下，梁思成先生仍在辞世前基本完成《营造法式注释》上、下册的基础文本，之后由营造学社师生整理梁先生遗稿，在1982年出版了上册，2001年出版了全书。

虽然梁先生解开了《营造法式》的核心秘密，但对普通读者而言，仍有阅读门槛。

因此我们在完全保留梁先生的解说、注释、手绘图稿的同时，新增了《营造法式》全文今译，新增了图文并茂的知识小链接。让最普通的非建筑专业读者也能跟随梁先生的讲解，读懂"天书"，领悟中华建筑文明的神奇。

梁思成

《营造法式》注释序

《营造法式》

《营造法式》是北宋官订的建筑设计、施工的专书。它的性质略似于今天的设计手册加上建筑规范。它是中国古籍中最完善的一部建筑技术专书，是研究宋代建筑、研究中国古代建筑的一部必不可少的参考书。

《营造法式》是宋哲宗、徽宗朝将作监李诫所编修，凡三十四卷。

第一卷、第二卷是"总释"，引经据典地诠释各种建筑物和构件（"名物"）的名称，并说明一些几何形的计算方法，以及当时一些定额的计算方法（"总例"）。

第三卷为"壕寨制度"和"石作制度"。所谓"壕寨"大致相当于今天的土石方工程，如地基、筑墙等；"石作制度"则叙述殿阶基（清代称台基）、踏道（台阶）、柱础、石勾栏（石栏杆）等等的做法和雕饰。

第四卷、第五卷是"大木作制度"，凡屋宇之木结构部分，如梁、柱、枓、栱、槫（清称檩）、椽等属之。

第六卷至第十一卷为"小木作制度"，其中前三卷为门窗、栏杆等属于建筑物的装修部分；后三卷为佛道帐和经藏，所叙述的都是庙宇内安置佛、道像的神龛和存放经卷的书架的做法。

第十二卷包括"雕作""旋作""锯作""竹作"四种制度。前三作说明三大类木料不同的加工方法；"竹作"则说明用竹（主要是编造）的方法和竹材的等第与选择等。

第十三卷是"瓦作制度"和"泥作制度"，说明各种瓦件的等第、尺码、用法和用泥抹、刷、垒砌的制度。

第十四卷是"彩画作制度"，先解说彩画构图，配色的几项基本法则和方法（"总制度"），然后按不同部位、构件和等第，叙述各种不同的题材、图案的画法。

第十五卷是"砖作制度"和"窑作制度"。砖作包括砖的各种规格和用法。窑作主要叙述砖、瓦、琉璃等陶制建筑材料的规格、制造、生产以及砖瓦窑的建造方法。

第十六卷至第二十五卷是诸作"功限"，详尽地规定前第三卷至第十五卷所述各工种中各种构件、各种工作的劳动定额。

第二十六卷至二十八卷是诸作"料例"，规定了各作按构件的等第、大小所需要的材料限量。

第二十九卷至三十四卷是诸作"图样"，有"总例"中的测量仪器，石作中的柱础、勾栏等；大木作的各种构件，斗栱，各种殿堂的地盘（平面图）、侧样（横断面图）；小木作的若干种门、窗，勾栏，佛道帐，经藏；雕木作的一些雕饰和各种彩画图案。至于旋作、锯作、竹作、瓦作、泥作、砖作、窑作，就都没有图样。①

在三十四卷之外，前面还有目录和看详，各相当于一卷。"看详"的内容主要是各作制度中若干规定的理论或历史传统根据的阐释。

总的看来，《营造法式》的体裁是首先释名，次为诸作制度，次为诸作功限，再次为诸作料例，最后为诸作图样。全书纲举目张，条理井然，它的科学性是古籍中罕见的。

---

① 为减少读者前后翻阅的不便，我们对第二十九卷至三十四卷的诸作图样进行了拆分，放到各个相应章节。——编者注

但是，如同我国无数古籍一样，特别是作为一部技术书，它的文字有不够明确之处；名词或已在后代改变，或因原物已失传而随之失传；版本辗转传抄、重刻，不免有脱简和错字；至于图样，更难免走离原样，改变了风格，因为缺乏科学的绘图技术，原有的图样精确性就是很差的。我们既然要研究我国的建筑遗产和传统，那么，对《营造法式》的认真整理，使它的文字和图样尽可能地成为今天的读者，特别是工程技术人员和建筑学专业的学生所能读懂、看懂，以资借鉴，是必要的。

《营造法式》的编修

《营造法式》是将作监"奉敕"编修的。中国自有历史以来，历代都设置工官，管理百工之事。自汉始，就有将作大匠之职，专司土木营建之事。历代都有这一职掌，隋以后称作将作监。宋因之。按《宋史·职官志》："将作监、少监各一人，丞、主簿各二人。监掌宫室、城郭、桥梁、舟车营缮之事，少监为之贰，丞参领之。凡土木工匠版筑造作之政令总焉。"一切属于土木建筑工程的计划、规划、设计、预算、施工组织、监工、检查、验收、决算等等工作，都由将作监"岁受而会之，上于工部"。由它的职掌看来，将作监是隶属于工部的设计、施工机构。

北宋建国以后百余年间，统治阶级建造各种房屋，特别是宫殿、衙署、军营、庙宇、园囿等等的事情越来越多了，急需制定各种设计标准、规范和有关材料、施工的定额、指标。一则以明确等级制度，以维护封建统治的等级、体系，一则以统一建筑形式、风格，以保证一定的艺术效果和艺术水平；更重要的是制定严格的料例、功限，以杜防贪污盗窃。因此，哲宗元祐六年（1091 年），将作监第一次修成了《营造法式》，并由皇帝下诏颁行。至徽宗朝，又诏李诫重新编修，于崇宁二年（1103 年）刊行。流传到我们手中的这部《营造法式》就是徽宗朝李诫所主编。

徽宗朝之所以重新编修《营造法式》，是由于"元祐《法式》，只是料状，别无变造用材制度，其间工料太宽，关防无术"。由此可见，《法式》的首要目的在于关防主管工程人员的贪污盗窃。但是，徽宗这个人在政治上昏聩无能，在艺术造诣上却由后世历史鉴定为第一流的艺术家，可以推想，他对于建筑的艺术性和风格等方面会有更苛刻的要求，他不满足于只是关防工料的元祐《法式》，因而要求对于建筑的艺术效果方面也得到相应的保证。但是，全书三十四卷中，还是以十三卷的篇幅用于功限料例，可见《法式》虽经李诫重修，增加了各作"制度"，但关于建筑的经济方面，还是当时极为着重的方面。

李诫

李诫（？—1110 年），字明仲，郑州管城县人。根据他在将作的属吏傅冲益所作的墓志铭[①]，李诫从"元祐七年（1092 年），以承奉郎为将作监主簿"始，到他逝世以前约三年去职，在将作任职实计十三年，由主簿而丞，而少监，而将作监；其级别由奉承郎升至中散大夫，凡十六级。在这十余年间，差不多全部时间李诫都在将作；仅仅于崇宁二年（1103 年）冬，曾调京西转运判官，但几个月之后，又调回将作，不久即升为将作监。大约在大观二年（1108 年），因奔父丧，按照封建礼制，居丧必须辞职，他才离开了将作。

李诫的出生年月不详。根据《墓志铭》，元丰八年（1085 年），趁着哲宗登位大典的"恩遇"，他的父亲李南公（当时任河北转运副使，后为龙图阁直学士、大中大夫）给他捐了一个小官，补了一个郊社斋郎；后来调曹州济阴县尉。到1092 年调任将作监主簿以前，他曾做了七年的小官。大致可以推测，他的父亲替他捐官的时候，他的年龄很可能是二十岁左右。由此推算，他的出生可能在 1060 年到 1065 年之间。大约在大观二年（1108 年）或元年（？），因丁父忧告归。这一次，他最后离开了将作；"服除，知虢州，……未几疾作，遂不起"，于大观四年二月壬申（1110 年 2 月 23 日，即旧历二月初三）卒，享寿估计不过四十五至五十岁。

---

① 这篇墓志铭为傅冲益请人代笔之作。该文被收入程俱的《北山小集》。——徐伯安注

从 1085 年初补郊社斋郎至 1110 年卒于赣州，任内的二十五年间，除前七年不在将作，丁母忧父忧各二年（？），知赣州一年（？）并曾调京西转运判官"不数月"外，其余全部时间，李诫都在将作任职。

在这十余年间，李诫曾负责主持过大量新建或重修的工程，其中见于他的墓志铭，并因工程完成而给他以晋级奖励的重要工程，计有五王邸、辟雍、尚书省、龙德宫、棣华宅、朱雀门、景龙门、九成殿、开封府廨、太庙、钦慈太后佛寺等十一项；在《法式》各卷首李诫自己署名的职衔中，还提到负责建造过皇弟外第（疑即五王邸）和班值诸军营房等。当然，此外必然还有许多次要的工程。由此可见，李诫的实际经验是丰富的。建筑是他一生中最主要的工作。[①]

李诫于绍圣四年（1097 年）末，奉旨重别编修《营造法式》，至元符三年（1100 年）成书。这时候，他在将作工作已经八年，"其考工庀事，必究利害。坚窳之制，堂构之方，与绳墨之运，皆已了然于心"了（《墓志铭》）。他编写的工作方法是"考究经史群书，并勒人匠逐一讲说"（札子），"考阅旧章，稽参众智"（进书序）。用今天的语言，我们可以说：李诫编写《营造法式》，是在他自己实践经验的基础上，参阅古代文献和旧有的规章制度，依靠并集中了工匠的智慧和经验而写成的。

李诫除了是一位卓越的建筑师外，根据《墓志铭》，他还是一位书画兼长的艺术家和渊博的学者。他研究地理，著有《续山海经》十卷。他研究历史人物，著有《续同姓名录》二卷。他懂得马，著有《马经》三卷，并且善于画马[②]。他研究文字学，著有《古篆说文》十卷[③]。此外，从他的《琵琶录》三卷的书名看，还可能是一位音乐家。他的《六博经》三卷，可能是关于赌博游戏的著作。从他这些虽然都已失传了的书名来看，他的确是一位方面极广，知识渊博，"博学多艺能"的建筑师。这一切无疑地都对于一位建筑师的设计创造起着深刻的影响。

---

① 李诫还同姚舜仁一起，奉旨参考宫内所藏明堂旧本图样，经过详细地考究和修改，于崇宁四年（1105 年）八月十六日 进新绘"明室图"样。——徐伯安注

② 曾画"五马图"以进。——徐伯安注

③ 李诫曾撰《重修朱雀门记》，以小篆书册以进。"有旨敕石朱雀门下"。——徐伯安注

从这些书名上还可以看出，他又是一位科学家。在《法式》的文字中，也可以看出他有踏踏实实的作风。首先从他的"进新修《营造法式》序"中，我们就看到，在简练的三百一十八个字里，他把工官的历史与职责，规划、设计之必要，制度、规章的作用，他自己编修这书的方法，和书中所要解决的主要问题和书的内容，说得十分清楚。又如卷十四"彩画作制度"，对于彩画装饰构图方法的"总制度"和绘制、着色的方法、程序，都能以准确的文字叙述出来。这些都反映了他的科学头脑与才能。

李诫的其他著作已经失传，但值得庆幸的是，他的最重要的，在中国文化遗产中无疑地占着重要位置的著作《营造法式》，却一直留存到今天，成为我们研究中国古代建筑的一部最重要的古代术书。

八百余年来《营造法式》的版本

《营造法式》于元符三年（1100 年）成书，于崇宁二年（1103 年）奉旨"用小字镂版"刊行。南宋绍兴十五年（1145 年），由秦桧妻弟，知平江军府（今苏州）事提举劝农使王晚重刊。宋代仅有这两个版本[①]。崇宁本的镂版显然在北宋末年（1126 年），已在汴京被金人一炬，所以而后二十年，就有重刊的需要了。

据考证，明代除永乐大典本外，还有抄本三种，镂本一种（梁溪故家镂本）[②]。清代亦有若干传抄本。至于翻刻本，见于记载者有道光间杨墨林刻本[③]和山西杨氏《连筠簃丛书》刻本（似拟刊而未刊），但都未见流传。后世的这些抄本、刻本，都是由绍兴本影抄传下来的。由此看来，王晚这个奸臣的妻弟，重刊《法式》，对于《法式》之得以流传后世，却有不可磨灭之功。

民国八年（1919 年），朱启钤先生在南京江南图书馆发现了丁氏抄本《营造

---

① 现存明清内阁大库旧藏残本为南宋后期平江府覆刻绍兴十五年刊本，说见赵万里《中国版刻图录》解说。故此书宋代实有北宋刻本一，南宋刻本二，共三个刻本。——傅熹年注
② 见钱谦益《牧斋有学集》卷 46《跋营造法式》。即钱谦益绛云楼所藏南宋刻本。——傅熹年注
③ 杨墨林刻本即《连筠簃丛书》本，此书流传极罕。叶定侯曾目见，云有文无图。——傅熹年注

法式》^①，不久即由商务印书馆影印（下文简称"丁本"）。现代的印刷术使得《法式》比较广泛地流传了。

其后不久，在由内阁大库散出的废纸堆中，发现了宋本残页（第八卷首页之前半）。于是，由陶湘以四库文溯阁本、蒋氏密韵楼本和"丁本"互相勘校；按照宋本残页版画形式，重为绘图、镂版，于1925年刊行（下文简称"陶本"）。这一版之刊行，当时曾引起国内外学术界极大注意。

1932年，在当时北平故宫殿本书库发现了抄本《营造法式》（下文简称"故宫本"），版面格式与宋本残页相同，卷后且有平江府重刊的字样，与绍兴本的许多抄本相同。这是一次重要的发现。

"故宫本"发现之后，由中国营造学社刘敦桢、梁思成等，以"陶本"为基础，并与其他各本与"故宫本"互相勘校，又有所校正。其中最主要的一项，就是各本（包括"陶本"）在第四卷"大木作制度"中，"造栱之制有五"，但文中仅有其四，完全遗漏了"五曰慢栱"一条四十六个字。唯有"故宫本"，这一条却独存。"陶本"和其他各本的一个最大的缺憾得以补偿了。

对于《营造法式》的校勘，首先在朱启钤先生的指导下，陶湘等先生已做了很多任务作；在"故宫本"发现之后，当时中国营造学社的研究人员进行了再一次细致的校勘。今天我们进行研究工作，就是以那一次校勘的成果为依据的。

我们这一次的整理，主要在把《法式》用今天一般工程技术人员读得懂的语文和看得清楚的、准确的、科学的图样加以注释，而不重在版本的考证、校勘之学。

我们这一次的整理、注释工作

1925年"陶本"刊行的时候，我还在美国的一所大学的建筑系做学生。虽然书出版后不久，我就得到一部，但当时在一阵惊喜之后，随着就给我带来了莫大的失望和苦恼——因为这部漂亮精美的巨著，竟如天书一样，无法看得懂。

---

① 丁氏抄本自清道光元年张蓉镜抄本出，张氏本文自影写钱曾述古堂藏抄本出。张蓉镜抄本原藏翁同龢家，2000年4月入藏于上海图书馆。——傅熹年注

　　我比较系统地并且企图比较深入地研究《营造法式》，还是从 1931 年秋季参加到中国营造学社的工作以后才开始的。我认为在这种技术科学性的研究上，要了解古代，应从现代和近代开始；要研究宋《营造法式》，应从清工部《工程做法》开始；要读懂这些巨著，应从求教于本行业的活人——老匠师开始。因此，我首先拜老木匠杨文起老师傅和彩画匠祖鹤州老师傅为师，以故宫和北京的许多其他建筑为教材、"标本"，总算把工部《工程做法》多少搞懂了。对于清工部《工程做法》的理解，对进一步追溯上去研究宋《营造法式》打下了初步基础，创造了条件。1932 年，我把学习的肤浅的心得，写成了《清式营造则例》一书。

　　但是，要研究《营造法式》，条件就困难得多了。老师傅是没有的。只能从宋代的实例中去学习。而实物在哪里？虽然有些外国旅行家的著作中提到一些，但有待亲自去核证。我们需要更多的实例，这就必须去寻找。1932 年春，我第一次出去寻找，在河北省蓟县看到（或找到）独乐寺的观音阁和山门。但它们是辽代建筑而不是宋代建筑，在年代上（984 年）比《法式》早一百一十余年，在"制度"和风格上和宋《法式》有显著的距离（后来才知道它们在风格上接近唐代的风格）。尽管如此，在这两座辽代建筑中，我却为《法式》的若干疑问找到了答案。例如，斗栱的一种组合方法——"偷心"，斗栱上的一种构材——"替木"，一种左右相连的栱——"鸳鸯交手栱"，柱的一种处理手法——"角柱生起"，等等，都是明、清建筑中所没有而《法式》中言之凿凿的，在这里却第一次看到，顿然"开了窍"了。

　　从这以后，中国营造学社每年都派出去两三个工作组到各地进行调查研究。在而后十余年间，在全国十五个省的两百二十余县中，测绘、摄影约二千余单位（大的如北京故宫整个组群，小的如河北赵县的一座宋代经幢，都做一单位计算），其中唐、宋、辽、金的木构殿、堂、楼、塔等将近四十座，砖塔数十座，还有一些残存的殿基、柱基、斗栱、石柱等。元代遗物则更多。通过这些调查研究，我们对我国建筑的知识逐渐积累起来，对于《营造法式》（特别是对第四、第五两卷"大木作制度"）的理解也逐渐深入了。

　　1940 年前后，我觉得我们已具备了初步条件，可以着手对《营造法式》开始做一些系统的整理工作了。在这以前的整理工作，主要是对于版本、文字的校勘。这方面的工作，已经做到力所能及的程度。下一阶段必须进入到诸作制度的具体理解；而这种理解，不能停留在文字上，必须体现在对从个别构件到建筑整体的结构方法和形象上，必须用现代科学的投影几何的画法，用准确的比例尺，并附加等角投影或透视的画法表现出来。这样做，可以有助于对《法式》文字的进一步理解，并且可以暴露其中可能存在的问题。我当时计划在完成了制图工作之后，再转回来对文字部分做注释。

总而言之，我打算做的是一项"翻译"工作——把难懂的古文翻译成语体文，把难懂的词句、术语、名词加以注解，把古代不准确、不易看清楚的图样"翻译"成现代通用的"工程画"；此外，有些《法式》文字虽写得足够清楚、具体而没有图，因而对初读的人带来困难的东西或制度，也酌量予以补充；有些难以用图完全表达的，例如某些雕饰纹样的宋代风格，则尽可能用适当的实物照片予以说明。

从 1939 年开始，到 1945 年抗日战争胜利止，在四川李庄我的研究工作仍在断断续续地进行着，并有莫宗江、罗哲文两同志参加绘图工作。我们完成了"壕寨制度""石作制度""大木作制度"部分图样。由于复员、迁徙，工作停顿下来。

1946 年间到北平以后，由于清华大学建筑系的新设置，由于我出国讲学，中华人民共和国成立后，由于人民的新清华和新中国的人民首都的建设工作繁忙，《营造法式》的整理工作就不得不暂时搁置，未曾恢复。

1961 年始，党采取了一系列的措施以保证科学家进行科学研究的条件。加之中华人民共和国成立以来，全国各省、市、县普遍设立了文物保管机构，进行了全国性的普查，实例比中华人民共和国成立前更多了。在这样优越的条件下，在校党委的鼓舞下，在建筑系的教师、职工的支持下，这项搁置了将近二十年的工作又重新"上马"了。校领导为我配备了得力的助手。他们是楼庆西、徐伯安和郭黛姮三位青年教师。

作为一个科学研究集体，我们工作进展得十分顺利，真正收到了各尽所能、教学相长的效益，解决了一些过去未能解决的问题。更令人高兴的是，他们还独立地解决了一些几十年来始终未能解决的问题。例如："为什么出一跳谓之四铺作，……出五跳谓之八铺作？"这样一个问题，就是由于他们深入钻研苦思，反复校核数算而得到解决的。

建筑历史教研组主任莫宗江教授，三十年来就和我一道研究《营造法式》。这一次，他又重新参加到工作中来，挤出时间和我们讨论，并对助手们的工作，做了一些具体指导。

经过一年多的努力，我们已经将"壕寨制度""石作制度""大木作制度"的图样完成，至于"小木作制度""彩画作制度"和其他诸作制度的图样，由于实物极少，我们的工作将要困难得多。我们准备按力所能及，在今后两三年中，把它做到一个段落。——知道多少，能够做多少，就做多少。

我们认为没有必要等到全书注释工作全部完成才出版。因此拟将全书分成上、下两卷，先将《营造法式》"大木作制度"以前的文字注解和"壕寨制度""石作制度""大木作制度"的图样，以及有关功限、料例部分，作为上卷，先行付梓。

我们在注释中遇到的一些问题

在我们的整理、注释工作中，如前所说，《法式》的文字和原图样都有问题，概括起来，有下列几种：

甲、文字方面的问题。①

从"丁本"的发现、影印开始，到"陶本"的刊行，到"故宫本"之发现，朱启钤、陶湘、刘敦桢诸先生曾经以所能得到的各种版本，互相校勘，校正了错字，补上了脱简。但是，这不等于说，经过各版本相互校勘之后，文字上就没有错误。这次我们仍继续发现了这类错误。例如"看详"中"折屋之法"，有"下屋橑檐枋背"，在下文屡次所见，皆作"下至橑檐枋背"。显然，这个"屋"字是"至"字误抄或误刻所致，而在过去几次校勘中都未得到校正。类似的错误，只

---

① 本书《营造法式》原文以"陶本"为底本。在此基础上进行标点、注释。"注释本"对"陶本"多有订正。这次编校凡两种版本不一致的地方，我们都尽力用小注形标注出来，并指明"陶本"的正、误与否，以利读者查阅。——徐伯安注

要有所发现，我们都予以改正。

文字中另一种错误，虽各版本互校一致，但从技术上可以断定或计算出它的错误。例如第三卷"石作制度"中"重台勾栏"关于蜀柱的小注，"两肩各留十分中四厘"显然是"两肩各留十分中四分"之误；"门砧限"中卧株的尺寸，"长二尺，广一尺，厚六分"，"厚六分"显然是"厚六寸"之误。因为这种比例，不但不合理，有时甚至和材料性能相悖，在施工过程中和使用上，都成了几乎不可能的。又如第四卷"大木作制度"中"造栱之制"，关于角栱的"斜长"的小注，"假如跳头长五寸，则加二分五厘……"。按直角等腰三角形，其勾股若为 5 寸，则其弦应为 7.071 寸强。因此，"加二分五厘"显然是"加二寸五厘"之误。至于更准确地说"五厘"应改作"七厘"，我们就无须和李诫计较了。

凡属上述类型的错误，只要我们有所发现，并认为确实有把握予以改正的，我们一律予以改正。至于似有问题，但我们未敢擅下结论的，则存疑。

对于《营造法式》的文字部分，我们这一次的工作主要有两部分。首先是将全书加标点符号，至少让读者能毫不费力地读断句。其次，更重要的是，尽可能地加以注释，把一些难读的部分，译成语体文；在文字注释中，我们还尽可能地加入小插图或者实物照片，给予读者以形象的解释。

在体裁上，我们不准备遵循传统的校证、考证，逐字点出，加以说明的形式，而是按历次校勘积累所得的最后成果呈献出来。我们这样做，是因为这是一部科学技术著作，重要在于搞清楚它的科学技术内容，不准备让版本文字的校勘细节分散读者的注意。

乙、图样方面的问题。[①]

各作制度的图样是《营造法式》最可贵的部分。李诫在"总诸作看详"内指出："或有须于画图可见规矩者，皆别立图样，以明制度。"假使没有这些图样，那么，今天读这部书，不知还要增加多少困难。因此，诸作制度图样的整理，实为我们这次整理工作中最主要的部分。

---

① 图释底本选用"丁本"附图。——徐伯安注

但是，上文已经指出，由于当时绘图的科学和技术水平的局限，原图的准确性和精密性本来就是不够的；加之以刻版以及许多抄本之辗转传抄、影摹，必然每次都要多少走离原样，以讹传讹，由渐而远，差错层层积累，必然越离越远。此外还可以推想，各抄本图样之摹绘，无论是出自博学多能，工书善画的文人之手，或出自一般"抄胥"或画匠之手（如"陶本"），由于他们大多对建筑缺乏专业知识，只能"依样画葫芦"，而结果则其所"画葫芦"未必真正"依样"。至于各种雕饰花纹图样，问题就更大了：假使由职业画匠摹绘，更难免受其职业训练中的时代风格的影响，再加上他个人的风格其结果就必然把"崇宁本""绍兴本"的风格，把宋代的风格，完全改变成明、清的风格。这种风格问题，在石作、小木作、雕作和彩画作的雕饰纹样中都十分严重。

同样是抄写临摹的差错，但就其性质来说，在文字和图样中，它们是很不相同的：文字中的差错，可以从校勘中得到改正；一经肯定是正确的，就是绝对正确的。但是图样的错误，特别是风格上的变换，是难以校勘的。虽然我们自信，在古今中外绘画雕饰的民族特点和时代风格的鉴别、认识上，可能比我们的祖先高出很多（这要感谢近代现代的考古学家、美术史家、建筑史家和完善精美的摄影术和印刷术），但是我们承认"眼高手低"，难以摹绘；何况在明、清以来辗转传摹，已经大大走了样的基础上进行"校勘"，事实上变成了模拟创作一些略带宋风格的图样，确实有点近乎狂妄。但对于某些图样，特别是彩画作制度图样，我们将不得不这样做。错误之处，更是难免的，在这方面，凡是有宋代（或约略同时的）实例可供参考的，我们尽可能地用照片辅助说明。

至于"壕寨制度""石作制度""大木作制度"图样中属于工程、结构性质的图，问题就比较简单些；但是，这并不是说没有问题，而是还存在着不少问题：一方面是原图本身的问题；因此也常常导致另一方面的问题，即我们怎样去理解并绘制的问题。

关于原图，它们有如下的一些特点（或缺点、或问题）：

（一）绘图的形式、方法不一致：有类似用投影几何的画法的；有类似透视或轴测的画法的；有基本上是投影而又微带透视的。

（二）没有明确的缩尺概念：在上述各种不同画法的图样中，有些是按"制度"的比例绘制的；但又有长、宽、高都不合乎"制度"的比例的。

（三）图样上一律不标注尺寸。

（四）除"彩画作制度"图样外，一律没有文字注解；而在彩画作图样中所注的标志颜色的字，用"箭头"（借用今天制图用的术语，但实际上不是"箭头"而仅仅是一条线）所指示的"的"不明确，而且临摹中更有长短的差错。

（五）绘图线条不分粗细、轻重、虚实，一律用同样粗细的实线，以致往往难于辨别哪条线代表构件或者建筑物本身，哪条线是中线或锯、凿、砍、割用的"墨线"。

（六）在一些图样中（可能原图就是那样，也可能由于临摹疏忽），有些线画得太长，有些又太短；有些有遗漏，有些无中生有地多出一条线来。

（七）有些"制度"有说明而没有图样；有些图样却不见于"制度"文字中。

（八）有些图，由于后世整理、重绘（如"陶本"的着色彩画）而造成相当严重的错误。

总而言之，由于过去历史条件的局限，《法式》各版本的原图无例外地都有科学性和准确性方面的缺点。

我们整理工作的总原则

我们这次整理《营造法式》的工作，主要是放在绘图工作上。虽然我们完全意识到《法式》的文字部分，特别是功限和料例部分，是研究北宋末年社会经济情况的可贵的资料，但是我们并不准备研究北宋经济史。我们的重点在说明宋代建筑的工程、结构和艺术造型的诸作制度上。我们的意图是通过比较科学的和比较准确的图样，尽可能地用具体形象给诸作制度做"注解"。我们的"注解"不限于传统的对古籍只在文字上做注释的工作，因为像建筑这样具有工程结构和艺术造型的形体，必须用形象来说明。这次我们这样做，也算是在过去整理清工部《工程做法》，写出《清式营造则例》以后的又一次尝试。

针对上面提到的《法式》原图的缺点，在我们的图中，我们尽可能予以弥补。

（一）凡是原来有图的构件，如枓、栱、梁、柱之类，我们都尽可能三面（平面、正面、侧面）乃至五面（另加背面、断面）投影把它们画出来。

（二）凡是原来有类似透视图的，我们就用透视图或轴测图画出来。

（三）文字中说得明确清楚，可以画出图来，而《法式》图样中没有的，我们就补画，俾能更形象地表达出来。

（四）凡原图比例不正确的，则按各作"制度"的规定予以改正。

（五）凡是用绝对尺寸定比例的，我们在图上附加以尺、寸为单位的缩尺；凡是以"材栔"定比例的，则附以"材、栔"为单位的缩尺。但是还有一些图，如大木作殿堂侧样（断面图），则须替它选定"材"的等第，并假设面阔、进深、柱高等的绝对尺寸（这一切原图既未注明，"制度"中也没有绝对规定），同时附以尺寸缩尺和"材栔"缩尺。

（六）在所有的图上，我们都加上必要的尺寸和文字说明，主要是摘录诸作"制度"中文字的说明。

（七）在一些图中，凡是按《法式》制度画出来就发生问题或无法交代的（例如有些殿堂侧样中的梁栿的大小，或如角梁和槫枋的交接点等等），我们就把这部分"虚"掉，并加"?"号，且注明问题的症结所在。我们不敢强不知以为知，"创造性"地替它解决、硬拼上去。

（八）我们制图的总原则是，根据《法式》的总精神，只绘制各种构件或部件（《法式》中称为"名物"）的比例、形式和结构，或一些"法式""做法"，而不企图超出《法式》原书范围之外，去为它"创造"一些完整的建筑物的全貌图（例如完整的立面图等），因为我们只是注释《营造法式》，而不是全面介绍宋代建筑。

我们的工作虽然告一段落了[①]，但是限于我们的水平，还留下不少问题未能解决，希望读者不吝赐予批评指正。

1963 年 8 月梁思成序于清华大学建筑系

---

① 指大木作制度以前部分（即卷上）。——徐伯安注

目 录

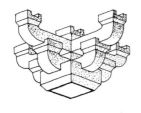

叁
总释、总例

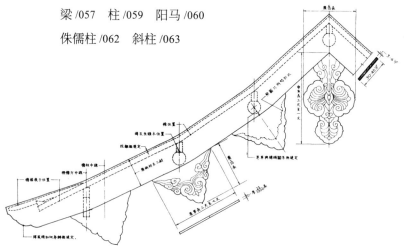

肆
壕寨及石作制度

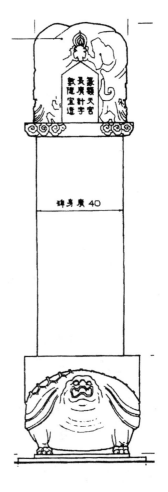

伍
大木作制度

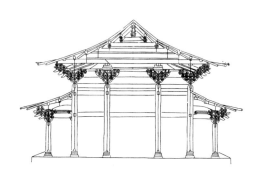

陆
小木作制度

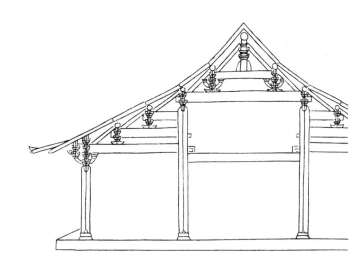

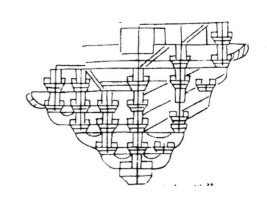

柒
功限

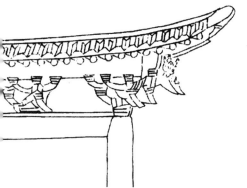

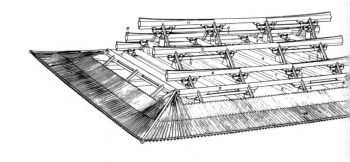

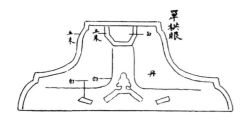

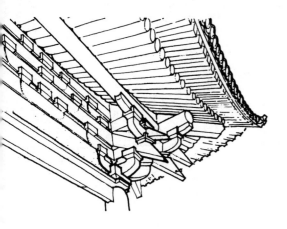

捌
料例

玖
权衡尺寸表

壹

—

《营造法式》
序、札子

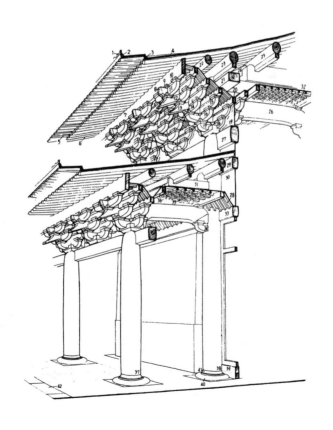

李诚

进新修《营造法式》序

臣闻"上栋下宇"，《易》为"大壮"之时[1]；"正位辨方"，《礼》实太平之典[2]。"共工"命于舜日[3]；"大匠"始于汉朝[4]。各有司存，按为功绪。

况神畿[5]之千里，加禁阙[6]之九重；内财[7]宫寝之宜，外定庙朝之次；蝉恋庶府，棋列百司。

櫼栌枅柱[8]之相枝，规矩准绳之先治；五材[9]并用，百堵[10]皆兴。惟时鸠僝[11]之工，遂考翚飞[12]之室。

而斫轮之手，巧或失真；董役之官，才非兼技，不知以"材"而定"分"[13]，乃或倍斗而取长。弊积因循，法疏检察。非有治"三宫"[14]之精识，岂能新一代之成规？

温诏下颁，成书入奏。空靡岁月，无补涓尘。恭惟皇帝陛下仁俭生知，睿明天纵。渊静而百姓定，纲举而众目张。官得其人，事为之制。丹楹刻桷[15]，淫巧既除；菲食卑宫[16]，淳风斯复。

乃诏百工之事，更资千虑之愚[17]。臣考阅旧章，稽参众智。功分三等，第为精粗之差；役辨四时，用度长短之晷。以至木议刚柔，而理无不顺；土评远迩，而力易以供。类例相从，条章具在。研精覃思，顾述者之非工；按牒披图，或将来之有补。通直郎、管修盖皇弟外第、专一提举修盖班直诸军营房等、编修臣李诚谨昧死上。

【梁注】

[1]《周易·系辞下传》第二章："上古穴居而野处，后世圣人易之以宫室，上栋下宇，以蔽风雨，盖取诸'大壮'。""大壮"是《周易》中"乾下震上，阳盛阴消，君子道胜之象"的卦名。朱熹注曰："壮，固之意。"

[2]《周礼·天官》："惟王建国，辨方正位。""建国"是营造王者的都城，所以李诫称之为"太平之典"。

[3]"共工"是帝舜设置的"共理百工之事"的官。

[4]"大匠"是"将作大匠"的简称，是汉朝开始设置的专管营建的官。

[5]"神畿"，一般称"京畿"或"畿辅"，就是皇帝直辖的首都行政区。

[6]"禁阙"就是宫城，例如北京现存的明清皇宫紫禁城。

[7]"财"即"裁"，就是"裁度"。

[8]"櫼"，音尖，就是飞昂；"栌"就是斗；"枅"，音坚，就是栱。

[9]"五材"是"金、木、皮、玉、土"，即要使用各种材料。

[10]"百堵"出自《诗经·小雅·斯干》，"筑室百堵"，即大量建造之义。

[11]"鸠僝"（乍眼切，zhuàn），就是"聚集"，出自《书经·尧典》，"共工方鸠僝功。"

[12]"翚飞"出自《诗经·小雅·斯干》，描写新的宫殿"如鸟斯革，如翚斯飞"。朱熹注："其檐阿华采而轩翔，如翚之飞而矫其翼也。"

[13]关于"材""分"见"大木作制度"。

[14]一说古代诸侯有"三宫"，又说明堂、辟雍、灵台为"三宫"。"三宫"在这里也就是建筑的代名词。

[15]"丹楹刻桷"，出自《左传》，庄公二十三年"秋，丹桓宫之楹"。又庄公二十四年"春，刻其桷，皆非礼也"。

[16]"菲食卑宫"，出自《论语》，子曰："禹，吾无间然。菲饮食，而致孝乎鬼神；恶衣服，而致美乎黻冕；卑宫室，而尽力乎沟洫。禹，吾无间然矣。"

[17]"千虑之愚"，出自《史记·淮阴侯列传》："智者千虑，必有一失；愚者千虑，必有一得。"

【译文】

臣听说，《周易》中"上栋下宇，以蔽风雨"之句，说的是"大壮"时期；《周礼》中"惟王建国，辨方正位"，就是天下太平时候的典礼。"共工"之职，最开始出现在帝舜时期；"将作大匠"一职，最开始出现在汉朝。这些官职各有职责，分工合作。

至于千里之外的京师，以及九重宫阙，则必须考虑内部宫寝的布置和外部宗庙朝廷的次序、位置；官署府衙要互相联系，按序排列。

要使斗、栱、昂、柱等相互支撑而构成建筑，必须先准备圆规、曲尺、水平仪、墨线等工具；只要各种材料都使用，大量的房屋就都能建造起来。按时聚集工役，则可以做出屋檐似飞翼的宫室。

然而工匠之手虽然灵巧，却也难免走样；主管工程的官员，才能虽广，也不能兼通各个工种，不知道用"材"来作为度量建筑物比例、大小的尺度，以至于用斗的倍数来确定构件长短的尺寸。弊病因此积累，法规疏于检察。如果没有关于建筑的精湛学识，又怎能制定新的规章制度呢？

皇上下诏，指定我编写有关营建宫室制度的书籍，送呈审阅。现在虽然写成了，但微臣总觉得辜负了皇帝的提拔，白白浪费了时间，却没有一点一滴的贡献。皇上生来仁爱节俭，天赋聪明智慧，在皇上的治理下，国家如深渊般平静，百姓十分安定，所制定的规范准则纲举目张，条理分明。选派了得力官员，制定了办事制度。像鲁庄公那样"丹其楹而刻其桷"的淫巧之风已经消除；而像大禹那样节衣食、卑宫室的俭朴风尚又得以恢复。

于是皇上下诏关心百工之事，还咨询我这样才疏学浅之人。我遍览旧的规章，调查参考众人智慧。按精粗之差，将工作日分为三等；根据日头的长短，把劳役按四季区分。考虑木材的软硬，则条理没有不顺当的；按远近距离来定搬运的土方量，使劳动力便于供应。分类比例相互协调，条例规章都有依据。我虽然精心研究，深入思考，但考虑到文字叙述还可能不够完备，所以按照条文画成图样，将来对工作也许有所补助。

通直郎、管修盖皇弟外第、专一提举修盖班直诸军营房等、编修臣李诚谨昧死上。

李诫

札子 [1]

编修《营造法式》所

准[2]崇宁二年正月十九日敕[3]:"通直郎、试将作少监、提举修置外学等李诫札子奏[4]:'契勘[5]熙宁中敕,令将作监编修《营造法式》,至元祐六年方成书。准绍圣四年十一月二日敕:以元祐《营造法式》只是料状,别无变造用材制度;其间工料太宽,关防无术。三省[6]同奉圣旨,着臣重别编修。臣考究经史群书,并勒人匠逐一讲说,编修海行[7]《营造法式》,元符三年内成书。送所属看详,别无未尽未便,遂具进呈,奉圣旨:依[8]。续准都省指挥:只录送在京官司。窃缘上件《法式》,系营造制度、工限等,关防工料,最为要切,内外皆合通行。臣今欲乞用小字镂版,依海行敕令颁降,取进止。'正月十八日,三省同奉圣旨:依奏。"

·······

【梁注】

[1]"札子":古代的一种非正式公文。

[2]"准":根据或接收到的意思。

[3]"敕":皇帝的命令。

[4]"奏":臣下打给皇帝的报告。

[5]"契勘":公文发语词,相当于"查""照得"的意思。

[6]"三省":中书省、尚书省、门下省。中书省掌管庶政,传达命令,兴创改革,任免官吏。尚书省下设吏(人事)、户(财政)、礼(教育)、兵

（国防）、刑（司法）、工（工程）六部，是国家的行政机构。门下省在宋朝是皇帝的办事机构。

[7]"海行"：普遍通用。

[8]"依"：同意或照办。

【译文】

编修《营造法式》所

根据崇宁二年（1103年）正月十九日皇帝的敕令："由通直郎升任将作少监、负责修建外学等工程的李诚奏报：'勘察熙宁（1068—1077年）年间皇帝命令编纂的《营造法式》，在元祐六年（1091年）方才编纂完成。根据绍圣四年（1097年）十一月二日的皇帝敕令：因为元祐（1086—1094年）年间编成的《营造法式》只有用料规则，并未改变做法和用材的制度；其中用工用料的额度太宽泛，以致无法杜绝和防止舞弊。三省同奉圣旨，差遣臣等重新编写。臣等考究经史群书，并命工匠逐一讲解，编成了可以通用的《营造法式》，在元符三年（1100年）内成书，审核后，认为再无未尽之处，于是进呈圣上，得到圣旨：同意。随后根据尚书省命令：只抄送在京有关部门。臣自以为这部《营造法式》中的营造制度、工限等，对于使用、控制工料，非常重要，京城内外乃至全国都能通用。臣特请求准许用小字刻版刊印，遵照通行指令颁布，敬候上谕。'正月十八日，三省同时接到圣旨：同意。"

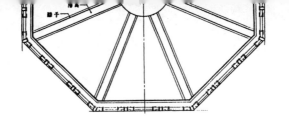

貳

—

《营造法式》
看详

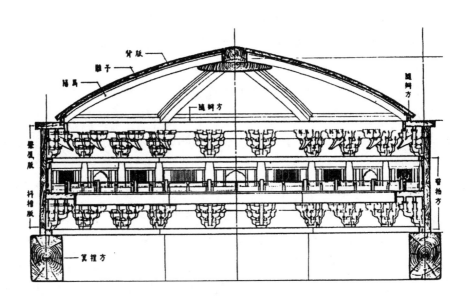

《营造法式》看详

通直郎、管修盖皇弟外第、专一提举修盖班直诸军营房等，臣李诫奉圣旨编修

方圆平直

【原文】

《周官·考工记》："圆者中规，方者中矩，立者中悬[1]，衡者中水。"郑司农[2]注云："治材居材，如此乃善也。"

《墨子》："子墨子言曰：天下从事者，不可以无法仪。虽至百工从事者，亦皆有法。百工为方以矩，为圆以规，直以绳，衡以水[3]，正以悬。无巧工不巧工，皆以此五者为法。巧者能中之，不巧者虽不能中，依放以从事，犹逾于己。"

《周髀算经》："昔者周公问于商高曰：'数安从出？'商高曰：'数之法出于圆方。圆出于方，方出于矩，矩出于九九八十一。万物周事而圆方用焉；大匠造制而规矩设焉。或毁方而为圆，或破圆而为方。方中为圆者谓之圆方；圆中为方者谓之方圆也。'"

《韩非子》[4]："韩子曰：'无规矩之法、绳墨之端，虽王尔[5]不能成方圆。'"

看详：——诸作制度，皆以方圆平直为准；至如八棱之类，及歋[6]、斜、羡[7]《礼图》云："'羡'为不圆之貌。璧羡以为量物之度也。"郑司农云："'羡'，犹延也，以善切；其衮一尺而广狭焉。"、陊[10]《史记索隐》云："'陊'，谓狭长而方去其角也。陊，丁果切；俗作'隋'，非。"，亦用规矩取法。今谨按《周官·考工记》等修立下条。

诸取圆者以规，方者以矩，直者抨绳取则，立者垂绳取正，横者定水取平。

【梁注】

　　[1]立者中悬：这是《考工记》原文。《法式》因避宋始祖玄朗的名讳，"悬"和"玄"音同，故改"悬"为"垂"，现在仍依《考工记》原文更正。以下皆同，不另注。

　　[2]郑司农：郑众，字仲师，东汉经学家，章帝时曾任大司农的官职，后世尊称他为"郑司农"。

　　[3]《墨子·法仪篇》原文无"衡以水"三个字。

　　[4]《法式》原文以"韩子曰"开始这一条。为了避免读者误以为这一条也引自《周髀算经》，所以另加《韩非子》书名于前。

　　[5]《法式》原文"王尔"作"班亦"，按《韩非子》"奸劫弑臣第十四"改正。据《韩子新释》注云：王尔，古巧匠名。

　　[6]欹（qī）：和一个主要面成倾斜角的次要面。英文，bevel。

　　[7]羡：从原注理解，羡该是椭圆之义。

　　[8]陊：圆角或抹角的方形或长方形。

【译文】

　　《周官·考工记》上说："圆材应与圆规相合，方材应与曲尺相合，直材应与垂线相合，横材应与水面相平。郑司农注说：在处理木材方面，用此法最为妥当。"

　　《墨子》上说："先师墨子说：天下间做事的人，不能没有法度。即便是各行业中的工匠，也有法度。工匠们用曲尺画方，用圆规画圆，用墨绳画直线，用水平器物规定偏正，用悬垂测定垂直的角度。不论是否为能工巧匠，都要以这五点作为自己的法度。能工巧匠能达到标准，一般的工匠即便不能达到标准，只要依循这五点法则，就会发现借此可以超过自己原先的水平。"

　　《周髀算经》上说："过去周公问商高说：'数学从何而来？'商高说：'数学的方法源于圆方。求圆的方法由方推导，求方的方法则由矩推导，矩由九九八十一推导。周围的万物都用圆和方；工匠设立规和矩进行建筑。求圆于方或需要由正方形变为多边形作为圆的近似形，或需要分割圆变为多块弧形，并以此作为多边形面积的推算。由内接方向外推算圆称为方圆，由外切方向内推算圆称为圆方。'"

《韩非子》上说："没有规矩的准则、绳墨的校正，即使是巧匠王尔也画不好方圆。"

看详：诸作的制度，都以方圆平直作为标准；至于如八棱这类图形，以及与主要面成斜角的次面、斜面、椭圆（《礼图》说："羡就是不圆的样子。璧的径长可以做度量物体的标准。"郑司农说："羡，如同长，读以、善的切音；其长一尺且宽狭窄。今读 xiàn。"）、陊（《史记索隐》说："陊，即抹去角的狭长方形。陊，丁、果切音，俗名为隋，并不是。今读 duò。"），也用规矩为准则。现在只按照《周官·考工记》等制定下条。

本书规定，用圆规画各种圆形，用曲尺画直角和方形矩，用墨绳弹紧取直线作为准则，用垂绳的办法确定垂直以取正，用水平尺寻取横向水平面。

取径围

【原文】

《九章算经》："李淳风注云：旧术求圆，皆以周三径一为率。若用之求圆周之数，则周少而径多。径一周三，理非精密。盖术从简要，略举大纲而言之。今依密率，以七乘周二十二而一即径[1]；以二十二乘径七而一即周[2]。"

看详：——今来诸工作已造之物及制度，以周径为则者，如点量大小，须于周内求径，或于径内求周，若用旧例，以"围三径一，方五斜七"为据，则疏略颇多。今谨按《九章算经》及约斜长等密率，修立下条。

诸径、围、斜长依下项：

圆径七，其围二十有二；

方一百，其斜一百四十有一；

八棱径六十，每面二十有五，其斜六十有五；

六棱径八十有七，每面五十，其斜一百。

圆径内取方，一百中得七十有一；

方内取圆径，一得一。八棱、六棱取圆准此。

【梁注】

[1] $\dfrac{7 \times 周}{22} = 径。$

[2] $\dfrac{22 \times 径}{7} = 周。\ \dfrac{22}{7} = 3.14285^{+}。$

【译文】

《九章算经》上说："李淳风注说：旧时计算圆，都用圆周周长与直径比率三比一的方法。如果用此方法计算圆周率，就会使圆周周长减少、直径增多。直径与圆周周长比率一比三，这种方法并不准确。实在是因为算术从简，粗略例举要点而已。如今依照圆周率的精确值，用七乘圆周的二十二分之一作为径；用二十二乘径的七分之一作为周。"

看详：如今诸工匠制作之前已经有的产品的方法，以周长、直径为准则的，例如点量的大小，需要从圆周周长中求直径，抑或是从直径求得圆周周长，如果用旧时的方法，即"直径为一则圆周周长为三，正方形边长为五则对角线为七"作为依据，那么粗糙简略的地方较多。

如今只按照《九章算经》和大致的对角线斜长等长度比值换算关系精确值制定下条。

诸径、围、斜长依下项：

圆形直径为七，则其周长为二十二。

方形的边长为一百，其对角线斜长为一百四十一。

八边形，其直径为六十，每一面的边长为二十五，斜径长为六十五。

六边形，其直径为八十七，每一面的边长为五十，斜径长为一百。

在圆形内取内切的正方形，面积为一百的圆形中可得面积为七十一的正方形。在方形内取圆形，直径与正方形边长相等。（八边形、六边形内取圆都以此为准。）

定功

【原文】

《唐六典》："凡役有轻重，功有短长。注云：以四月、五月、六月、七月为长功；以二月、三月、八月、九月为中功；以十月、十一月、十二月、正月为短功。"

看详：——夏至日长，有至六十刻[1]者。冬至日短，有止于四十刻者。若一等定功，则枉弃日刻甚多。今谨按《唐六典》修立下条。

诸称"功"者，谓中功，以十分为率；长功加一分，短功减一分。

诸称"长功"者，谓四月、五月、六月、七月；"中功"谓二月、三月、八月、九月；"短功"谓十月、十一月、十二月、正月。

右（上）*三项并入"总例"。

【梁注】

[1] 古代分一日为一百刻，一刻合今 14.4 分钟。

[*] 因古人书写的方式为竖排所以称"右"；以下各文同此。——编者加

【译文】

《唐六典》上说："凡是劳作都有轻重的区别，功有时效长短。注说：四月、五月、六月、七月的工作量为长功；二月、三月、八月、九月的工作量为中功；十月、十一月、十二月、正月的工作量为短功。"

看详：夏至白昼时间较长，最长可达六十刻之久。冬至白昼时间较短，只有四十刻。如果用统一的标准来确定工作时长，则浪费的时间太多。如今只按照《唐六典》制定下条。

本书中所说的"功"，如果没有特殊说明，就是"中功"，中功以十分为标准工作量，增加一分为长功，少一分则为短功。

本书中的"长功"，是指农历四月、五月、六月、七月所能完成的工作量；"中功"是指农历二月、三月、八月、九月所能完成的工作量；"短功"是指十月、十一月、十二月、正月所能完成的工作量。

以上三条并入总例之中。

取正

【原文】

《诗》："定之方中；又：揆之以日。注云：定，营室也；方中，昏正四方也。

揆，度也，——度日出日入，以知东西；南视定[1]，北准极[2]，以正南北。"

《周礼·天官》："惟王建国，辨方正位。"

《考工记》："置槷[3]以悬，视以景[4]，为规[5]识[6]日出之景与日入之景；夜考之极星，以正朝夕。郑司农注云：自日出而画其景端，以至日入既，则为规。测景两端之内规之，规之交，乃审也。度两交之间，中屈之以指槷，则南北正。日中之景，最短者也。极星，谓北辰。"

《管子》："夫绳，扶拨以为正。"

《字林》："抟时钏切，垂枭望也。"

《刊谬正俗》音字："今山东匠人犹言垂绳视正为'抟'。"

看详：——今来凡有兴造，既以水平定地平面，然后立表测景、望星，以正四方，正与经传相合。今谨按《诗》及《周官·考工记》等修立下条。

取正之制：先于基址中央，日内[7]置圆板，径一尺三寸六分；当心立表，高四寸，径一分。画表景之端，记日中最短之景。次施望筒于其上，望日景以正四方。

望筒长一尺八寸，方三寸，用板合造；两罨[8]头开圆眼，径五分。筒身当中，两壁用轴安于两立颊之内。其立颊自轴至地高三尺，广三寸，厚二寸。画望以筒指南，令日景透北，夜望以筒指北，于筒南望，令前后两窍内正见北辰极星；然后各垂绳坠下，记望筒两窍心于地以为南，则四方正。若地势偏衺[9]，既以景表、望筒取正四方，或有可疑处，则更以水池景表较之。其立表高八尺，广八寸，厚四寸，上齐，后斜向下三寸；安于池板之上。其池板长一丈三尺，中广一尺，于一尺之内，随表之广，刻线两道；一尺之外，开水道环四周，广深各八分。用水定平，令日景两边不出刻线；以池板所指及立表心为南，则四方正。安置令立表在南，池板在北。其景夏至顺线长三尺，冬至长一丈二尺，其立表内向池板处，用曲尺较，令方正。

【梁注】

[1]定，星宿之名，就是营室星。

[2]极，就是北极星，亦称"北辰"或"辰"。

[3]槷，一种标杆，亦称"枭""表"。槷长八尺，垂直竖立。

［4］景，就是"影"的古写法。

［5］规，就是圆规。

［6］识，读如"志"，就是"标志"的"志"。

［7］日内，在太阳光下。

［8］罨，同"掩"。

［9］衺，音斜，与"邪"同，就是不正的意义。

【译文】

《诗经》上说："定星在黄昏时位于天中央。又说：测量日影来确定方位。注说：定，即建造房屋之意。方中，黄昏时在四个方位的正中。揆，测量之意。测量日出日落，以知道东西方位。南通常被视为确定北方的标准，以确定南北方位。"

《周礼·天官》上说："只有在君王建造国都的时候，才会明辨方向和端正位置。"

《考工记》上说："垂直放置测量日影的标杆，观察它的影子所在，目的是为了识别日出和日落时太阳的影子所在；夜晚考察北极星的方位，以确证早晚。郑司农注说：从太阳刚出来直到日落时记录下槷影远端的变化，这样可以形成一定的规律，测量槷影两端距离的变化，就是审。测量两端之间的影线，如果与槷影重合，则南北的方位就正。太阳在中天的时候，影子最短。极星就是北极星。"

《管子》上说："绳子，用来扶持拨动倾斜，以使其保持垂直端正。"

《字林》上说："抟（读时、钏的切音，今读 tuán），就是垂直竖立一根标杆用来观测日影。"

《刊谬正俗》音字上说："现在，山东等地的工匠还常常说悬垂一根绳子来观察是不是端正，他们把这叫作抟。"

看详：如今一旦有施工建造，都先用水平确定地面，后立标杆进行测量、望星，以此可使四个方位得到确定，这正好与经传相合。如今只按照《诗经》和《周官·考工记》制定下条。

取正的制度：白天在基址正中放置一个标影杆，直径一尺三寸六分。在它的正中心位置上竖立一根高四寸，直径一分的标杆。画出阳光下标杆影子的末端，记录一天之中影子最短的地方。然后在这个位置上安放一个望筒，通过观察太阳的影子来辨正方位。

望筒长一尺八寸，三寸见方（用木板合造）；在望筒的两端凿出两个直径五分的圆眼。望筒筒身中间两壁用轴安装在两根立颊之内。立颊从轴到地面高为三尺，宽三寸，厚二寸。白天用望筒指向南方，让日影穿过圆孔透向北方，夜间用望筒指向北方，在筒眼里向南望，使前后两端的孔窍正对北极星。然后将一个坠有重物的绳子垂下去，把望筒两个圆孔的圆心位置在地上做出记号，以此为正南，则四个方位可以确定。若地势偏斜，就用标影杆、望筒取正方位，如果有可疑之处，就用水池景表这种校正南北方位的仪器进行校正。水池景表的立标柱高八尺，宽八寸，厚四寸，上端平齐（后来上端变为斜向下三寸）；安放在池板上面。池板长一丈三尺，中间宽一尺。在一尺宽之内，根据立标的宽度，画两道刻线；在一尺之外，开出水道环绕四周，水深水宽各八分。通过水平面来确定池板水平，让日影两边不超出刻线的位置；通过池板所指的方位和立标中心确定为正南，那么方位可以确定。（安放的时候，要将立标放在南方，把池板放在北方。日影在夏至时长三尺，冬至时长一丈二尺。其立标须与池板垂直，可用曲尺校正确保垂直。）

定平

【原文】

《周官·考工记》："匠人建国，水地以悬。郑司农注云：于四角立植而悬，以水望其高下；高下既定，乃为位而平地。"

《庄子》："水静则平中准，大匠取法焉。"

《管子》："夫准，坏险以为平。"

《尚书·大传》："非水无以准万里之平。"

《释名》："水，准也；平，准物也。"

何晏《景福殿赋》："唯工匠之多端，固万变之不穷。雠天地以开基，并列宿而作制。制无细而不协于规景，作无微而不违于水臬。"

"'五臣'[1]注云：水臬，水平也。"

看详：——今来凡有兴建，须先以水平望基四角所立之柱，定地平面，然后可以安置柱石，正与经传相合。今谨按《周官·考工记》修立下条。

定平之制：既正四方，据其位置，于四角各立一表[2]；当心安水平。其水平长二尺四寸，广二寸五分，高二寸；下施立桩，长四尺安镶在内，上面横坐水平。两头各开池，方一寸七分，深一寸三分。或中心更开池者，方深同。身内开槽子，广深各五分，令水通过。于两头池子内，各用水浮子一枚。用三池者，水浮子或亦用三枚。方一寸五分，高一寸二分；刻上头令侧薄，其厚一分；浮于池内。望两头水浮子之首，遥对立表处于表身内画记，即知地之高下。若槽内如有不可用水处，即于桩子当心施墨线一道，上垂绳坠下，令绳对墨线心，则上槽自平，与用水同。其槽底与墨线两边，用曲尺较令方正。凡定柱础取平，须更用真尺较之。其真尺长一丈八尺，广四寸，厚二寸五分；当心上立表，高四尺。广厚同上。于立表当心，自上至下施墨线一道，垂绳坠下，令绳对墨线心，则其下地面自平。其真尺身上平处，与立表上墨线两边，亦用曲尺较令方正。

【梁注】

[1]五臣：唐开元间，吕延济等人共注《文选》，后世叫它做"五臣本《文选》"。

[2]表：就是我们所谓标杆。

【译文】

《周官·考工记》上说："匠人们营造都城时，在水平的地面上竖立柱子，并用绳子取直。郑司农注说：在四个角上竖立柱子并使其垂直地面，站在水平的位置查看它们的高矮偏颇，确定高矮之后，就在平地上确定修建的方位。"

《庄子》上说："取水面静止时为合乎水平测定的标准，这是大匠获取水平的方法。"

《管子》上说："准可以破险为平。"

《尚书·大传》上说："没有水就不能确定万里土地是否平直。"

《释名》上说："水，是平面的标准。平，与别的东西高度相同，不相上下之物。"

何晏《景福殿赋》上说："工匠技艺各有奇巧，建筑形式变化无穷。配合天地开土奠基，按星宿的位置确定建筑。建筑没有一处不与晷影相合，没有一点微小的地方不与水平相合。五臣注说：水臬，即测量水平的器物。"

看详：如今一旦有施工建造，必须先用水平查看地基四角的立柱，确定平面，而后才可以设立柱石，这正好与经传相合。如今只按照《周官·考工记》制定下条。

定平的制度：在四个方位确定之后，根据选定的方位，在四个角各立一个标杆，中心位置安放水平仪。水平仪的水平横杆长二尺四寸，宽二寸五分，高二寸；在水平横杆下安装一个立桩，长度四尺（桩内安一个镶）；在水平横杆的两头各凿开一个正方形小池子，一寸七分见方，深一寸三分（有在中间开池的，尺度与前同）。在水平横杆上开挖一条宽度和深度皆五分的水槽，以让水流过为宜。在两头的小池子内，各放置一枚水浮子（如果有三个小池子的，就用三枚水浮子）。水浮子为一寸五分见方，高一寸二分；水浮子上面镂刻成中空，壁仅厚一分，以使其能浮于池内。观察两头的水浮子的上端，对准四个角的标杆处，在标杆上画下记号，就能知道地面高低。（如果水槽内没有水或有不能过水之处，就在竖桩当中画一道墨线，从上面垂直放置一根绳子坠下，让绳子对准墨线的中心，则水平横杆上的水槽自动水平，这种方法和用水的效果相同。水槽底面与墨线两端，用曲尺校正垂直。）凡是确定柱础位置并取平时，需要用水平真尺来校正。真尺长为一丈八尺，宽四寸，厚为二寸五分；在真尺正中的位置竖立一个高四尺（宽厚同上）的标杆。在设立标杆的中心位置，从上到下画一条墨线，用一根绳子垂直坠下，使绳子和墨线正中对齐，则说明地面自平。（在真尺保持水平的地方，和标杆与墨线两边保持水平，也要用曲尺校正确定。）

墙

【原文】

《周官·考工记》："匠人为沟洫，墙厚三尺，崇三之。郑司农注云：高厚以是为率，足以相胜。"

《尚书》："既勤垣墉。"

《诗》："崇墉圪圪。"

《春秋左氏传》："有墙以蔽恶。"

《尔雅》："墙谓之墉。"

《淮南子》："舜作室，筑墙茨屋，令人皆知去岩穴，各有室家，此其始也。"

《说文》："堵，垣也。五版为一堵。壛，周垣也。埒，卑垣也。壁，垣也。垣蔽曰墙。栽，筑墙长板也。今谓之膊板。干，筑墙端木也。今谓之墙师。"

《尚书·大传》："天子贲墉，诸侯疏杼。注云：贲，大也；言大墙正道直也。疏，犹衰也；杼，亦墙也；言衰杀其上，不得正直。"

《释名》："墙，障也，所以自障蔽也。垣，援也，人所依止，以为援卫也。墉，容也，所以隐蔽形容也。壁，辟也，辟御风寒也。"

《博雅》："壛力雕切、隊音篆、墉、院音垣、廦音壁，又即壁切。墙垣也。"

《义训》："厐音毛，楼墙也。穿垣谓之腔音空。为垣谓之厽音累，周谓之壛音了，壛谓之寏音垣。"

看详：——今来筑墙制度，皆以高九尺，厚三尺为祖。虽城壁与屋墙、露墙，各有增损，其大概皆以厚三尺，崇三之为法，正与经传相合。今谨按《周官·考工记》等群书修立下条。

筑墙之制：每墙厚三尺，则高九尺；其上斜收，比厚减半。若高增三尺，则厚加一尺；减亦如之。

凡露墙，每墙高一丈，则厚减高之半。其上收面之广，比高五分之一。若高增一尺，其厚加三寸；减亦如之。其用萩橛，并准筑城制度。

凡抽纴墙，高厚同上。其上收面之广，比高四分之一。若高增一尺，其厚加二寸五分。如在屋下，只加二寸。划削并准筑城制度。

右（上）三项并入"壕寨制度"。

【译文】

《周官·考工记》上说："工匠设计田间的水渠等农田设施，夯土墙厚三尺，高度是厚度的三倍。郑司农注说：高度和厚度按这样的比例，可以互相支撑。"

《尚书》上说："（如果建造房屋）就要勤于修筑墙壁。"

《诗经》上说："城墙高耸。"

《春秋左氏传》上说："墙可以遮掩过错和保护隐私。"

《尔雅》上说："墙叫作墉。"

《淮南子》上说："舜帝建造房屋，用土筑墙，用茅草、芦苇盖屋顶，让臣民都知道离开岩洞，各自有了属于自己的房屋和家庭，这是建造房屋的开始。"

《说文解字》上说："堵，就是墙的意思。五块筑墙的夹板为一堵。墉，就是围墙的意思。埒，矮墙。壁，墙。垣蔽也叫墙。栽，筑墙所用的长板（如今叫作膊板）。干，筑墙用在两端的木头（如今叫作墙师）。"

《尚书·大传》上说："天子修筑方正气派的高墙，诸侯只能用衰墙。注说：贲，大的意思，是说墙修筑得方正气派。疏即衰之意。杼也是墙的意思，是说诸侯的墙不方正、不气派。"

《释名》上说："墙，即障碍之意，所以墙有阻挡、遮蔽之功效。垣，支援之意，人们依靠垣来保卫支援家室。墉，容纳的意思，可以用来隐蔽身形。壁，庇护的意思，可以用来抵御风霜寒雪。"

《博雅》上说："墉（读力、雕的切音，今读 liáo）、隊（读篆音，今读 zhuàn）、墉、院（读垣音，今读 yuàn）、廦（读壁音，或读即、壁的切音，今读 bì），都是墙垣的意思。"

《义训》上说："厄（读毛音，今读 zhái），就是楼墙。穿垣称为腔（读空音，今读 kòng）。为垣称为厽（读累音，今读 lěi），周称之为墉（读了音），墉称之为寏（读垣音，今读 huán）。"

看详：如今的筑墙制度，都以高九尺，厚三尺为主制。即便城墙、屋墙、露墙都有增加或减损，不过大致都会以厚三尺，高是厚度的三倍为标准，这正好与经传相合。现在只按照《周官·考工记》等书制定下条。

筑墙的制度：墙如果厚三尺，那么高就要九尺；墙壁的上端往上斜收的宽度，是其厚度的一半。如果高度增加三尺，则厚度增加一尺；降低时情况也一样。

对于露墙，墙每增高一丈，则厚度减为高度的一半。墙上端斜收的宽度是墙高度的五分之一。如果高度增加一尺，则墙的厚度增加三寸；降低亦是如此。（其中用草葽、木橛的情况，参考并遵循筑城的制度。）

对于抽纴墙，墙体的高度和厚度同上。墙上端斜收面的宽度，是墙高的四分之一。如果高度增加一尺，则其厚度须增加二寸五分。（如果在屋子下面，只增加二寸即可。削减和降低也应遵循筑城制度。）

以上三条并入壕寨制度之中。

举折

【原文】

《周官·考工记》:"匠人为沟洫,葺屋三分,瓦屋四分。郑司农注云:各分其修[1],以其一为峻[2]。"

《通俗文》:"屋上平曰陠必孤切。"

《刊谬正俗》音字:"陠,今犹言陠峻也。"

皇朝[3]景文公宋祁《笔录》:"今造屋有曲折者,谓之庯峻。齐魏间,以人有仪矩可喜者,谓之庯峭。盖庯峻也。今谓之举折。"

看详:——今来举屋制度,以前后橑檐枋心相去远近,分为四分;自橑檐枋背上至脊槫背上,四分中举起一分。虽殿阁与厅堂及廊屋之类,略有增加,大抵皆以四分举一为祖,正与经传相合。今谨按《周官·考工记》修立下条。

举折之制:先以尺为丈,以寸为尺,以分为寸,以厘为分,以毫为厘,侧画所建之屋于平正壁上,定其举之峻慢,折之圆和,然后可见屋内梁柱之高下,卯眼之远近。今俗谓之"定侧样",亦曰"点草架"。

举屋之法:如殿阁楼台,先量前后橑檐枋心相去远近,分为三分,若余屋柱头作或不出跳者,则用前后檐柱心,从橑檐枋背至脊槫背举起一分。如屋深三丈即举起一丈之类。如甋瓦厅堂,即四分中举起一分,又通以四分所得丈尺,每一尺加八分。若甋瓦廊屋及瓪瓦厅堂,每一尺加五分;或瓪瓦廊屋之类,每一尺加三分。若两椽屋,不加;其副阶或缠腰,并二分中举一分。

折屋之法:以举高尺丈,每尺折一寸,每架自上递减半为法。如举高二丈,即先从脊槫背上取平,下屋橑檐枋背,其上第一缝折二尺;又从上第一缝槫背取平,下至橑檐枋背,于第二缝折一尺;若椽数多,即逐缝取平,皆下至橑檐枋背,每缝并减上缝之半。如第一缝二尺,第二缝一尺,第三缝五寸,第四缝二寸五分之类。如取平,皆从槫心抨绳令紧为则。

如架道不匀,即约度远近,随宜加减。以脊槫及橑檐枋为准。若八角或四角斗尖亭榭,自橑檐枋背举至角梁底,五分中举一分,至上簇角梁,即二分中举一分。若亭榭只用瓪瓦者,即十分中举四分。

簇角梁之法:用三折,先从大角梁背自橑檐枋心,量向上至枨杆卯心,取大角梁背一半,并上折簇梁,斜向枨杆举分尽处;其簇角梁上下并出卯,中下折簇梁同。次从上折簇梁尽处，量至橑檐枋心，取大角梁背一半，立中折簇梁，斜向上折簇梁当心之下；又次从橑檐枋心立下折簇梁，斜向中折簇梁当心近下，令中折簇角梁上一半与上折簇梁一半之长同。其折分并同折屋之制。唯量折以曲尺于弦上取方量之。用瓪瓦者同。

右（上）入"大木作制度"。

【梁注】

［1］"修"，即长度或宽度。

［2］"峻"，即高度。

［3］"皇朝"，指宋朝。

【译文】

《周官·考工记》上说："工匠修建田间的水渠等农田设施，规定草屋顶举高为跨度的三分之一，瓦屋顶举高为跨度的四分之一。郑司农注说：各自确定屋子南北的深度，分别以其三分之一或四分之一为举折的高度。"

《通俗文》上说："屋势最上方平整而下端倾斜曲折就叫作陠（读必、孤的切音，今读 pū）。"

《刊谬正俗》音字上说："陠，就是如今所说的陠峻。"

皇朝（北宋）景文公宋祁《笔录》上说："如今建造的房屋，屋势倾斜曲折的叫作庯峻。齐魏时期，把仪表堂堂、长相俊俏讨喜的人称作庯峭、庯峻，大概即是此意。"（如今称作举折。）

看详：现在举屋的方法，以前后橑檐枋中线之间的距离，将其四等分；从橑檐枋的背部到脊槫的背部，四分中举起一分。虽然殿阁、厅堂、廊屋之类，稍有增加，大概都以四分中举起一分为主制，正好与经传相合。现在只按《周官·考工记》制定下条。

举折的制度：先以一尺为一丈，以一寸为一尺，以一分为一寸，以一厘为一分，以一毫为一厘（即按1:10的比例），在平整的墙壁上画出所要建屋子的侧样草图，确定上举和下折的倾斜和走势，然后可以得出屋内梁柱的高矮，卯眼之间的距离远近。（即如今俗称的"定侧样"，也叫"点草架"。）

举屋的方法：如果是殿阁楼台，先测量前后橑檐枋中线之间的距离，将其三等分（如果是其余房屋的柱梁作，如果不出跳，就量取前后檐柱的中心线），从橑檐枋的背部到脊槫的背部，举起一分。（如果屋子深三丈，则举起一丈，如此这般。）如果甋瓦厅堂，则在四分中举起一分；又统一取前后橑檐枋间距的四分之一，每一尺加八分。如果是甋瓦廊屋和瓪瓦厅堂，每一尺加五分。如果是瓪瓦廊屋之类，则每一尺加三分。（如果是两架椽子的屋子则不加，其副阶或缠腰为二分中举一分。）

折屋的方法：按照举高的尺寸，每一尺折一寸，每一架从上递减一半，以此为准则。如举的高度为二丈，则先从脊槫背部取平，下面至橑檐枋的背部，在这上面的第一条缝处折二尺；又从第一缝的槫背处取平，向下到橑檐枋的背部，在第二条缝处折一尺。如果椽子数较多，则将每条缝逐一取平，最后都要下到橑檐枋的背部，每一条缝都减去上一条缝的一半。（如果第一缝是二尺，则第二缝为一尺，第三缝为五寸，第四缝为二寸五分，照此。）如果取平，都要从槫的中心位置扞紧绳子取直为准。

如果架道不均匀，则估计距离远近，酌情增减。（以脊槫和橑檐枋为准。）如果是八角或四角的斗尖形亭榭，从橑檐枋的背部举到角梁底部，五分中举一分。至于上簇角梁，二分中举一分。（如果亭榭只采用瓪瓦，则十分中举四分。）

簇角梁的方法：采用三次下折。先从大角背，到橑檐枋中心位置向上测量，到枨杆的卯心位置，量取大角梁背的一半，立起上折簇梁，斜向枨杆上举的末端处（簇角梁的上下都要出卯，中下折簇梁也一样）；再从上折簇梁的末端，量到橑檐枋的中心，量取大角梁背部的一半，竖立中折簇梁，斜向对着上折簇梁中心以下的位置；再从橑檐枋中心处竖立下折簇梁，斜向对准中折簇梁中心偏下的位置（使中折簇角梁上一半与上折簇梁一半的长度相同）。簇角梁的折分和折屋的标准一样。（只是在量取折的尺寸时，要用曲尺在弦上取方测量。测量使用瓪瓦房屋的举折也一样。）

以上并入大木作制度之中。

诸作异名

【原文】

今按群书修立"总释"，已具《法式》净条第一、第二卷内，凡四十九篇，总二百八十三条。今更不重录。

看详：——屋室等名件，其数实繁。书传所载，各有异同；或一物多名，或方俗语滞。其间亦有讹谬相传，音同字近者，遂转而不改，习以成俗。今谨按群书及以其曹所语，参详去取，修立"总释"二卷。今于逐作制度篇目之下，以古今异名载于注内，修立下条。

墙 其名有五：一曰墙，二曰墉，三曰垣，四曰撩，五曰壁。

右（上）入"壕寨制度"。

柱础 其名有六：一曰础，二曰磩，三曰碣，四曰礩，五曰碱，六曰磉；今谓之"石碇"。

右（上）入"石作制度"。

材 其名有三：一曰章，二曰材，三曰方桁。

栱 其名有六：一曰闲，二曰槉，三曰欂，四曰曲枅，五曰栾，六曰栱。

飞昂 其名有五：一曰㰖，二曰飞昂，三曰英昂，四曰斜角，五曰下昂。

爵头 其名有四：一曰爵头，二曰耍头，三曰胡孙头，四曰蜉蝥头。

枓 其名有五：一曰楶，二曰栭，三曰栌，四曰楷，五曰枓。

平坐 其名有五：一曰阁道，二曰墱道，三曰飞陛，四曰平坐，五曰鼓坐。

梁 其名有三：一曰梁，二曰宷廇，三曰栭。

柱 其名有二：一曰楹，二曰柱。

阳马 其名有五：一曰觚棱，二曰阳马，三曰阙角，四曰角梁，五曰梁抹。

侏儒柱 其名有六：一曰棁，二曰侏儒柱，三曰浮柱，四曰棳，五曰上楹，六曰蜀柱。

斜柱 其名有五：一曰斜柱，二曰梧，三曰迕，四曰枝樘，五曰叉手。

栋 其名有九：一曰栋，二曰桴，三曰檼，四曰棼，五曰甍，六曰极，七曰槫，八曰檩，九曰櫋。

搏风 其名有二：一曰荣，二曰搏风。

柎 其名有三：一曰柎，二曰复栋，三曰替木。

椽 其名有四：一曰桷，二曰椽，三曰榱，四曰橑。短椽，其名有二：一曰棟，二曰禁楄。

檐 其名有十四：一曰宇，二曰檐，三曰樀，四曰楣，五曰屋垂，六曰梠，七曰梲，八曰联楄，九曰樟，十曰庌，十一曰庉，十二曰�，十三曰檐槐，十四曰盾。

举折　其名有四：一曰陠，二曰峻，三曰陠峭，四曰举折。

右（上）入"大木作制度"。

乌头门　其名有三：一曰乌头大门，二曰表楬，三曰阀阅；今呼为棂星门。

平棋　其名有三：一曰平机，二曰平橑，三曰平棋。俗谓之平起。其以方椽施素板者，谓之平暗。

斗八藻井　其名有三：一曰藻井，二曰圆泉，三曰方井；今谓之斗八藻井。

勾栏　其名有八：一曰棂槛，二曰轩槛，三曰栊，四曰栏牢，五曰栏楯，六曰柃，七曰阶槛，八曰勾栏。

拒马叉子　其名有四：一曰梐枑，二曰梐拒，三曰行马，四曰拒马叉子。

屏风　其名有四：一曰皇邸，二曰后版，三曰扆，四曰屏风。

露篱　其名有五：一曰欐，二曰栅，三曰椐，四曰藩，五曰落；今谓之露篱。

右（上）入"小木作制度"。

涂　其名有四：一曰垷，二曰墐，三曰涂，四曰泥。

右（上）入"泥作制度"。

阶　其名有四：一曰阶，二曰陛，三曰陔，四曰墒。

右（上）入"砖作制度"。

瓦　其名有二：一曰瓦，二曰甍。

砖　其名有四：一曰甓，二曰瓴甋，三曰毂，四曰甋砖。

右（上）入"窑作制度"。

【译文】

现今按照群书制定总释，已经并入《营造法式》的第一、二卷之中，共四十九篇，二百八十三个条目。（在这里不赘述。）

看详：屋宇等的名件，数量很多。书传中记载的内容，各自有其异同；或者一物有多个名字，或是俗语阻碍阅读。这其中有讹传，音相同字相近的，变字并不修改，因而成为旧俗得以沿袭。如今只按照群书和曹语，参照选取，制定了总释两卷内容。如今放在各制度篇目下，以古今不同名记载在注中，制定下条。

墙（墙有五个称谓：一是墙，二是墉，三是垣，四是㙩，五是壁）。以上并入壕寨制度之中。柱础（柱础有六个称谓，一是础，二是碩，三是碣，四是礩，五是碱，六是磩，如今称为"石碇"）。

以上并入石作制度之中。

材（材有三个称谓：一是章，二是材，三是方桁）。

栱（栱有六个称谓：一是开，二是栭，三是欂，四是曲枅，五是栾，六是栱）。

飞昂（飞昂有五个称谓：一是橝，二是飞昂，三是英昂，四是斜角，五是下昂）。

爵头（爵头有四个称谓：一是爵头，二是耍头，三是胡孙头，四是蜉蝓头）。

斗（斗有五个称谓：一是㭼，二是栭，三是栌，四是楷，五是斗）。

平坐（平坐有五个称谓：一是阁道，二是墱道，三是飞陛，四是平坐，五是鼓坐）。

梁（梁有三个称谓：一是梁，二是亲檑，三是桶）。

柱（柱有两个称谓：一是楹，二是柱）。

阳马（阳马有五个称谓：一是觚棱，二是阳马，三是阙角，四是角梁，五是梁抹）。

侏儒柱（侏儒柱有六个称谓：一是棁，二是侏儒柱，三是浮柱，四是棳，五是上楹，六是蜀柱）。

斜柱（斜柱有五个称谓：一是斜柱，二是梧，三是迕，四是枝撑，五是叉手）。

栋（栋有九个称谓：一是栋，二是桴，三是檼，四是棼，五是甍，六是极，七是槫，八是檩，九是橑）。

搏风板（搏风板有两个称谓：一是荣，二是搏风）。

柎（柎有三个称谓：一是柎，二是复栋，三是替木）。

椽（椽有四个称谓：一是桷，二是椽，三是榱，四是橑。短椽有两个称谓：一是栋，二是禁楄）。

檐（檐有十四个称谓：一是宇，二是檐，三是樀，四是楣，五是屋垂，六是梠，七是棂，八是联橑，九是橝，十是庑，十一是庇，十二是㡉，十三是檐楣，十四是庮）。

举折（举折有四个称谓：一是陠，二是峻，三是陠峭，四是举折）。以上并入大木作制度之中。

乌头门（乌头门有三个称谓：一是乌头大门，二是表楬，三是阀阅，如今称为棂星门）。

平棋（平棋有三个称谓：一是平机，二是平橑，三是平棋。俗称平起。采用方形椽子并用不雕花纹木板的，叫作平暗）。

斗八藻井（斗八藻井有三个称谓：一是藻井，二是圆泉，三是方井。如今称为斗八藻井）。

勾栏（勾栏有八个称谓：一是栏槛，二是轩槛，三是栊，四是槛牢，五是栏楯，六是枪，七是阶槛，八是勾栏）。

拒马叉子（拒马叉子有四个称谓：一是梐枑，二是梐拒，三是行马，四是拒马叉子）。

屏风（屏风有四个称谓：一是皇邸，二是后板，三是扆，四是屏风）。

露篱（露篱有五个称谓：一是欙，二是栅，三是椐，四是藩，五是落。如今称为露篱）。

以上并入小木作制度之中。

涂（涂有四个称谓：一是垷，二是墐，三是涂，四是泥）。

以上并入泥作制度之中。

阶（阶有四个称谓：一是阶，二是陛，三是陔，四是墒）。

以上并入砖作制度之中。

瓦（瓦有两个称谓：一是瓦，二是甍）。

砖（砖有四个称谓：一是甓，二是瓴甋，三是甓，四是颥砖）。

以上并入窑作制度之中。

总诸作看详

【原文】

看详：先准朝旨，以《营造法式》旧文只是一定之法。及有营造，位置尽皆不同，临时不可考据，徒为空文，难以行用，先次更不施行，委臣重别编修。今编修到海行《营造法式》"总释"并"总例"共二卷，"制度"一十三卷），"功限"一十卷，"料例"并"工作等第"共三卷，"图样"六卷，"目录"一卷，总三十六卷[1]；计三百五十七篇[2]，共三千五百五十五条。内四十九篇，二百八十三条，系于经史等群书中检寻考究。至或制度与经传相合，或一物而数名各异，已于前项逐门看详立文外，其三百八篇，三千二百七十二条，系自来工作相传，并是经久可以行用之法，与诸作谙会经历造作工匠详悉讲究规矩，比较诸作利害，随物之大小，有增减之法。谓如板门制度，以高一尺为法，积至二丈四尺；如斗栱等功限，以第六等材为法，若材增减一等，其功限各有加减法之类；各于逐项"制度""功限""料例"内刬行修立，并不曾参用旧文，即别无开具看详，因依其逐作造作名件内，或有须于画图可见规矩者，皆别立图样，以明制度。

【梁注】

[1]"制度"原书为"十五卷"，实际应为十三卷。卷数还要加上"看详"才是三十六卷。

[2]目录列出共三百五十九篇。

【译文】

看详：依照先前的旨意，《营造法式》旧文是确定的法规。等到开始建造，却发现实际的位置和书中的都不相同，因此不能参考该书，它只是一纸空文，不能使用，也不能实施，所以委派臣重新编修《营造法式》。如今编修到海行《营造法式》总释和总例一共两卷，制度十五卷（现存十三卷），功限十卷，料例和工作等一共三卷，图样六卷，总共三十六卷；总计三百五十七篇，三千五百五十五个条目。总释、总例两卷共四十九篇，二百八十三个条目，都是从经史等书中考究后摘取的。至于有的制度与经传相合，有的一物多名，已经在前文逐个列出看详，共三百零八篇，三千二百七十二个条目，来自经验相传，并且是长久的可以施用的方法，我与各种手工业中有经验的工匠商讨其中的讲究、规矩，比较其中的利害关系，跟随物体大小，制定增减的法度。（例如板门的制度，以高一尺为标准，直到二丈四尺为止；如斗栱等功限，以第六等材作为标准，如果材增减一等，其功限也要相应增减，等等。）各个制度、功限、料例共同制定，并没有参考旧文，如果没有别的看详，依照工序要求制作构件，凡是需要画图以表明规矩的，都应另外附上图样，以表明制作标准。

叁

总释、总例

　　本部分共有两卷，即卷一、卷二，主要是诠释各种建筑物和构件（名物）的名称，并说明一些几何形的计算方法，以及当时一些定额的计算方法（总例）。

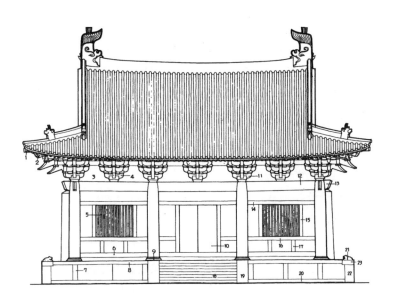

总释上

宫

【原文】

《易·系辞下》：上古穴居而野处，后世圣人易之以宫室，上栋下宇，以待风雨。

《诗》：作于楚宫，揆之以日，作于楚室。

《礼记·儒有》：一亩之宫，环堵之室。

《尔雅》：宫谓之室，室谓之宫。皆所以通古今之异语，明同实而两名。室有东、西厢曰庙；夹室前堂。无东、西厢有室曰寝；但有大室。西南隅谓之奥，室中隐奥处。西北隅谓之屋漏，《诗》曰，尚不愧于屋漏，其义未详。东北隅谓之宦，宦见《礼》，亦未详。东南隅谓之窔。《礼》曰：归室聚窔，窔亦隐暗。

《墨子》：子墨子曰：古之民，未知为宫室时，就陵阜而居，穴而处，下润湿伤民。故圣王作为宫室之法曰：宫高足以辟润湿，旁足以圉风寒，上足以待霜雪雨露；宫墙之高，足以别男女之礼。

《白虎通义》：黄帝作宫。

《世本》：禹作宫。

《说文》：宅，所讬也。

《释名》：宫，穹也。屋见于垣上，穹崇然也。室，实也；言人物实满其中也。寝，寝也，所寝息也。舍，于中舍息也。屋，奥也；其中温奥也。宅，择也；择吉处而营之也。

《风俗通义》：自古宫室一也。汉来尊者以为号，下乃避之也。

《义训》：小屋谓之廑音近，深屋谓之庈音同，偏舍谓之廧音亶，廧谓之庩音次，宫室相连谓之謻直移切，因岩成室谓之广音俨，坏室谓之庘音压，夹室谓之厢，塔下室谓之龛，龛谓之椌音空，空室谓之康庪上音康，下音郎，深谓之甀甀音虺，颓谓之𢉖廏上音批，下音甫，不平谓之庯庩上音逋，下音途。

【译文】

《易·系辞下》中说："上古时代，人们居于洞穴并活动在野外。后来，贤能之人学会建造房屋改变旧的生活方式，房屋上面设有脊檩梁，下面设有屋檐，于是人们就可以住进去躲避风雨了。"

《诗经》中说："吉时动土修建楚宫，以日影测定好方位，就可以正式造房了。"

《礼记》中说："在一亩大的地方安家，房屋被围墙环绕。"

《尔雅》中说："宫也叫作室，室也被称作宫（这只是因为古今两个不同的词相通而已，其实就是一个物体有两个名称）。建有东、西厢房的室称为庙（东、西厢就是夹室前堂）；没有东、西厢房的室称为寝（有大室）。室的西南角称为奥（室中隐奥的地方）。室的西北角称为屋漏（《诗》中说，做事应当无愧于神明，它的意思不太清楚）。室的东北角称为宦（宧字在《礼仪》中有记载，也不清楚其意思）。室的东南角称为窔（《礼记》上说："回家后就聚在窔，窔显得比较幽深"）。

《墨子》中说："先生墨子说过：上古人民还不知道建房的时候，选择靠近山丘地方居住，或者住洞穴。由于地下潮湿，容易生病，所以后来圣王便教大学营造住所。营造住所的法则是：修筑的地基高度要足以避免潮湿，四周的围墙要足以抵御风寒，搭建的屋顶要足以防备霜、雪、雨、露，而宫墙的高度还要足以分隔内外，以使男女有别。"

《白虎通义》中说："黄帝营造房屋。"

《世本》中说："大禹建造房屋。"

《说文解字》中说："一所宅子，是可以依托居住的地方。"

《释名》中说："宫即穹。房顶建在围墙之上就形成了屋子，显得十分高大。""室，即充满的意思，也就是指屋子里面住满了人和填满了财物粮食。""寝，很多书籍里面还记载为侵，即睡觉休息的地方。""舍，也就是在里面休养生息的地方。""屋，即室内深处，这些地方温暖并且隐蔽。""宅，即选择，选择吉利的地方而营建的较大的房子。"

《风俗通义》中说："从古时候开始，'宫'和'室'是没有区别的，它们都是指房屋。汉代以来，地位尊贵的人逐渐把'宫'变成自己居所的专有名词，而地位低下的人为了避讳，就用'室'来指称自己居住的房屋。"

《义训》中说："小屋叫作廑（与近同音）。""深屋叫作庝（与同同音）。""偏舍叫作庌（与亶同音）。""庌即庣（与次同音）。""宫与室相互连接叫作謻（与尺同音）。依傍着山岩修建而成的室叫作广（与俨同音）。""有所损坏的室叫作庘（与压同音）。""夹室叫作厢。""塔子下面的室叫作龛，龛就是栙（与空同音）。""空室叫作康（与康同音）㝧（与郎同音）。""靠里的室叫作斻斻（与尥同音）。""倒塌崩坏的室叫作䧹（与批同音）䴱（与甫同音）。"不平的室叫作庯（与逋同音）庩（与途同音）。

所谓"国事曰殿，家事曰宫"，宫和殿在建筑形式上，没有明显的分别，区别主要在功能上，一般来说，"宫"是皇帝居住生活的地方，"殿"是皇帝上班办公或举行大典的地方。如：顺治年间和康熙初年，皇帝都住过保和殿，但当时分别将保和殿改名为"位育宫"和"清宁宫"。宫的代表有乾清宫、宁寿宫等，殿的代表有太和殿，民间又称金銮殿。

乾清宫

阙

【原文】

《周官》：太宰以正月示治法于象魏。

《春秋公羊传》：天子诸侯台门；天子外阙两观，诸侯内阙一观。

《尔雅》：观谓之阙。宫门双阙也。

《白虎通义》：门必有阙者何？阙者，所以释门，别尊卑也。

《风俗通义》：鲁昭公设两观于门，是谓之阙。

《说文》：阙，门观也。

《释名》：阙，阙也，在门两旁，中央阙然为道也。观，观也，于上观望也。

《博雅》：象魏，阙也。

崔豹《古今注》：阙，观也。古者每门树两观于前，所以标表宫门也。其上可居，登之可远观。人臣将朝，至此则思其所阙，故谓之阙。其上皆垩土，其下皆画云气、仙灵、奇禽、怪兽，以示四方，苍龙、白虎、元武、朱雀，并画其形。

《义训》：观谓之阙，阙谓之皇。

【译文】

《周官》中说："正月初一，太宰开始向各国诸侯和王畿内的采邑宣布治典，把形成文字的治典悬挂在象魏上。"

《春秋公羊传》中说："天子和诸侯的宫室可以修建有高台的门楼，天子的阙在外面，上面建有两座楼台；诸侯的阙在里面，上面只建有一座楼台。"

《尔雅》中说："观也被称为阙。"（皇宫门前两边供瞭望的楼台。）

《白虎通义》中说："宫室门前为什么一定会建造楼台呢？在门前修建阙门是为了标表宫门，这样的方式可以用来区别地位的尊贵与卑贱。"

《风俗通义》中说："鲁昭公在宫门之外造设了两座楼台，这就叫作阙。"

《说文解字》中说："阙，就是在门上造观。"

《释名》中说："阙就建造在大门的两侧，中间的空隙地方就是通道。观，就是修建在阙门上面用来观望的地方。"

《博雅》中说："象魏，又被称作阙。"

崔豹《古今注》中说："阙就是观。就是建造在宫室前面，标表宫门所在的建筑。阙的里面可以住人，在上面则可以观看远处。大臣们在上朝之前，到了阙前要思考自己为人行事是否有缺漏，所以叫作阙。阙的上部为红色的外壁（白色的土），下部则画有云气、仙灵、奇禽、怪兽，目的是用来表示苍龙、白虎、玄武、朱雀四个方位，画面上各种事物的形象都描摹得栩栩如生。"

《义训》中说："观叫作阙，阙还被称作皇。"

阙是一种身份象征，在先秦时期宫城的阙门有严格的制度，文献中有记载："礼，天子、诸侯台门，天子外阙两观，诸侯内阙一观。"春秋之后，阙用于陵墓之上，《吕氏春秋·安死篇》记载："世之为丘垄也，其高大若山，其树之若林，其设阙庭、为宫室、造宾阼也，若都邑。"在秦始皇陵考古中，就发现了三出阙。阙的建置到汉代发展到了鼎盛时期，所以我们常常把阙称为"汉阙"。同时，阙还和鼎鼎大名的《广陵散》有关，战国时期有一个"阙下鼓琴"的故事，大意是说聂政的父亲为韩王铸剑没有成功，被韩王杀了。那时聂政是个遗腹子，长大成人后，就问自己的母亲，当得知父亲的事后，决心为父报仇。第一次行刺没有成功，入大山学鼓琴，"吞炭变其音，七年而琴成"，回到城中于邯郸阙下操琴吸引韩王。韩侯知道后召他入宫中弹琴，聂政为避开守卫搜查，藏利刃于琴内，神态自若步入宫内。抚琴弄音，琴声如同仙乐，让韩侯和他周围的卫士们听得如醉如痴，聂政见机抽出琴内短剑，刺杀韩侯为父报仇。当时聂政所弹的琴曲被后人命名为《聂政刺韩王曲》，也就是传之后世著名的《广陵散》。

高颐墓阙

殿 堂附

【原文】

《仓颉篇》：殿，大堂也。徐坚注云：商周以前其名不载，《秦本纪》始曰"作前殿"。

《周官·考工记》：夏后氏世室，堂修二七，广四修一；殷人重屋，堂修七寻，堂崇三尺；周人明堂，东西九筵，南北七筵，堂崇一筵。郑司农注云：修，南北之深也。夏度以"步"，今堂修十四步，其广益以四分修之一，则堂广十七步半。商度以"寻"，周度以"筵"，六尺曰步，八尺曰寻，九尺曰筵。

《礼记》：天子之堂九尺，诸侯七尺，大夫五尺，士三尺。

《墨子》：尧舜堂高三尺。

《说文》：堂，殿也。

《释名》：堂，犹堂堂，高显貌也；殿，殿鄂也。

《尚书·大传》：天子之堂高九雉，公侯七雉，子男五雉。雉长三丈。

《博雅》：堂埠，殿也。

《义训》：汉曰殿，周曰寝。

【译文】

《仓颉篇》中说："殿，就是大堂。"（徐坚注释说：商代、周代以前殿的名称未见记载，《秦本纪》中才开始有"先作前殿阿房"一说。）

《周官·考工记》中说："夏后氏修建的明堂，南北向距离为十四步，东西向宽度为十七步半；殷商人用来宣明政教的大厅堂，南北向距离为七寻，堂基高为三尺；周代人修建的明堂，东西向宽度为九筵，南北向长度为七筵，堂基高为一筵。"（郑司农注释说：修，南北向的深度（或长度）的意思。夏朝的时候用"步"为单位来度量距离，比如堂修十四步，其宽度最好是四分修之一，也就是说堂的宽度为十七步半。商朝的时候用"寻"为单位来度量距离，周朝则用"筵"为单位来度量距离。基本的换算公式为：六尺为一步，八尺为一寻，九尺为一筵。）

《礼记》中说："天子的朝堂高度为九尺，诸侯的宫府高度为七尺，大夫的厅堂高度为五尺，士的厅堂高度为三尺。"

《墨子》中说："帝王尧和帝王舜的朝堂只有三尺高。"

《说文解字》中说："堂，就是殿（堂）。"

《释名》中说："堂，犹如堂堂，高大显盛的样子；殿，有凹凸的纹路。"

《尚书·大传》中说："天子的殿堂高为九雉，公侯的府堂高为七雉，子男的厅堂高为五雉。"（长三丈为一雉。）

《博雅》中说："堂埠，就是殿。"

《义训》中说："汉朝称为殿，周朝称为寝。"

知识小链接

"金瓦金銮殿，皇上不坐殿，一朝出了京门口，百姓的事儿牵着走。"曾经热播的电视剧《康熙微服私访记》的这句歌词就很好地点出了"殿"的用途，"殿"就是皇帝上班办公的地方，代表性的就是太和殿。明、清两朝一共有24个皇帝在太和殿登基，接受文武百官朝贺。清光绪三十四年（1908年）十二月，末代皇帝溥仪在太和殿登基。在大殿上，当时还是小娃娃的溥仪哭喊着说："我不在这儿，我要回家，我不在这儿，我要回家。"他的父亲只好说："别哭了，别哭了，快完了。"典礼结束以后，文武百官窃窃私语，说在登基大典上讲"快完了"实在不是个好兆头。三年之后，孙中山先生领导的辛亥革命取得胜利，推翻了清王朝的统治。另外，1945年8月15日，日本宣布无条件投降，其后华北战区的受降仪式也是在太和殿广场举行的。

太和殿

楼

【原文】

《尔雅》：狭而修曲曰楼。

《淮南子》：延楼栈道，鸡栖井干。

《史记》：方士言于武帝曰：黄帝为五城十二楼以候神人。帝乃立神明台井干楼，高五十丈。

《说文》：楼，重屋也。

《释名》：楼谓牖户之间有射孔，楼楼然也。

【译文】

《尔雅》中说："狭小而修长迂曲的就称为楼。"

《淮南子》中说："高楼凌空架设通道，鸡舍、水井边采用了井干式结构。"

《史记》中说："方士向汉武帝进言说：黄帝修建了五座城和十二座楼，以便等候神人的来临。汉武帝听后，就下令建造神明台、井干楼，高度达到五十丈。"

《说文解字》中说："楼，就是重叠起来的房屋。"

《释名》中说："之所以称为楼，是因为其门窗之间有射孔，光线射进来后就会显得空明而又敞亮。"

知识小链接——

你知道吗？闻名遐迩的岳阳楼竟与一桩贪腐案有关。北宋庆历三年（1043年）九月，滕子京转任庆州知州，当时有人向仁宗检举滕子京在泾州任上"枉费公用钱十六万缗"。仁宗派人调查，滕子京只承认自己动用了3000贯公用钱。滕子京并不贪财，去世时身无长物，"及卒，无余财"。按范仲淹的说法，滕子京经手使用的公用钱，应该是10000贯左右。宋仁宗权衡再三，下诏，"徙知虢州滕宗谅知岳州"。他上任不久，便决定重新修葺岳阳楼。这一次他不敢再动用公款，而是采用"众筹"的办法——因为岳州有不少"老赖"，欠债不还。滕子京便发布一个通告："民间有宿债不肯偿者，献以助官，官为督之"。于是

"民负债者争献之，所得近万缗"。岳阳楼修葺一新后，他请来当时政坛上的清官、文坛上的大将范仲淹"作文以记之"，一句"先天下之忧而忧，后天下之乐而乐"，使岳阳楼的名声更加响亮，许多文人都把"登临此楼赏洞庭"当作世间一大快事。

岳阳楼

亭

【原文】

《说文》：亭，民所安定也。亭有楼，从高省，从丁声也。

《释名》：亭，停也，人所停集也。

《风俗通义》：谨按春秋国语有寓望，谓今亭也。汉家因秦，大率十里一亭。亭，留也；今语有"亭留""亭待"，盖行旅宿食之所馆也。亭，亦平也；民有讼诤，吏留辨处，勿失其正也。

【译文】

《说文解字》中说："亭，用以使百姓有安定环境的建筑。在高处建造的亭有瞭望楼，亭字就是取高字的上半部分，省去下面的口，读音从丁声。"

《释名》中说："亭，停留，是供行人停留休息的场所。"

《风俗通义》中说："《春秋》《国语》中提到的'边境上所设置的以备瞭望和迎送的楼馆'，就是今天我们所说的'亭'。汉代沿袭秦制，大致十里设置一亭。亭，留的意思。现在的用语中还有'亭留''亭待'，这都是指为旅行者提供食宿的馆舍。亭，也有平定的意思，是百姓有讼诤时，官员留下当事人甄审辨别的地方，以求不失其公正。"

"亭"源于我国周代，因其具备优雅之美，备受文人骚客青睐。北宋庆历五年（1045 年）十月，欧阳修因受庆历新政失败的牵连和所谓"张甥案"的影响，被贬到了滁州，任知州。同时，欧阳修的爱女在这一时期不幸身亡。欧阳修虽满腔愤慨，但终因圣命如天，也只能忍气吞声，藏起锋芒，佯装无为。故他在滁州，笑谈山水，寄情诗酒，写了许多"醉文"，吟了许多"醉诗"，说了许多"醉话"，并自谓"醉翁"。有了醉翁，就有了醉翁亭；有了醉翁亭，就有了流传至今的《醉翁亭记》。

醉翁亭

台榭

【原文】

《老子》：九层之台，起于累土。

《礼记·月令》：五月可以居高明，可以处台榭。

《尔雅》：无室曰榭。榭，即今堂埠。

又：观四方而高曰台，有木曰榭。积土四方者。

《汉书》：坐皇堂上。室而无四壁曰皇。

《释名》：台，持也。筑土坚高，能自胜持也。

【译文】

《老子》中说："九层高台，是从一筐土开始堆积起来的。"

《礼记·月令》中说："五月的时候可以居住在高爽明亮的地方，也可以居住在亭台水榭之间。"

《尔雅》中说："不隔房间的叫作榭。"（榭，也就是现在的堂埠。）又说："建在高处且高高耸立，站在上面能够观看四方的建筑就叫作台，而用木头架高的则叫作榭。"（将土堆积成四方形的就叫台榭。）

《汉书》中说："坐在宽敞的殿堂之上。"（四面没有墙壁的室就叫皇。）

《释名》中说："台，就是保持的意思。""筑土十分坚固且显得高峻，这样可以使它长久地保持下去。"

知识小链接——

　　水榭是我国古代一种建于水边的观景建筑，先秦时多建于高台之上，汉以后，随着高台建筑的消失，建于高台的榭就移到了花间水际。榭从射，可知其在古代除了作为一种观景建筑外也有军事上的意义。榭原指用木头搭起来练习射箭的地方，也就是习武的地方。后来大概这种建筑用得多了，人们觉得好看实用，逐渐不再仅用于军事，发展到现在，变成了水边的一种观景建筑。

凉亭水榭

城

【原文】

《周官·考工记》："匠人营国，方九里，旁三门。国中九经九纬，经涂九轨。王宫门阿之制五雉，宫隅之制七雉，城隅之制九雉。"国中，城内也。经纬，涂也。经纬之涂，皆容方九轨。轨谓辙广，凡八尺。九轨积七十二尺。雉长三丈，高一丈。度高以"高"，度广以"广"。

《春秋左氏传》：计丈尺，揣高卑，度厚薄，仞沟洫，物土方，议远迩，量事期，计徒庸，虑材用，书糇粮，以令役，此筑城之义也。

《公羊传》："城雉者何？五版而堵，五堵而雉，百雉而城。"天子之城千雉，高七雉；公侯百雉，高五雉；子男五十雉，高三雉。

《礼记·月令》：每岁孟秋之月，补城郭；仲秋之月，筑城郭。

《管子》：内之为城，外之为郭。

《吴越春秋》：鲧越筑城以卫君，造郭以守民。

《说文》：城，以盛民也。墉，城垣也。堞，城上女垣也。

《五经异义》：天子之城高九仞，公侯七仞，伯五仞，子男三仞。

《释名》：城，盛也，盛受国都也。郭，廓也，廓落在城外也。城上垣谓之睥睨，言于孔中睥睨非常也；亦曰陴，言陴助城之高也；亦曰女墙，言其卑小，比之于城，若女子之于丈夫也。

《博物志》：禹作城，强者攻，弱者守，敌者战。城郭自禹始也。

【译文】

《周官·考工记》中说："匠人修建城邑，方圆九里，每边有三座城门。城中南北干道三条，每条干道有三条南北向道路；东西干道三条，每条干道有三条东西向道路，这些道路能够驰骋九辆马车。王宫的宫门高度为五雉，宫墙的高度为七雉，城墙的高度为九雉。"（国家，就在城里面。经纬，就是南北方向和东西方向的道路。经纬上的道路，都可以容纳九辆马车。轨叫作辙广，宽度一般为八尺。九轨一共为七十二尺。雉的长度一般为三丈，高为一丈。可以用它的高来度量物体的高度，用它的长度来度量物体的长度。）

《春秋左氏传》中说："计算城墙的长度，设定城墙的高矮，测量城墙的厚薄，设定水渠的深度，寻找修建城墙所需的土石材料，研究取土的方向和远近，计划整个工程竣工的日期，统计服劳役的人工，考虑材料的用度，预支需要的粮食，以便参与建城的诸侯国共同承担，于是，整个设计就此定案。"

《春秋公羊传》中说："城雉是什么呢？五板为一堵，五堵为一雉，百雉为一城。"（天子修建的城邑方圆上千雉，高为七雉；王公诸侯修建的城邑方圆上百雉，高为五雉；子爵和男爵修建的城邑方圆五十雉，高为三雉。）

《礼记·月令》中说："每年农历七月，可以修补城墙；农历八月，可以修筑城墙。"

《管子》中说："修建在里面的称为城，而修建在外围的则称为郭。"

《吴越春秋》中说："鲧修筑内城用来保卫君主，建造外城用来守护百姓。"

《说文解字》中说："城，用来容纳子民。""墉，就是城墙。""堞，就是城墙上的女儿墙。"

《五经异义》中说："天子的城邑高度为九仞，王公诸侯的城邑高度为七仞，伯爵的城邑高度为五仞，子爵和男爵的城邑高度为三仞。"

《释名》中说："城，就是盛，用来容纳国都。""郭，就是廓，廓坐落在城外。""城上的矮墙叫作睥睨，就是说可以通过矮墙上的堞孔进行窥视，以便监视异常的情况；这样的矮墙也叫作陴，就是说陴可以增加城墙的高度；这样的矮墙还叫作女墙，就是说它与城墙相比显得很卑小，就像女子与丈夫相比一样。"

《博物志》中说："大禹建造城郭，强大的时候有利于进攻，弱小的时候有利于防守，敌对的时候有利于作战。修建城郭就是从大禹时期开始出现的。"

知识小链接

中国早期的城池，绝大多数是土筑，直到明代以后，修建城池时才开始用砖砌墙，所以可以说在明代以前，城池大多都是一副黄秃秃的模样。之前的城墙都是版筑，所谓版筑，就是筑墙时用两块木板（版）相夹，两板之间的宽度等于墙的厚度，板外用木柱支撑住，然后在两板之间填满泥土，用杵筑（捣）紧，筑毕拆去木板、木柱，即成一堵墙。所以，为保证牢固度和强度，土筑的城墙只能往高、大、厚上靠扰。譬如两千多年前齐国的都城临淄，城墙宽度达 20 米，楚国的都城郢墙厚也有 14 米之多。在冷兵器时代，这样的厚度，其抗击打能力足以令人放心。但在水面前一切都是徒劳，这也是春秋战国时期进攻一方在攻打敌方城池的时候往往引河水来淹的原因，毕竟土城禁不住水泡。

墙

【原文】

《周官·考工记》：匠人为沟洫，墙厚三尺，崇三之。高厚以是为率，足以相胜。

《尚书》：既勤垣墉。

《诗》：崇墉圪圪。

《春秋左氏传》：有墙以蔽恶。

《尔雅》：墙谓之墉。

《淮南子》：舜作室，筑墙茨屋，令人皆知去岩穴，各有室家，此其始也。

《说文》：堵，垣也；五板为一堵。撩，周垣也。埒，卑垣也。壁，垣也。垣蔽曰墙。栽，筑墙长板也。今谓之膊板。干，筑墙端木也。今谓之墙师。

《尚书·大传》：天子贲墉，诸侯疏杼。贲，大也，言大墙正道直也。疏，犹衰也。杼亦墙也；言衰杀其上，不得正直。

《释名》：墙，障也，所以自障蔽也。垣，援也，人所依止以为援卫也。墉，容也，所以隐蔽形容也。壁，辟也，所以辟御风寒也。

《博雅》：撩力雕切、隊音篆、墉、院音垣、廦音壁，又即壁反，墙垣也。

《义训》：厇音乇，楼墙也。穿垣谓之腔音空，为垣谓之厽音累，周谓之㙩音了，㙩谓之㝮音垣。

【译文】

《周官·考工记》中说：“匠人规划井田，设计水利工程、仓库及附属建筑，建筑物墙的厚度为三尺，高度是厚度的三倍。”（高度和厚度以这样的比例，就可以相互支撑了。）

《尚书》中说：“既已勤劳地筑起了墙壁。”

《诗经》中说：“高墙耸立。”

《春秋左氏传》中说：“墙可以遮掩过错和隐私。”

《尔雅》中说：“墙叫作墉。”

《淮南子》中说：“舜帝建造屋室，夯筑墙壁，用茅草、芦苇盖房顶，于是人们都知道离开岩洞，筑墙盖房，因而各自都有了自己的屋室和家庭，砌墙造屋就是从这个时候开始的。”

《说文解字》中说：“堵，就是墙的意思；五板为一堵。”“㙩，就是围墙的意思。”“埒，就是矮墙的意思。”“壁，也被称作墙。”“垣蔽也叫作墙。”“栽，是指筑墙所用的长板（今天称它为‘膊板’）。”“干，是指筑墙用在两端的木头（今天称它为‘墙师’）。”

《尚书·大传》中说：“天子有装饰得很好的高墙，诸侯有衰墙。”（贲，大的意思，就是说高墙修造得方正气派。疏，就是衰的意思。杼也是墙的意思，衰墙就是显得不方正气派。）

《释名》中说：“墙，就是障，所以墙有阻挡、遮蔽的功能。”“垣，就是援，人们可以依靠它来作为援卫。”“墉，就是容，可以用它来隐蔽形状、面容。”“壁，就是辟，因此可以用它来躲避、抵御风雨寒气。”

《博雅》中说：“㙩（读了音）、隊（读篆音）、墉、院（读垣音），指墙垣。”“廦（读壁音），也是指墙垣。”

《义训》中说：“厇（读乇音），就是楼墙。”“穿垣叫作腔（读空音）。”“为垣叫作厽（读累音），周叫作㙩（读了音），㙩叫作㝮（读垣音）。”

　　明清之前的墙一般都是用土筑成的，所以"墙"字的甲骨文的声符——爿，除了指示读音外，也有人认为，还兼有表意作用，它的字形像一个构筑墙体用的夯土夹板。筑墙用土的历史非常悠久，至少在商代已有。亚圣孟子的传世名篇《生于忧患，死于安乐》的开篇之句"舜发于畎亩之中，傅说举于版筑之间，胶鬲举于鱼盐之中，管夷吾举于士，孙叔敖举于海，百里奚举于市"就印证了这一点。傅说是商朝武丁时期的一个贤相，没被武丁发现才能之前他就是一个掌握版筑技术的砌墙奴隶。版筑一般是由立柱、板头、拉绳组成。筑土墙时，把两块木板并列排在一起，左右相夹，使木板中间的宽度，等于墙的厚度，然后再在板外，用木柱把两块木板撑住，往里倒进泥土，用杵捣实，泥土凝固后，把木板、木柱拆除，一座土墙就筑好了。

名居建筑多用夯土墙

柱础

【原文】

《淮南子》：山云蒸，柱础润。

《说文》：栀之日切，柎也。柎，阑足也。楮章移切，柱砥也。古用木，今以石。

《博雅》：础、碣音昔、磌音真，又徒年切，硕也。镵音谗，谓之铍音披。镵醉全切，又予兖切，谓之錾慚敢切。

《义训》：础谓之碱仄六切，碱谓之硕，硕谓之碣，碣谓之磩音额，今谓之石碇，音顶。

【译文】

《淮南子》中说："山中的云雾蒸腾，柱子的基石就会润湿。"

《说文解字》中说："栀，就是柎。""柎，就是栏足。""楮，就是柱砥。古时用木材，现在用石材。"

《博雅》中说："础、碣（读昔音）、磌（读真音），就是硕。""镵（读馋音），叫作铍。""镵，叫作錾。"

《义训》中说："础叫作碱，碱叫作硕，硕叫作碣，碣叫作磩（读额音，现在叫作石碇）。"

《淮南子》有语："山云蒸，柱础润。"民间也有"础润而雨"的说法。因为每当天快要下雨的时候，空气湿度会骤然变大形成返潮，这个时候处于最下面的柱础就会湿漉漉的。当然柱础的最主要用途还是保护木柱不受地气侵袭而受潮腐烂。

山西王家大院鼓形柱础

定平

【原文】

《周官·考工记》：匠人建国，水地以悬。于四角立植而垂，以水望其高下，高下既定，乃为位而平地。

《庄子》：水静则平中准，大匠取法焉。

《管子》：夫准，坏险以为平。

【译文】

《周官·考工记》中说："匠人建造城邑，在水平的地中央竖柱，并通过悬绳的方法使它垂直于地面。"（在四个角竖柱并使它垂直于地面，站在水平的位置查看它们的高矮，高矮定下来后，就在水平的地面上确定各个修建的方位。）

《庄子》中说："水面静止就是水平的标准，大匠用这种方式来获取水平的概念。"

《管子》中说："准，除险以持平。"

取正

【原文】

《诗》：定之方中。又：揆之以日。定，营室也；方中，昏正四方也；揆，度也。度日出日入以知东西；南视定，北准极，以正南北。

《周礼·天官》：惟王建国，辨方正位。

《考工记》：置槷以悬，视以景。为规识日出之景与日入之景；夜考之极星，以正朝夕。自日出而画其景端，以至日入既，则为规。测景两端之内规之，规之交，乃审也。度两交之间，中屈之以指槷，则南北正。日中之景，最短者也。极星，谓北辰。

《管子》：夫绳，扶拨以为正。

《字林》：抐时钏切，垂枭望也。

《刊谬正俗》音字：今山东匠人犹言垂绳视正为槷也。

【译文】

《诗经》中说："定星昏中而正。"又说："测量日影来确定方位。"（定星位于中天的时候，就可以修建房屋；昏中，是指昏正四个方位；揆，就是测量。根据太阳升起和降落即可以判断东西方向；"南"通常被看作确定"北"的标准，这样即可以确定南北方向。）

《周礼·天官》中说："只有国君营建国都的时候，才会明辨四方和端正方位。"

《考工记》中说："垂直放置槷（悬着的），并观察它的影子。"目的是为了辨识太阳升起过程中与太阳降落过程中的影子；在晚上观察北极星，用这种方式来确定早晚。（从太阳刚刚升起到傍晚下山全记录下槷影远端的变化，根据这样的观测，以至于到了晚上就可以形成一定的法则了。观测影子两端之间的距离变化来测量，观测日升日落的变化，就是审。测量两端之间的影线，如果与槷重合，那么南北的方位就是正确的，其中可以看出，到了太阳高挂中天的时候，影子最短。极星，就是北极星。）

《管子》中说："绳，用来扶治倾斜而使其保持垂直。"

《字林》中说："揆，垂直竖立一根标杆以便观测日影。"

《刊谬正俗》中说："如今，山东匠人还常常这样说，垂下一根绳索来观测是否端正就叫作揆。"

材

【原文】

《周官》：任工以饬材事。

《吕氏春秋》："夫大匠之为宫室也，景小大而知材木矣。"

《史记》：山居千章之楸。章，材也。

班固《汉书》：将作大匠属官有主章长丞。旧将作大匠主材吏名章曹掾。

又《西都赋》：因瑰材而究奇。

弁兰《许昌宫赋》：材靡隐而不华。

《说文》：栔，刻也。栔音至。

《傅子》：构大厦者，先择匠而后简材。

今或谓之方桁，桁音衡；按构屋之法，其规矩制度，皆以章栔为祖。今语，以人举止失措者，谓之"失章失栔"盖此也。

【译文】

《周礼》中说："任命百工来整顿用料方面的事情。"

《吕氏春秋》中说："那些大工匠建造宫室，只要量一量大小就知道要用多少木料。"

《史记》中说："山里出产上千棵楸树大材。"（章，就是材。）

班固《汉书》中说："将作大匠下面还设有下属官吏，官名叫作主章长丞，主管材料。"（古代主管材料的将作大匠，官名叫作章曹掾。）

然后《西都赋》中说："就着瑰异的材料来构建各种奇巧的式样。"

弁兰《许昌宫赋》中说："所选木材细密而不显浮华。"

《说文解字》中说："栔，就是刻的意思。"（栔，读至音。）

《傅子》中说："想要构建大厦的人，一定得先挑选好匠人，然后再选择材料。"

（现在有的人把它称为"方桁"，桁读衡音。按照修建房屋的法则，其中的规则制度，都是以章栔为祖例的。今天我们把有的人举止不当称为"失章失栔"，大概就是根据这里得来的。）

知识小链接——

"材"是一种定形化构件，古人为了便于估算工料和构件的安装与制作，将华栱的断面作为权衡木构架的基本尺寸进行计算，每一等级均制定具体尺寸，从一等至八等，如一等材广九寸，厚六寸，加起来是15；二等材广八寸二分五，厚五寸五，加起来虽然不是15，但广、厚比例没变，依然是3∶2。"材"是宋代木材长度度量的基础（"以材为祖"），建筑类型、构件长短、举折高低，均以"材"为标准。"分"就是从材派生出来的。所以重要的木构件（如斗栱、梁、柱等）的长、宽、厚，必须用"材、分"标明，不得用"寸、分"标明。用"材、分"模数制标明的建筑构件，灵活性大，一套图样可用于一等材构件，也可以按比例缩小，用于二至八等材构件，只需一套"材分"模数；如果用"寸、分"来表示，从一等材构件到八等材构件，就需要八套尺寸了。

宋代以后，由于斗栱越做越小，因此用材的等级比宋时下降了四五级，如明初修建的十一开间的太和殿，经测量斗口，厚度仅有4寸，相当于《营造法式》规定的用于小亭榭的八等材。而清代建筑则缩水更多，故宫的中和殿斗口，仅有2.5寸，只合宋代"等外材"；木材截面的广厚比也由3∶2趋向于1∶1。由于清代材的规格偏离宋代太远，所以清代开始已不再用"材分"模数制，而另创斗口模数制了。

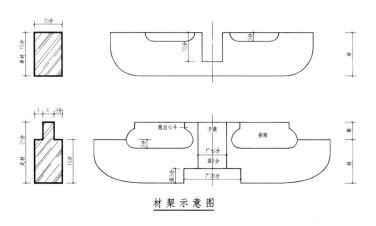

材栔示意图

栱

【原文】

《尔雅》：闲谓之槉。柱上欂也，亦名枅，又曰楷。闲，音弁。槉，音疾。

《仓颉篇》：枅，柱上方木。

《释名》：栾，挛也；其体上曲，挛拳然也。

王延寿《鲁灵光殿赋》：曲枅要绍而环句。曲枅，栱也。

《博雅》：欂谓之枅，曲枅谓之挛。枅，音古妍切，又音鸡。

薛综《〈西京赋〉注》：栾，柱上曲木，两头受栌者。

左思《吴都赋》：雕栾镂楶。栾，栱也。

【译文】

《尔雅》中说："闲叫作槉。"（闲就是柱上的欂，它另外一个名字是枅，又叫作楷。闲，读弁音。楑，读疾音。）

《仓颉篇》中说："枅，就是柱子上面的方形木料。"

《释名》中说："栾，就是挛；它的形体向上弯曲，就像握紧的拳头一样。"

王延寿《鲁灵光殿赋》中说："曲枅环曲而环环勾连。"（曲枅，就是栱。）

《博雅》中说："樽叫作枅，曲枅叫作栾。"（枅，古代读妍音，又读鸡。）

薛综《〈西京赋〉注》中说："栾，就是柱顶承托大梁的曲木，它的两头都承受着樽栌。"

左思《吴都赋》中说："在栾上雕刻，镂穿斗栱。"（栾，也指栱。）

栱是立柱和横梁之间成弓形的承重结构。其与方形木块纵横交错层叠构成斗栱，逐层向外挑出形成上大下小的托座，兼有装饰效果，为中国传统建筑造型的主要特征之一，又称栱子，常与斗合用。

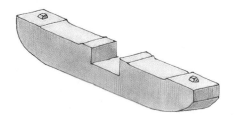

飞昂

【原文】

《说文》：欐，楔也。

何晏《景福殿赋》：飞昂鸟踊。

又：欐栌各落以相承。李善曰：飞昂之形，类鸟之飞。今人名屋四阿栱曰欐昂，欐即昂也。

刘梁《七举》：双覆井菱，荷垂英昂。

《义训》：斜角谓之飞棴。

今谓之下昂者，以昂尖下指故也。下昂尖面颙下平。又有上昂如昂桯挑斡者，施之于屋内或平坐之下。昂字又作枊，或作桾者，皆吾郎切。颤，于交切，俗作凹者，非是。

【译文】

《说文解字》中说："欘，就是楔。"

何晏《景福殿赋》中说："飞昂的形状就像鸟在飞跃。"

又说："欘栌错落有致，并相互承托。"（李善注释说："房屋的四隅向外伸出承受屋檐部分的外形，就像鸟儿展翅欲飞一样。"现在的人把房屋的四个斗栱叫作"欘昂"，欘就是昂。）

刘梁《七举》中说："两个水菱藻井，荷花仿佛就是从昂下垂下来的一样。"

《义训》中说："斜角就叫作飞昂。"

（现在我们把它称作下昂，就是因为昂尖向下指的缘故。下昂尖的表面很平滑。还有上昂像昂程桃的，可以将其设置在室内或者平座的下面。昂字还可以写成枊字，还可以写成桾字，都是吾郎切。颤，于交切，一般认为可作凹，其实并不是这样的。）

知识小链接 ——

昂是斗栱中斜置的长条形构件，因其在斗栱中如尖刺一般突出，如飞跃的鸟一般，所以称为飞昂。三国时期的何晏在《景福殿赋》中有过赞叹："飞昂鸟踊，双辕是荷。赴险凌虚，猎捷相加。"

飞昂

爵头

【原文】

《释名》：上入曰爵头，形似爵头也。今俗谓之耍头，又谓之胡孙头；朔方人谓之蜉螋头。蜉音勃，螋音纵。

【译文】

《释名》中说："上面的叫爵头，外形很像雀鸟的头。"（现在我们通常把它叫作"耍头"，还把它叫作"胡孙头"。北方人则称它为"蜉螋头"。蜉，读勃音；螋，读纵音。）

形似蚂蚱头的木构件——耍头

耍头

枓

【原文】

《论语》：山节藻棁。节，栭也。

《尔雅》：栭谓之楶。即栌也。

《说文》：栌，柱上柎也。栭，枅上标也。

《释名》：栌在柱端。都卢，负屋之重也。枓在栾两头，如斗，负上檼也。

《博雅》：楶谓之栌。节、楶，古文通用。

《鲁灵光殿赋》：层栌碟佹以岌峩。栌，枓也。

《义训》：柱斗谓之楷音沓。

【译文】

《论语》中说："形状像山的斗栱和绘有水藻图案的梁上小立柱。"（节，就是栭。）

《尔雅》中说："栭叫作栥。"（也就是栌。）

《说文解字》中说："栌，就是柱顶上的柎。""栭，就是枅上的方標。"

《释名》中说："栌在柱的顶部位置。""栌就像杂技表演者耍都栌杂技那样，神奇地承托着屋盖的重量。""枓在栾的两端，就像斗一样，上面承担着脊標。"

《博雅》中说："栥也就是栌。"（节和栥，在古文中是可以通用的。）

《鲁灵光殿赋》中说："层层栌斗重叠得高高的，显得很高大雄伟。"（栌，也就是斗。）

《义训》中说："柱斗叫作楷（读沓音）。"

斗是斗栱中承托栱、昂的方形木块，因形状像旧时量米的斗而得名，斗与栱纵横交错层叠，逐层向外挑出，形成上大下小的托座，以支承荷载，样式兼有装饰效果。

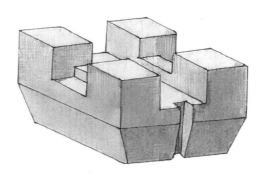

铺作

【原文】

汉《柏梁诗》：大匠曰：柱枅欂栌相支持。

《景福殿赋》：桁梧复叠，势合形离。桁梧，斗栱也，皆重叠而施，其势或合或离。

又：欂栌各落以相承，栾栱夭矫而交结。

徐陵《太极殿铭》：千栌赫奕，万栱峻层。

李白《明堂赋》：走栱夤缘。

李华《含元殿赋》：云薄万栱。

又：悬栌骈凑。

今以斗栱层数相叠出跳多寡次序，谓之铺作。

【译文】

汉《柏梁诗》中说："建筑大师说：柱、枅、欂栌相互支撑承托。"

《景福殿赋》中说："梁上、门框、窗框等上方的横木和屋梁上两头起支架作用的斜柱相互重叠，总体结构完整，但它们各个部分的形体又相互独立。"（桁梧，也就是斗栱，都相互重叠着建造，它们的外形有时候相互结合，有时候又相互独立。）

又说："欂栌错落有致且相互承托，栾栱外形伸展屈曲而又相互交结。"

徐陵《太极殿铭》中说："柱头承托栋梁的短木成百上千且异常美观显眼，立柱和横梁之间成弓形的承重斗栱更是成千上万且都层层重叠高耸。"

李白《明堂赋》中说："走栱攀缘着向上叠升。"

李华《含元殿赋》中说："薄云之中成千上万的斗栱时隐时现。"

又说："成百上千的短柱相互并列并紧紧依靠着。"

（如今我们把斗栱层层交叠着向上攀升的这种结构叫作"铺作"。）

知识小链接——●

铺作，从狭义上来说其实指的就是斗栱，从广义上来说则是指斗栱所在的结构层。铺作这种称呼是宋代的，清代才称为"斗栱"。斗栱是木建筑中的一个明星构件，在艺术上常可指代"建筑"，如唐代刘禹锡在《武陵观火诗》写道："腾烟透窗户，飞焰生栾栌。"清代吴伟业《松鼠》中也写有："棂户既严扃，栾栌若比栉。"栾栌就是斗

栱。斗栱除了在建筑上的承重、装饰作用外，还可以从其构造、大小和精细程度，判断其主人的身份和地位。到了明清时，斗栱更是演变为等级制度的象征，以至于只有宫殿、庙宇等建筑才能使用，以显示皇家与神佛的威严与尊贵。此外，铺作也指斗栱的类型，斗栱出一跳称为"四铺作"，出两跳称为"五铺作"，出三跳称为"六铺作"，依此类推。

平坐

【原文】

张衡《西京赋》：阁道穹隆。阁道，飞陛也。

又：隥道逦倚以正东。隥道，阁道也。

《鲁灵光殿赋》：飞陛揭孽，缘云上征；中坐垂景，俯视流星。

《义训》：阁道谓之飞陛，飞陛谓之墱。

今俗谓之平坐，亦曰鼓坐。

【译文】

张衡《西京赋》中说："阁道悠长而曲折。"（阁道，就是飞陛。）

又说："有台阶的登高道路高低曲折向东延伸。"（隥道，也就是阁道。）

《鲁灵光殿赋》中说："高耸的阶梯就像横卧在高空之间，沿着云彩步步向上

攀登；坐在台阶上可以观赏风景，凭着栏杆还可以俯瞰飞逝而过的流星。"

《义训》中说："阁道称作飞陛，飞陛则称作墱。"

（如今我们通常把它叫作"平坐"，还可以称作"鼓坐"。）

平坐，或作"平座"，可以把它看作是古建筑中的阳台，它是东亚传统建筑的附属部分，是楼阁式建筑的重要构成。"平坐"又名"鼓坐"，是多层建筑各楼层之间的平台，平台之下由梁、柱、斗栱连贯组成严密的结构层，平台之上承托楼阁上屋，上屋柱网与平坐柱网用"叉柱造"或"缠柱造"形成紧密联系，平台四周还有勾栏可供依凭远眺。这一平台在结构上承担了结构转换层的角色，在使用功能上又可以游赏眺望。

平坐

梁

【原文】

《尔雅》：宋庙谓之梁。屋大梁也。宗，武方切；癅，力又切。

司马相如《长门赋》：委参差以糠梁。糠，虚也。

《西都赋》：抗应龙之虹梁。梁曲如虹也。

《释名》：梁，强梁也。

何晏《景福殿赋》：双枚既修。两重作梁也。

又：重桴乃饰。重桴，在外作两重牵也。

《博雅》：曲梁谓之罶音柳。

《义训》：梁谓之欂音礼。

【译文】

《尔雅》中说："杗廇称作梁。"（就是房屋上面的大梁。杗，武方切；廇，力又切。）

司马相如《长门赋》中说："承托着屋顶大大小小、长长短短架构的架空的屋梁。"（就是欀虚。）

《西都赋》中说："横架着形如飞龙、曲如长虹的殿梁。"（梁，屈曲着就像彩虹一样。）

《释名》中说："梁，就是指强梁。"

何晏《景福殿赋》中说："屋内两重作梁又大又长。"（两重，就指作梁。）

又说："重叠交互的栋梁上面雕绘着彩饰。"（重桴，搭于外面而作两重作梁，起着牵拉屋顶各种建构的作用。）

《博雅》中说："曲梁叫作罶（读柳音）。"

《义训》中说："梁叫作桺（读礼音）。"

知识小链接——

东汉陈寔秉心公正，为人表率，有一天晚上小偷到陈寔家里偷窃，暗自躲在房梁上准备伺机下手，没过一会儿却被发现了。陈寔没有惊慌呼喊，只是让人把子孙叫来，并严肃地训诫他们："人不可以不自我勉励。不善良的人不一定本性是坏的，（坏）习惯往往由（不注重）品性修养而形成的，最终到了这样的地步。屋梁上的先生就是这样的人！"小偷非常惊恐，从房梁上跳了下来，向陈寔叩头请罪。陈寔看着小偷说道："看你的样子，不像是个坏人，应该赶紧改掉自己的坏毛病重新做个好人。你干这行应该也是被穷困所迫。"陈寔吩咐送给他两匹绢。从此以后全县再没有偷盗的人了。所以后世又把小偷称为梁上君子。

梁

柱

【原文】

《诗》：有觉其楹。

《春秋·庄公》：丹桓宫楹。

又：《礼》[1]：楹，天子丹，诸侯黝，大夫苍，士黈。黈，黄色也。

又：三家视桓楹。柱曰植，曰桓。

《西都赋》：雕玉瑱以居楹。瑱，音镇。

《说文》：楹，柱也。

《释名》：柱，住也。楹，亭也；亭亭然孤立，旁无所依也。齐鲁读曰轻。轻，胜也。孤立独处，能胜任上重也。

何晏《景福殿赋》：金楹齐列，玉舄承跋。玉为石舄以承柱下，跋，柱根也。

【梁注】

[1]《春秋穀梁传》卷三庄公二十三年："秋，丹桓宫楹。礼，天子丹，诸侯黝垂，大夫苍，士黈，丹桓宫楹非礼也。"由这段文字看，《法式》原文"礼"前疑脱"又"字，今妄加之。

【译文】

《诗经》中说："房屋端正高大依靠挺拔的柱子。"

《春秋·庄公》中说："用朱色涂漆的桓表的柱子。"

《礼记》中说："对于涂漆柱子的颜色，天子宫殿要用朱色，诸侯官邸要用黑色，大夫府邸要用青色，士之类的人其门第要用黄色。"（黈，就是黄色。）

又说："区分仲孙、叔孙、季孙三家就是用比照四根大柱子的方式。"（柱叫作植，也叫作桓。）

《西都赋》中说："雕刻美玉来作为础石而承托殿柱。"（瑱，读镇音。）

《说文解字》中说："楹，就是柱子。"

《释名》中说："柱，就是住。""楹，就是亭；亭亭孤立的样子，四周没有什么依托。齐鲁一带把它读作轻；轻，就是胜。孤独地高高矗立着，但却能够承受上面的沉沉重压。"

何晏《景福殿赋》中说："金柱整齐地排列，下面则是玉制的柱脚石。"（用玉石来作为承托柱子的石礩；跋，就是柱子的根部。）

知识小链接——

柱是一种直立而承受上部荷载的构件，是中国古代建筑中最重要的构件之一。为何中国古建筑能墙倒屋不塌？因为古建筑承重的结构是屋架。柱作为竖向木结构构件，与横向的木结构构件梁、檩、枋等结合，组成了屋架。古代柱子多为木造，亦有石柱。为防水、防潮，在主柱与地基间，建有柱础，并在木柱的柱础之上，垫以石栀。

阳马

【原文】

《周官·考工记》：殷人四阿重屋。四阿若今四注屋也。

《尔雅》：直不受檐谓之交。谓五架屋际，椽不直上檐，交于檼上。

《说文》：柧棱，殿堂上最高处也。

何晏《景福殿赋》：承以阳马。阳马，屋四角引出以承短椽者。

左思《魏都赋》：齐龙首以涌霤。屋上四角，雨水入龙口中，泻之于地也。

张景阳《七命》：阴虹负檐，阳马翼阿。

《义训》：阙角谓之柧棱。

今俗谓之角梁。又谓之梁抹者，盖语讹也。

【译文】

《周官·考工记》中说："殷商时候的人修建四阿重屋。"（四阿，就像如今四面设栋的房屋。）

《尔雅》中说："桷直而不承受屋檐的称为交。"（称其为五架屋际，椽子笔直连接着上檐，并在屋脊相互交接。）

《说文解字》中说："柧棱，位于殿堂上面最高的地方。"

何晏《景福殿赋》中说："承托着阳马。"（阳马，从房屋四角引出并承托着短椽的架构。）

左思《魏都赋》中说："从龙首所在的地方喷出水流。"（房屋的四角汇聚的雨水流入龙口，并从龙口再流泻到地上。）

张景阳《七命》中说："飞龙托住檐梁，阳马承托四面的栋梁。"

《义训》中说："阙角称为柧棱。"

（也就是如今我们通常所说的"角梁"。还可以称作"梁抹"，大概是讹语了。）

知识小链接——

阳马，就是角梁，是房屋四角承檐的一种长桁条。之所以也称为阳马，是因为它的顶端刻有马形。角梁一般分上下两层，其中的下层梁在宋代建筑中称为"大角梁"，在清代建筑中则称为"老角梁"。老角梁上面，也就是角梁的上层梁称为"仔角梁"。三国时期的文人卞兰在《许昌宫赋》中就写道："见栾栌之交错，睹阳马之承阿。"

角梁

侏儒柱

【原文】

《论语》：山节藻棁。

《尔雅》：梁上楹谓之棁。侏儒柱也。

扬雄《甘泉赋》：抗浮柱之飞榱。浮柱即梁上柱也。

《释名》：棁，棁儒也，梁上短柱也。棁儒犹侏儒，短，故因以名之也。

《鲁灵光殿赋》：胡人遥集于上楹。

今俗谓之蜀柱。

【译文】

《论语》中说："古代天子的庙饰，刻成山形的斗栱，画有藻文的梁上短柱，显得豪华奢侈。"

《尔雅》中说："房梁上的柱子就叫作棁。"（也就是这里所说的侏儒柱。）

知识小链接——

北宋时期，朝廷不太待见蜀人，是因为宋太祖在统一全国的过程中，在四川遇到了很大的困难。又加上北宋初期，四川不断发生兵变，导致朝廷对蜀人极为反感。所以当时的宋人堂而皇之地将平梁上用来支撑脊檩的小短柱称为蜀柱，以嘲笑蜀人的矮小。

侏儒柱

扬雄《甘泉赋》中说："承受浮柱上面高架的橡子。"（这里的浮柱即房梁上短小的柱子。）

《释名》中说："椸，也叫椸儒，指房梁上的短柱。椸儒就像侏儒一样，因为短小，所以这样给它取名字。"

《鲁灵光殿赋》中说："边远的胡人形象也成群结队地出现在高柱上的浮雕之中。"

（也就是我们今天所说的"蜀柱"。）

斜柱

【原文】

《长门赋》：离楼梧而相樘 丑庚切。

《说文》：樘，衺柱也。

《释名》：梧，在梁上，两头相触梧也。

《鲁灵光殿赋》：枝樘杈丫而斜据。枝樘，梁上交木也。杈丫相柱，而斜据其间也。

《义训》：斜柱谓之梧。

今俗谓之叉手。

【译文】

《长门赋》中说："把很多木料交叠在一起就做成了支撑的房柱。"

《说文解字》中说："樘，就是斜的柱子。"

《释名》中说："梧的位置一般处在房梁上面，也就是指两头与房梁相互交接。"

《鲁灵光殿赋》中说："参差不齐的斜柱从旁侧横斜而挺出。"（枝樘就是指房梁上的交木。斜柱相互支撑在房梁的各个重要部位。）

《义训》中说："梧就是被称为斜柱的构件。"

（也就是我们今天所说的"叉手"，即支撑在侏儒柱两侧的木构件。）

斜柱就是后来的叉手，梁上有没有叉手是判断一个建筑年代的证据，有叉手的建筑，断代甚至可以上溯到唐代。20世纪30年代梁思成和林徽因等到山西五台山考察古建，有幸发现了建于唐代的佛光寺东大殿。在当时这是一个石破天惊的重大发现，被梁思成先生称为"中国第一国宝"。因为它的发现打破了日本学者的断言：在中国大地上没有唐朝及其以前的木结构建筑。当时他们判定这是一座唐代建筑的依据，除了殿前的经幢和梁下的题记外，最主要的还是从建筑本体上发现的，那就是人字形叉手，且其下没有蜀柱（这是唐代及唐之前建筑的一个特征）。

斜柱　　　　　　　　　　　斜柱

卷二

总释下

栋

【原文】

《易》：栋隆，吉。

《尔雅》：栋谓之桴。屋檼也。

《仪礼》：序则物当栋，堂则物当楣。是制五架之屋也。正中曰栋，次曰楣，前曰庋，九伪切，又九委切。

《西都赋》：列棼橑以布翼，荷栋桴而高骧。棼、桴，皆栋也。

扬雄《方言》：甍谓之雷。即屋檼也。

《说文》：极，栋也。栋，屋极也。檼，棼也。甍，屋栋也。徐锴曰：所以承瓦，故从瓦。

《释名》：檼，隐也；所以隐桷也。或谓之望，言高可望也。或谓之栋；栋，中也，居室之中也。屋脊曰甍；甍，蒙也。在上蒙覆屋也。

《博雅》：檼，栋也。

《义训》：屋栋谓之甍。

今谓之槫，亦谓之檩，又谓之榜。

【译文】

《易》中说："栋隆代表吉利。"

《尔雅》中说："栋叫作桴。"（也指屋檼。）

《仪礼》中说："在州学行射礼，标志画在正对着当栋的地方；在燕寝中学行射礼，标志画在正对着前楣的地方。"（栋是建造五架房屋的重要构件。在这五架构里，位于正中的就叫作栋，稍稍往后的叫作楣，位于前面的则叫作庪。）

《西都赋》中说："椽桷排列整齐，飞檐就像鸟翼舒张一样，而荷重的栋桴则像骏马奔驰一般气势高昂。"（棼、桴，都指的是栋。）

扬雄《方言》中说："甍就叫作霤。"（也就是指屋檼。）

《说文解字》中说："极，就是栋。""栋，就是屋极。""檼，就是棼。""甍，就是屋栋。"（徐锴说：由于主要承受瓦的重量，所以从瓦部。）

《释名》中说："檼，同隐，所以称为隐桶。或者叫作望，就是指位置高而可以远望的意思。或者叫作栋，栋，带有中间的意思，即位于屋子的中间。屋脊称为甍，甍，同蒙，在其上可以盖屋顶。"

《博雅》中说："檼，就是栋。"

《义训》中说："屋栋叫作甍。"

（如今称之为槫，也叫作檩，还可以称作檼。）

栋又名脊檩、槫，"槫"为唐宋时期的称呼，例如脊槫、上平槫、中平槫、下平槫、牛脊槫、撩檐槫（撩风槫）。唐宋时期的槫比明清时期的桁、檩粗壮些。栋是中式木建筑屋内最高的木构件，即屋内最高处的主梁，古人把它称为大梁。明清之前用叉手支撑，后用侏儒柱支撑。在建造房屋时，搭建安放栋是一道重要的工序，它代表着房屋的主要结构完成。所以古人在安放栋时会择吉日进行上梁仪式，还会在栋上挂上挡煞物，以保佑后代平安。

栋

两际

【原文】

《尔雅》：桷直而遂谓之阅。谓五架屋际椽正相当。

《甘泉赋》：日月才经于栧桭。栧，于两切。桭，音真。

《义训》：屋端谓之栧桭。

今谓之"废"。

【译文】

《尔雅》中说："屋椽，长直而遂达就叫作阅。"（五架屋的两际、椽子都营造得恰到好处。）

《甘泉赋》中说："横绝中天的日月刚刚经过屋宇的时候。"（栧，于两切。桭，读真音。）

《义训》中说："屋端叫作栧桭。"

（如今则将其称作废。）

知识小链接——

　　两际在清式建筑中叫作"挑山""悬山"，指的是低等级建筑悬山顶的两端或歇山顶垂脊之外的部分。简单地说，出际即是檩条头伸出山墙以外的那一段（形成了椽坡），也为废头。其长（宽）度可依屋椽数而定。

搏风

【原文】

《仪礼》：直于东荣。荣，屋翼也。

《甘泉赋》：列宿乃施于上荣。

《说文》：屋梠之两头起者为荣。

《义训》：搏风谓之荣。

今谓之搏风板。

【译文】

《仪礼》中说："安设盥洗用的器皿正对东面的屋翼。"（荣，就是屋翼。）

《甘泉赋》中说："众星宿仿佛延列在高翘的檐翼上一样。"

《说文解字》中说："屋檐两头起始的地方就叫作荣。"

《义训》中说："搏风叫作荣。"

（如今将其称作搏风板。）

知识小链接——

搏风板是房屋建筑外观上的一个重要特征。它是位于建筑中悬山式屋顶两端的一种三角形设计，这种设计起源于神社佛殿建筑。搏风板安装于山面出际处用来遮挡风雨，搏风板下方一般会垂悬一种称作"垂鱼"的华丽装饰，既起保护搏头的作用，又起装饰作用。

搏风板

栿

【原文】

《说文》：梦，复屋栋也。

《鲁灵光殿赋》：狡兔跧伏于栿侧。栿，枓上横木，刻兔形，致木于背也。

《义训》：复栋谓之棼。

今俗谓之替木。

替木

【译文】

《说文解字》中说："棼，就是复屋的正梁。"

《鲁灵光殿赋》中说："狡兔半伏在柎的旁侧。"（柎，也就是斗栱上面的横木，雕刻有兔子形状，主要支撑设置于其上的短小木构件。）

《义训》中说："平行依附的正梁叫作棼。"（如今常常将其称作"替木"。）

椽

【原文】

《易》：鸿渐于木，或得其桷。

《春秋左氏传》：桓公伐郑，以大宫之椽为卢门之椽。

《国语》：天子之室，斫其椽而砻之，加密石焉。诸侯砻之，大夫斫之，士首之。密，细密文理。石，谓砥也。先粗砻之，加以密砥。首之，斫斫首也。

《尔雅》：桷谓之榱。屋椽也。

《甘泉赋》：琁题玉英。题，头也。榱椽之头，皆以玉饰。

《说文》：秦名为屋椽，周谓之榱，齐鲁谓之桷。

又：椽方曰桷，短椽谓之栋耻绿切。

《释名》：桷，确也，其形细而疏确也。或谓之椽；椽，传也，传次而布列之也。或谓之榱，在檼旁下列，衰衰然垂也。

《博雅》：榱、橑鲁好切、桷、栋，椽也。

《景福殿赋》：爰有禁楄，勒分翼张。禁楄，短椽也。楄，蒲沔切。

陆德明《春秋左氏传》音义：圆曰椽。

【译文】

《易》中说："鸿鸟渐渐飞到树上，或者落到一个平直的树杈之上。"

《春秋左氏传》中说:"齐桓公征伐郑国之后,把郑国宗庙上的椽运回都城作为南门之椽。"

《国语》中说:"天子的宫室,将椽子砍削后加以打磨,然后再用密纹石细磨。诸侯的宫室,将椽子砍削后加以打磨,不再用密纹石细磨;大夫的家室,将椽子砍削即可,不加以打磨;士的房舍,只要将椽子的梢头砍去就行了。"(密,即指细密的纹理。石,也称作砥。先大略地磨砻,接着再细密地加以打磨。最初的环节即是要斩断其端部。)

《尔雅》中说:"桷称为椽。"(其实就指屋椽。)

《甘泉赋》中说:"椽头用玉加以装饰。"(这里的题就是头。榱椽的端檐,都雕有玉饰。)

《说文解字》中说:"椽在秦代称作屋椽,在周代称作榱,而在齐鲁地区则叫作桷。"又:"椽方叫作桷,短椽称为棟。"

《释名》中说:"桷,也就是确,其形状细小而疏确。或者称为椽,椽,也就是传,依次排列开来。或者称为榱,在檐的下列衰衰地低垂下来。"

《博雅》中说:"榱、椽、桷、棟,都是指椽。"

《景福殿赋》中说:"于是有禁楄,如兽勒之分,鸟翼之张。"(禁楄,也就是短椽。)

陆德明《春秋左氏传》中说:"圆就叫作椽。"

中国传统建筑是土木建筑,随着社会的进步,土木结构的房子越来越少,对于什么是椽子,很多人已经不知道了。椽,也叫椽子、椽条。中国古代木构建筑的屋顶都有挑出的屋檐,目的是保护檐口下的木构架及夯土墙少受雨淋,而屋檐的主要构件就是椽子,它密集地排列于檩上,并与檩成正交,其功能是承受屋顶的望板和瓦等材料。

屋檐下的椽子

檐 余廉切，或作櫩，俗作簷者非是。

【原文】

《易·系辞》：上栋下宇，以待风雨。

《诗》：如跂斯翼，如矢斯棘，如鸟斯革，如翚斯飞。疏云：言檐阿之势，似鸟飞也。翼言其体，飞言其势也。

《尔雅》：檐谓之樀。屋梠也。

《礼·明堂位》：复庙重檐，天子之庙饰也。

《仪礼》：宾升，主人阼阶上，当楣。楣，前梁也。

《淮南子》：橑檐榱题。檐，屋垂也。

《方言》：屋梠谓之棂。即屋檐也。

《说文》：秦谓屋联橑曰楣，齐谓之檐，楚谓之梠。樀徒含切，屋梠前也。庌音雅，庑也。宇，屋边也。

《释名》：楣，眉也，近前若面之有眉也。又曰梠，梠，旅也，连旅旅也。或谓之槾；槾，绵也，绵连榱头使齐平也。宇，羽也，如鸟羽自蔽覆者也。

《西京赋》：飞檐辙辙。

又：镂槛文㮰。㮰，连檐也。

《景福殿赋》：㮰梠椽楶。连檐木，以承瓦也。

《博雅》：楣，檐棂梠也。

《义训》：屋垂谓之宇，宇下谓之庑，步檐谓之廊，㢠廊谓之岩，檐㮰谓之庮音由。

【译文】

《易·系辞》中说："上面有脊檩，下面有屋檐，就可以躲避风雨了。"

《诗经》中说："宫室像人恭立端正，屋角如同箭头有棱，像鸟儿飞翔一样展开翅膀，又像锦鸡展翅飞翔。"（有疏说：屋檐飞举，就像鸟儿飞翔一样。鸟儿的翅膀讲的是其体式，飞翔讲的则是气势。）

《尔雅》中说："檐称为樀。"（也就是屋梠。）

《礼记·明堂位》中说："重檐之屋，为天子宗庙所特有。"

《仪礼》中说："宾客升席，主人从东面的台阶上席，正对着楣。"（楣，也就是前梁。）

《淮南子》中说："屋檐以及屋霤。"（檐，屋顶下垂的边沿。）

《方言》中说："屋栭称为梠。"（这里就是指屋檐。）

《说文解字》中说："秦国称屋联檐为楣，齐国称为檐，楚国称为梠。""樀，在屋栭之前。""庌（读音雅），庑也。""宇，屋边。"

《释名》中说："楣，眉也，走近看，就像脸上有眉毛一样。楣又叫作梠，梠，旅也，即连旅旅。或称为檈，檈，绵也，椽头绵连使之齐平。宇，即指羽毛，像鸟儿的羽毛遮盖在上面。"

《西京赋》中说："飞檐高耸。"又："雕镂栏杆，彩文檐梠。"（槐，也就是连檐。）

《景福殿赋》中说："连绵到梠椽的边沿。"（连檐木，主要是用来承受瓦片的。）

《博雅》中说："楣，即檐栭梠。"

《义训》中说："屋垂称为宇，宇下称为庑，步檐称为廊，峻廊称为岩，檐槐称为庮（读为由）。"

举折

【原文】

《周官·考工记》：匠人为沟洫，葺屋三分，瓦屋四分。各分其修，以其一为峻。

《通俗文》：屋上平曰陠，必孤切。

《刊谬正俗》音字：陠，今犹言陠峻也。

唐柳宗元《梓人传》：画宫于堵，盈尺而曲尽其制；计其毫厘而构大厦，无进退焉。

皇朝景文公宋祁《笔录》：今造屋有曲折者，谓之庯峻。齐魏间，以人有仪矩可喜者，谓之庯峭，盖庯峻也。

今谓之举折。

【译文】

《周官·考工记》中说："匠人规划井田，设计水利工程、仓库及有关附属建筑，草屋举高为跨度的三分之一，瓦屋举高为跨度的四分之一。"

《通俗文》中说："屋势倾斜曲折就称作陠。"

《刊谬正俗》音字中说："陠，就是现在我们所说的陠峻。"

唐柳宗元《梓人传》中说："把房舍的图样画在墙上，全部按照尺寸详尽地将其形制和做法表示出来。依照绘制的图样精确计算出每一个细小环节，并在此基础上建造高大房屋，这样就可以做到精确无误。"

皇朝景文公宋祁《笔录》中说："现在建造的屋势倾斜曲折的房屋，称为庸峻。在齐魏时期，仪表堂堂而有风致的人叫作庸哨，这里的庸峻也即是这样的意思。"

（如今把它叫作"举折"。）

<table>
<tr><td>知识小链接——</td><td>　　所谓举折是指木构架相邻两檩中的垂直距离除以对应步架长度所得的系数。它的作用是使屋面呈一条凹形优美的曲线。越往上越陡，利于排水和采光。举即屋架的高度，按建筑进深和屋面材料而定；折即因屋架各檩升高的幅度不一致，所以屋面横断面坡度由若干折线所组成。举折的作用与好处是多方面的。其一，它有利于快速排水，在雨天减轻房屋承重与布瓦吃水；其二，雨水由急到缓经屋檐向外飘出，不至于垂直溅落打湿墙体，起到对墙脚基础的保护作用；其三，举折造型给予原本僵直的屋坡以灵动，造就"如翼斯飞"的飞檐美观效果。</td></tr>
</table>

门

【原文】

《易》：重门击柝，以待暴客。

《诗》：衡门之下，可以栖迟。

又：乃立皋门，皋门有闶；乃立应门，应门锵锵。

《诗义》：横一木作门，而上无屋，谓之衡门。

《春秋左氏传》：高其闬闳。

《公羊传》：齿著于门阖。何休云：阖，扇也。

《尔雅》：闬谓之门，正门谓之应门。枨谓之阈。阈，门限也。疏云：俗谓之地枨，千结切。枨谓之楔。门两旁木。李巡曰：梱上两旁木。楣谓之梁。门户上横木。枢谓之椳。门户扉枢。枢达北方，谓之落时。门持枢者，或达北檼，以为固也。落时谓之戹。道二名也。橛谓之阒。门阃。阖谓之扉，所以止扉谓之闳。门辟旁长橛也。长杙即门橛也。植谓之传，传谓之突。户持锁植也。见《埤苍》。

《说文》："阖，门旁户也。闺，特立之门，上圆下方，有似圭。"

《风俗通义》：门户铺首，昔公输班之水，见蠡曰，见汝形。蠡适出头，般以足画图之，蠡引闭其户，终不可得开，遂施之于门户，人闭藏如是，固周密矣。

《博雅》：阀谓之门。闶呼计切、扇，扉也。限谓之丞，橛巨月切机，阃朱苦木切也。

《释名》：门，扪也；在外为人所扪摸也。户，护也，所以谨护闭塞也。

《声类》曰：庑，堂下周屋也。

《义训》：门饰金谓之铺，铺谓之钮音欧。今俗谓之浮沤钉也。门持关谓之揵音连。户版谓之籓簟上音牵，下音先。门上木谓之枅。扉谓之户；户谓之闼。臬谓之株。限谓之闑；阃谓之阅。闶谓之㕡㕠上音琰，下音移。㕡㕠谓之闑音坦。广韵曰：所以止扉。门上梁谓之楣音冒。楣谓之闇音沓。键谓之庋音及。开谓之閞音伟。闺谓之闺音蛭。外关谓之扃。外启谓之闗音挺。门次谓之闟。高门谓之闛音唐。阘谓之闼。荆门谓之荜，石门谓之庸音孚。

【译文】

《易》中说："设置重重门户，敲击木梆巡夜，以防备盗贼。"

《诗经》中说："架起一根横木做门，就可以在简陋的房屋里居住歇息。"

又说："于是修建外城门，城门高高耸入云天。于是修建宫殿正门，正门高大而又严整。"

《诗义》中说："架起一根横木做门，上方没有屋盖，这叫作衡门。"

《春秋左氏传》中说："使其高过里巷的大门。"

《公羊传》中说："牙齿镶嵌在门扇上面。"（何休说：阖，就是门扇。）

《尔雅》中说："闱称作门，正门称作应门。""枨称作阒。"（阒，就是门限。有疏文说：一般称之为地枨。枨，千结切，音窃。）"桢称作楔。"（也指门两旁的木料。李巡说：就像两边捆上了木件一样。）"楣称作梁。"（门户上的横木。）"枢称作椳。"（门户上的门扇转轴。）"在北方地区，枢达称作落时。"（门上有转轴，有的甚至长至北栋，认为这样可以更牢固。）"落时称作尾。""橛称作阃。"（也就是门槛。）"闑称作扆，所以止扉称作闳。"（这里指门辟旁边的长橛。长杙就是门橛。）"植称作传；传称作突。"（也就是户持锁植，详见《埤苍》。）

《说文解字》中说："阖，就是旁门的意思。""闺，特立的门，上圆下方，形状与上圆下方的圭器相似。"

《风俗通义》中说："关于门上叩门、门环做成的兽面形铺首，还有一段神奇的传说：昔日公输班看见水蠡说，现出你的形迹。于是水蠡伸出头来，公输班用脚将其形状画出来，水蠡又缩回壳中再也不出来了。公输班就用水蠡的形状做铺首安设在门户之上，人要闭藏自己也是如此，取其牢固严密的意思。"

《博雅》中说："闼称为门。""闲、扇，就是扉。""限称为丞，橜杌，就是阒。"

《释名》中说："门，就是扪；在外为扪。""户，就是护，用来防护和隔离。"

《声类》中说："庑，就是堂下四周的廊屋。"

《义训》中说："门上装饰有金属的叫作铺，铺则称为钪（读欧音）。"（也就是我们今天所说的"浮沤钉"。）"门持关称为撻（读连音）。""户板称为簰簰（前读牵音，后读先音）。""门上的木条称为枅。""扉称为户；户称为闲。""臬称为枨。""限称为闾；闾称为阅。""闼称为扆廖（前读琰音，后读移音）；扆廖称为闾（读坦音）。"（《广韵》上说：这是用来关住门扇的。）"门上梁称为楣（读冒音）。""楣称为闟（读沓音）。""键称为扅（读及音）。""开称为闿（读伟音）。""阖称为闺（读蛭音）。""外关称为扃（或扃）。""外启称为阅（读挺音）。""门次称为闾。""高门称为闿（读唐音）。""闸称为阘。""荆门称为荜，石门称为庯（读孚音）。"

入必由之，出必由之。门是内外空间分隔的标志，是迈入室内的第一关和咽喉，因此，一家一户称为门户。《论语·雍也》云："谁能出不由户？"所以门也是历史的重要见证者，历史的风风雨雨，门总是首当其冲。初唐的李世民，不是导演过一出杀兄逼父的"玄武门之变"吗？明英宗趁其弟景泰帝病重之机，夺门而进宫，登上奉天殿，又做了天顺皇帝，史称"夺门之变"。门出现的确切时间现在难以考证，不过，早在我们的祖先穴居于岩洞那个年代，门的雏形可能就产生了。山顶洞人在山洞前挡些石块、树干之类的东西作为屏障，不就是那个时期的门吗？

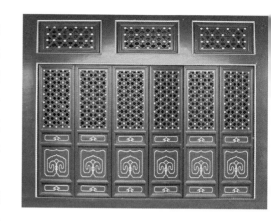

乌头门

【原文】

《唐六典》：六品以上，仍通用乌头大门。

唐上官仪《投壶经》：第一箭入谓之初箭，再入谓之乌头，取门双表之义。

《义训》：表楬，阀阅也。

楬音竭。今呼为棂星门。

【译文】

《唐六典》上说："六品以上官员的宅邸仍然通用乌头大门。"

唐代上官仪《投壶经》上说："（玩投壶游戏时）第一箭射入称为初箭，第二箭再次射入称为乌头，取门要成对出现之义。"

《义训》上说："乌头门是有功勋的人家的标志。"（楬读竭音，今读 jié）

（如今称作"棂星门"。）

乌头门是坊门和高等级住宅的一种特殊造型，也称乌头大门、棂星门。这种门是比较开敞的大门，形制上有复杂与简单之分。由于当时等级制度的限制，有一定身份的权贵和豪门才能使用。关于乌头门，史料最早见于东魏时的《洛阳伽蓝记》。汉唐时，有五品功名的官员家在大门两侧

乌头门

竖立两根柱子。位于门左的柱子曰"阀"，喻义建有功劳；右边的称"阅"，象征经历久远，即世代官居高位。我们在初唐壁画中可以看到乌头门的形制，如敦煌石窟九十八窟壁画中见到的乌头门，结构简单，主要以两根木柱及一根横木搭配成草字头形。其中突出在横梁上面的两根柱头通常雕饰一下并涂成黑色，因而得名"乌头门"。北宋之前的大门皆是乌头门的样式，从明朝时起，宅院和寺庙等大门才渐渐演化成后世熟知的院门样式。

华表

【原文】

《说文》：桓，亭邮表也。

《前汉书注》：旧亭传于四角，面百步，筑土四方；上有屋，屋上有柱，出高丈余，有大版，贯柱四出，名曰桓表。县所治，夹两边各一桓。陈宋之俗，言桓声如和，今人犹谓之和表。颜师古云，即华表也。

崔豹《古今注》：程雅问曰：尧设诽谤之木，何也？答曰：今之华表。以横木交柱头，状如华，形似桔槔；大路交衢悉施焉。或谓之表木，以表王者纳谏，亦以表识衢路。秦乃除之，汉始复焉。今西京谓之交午柱。

【译文】

《说文》上说："桓，就是立在沿途用于送信人和旅客歇息住宿的馆舍前的用木头做成的标志。"

《前汉书注》上说："旧时的亭子相传有四个角，每两个角相距百步，四面筑土，上面有屋子，屋子上有柱子，柱子高出屋顶一丈有余，柱子上有大块的木板，从四个角贯柱四出，名叫桓表。县府所在地的道路两边各有一桓。依陈宋之地方言，读桓声如和字，如今还有人称其为和表。颜师古注释说，就是华表。"

崔豹《古今注》上说："程雅有一次问：'尧帝设置诽谤木，这是什么东西呢？'回答说：'就是现在的华表。用横木搭住柱头，形状如花，又像桔槔；在道路交错要冲之处都安设上。'有人称其为'表木'，以表示帝王纳谏，也用来标识道路的方向。秦朝的时候将其取缔，汉朝又开始恢复。现在西京地区称为'交午柱'。"

知识小链接——

华表是古代宫殿、陵墓等大型建筑物前用于装饰的石柱。相传尧时立木牌于交通要道，供人书写谏言、针砭时弊。远古的华表都为木制，东汉始用石柱作华表。现在华表的实用功能已消失，仅作为竖立在宫殿、桥梁、陵墓等前的装饰性的大柱。

窗

【原文】

《周官·考工记》：四旁两夹窗。窗，助户为明，每室四户八窗也。

《尔雅》：牖户之间，谓之扆。窗东西也。

《说文》：窗穿壁以木为交窗。向北出，牖也。在墙曰牖，在屋曰窗。棂，楯间子也。牖，房室之处也。

《释名》：窗，聪也，于内窥见外为聪明也。

《博雅》：窗、牖，閦虚谅切也。

《义训》：交窗谓之牖，棂窗谓之疏，牖牍谓之篰音部。绮窗谓之广黎音黎。
窭音娄，房疏谓之椸。

【译文】

《周官·考工记》上说："四门旁边分别设置了两扇窗户。"（设置窗子的目的
是为了让室内光线明亮。每一间居室都设有四扇门和八扇窗。）

《尔雅》上说："门和窗之间的阻隔之物叫作辰。"（在建屋时，一般将窗建在
东面，将门建在西面。）

《说文解字》上说："窗户穿过墙壁，用木条横竖交叉制成。窗子向北开，叫
作牖。开在墙上的窗户称为牖，开在屋顶的叫作窗。棂是指窗户上的横木。椸就
是窗棂木，借指房屋、人家。"

《释名》上说："窗户，聪之意，从里面可以看见外面，称作聪明。"

《博雅》上说："窗、牖，就是閦（读虚、谅的切音）。"

《义训》上说："交窗称作牖，棂窗称作疏，牖牍称作篰（读部音）。外观精美
的窗户就叫广黎（读黎音）。窭（读娄音），房疏称作椸。"

知识小链接——

我国的古建筑多以传统木构建
筑的框架结构设计，这使窗成为中国
传统建筑中最重要的构成要素之一。
秦汉以来，古建筑格式一直在变化，
门窗也随着建筑的变化而变化。早期
的窗比较小，而"窗"字底下是一个
"囱"字，烟囱的"囱"。"囱"就是
"窗"的最早字形，说明它是用来透
气换气的，而现在说的烟囱则是用来

排烟的通道，过去就是一个采光的通道。

所以，"窗"本作"囱"，即在墙上留个洞，框内的是窗棂。可以透光，也可以出烟，后加"穴"字头构成形声字。《说文解字》说："在墙曰牖，在屋曰囱。窗，或从穴。"在古代，窗户除了称为"囱"之外，还有其他别称，比如"向、牖、轩、轩楹"等。

平棋

【原文】

《史记》：汉武帝建章后，平机中有驹牙出焉。今本作平栎者误。

《山海经》图：作平橑，云今之平棋也。古谓之承尘。今宫殿中，其上悉用草架梁栿承屋盖之重，如攀、额、樘、柱、敦、桥、方、槫之类，及纵横固济之物，皆不施斤斧。于明栿背上，架算程方，以方椽施板，谓之平暗；以平板贴花，谓之平棋；俗亦呼为平起者，语讹也。

【译文】

《史记》上说："汉武帝建章宫后的重栏里有驹牙这样的动物出现。"（如今的版本写作"平栎"是错误的。）

《山海经》图上说："制作的平橑，就是今天的平棋。"（古人称作"承尘"。如今宫殿上面都用茅草、房架、房梁、斗棋等承受屋顶的重量，如攀、额、樘、柱、敦、桥、方、槫之类，以及纵横交错起固定支撑作用的构件，都无需使用斤斧等物。在明栿背上架空横木，以方形椽木制成大长木板，称作"平暗"，以平板贴出花形则称作"平棋"。一般说的"平起"是错误的。）

平棋是古代的天花板，最开始分为平棋和平暗。平暗相对平棋来说显得朴素很多，平暗简单讲就是用一根根木棍横竖交叉，隔出一个一个的小方格做装饰。而平棋的格子大得多，且格子中还绘有精美的彩画，彩画多为几何图案填以花卉植物，繁复精美。

平棋

斗八藻井

【原文】

《西京赋》：蒂倒茄于藻井，披红葩之狎猎。藻井当栋中，交木如井，画以藻文，饰以莲茎，缀其根于井中，其华下垂，故云倒也。

《鲁灵光殿赋》：圆渊方井，反植荷蕖。为方井，图以圆渊及芙蓉。华叶向下，故云反植。

《风俗通义》：殿堂象东井形，刻作荷菱。菱，水物也，所以厌火。

沈约《宋书》：殿屋之为圆泉方井兼荷华者，以厌火祥。今以四方造者谓之斗四。

【译文】

《西京赋》上说："屋顶藻井上荷叶梗倒植，红花反披着，参差相接。"（藻井位于一栋房子的正中，木材相互交错形成井字形，并在中间画出华丽的纹样加以点缀，在周边画上莲茎，其根部置于井中，花朵向下倒垂，所以称作"倒"。）

《鲁灵光殿赋》上说："在屋顶方井中制作倒置的莲花。"（方井上画着漩涡状环绕图案和莲花。花叶向下，所以叫作"反植"。）

《风俗通义》上说："殿堂像东井星的形状，雕刻着荷菱等图案。菱，水中之物，所以可以避火。"

沈约《宋书》上说："在殿堂里雕刻圆形的泉眼、方形水井以及荷花灯图案，希望能够镇压、避免火灾，以求吉祥。"（现在修建的四方藻井称作斗四藻井。）

知识小链接——

藻井一般做成向上隆起的井状或伞盖形，有方形、多边形或圆形凹面，位于室内的上方，由细密的斗栱承托，象征天宇的崇高，周围饰以各种花藻井纹、雕刻和彩绘，多用在宫殿、寺庙中的宝座、佛坛上方最重要的部位。斗八藻井多用于室内天花板的中央部位或重点部位，做法是分为上中下三段：下段方形、中段八角形、上段圆顶八瓣，又称为八斗。去过北京天坛祈年殿的朋友，想必都忘不了抬头那一瞬间的惊艳，摄人心魄而又充满神秘美。

祈年殿藻井

勾栏

【原文】

《西京赋》：舍棂槛而却倚，若颠坠而复稽。

《鲁灵光殿赋》：长涂升降，轩槛曼延。轩槛，勾栏也。

《博雅》：栏、槛、栊、楮，牢也。

《景福殿赋》：棂槛邳张，钩错矩成；楯类腾蛇，榍似琼英；如螭之蟠，如虬之停。棂槛，勾栏也。言勾栏中错为方斜之文。楯，勾栏上横木也。

《汉书》：朱云忠谏攀槛，槛折。及治槛，上曰：勿易，因而辑之，以旌直臣。今殿勾栏，当中两栱不施寻杖，谓之折槛，亦谓之龙池。

《义训》：栏楯谓之柃，阶槛谓之栏。

【译文】

《西都赋》上说："离开栏杆身体向后倾斜而又与之相依靠，就像身体下坠到半空又得救一般。"

《鲁灵光殿赋》上说："台阶又高又长，高低起伏，栏杆随之逶迤蔓延。"（轩槛，就是栏杆。）

《博雅》上说："栏、槛、栊、楮，皆有阻挡、围困、牢笼之意。"

《景福殿赋》上说："台上的栏杆盛大张设，勾连交错，正斜有度，屋楣宛如腾蛇，门槛下的横木好似美玉，如螭龙盘踞，如虬龙停留。"（棂槛，即栏杆。是栏杆中交错成斜方的小栏杆。楯，栏杆上的横木。）

《汉书》上说："（汉朝槐里令）朱云忠言进谏将被斩首，双手紧紧抓住大殿两旁的栏杆，把栏杆都拉折了。等到后来更换折断的栏杆时，汉成帝说：只把旧栏杆修一修，折断的栏杆保留原样，用以表彰正直的臣子。"（如今大殿内的栏杆，其中的两栱不设置寻杖，称作"折槛"，也叫"龙池"。）

《义训》上说："栏楯称作柃，阶槛称作栏。"

勾栏，即钩栏、勾栏。王琦汇解："钩栏，即栏杆。以其随屋之势，高下弯曲相钩带，故谓之钩栏。"后引申为集市瓦舍里设置的演出棚，相当于现在的剧场。瓦舍勾栏的出现，对中国戏曲的形成，具有重要意义。这是民间艺人向市民观众长期卖艺的地方，各种伎艺之间可以互相交流、吸收。

故宫的汉白玉栏杆

演出可以经常化、固定化。《东京梦华录》说，京瓦伎艺，"不以风雨寒暑，诸棚看人，日日如是。"《蓝采和》中描写的杂剧艺人蓝采和，在梁园棚勾栏里固定演出竟达二十年之久，"学这几分薄艺，胜似千顷良田"，演员有了稳定的演出场所和较好的经济收入，有利于艺术上的提高。瓦舍勾栏在宋朝分布极广，几乎每座城市都有很多供市民娱乐。北宋末东京城内有桑家瓦子、中瓦、里瓦、朱家桥瓦子、州北瓦子等等。其中桑家瓦子、中瓦、里瓦最大，有大大小小五十余座勾栏，和几个看棚。其中"中瓦子莲花棚、牡丹棚，里瓦子夜叉棚、象棚最大，可容数千人"，现代一些剧院的容量也不过如此吧。

拒马叉子

【原文】

《周礼·天官》：掌舍设梐枑再重。故书枑为拒。郑司农云：梐，榱梐也；拒，受居溜水涑橐也。行马再重者，以周卫有内外列。杜子春读为梐枑，谓行马者也。

《义训》：梐枑，行马也。

今谓之拒马叉子。

【译文】

《周礼·天官》上说:"掌舍官设置内外两重用以防止人、马闯入的栅栏。"(古书中把柜写为拒。郑司农注释说:柜,就是梐枑。拒,接受房屋上溜水避免泻于地面的构件。行马还可以重叠,比如周朝衙署内外两重排列。杜子春将其读为梐柜,即行马。)

《义训》上说:"梐柜,就是行马。"

(如今称作"拒马叉子"。)

知识小链接——

拒马叉子,也称为梐柜或行马,是放在城门、衙署门前的一种可移动障碍物。其形状为在一根横木上十字交叉穿棍子,棍下端着地为足,上端尖头斜伸,以阻止车马通过。后来这种木制的拒马叉子又演变成石刻的下马碑,意思是告诉文官到这里要落轿,武官到这里应下马。拒马叉子的材质,除了木制、石制的,还有铁制的。现代的拒马则由铁架与铁丝网所组成,故又称为"铁拒马",用途也更为广泛。除了在军事上使用外,在镇暴维安行动上也会使用,有隔离及阻挡人车的作用。而且现代的拒马有些还设计有走轮,机动性强,2~4人即可在极短的时间内架设完成。但因重量较轻,所以有时还会加钉短桩于地上。

屏风

【原文】

《周礼》：掌次设皇邸。邸，后板也。谓后板屏风与染羽，像凤凰羽色以为之。

《礼记》：天子当扆而立。

又：天子负扆南乡而立。扆，屏风也。斧扆为斧文屏风，于户牖之间。

《尔雅》：牖户之间谓之扆，其内谓之家。今人称家，义出于此。

《释名》：屏风，言可以障风也。扆，倚也，在后所依倚也。

【译文】

《周礼》上说："掌次官布置皇帝祭天时的座后屏风。"（邸，就是后板。它的屏风上雕饰漆染着诸如凤凰羽毛一类的图案。）

《礼记》上说："天子在屏风前临朝听政。"

又说："天子站在绣有斧形图案的屏风前面，君临天下。"（扆，即屏风。斧扆，为绣着斧形图案的屏风，常设置在门和窗户之间。）

《尔雅》上说："门和窗之间的屏风就叫扆，里面就叫家。"（我们今天所说的家，其含义即出于此处。）

《释名》上说："屏风，可以挡风蔽物。扆，即倚，位于身后可以凭依之物。"

知识小链接 ——

屏风是放在室内用来挡风或隔断视线的一种用具，"屏"者"障"也，所以"屏风"又称为屏门或屏障。古代的房屋大都是土木建构的院落形式，不像现代钢筋水泥结构的房子坚固、密实。所以为了挡风，古人便制造了屏风这种家具，并多将屏风置于床后或床两侧，以达到挡风的效果。屏风早在三千年前的周朝就以天子专用器具出现，作为名位和权力的象征。

1983 年，广州象岗汉南越王墓发掘出土一件漆木双面彩绘屏风，高约 1.8 米，通宽 3 米。系用五扇板障拼合，正中一扇较大，还特辟一小门，左右两扇门扉可以开闭。主人出入，不必绕两侧走动。设计精巧，匠心非凡。如果不见实物，很难设想汉代屏风能如此精致

屏风

华丽。屏既宽阔，又耸高。人在屏后，不会被发现。我们也可以在《夜读拾得录》一书中印证这一点，书中记载东汉光武帝召宋弘谈话，让姐姐湖阳公主在屏风背后偷听。可知当时的屏风，又高又大，人在屏风后能完全被挡住。

屏风一般陈设于室内的显著位置，起到分隔、美化、挡风、协调等作用。它与古典家具相互辉映，相得益彰，浑然一体，成为家居装饰不可分割的整体，而呈现出一种和谐之美、宁静之美。

槏柱

【原文】

《义训》：牖边柱谓之槏。苦减切，今梁或额及槫之下，施柱以安门窗者，谓之㦷柱，盖语讹也。㦷，俗音蘸，字书不载。

【译文】

《义训》上说："窗户旁边的柱子就叫作槏。"（槏，读苦、减的切音，今读qiǎn。如今在梁、房檐以及槫下面，设置柱用来安设门窗的构件，叫作㦷柱，大概是以讹传讹之语。㦷，一般读蘸，字典上很少有记载。）

知识小链接

槏柱是宋式名称，是一种窗户旁的柱子或用于分隔板壁、墙面的柱子，属小木作，它不承重。槏柱也叫抱柱、抱框柱。《建筑大辞典》对槏柱的解释是："依附在壁体凸出一半的方形柱子叫倚柱，平柱则为梭形，四边门洞边的柱子就叫作槏柱。"这种柱子只出现在古代传统建筑中，是为了便于固定门窗而设置的，通常柱高到门窗顶结束，这一点和构造柱不同，构造柱一般到层顶或梁下。

露篱

【原文】

《释名》：櫳，离也，以柴竹作之。踈离离也。青徐曰裾。裾，居也，居其中也。栅，迹也，以木作之，上平，迹然也。又谓之撤；撤，紧也，诜诜然紧也。

《博雅》：椐巨于切、栫在见切、藩、筚音必、椤、落音落、杝，篱[①]也。栅谓之槊音朔。

《义训》：篱谓之藩。

今谓之露篱。

【译文】

《释名》上说："櫳，即离，用柴竹做成，也叫踈离离。青州、徐州一带称为裾。裾，居之意，居于其中。栅，即迹，用木头制成，上面是平的，沿道路或房

① 离字衍文，应去。——编者注

屋的走势而建。又叫作撤，撤，紧之意，密密麻麻众多的样子。"

《博雅》上说："椐（读巨音，于切音）、栫（读在音，见切音，今读 jiàn）、藩、
筚（读必音）、桻、落（读落音）、杝（yí），都称作篱。栅称作棚（读朔音）。"

《义训》上说："篱称作藩。"

（如今叫作"露篱"。）

露篱就是我们现在的篱笆，也称为栅栏、护栏、藩篱等，作用与院墙相同，都是为了阻拦人或阻止动物通行。古代的露篱一般由木棍、竹子、芦苇、灌木等构成，在中国北方农村比较常见。现在的篱笆除了木、竹、芦苇等传统材料，还有铁、塑料等材料的，样式也更加多样。

鸱尾

【原文】

《汉纪》：柏梁殿灾后，越巫言海中有鱼虬，尾似鸱，激浪即降雨。遂作其象于屋，以厌火祥。时人或谓之鸱吻，非也。

《谭宾录》：东海有鱼虬，尾似鸱，鼓浪即降雨，遂设象于屋脊。

【译文】

《汉纪》上说："柏梁殿发生火灾之后，巫师说，大海中有一种龙形鱼，它的尾巴像鸱，可拍浪成雨。于是人们就制作出这种鱼的形状放在屋顶，来防范火灾，讨个吉利。现在有人把它称作鸱吻，这是不对的。"

《谭宾录》上说："东海有一种龙形的鱼，尾巴像鸱，能够鼓浪成雨，于是制作它的样子，放置在屋顶上。"

知识小链接——

鸱尾，正脊两段的构件，后代一般称为鸱吻，有说法起源于汉代。北魏云冈石窟九窟造型清晰。"鸱"在古代是指"鸱鹰"，是一种凶猛的大鸟，传说鸱吻是龙的儿子，所谓龙生九子，鸱吻为其中之一。鸱吻的形状像剪去了尾巴的四脚蛇，这位龙子特别喜欢在险要处东张西望，也喜欢吞火。对于吻兽的起源，最早可以追溯到周朝，在《三礼图》中的周王城建筑就有吻兽出现。最早的正吻图案则出现于汉朝的阙、祠和明器之上。而发现最早的有明确纪年的吻兽则为西汉年间所制造，于1960年在湖北省的沙市郊区出土，距今已经有两千一百多年的历史了。

而吻兽得名鸱尾则是根据汉代的文献记载，相传南海有鱼虬，尾部似鸱，行之可以控水降雨，于是人们便在屋脊两端做出上翘的鸱尾之形，以此来避祸，祈求吉祥。南北朝以来的陵墓、石窟中都可见鸱尾，尾身竖立起来，尾尖向内弯曲，外侧有鳍纹。

瓦

【原文】

《诗》：乃生女子，载弄之瓦。

《说文》：瓦，土器已烧之总名也。瓶，周家垀埴之工也。瓶，分两切。

《古史考》：昆吾氏作瓦。

《释名》：瓦，踝也。踝，确坚貌也，亦言腂也，在外腂见之也。

《博物志》：桀作瓦。

《义训》：瓦谓之甍音觳。半瓦谓之瓵音浃，瓵谓之瓵音爽。牝瓦谓之瓯音版，瓯谓之庅音还。牡瓦谓之甄音皆，甄谓之甋音雷。小瓦谓之瓵音横。

【译文】

《诗经》上说："生下女孩，让她玩纺锤，以便日后胜任女工。"

《说文解字》上说："瓦，用土烧制成的陶器的总称。瓬，《周礼》中说是古代制作瓦器的工人。"（瓬，读分、两的切音，今读 fǎng。）

《古史考》上说："昆吾氏发明了瓦。"

《释名》上说："瓦，即踝。踝，指向外凸起。也说成是踝，将红肿显露在外之意。"

《博物志》上说："夏桀发明了瓦。"

《义训》上说："瓦称为甍（读觳音，今读 hú）。半瓦称为瓵（读浃音），瓵称为瓵（读爽音）。牝瓦称为瓯（读板音），瓯称为庅（读还音）。牡瓦称为甄（读皆音），甄称为甋（读雷音）。小瓦称为瓵（读横音）。"

瓦从西周开始出现，至今已有3000多年的历史。瓦是用泥土做成坯子，然后焙烧而成，表面不上釉，称为青瓦、布瓦、片瓦，上釉的则是琉璃瓦。一般屋面使用较多的有筒瓦、板瓦、勾头和滴水等。早期的瓦吸水性很强，很容易造成渗漏；后来瓦的品质得到提升，吸水率降至3%，与瓷器相当。"改进版"的瓦，辅以金属、琉璃和锡等材料，使中国传统的屋顶成为"防雨能手"。

涂

【原文】

《尚书·梓材篇》：若作室家，既勤垣墉，唯其涂塈茨。

《周官·守祧》：其祧，则守祧黝垩之。

《诗》：塞向墐户。墐，涂也。

《论语》：粪土之墙，不可杇也。

《尔雅》：镘谓之杇，地谓之黝，墙谓之垩。泥镘也，一名杇，涂工之作具也。以黑饰地谓之黝，以白饰墙谓之垩。

《说文》：圬胡典切、墐渠吝切，涂也。杇，所以涂也。秦谓之杇；关东谓之槾。

《释名》：泥，迩近也，以水沃土，使相黏近也。塈犹煟；煟，细泽貌也。

《博雅》：黝、垩乌故切、圬岘又胡典切、墐、墀、塈、慢奴回切、墷力奉切、糏古湛切、填莫典切、培音裴、封，涂也。

《义训》：涂谓之填音觅，填谓之墷音垅，仰谓之塈音洎。

··

【译文】

《尚书·梓材篇》上说："就像建造房屋一样，如果已经辛苦筑建好了高墙矮壁，就一定要用茅草或芦苇来覆盖屋顶，并涂抹好墙壁之间的空隙。"

《周官·守祧》上说："掌守先王先公的祖庙，则需要用黑色和白色涂抹装饰。"

《诗经》上说："冬天到了，天气要冷了，赶快塞上北向的窗户，用泥巴糊上篱笆编的门，以度过寒冷的冬天。"（墐，即涂。）

《论语》上说："粪土垒的墙壁，没有办法用抹子粉刷。"

《尔雅》上说："镘称作杇，地称为黝，墙称为垩。"（泥镘，另一个名字叫杇，抹灰工的用具。用黑色来涂抹地面称为"黝"，用白色装饰墙壁叫作"垩"。）

《说文解字》上说："圬（读胡、典切音，今读 xiàn）、墐（读渠、吝切音，今读 jìn），即涂抹之意。杇，用来涂抹的工具。秦人称之为杇，关东一带称为槾。"

《释名》上说："泥，即迩近，用水来润湿泥土，使其相黏连。塈，和煟相似；煟，指细腻湿润的样子。"

《博雅》上说："黝、垩（读乌、故切音，今读 è）、圬（读岘音，或读乎、典切音）、墐、墀、塈、慢（读奴、回切音，今读 yōu）、墷（读力、奉切音，今读

lǒng）、馘（读古、湛切音）、塓（读莫、典切音，今读 mì）、培（读裴音）、封，都是涂的意思。"

《义训》上说："涂称作塓（读觅音），塓称作塗（读垅音），仰称为墍（读洎音，今读 jì）。"

彩画

【原文】

《周官》：以猷鬼神祇。猷，谓图画也。

《世本》：史皇作图。宋衷曰：史皇，黄帝臣。图，谓图画形象也。

《尔雅》：猷，图也，画形也。

《西京赋》：绣栭云楣，镂槛文㮣。五臣曰：画为绣云之饰。㮣，连檐也。皆饰为文彩。故其馆室次舍，彩饰纤缛，裹以藻绣，文以朱绿。馆室之上，缠饰藻绣朱绿之文。

《吴都赋》：青琐丹楹，图以云气，画以仙灵。青琐，画为琐文，染以青色，及画云气神仙、灵奇之物。

谢赫《画品》：夫图者，画之权舆；缋者，画之末迹，总而名之为画。仓颉造文字，其体有六：一曰鸟书，书端象鸟头，此即图画之类，尚标书称，未受画名。逮史皇作图，犹略体物，有虞作缋，始备象形。今画之法，盖兴于重华之世也。穷神测幽，于用甚博。今以施之于缋素之类者，谓之画；布彩于梁栋斗栱或素象什物之类者，俗谓之装銮；以粉朱丹三色为屋宇门窗之饰者，谓之刷染。

【译文】

《周官》上说："用以描画鬼神图像。"（猷，就是图画的意思。）

《世本》上说："黄帝的大臣史皇开创绘画的先河。"（宋衷说：史皇，黄帝的大臣。图，即描摹涂画事物的形象。）

《尔雅》上说："猷，即图，描画形象。"

《西京赋》上说："斗栱如同织绣，横梁有云状纹饰，雕镂栏杆，纹饰连檐。（五位臣子说：画就是云蒸霞蔚的装饰。㮣，即连檐。皆用彩色纹理装饰。）所以那些馆舍宫室，彩饰精致繁缛，藻绣环绕，描红涂绿。"（馆室墙表之上，都装饰着精美的图案，和红绿相间的花纹。）

《吴都赋》上说："在涂着青色锁链形花纹的门窗和朱红色的柱子上，描画云蒸霞蔚的仙境图案。"（青琐，画成锁链形纹饰，用黛青染色，然后画上云气、神仙、灵奇之物。）

谢赫《画品》上说："图，是画的开端和基础；缋，是画的细枝末节，总称为画。仓颉造文字，有六种字体：其中一种叫鸟书，字体上面像鸟头，这可以归为图画之类，只不过仍然以书相称，并未以画命名。到史皇作图之时，还仅仅是略微和物体的形态相仿，到有虞氏作缋的时候，才开始向象形的方向发展。如今作画之法，大概便是兴起于舜帝之时。穷其神变，测其幽微，用途广泛。"（如今把画在细绢上的叫作"画"；雕饰在梁栋斗栱或者素象等实物上的，俗称作"装銮"；用粉色、朱色、丹色三色装饰屋宇门窗，则称作"刷染"。）

知识小链接——

古建彩画中，宋式彩画和清式彩画都是比较成熟的，其中宋式彩画主要分为五彩遍装、碾玉装、青绿叠晕棱间装、解绿装饰、丹粉刷饰、杂间装六种，五彩遍装是等级最高的。清式彩画大体分为和玺彩画、旋子彩画和苏式彩画三种，其中和玺彩画的等级最高，主要用于宫殿、寺庙、园林等正殿及重要门殿的梁枋上，以龙凤为装饰题材，青、绿色调为主，饰以贴金。

阶

【原文】

《说文》：除，殿陛也。阶，陛也。阼，主阶也。陛，升高阶也。陔，阶次也。

《释名》：阶，陛也。陛，卑也，有高卑也。天子殿谓之纳陛，以纳人之言也。

阶，梯也，如梯有等差也。

《博雅》：阰仕己切、檁力忍切，砌也。

《义训》：殿基谓之陛音堂。殿阶次序谓之陔。除谓之阶；阶谓之墒音的。阶下齿谓之墄七仄切。东阶谓之阼。霤外砌谓之阰。

....

【译文】

《说文解字》上说："除，就是御殿前的台阶。阶，即帝王宫殿的台阶。阼，大堂前东西走向的主台阶。陛，用来登高的台阶。陔，台阶的层次。"

《释名》上说："阶，即陛。陛，即卑，彰显高下尊卑。天子的宫殿称作纳陛，是居高位而广纳群言、广征贤论之意。阶，即阶梯，就像梯子有高下等级之别。"

《博雅》上说："阰（读仕、己的切音）、檁（读力、忍的切音，今读 lìn），都是砌的意思。"

《义训》上说："殿基称为陛（读堂音），殿阶的次序称为陔，除称为阶，阶称为墒（读的音，今读 dì），台阶下的齿称为墄（读七、仄的切音），东阶称作阼，房屋外的台阶砌称为阰。"

砖

【原文】

《诗》：中唐有甓。

《尔雅》：瓵甎谓之甓。瓴也。今江东呼为瓴甓。

《博雅》："瓵音潘、瓵音胡、瓴音亭、瓿、甄音真、瓭力佳切、瓯夷耳切、瓴音零、甎音的、甓、瓴，砖也。"

《义训》：井甓谓之甄音洞。涂甓谓之毂音哭。大砖谓之瓵瓵。

....

【译文】

《诗经》上说："从大门到厅堂的路上都铺着砖。"

《尔雅》上说："瓵甎称作甓。"（即瓴砖。如今长江以东地区称为瓴甓。）

《博雅》上说："瓵（读潘音）、瓵（读胡音）、瓴（读亭音）、瓿、甄（读真音）、瓭（读力、佳的切音）、瓯（读夷、耳的切音）、瓴（读零音）、甎（读的音）、甓、瓴，都是砖。"

《义训》上说："井甓称为甈（读洞音）。涂甓称为墼（读哭音）。大砖称为瓿甊。"

最古老的砖是红砖，在距今3900年前，古巴比伦人发明了红砖，所以西方的建筑大多是红砖筑成。在中国最有异域风情的城市哈尔滨就有亚洲最大的东正教堂——圣索菲亚大教堂，整个教堂当时耗费了200万块红砖。中国古代其实也有红砖，中国曾出土过一块仰韶文化时期的红砖片，在2000多年前的汉墓中也发现了红砖。

其实青砖和红砖都是泥土做的，材质并无不同，可以说它们是一对亲兄弟。只是在烧制过程中，青砖用的是木材，红砖用的是煤炭，青砖烧制完会立刻加水冷却，不完全氧化导致砖体呈现青色。青砖质地较致密，耐磨不腐，硬度和强度高于红砖，而红砖更具吸附性，具有环保性能。但之所以中国古人会选择制造成本高、工艺更复杂的青砖来建房子，是因为在中国传统的阴阳五行理论里，青色属水，红色属火。老子在《道德经》中有云：上善若水，水利万物而不争。因此，水在中国人心中代表了崇高的美德。还有就是青砖素雅，用青砖造的房子稳重、庄严，符合中国古代的儒家思想。

井

【原文】

《周书》：黄帝穿井。

《世本》：化益作井。宋衷曰：化益，伯益也，尧臣。

《易·传》：井，通也，物所通用也。

《说文》：甃，井壁也。

《释名》：井，清也，泉之清洁者也。

《风俗通义》：井者，法也，节也；言法制居人，令节其饮食，无穷竭也。久不渫涤为井泥。《易》云：井泥不食。渫，息列切。不停污曰井渫。涤井曰浚。井水清曰冽。《易》曰：井渫不食。又曰：井冽寒泉。

【译文】

《周书》上说："黄帝凿出了井。"

《世本》上说："化益掘井取水。"（三国时宋衷说：化益，就是伯益，帝尧的大臣。）

《易·传》上说："井，通之意，即可以通用之物。"

《说文解字》上说："甃，就是井壁。"

《释名》上说："井，即清澈，井水是指被清洁过滤之后的泉水。"

《风俗通义》上说："井，有法度、有节制之意，是说要用法制来保证人们安居乐业，使人们节制饮食，这样才不会穷竭。如果长期不洗涤井中的污泥，井就会淤塞。（《易经》上说：井下的污泥不能食用。渫，读息、列的切音。）井中没有泥污停留叫作井渫。洗井叫浚。井水清澈叫冽。"（《易经》上说：井虽浚治，洁净清澈，但仍然不被饮用。又说：只有在井很洁净、泉水清冷明澈的情况下才喝水。）

知识小链接

水井对于人类文明的发展有着重大意义。因为在水井出现之前，人类只能逐水而居，生活于有地表水或泉的地方，而水井的发明使人类活动范围大大扩展。中国已发现最早的水井是浙江余姚河姆渡古文化遗址水井，其年代为距今约5700年。中国民间一般长期习用圆形筒井，这种井直径多为1～2米，深度一般为20～30米，施工时人可直接下入井筒中挖掘土石，不足的是这种井只宜开采浅层地下水。

　　说句题外话，人们生活中常说"背井离乡"，这里的"井"可不是指水井，而是乡里的意思，因为"井"字是商周奴隶社会"井田制"的产物。井田制是商周时期的一种土地制度。当时的奴隶主为了便于管理，将一整块土地，划为九个区，形状像"井"字，就是现在的九宫格。每区约一百亩地，分给八户人家种，每家各种一区。那剩下的中间怎么办呢？就把那块作为公田，一般都会在公田中间打井，给其他八块地供水用。这就是古代"八家为井"的由来，后引申为乡里、家宅。

总例

【原文】

诸取圆者以规，方者以矩。直者抨绳取则，立者垂绳取正，横者定水取平。

诸径围斜长依下项：

圆径七，其围二十有二。

方一百，其斜一百四十有一。

八棱径六十，每面二十有五，其斜六十有五。

六棱径八十有七，每面五十，其斜一百。

圆径内取方，一百中得七十一。

方内取圆，径一得一。八棱、六棱取圆准此。

诸称广厚者，谓熟材。称长者，皆别计出卯。

诸称长功者，谓四月、五月、六月、七月；中功谓二月、三月、八月、九月；短功谓十月、十一月、十二月、正月。

诸称功者谓中功，以十分为率。长功加一分，短功减一分。

诸式内功限并以军工计定，若和雇人造作者，即减军工三分之一。谓如军工应计三功，即和雇人计二功之类。

诸称本功者，以本等所得功十分为率。

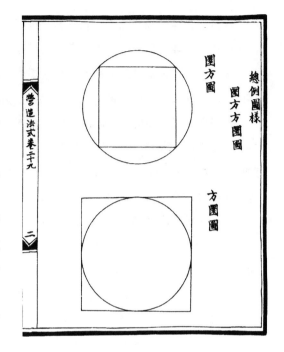

诸称增高广之类而加功者，减亦如之。

诸功称尺者，皆以方计。若土功或材木，则厚亦如之。

诸造作功，并以生材。即名件之类，或有收旧，及已造堪就用而不须更改者，并计数；于元料账内除豁。

诸造作并依功限。即长广各有增减法者，各随所用细计；如不载增减者，各以本等合得功限内计分数增减。

诸营缮计料，并于式内指定一等，随法算计。若非泛抛降，或制度有异，应与式不同，及该载不尽名色等第者，并比类增减。其完葺增修之类准此。

【译文】

本书规定，用圆规画各种圆形，用曲尺画直角和矩形，用墨绳弹紧取直线作为准则，用垂绳的办法确定垂直以取正，用水平尺寻取横向水平面。

诸径围斜长依下项：

圆的直径为七，则其周长为二十三。

方形的边长为一百，其对角线斜长为一百四十一。

八边形，其直径为六十，每一面的边长为二十五，斜径长为六十五。

六边形，其直径为八十七，每一面的边长为五十，斜径长为一百。

圆形的内接正方形，面积为一百的圆形中得面积为七十一的正方形。在方形内取圆形，直径与正方形边长相等。（八边形、六边形内取圆都以此为准。）

本书中说到宽厚度的，是指"熟材"。说长度的，都另外计算出卯的长度。

本书中的"长功"，是指以农历四月、五月、六月、七月所能完成的工作量；"中功"是指以农历二月、三月、八月、九月所能完成的工作量；"短功"是指十月、十一月、十二月、正月所能完成的工作量。

本书中所说的"功"，如果没有特殊说明，就是"中功"，中功以十分为标准。长功则增加一分，短功则减去一分。

各种造作中的功限都以军工来计算确定。如果雇人制作，则在军工的基础上减去三分之一。（例如，军工应该计三个功，即雇用人工计两个功，等等。）

本书中所说的"本功"，以本等级所得功为十分作为标准。

本书中所说的增加高度和宽度类而加功的，减少也是按相同比例。

本书中所说的功称"尺"的，都是以平方尺计。如果是土功或材木，则厚度也是如此。

本书中所说的"造作功"都包括生材。即构件之类，或者有收来的旧料以及已经建造好可以直接使用而不须更改的，都在原料用功计数时去除。

本书中所说的各种造作都以功限为准。即长度和宽度各有增减制度的，各自以所用的精细尺寸为准；如果没有说明增减情况的，各以本等统计应得功限内的分数计量增减。

本书中所说的各种营缮计量用料，一般情况下均按《法式》规定的某一等级，根据规则计算用料。如果有特殊增减或者制度有异，也可采用不同的式样、等第，并参照《法式》中类似规格来增减估算用料。（相应的完善修葺扩建之类，也以此为准。）

知识小链接——

"圆方方圆图",就是中国古建的"营造密码",它暗藏着一个比例的玄机,说出来也简单,就是1:$\sqrt{2}$。一个正方形的边长和它外接圆的直径,或者它对角线的比是1:$\sqrt{2}$。如果我们在方圆图里再画个小正方形,你会发现所画的这个小正方形的边长与大正方形的边长之比也是1:$\sqrt{2}$。这种黄金分割矩形在古建中运用很广泛。如山西省五台山佛光寺从整体到局部甚至到内部塑像,都在反复地使用方圆之间的比例。《周髀算经》有这样一段话:"万物周事而圆方用焉,大匠造制而规矩设焉。"圆方、规矩,这说明反反复复运用方圆作图的比例其实是古代大匠设下的规矩。在日常生活中我们不是常说"无规矩不成方圆"的话吗?

肆

—

壕寨及石作制度

　　本部分只有一卷，即卷三，主要阐述壕寨及石作制度必须遵从的规程和原则。所谓"壕寨"，大致相当于现在的土石方工程，如地基、筑墙等；"石作制度"则叙述殿阶基、踏道、柱础、石勾栏等的做法和雕饰。

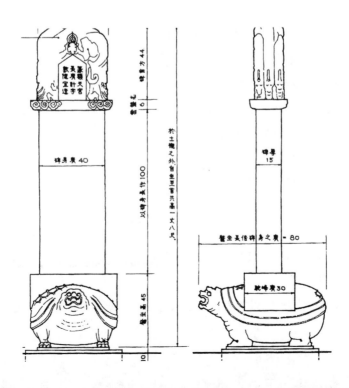

卷三

壕寨、石作制度

壕寨制度

取正

【原文】

取正之制[1]：先于基址中央，日内置圆板，径一尺三寸六分。当心立表，高四寸，径一分。画表景[2]之端，记日中最短之景。次施[3]望筒于其上，望日星以正四方。

望筒长一尺八寸，方三寸用板合造；两罨[4]头开圆眼，径五分。筒身当中，两壁用轴安于两立颊之内。其立颊自轴至地高三尺，广三寸，厚二寸。昼望以筒指南，令日景透北，夜望以筒指北，于筒南望，令前后两窍内正见北辰极星。然后各垂绳坠下，记望筒两窍心于地，以为南，则四方正。

若地势偏衺[5]，既以景表、望筒取正四方，或有可疑处，则更以水池景表较

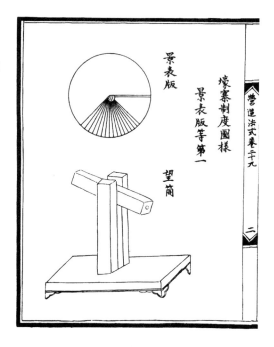

营造法式卷十九

壕寨制度图样
景表版等第一

景表版

望筒

二

之。其立表高八尺，广八寸，厚四寸，上齐后斜向下三寸，安于池板之上。其池板长一丈三尺，中广一尺。于一尺之内，随表之广，刻线两道；一尺之外，开水道环四周，广深各八分。用水定平，令日景两边不出刻线，以池板所指及立表心[6]为南，则四方正。安置令立表在南，池板在北。其景夏至顺线长三尺，冬至长一丈二尺。其立表内向池板处，用曲尺较令方正。

【梁注】

[1]"取正""定平"所用各种仪器，均参阅"壕寨制度图样一"。

[2]"景"，即"影"字，如"日景"即"日影"。

[3]"施"，即"用"或"安"之义，这是《法式》中最常用的字之一。

[4]"罨"，即"掩"字。

[5]"衺"，读如"邪"，"不正"之义。

[6]"心"，中心或中线都叫作"心"。

【译文】

取正的制度：白天在基址正中放置一个标影板，直径一尺三寸六分。在它的正中心位置上竖立一根高四寸、直径一分的标杆。画出阳光下标杆影子的末端，记录一天之中影子最短的地方。然后在这个位置上安放一个望筒，通过观察太阳的影子来辨正方位。

望筒长一尺八寸，三寸见方（用木板制作）；在望筒的两端凿出两个直径五分的圆眼。望筒的筒身中间，两壁用轴安装在两根立颊之内。立颊从轴到地面高为三尺，宽三寸，厚二寸。白天用望筒指向南方，让日影穿过圆孔透向北方，夜间用望筒指向北方，从筒眼向南望，使前后两端的孔窍正对北极星。然后将一个坠有重物的绳子垂下去，把望筒两个圆孔的圆心位置在地上做出记号，以此为正南，则四个方位可以确定。

若地势偏斜，就用标影杆、望筒取正方位，如果有可疑之处，就用水池景表这种校正南北方位的仪器进行校正。水池景表的立标柱高八尺，宽八寸，厚四寸，上端平齐（后来上端变为斜向下三寸），安放在池板上面。池板长一丈三尺，中间宽一尺。在一尺宽之内，根据立标的宽度，画两道刻线；在一尺之外，开出水道环绕四周，水深水宽各八分。通过水平面来确定池板水平，让日影两边不超出刻线的位置，通过池板所指的方位和立标中心确定正南方向，如此方位就可以确定下来了。（安放的时候，要将立标放在南方，把池板放在北方。日影在夏至时长三尺，冬至时长一丈二尺。其立标须与池板垂直，可用曲尺校正来确保垂直。）

定平

【原文】

定平之制：既正四方，据其位置，于四角各立一表，当心安水平。其水平长二尺四寸，广二寸五分，高二寸；下施立桩，长四尺安镶在内；上面横坐水平，两头各开池，方一寸七分，深一寸三分。或中心更开池者，方深同。身内开槽子，广深各五分，令水通过。于两头池子内，各用水浮子一枚用三池者，水浮子或亦用三枚，方一寸五分，高一寸二分；刻上头令侧薄，其厚一分，浮于池内。望两头水浮子之首，遥对立表处，于表身内画记，即知地之高下。若槽内如有不可用水处，即于桩子当心施墨线一道，上垂绳坠下，令绳对墨线心，则上槽自平，与用水同。其槽底与墨线两端，用曲尺校令方正。

凡定柱础取平，须更用真尺校之。其真尺长一丈八尺[1]，广四寸，厚二寸五分；当心上立表，高四尺广厚同上。于立表当心，自上至下施墨线一道，垂绳坠下，令绳对墨线心，则其下地面自平。其真尺身上平处，与立表上墨线两边，亦用曲尺校令方正。

【梁注】

[1] 从这长度看来，"柱础取平"不是求得每块柱础本身的水平，而是取得这一柱础与另一柱础在同一水平高度，因为一丈八尺可以适用于最大的间广。

【译文】

定平的制度：在确定了营造基址的方位之后，根据它所处的位置，在四个角上各放置一根标杆，而在中心位置则安放水平仪。这个水平仪的水平横杆长度为二尺四寸，宽度为二寸五分，高二寸；水平横杆下垂直安置一根长度为四尺的竖

桩（桩内要安置镔）；水平横杆的
两端则各凿出一个正方形小池，小
池边长为一寸七分，深度为一寸三
分（有时还可以在中间部位凿开一
个小池，大小与两端相同）。在水
平横杆上开挖一条宽度和深度都为
五分的槽沟，让水能够通过就行。
在两端的小池子里面各放置一枚长
宽为一寸五分，高为一寸二分的水
浮子（如果有三个小池子的，有时
也可适当放置三枚）。水浮子镂刻
中空，薄壁，其壁的厚度为一分，
有利于漂浮在水池杆上刻画水平位
置，这样就可以确定地面的高低情
况了。（如果水槽里面没有水，那
么可以在竖桩的中心位置画一道墨
线，从上面垂直放下一根绳子，让
绳子对准墨线，水平横杆上的槽沟
自然就可以保持水平，这与用水的
效果是一样的。在具体过程中还应
用曲尺校正槽底与墨线垂直情况。）

要确定柱础之间的水平位置，
还需要用水平真尺来校正。水平真
尺的长度为一丈八尺，宽为四寸，
厚度为二寸五分。在其中间的地方
竖立一标杆，标杆的高度为四尺
（宽度和厚度同上）。在设立标杆的
中间位置，从上往下画一道墨线，
然后将绳子垂直放下，如果绳子与

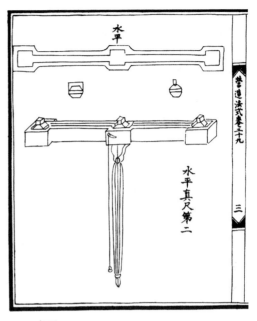

真尺

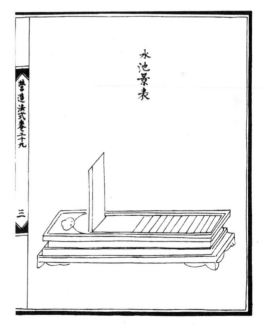

水池景表

水池景表一丈三尺，按照宋尺，1 尺≈31
厘米，换算成现在的长度单位就是 4.03 米，算
是一种比较大型的测量工具，因此测出来的误
差更小更精确。

墨线对齐，则说明地面是水平的。（在真尺保持水平的地方，标杆和墨线两边保持稳定，就可以用曲尺来确定真尺底座与立表的垂直关系。）

立基[1]

【原文】

立基之制（参阅"壕寨制度图样二"）：其高与材五倍[2]。材分，在"大木作制度"内。如东西广者，又加五分至十分。若殿堂中庭修广者，量其位置，随宜加高。所加虽高，不过与材六倍[2]。

- -

【梁注】

[1]以下"立基"和"筑基"两篇，所说还有许多不清楚的地方，"立基"是讲"基"（似是殿堂阶基）的设计，"筑基"是讲"基"的施工。

[2]"与材五倍"即"等于材的五倍"。"不过与材六倍"，即不超过材的六倍。

- -

【译文】

立基的制度：基的高度等于材的五倍（关于材的划分，在"大木作制度"里面有详细介绍）。如果东西向比较宽，那么高度可以再加上五分到十分。如果殿堂的中庭部分长而宽，则可以根据其位置相应增加高度，但是最终的高度不得超过材的六倍。

筑基

【原文】

筑基之制（参阅"壕寨制度图样二"）：每方一尺，用土两担；隔层用碎砖瓦及石札[1]等，亦二担。每次布土[2]厚五寸，先打六杵二人相对，每窝子内各打三杵，次打四杵二人相对，每窝子内各打二杵，次打两杵二人相对，每窝子内各打一杵。以上并各打平土头，然后碎用杵辗蹑令平，再攒杵扇扑，重细辗蹑[3]。每布土厚五寸，筑实厚三寸。每布碎砖瓦及石札等厚三寸，筑实厚一寸五分。

凡开基址，须相视地脉虚实[4]。其深不过一丈，浅止于五尺或四尺，并用碎砖瓦石札等，每土三分内添碎砖瓦等一分。

【梁注】

[1]"石札"，即石渣或碎石。

[2]"布土"，就是今天我们所说"下土"。

[3]"碎用杵辗蹑令平，再攒杵扇扑，重细辗蹑"："碎用"就是不集中在一点上或一个窝子里，而是普遍零碎地使用；"蹑"就是硒踏；"攒"就是聚集；"扇扑"的准确含意不明。总之就是说，用杵在"窝子"里夯打之后，"窝子"和"窝子"之间会出现尖出的"土头"，要把它打平，再普遍地用杵把夯过的土层打得完全光滑平整。

[4]"相视地脉虚实"，就是检验土质的松紧虚实。

【译文】

筑基的制度：每一方按尺来计算，每尺用土二担；间隔层使用碎砖、碎瓦以及碎石等，也用二担。每次铺土的厚度为五寸，先打六杵（两人相对，每个窝子各打三杵），接着打四杵（两人相对，每个窝子各打二杵），再打二杵（两人相对，每个窝子各打一杵）。把土头打平之后，根据情况用杵再进行压踏，使其平整；然后再用杵把夯过的土层完全地打一遍，直到其光滑平整为止。每次铺的土层厚度要达到五寸，夯实后厚度要达到三寸。每次铺的碎砖、碎瓦以及碎石厚度为三寸，夯实后厚度要达到一寸五分。

凡是要开挖基址的，都要先检查土质的松紧虚实情况。开挖的深度不要超过一丈，最浅不低于四尺到五尺，要使用碎砖、碎瓦以及碎石，它们与土混合使用的比例为1:3。

知识小链接——

去过北京故宫的朋友可能都知道，故宫的地基是非常深厚的，7米多厚的砖层之下，有灰土层、夯土层、碎石层的交替，人们把这种构造戏称为"千层饼"，千层饼下面还有一根根的柱子深深插入地下。至于最大的太和殿的地基，除了太和殿地面有3层砖，厚度大约在0.4米外，往下还有厚度约为1米的石头层，4米左右的碎砖与灰土的交替层，也就是前面所说的"千层饼"，再往下还有厚度约为 6 米的碎卵石与碎砖的交替层，再往下就是木桩和填土的交替层，深度约为 5.6 米。其中木桩的主要作用就是利用桩尖穿透淤泥层，抵达坚硬的岩石层，它的地基究竟有多深，人们也只能推测了。

城

【原文】

筑城之制（参阅"壕寨制度图样二"）：每高四十尺，则厚加高二十尺；其上斜收减高之半[1]。若高增加一尺，则其下厚亦加一尺；其上斜收亦减高之半；或高减者[2]亦如之。

城基开地深五尺，其广随城之厚。每城身长七尺五寸，裁永定柱长视城高，径一尺至一尺二寸、夜叉木径同上，其长比上减四尺，各二条[3]。每筑高五尺，横用纴木[4]一条长一丈至一丈二尺，径五寸至七寸，护门瓮城及马面之类准此，每膊椽[4]长三尺，用草葽[4]一条长五尺，径一寸，重四两，木橛子[4]一枚头径一寸，长一尺。

【梁注】

[1]"斜收"是指城墙内外两面向上斜收；"减高之半"指两面斜收共为高之半。斜收之后，墙顶的厚度 ＝"墙厚"减"墙高之半"。

[2]"高减者"＝高度减低者。

[3]永定柱和夜叉木各二条，在城身内七尺五寸的长度中如何安排待考。

[4]纴木、膊椽、草葽和木橛子是什么，怎样使用，均待考。

【译文】

筑城的制度：城高每增加四十尺，那么城墙的厚度相应增加二十尺；城墙上方两面斜收共为高的一半。如果高度增加一尺，那么下面的厚度也应增加一尺；城墙上方两面斜收也共为高的一半，当高度降低的时候也按此比例计算。

城墙的地基深度为五尺，其宽度与城墙的厚度相同。城身每隔七尺五寸就要竖栽永定柱（永定柱的长度根据城墙的高度而定，直径为一尺至一尺二寸）、夜叉木（其直径同永定柱，长度比永定柱少四尺）两根。城高每增加五尺，就要横铺一条纴木（长度为一丈至一丈二尺，直径为五寸至七寸。护门瓮城及马面之类的也以此为标准）。每个筑墙的侧模板长度为三尺，还要使用到一条草葽（其长度为五尺，粗一寸，四两重），一枚木橛子（其头部的直径为一寸，长度为一尺）。

墙

【原文】

筑墙[1]之制（参阅"壕寨制度图样二"）：每墙厚三尺，则高九尺；其上斜收，比厚减半。若高增三尺，则厚加一尺；减亦如之。

凡露墙，每墙高一丈，则厚减高之半。其上收面之广，比高五分之一[2]。若高增一尺，其厚加三寸；减亦如之。其用葽、橛，并准筑城制度。

凡抽纴墙，高厚同上。其上收面之广，比高四分之一[2]。若高增一尺，其厚加二寸五分。如在屋下，只加二寸，划削并准筑城制度。

【梁注】

[1] 墙、露墙、抽纴墙三者的具体用途不详。露墙用草葽、木橛子，似属围墙之类；抽纴墙似属于屋墙之类。这里所谓墙是指夯土墙。

[2] "其上收面之广，比高五分之一"含意不太明确，可作二种解释：（1）指两面斜收之广共为高的五分之一。（2）上收面指墙身"斜收"之后，墙顶所余的净厚度。例如露墙"上收面之广，比高五分之一"，即"上收面之广"为二尺。

【译文】

筑墙的制度：墙如果厚三尺，那么高就要九尺；墙壁的上端往上斜收的宽度，是其厚度的一半。如果高度增加三尺，则厚度增加一尺；高度减少时情况也一样。

对于露墙，墙每增高一丈，则厚度减为高度的一半。墙上端斜收的宽度是墙高度的五分之一。如果高度增加一尺，则墙的厚度增加三寸；高度减少亦是如此。（其中用草葽、木橛的情况，参考并遵循筑城的制度。）

对于抽纴墙，墙体的高度和厚度同上。墙上端斜收面的宽度，是墙高的四分之一。如果高度增加一尺，则其厚度须增加二寸五分。（如果墙体位于屋下，只增加二寸即可，削减和降低也应遵循筑城制度。）

筑临水基

【原文】

凡开临流岸口修筑屋基之制[1]：开深一丈八尺，广随屋间数之广。其外分作两摆手[2]，斜随马头[3]，布柴梢，令厚一丈五尺。每岸长五尺，钉桩一条[4]。长一丈七尺，径五寸至六寸皆可用。梢上用胶土打筑令实。若造桥两岸马头准此。

【梁注】

[1] 没有作图，可参阅"石作制度图样五"，"卷輂水窗"图。
[2] "摆手"似为由屋基斜至两侧岸边的墙，清式称"雁翅"。
[3] "马头"即今码头。
[4] 按岸的长度，每五尺钉桩一条。开深一丈八尺，柴梢厚一丈五尺，而桩长一丈七尺，看来桩是从柴梢上钉下去，入土二尺。是否如此待考。

【译文】

临水及口岸修筑屋基的制度：开挖的深度为一丈八尺，宽度随屋子的间数和宽度确定。在屋基斜至两侧岸边的地方筑墙，斜收处根据码头排布柴梢，使其厚度为一丈五尺。依照岸的长度，每五尺钉一条木桩。（木桩长一丈七尺，直径五寸至六寸的都可以使用。）在柴梢上用黏土并夯实。（如果造桥，桥两岸的码头也按照这种制度。）

　　"仁者乐山，智者乐水"，"近山识鸟音，近水知鱼性"，中国人乐居山水的情结自古至今，从未更改。"上善若水，水善利万物而不争。"水的清澈透明、无形无色能让人怡情养性，而其川流不息的生命力又带给人勃勃生机。水于人而言，已不仅仅是简单的生活环境，更是对一种生活方式的认同和交融，也是中国传统人居观念的精髓所在。

壕寨制度图样

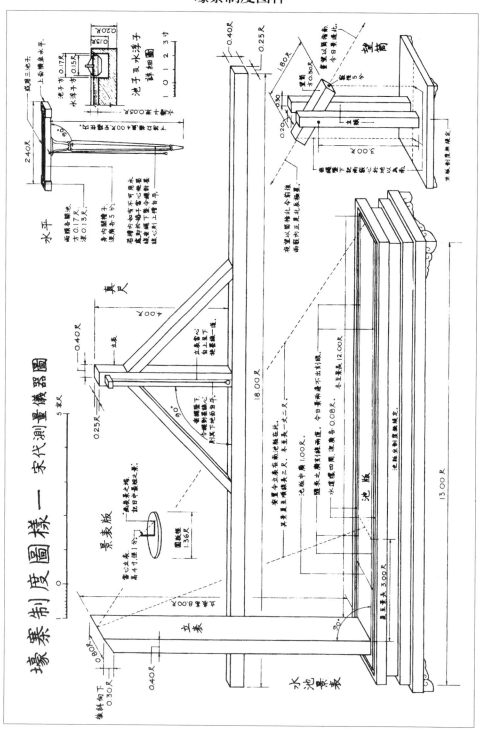

壕寨制度图样一——宋代测量仪器图

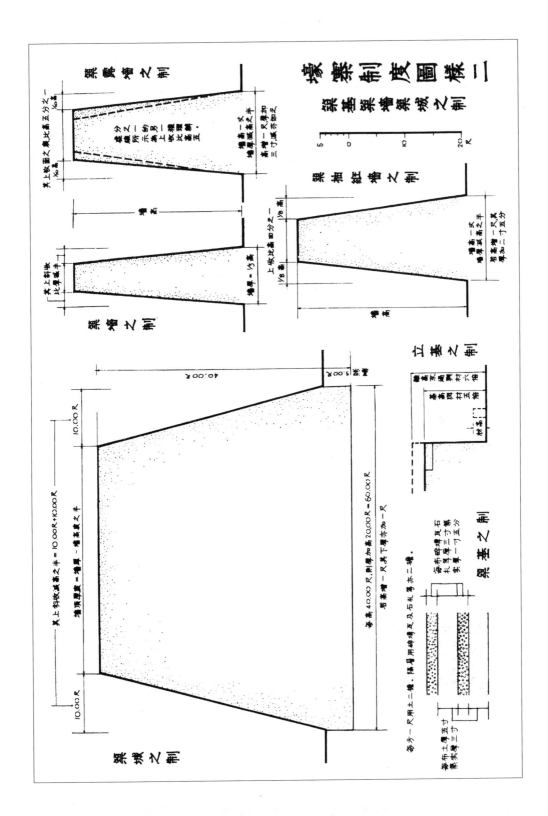

石作制度

造作次序

【原文】

造石作次序之制^[1]有六：一曰打剥用錾揭剥高处；二曰麤搏^[2]稀布錾凿，令深浅齐匀；三曰细漉^[3]密布錾凿，渐令就平；四曰褊棱用褊錾镌棱角，令四边周正；五曰斫砟^[4]用斧刃斫砟，令面平正；六曰磨礲用沙石水磨去其斫纹。

其雕镌制度有四等（参阅"石作制度图样一"）：一曰剔地起突；二曰压地隐起花；三曰减地平钑；四曰素平^[5]。如素平及减地平钑，并斫砟三遍，然后磨礲，压地隐起两遍，剔地起突一遍，并随所用描花纹。如减地平钑，磨礲毕，先用墨蜡，后描花纹钑造。若压地隐起及剔地起突，造毕并用翎羽刷细砂刷之，令花纹之内石色青润。

其所造花纹制度有十一品^[6]：一曰海石榴花；二曰宝相花；三曰牡丹花；四曰蕙草；五曰云纹；六曰水浪；七曰宝山；八曰宝阶以上并通用；九曰铺地莲花；十曰仰覆莲花；十一曰宝装莲花以上并施之于柱础。或于花纹之内，间以龙凤狮兽及化生之类者，随其所宜，分布用之。

【梁注】

［1］"造作次序"原文不分段，为了清晰眉目，这里分作三段。

［2］"麤"，音粗，义同。

［3］"漉"，音鹿。

［4］"斫"，音琢，义同。"砟"，音炸。

［5］"剔地起突"即今所谓浮雕；"压地隐起"也是浮雕，但浮雕题材不由石面突出，而在磨琢平整的石面上，将图案的地凿去，留出与石面平的部分，加工雕刻；"减地平钑"（钑音澁）是在石面上刻画线条图案花纹，并将花纹以外的石面浅浅刻去一层；"素平"是在石面上不作任何雕饰的处理。

［6］华文制度中的"海石榴花""宝相花""牡丹花"，在旧本图样中所见，区别都不明显，但在实物中尚可分辨清楚；"蕙草"大概就是卷草；"宝阶"是什么还不太清楚；装饰图案中的小儿称"化生"，"化生之类"指人物图案。

【译文】

石料加工制度有六道工序：一是打剥（即用鏨子凿掉大的突出部分）；二是粗搏（即用鏨子凿掉小的突出部分使石头深浅整齐匀称）；三是细漉（用鏨子细凿，使表面基本凿平）；四是褊棱（用扁鏨将边棱和四角凿得四边方正）；五是斫砟（即用斧子刃鏨平整）；六是磨砻（即用水砂磨去鏨子和斧子斫过的痕迹）。

石头的雕刻制度有四种：一是剔地起突，即浮雕；二是压地隐起花，也就是浅浮雕；三是减地平钑，就是平雕；四是素平，就是不在石面做任何雕饰处理。（如果采用素平及减地平钑的雕刻方式，先用斧子鏨三遍，压地隐起鏨两遍，剔地起突鏨一遍，然后用水砂磨石打磨光滑，并根据原来的走势描绘出花纹。）如果采用减地平钑的方式，用水砂磨石打磨以后，要先用黑蜡涂抹，然后再镌刻所描花纹。如果采用压地隐起及剔地起突的雕刻方式，在雕刻完毕后要用翎羽刷子和细砂子刷洗打磨，使花纹的线条和颜色清晰温润。

石作上面的花纹制度一共有十一个品类：一是海石榴花；二是宝相花；三是牡丹花；四是蕙草；五是云纹；六是水浪；七是宝山；八是宝阶（以上这些可以通用）；九是铺地莲花；十是仰覆莲花；十一是宝装莲花（这三个可以同时施用在柱础上）。有的会在花纹之内间或雕刻龙凤狮兽及天地人等物，根据情况选择使用。

柱础

【原文】

造柱础之制（参阅"石作制度图样一"）：其方倍柱之径。谓柱径二尺，即础方四尺之类。方一尺四寸以下者，每方一尺，厚八寸；方三尺以上者，厚减方之半；方四尺以上者，以厚三尺为率。若造覆盆铺地莲花同，每方一尺，覆盆高一寸；每覆盆高一寸，盆唇厚一分[1]。如仰覆莲花，其高加覆盆一倍。如素平及覆盆用减地平钑、压地隐起花、剔地起突，亦有施减地平钑及压地隐起于莲花瓣上者，谓之"宝装莲花"[2]。

【梁注】

[1]这"一分"是在"一寸"之内，抑在"一寸"之外另加"一分"，不明确。

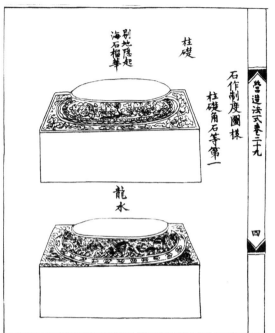

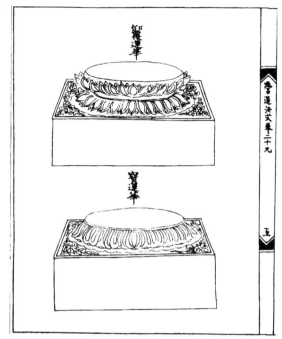

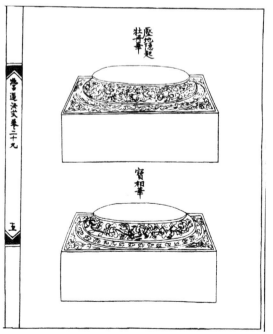

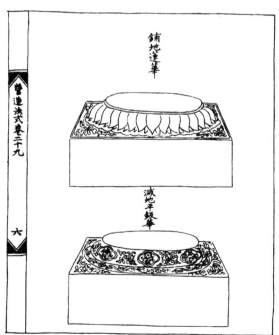

[2] 末一句很含糊，"剔地起突"之后，似有遗漏的字，语气似未了。

【译文】

修建柱础的制度：柱础的方形边长是柱子直径的两倍。（也就是说如果柱子的直径是二尺，那么柱础的边长则为四尺。）正方形边长在一尺四寸以下的，每边长一尺，柱础厚度为八寸；正方形边长在三尺以上的，厚度为边长长度的一半；正方形边长在四尺以上的，其厚度以三尺为限。如果要修建覆盆莲花的样式（铺地莲花也一样），正方形边长一尺，覆盆则高一寸；覆盆每高一寸，盆唇的厚度则加一分。如果是仰覆莲花的样式，其高度在覆盆莲花样式的基础上增加一倍。如果采用素平雕刻以及在覆盆上采用减地平钑、压地隐起花、剔地起突，或用减地平钑、压地隐起的手法于莲花花瓣上，就称作"宝装莲花"。

知识小链接——

剔地起突：石作雕镌形式之一。在石料上雕作禽兽等。近于现代的高浮雕或半圆雕，是建筑装饰石雕中最复杂的一种。其形制特点是装饰主题从石料的表面突起较高，"地"层层凹下，层次较多，雕刻

的最高点不在同一个平面上，雕刻的各部位可互相交叠。

压地隐起花：石作雕镌形式之二。类似浅浮雕。它各部位的高点都在构件装饰面的轮廓线上，其高点一般不超出石面以上，如雕饰面有边框，雕饰面高点不超过边框的高度。"地"大体在一个平面上，或有细微弧面。雕刻各部位的主题的布局可以互相重叠穿插，使整个画面有一定的层次和深度。

减地平钑：石作雕镌形式之三。又名平雕或平花，属于"剪影式"凸雕，是一种印刻的线雕。即图案部分凹下去，而原应作为底部的部分凸起来。凹下去的图案部分在一个平面上，凸出来的部分在一个平面上，适合于表现若有若无的意境和隐约深邃的情趣。

角石

【原文】

造角石之制[1]（参阅"石作制度图样二"）：方二尺。每方一尺，则厚四寸。角石之下，别用角柱。厅堂之类或不用。

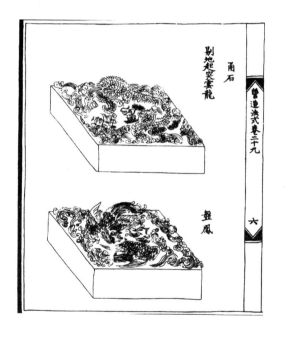

【梁注】

[1]"角石"用在殿堂阶基的四角上，与"压阑石"宽度同，但比压阑石厚。从《法式》卷二十九原角石附图和宋、辽、金、元时代的实例中知道，角石除"素平"处理外，尚有侧边雕镌浅浮雕花纹的，有上边雕刻半圆雕或高浮雕云龙、盘凤或狮子的种种。例如，河北蓟县独乐寺出土的辽代角石上刻着一对戏耍的狮子；山西应县佛宫寺残存的辽代角石上刻着一头态势生动的异兽；而北京护国寺留存的千佛殿月台元代角石上则刻着三只卧狮。

【译文】

制造角石的制度：角石通常为边长二尺的方形石头。边长每增加一尺，则厚度增加四寸。在角石下面，需要用角柱卡住角石以固定位置。（厅堂这些地方通常不使用角石。）

角柱

【原文】

造角柱之制（参阅"石作制度图样二"）：其长视阶高；每长一尺，则方四寸[1]。柱虽加长，至方一尺六寸止。其柱首接角石处，合缝令与角石通平。若殿宇阶基用砖作叠涩[2]坐者，其角柱以长五尺为率[3]；每长一尺，则方三寸五分。其上下叠涩，并随砖坐逐层出入制度造。内板柱上造剔地起突云，皆随两面转角。

【梁注】

[1] "长视阶高"，须减去角石之厚。角柱之方小于角石之方，垒砌时令

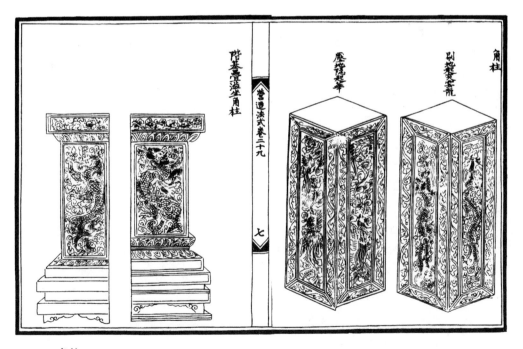

角柱

向外的两面与角石通平。

［2］砌砖（石）时使逐层向外伸出或收入的做法叫作"叠涩"。

［3］按文义理解，叠涩坐阶基的角柱之长似包括各层叠涩及角石厚度在内。

【译文】

制造角柱的制度：角柱的长度应根据台阶的高度来确定；长度每增加一尺，则柱子边长增加四寸。但无论柱子多长，柱子的方形边长不能超过一尺六寸。角柱的柱头与角石相接，缝隙处用角石把内外两面抹平。如果宫殿庙宇的阶基用砖垒作叠涩技法的话，则其角柱以五尺为标准；长度每增加一尺，则边长增加三寸五分。角柱上下叠涩，每一层砖坐都要按照逐层叠加的制度建造。内板柱上装饰剔地起突云纹，都要顺着两个面一起转角。

殿阶基

【原文】

造殿阶基之制（参阅"石作制度图样二"）：长随间广，其广随间深，阶头随柱心外阶之广[1]。以石段长三尺，广二尺，厚六寸，四周并叠涩坐数，令高五尺；下施土衬石。其叠涩每层露棱[2]五寸；束腰露身一尺，用隔身板柱；柱内平面作起突壶门[3]造。

【梁注】

［1］"阶头"指阶基的外缘线；"柱心外阶之广"即柱中线以外部分的阶基的宽度。这样的规定并不能解决我们今天如何去理解当时怎样决定阶基大小的问题。我们在大木作侧样中所画的阶基断面线是根据一些辽、宋、金实例的比例假设画出来的，参阅大木作制度图样各图。

［2］叠涩各层伸出或退入而露出向上或向下的一面叫作"露棱"。

［3］"壶门"的壶字音捆（kǔn），注意不是茶壶的壶。参阅"石作制度图样二"叠涩坐殿阶基图。

【译文】

修建宫殿基座的制度：宫殿基座的长度根据每间屋子的宽度确定，而宽度要根据屋间的深度确定，基座的外缘宽度要根据石柱中心线以外部分基座的宽度来确定。使用长度为三尺、宽二尺、厚六寸的石头段，基座阶四周建造数层叠涩坐的式样，使其高度为五尺；下面铺设土层来衬托、巩固石阶。其叠涩每层需要露出棱长五寸；束腰露出基体一尺，并采用隔身板柱；在柱身的平面上作浮雕壸门的造型。

压栏石　地面石

【原文】

造压栏石之制[1]（参阅“石作制度图样二”）：长三尺，广二尺，厚六寸。（地面石同。）

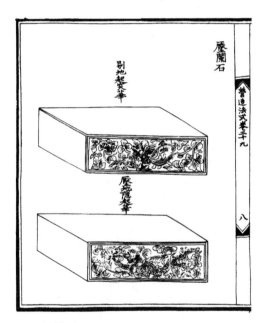

压栏石

【梁注】

[1]“压栏石”是阶基四周外缘上的条石，即清式所谓“阶条石”。“地面石”大概是指阶基上面，在压栏石周圈以内或殿堂内部或其他地方墁地的条石或石板。

【译文】

制造压栏石的制度：长度为三尺，宽度二尺，厚度六寸。（地面上的石头和它一样。）

殿阶螭首

【原文】

造殿阶螭首[1]之制：施之于殿阶，对柱；及四角，随阶斜出。其长七尺；每长一尺，则广二寸六分，厚一寸七分。其长以十分为率，头长四分，身长六

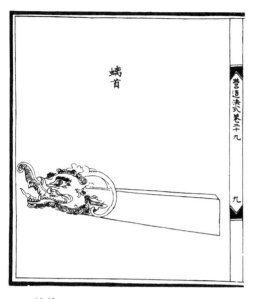

螭首

分，其螭首令举向上二分。

【梁注】

[1] 现在已知的实例还没有见到一个"施之于殿阶"的螭首。明清故宫的螭首只用于殿前石阶或天坛圜丘之类的坛上。螭音吃，chī。宋代螭首的形象、风格，因无实物可证，尚待进一步研究。这里仅就其他时代的实物，按年代排比于后，也许可以看出变化的趋向。

【译文】

建造殿阶螭首的制度：殿阶螭首用在殿阶上，下方正对角柱；位于殿阶的四个角上，随台阶的走向往外斜出。殿阶螭首全长七尺；长度每增加一尺，则宽度相应增加二寸六分，厚度增加一寸七分。如果把殿阶螭首的长度按十分计算，头部长度占四分，身长占六分，螭首头部要比身部高出二分。

知识小链接——

螭首一般是古代皇家建筑上的专用构件，是中华龙文化的一个典型代表，其艺术形式主要运用在建筑物、碑额以及其他工艺品之上。在建筑物上面，螭主要是用作石作雕刻装饰，雕其螭头在殿柱、殿阶之上。螭首是古代建筑石作制度中的主角之一，有平衡台基望柱的重力和排水的功能，同时也是建筑上的装饰构件。唐时，螭首碑逐渐成为等级的象征，且只有五品以上的官员才能刻制，到宋代用石螭首成为定式。

殿内斗八

【原文】

造殿堂内地面心石斗八之制：方一丈二尺，匀分作二十九窠[1]。当心施云卷，卷内用单盘或双盘龙凤，或作水地飞鱼、牙鱼，作莲荷等花。诸窠内并以诸花间杂。其制作或用压地隐起花或剔地起突花。

【梁注】

[1]殿堂内地面心石斗八无实例可证。"窠"，音科。原图分作三十七窠，文字分作二十九窠，有出入。具体怎样匀分作二十九窠，以及它的做法究竟怎样，都无法知道。

【译文】

建造殿堂内地面的心石斗八的制度：将边长为一丈二尺的正方形，均匀分成二十九个框格。正中间做成云卷造型，云卷内用单盘或双盘的龙凤图案，或者作成水地飞鱼、牙鱼，或莲荷等花的造型。每个框格内用各种花的造型间杂其中。其制作有的采用浮雕手法，有的采用高浮雕手法。

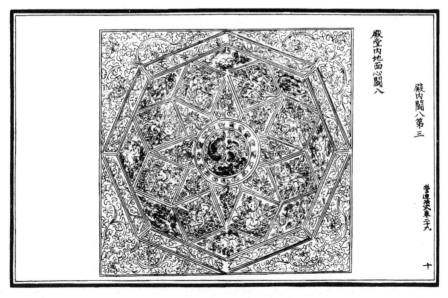

斗八

踏道

【原文】

造踏道之制[1]（参阅"石作制度图样二"）：长随间广。每阶高一尺作二踏；每踏厚五寸，广一尺。两边副子[2]，各广一尺八寸 厚与第一层象眼同。两头象眼[3]，如阶高四尺五寸至五尺者，三层第一层与副子平，厚五寸；第二层厚四寸半；第三层厚四寸，高六尺至八尺者，五层第一层厚六寸，每一层各递减一寸，或六层第一层、第二层厚同上，第三层以下，每一层各递减半寸，皆以外周为第一层，其内深二寸又为一层逐层准此。至平地施土衬石，其广同踏。两头安望柱石坐。

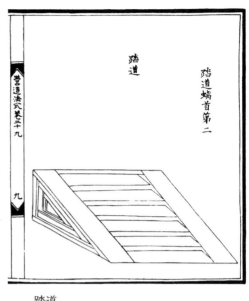

踏道

【梁注】

[1]原文只说明了单个踏道的尺寸、做法，没有说明踏道的布局。

[2]"副子"是踏道两侧的斜坡条石，清式称"垂带"。

[3]踏道两侧副子之下的三角形部分，用层层叠套的池子做线脚谓之"象眼"。清式则指这整个三角形部分为象眼。

【译文】

建造踏道的制度：踏道的长度根据屋间的宽度来确定。每级高一尺的台阶建造两个踏道；每个踏道厚度为五寸，宽一尺。踏道两边的副子，各宽一尺八寸（厚度与第一层象眼一样）。踏道两头的象眼，如果台阶高度在四尺五寸至五尺之间，象眼的线脚就要做三层（第一层要与副子齐平，厚度为五寸；第二层厚四寸半；第三层厚四寸），高度在六尺至八尺之间的，象眼的线脚就做五层（第一层厚六寸，之后的每一层依次递减一寸），或者做六层（第一层、第二层的厚度也为六寸，第三层以下，每一层依次递减半寸），都以最外面一层为第一层，向内深二寸为第二层（其余各层以此类推）。直到平地上，埋土固定石头，其宽度与踏道宽度相同。（并在两头安装望柱石坐。）

知识小链接——

踏道虽然看起来普普通通，却有很多种"变形"。一是如意踏跺。这种踏跺是最常见的，它在园林民居建筑里最常用，虽等级最低，不过名字特别好听。其特点是踏跺的两侧没有任何的条石护栏之类，三面均可以上

下，简洁大方。二是垂带踏跺。它是在如意踏跺两边加上两个小条石，古人取名字很讲究，在现代人看来，不过是在台阶两侧加个斜坡，可古人觉得这是加了两条"带子"，故得名垂带踏跺。三是连三踏跺。这是将三个垂带踏跺连在了一起，它的名字又要变了，叫"连三踏跺"。最后是等级最高的踏跺——"御路踏跺"。它的基本做法就是在垂带踏跺中间加一块石板，石板会刻上山河云龙纹等图案。因为这种踏跺常用于宫殿，尤其是皇家宫殿和寺院之中，故宫的太和殿前用的就是这样的踏跺。

重台勾栏

【原文】

造勾栏[1]之制（参阅"石作制度图样三"）：重台勾栏每段高四尺，长七尺。寻杖下用云栱瘿项，次用盆唇，中用束腰，下施地栿。其盆唇之下，束腰之上，内作剔地起突花板。束腰之下，地栿之上，亦如之。单勾栏每段高三尺五寸，长

六尺。上用寻杖，中用盆唇，下用地栿。其盆唇、地栿之内作万字或透空，或不透空，或作压地隐起诸花。如寻杖远，皆于每间当中，施单托神或相背双托神[2]。若施之于慢道[3]，皆随其拽脚[4]，令斜高与正勾栏身齐。其名件广厚，皆以勾栏每尺之高积而为法。

望柱：长视高[5]，每高一尺，则加三寸。径[6]一尺，作八瓣。柱头上狮子高一尺五寸。柱下石坐作覆盆莲花。其方倍柱之径。

蜀柱：长同上[7]，广二寸，厚一寸。其盆唇之上，方一寸六分，刻为瘿项以承云栱。其项，下细比上减半，下留尖高十分之二[8]；两肩各留十分中四分[9]。如单勾栏，即撮项造。

云栱：长二寸七分，广一寸三分五厘，厚八分。单勾栏，长三寸二分，广一寸六分，厚一寸。

寻杖：长随片广，方八分。单勾栏，方一寸。

盆唇：长同上，广一寸八分，厚六分。单勾栏，广二寸。

束腰：长同上，广一寸，厚九分。及花盆大小花板皆同，单勾栏不用。

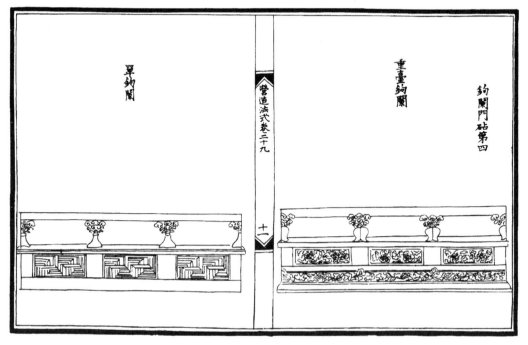

单勾栏 重台勾栏

花盆地霞：长六寸五分，广一寸五分，厚三分。

大花板：长随蜀柱内，其广一寸九分，厚同上。

小花板：长随花盆内，长一寸三分五厘，广一寸五分，厚同上。

万字板：长随蜀柱内，其广三寸四分，厚同上。重台勾栏不用。

地栿：长同寻杖，其广一寸八分，厚一寸六分。单勾栏，厚一寸。

凡石勾栏，每段两边云栱蜀柱，各作一半，令逐段相接[10]。

【梁注】

　　[1]"勾栏"即栏杆。

　　[2]"托神"，在原文中无说明，推测可能是人形的云栱瘿项。

　　[3]"慢道"，就是坡度较缓的斜坡道。

　　[4]"拽脚"，大概是斜线的意思，也就是由踏道构成的正直角三角形的弦。

　　[5]望柱"长视高"的"高"是勾栏之高。

　　[6]"望柱"是八角柱。这里所谓"径"，是指两个相对面而不是两个相对角之间的长度，也就是指八角柱断面的内切圆径而不是外接圆径。

　　[7]"长同上"的"上"，是指同样的"长视高"。按这长度看来，蜀柱和瘿项是同一件石料的上下两段，而云栱则像是安上去的。下面"螭子石"条下又提到"蜀柱卯"，好像蜀柱在上端穿套云栱、盆唇，下半还穿透束腰、地霞、地栿之后，下端更出卯。这完全是木作的做法。这样的构造，在石作中是不合理的，从五代末宋初的南京栖霞寺舍利塔和南宋绍兴八字桥的勾栏看，整段的勾栏是由一块整石板雕成的。推想实际上也只能这样做，而不是像本条中所暗示的那样做。

　　[8]"尖"是瘿项的脚；"高十分之二"是指瘿项高的十分之二。

　　[9]"十分中四分"原文作"十分中四厘"，"厘"显然是"分"之误。

　　[10]明清以后的栏杆都是一栏板（即一段勾栏）一望柱相间，而不是这样"两边云栱、蜀柱各作一半，令逐段相接"。

【译文】

　　制作栏杆的制度：有两层花板的栏杆每段高度为四尺，长七尺。寻杖下用云栱和瘿项承接，其次用盆唇，中间用束腰，下面用地栿。然后在盆唇之下，束腰之上，二者之间做高浮雕大花板。在束腰之下，地栿之上，也是如此。单勾栏每段高度为三尺五寸，长六尺。上面做寻杖，中间用盆唇，下面用地栿。在盆唇和地栿之内做万字板（有的镂空，有的不镂空），或者做高浮雕的各式花纹。（如果寻杖的位置设置得较高较远，可在寻杖与盆唇之间，设置单个托神或者两个相背的托神。）如果栏杆修建在较缓的斜坡道上，那么修建要沿着拽脚方向，使斜线高度与栏杆的垂直高度保持一致。栏杆上的各种构件的宽度和厚度，都要根据栏杆每一尺的高度进行换算，并作为构件建造的标准。

望柱：长度要根据栏杆的高度而定，栏杆每增高一尺，望柱的长度增加三寸。（望柱内切圆直径一尺，为八角柱。柱头上的石头狮子高度为一尺五寸。柱子底下的石座做成覆盆莲花的造型。望柱的方形边长是柱子直径的两倍。）

蜀柱：蜀柱的长度也要根据栏杆的高度而定，宽二寸，厚一寸。它的盆唇之上，一寸六分见方处，刻上瘿项以承接云栱。（瘿项的下部比上部细一半，下面留有瘿项脚，高度为瘿项高的十分之二；两肩宽度是其高度的十分之四。在单勾栏中，这部分称为撮项造。）

云栱：长二寸七分，宽一寸三分五厘，厚八分。（单勾栏的云栱，长三寸二分，宽一寸六分，厚一寸。）

寻杖：长度和两柱之间的宽度相同，八分见方。（单勾栏的寻杖一寸见方。）

盆唇：长度同上，宽一寸八分，厚六分。（单勾栏的盆唇宽二寸。）

束腰：长度同上，宽一寸，厚九分。（盆唇、大小栏板都相同，单勾栏不采用。）

花盆地霞：长度为六寸五分，宽一寸五分，厚三分。

大花板：长度根据蜀柱而定，其宽度为一寸九分，厚度同上。

小花板：长度根据花盆而定，长一寸三分五厘，宽一寸五分，厚度同上。

万字板：长度根据蜀柱而定，其宽度三寸四分，厚同上。（重台勾栏不用。）

地栿：长度根据寻杖而定，其宽度为一寸八分，厚一寸六分。（单勾栏的地栿厚度为一寸。）

对于石头栏杆，每段两边的云栱、蜀柱各制作一半，然后将它们逐段相连接。

螭子石

【原文】

造螭子石[1]之制（参阅"石作制度图样三"）：施之于阶棱勾栏蜀柱卯之下，

其长一尺，广四寸，厚七寸。上开方口，其广随勾栏卯。

【梁注】

[1]无实例可证。本条说明位置及尺寸，但具体构造不详。螭子石上面是与压阑石平抑或在压阑石之上，将地栿抬起离地面？待考。石作制度图样三是依照后者的理解绘制的。

【译文】

制作螭子石的制度：建造在曲钩栏杆和蜀柱的卯下面，螭子石的长度为一尺，宽四寸，厚七寸。上面开一方形口子，宽度随栏杆的卯口大小而定。

门砧限

【原文】

造门砧之制[1]（参阅"石作制度图样四"）：长三尺五寸；每长一尺，则广四寸四分，厚三寸八分。

门限[2]（参阅"石作制度图样四"）：长随间广用三段相接，其方二寸。如砧长三尺五寸，即方七寸之类。

若阶断砌[3]，即卧栿长二尺，广一尺，厚六寸凿卯口与立栿合角造。其立栿长三尺，广厚同上侧面分心凿金口一道。如相连一段造者，谓之曲栿。

城门心将军石：方直混棱造[4]，其长三尺，方一尺。上露一尺，下栽二尺入地。

止扉石[5]：其长二尺，方八寸。上露一尺，下栽一尺入地。

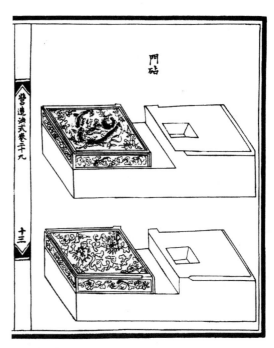

门砧

【梁注】

[1]本条规定的是绝对尺寸，但卷六"小木作制度"中的"板门之制"则用比例尺寸，并有铁桶子鹅台石砧等。

[2]"门限"即门坎。

[3]这种做法多用在通行车马或临街的外门中。

[4]两扇城门合缝处下端埋置的石桩称将军石，用以固定门扇的位置。"混棱"就是抹圆了的棱角。

[5]"止扉石"条，许多版本都遗漏了，今按"故宫本"补阙。

【译文】

修建门砧的制度：长度为三尺五寸；每增长一尺，则宽度增加四寸四分，厚度增加三寸八分。

门槛：长度根据开间的宽度而定（采用三段衔接式），二寸见方。（如果门下垫基长三尺五寸，则七寸见方。）

如果台阶分上下段砌造，那么卧株则长二尺，宽一尺，厚六寸（雕凿卯口与立株拼合）。立株长度为三尺，宽度和厚度与卧株相同（在侧面的中心位置雕凿一道金口）。如果立株与其他造作相连，则称为曲株。

城门心将军石：为抹圆棱角的长方体造型，长度为三尺，一尺见方。（上面外露一尺，下部栽入地下二尺。）

止扉石：长度为二尺，八寸见方。（上面外露一尺，下端栽一尺入地。）

知识小链接——

门砧石俗称门礅、门座、门台、镇门石等，是建筑大门的一种构件。《营造法式》中还提供了两幅门砧的图像，长条形的石块，前后分两部分，一头在门外，另一头在门内，中间一道凹槽供安置门的下槛。在门内部分的上面凿有一回穴，称"海窝"，即为承受门转轴之处。有的为了更好地承受门下轴对石砧的磨损，在海窝中安一小块金属铁，在铁块上有一半圆形的四穴以承托门轴，称"铁鹅台"。

门枕石有多种形式，常见的多在石鼓和石座上加狮子，这些狮子有的是全身蹲伏在座、鼓之上，有的只在座和鼓上雕出一个狮子头，由此可见，守护大门的狮子当属上自朝廷、下至大众百姓最喜爱的装饰。不同形状的门枕石是否有高低等级之区分呢？可以说以整体狮子形最隆重，石鼓形次之，石座形再次之。山东栖霞有一座规模很大的牟氏庄园，在它的中心大门上用的是石鼓形门枕石，而在侧门上用石座形，内院院门则只是一块方整的石材，等级也是分明的。

地栿

【原文】

造城门石地栿之制（参阅"石作制度图样四"）：先于地面上安土衬石以长三尺，广二尺，厚六寸为率，上面露棱广五寸，下高四寸。其上施地栿，每段长五尺，广一尺五寸，厚一尺一寸；上外棱混二寸；混内一寸凿眼立排叉柱[1]。

【梁注】

[1]"城门石地栿"是在城门洞内两边，沿着洞壁脚敷设的。宋代以前，城门不似明清城门用砖石券门洞，故施地栿，上立排叉柱以承上部梯形梁架。

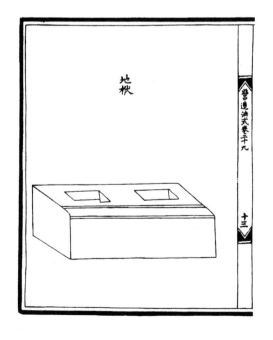

【译文】

建造城门石地栿的制度：先在地面上安放土衬石（以长度三尺，宽度二尺，厚度六寸为标准），地面之上露出的棱宽五寸，埋在地下的部分高四寸。在土衬石上面安放地栿，每段长度为五尺，宽一尺五寸，厚度为一尺一寸；面上露棱的外沿倒边，宽度为二寸；在倒边朝内一寸的地方挖凿卯眼，立着安放叉柱。

流杯渠

【原文】

造流杯石渠[1]之制（参阅"石作制度图样四"）：方一丈五尺用方三尺石二十五段造，其石厚一尺二寸，剜凿渠道广一尺、深九寸。其渠道盘屈，或作"风"字，或作"国"字。若用底板垒造，则心内施看盘一段，长四尺，广三尺五寸；外盘渠道石并长三尺，广二尺，厚一尺。底板长广同上，厚六寸，余并同剜凿之制。出入水项子石二段，各长三尺，广二尺，厚一尺二寸剜凿与身内同，若垒造，则厚一尺，其下又用底板石，厚六寸。出入水斗子二枚，各方二尺五寸，厚一尺二寸；其内凿池，方一尺八寸，深一尺。垒造同。

【梁注】

[1]宋代留存下来的实例到目前为止知道的仅河南登封宋崇福宫泛觞亭的流杯渠一处。

【译文】

建造流杯石渠的制度：流杯石渠一丈五尺见方（用二十五段三尺见方的石头制造），石材的厚度为一尺二寸，剜凿的流杯渠道宽一尺、深九寸。（渠道盘旋屈曲，有的形似"风"字，有的形似"国"字。如果它的底板采用垒造的形式，那么在中心位置设置一段看盘。看盘长四尺、宽三尺五寸，盘外的渠道并行，石头长三尺、宽二尺、厚一尺。底板的长宽同上，厚六寸，其他地方的制作同剜凿渠道一样。）出水和入水项子石二段，各长三尺，宽度二尺，厚一尺二寸（剜凿流杯渠的主体部分和它相同，如果是垒造的流杯渠，则厚度为一尺，其下还要用底板石，厚六寸）。出水和入水斗子二枚，各二尺五寸见方，厚一尺二寸；在斗子

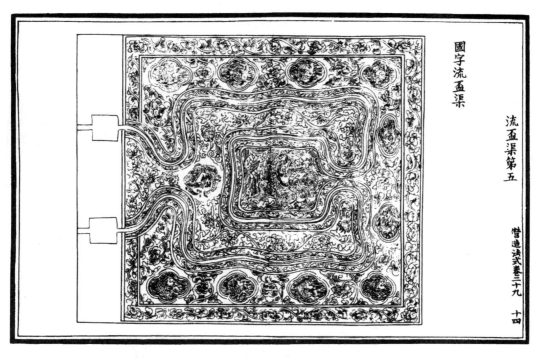

國字流盃渠

流盃渠第五

營造法式卷二十九　十四

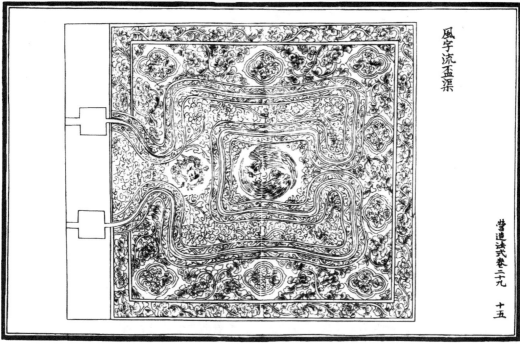

風字流盃渠

營造法式卷二九　十五

流杯渠

里面凿一个池子，一尺八寸见方，深度为一尺。（垒造的流杯渠也一样。）

知识小链接——

流杯渠的制作分为剜凿和垒造两种方式，二者在工艺和用料上略有不同。雕凿的流杯渠渠道不是做成盘屈状，就是做成"凤"字或"国"字状。本书中的"国字流杯渠"的渠道形状就像一个"国"字，盘中心一条巨龙在海水中驰骋，身形勇猛有力，隐喻了男性的威猛；而"凤字流杯渠"的渠道形状就像一个"凤"字，盘中心有两只团凤，这隐喻了女性的阴柔。但这种雕有龙、凤的国字流杯渠和凤字流杯渠只适用于宫廷内部或少数地点，很多流传下来的流杯渠，比如中南海的流水音、潭柘寺的猗玕亭和恭王府的沁秋亭等，与本书中所描绘的流杯渠的样式相比有很大变化，其弯曲的渠道既不像自然盘屈，也不像"国"字或"凤"字的变形，且渠道表面也没有雕刻任何纹饰。尽管如此，这些流杯渠仍然遵循了本书中流杯渠见方盘面、大体式样的基本模式。

坛

【原文】

造坛[1]之制：共三层，高广以石段层数，自土衬上至平面为高。每头子[2]各露明五寸。束腰露一尺，格身板柱造，做平面或起突作壶门造。石段里用砖填后，心内用土填筑。

【梁注】

[1]"坛"，大概是如明、清社稷坛一类的构筑物。

[2]"头子"是叠涩各层挑出或收入的部分。

【译文】

建造坛的制度：一共三层，高度和宽度根据石段的层数确定，以土衬到平面的距离为高度。叠涩部分露出来五寸。束腰露出来一尺，采用格身板柱筑造，做成平面或高浮雕壶门造型。（石段里用砖填充，砖下用土填筑夯实。）

卷輂水窗

【原文】

造卷輂[1]水窗之制（参阅"石作制度图样五"）：用长三尺，广二尺，厚六寸石造，随渠河之广。如单眼[2]卷輂，自下两壁开掘至硬地，各用地钉木橛也，打筑入地留出镶卯，上铺衬石方三路，用碎砖瓦打筑空处，令与衬石方平，方上并二[3]横砌石涩一重，涩上随岸顺砌，并二厢壁板，铺垒令与岸平。如骑河者，每段用熟铁鼓卯二枚，仍以锡灌。如并三以上厢壁板者，每二层铺铁叶一重。于水窗当心平铺石地面一重，于上下出入水处，侧砌线道[4]三重，其前密钉擗石桩二路，于两边厢壁上相对卷輂。随渠河之广，取半圆为卷輂卷内圆势。用斧刃石[5]斗卷合，又于斧刃石上用缴背[6]一重，其背上又平铺石段二重，两边用石随卷势补填令平。若双卷眼造，则于渠河心，依两岸用地钉打筑二渠之间，补填同上。若当河道卷輂，其当心平铺地面石一重，用连二[7]厚六寸石其缝上用熟铁鼓卯，与厢壁同，及于卷輂之外，上下水随河岸斜分四摆手，亦砌地面，令与厢壁平摆手内亦砌地面一重，亦用熟铁鼓卯。地面之外侧砌线道石三重，其前密钉擗石桩三路。

【梁注】

[1]"輂"居玉切，ㄐㄩ。所谓"卷輂水窗"也就是通常所说的"水门"。

[2]"单眼"即单孔。

[3]"并二"即两个并列。

[4]"线道"即今所谓牙子。

［5］"斧刃石"即发券用的楔形石块，Vousoir。

［6］"缴背"即清式所谓伏。

［7］"连二"即两个相连续。

【译文】

建造卷輂水窗的制度：用长度为三尺，宽二尺，厚六寸的石头建造，其宽度根据渠河的宽度确定。如果建造单孔卷輂（即单孔水门），需要从下水处的两壁开掘，一直挖掘到硬质地面，两边分别用地钉（即木橛）打入地下（并留出镶卯的位置），在上面铺设三路衬石方，用碎砖瓦石打入并填满石缝空隙处，使其与衬石方相平，石方上横向修砌两排并列的石段，石段做一层涩，涩上顺着河岸的方向砌两排并列的厢壁板，铺设垒砌层使它与岸保持水平。（如果是跨河的卷輂水窗，每一段使用两枚熟铁鼓卯，仍然用锡水灌注。如果并排使用三个以上的厢壁板，每二层之间铺设铁叶一重。）在水窗正中位置平铺一层石地面，在出水和入水的两侧砌三重线道，前面密集钉两路掰石桩加固，在两边的厢壁上对齐卷輂。（根据渠道或河道的宽度，将卷輂做成半圆形。）用斧刃石将卷拼合在一起，又在斧刃石上安置一层缴背石，其背面再平铺两层石段，两边用石头根据卷的走势填补平整。（如果是双孔卷輂，则在渠道和河道的中心位置，根据两岸的施工方法，用地钉打入二渠之间，填补同上。）如果是河道之上的卷輂，则在其正中平铺一层地面石，用厚度为六寸的连二石（其缝隙处用熟铁鼓卯，和厢壁处做法一样），在卷輂外围的上、下水方向，根据河岸倾斜的走势修筑四道摆手，同时修砌地面，使其与厢壁持平（摆手内也修砌地面一层，并用熟铁鼓卯）。地面之外，砌筑三重线道石，线道石前细密地钉三路掰石桩。

知识小链接——

盘门是中国现存唯一的水陆并联城门，位于江苏省苏州市城西南隅，为苏州古城的标志之一，有"北看长城之雄，南看盘门之秀"之说。苏州古城始建于

春秋时期吴王阖闾元年，距今已有2500年的历史，是由伍子胥受吴
王阖闾之命亲自督建的，最初建的是一座土城，盘门就位于古城的西
南角。五代时期把苏州土城的城墙改为砖砌，到宋代才建了城门楼，
元代初城、门俱毁，元末张士诚重建。盘门现存水关两道，陆关三
道，一座瓮城和盘门城门楼子。

水槽子

【原文】

造水槽子[1]之制（参阅"石作制度图样六"）：长七尺，方二尺。每广一尺，
唇厚二寸；每高一尺，底厚二寸五分。唇内底上并为槽内广深。

【梁注】

[1]水槽子：供饮马或存水等用。

【译文】

建造水槽子的制度：长度为七尺，二尺见方。长度每增加一尺，唇的厚度增
加二寸；高度每增加一尺，底部的厚度增加二寸五分。水槽的宽度从唇内壁开始
计算，深度从底板到上面的距离计算。

马台

【原文】

造马台[1]之制（参阅"石作制度图样六"）：高二尺二寸，长三尺八寸，广二
尺二寸。其面方，外余一尺八寸，下面分作两踏。身内或通素，或叠涩造；随宜
雕镌花纹。

【梁注】

[1]上马时踏脚之用。清代北京一般称马蹬石。

【译文】

建造马台的制度：高二尺二寸，长三尺八寸，宽二尺二寸。正面为方形，剩余一尺八寸，分作两踏。马台要么通体素净，要么做成叠涩造型；根据情况雕刻不同花纹。

马台多为台阶形，上下二阶是一种特别的建筑附属物，用现今的话说，就是"建筑配套设备"，它的首要用途就是为了行人上马便利；其次，也是这户人家身份的象征，间接体现这家的社会地位，诸如用汉白玉做上马石。

井口石

【原文】

造井口石[1]之制（参阅"石作制度图样六"）：每方二尺五寸，则厚一尺。心内开凿井口，径一尺；或素平面，或作素覆盆，或作起突莲花瓣造。盖子径一尺二寸下作子口，径同井口，上凿二窍，每窍径五分。两窍之间开渠子，深五分，安讹角铁手把。

【梁注】

[1] 无宋代实例可证，但本条所叙述的形制与清代民间井口石的做法十分类似。

【译文】

建造井口石的制度：二尺五寸见方，厚度为一尺。正中开凿井口，直径一尺；

井口或者是素平面，或做成不带纹饰的覆盆形状，或做成高浮雕莲花瓣造型。井盖的直径为一尺二寸（下面开一个子口，直径和井口直径一样），上面凿两个小孔，每个小孔直径五分。（两个小孔之间凿开一条小沟，深度为五分，用以安装讹角铁把手。）

山棚铤脚石

【原文】

造山棚铤脚石[1]之制（参阅"石作制度图样六"）：方二尺，厚七寸；中心凿窍，方一尺二寸。

【梁注】

[1]事实上是七寸厚的方形石框。推测其为搭山棚时系绳以稳定山棚之用的石构件。

【译文】

建造山棚铤脚石的制度：二尺见方，七寸厚的方形石框；石头正中间凿一方形孔洞，一尺二寸见方。

幡竿颊

【原文】

造幡竿颊[1]之制（参阅"石作制度图样六"）：两颊各长一丈五尺，广二尺，厚一尺二寸，筍在内，下埋四尺五寸。其石颊下出筍，以穿铤脚。其铤脚长四尺，广二尺，厚六寸。

【梁注】

[1]夹住旗杆的两片石，清式称夹杆石。

【译文】

建造幡竿颊的制度：两片石头长度各为一丈五尺，宽二尺，厚一尺二寸（包

幡竿頬　北京平安里附近（清）　　　　幡竿頬　江苏省苏州市甪直保圣寺（宋）

括榫头在内），地面以下埋入四尺五寸。在石片的下面出榫，以穿锭脚石。锭脚石长度为四尺，宽二尺，厚六寸。

赑屃鳌坐碑

【原文】

造赑屃鳌坐碑[1]之制（参阅"石作制度图样七"）：其首为赑屃盘龙，下施鳌坐。于土衬之外，自坐至首，共高一丈八尺。其名件广厚，皆以碑身每尺之长积而为法。

碑身：每长一尺，则广四寸，厚一寸五分。上下有卯。随身棱并破瓣。

鳌坐：长倍碑身之广，其高四寸五分；驼峰广三寸。余作龟文造。

碑首：方四寸四分，厚一寸八分；下为云盘，每碑广一尺，则高一寸半，上作盘龙六条相交；其心内刻出篆额天宫。其长广计字数随宜造。

土衬：二段，各长六寸，广三寸，厚一寸；心内刻出鳌坐板，长五尺，广四尺，外周四侧作起突宝山，面上作出没水地。

【梁注】

[1]"赑屃"音备邪。这类碑自唐以后历代都有遗存，形象虽大体相像，

但风格却迥然不同。其中宋碑实例大都属于比较清秀的一类。

【译文】

建造赑屃鳌座碑的制度：碑头为赑屃盘龙，下面修建鳌形底座。除土衬之外，从底座到碑首，一共高一丈八尺。碑上其他构件的宽度和厚度，都是用碑身每尺的长度为标准进行换算，从而规定这些构件的尺寸。

碑身：长度每增加一尺，则宽度增加四寸，厚增加一寸五分。（如果碑身上有卯口，要顺着碑身的棱边分辨。）

鳌座：长度是碑身宽度的二倍，高度为四寸五分；驼峰宽三分。其余部分做成龟背的纹理。

碑首：四寸四分见方，厚度为一寸八分；下部为云盘造型（碑身宽度每增加一尺，则高度增加一寸半），上部做成六条盘龙相互交缠的形状；碑首中心位置用篆书雕刻出仙境缭绕的天宫造型。（其长度和宽度根据字数需要而定。）

土衬：土衬石两段，各长六寸，宽三寸，厚一寸；石中心刻出鳌座板（长五尺，宽四尺），外面四周作起突宝山的造型，其平面要高出水平地面。

赑屃驮石碑，可以说是最常见的一种古代建筑。赑屃是上古时代的神兽，龙生九子，第六子就是赑屃。所以，赑屃只是轮廓像龟（譬如都有龟甲），但整体的形象还是龙的形象。根据上古传说的记载，赑屃曾经背驮三山五岳而兴风作浪。大禹将其收服后，为治水立下功劳。于是，大禹就将赑屃的功劳刻在石碑上，让它自己背起来。这就是人们经常见到的赑屃驮石碑的典故由来。

笏头碣

【原文】

造笏头碣[1]之制（参阅"石作制度图样七"）：上为笏首，下为方坐，共高九尺六寸。碑身广厚并准石碑制度。笏首在内。其坐，每碑身高一尺，则长五寸，高二寸。坐身之内，或作方直，或作叠涩，随宜雕镌花纹。

【梁注】

[1] 没有赑屃盘龙碑首而仅有碑身的碑。

【译文】

建造笏头碣的制度：上端为半圆形笏首，下方是一简易方形底座，总高度为九尺六寸。碑身的宽度和厚度全部参考石碑的制度来确定（包括笏首在内）。碑身每增高一尺，则笏头碣的底座长度增加五寸，高度增加二寸。座身之内，或者方正平直，或做出叠涩造型，并根据不同情况雕刻相应的花纹。

知识小链接——

笏头碣是一种最常见的石碑，不论是高大上的皇家宫殿、寺庙，还是寻常百姓家，都有它的身影，之所以叫笏头碣，是因为它长得特别像古代大臣上朝时手里握着的那个笏板。严格来说，碑和碣其实不是一个东西，在《后汉书·窦宪传》里曾有记载："方者谓之碑，圆者谓之碣。"碑是方形的，而碣主要是圆形。不过在后世的演变当中，古人也渐渐地不矫情了，把碣和碑混用了，只要是规格较小，没有碑首的石碑，管它方形、圆形，都统称碣。

石作制度图样

石作制度圖樣一

彫　鐫　彫鐫制度有四等：

一　剔地起突　其彫刻母題三面突起，一
面與地相聯。

二　壓地隱起　母題突起甚少，按文義，
母題最高點似不突出
石面以上。

三　減地平鈒　如壓地隱起，母題最高
點不突出石面，但最高
點與地相差甚微。

四　素平　石面平整無彫飾。

柱礎　造柱礎之制：

其方倍柱之徑，方一尺四寸以下者，每方一尺厚八寸，方三尺
以上者，厚減方之半，方四尺以上者，以厚三尺為率。若造覆盆，柱礎每方一尺覆盆高
一寸，每覆盆高一寸，盆脣厚一分，如仰覆蓮花，其高加覆盆一倍。

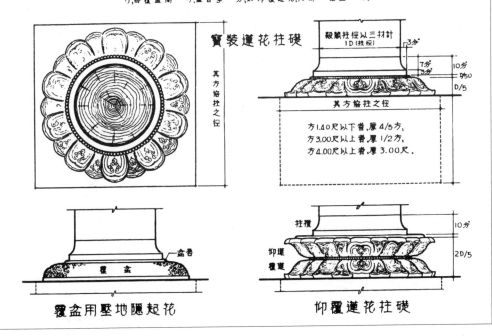

寶裝蓮花柱礎

其方倍柱之徑

方1.40尺以下者，厚4/5方，
方3.00尺以上者，厚1/2方，
方4.00尺以上者，厚3.00尺．

覆盆用壓地隱起花

仰覆蓮花柱礎

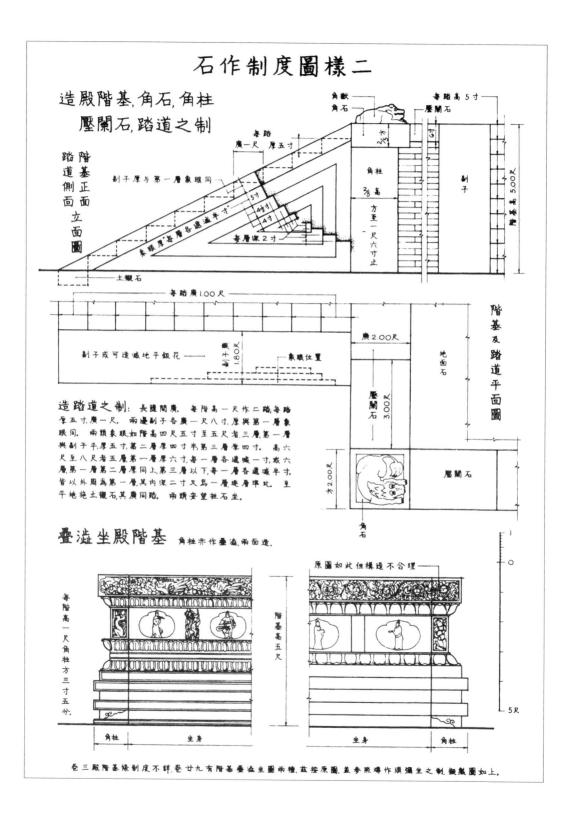

石作制度圖樣二

造殿階基, 角石, 角柱
壓闌石, 踏道之制

階基正面
踏道側面立面圖

角獸
角石
每踏高5寸
壓闌石

每踏
廣一尺　厚五寸

副子厚与第一層象眼同

角柱
2/5方

階基高 5.00尺

角柱 2/5高
方至一尺六寸止

副子

象眼厚每層各遞減半寸
5寸
4寸半
4寸
每層深2寸
每層深2寸

土襯石

每踏廣1.00尺

副子或可遠減地平鈒花

象眼高1.80尺

象眼位置

階基及踏道平面圖

廣2.00尺

地面石

壓闌石
方2.00尺

方2.00尺

角石

壓闌石

3.00尺

造踏道之制: 長隨間廣. 每階高一尺作二踏. 每踏厚五寸, 廣一尺. 兩邊副子各廣一尺八寸, 厚與第一層象眼同. 兩頰象眼如階高四尺五寸至五尺者三層, 第一層與副子平厚五寸, 第二層厚四寸半, 第三層厚四寸. 高六尺至八尺者五層, 第一層厚六寸, 每一層各遞減一寸, 或六層第一層第二層厚同上, 第三層以下, 每一層各遞減半寸, 皆以外周爲第一層, 其内深二寸又爲一層, 逐層準此. 至平地施土襯石, 其廣同踏. 兩頰安望柱石坐.

疊澀坐殿階基　角柱亦作疊澀, 兩面造.

每階高一尺角柱方三寸五分.

角柱　坐身

階基高五尺

原圖如此但構造不合理

坐身　角柱

1
0

5尺

卷三殿階基條制度不詳. 卷廿九有階基疊澀坐圖兩種, 茲按原圖, 並參照導作須彌坐之制, 擬製圖如上.

石作制度圖樣三

重臺鈎闌

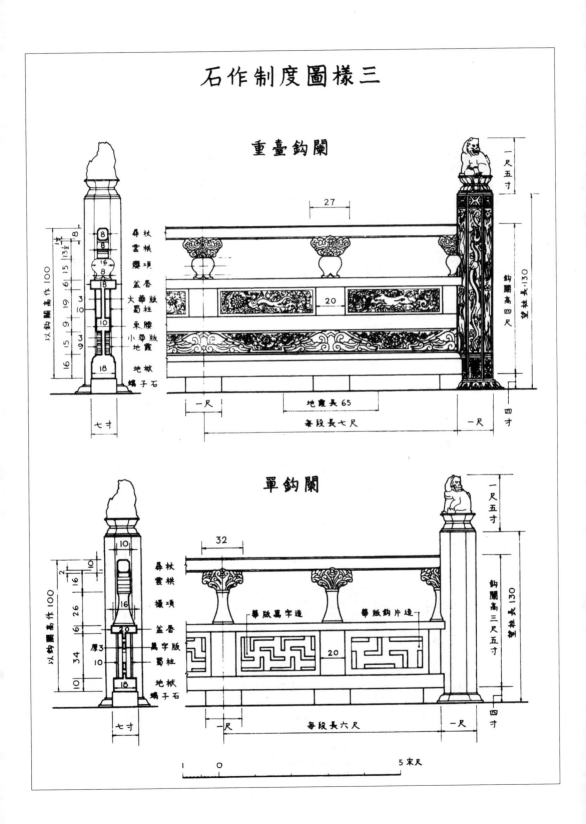

尋杖棋項昏暈
盆曆版
大華柱版蜀腰
束華版霞
小地栿
獅子石

以鈎闌高作100

一尺五寸
望柱長130
鈎闌高四尺
四寸

27
20
一尺
地霞長65
每段長七尺

單鈎闌

尋杖棋項昏暈
攝盆卐字版曆蜀地栿
萬字柱霞
獅子石

以鈎闌高作100

一尺五寸
望柱長130
鈎闌高三尺五寸
四寸

32
20
華版萬字造
華版鈎片造
一尺
每段長六尺
一尺

1　0　　　　　　　5宋尺

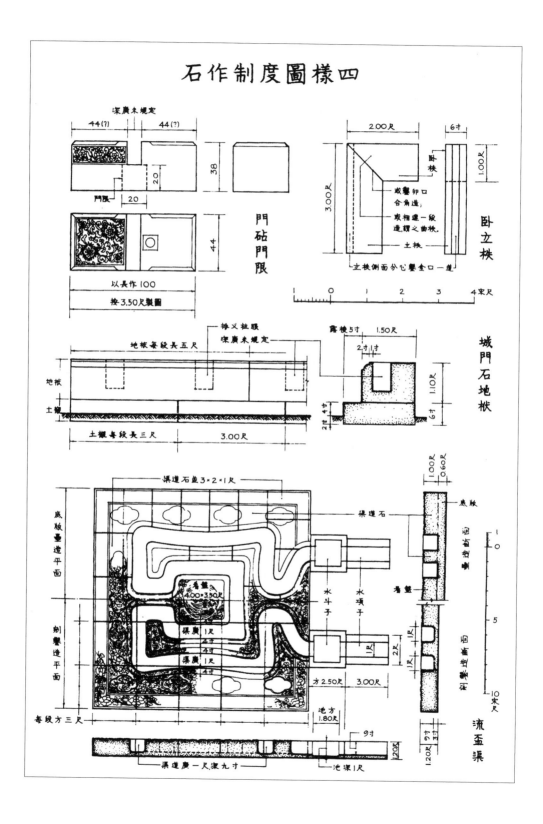

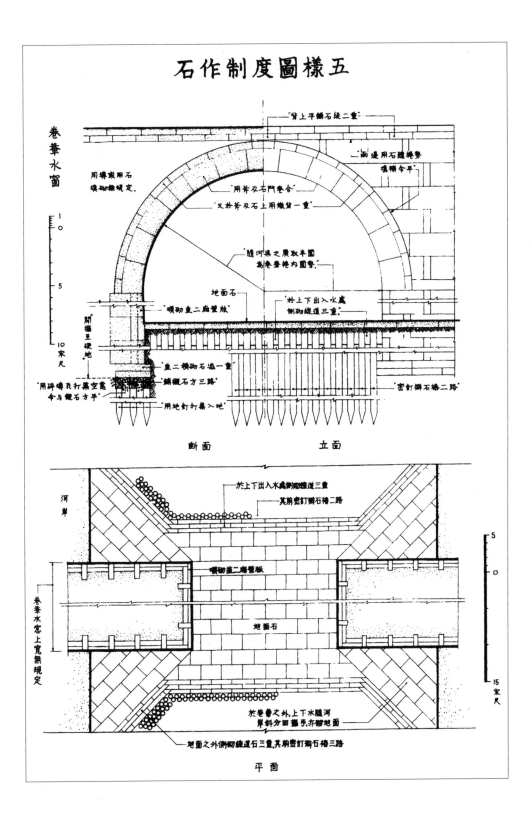

石作制度圖樣五

石作制度圖樣六

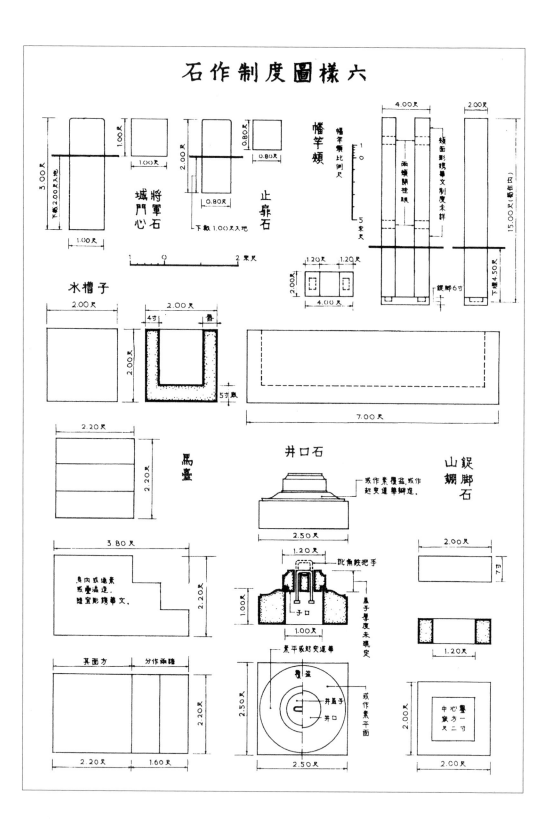

城將軍門心石

止扉石

幡竿頰

幡竿頰比例尺

函頰開柱眼

頰面影瑰華文制度未詳

跋脚6寸

水槽子

馬臺

井口石

或作素覆盆或作起突造華瓣造

批角鋜把手

子口

盖子厚度未琁定

素平或起突造華

覆盆

井盖子

井口

或作素平面

山鋜蜖脚石

中心壘實方一尺二寸

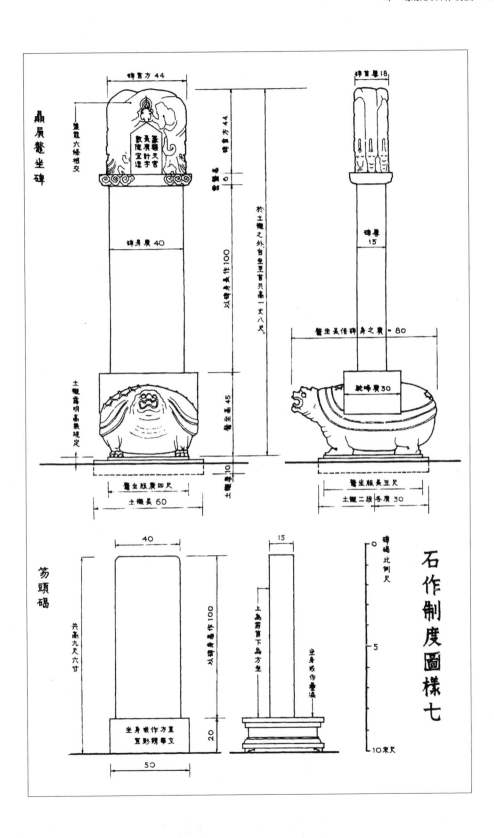

鼎屑龜坐碑

碑首方 44

篆額天宮
其額計字
數隨宜書

螭龍六條相交

碑身廣 40

郭廣 6

以碑方長作 100

碑身方 44

於土襯之外自坐至首共高一丈八尺

土襯露明無規定

龜坐高 45

土襯高 10

龜坐版廣四尺

土襯長 60

碑首廣 18

碑身 15

碑身 15

龜坐長倍碑身之廣 = 80

跤峰廣 30

龜坐版長五尺

土襯二段各廣 30

笏頭碣

40

15

共高九尺六寸

以碑身長作 100

20

上為笏首下為方坐

坐身嵌作暈檻

坐身嵌作方直
其影嵌暈尊文

50

碑碣比例尺

0

5

10 宋尺

石作制度圖樣七

伍

大木作制度

　　本部分有两卷，即卷四、卷五，主要是阐述大木作
必须遵从的规程和原则，凡屋宇之木结构部分，如梁、
柱、枓、栱、槫（檩）、椽都属大木作。

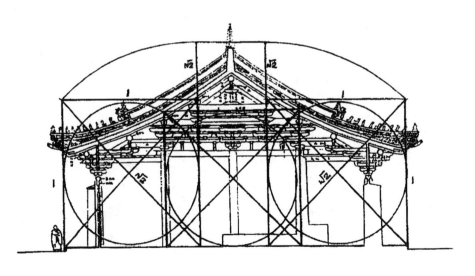

卷四

大木作制度一

材　其名有三：一曰章，二曰材，三曰方桁。

【原文】

凡构屋之制，皆以材为祖[1]；材有八等（参阅"大木作制度图样一"），度屋之大小，因而用之。

第一等：广九寸，厚六寸。以六分为一分°。右（上）殿身九间至十一间则用之。若副阶[2]并殿挟屋[3]，材分减殿身一等；廊屋减挟屋一等。余准此。

第二等：广八寸二分五厘，厚五寸五分。以五分五厘为一分°。右（上）殿身五间至七间则用之。

第三等：广七寸五分，厚五寸。以五分为一分°。右（上）殿身三间至五间或堂七间则用之。

第四等：广七寸二分，厚四寸八分。以四分八厘为一分°。右（上）殿三间，厅堂五间则用之。

第五等：广六寸六分，厚四寸四分。以四分四厘为一分°。右（上）殿小三间，厅堂大三间则用之。

第六等：广六寸，厚四寸。以四分为一分°。右（上）亭榭或小厅堂皆用之。

第七等：广五寸二分五厘，厚三寸五分。以三分五厘为一分°。右（上）小殿及亭榭等用之。

第八等：广四寸五分，厚三寸。以三分为一分°。右（上）殿内藻井或小亭槲施铺作多则用之。

㮿广六分°，厚四分°。材上加㮿者谓之足材。施之栱眼内两枓之间者，谓之暗㮿。

各以其材之广，分为十五分°，以十分°为其厚。凡屋宇之高深，名物之短长，曲直举折之势，规矩绳墨之宜，皆以所用材之分°，以为制度焉。凡分寸之"分"皆如字，材分之"分"音符问切。余准此[4]。

....

【梁注】

[1]"凡构屋之制，皆以材为祖"，首先就指出材在宋代大木作之中的重要地位。其所以重要，是因为大木结构的一切大小、比例，"皆以所用材之分°，以为制度焉"。"所用材之分°"除了用"分°"为衡量单位外，又常用"材"本身之广（即高，15 分°）和㮿广（即高 6 分°）作为衡量单位。"大木作制度"中，差不多一切构件的大小、比例都是用"×材×㮿"或"××分°"来衡量的。例如足材栱广 21 分°"，但更多地被称为"一材一㮿"。

材是一座殿堂的斗栱中用来做栱的标准断面的木材，按建筑物的大小和等第决定用材的等第。除做栱外，昂、枋、襻间等也用同样的材。

"㮿广六分°"，这六分°事实上是上下两层栱或枋之间枓的平和敧（见下文"造枓之制"）的高度。以材㮿计算就是以每一层枓和栱的高度来衡量。虽然在《营造法式》中我们第一次见到这样的明确规定，但从更早的唐、宋初和辽的遗物中，已经可以清楚地看出"皆以材为祖"，"以所用材之分°，以为制度"的事实了。

由此可见材，因此也可见斗栱，在中国古代建筑中的重要地位。因此，在《营造法式》中，竟以卷四整卷的篇幅来说明斗栱的做法是有其原因和必要的。

"材有八等"，但其递减率不是逐等等量递减或用相同的比例递减的。按材厚来看，第一等与第二等，第二等与第三等之间，各减五分。但第三等与第四等之间仅差二分。第四等、第五等、第六等之间，每等减四分。而第六等、第七等、第八等之间，每等又回到各减五分。由此可以看出，八等材明显地分为三组：第一、第二、第三三等为一组，第四、第五、第六三等为一组，第七、第八两等为一组。

我们可以大致归纳为：按建筑的等级决定用哪一组，然后按建筑物的大小选择用哪等材。但现存实例数目不太多，还不足以证明这一推论。

[2]殿身四周如有回廊，构成重檐，则下层檐称副阶。

[3]宋以前主要殿堂左右两侧，往往有与之并列的较小的殿堂，谓之挟屋，略似清式的耳房，但清式耳房一般多用于住宅，大型殿堂不用；而宋式挟屋则相反，多用于殿堂，而住宅及小型建筑不用。

[4]"材分之'分'音符问切"，因此应读如"份"。为了避免混淆，本书中将材分之"分"一律加符号写成"分。"。

【译文】

凡是建造房屋的制度，都以材为主制。材分为八个等级，根据所建造房屋的大小，而选择用材。

第一等材，高度为九寸，宽六寸。（以六分为一分。）九间至十一间大殿适合使用此等材。（如果副阶包含殿挟屋，那么副阶和殿挟屋的材分要比大殿低一个等级，廊屋比挟屋又减一个等级。其余以此类推。）

第二等，高度为八寸二分五厘，宽五寸五分。（以五分五厘为一分。）五间至七间的殿适合使用此等材。

第三等，高度为七寸五分，宽五寸。（以五分为一分。）三间至五间的大殿或七间的堂适合用此等材。

第四等，高度为七寸二分，宽四寸八分。（以四分八厘为一分。）三间的殿或者五间的厅堂适合使用此等材。

第五等，高度为六寸六分，宽四寸四分。（以四分四厘为一分。）小三间殿，或者大三间厅堂适合使用此等材。

第六等，高度为六寸，宽四寸。（以四分为一分。）亭榭或者小厅堂适合使用此等材。

第七等，高度为五寸二分五厘，宽三寸五分。（以三分五厘为一分。）可用于小殿或者亭榭。

第八等，高度为四寸五分，宽三寸。（以三分为一分。）大殿内的藻井或者小亭榭多使用此等材。

栔的高度为六分，宽四分。一材加一栔称为"足材"。（建造在栱眼之内两斗之间的称为"暗栔"。）

各个等级的材按它们的高度，分为十五分，则其宽度为十分。根据房屋的高低深浅、各个构件的长短、屋顶斜面坡度曲直的走势、方圆平直的情况，可以决定相对应的材分等级制度。（凡是"分寸"的"分"都读一声，"材分"的"分"读四声。其余依此而定。）

栱

其名有六：一曰开[1]，二曰槉[2]，三曰欂[3]，四曰曲枅[4]，五曰栾，六曰栱。

【原文】

造栱之制有五[5]（参阅"大木作制度图样一、二"）：

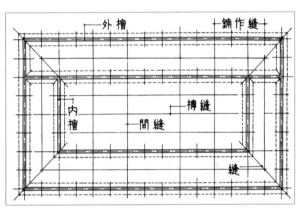

大木作图 1 槽缝示意图

一曰华栱，或谓之杪栱，又谓之卷头，亦谓之跳头，足材[6]栱也。若补间铺作[7]，则用单材[8]。两卷头者，其长七十二分°。若铺作多者[9]，里跳[10]减长二分°。七铺作以上，即第二里外跳各减四分°。六铺作以下不减。若八铺作下两跳偷心[11]，则减第三跳，令上下两跳交互枓畊[12]相对。若平坐[13]出跳，杪栱并不减。其第一跳于栌斗口外，添令与上跳相应。每头以四瓣卷杀[14]，每瓣长四分°。如里跳减多，不及四瓣者，只用三瓣，每瓣长四分°。与泥道栱相交，安于栌斗口内，若累铺作数多，或内外俱匀，或里跳减一铺至两铺。其骑槽[15]檐栱，皆随所出之跳加之。每跳之长，心[16]不过三十分°；传跳虽多，不过一百五十分°。若造厅堂，里跳承梁出楷头[17]者，长更加一跳。其楷头或谓之压跳[18]。交角内外，皆随铺作之数，斜出跳一缝[19]。栱谓之角栱，昂谓之角昂。其华栱则以斜长加之。假如跳头长五寸，则加二寸五厘[20]之类。后称斜长者准此。若丁头栱[21]，其长三十三分°。[22]出卯长五分°。若只里跳转角者，谓之虾须栱，用股卯到心，以斜长加之。若入柱者，用双卯，长六分°至七分°。

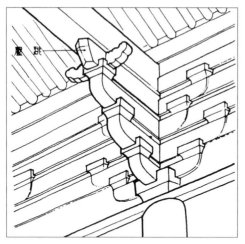

大木作图 2a 头及压跳 山西
太原晋祠圣母殿（宋）

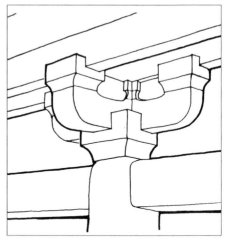

大木作图 2b 斗口跳 山西
平顺天台庵大殿（唐？）

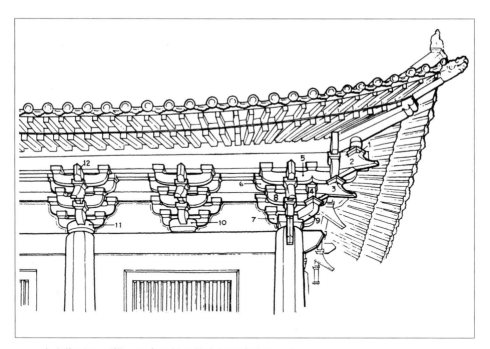

大木作图 3 列栱 河南登封少林寺初祖庵大殿（宋）

　　1.平盘枓 2.由昂 3.角昂 4.小栱头与瓜子栱出跳相列 5.令栱与瓜子栱出跳相列，身内鸳鸯交手 6.慢栱与切几头出跳相列 7.泥道栱与华栱出跳相列 8.瓜子栱 9.角华栱 10.讹角栌枓 11.圆栌枓 12.耍头

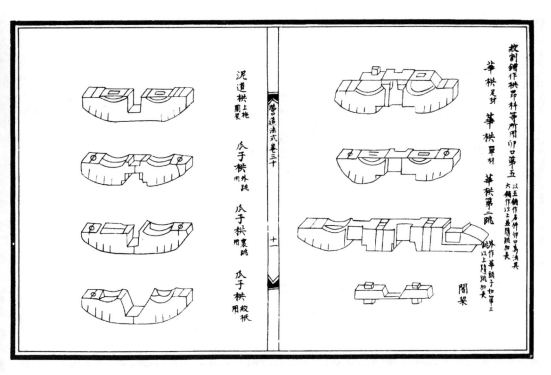

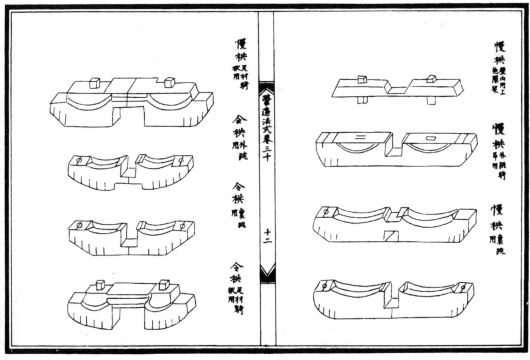

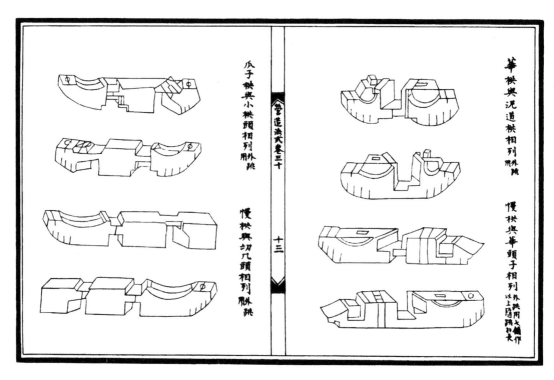

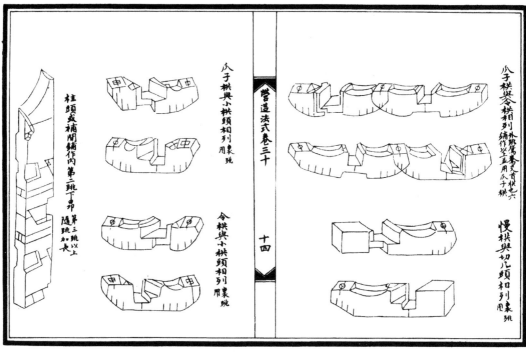

二曰泥道栱,其长六十二分°。若斗口跳[23]及铺作全用单栱造[24]者,只用令栱。每头以四瓣卷杀,每瓣长三分°半。与华栱相交,安于栌斗口内。

三曰瓜子栱,施之于跳头。若五铺作以上重栱造[25],即于令栱内,泥道栱外[26]用之。四铺作以下不用。其长六十二分°;每头以四瓣卷杀,每瓣长四分°。

四曰令栱,或谓之单栱,施之于里外跳头之上,外在橑檐枋之下,内在算桯枋之下,与耍头相交,亦有不用耍头者,及屋内槫缝之下。其长七十二分°。每头以五瓣卷杀,每瓣长四分。若里跳骑栿[27],则用足材。

五曰慢栱,或谓之肾栱。施之于泥道、瓜子栱之上。其长九十二分°;每头以四瓣卷杀,每瓣长三分°。骑栿及至角,则用足材。

凡栱之广厚并如材。栱头上留六分°,下杀九分°;其九分°匀分为四大分;又从栱头顺身量为四瓣。瓣又谓之胥,亦谓之枨,或谓之生。各以逐分之首,自下而至上,与逐瓣之末,自内而至外,以真尺对斜画定,然后斫造[28]。用五瓣及分数不同者准此。栱两头及中心,各留坐斗处,余并为栱眼,深三分°。如用足材栱,则更加一栔,隐[29]出心斗[30]及栱眼。

凡栱至角相交出跳,则谓之列栱[31]。其过角栱或角昂处,栱眼外长内小,自心向外量出一材分,又栱头量一斗底,余并为小眼。

泥道栱与华栱出跳相列。

瓜子栱与小栱头出跳相列。小栱头从心出,其长二十三分°;以三瓣卷杀,每瓣长三分°;上施散斗[32]。若平坐铺作,即不用小栱头,却与华栱头相列。其华栱之上,皆累跳至令栱,于每跳当心上施耍头。

慢栱与切几头[33]相列。切几头微刻材下作两[34]卷瓣。如角内足材下昂造,即与华头子出跳相列。华头子承昂者,在昂制度内。

令栱与瓜子栱出跳相列。承替木头或橑檐枋头。

凡开栱口之法:华栱于底面开口,深五分°角华栱深十分°,广二十分°。包栌斗耳在内。口上当心两面,各开子荫[35]通栱身,各广十分,若角华栱连隐斗通开,深一分°。余栱谓泥道栱、瓜子栱、令栱、慢栱也,上开口,深十分°,广八分°。其骑栿,绞昂栿[36]者,各随所用。若角内足材列栱,则上下各开口,上开口深十分°连栔,下开口深五分°。

凡栱至角相连长两跳者,则当心施斗,斗底两面相交,隐出栱头,如令栱只用四瓣，谓之鸳鸯交手栱。里跳上栱同。

【梁注】

[1] 阁，音卞。

[2] 㭄，音疾。

[3] 欂，音博。

[4] 枅，音坚。

[5] 五种栱的组合关系可参阅大木作图。

[6] 足材，广一材一栔，即广21分°之材。参阅大木作制度图样一、二。

[7] 铺作有两个含义：（1）成组的斗栱称为铺作，并按其位置之不同，在柱头上者称柱头铺作，在两柱头之间的阑额上者称补间铺作，在角柱上者称转角铺作；（2）在一组斗栱之内，每一层或一跳的栱或昂和其上的枓称一铺作。

[8] 单材，即广为15分°的材。

[9] 这里是指出跳多。

[10] 从栌枓出层层华栱或昂。向里出的称里跳；向外出的称外跳。

[11] 每跳华栱或昂头上都用横栱者为"计心"；不用横栱者为偷心。

[12] "畔"就是边沿或外皮。

[13] 参阅本卷"平坐"篇的注释。

[14] 卷杀之制，参阅大木作图样二。

[15] 与斗栱出跳成正交的一列斗栱的纵中线谓之槽（大木作图1），华栱横跨槽上，一半在槽外，一半在槽内，所以叫骑槽。

[16] "心"就是中线或中心。

[17] 楷头，方木出头的一种形式，楷音塔或答。

[18] 见大木作图2a。

[19] "缝"就是中线（大木作图1）。

[20] 原文作"二分五厘"显然是"二寸五厘"之误。但五寸的斜长，较准确的应该是加二寸零七厘。

[21][22] 丁头栱就是半截栱，只有一卷头。"出卯长五分°"，亦即出卯到相交的栱的中线——心。按此推算，则应长31分°，才能与其他华栱取齐。但原文作"三十三分°"，指出存疑。大木作制度图样二仍按原文绘制。

　　[23]由栌斗口只出华栱一跳，上施一枓，直接承托橑檐方的做法谓之斗口跳。参阅大木作图样五（大木作图）。

　　[24]跳头上只用一层瓜子栱，其上再用一层慢栱，或槽上用泥道栱，其上再用慢栱者谓之重栱。只用一层令栱者谓之单栱。参阅大木作图样五（大木作图）。

　　[25]"令栱内，泥道栱外"指令栱与泥道栱之间的各跳。

　　[26]横跨在梁上谓之骑栿。

　　[27]"斫"见石作制度注，参阅大木作图样二。

　　[28]隐出就是刻出，也就是浮雕。

　　[29]栱中心上的枓，正名齐心枓，简称心枓。

　　[30]在转角铺作上，正面出跳的栱，在侧面就是横栱。同样在侧面出跳的栱，正面就是横栱，像这种一头是出跳，一头是横栱的构件叫作列栱。

　　[31]"施之于栱两头"的枓。见下文"造枓之制"。

　　[32]短短的出头，长度不足以承受一个枓，也不按栱头形式卷杀，谓之切几头。

　　[33]原本作"面卷瓣"，"面"字显然是"两"字之误。

　　[34]是指在构件上凿出以固定与另一构件的相互位置的浅而宽的凹槽，只能防止偏侧，但不能起卯的作用将榫固定"咬"住。参阅大木作制度图样二、十四。

　　[35]与昂或与梁栿相交，但不"骑"在梁栿上，谓之绞昂或绞栿。

【译文】

建造栱的制度一共有五条：

一是制作华栱的制度。（有的称之为"杪栱"，有的叫"卷头"，有的叫"跳头"。）它是一材一栔的足材栱。（如果是柱间斗栱，就用单材栱。）两端卷头的华栱，其长度为七十二分。（如果斗栱出跳较多，那么里跳的长度减少二分。七层铺作以上的，第二里跳和第二外跳的长度各减四分。六铺作以下的，长度不减少。如果是八铺作以下，第一跳和第二跳跳头上没横栱的，则减少第三跳，使上下跳在斗檐处相持平。如果平坐斗栱出跳，杪栱的里跳长度并不减少。其第一跳在铺作最下面大斗的口外面，增加其长度令其与上跳相应。）每一端用四瓣卷杀轮廓线，每个瓣长四分。（如果里跳长度减少得多，不够四瓣的长度，则只用三瓣，每瓣仍然长四分。）华栱与泥道栱相交，安装在栌斗口内，如果累计铺作数较多，或者里跳和外跳层数都比较均匀，有的就把里跳减一铺到两铺。其骑槽檐栱，都要根据出跳增加长度。每一跳的长度，中心不过三十分；层层出跳虽然较多，但中心不能超过一百五十分。（如果是建造厅堂，里跳承接方梁出楂头者，长度要增加一跳。也有人把楂头称作"压跳"的。）在转角朝内和朝外的地方，都要根据铺作的数量做斜出跳一缝。（此处的栱就叫作"角栱"，昂就叫"角昂"。）华栱则根据斜长而增加材分。（假如跳头长度增加五寸，则华栱增加二寸五厘，以此类推。此后斜长一律根据这个规则制定。）如果是丁头栱，则它的长度为三十三分，出卯部分长为五分。（如果只有里跳设置转角，则称为"虾须栱"，用股出卯到中心位置，根据斜长增加长度，如果要接入柱头，要用双卯，长度为六分至七分。）

二是制作泥道栱的制度。泥道栱的长度为六十二分。（如果斗口的出跳及铺作全部使用单栱制造，则只使用令栱。）每头使用四瓣卷杀，每瓣长度为三分半。泥道栱要与华栱相交，并安装在栌斗口里面。

三是制作瓜子栱的制度。瓜子栱用在跳头上。如果铺作在五层以上，要用重栱建造，即在令栱以内，泥道栱以外使用（四铺作以下不用瓜子栱）。瓜子栱的长度为六十二分；每头用四瓣卷杀，每瓣的长度为四分。

四是制作令栱的制度：或者称之为"单栱"，令栱用在里跳和外跳的跳头之上（外侧在橑檐枋下面，内侧在算楻枋下面），令栱与耍头相接（也有不用耍头的），并延伸到屋内槫缝以下。令栱的长度为七十二分。每头用五瓣卷杀，每瓣长度为四分。如果里跳横骑在横梁上，则使用一材一栔的足材。

五是制作慢栱的制度。（也有的称之为"肾栱"。）慢栱用在泥道栱和瓜子栱之上。它的长度为九十二分；每头用四瓣卷杀，每瓣长度为三分。如果是横骑梁上并到达转角，就用足材。

所有栱的高宽厚等皆如材的尺寸。栱头部分留有六分，栱身以下余九分；这九分又平均分为四分（这个瓣又叫"䫜"，也叫"栈"，或者叫"生"）。从每一分的顶部（自下至上），从每一分的顶部到每一瓣的末端（自内至外），用直尺沿对角斜线画出墨线，然后据此砍削雕凿建造。（做五瓣以及不分分数的也照这个标准执行。）栱的两端和中心位置，都要留出托住斗的地方，其余部分凿为栱眼，深度为三分。如果选足材栱，则要加出一栔的材，雕出心斗和栱眼。

转角铺作上之正出华栱，过角即转为出跳上横栱，这种栱称为"列栱"。（在角栱或角昂处，靠外的栱眼大，靠内的栱眼小，从中心位置向外留出一材分的宽度，并在栱头留出枓底宽度的位置，其余部分雕凿小眼。）

泥道栱与华栱出跳正好相交。

瓜子栱与小栱头的出跳正好相交。（小栱头在华栱的中心位置，它的长度为二十三分；用三瓣卷杀，每瓣长为三分；上面设置散枓。如果是平坐铺作，不用小栱头，只用瓜子栱与华栱头相交。在华栱之上，经过多次出跳，使高度与令栱齐平，在每跳的中心位置设置耍头。）

慢栱与切几头相交。（切几头的微刻在材下，做成两卷瓣。）如果是在转角内足材昂下处建造，即和华头子的出跳相交。（华头子是承托昂的构件，相关介绍在昂的制度内。）

余仿此。令栱和瓜子栱的出跳相交。（承接外檐的橑檐枋和算桯枋。）

开栱口的原则：华栱在底面开口，深度为五分（转角华栱的深度为十分），宽度为二十分（包括栌斗耳在内）。在栱口上面正对中心的两个面，各开一个贯穿栱全身的凹槽，各自宽度为十分（如果是转角华栱就将隐斗一起通开），深度为一分。在其余的栱（即泥道栱、瓜子栱、令栱、慢栱等）上开口，深度为十分，宽八分。（跨梁或者与昂正交的那些栱，根据实际情况而定。）如果转角内是足材列栱，则上下各开一个栱口，上面的栱口（连同栔在内），深度为十分，下面的开口深度为五分。替木头，以柱内卯榫定之。如卯宽三寸（卯即柱中之眼，勿论已透未透皆谓之卯），应厚二寸九分（稍减小以便穿入），以口二份定高六寸，两头用钉向上钉之。

凡是连续两次出跳到转角的栱，则在正中心位置设置斗，斗底两面相交，雕刻出栱头（如果是令栱就只用四瓣），称为"鸳鸯交手栱"。（里跳上的栱，亦同此制。）

飞昂

其名有五：一曰槽，二曰飞昂，三曰英昂，四曰斜角，五曰下昂。

【原文】

造昂之制有二（参阅"大木作制度图样四、六、七、八、九、十"）：

一曰下昂[1]：自上一材，垂尖向下，从枓底心取直，其长二十三分°。其昂身上彻屋内，自枓外斜杀向下，留厚二分°；昂面中䪼[2]二分°，令䪼势圆和。亦有于昂面上随䪼加一分，讹杀[3]至两棱者，谓之琴面昂[4]；亦有自枓外斜杀至尖者，其昂面平直，谓之批竹昂[5]。

凡昂安枓处，高下及远近皆准一跳。若从下第一昂，自上一材下出，斜垂向下，枓口内以华头子承之。华头子自枓口外长九分°；将昂势尽处匀分，刻作两卷瓣，每瓣长四分°。如至第二昂以上，只于枓口内出昂，其承昂枓口及昂身下，皆斜开镫口，令上大下小，与昂身相衔。

凡昂上坐枓，四铺作、五铺作并归平；六铺作以上，自五铺作外，昂上枓并再向下二分°至五分°（参阅"大木作制度图样六、七"）。如逐跳计心造，即于昂身开方斜口，深二分°；两面各开子荫，深一分°。

若角昂（参阅"大木作制度图样十五、十六、十七、十八"），以斜长加之。角昂之上，别施由昂[6]。长同角昂，广或加一分°至二分°。所坐枓[7]上安角神，若宝藏神或宝瓶。

若昂身于屋内上出，即皆至下平槫。若四铺作用插昂，即其长斜随跳头[8]。（参阅"大木作制度图样五"）插昂又谓之挣昂；亦谓之"矮昂"。

凡昂栓（参阅"大木作制度图样十四"），广四分°至五分°，厚二分°。若四铺作，即于第一跳上用之；五铺作至八铺作，并于第二跳上用之。并上彻昂背，自一昂至三昂，只用一栓，彻上面昂之背。下入栱身之半或三分之一。

若屋内彻上明造[9]，即用挑斡，或只挑一枓，或挑一材两栔[10]（参阅"大木作制度图样六"）。谓一栱上下皆有枓也。若不出昂而用挑斡者，即骑束阑方下昂桯[11]。如用平棋[12]，即自槫安蜀柱以叉昂尾[13]（参阅"大木作制度图样七"）；如当柱头，即以草栿或丁栿压之[14]（参阅"大木作制度图样七"）。

二曰上昂[15]（参阅"大木作制度图样八、九"），头向外留六分°。其昂头外出，昂身斜收向里，并通过柱心。

如五铺作单杪上用者，自栌枓心出，第一跳华栱心长二十五分°；第二跳上昂心长二十二分°。其第一跳上，斗口内用靴楔。其平棋枋[16]至栌斗口内，共高五材四栔。其第一跳重栱计心造。

如六铺作重杪上用者，自栌枓心出，第一跳华栱心长二十七分°；第二跳华

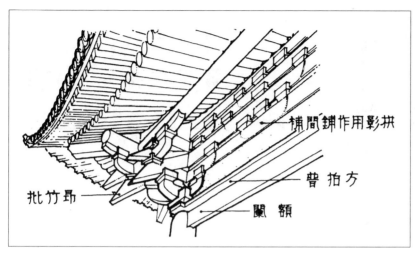

大木作图 4　批竹昂 山西榆次永寿寺雨花宫（宋）

棋心及上昂心共长二十八分°。华棋上用连珠枓，其斗口内用靴楔（参阅"大木作制度图样九"）。七铺作、八铺作同。其平棋枋至栌斗口内，共高六材五栔。于两跳之内，当中施骑斗栱（参阅"大木作制度图样九"）。

如七铺作于重杪上用上昂两重者，自栌枓心出，第一跳华棋心长二十三分°，第二跳华棋心长一十五分°华棋上用连珠枓；第三跳上昂心两重上昂共此一跳，长三十五分°。其平棋枋至栌斗口内，共高七材六栔（参阅"大木作制度图样九"）。其骑斗栱与六铺作同。

如八铺作于三杪上用上昂两重者，自栌枓心出，第一跳华棋心长二十六分°；第二跳、第三跳华棋心各长一十六分°；于第三跳华棋上用连珠枓；第四跳上昂心 两重上昂共此一跳，长二十六分°。其平棋枋至栌斗口内，共高八材七栔。其骑斗栱与七铺作同。

凡昂之广厚并如材。其下昂施之于外跳，或单棋或重棋，或偷心或计心造。上昂施之里跳之上及平坐铺作之内；昂背斜尖，皆至下枓底外；昂底于跳头斗口内出，其斗口外用靴楔。刻作三卷瓣。

凡骑斗栱，宜单用[17]；其下跳并偷心造。凡铺作计心、偷心，并在总铺作次序制度之内。

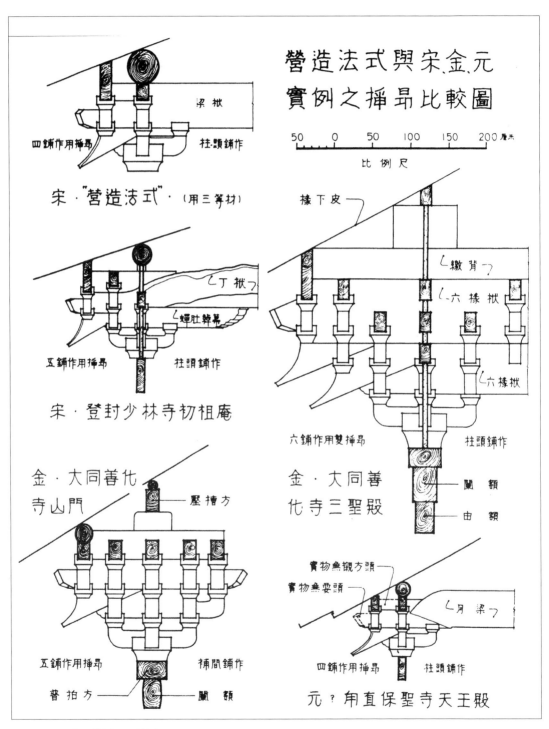

大木作图 5　昂图

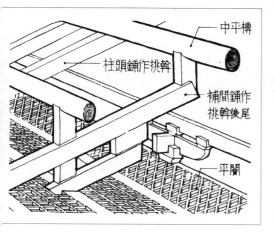

大木作图 6　浙江宁波保国寺大殿（宋）

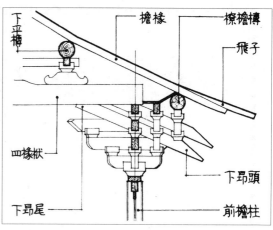

大木作图 7　柱头铺作之昂尾 山西平
顺龙门寺大殿（宋）

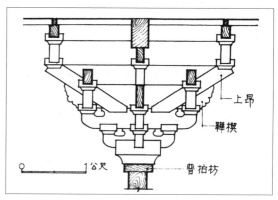

大木作图 7a　上昂、楔、普拍枋（剖面）江苏
苏州玄妙观三清殿（宋）

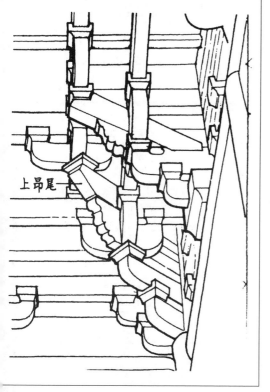

大木作图 7b　上昂（透视）江苏苏州玄妙
三清殿（宋）

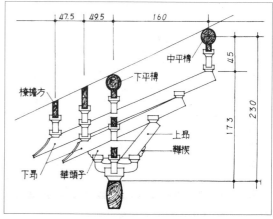

大木作图 7c　上昂 浙江金华天宁寺大殿（元）

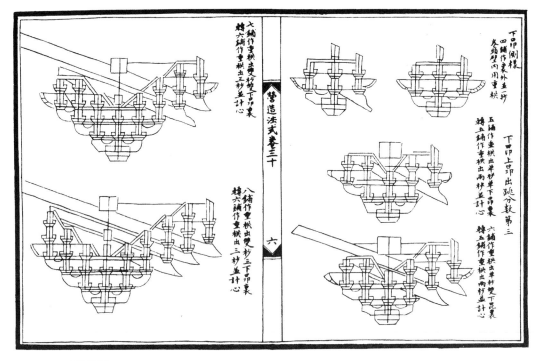

下昂侧样

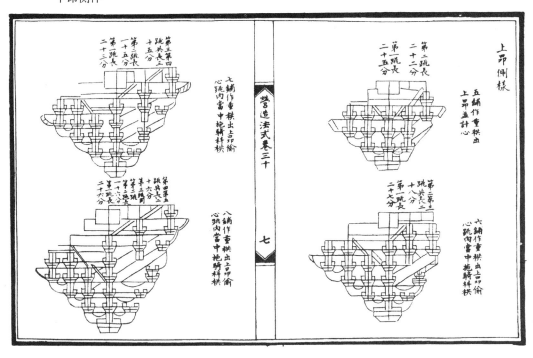

上昂侧样

【梁注】

[1]在一组斗栱中，外跳层层出跳的构件有两种：一种是水平放置的华栱；一种是头（前）低尾（后）高，斜置的下昂。出檐越远，出跳就越多。有时需要比较深远的出檐，如果全用华栱挑出，层数多了，檐口就可能太高。由于昂头向下斜出，所以在取得出跳的长度的同时，却将出跳的高度降低了少许。在需要较大的檐深但不愿将檐抬得过高时，就可以用下昂来取得所需的效果。

下昂是很长的构件，昂头从跳头起，还加上昂尖（清式称昂嘴），斜垂向下，昂身后半向上斜伸，亦称挑斡。昂尖和挑斡，经过少许艺术加工，都具有高度装饰效果。

从一组斗栱受力的角度来分析，下昂成为一条顿悍，巧妙地使挑檐的重量与屋面及砖、梁的重量相平衡。从构造上看，昂还解决了里跳华栱出跳与斜屋面的矛盾，减少了里跳华栱出跳的层数。

[2]䫜：音坳，ào，头凹也。即杀成凹入的曲线或曲面（参阅大木作制度图样四）。

[3]讹杀：杀成凸出的曲线或曲面。

[4][5]在宋代"中顺"而讹杀至两棱的"琴面昂"显然是最常用的样式，而"斜杀至尖"且"昂面平直"的"批竹昂"是比较少用的。历代实例所见，唐辽都用批竹昂，宋初也有用的，如山西榆次雨花宫，宋、金以后多用标准式的琴面昂，但与《法式》同时的山西太原晋祠圣母殿和殿前金代的献殿则用一种面中不顺而讹杀至两棱的昂。我们也许可以给它杜撰一个名字叫"琴面批竹昂"吧。

[6]在下昂造的转角铺作中，角昂背上的要头做成昂的形式，称为由昂，有的由昂在构造作用上可以说是柱头铺作，补间铺作中的要头的变体。也有的由昂上彻角梁底，与下昂的作用相同。

[7]由昂上安角神的枓一般都是平盘枓。

[8]昂身不过柱心的一种短昂头，多用在四铺作上，亦有用在五铺作上的或六铺作上的。

[9]屋内不用平棋（天花板），梁架斗栱结构全部显露可见者谓之彻上明造。

[10]实例中这种做法很多，可以说是宋、辽、金、元时代的通用手法。

[11]"不出昂而用挑斡"的实例见大木作图：什么是束阑枋和它下面的

昂程，均待考。

［12］"如用平棋"或平暗，就不是"彻上明造"了。

［13］如何叉法，这里说得不够明确具体。实例中这种做法很少，仅浙江宁波保国寺大殿（宋）有类似做法，是十分罕贵的例证。大木作制度图样七就是依据这种启示绘制的。

［14］实例中这种做法很多，是宋、辽、金、元时代的通用手法。

［15］上昂的作用与下昂相反。在铺作层数多而高，但挑出须尽量小的要求下，头低尾高的上昂可以在较短的出跳距离内取得挑得更高的效果。上昂只用于里跳。实例极少，用直保圣寺大殿、苏州玄妙观三清殿都是罕贵的遗例。

［16］平棋枋是室内组成平棋骨架的枋子。

［17］原图所画全是重棋，大木作制度图样九所画骑斗棋，仍按原图绘制。

【译文】

建造昂的制度有两条：

一是建造下昂的制度：下昂从上到下为一单材，昂尖斜垂向下，从枓底面中心位置向下的垂直距离，长度为二十三分。（下昂的昂身砌于屋内。）从枓的外面斜向下杀出，留出二分厚度；昂面中间凹入二分，使四面的弧度缓和圆滑。（也有在昂的上面根据凹曲面增加一分高度的，杀成凸起的曲面，直至两棱，这种昂叫作"琴面昂"；也有从枓的外面斜杀至昂尖的，其昂面平直，这种昂称为"批竹昂"。）

凡是安装在枓下面的昂，其位置高低和距离远近都是一跳。如果下昂从比它高一层且里一跳的枋子斜垂向下而出，则在斗口以内用华头子承接。（华头子从斗口外算起长度为九分；将昂的走势尽量处理均匀。雕刻两个卷瓣，每瓣长度为四分。）如果到第二跳以上，只需要在斗口内出昂，承接昂的斗口以及昂身的下方，都要斜开一个马镫似的镫口，并使镫口上大下小，能够与昂身相衔接。

凡是在昂上有枓的，四铺作和五铺作都可以归为平整；六铺作以上，从五铺作处，昂上枓的位置都要再向下调低二分至五分。如果每一跳都是计心造，则在昂身上开一个深二分的方形斜口；两面各开一个深一分的浅槽。

如果是角昂，要根据斜边的长度增加下昂之材。角昂之上的耍头要做成昂的样子。（长度和角昂的相同，宽度在角昂的基础上增加一分至二分。昂上所坐的枓要安装角神，比如宝藏神或宝瓶。）

如果昂身在屋内向上出，都伸到平槫。如果是四铺作则要用插昂，即昂的长度根据斜向出跳的跳头而定。（插昂又称为"挣昂"，也叫"矮昂"。）

昂栓的尺寸，高度为四分至五分，厚度为二分。如果是四铺作，就在第一跳上使用；如果是五铺作至八铺作，就在第二跳上使用。昂栓向上贯穿昂背（自一昂至三昂，只用一栓，贯穿上面的昂背）。向下嵌入栱身一半或三分之一。

如果屋内屋顶梁架结构完全暴露，就用挑斡，或者只挑一枓，或者挑一材两栔。（这就是一栱上下都有枓。如果不出昂而采用挑斡的，就跨过束阑方下的昂桯。）如果用平棋，那么则在平槫处安装蜀柱以顶住昂尾；如果恰好挡住了柱头，就用草栿或丁栿压住。

二是建造上昂的制度：上昂的头部要向外留出六分的长度。其上昂的头向外斜出，昂身斜向里收，并通过柱心位置。

如果在五铺作单杪上设置上昂，从栌枓的中心位置挑出，第一跳华栱的中心线长为二十五分；第二跳上昂的中心线长度为二十二分。（在第一跳上，斗口内用楔形垫木。）其平棋枋接入栌斗口，总高度为五材四栔。（其第一跳采用重栱计心造。）

如果在六铺作重杪上设置上昂，从栌枓的中心位置挑出，第一跳华栱的中心线长为二十七分；第二跳华栱的中心线和上昂的中心线长度为二十八分。（华栱上用连珠枓，在第一跳上，斗口内用楔形垫木。七铺作、八铺作与此相同。）其平棋枋接入栌斗口，总高度为六材五栔。在两跳之间设置骑斗栱。

如果在七铺作重杪上设置两重上昂，从栌枓的中心位置挑出，第一跳华栱的中心线长为二十三分；第二跳华栱的中心线长度为十五分（华栱之上用连珠斗）；第三跳上昂中心线的长度为三十五分（两重上昂共有这一跳）。其平棋枋接入栌斗口，总高度为七材六栔。（其骑斗栱与六铺作相同。）

如果在八铺作三杪上设置两重上昂，从栌枓的中心位置挑出，第一跳华栱的中心线长为二十六分；第二跳、第三跳华栱中心线各长十六分（在第三跳华栱上用连珠枓）；第四跳上昂中心线的长度为二十六分（两重上昂共此一跳）。其平棋枋接入栌斗口，总高度为八材七栔（其骑斗栱与七铺作相同）。

所有昂的高度和厚度都遵循材的尺寸。下昂用在外跳上，或者在单栱或重栱上，或者是偷心造或计心造。上昂用在里跳以及平坐铺作之内；昂背斜长尖细，伸展至下昂和枓底以外；昂底从跳头的斗口之内伸出，斗口外采用楔形垫木。（雕刻成三卷瓣。）

所有的骑斗栱，都宜单独使用；采用下跳和偷心造。（至于铺作的计心造、偷心造，其做法和制度见总铺作次序制度。）

爵头

其名有四：一曰爵头，二曰耍头，三曰胡孙头，四曰蜉蝑头[1]。

【原文】

造耍头[2]之制（参阅"大木作制度图样四、十四"）：用足材自枓心出，长二十五分°，自上棱斜杀向下六分°，自头上量五分°，斜杀向下二分°。谓之鹊台。两面留心，各斜抹五分°，下随尖各斜杀向上二分°，长五分°。下大棱上，两面开龙牙口，广半分°，斜梢向尖。又谓之锥眼。开口与华栱同，与令栱相交，安于齐心枓下。

若累铺作数多，皆随所出之跳加长，若角内用，则以斜长加之。于里外令栱两出安之[3]。如上下有碍昂势处，即随昂势斜杀，放过昂身[4]。或有不出耍头者，皆于里外令栱之内，安到心[5]股卯。只用单材。

【梁注】

[1] 蜉蝑，读如浮冲。
[2] 清式称蚂蚱头。
[3] 与令栱相交出头。
[4] 因此，前后两耍头各成一构件，且往往不在同跳的高度上。
[5] 这"心"是指跳心，即到令栱厚之半。

【译文】

建造耍头的制度：耍头要使用足材，从枓的中心位置出头，长度为二十五分，从上棱斜杀向下六分，头上量取五分留出，斜杀向下二分（称为"鹊台"）。两面留出中心，各斜抹五分，下部随尖端位置各斜杀向上二分，长度为五分。在下端的大棱上，两面各开一个龙牙口造型，宽度为半分，斜端末梢朝向尖端的方向（又称作"锥眼"）。耍头的开口方式与华栱的相同，与令栱相交，安放在齐心斗下面。

如果铺作层数较多，则耍头的长度宜随着铺作出跳层数的增加而加长（如果是在转角铺作中使用，则根据斜长的增加而增加耍头的长度），在里外令栱相交之处安装耍头。如果耍头上下方有妨碍昂的走势的地方，要根据昂的走势斜杀，从而跳过昂身。也有的不出耍头，则都在里外令栱之间，安装到跳心处作鼓卯。（只用单材。）

枓

其名有五：一曰棜[1]，二曰栭[2]，三曰栌，四曰楷，五曰枓。

【原文】

造枓之制有四[3]（参阅"大木作制度图样一、三"）：

一曰栌枓。施之于柱头，其长与广，皆三十二分°。若施于角柱之上者，方三十六分°。如造圆枓，则面径三十六分°，底径二十八分°。高二十分°；上八分°为耳；中四分°为平；下八分°为欹。今俗谓之"溪"者非。开口广十分°，深八分°。出跳则十字开口，四耳。如不出跳，则顺身开口，两耳。底四面各杀四分°，欹𪴓一分°。如柱头用圆枓，即补间铺作用讹角枓[4]。

二曰交互枓。亦谓之长开枓。施之于华栱出跳之上。十字开口，四耳；如施之于替木下者，顺身开口，两耳。其长十八分°，广十六分°。若屋内梁栿下用者，其长二十四分°，广十八分°，厚十二分°半，谓之交栿枓，于梁栿头横用之。如梁栿项归一材之厚者，只用交互枓。如柱大小不等，其枓量柱材[5]随宜加减。

三曰齐心枓。亦谓之华心枓。施之于栱心之上，顺身开口，两耳；若施之于平坐出头木之下，则十字开口，四耳。其长与广皆十六分°。如施由昂及内外转角出跳之上，则不用耳，谓之平盘枓；其高六分°。

四曰散枓。亦谓之小枓，或谓之顺桁枓，又谓之骑互枓。施之于栱两头。横开口，两耳；以广为面。如铺作偷心，则施之于华栱出跳之上。其长十六分°，广十四分°。

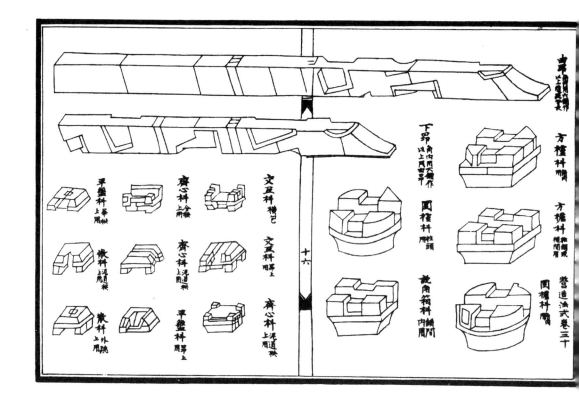

凡交互枓、齐心枓、散枓，皆高十分°；上四分°为耳，中二分°为平，下四分°为欹。开口皆广十分°，深四分°，底四面各杀二分°，欹頔半分°。

凡四耳枓，于顺跳口内前后里壁，各留隔口包耳，高二分°，厚一分°半；栌枓则倍之。角内栌枓，于出角栱口内留隔口包耳，其高随耳，抹角内荫入半分°。

【梁注】

　　[1] 窠，音节。

　　[2] 枂，音而。

　　[3] 四种枓的使用位置和组合关系参阅大木作图。

　　[4] 讹角即圆角。

　　[5] 按交互枓不与柱发生直接关系（只有栌枓与柱发生直接关系），因此这里发生了为何"其枓量柱材"的问题。"柱"是否"梁"或"枓"之误？如果说"如梁大小不等，其枓量梁材"，似较合理。假使说是由柱身出丁头栱，栱头上用交互枓承梁，似乎柱之大小也不应该直接影响到枓之大

小，谨此指出存疑。

【译文】

造斗的制度有四条：

一是栌斗：栌斗安装在柱头上，它的长和宽都是三十二分。如果安装在角柱上，则为三十六分见方。（如果建造的是圆枓，则顶部圆面的直径为三十六分，底面圆的直径为二十八分。）高度为二十分。上面八分长为斗耳，中间四分长为斗平，下面八分长为斗欹。（如今有把"欹"看作"溪"的，不对。）斗的开口宽十分，深八分。（如果出跳则采用十字开口，四个斗耳；如果不出跳，则顺着斗身开口，两个斗耳。）底部四个面各向里杀四分，斜向内凹一分。（如果柱头用圆斗，补间铺作则采用讹角斗。）

二是交互斗（也叫"长开斗"）：交互斗用在华栱出跳之上。（十字形开口，四个斗耳。如用在替木以下，则顺着斗身开口，两个斗耳。）交互斗的长度为十八分，宽十六分。（如果是用在屋内梁栿下面，则它的长度为二十四分，宽十八分，厚度为十二分半，称为"交栿斗"，在梁栿的两头横用。如梁栿的两头厚度达到一材，则只用交互斗。如果柱子大小不等，那么交互枓的尺寸要根据柱材的情况酌情增减。）

三是齐心斗（也叫"华心斗"）：齐心斗用在栱的中心位置之上。（顺着斗身开口，两个斗耳。如果用在平坐出头木之下时，则开十字口，四个斗耳。）齐心斗的长和宽都是十六分。（如果安装在飞昂以及内外转角的出跳之上，则不用斗耳，这种称为"平盘斗"，高度为六分。）

四是散斗（也称为"小斗"，或称为"顺桁斗"，又叫"骑互斗"）：散斗用在栱的两头。（横开口，两个斗耳，以宽为面。如果铺作采用偷心造，则安装在华栱的出跳之上。）散斗的长度为十六分，宽十四分。

凡交互斗、齐心斗、散斗的高度全部为十分，上面四分长为斗耳，中间二分为斗平，下面四分为斗欹，开口都是宽度为十分，深四分，底面各向里杀入二分，斜凹槽半分。

凡四耳斗顺着跳口内的前后里壁，各留一个隔口包住斗耳，高度为二分，厚度为一分半，栌斗尺寸则增加一倍。（转角铺作中的栌斗，在出角栱口内留一个隔口包耳，其高度根据斗耳的尺寸而定，在转角处凿入半分深。）

总铺作次序

【原文】

总铺作次序之制（参阅"大木作制度图样十"）：凡铺作自柱头上栌斗口内出一栱或一昂，皆谓之一跳；传至五跳止。

出一跳谓之四铺作[1]，或用华头子，上出一昂；出二跳谓之五铺作，下出一卷头，上施一昂；出三跳谓之六铺作，下出一卷头，上施两昂；出四跳谓之七铺作，下出两卷头，上施两昂；出五跳谓之八铺作，下出两卷头，上施三昂。

自四铺作至八铺作，皆于上跳之上，横施令栱与耍头相交，以承橑檐枋；至角，各于角昂之上，别施一昂，谓之由昂，以坐角神。

凡于阑额上坐栌斗安铺作者，谓之补间铺作。今俗谓之步间者非。当心间须用补间铺作两朵，次间及梢间各用一朵。其铺作分布，令远近皆匀。若逐间皆用双补间，则每间之广，丈尺皆同。如只心间用双补间者，假如心间用一丈五尺，次间用一丈之类。或间广不匀，即每补间铺作一朵，不得过一尺[2]。

凡铺作逐跳上 下昂之上亦同，安栱，谓之计心（参阅"大木作制度图样六、七、八、九"）；若逐跳上不安栱，而再出跳或出昂者，谓之偷心（参阅"大木作制度图样十"）。凡出一跳，南中谓之出一枝：计心谓之转叶，偷心谓之不转叶，其实一也。

凡铺作逐跳计心，每跳令栱上，只用素枋一重，谓之单栱[3]；素方在泥道栱上者，谓之柱头枋；在跳上者，谓之罗汉枋；枋上斜安遮椽板；即每跳上安两材一栔。令栱、素枋为两材，令栱上斗为一栔。

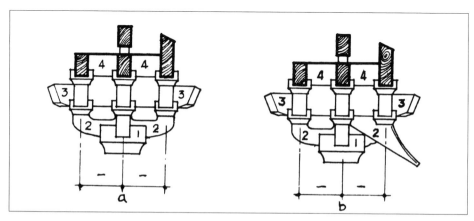

大木作图 8a　出一跳谓之四铺作

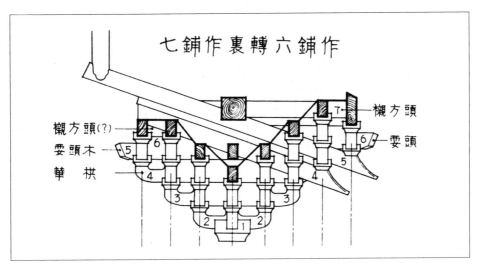

大木作图 8b　出四跳谓之七铺作

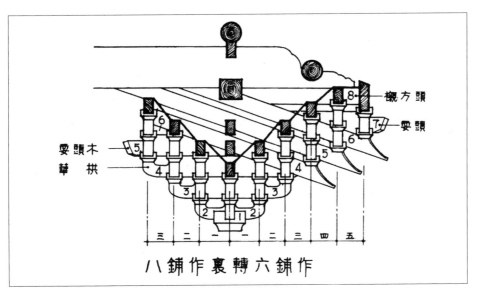

大木作图 8c　出五跳谓之八铺作

若每跳瓜子栱上至橑檐枋下，用令栱，施慢栱，慢栱上用素枋，谓之重栱[4]；
方上斜施遮椽板；即每跳上安三材两栔。瓜子栱、慢栱、素枋为三材；瓜子栱上枓、
慢栱上枓为两栔。

凡铺作，并外跳出昂；里跳及平坐，只用卷头。若铺作数多，里跳恐太

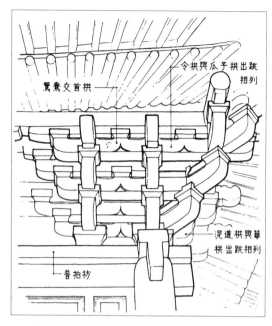

大木作图 9　连栱交隐 河北易县
开元寺昆卢殿（辽）

图中标注：
令栱與瓜子栱出跳相列
鸳鸯交首栱
泥道栱與華栱出跳相列
普拍枋

即里跳减一铺或两铺；或平棋低，即于平棋枋下更加慢栱[5]（参阅"大木作制度图样七"）。

凡转角铺作，须与补间铺作勿令相犯；或梢间近者，须连栱交隐[6]（参阅"大木作制度图样二"）；补间铺作不可移远，恐间内不匀，或于次角补间近角处，从上减一跳。

凡铺作当柱头壁栱，谓之影栱又谓之扶壁栱[7]。

如铺作重栱全计心造，则于泥道重栱上施素枋。方上斜安遮椽板。

五铺作一杪一昂，若下一杪偷心，则泥道重栱上施素枋，方上又施令栱，栱上施承椽枋。

单栱七铺作两杪两昂及六铺作一杪两昂或两杪一昂，若下一杪偷心，则于栌枓之上施两令栱两素枋。枋上平铺遮椽板。或只于泥道重栱上施素枋。

单栱八铺作两杪三昂，若下两杪偷心，则泥道栱上施素枋，方上又施重栱、素枋。枋上平铺遮椽板。

凡楼阁上屋铺作，或减下屋一铺[8]。其副阶缠腰铺作，不得过殿身[9]，或减殿身一铺。

【梁注】

[1]"铺作"这一名词，在《营造法式》"大木作制度"中是一个用得最多而含义又是多方面的名词。在"总释上"中曾解释为"今以斗栱层数相叠，出跳多寡次序谓之铺作"。在"制度"中提出每"出一栱或一昂"，皆谓之"一跳"。从四铺作至八铺作，每增一跳，就增一铺作。如此推论，就应该是一跳等于一铺作。但为什么又"出一跳谓之四铺作"而不是"出一跳谓之一铺作"呢？

我们将铺作侧样用各种方法计数核算，只找到一种能令出跳数和铺作数都符合本条所举数字的数法如下：

从栌枓数起，至衬方头止，栌枓为第一铺作，耍头及衬方头为最末两铺作；其间每一跳为一铺作。只有这一数法，无论铺作多寡，用下昂或用上昂，外跳或里跳，都能使出跳数和铺作数与本条中所举数字相符。

"出一跳谓之四铺作"，在这组斗栱中，前后各出一跳；栌枓（1）为第一铺作，华栱（2）为第二铺作，耍头（3）为第三铺作，衬方头（4）为第四铺作；刚好符合"出一跳谓之四铺作"。

再举"七铺作，重栱，出双杪双下昂；里跳六铺作，重栱，出三杪"为例（大木作图44），在这组斗栱中，里外跳数不同。外跳是"出四跳谓之七铺作"；栌枓（1）为第一铺作，双杪（栱2及3）为第二、第三铺作，双下昂（下昂4及5）为第四、第五铺作，耍头（6）为第六铺作，衬方头（7）为第七铺作；刚好符合"出四跳谓之七铺作"。至于里跳，同样数上去：但因无衬方头，所以用外跳第一昂（4）之尾代替衬方头，作为第六铺作（6），也符合"出三跳谓之六铺作"。

这种数法同样适用于用上昂的斗栱。这里以最复杂的"八铺作，重栱，出上昂，偷心，跳内当中施骑斗栱"为例。外跳三杪六铺作，无须赘述。单说用双上昂的里跳。栌枓（1）及第一、第二跳华栱（2及3）为第一、第二、第三铺作；跳头用连珠枓的第三跳华栱（4）为第四铺作；两层上昂（5及6）为第五及第六铺作，再上耍头（7）和衬方头（8）为第七、第八铺作；同样符合于"出五跳谓之八铺作"。但须指出，这里外跳和里跳各有一道衬方头，用在高低不同的位置上。

［2］"每补间铺作一朵，不得过一尺"，文义含糊。可能是说各朵与邻朵的中线至中线的长度，相差不得超过一尺；或者说两者之间的净距离（即两朵相对的慢栱头之间的距离）不得超过一尺。谨指出存疑。关于建筑物开间的比例、组合变化的规律，原文没有提及，为了帮助读者进一步探讨，仅把历代的主要建筑实例按着年代顺序排比如大木作图46～51供参考。

［3］参阅大木作制度图样五。

［4］参阅大木作制度图样五。

［5］即在跳头原来施令栱处，改用瓜子栱及慢栱，这样就可以把平棋枋和平棋升高一材一栔。

［6］即鸳鸯交手栱（大木作图52）。

［7］即在阑额上的栱，清式称正心栱。见大木作图53、54、55。

［8］上下两层铺作跳数可以相同，也可以上层比下层少一跳。

［9］指副阶缠腰铺作成组斗栱的铺作跳数不得多于殿身铺作的铺作跳数。

【译文】

总铺作次序的制度：凡是铺作从柱子头部的栌斗口内出一栱或者一昂，都称作一跳，可以连续出五跳及以上。

出一跳称为四铺作。（或者采用华头子，上面设置一个飞昂。）出两跳称为五铺作。（向下设置一个卷头，上面设置一个飞昂。）出三跳称为六铺作。（向下设置一个卷头，上面设置两个飞昂。）出四跳称为七铺作。（向下设置两个卷头，上面设置两个飞昂。）出五跳称为八铺作。（向下设置两个卷头，上面设置三个飞昂。）

从四铺作到八铺作，都在上跳的上面横向安放一个令栱，使令栱与耍头相交，用来承托橑檐枋。在转角处，在角昂之上分别再设置一个飞昂，称为由昂，用以安装角神。

凡在阑额上承接栌斗安设的铺作，称作补间铺作。（如今称作步间的，是错的。）正中的一间需要使用两朵补间铺作，次间及梢间各用一朵补间铺作。这些铺作的分布要使远近左右的距离均匀。（如果每一间都使用两朵补间铺作，则每一间的宽度的丈和尺寸都要相同。如果只有正中一间房屋采用双补间铺作，假如当心间的宽度为一丈五尺，则次间要用一丈，如此这般。如果每间的宽度不一样，那么每一间房屋用一朵补间铺作，且宽度不能超过一尺。）

凡是铺作连续跳出（下昂之上也是如此），在每一跳上安置一条横栱，称为计心造。如果连续出跳，跳上不安装栱而再次出跳或者出昂的，称为偷心造。（云南、贵州和四川西南部一带将每出一跳称为出一枝，计心叫作转叶，偷心称为不转叶，其实一样。）

凡是铺作采用逐跳计心的方法，每一跳的令栱之上只采用一层不雕饰花纹的木方，称为单栱。（不雕花纹的木方在泥道栱上的称为柱头枋，在跳上的称为罗汉枋。木方上要斜向安装遮椽板。）即每跳之上安放两材一栔。（令栱和素枋为两材，令栱上的斗为一栔。）

如果在每一跳的瓜子栱上（到橑檐枋下面用令栱），安置慢栱，慢栱上用素枋，称为重栱。（木方之上斜向安装遮椽板。）即每一跳之上安放三材两栔。（瓜子栱、慢栱、素枋为三材，瓜子栱上的斗和慢栱上的斗为两栔。）

凡是铺作外跳出昂，里跳和平坐只能采用卷头。如果铺作数较多，里跳的距离可能太远，则里跳减少一铺作或两铺作。如果平棋的位置较低，则在平棋枋下面增加一条慢栱。

凡是转角铺作和补间铺作一定要避免相互冲突。如果梢间的距离较近，必须使连栱交相错开（补间铺作的位置不可移动太远，否则可能使每间的距离不均匀）。或者在次角补间的近角地方从上面减去一跳。

凡是铺作当作柱头壁使用的栱称为影栱。（又叫作扶壁栱。）

如果铺作全部为重栱计心造，则在泥道栱及慢栱上置素枋。（枋上与第一跳的素枋之上斜安遮椽板。）

五铺作一杪一昂，如果下一杪为偷心造，则泥道及慢栱上安置素枋，素枋之上再设令栱，令栱之上置承椽的木方。

单栱七铺作出两杪两昂及六铺作一杪两昂或六铺作两杪一昂，如果下一杪为偷心，则在栌斗之上安置两道令栱、两道素枋。（素枋之上平铺遮椽板。）或者只在泥道栱及慢栱上设置素枋。

单栱八铺作出两杪三昂，如果下两杪为偷心，则在泥道栱上面设置一条素枋，素枋之上再设重栱、素枋。（素枋之上平铺遮椽板。）

凡是楼阁类房屋的铺作，上屋的铺作应该比下屋的铺作少一层。如果有副阶、缠腰的房屋，副阶和缠腰上的铺作层数不能超过殿身的铺作，或者比殿身少一层铺作。

平坐

其名有五：一曰阁道，二曰墱道，三曰飞陛，四曰平坐，五曰鼓坐。

【原文】

造平坐[1]之制（参阅"大木作制度图样十一、十二、十三"）：其铺作减上屋一跳或两跳。其铺作宜用重栱及逐跳计心造作。

凡平坐铺作，若叉柱造，即每角用栌枓一枚，其柱根叉于栌枓之上。若缠柱

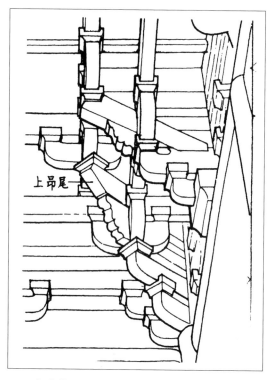

上昂尾

大木作图10   上昂（透视）江苏苏州
玄妙观三清殿（宋）

造[2]，即每角于柱外普拍枋上安栌枓三枚。每面互见两枓，于附角枓上，各别加铺作一缝。

凡平坐铺作下用普拍枋[3]，厚随材广，或更加一栔；其广尽所用方木。若缠柱造，即于普拍枋里用柱脚枋[4]，广三材，厚二材，上坐柱脚卯。

凡平坐先自地立柱[5]，谓之永定柱；柱上安搭头木[6]，木上安普拍枋；枋上坐斗栱。

凡平坐四角生起，比角柱减半。生角柱法在柱制度内。平坐之内，逐间下草栿，前后安地面枋[7]，以拘前后铺作。铺作之上安铺板方，用一材。四周安雁翅板，广加材一倍，厚四分°至五分°。

【梁注】

[1] 宋代和以前的楼、阁、塔等多层建筑都以梁、柱、枓、栱完整的构架层层相叠而成。除最下一层在阶基上立柱外，以上各层都在下层梁（或斗栱）上先立较短的柱和梁、额、斗栱，作为各层的基座，谓之平坐，以承托各层的屋身。平坐斗栱之上铺设楼板，并置勾栏，做成环绕一周的挑台。河北蓟县独乐寺观音阁和山西应县佛宫寺木塔，虽然在辽的地区，且年代略早于《营造法式》成书年代约百年，也可借以说明这种结构方法。平坐也可以直接"坐"在城墙之上，如《清明上河图》所见；还可"坐"在平地上，如《水殿招凉图》所见；还可作为平台，如《焚香祝圣图》所见；还可立在水中作为水上平台和水上建筑的基座，如《金明池图》所见。

[2] 用缠柱造，则上层檐柱不立在平坐柱及斗栱之上，而立在柱脚枋上。按文义，柱脚枋似与阑额相平，端部入柱的枋子。

[3]普拍枋，在《法式》"大木作制度"中，只在这里提到，但无具体尺寸规定，在实例中，在殿堂、佛塔等建筑上却到处可以见到。普拍枋一般用于阑额和柱头之上，是一条平放着的板，与阑额形成"丁"字形的断面，如太原晋祠圣母庙正殿（宋，与《法式》同时）和应县佛宫寺木塔（辽），都用普拍枋，但《法式》所附侧样图均无普拍枋。从元、明、清实例看，普拍枋的使用已极普遍，而且它的宽度逐渐缩小，厚度逐渐加大。到了清工部《工程做法》中，宽度就比阑额小，与阑额构成的断面已变成"凸"字形了。在清式建筑中，它的名称也改成了"平板枋"。

[4]柱脚枋与普拍枋的构造关系和它的准确位置不明确。"上坐柱脚卯"，显然是用以承托上一层的柱脚的。

[5]这里文义也欠清晰，可能是"如平坐先自地立柱"或者是"凡平坐如先自地立柱"或者是凡平坐先自地立柱者"的意思，如在《水殿招凉图》中所见，或临水楼阁亭榭的平台的画中所见。

[6]相当于殿阁厅堂的阑额。

[7]地面枋怎样"拘前后铺作"？它和铺作的构造关系和它的准确位置都不明确。

【译文】

建造平坐的制度：平坐的铺作比上屋要少一跳或者两跳。平坐铺作适合采用重栱以及逐跳计心造的制作。

凡平坐铺作，如果采用叉柱造的方式，即在每根角柱上用一枚栌斗，柱子底部插入下层栌斗之内。如果采用缠柱造，即在每根角柱外边的普拍枋上安装三枚栌斗。（正面和侧面都能互相看见两枚栌斗，在附角斗上分别再加一层铺作。）

凡平坐铺作下面使用普拍枋，厚度根据材的宽度而定，或在材的基础上再加一梁，宽度则依照所用的方木。（如果采用缠柱造，即在普拍枋里面采用柱脚枋，宽度为三材，厚度为二材，上面设置柱脚的卯口。）凡是平坐从地面开始立柱的称为永定柱，永定柱上安装搭头木，木头上安装普拍枋，普拍枋上承托着斗栱。

凡平坐的四个角生起比角柱的生起幅度要减少一半。（角柱生起法则在"柱制度"一章内。）在平坐以内，逐间降低到草栿的位置，前后安装在地面上，以固定前后的铺作，铺作之上安装铺板枋，用一材。四周安装雁翅形木板，宽是材的一倍，厚度在四分至五分之间。

卷五

大木作制度二

梁

其名有三：一曰梁，二曰<ruby>亲</ruby>梠[1]，三曰欐[1]。

【原文】

造梁之制有五[2]（参阅"大木作制度图样十九"）：

一曰檐栿（参阅"大木作制度图样三十二以后各图"）。如四椽及五椽栿[3]；若四铺作以上至八铺作，并广两材两栔；草栿[4]广三材。如六椽至八椽以上栿，若四铺作至八铺作，广四材；草栿同。

二曰乳栿[5]（参阅"大木作制度图样三十二以后各图"）。若对大梁用者，与大梁广同。三椽栿，若四铺作、五铺作，广两材一栔；草栿广两材。六铺作以上广两材两栔；草栿同。

三曰札牵[6]（参阅"大木作制度图样三十二以后各图"）。若四铺作至八铺作出跳，广两材；如不出跳，并不过一材一栔。草牵梁准此。

四曰平梁[7]（参阅"大木作制度图样三十二以后各图"）。若四铺作、五铺作，广加材一倍。六铺作以上，广两材一栔。

五曰厅堂梁栿[2]。五椽、四椽，广不过两材一栔；三椽广两材。余屋量椽数，准此法加减。

凡梁之大小，各随其广分为三分，以二分为厚。凡方木小，须缴贴令大；如方木大，不得裁减，即于广厚加之[8]。如<ruby>䃥</ruby>槫及替木，即于梁上角开抱槫口。若直梁狭，即两面安<ruby>樽</ruby>栿板[9]。如月梁狭，即上加缴背，下贴两颊，不得刻剜梁面。

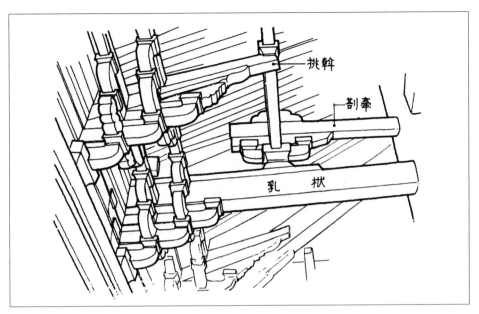

大木作图 11　乳栿、札牵 山西大同善化寺三圣殿（金）

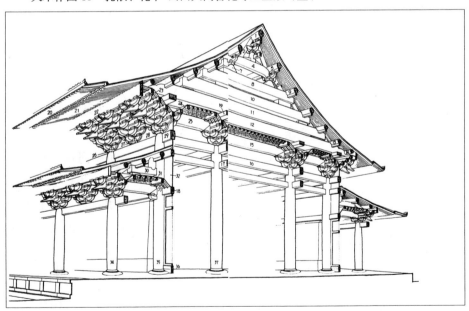

大木作图 12　宋代木构建筑假想图

1.脊槫 2.叉手 3.顺脊串 4.平梁 5.上平槫 6.托脚 7.驼峰 8.四椽栿 9.中平槫 10.六椽栿 11.八椽栿 12.十椽栿 13.下平槫 14.牛脊槫 15.月梁（六椽栿）16.顺栿串 17.屋内额 18.由额 19.压槽枋 20.飞子 21.檐椽 22.橑檐枋 23.遮椽板 24.平棋枋 25.乳栿（月梁）26.柱头铺作 27.补间铺作 28.栱眼壁 29.阑额 30.札牵 31.平暗 32.照壁板 33.峻脚椽 34.副阶檐柱 35.殿身檐柱 36.地栿 37.殿身内柱

造月梁[10]之制（参阅"大木作制度图样十九"）：明栿[11]，其广四十二分°。如彻上明造，其乳栿、三椽栿各广四十二分°；四椽栿广五十分°；五椽栿广五十五分°；六椽栿以上，其广并至六十分°止。梁首谓出跳者不以大小从，下高二十一分°。其上余材，自枓里平之上，随其高匀分作六分，其上以六瓣卷杀，每瓣长十分°。其梁下当中颤六分°。自枓心下量三十八分°为斜项[12]。如下两跳者长六十八分°。斜项外，其下起颤，以六瓣卷杀，每瓣长十分°，第六瓣尽处下颤五分°。去三分°，留二分°作琴面。自第六瓣尽处渐起至心，又加高一分°，令颤势圆和。梁尾谓入柱者。上背下颤，皆以五瓣卷杀。余并同梁首之制。

梁底面厚二十五分°。[13]。其项入枓口处。厚十分°。枓口外两肩各以四瓣卷杀，每瓣长十分°。

若平梁，四椽、六椽上用者，其广三十五分°；如八椽至十椽上用者，其广四十二分°。[14]。不以大小从，下高二十五分°，背上、下颤，皆以四瓣卷杀，两头并同，其下第四瓣尽处颤四分°。去二分°，留一分°，作琴面。自第四瓣尽处渐起至心，又加高一分°。余并同月梁之制[15]。

若札牵[16]，其广三十五分°。[17]。不以大小从，下高一十五分°，上至枓底。牵首上以六瓣卷杀，每瓣长八分°；下同。牵尾上以五瓣，其下颤，前、后各以三瓣。斜项同月梁法。颤内去留同平梁法。

凡屋内彻上明造[18]者，梁头相叠处须随举势高下用驼峰。其驼峰长加高一倍，厚一材。枓下两肩或作入瓣，或作出瓣，或圆讹两肩，两头卷尖[19]。梁头安替木处并作隐枓；两头造要头或切几头，切几头刻梁上角作一入瓣，与令栱或襻间相交。

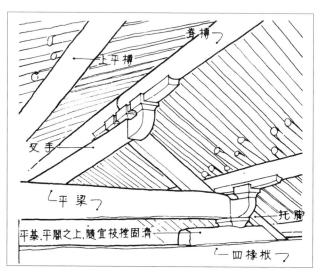

大木作图 12 "随宜枝樘固济" 山西五台山佛光寺大殿（唐）

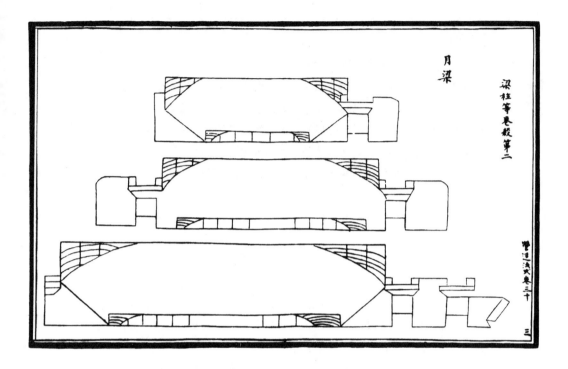

凡屋内若施平棋[20] 平暗亦同，在大梁之上。平棋之上，又施草栿；乳栿之上亦施草栿，并在压槽枋之上压槽枋[21] 在柱头枋之上。其草栿长同下梁，直至橑檐枋止。若在两面，则安丁栿[22]。丁栿之上，别安抹角栿，与草栿相交。

凡角梁之下，又施隐衬角栿[23]，在明梁之上，外至橑檐枋，内至角后栿项[24]；长以两椽材斜长加之。

凡衬方头，施之于梁背耍头之上，其广厚同材。前至橑檐枋，后至昂背或平棋枋。如无铺作，即至托脚木止。若骑槽，即前后各随跳，与枋、栱相交。开子荫[25]以压枓上。

凡平棋之上，须随槫栿用方木及矮柱敦桥[26]，随宜枝樘[27]固济，并在草栿之上[28]。凡明梁只阁平棋，草栿在上，承屋盖之重。

凡平棋枋在梁背上，其广厚并如材，长随间广。每架下平棋枋一道[29]。平暗[30]同。又随架安椽以遮板缝。其椽，若殿宇，广二寸五分，厚一寸五分；余屋广二寸二分，厚一寸二分。如材小，即随宜加减。绞井口[31]并随补间。令纵横分布方正。若用峻脚，即于四阑内安板贴花。如平暗，即安峻脚椽，广厚并与平暗椽同。

【梁注】

[1] 㮮廇，音范溜。梠，音丽。

[2] 这里说造梁之制"有五"，也许说"有四"更符合于下文内容。五种之中，前四种——檐栿.乳栿、札牵、平梁——都是按梁在建筑物中的不同位置、不同的功能和不同的形体而区别的，但第五种——厅堂梁栿却以所用的房屋类型来标志。这种分类法，可以说在系统性方面有不一致的缺点。下文对厅堂梁栿未作任何解释，而对前四种都作了详尽的规定，可能是由于这原因。

[3] 我国传统以椽的架数来标志梁栿的长短大小。宋《法式》称"X椽栿"；清工部《工程做法》称"X架梁"或"X步梁"。清式以"架"称者相当于宋式的椽栿，以"步"称者如双步梁相当于宋式的乳栿，三步梁相当于三椽栿，单步梁相当于札牵。

[4] 草栿是在平棋以上、未经艺术加工的、实际负荷屋盖重量的梁。下文所说的月梁，如在殿阁平棋之下，一般不负屋盖之重，只承平棋，主要起着联系前后柱上的铺作和装饰的作用。

[5] 乳栿即两椽栿，梁首放在铺作上，梁尾一般插入内柱柱身，但也有两头都放在铺作上的。

[6] 札牵的梁首放在乳栿上的一组斗栱上，梁尾也插入内柱柱身.札牵长仅一椽，不负重，只起札牵的作用。梁首的斗栱将它上面所承槽的荷载传递到乳栿上，相当于清式的单步梁。

[7] 平梁事实上是一道两椽栿，是梁架最上一层的梁。清式称太平梁。

[8] 总的意思大概是即使方木大于规定尺寸，也不允许裁减。按照来料尺寸用上去，并按构件规定尺寸把所缺部分补足。

[9] 在梁栿两侧加贴木板，并开出抱口以承或替木。

[10] 月梁是经过艺术加工的梁。凡有平棋的殿堂，月梁都露明用在平棋之下，除负荷平棋的荷载外，别无负荷。平棋以上，另施草栿负荷屋盖的重量。如彻上明造，则月梁亦负屋盖之重。

[11] 明栿是露在外面，由下面可以看见的梁栿；是与草栿（隐藏在平暗、平棋之上未经细加工的梁栿）相对的名称。

[12] 斜项的长度，若"自枓心下量三十八分°"，则斜项与梁身相交的斜线会和铺作承梁的交栿枓的上角相犯。实例所见，交栿枓大都躲过这条线。个别的也有相犯的，如山西五台山佛光寺大殿（唐）的月梁头；也有相

犯而另作处理的，如山西大同善化寺山门（金）月梁头下的交栿枓做成平盘枓；也有不作出明显的斜项，也就无所谓相犯不相犯了，如福建福州华林寺大殿（五代）、江苏苏州用直保圣寺大殿（宋）、浙江武义延福寺大殿（元）的月梁头。

［13］这里只规定了梁底面厚，至于梁背厚多少，"造梁之制"没有提到。

［14］这里规定的大小与前面"四曰平梁"一条中的规定有出入。因为这里讲的是月梁形的平梁。

［15］札牵一般用于乳栿之上，长仅一架，不承重，仅起固定砖之位置的作用。牵首（梁首）与乳栿上驼峰上的斗栱相交，牵尾出榫入柱，并用丁头栱承托。但元代实例中有首尾都不入柱且高度不同的札牵，如浙江武义延福寺大殿。

［16］这里的"三十五分°"与前面"三曰札牵"条的"广两材"（三十分°）有出入。因为这里讲的是月梁形式的札牵。

［17］室内不用平棋，由下面可以仰见梁栿、槫、椽的做法，谓之"彻上明造"，亦称"露明造"。

［18］驼峰放在下一层梁背之上，上一层梁头之下。清式称"墩"，因往往饰作荷叶形，故亦称"荷叶墩"。至于驼峰的形制，《法式》卷三十原图简略，而且图中所画的辅助线又不够明确，因此列举一些实例作为参考（大木作图77、78、79、80、81）。

［19］平棋，后世一般称天花。按《法式》卷八"小木作制度三"，"造殿内平棋之制"和宋、辽金实例所见，平棋分格不一定全是正方形，也有长方格的。"其以方椽施素板者，谓之平暗。"平暗都用很小的方格。

［20］压槽枋仅用于大型殿堂铺作之上以承草栿。

［21］丁栿梁首由外檐铺作承托，梁尾搭在檐栿上，与檐栿（在平面上）构成"丁"字形。

［22］隐衬角栿实际上就是一道"草角栿"。

［23］"内至角后栿项"这几个字含义极不明确，疑有误或脱简。

［24］橑：此字不见于字典。

［25］橕，丑庚切，含义与撑同。

［26］这些方木短柱都是用在草栿之间的，用来支撑并且固定这些草栿的。

［27］平棋枋一般与槫平行，与梁成正角，安在梁背之上，以承平棋。

［28］平暗和平棋都属于小木作范畴。

［29］"井口"是用梐与平棋方构成的方格；"绞"是动词，即将梐与平棋方相交之义。

【译文】

造梁的制度有五条：

一是制作檐栿的制度。长度为四椽栿及五椽栿的檐栿，如果采用四铺作以上直至八铺作，那么其宽度为两材两栔，草栿宽度为三材；如六椽栿至八椽栿以及以上的栿，如果采用四铺作至八铺作，那么其宽度为四材，草栿宽度也一样。

二是制作乳栿的制度。（如果是作为大梁使用，则其宽度与大梁相同。）乳栿是三椽栿，如果采用四铺作或五铺作，则其宽度为两材一栔，草栿宽度为两材；六铺作以上宽为两材两栔，草栿宽度也一样。

三是制作札牵的制度。如果是四铺作至八铺作，出跳宽度为两材；如果不出跳，其宽度不超过一材一栔。（草牵梁也遵循此规制。）

四是制作平梁的制度：如果平梁采用四铺作、五铺作，则宽度是梁材的一倍；六铺作以上平梁的宽度为两材一栔。

五是制作厅堂梁栿的制度。厅堂内的五椽栿、四椽栿，宽度不超过两材一栔，三椽的宽度为两材。其余屋子的梁栿按照椽子的数目依照此规制增减。

梁的大小要根据原木的尺寸而定，截取高与宽之比为三比二的矩形最佳。（如果方木尺寸较小，必须按标准尺寸将所缺部分补足。如果方木尺寸大于规定尺寸，则不能裁减，而是在宽度和厚度上按比例增加。如果大到妨碍槫或者替木，就在梁的上角开一个抱槫口。如果直梁过窄，则在直梁两面安装槫栿板；如果月梁过窄，则在上面加缴背，下面贴住两颊，不能在梁面上雕刻剜凿。）

制作月梁的制度。明栿的宽度为四十二分。（如果采用屋顶梁架完全暴露的彻上明造，乳栿、三椽栿各宽四十二分，四椽栿宽五十分，五椽栿宽五十五分，六椽栿及以上的宽度不超过六十分。）梁首（对出跳部分的称谓）不论大小，下端高度二十一分，其上面的余材，从斗内平直而上，根据其高度平均分作六分，最上面做六瓣卷杀，每瓣长十分。月梁底面中心位置向内凹六分：从枓的中心位置向下量取三十八分为斜项（如向下出两跳则长度为六十八分）。在斜项外侧下方起凹，做六瓣卷杀，每瓣长十分，在第六瓣的末端下面向里凹五分。（去掉三分，留出二分作琴面。从第六瓣的末端逐渐升起，到中心位置再增加一分高度，使凹入部分的走势圆滑缓和。）梁尾（对入柱部分的称谓）上面缴背下面内凹，都做成五瓣卷杀。其余部分和梁首的规制相同。

梁底面的厚度为二十五分。梁项（即入斗口处）厚度为十分，斗口外的两肩各做四瓣卷杀，每瓣长度为十分。

如果是四椽栿或者六椽栿上用的平梁，则宽度为三十五分；如果是八椽栿至十椽栿上用的，则其宽度为四十二分，不论大小，下端高度都为二十五分，上面的缴背和下面的凹面，都做成四瓣卷杀。（两头也一样。）在下端第四瓣的末端处向内凹四分。（去除二分，留下的一分作琴面，从第四瓣的末端处逐渐升起到中心位置，高度增加一分。）其余构件按照月梁的规制来制定。

如果制作札牵，则宽三十五分。不论大小，下部的高度都为十五分（上部则到枓底）。牵首上面做成六瓣卷杀，每瓣长八分。（下面也一样。）牵尾上面做五瓣卷杀，下部凹面的前后各做三瓣卷杀。（斜项的做法和月梁处的相同。凹内去留的部位也和平梁制法里的凹面一样。）

凡房屋内梁架如果采用暴露在外的彻上明造结构，要在梁头相互重叠的地方根据屋架的走势高低设置驼峰。驼峰的长度是高度的一倍，厚度为一材，斗下两肩做成入瓣的样式，或者做成出瓣，或者是两肩呈圆形，两头的卷杀成尖状。在梁头安放替木的地方设置一个隐斗，两头建造耍头或者切几头（切几头雕刻在梁的上角，做成入瓣样式），与令栱或襻间相交。

凡屋内如果采用平棋（平暗也一样），位置则在大梁之上。在平棋之上还要设置草栿，乳栿之上也要设置草栿，并列排在压槽枋之上。（压槽枋在柱头枋之上。）草栿的长度和下梁的长度相同，一直到橑檐枋。如果是在两面，就安装丁栿。丁栿之上另外安放抹角栿，与草栿相交。

在角梁之下，明梁之上，设置檼衬角栿，向外到橑檐枋，向内到角后栿项，长度为两根椽子的斜长之和。

凡是衬方头设置在梁背的耍头上面，则其宽度和厚度与材相同，向前至橑檐枋，向后到达昂背或者平棋枋。（如果没有铺作，就到托脚木为止。）如果衬方头正好骑在槽上，则前后各随着出跳与枋、栱相交，并开一道浅凹槽压在枓上。

在平棋之上要顺着槫栿用方木及矮柱填实，用斜柱支撑使其稳固，并排在草栿之上。(明梁之上只放置平棋，草栿在平棋上方，承托屋顶的重量。)

凡是平棋枋如果在梁背上，它的宽度和厚度都根据梁材的大小而定，长度根据开间大小而定。每一架梁下设置一道平棋枋(平暗相同。还要根据梁架安放椽子，以遮住木板间的缝隙。比如殿宇的椽子，宽度为二寸五分，厚一寸五分。其余屋子的椽子宽二寸二分，厚一寸二分。如果木料尺寸较小，则酌情增减。)，使其在补间铺作内相交成井口状。(使其纵向和横向分布方正。如果采用峻脚，则在四栏内安装木板并雕刻花纹。如果是平暗，则安装峻脚椽，宽度和厚度都与平暗椽相同。)

阑额

【原文】

造阑额之制[1](参阅"大木作制度图样二十")：广加材一倍，厚减广三分之一，长随间广，两头至柱心[2]。入柱卯减厚之半。两肩[3]各以四瓣卷杀，每瓣长八分°。如不用补间铺作，即厚取广之半[4]。凡檐额[5]，两头并出柱口，其广两材一栔至三材；如殿阁，即广三材一栔，或加至三材三栔。檐额下绰幕枋[6]，广减檐额三分之一；出柱长至补间；相对作楷头或三瓣头如角梁。

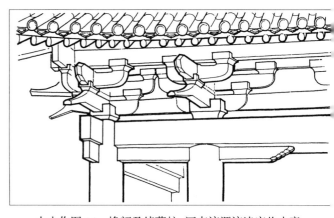

大木作图 14　檐额及绰幕枋 河南济源济渎庙临水亭

凡由额[7]，施之于阑额之下。广减阑额二分°至三分°。出卯，卷杀并同阑额法。如有副阶，即于峻脚椽下安之。如无副阶，即随宜加减，令高下得中。若副阶额下，即不须用。凡屋内额，广一材三分°至一材一栔；厚取广三分之一[8]；长随间广，两头至柱心或驼峰心。

凡地栿[9]，广加材二分°至三分°；厚取广三分之二；至角出柱一材。上角或卷杀作梁切几头。

【梁注】

[1] 阑额是檐柱与檐柱之间左右相连的构件，两头出榫入柱，额背与柱头平。清式称额枋。

[2] 指两头出榫到柱的中心线。

[3] 阑额背是平的。它的两"肩"在阑额的两侧，用四瓣卷杀过渡到"入柱卯"的厚度。

[4] 补间铺作一般都放在阑额上。"如不用补间铺作"减轻了荷载，阑额只起着联系左右两柱头的作用，就可以"厚取广之半"，而无须"厚减广三分之一"。

[5] 檐额和阑额在功能上有何区别，"制度"中未指出，只能看出檐额的长度没有像阑额那样规定"长随间广"，而且"两头并出柱口"；檐额下还有绰幕枋，那是阑额之下所没有的。在河南省济源县济渎庙的一座宋建的临水亭上，所用的是一道特大的"阑额"，长贯三间，"两头并出柱口"，下面也有"广减檐额三分之一，出柱长至补间，相对作楂头"的绰幕枋。因此推测，临水亭所见，大概就是檐额。

[6] 绰幕枋，就其位置和相对大小说，略似清式中的小额枋"出柱"做成"相对""楂头"，可能就是清式"雀替"的先型。

[7] 由额。

[8] 从材、分大小看，显然不承重，只作柱头间或驼峰间相互联系之用。

[9] 地栿的作用与阑额、屋内额相似，是柱脚间相互联系的构件。宋实例极少。现在南方建筑还普遍使用。原文作"广如材二分至三分"，"如"字显然是"加"字之误，所以这里改作"加"。

【译文】

建造阑额的制度：宽度是材的一倍，厚度比宽度少三分之一，长度根据房屋开间而定，两头出榫到柱子中心，榫头卯入柱子的深度是宽度的一半，两肩各用四瓣卷杀，每瓣长度为八分。如果不采用补间铺作，则厚度是宽度的一半。檐额的两头都要超出柱口，其宽度为两材一栔到三材。如果是殿阁的阑额，则宽度为三材一栔，或者增加到三材三栔。檐额下面的绰幕枋宽度比檐额的宽度减少三分之一，长度超出柱子的长度直至补间，作楂头或三瓣头相对。（和角梁上的做法相似。）

凡由额设置在阑额的下面，宽度比阑额少二分至三分。（由额的出卯与卷杀都和阑额的规定一样。）如果有副阶，则在峻脚椽下安置由额；如果没有副阶，就根据情况酌情增减，使位置上下高矮合适。（如果副阶在阑额以下，则不必如此。）屋内的额宽度为一材三分至一材一栔，厚度是宽度的三分之一，长度根据房屋开间而定，两头到达柱子的中心或者驼峰的中心。

地栿的宽度加材二分至三分，厚度是宽度的三分之二，在转角处出柱一材。（上角或卷杀做成梁的切几头。）

柱　其名有二：一曰楹，二曰柱。

【原文】

凡用柱之制[1]（参阅"大木作制度图样二十、二十一"）：若殿阁，即径两材两栔至三材；若厅堂柱即径两材一栔，余屋即径一材一栔至两材。若厅堂等屋内柱，皆随举势[2]定其短长，以下檐柱为则。若副阶廊舍，下檐柱虽长，不越间之广。至角，则随间数生起角柱[3]。若十三间殿堂，则角柱比平柱生高一尺二寸。平柱谓当心间两柱也。自平柱叠进向角渐次生起，令势圆和；如逐间大小不同，即随

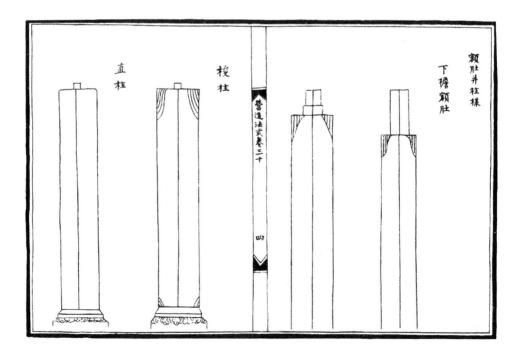

宜加减，他皆仿此；十一间生高一尺；九间生高八寸；七间生高六寸；五间生高四寸；三间生高二寸（参阅"大木作制度图样二十一"）。

凡杀梭柱之法[4]（参阅"大木作制度图样二十"）：随柱之长，分为三分，上一分又分为三分，如栱卷杀，渐收至上径比栌枓底四周各出四分°；又量柱头四分°，紧杀如覆盆样，令柱头与栌枓底相副。其柱身下一分，杀令径围与中一分同[5]。

凡造柱下榰[6]（参阅"大木作制度图样二十"），径周各出柱三分°；厚十分°，下三分°为平，其上并为欹；上径四周各杀三分°，令与柱身通上匀平。

凡立柱，并令柱首微收向内，柱脚微出向外，谓之侧脚[7]（参阅"大木作制度图样二十"）。每屋正面谓柱首东西相向者，随柱之长，每一尺即侧脚一分；若侧面谓柱首南北相向者，每一尺即侧脚八厘。至角柱，其柱首相向各依本法。如长短不定，随此加减。

凡下侧脚墨，于柱十字墨心里再下直墨[8]，然后截柱脚、柱首，各令平正。

若楼阁柱侧脚，只以柱以上为则[9]，侧脚上更加侧脚，逐层仿此。塔同。

【梁注】

[1]"用柱之制"中只规定各种不同的殿阁厅堂所用柱径，而未规定柱高。只有小注中"若副阶廊舍，下榰柱虽长不越间之广"一句，也难从中确定柱高。

[2]"举势"是指由于屋盖"举折"所决定的不同高低。关于"举折"，见下文"举折之制"。

[3]唐宋实例角柱都生起，明代官式建筑中就不用了。

[4]将柱两头卷杀，使柱两头较细，中段略粗，略似梭形。明清官式一律不用梭柱，但南方民间建筑中一直沿用，实例很多。

[5]这里存在一个问题。所谓"与中一分同"的"中一分"，可释为"随柱之长分为三分"中的"中一分"，这样事实上"下一分"便与"中一分"径围相同，成了"下两分"径围完全一样粗细，只是将"上一分"卷杀，不成其为"梭柱"。我们认为也可释为全柱长之"上一分"中的"中一分"，这样就较近梭形。法式原图上是后一种，但如何杀法未说清楚。

[6]榰是一块圆木板，垫在柱脚之下，柱础之上。榰的木纹一般与柱身的木纹方向成正角，有利于防阻水分上升。当榰开始腐朽时，可以抽换，可

使柱身不受影响，不致"感染"而腐朽。现在南方建筑中还有这种做法。

[7]"侧脚"就是以柱首中心定开间进深，将柱脚向外"踢"出去，使"微出向外"。但原文作"令柱首微收向内，柱脚微出向外"，似乎是柱首也向内偏，柱首的中心不在建筑物纵、横柱网的交点上，这样必将给施工带来麻烦。这种理解是不合理的。

[8]由于侧脚，柱首的上面和柱脚的下面（若与柱中心线垂直）将与地面的水平面成1/100或8/1000的斜角，站立不稳，因此须下"直墨"，"截柱脚柱首，各令平正"，与水平的柱础取得完全平正的接触面。

[9]这句话的含义不太明确。如按注7的理解，"柱以上"应改为"柱上"，是指以逐层的柱首为准来确定梁架等构件尺寸。

【译文】

凡是用柱的制度：如果是用在殿阁上，则直径两材两栔至三材；如果是厅堂柱，则直径两材一栔，其余房屋则直径一材一栔到两材。如果是厅堂柱等屋内的柱子，则根据屋架走势确定长度，以下檐柱为标准。（如果是副阶廊舍，即使下檐柱很长，也不会超过开间的宽度。）在转角位置，则根据房屋间数逐渐增加角柱的高度。如果是十三间的殿堂，则山墙处的角柱比明间左右的平柱高一尺二寸。（平柱就是正中间屋子的两根立柱。从平柱叠进式到达转角处，逐渐升高，使走势圆滑。如果相邻开间大小不同，则酌情增减。其他柱子都参考这个规格。）十一间的房屋则逐高一尺，九间的则逐高八寸，七间的逐高六寸，五间的逐高四寸，三间的逐高二寸。

凡是杀梭柱的制度：根据柱子的长短，将其分成三段，对其上三分之一，再分成为三段，如果栱做卷杀，则逐渐向上收势，使柱顶直径比栌斗底四周各宽出四分；然后在柱头量取四分长度紧杀，做成覆盆圆弧状，使柱头与栌斗底相称。柱身下削减一分，使其直径及四周与上三分之一部分中间段相同。

凡是建造柱子下面的槻，直径要比柱身多出三分，厚度为十分，下三分为平面，上端做成倾斜面，上面直径四周各杀入三分，使其与柱身连接均匀水平。

凡竖立柱子之时，柱身上部要稍微向内倾斜，柱子下端的柱脚稍微向外突出，称为"侧脚"。在每间屋子的正面（即柱首东西向所对的一面），根据柱子的长短，每长一尺则侧脚一分。如果是侧面（即柱首南北方向所对的一面者），每长一尺，则侧脚八厘。至于角柱柱首的朝向也各自依照本条规定。（如果长短不确定则据此加减。）

凡是下侧脚的墨线，以柱子两头截面上的十字中心位置为准在柱身上连线，然后截柱脚、柱首，使其与水平面保持垂直。

如果是楼阁柱侧脚，只以柱子上部为准则，侧脚上再做侧脚，每一层皆照此建造。（塔也如此。）

阳马

其名有五：一曰觚棱，二曰阳马，三曰阙角，四曰角梁，五曰梁抹。

【原文】

造角梁之制[1]（参阅"大木作制度图样二十二"）：大角梁，其广二十八分°至加材一倍；厚十八分°至二十分°。头下斜杀长三分之二[2]。或于斜面上留二分，外余直，卷为三瓣。

子角梁，广十八分°至二十分°，厚减大角梁三分°，头杀四分°，上折深七分°。

隐角梁[3]，上下广十四分°至十六分°，厚同大角梁，或减二分°。上两面隐[4]广各三分°，深各一椽分。余随逐架接续，隐法皆仿此。

凡角梁之长[5]，大角梁自下平槫至下架檐头；子角梁随飞檐头外至小连檐下，斜至柱心[6]。安于大角梁内[7]。隐角梁随架之广，自下平槫至子角梁尾，安于大角梁中[8]，皆以斜长加之。

凡造四阿[9]殿阁，若四椽、六椽五间及八椽七间，或十椽九间以上，其角梁相续，直至脊槫，各以逐架斜长加之。如八椽五间至十椽七间，并两头增出脊槫各三尺[10]。随所加脊槫尽处，别施角梁一重。俗谓之吴殿，亦曰五脊殿。

凡堂厅若厦两头造[11]，则两梢间用角梁转过两椽。亭榭之类转一椽。今亦用此制为殿阁者，俗谓之曹殿，又曰汉殿，亦曰九脊殿。按《唐六典》及《营缮令》云：王公以下居第并厅厦两头者，此制也。

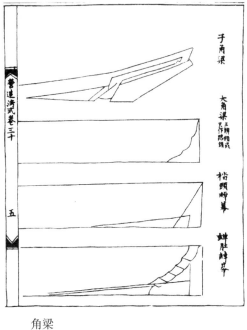

角梁

大木作图 15a　四阿顶构造之一

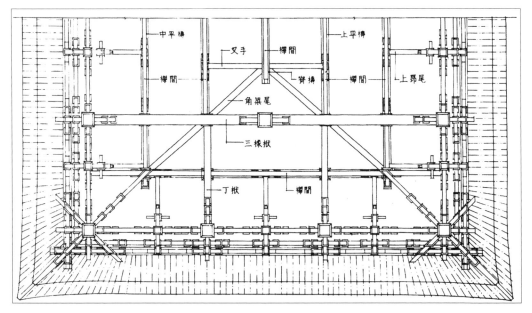

大木作图 15b　四阿顶构造之二　河北新城开善寺大雄宝殿（辽）

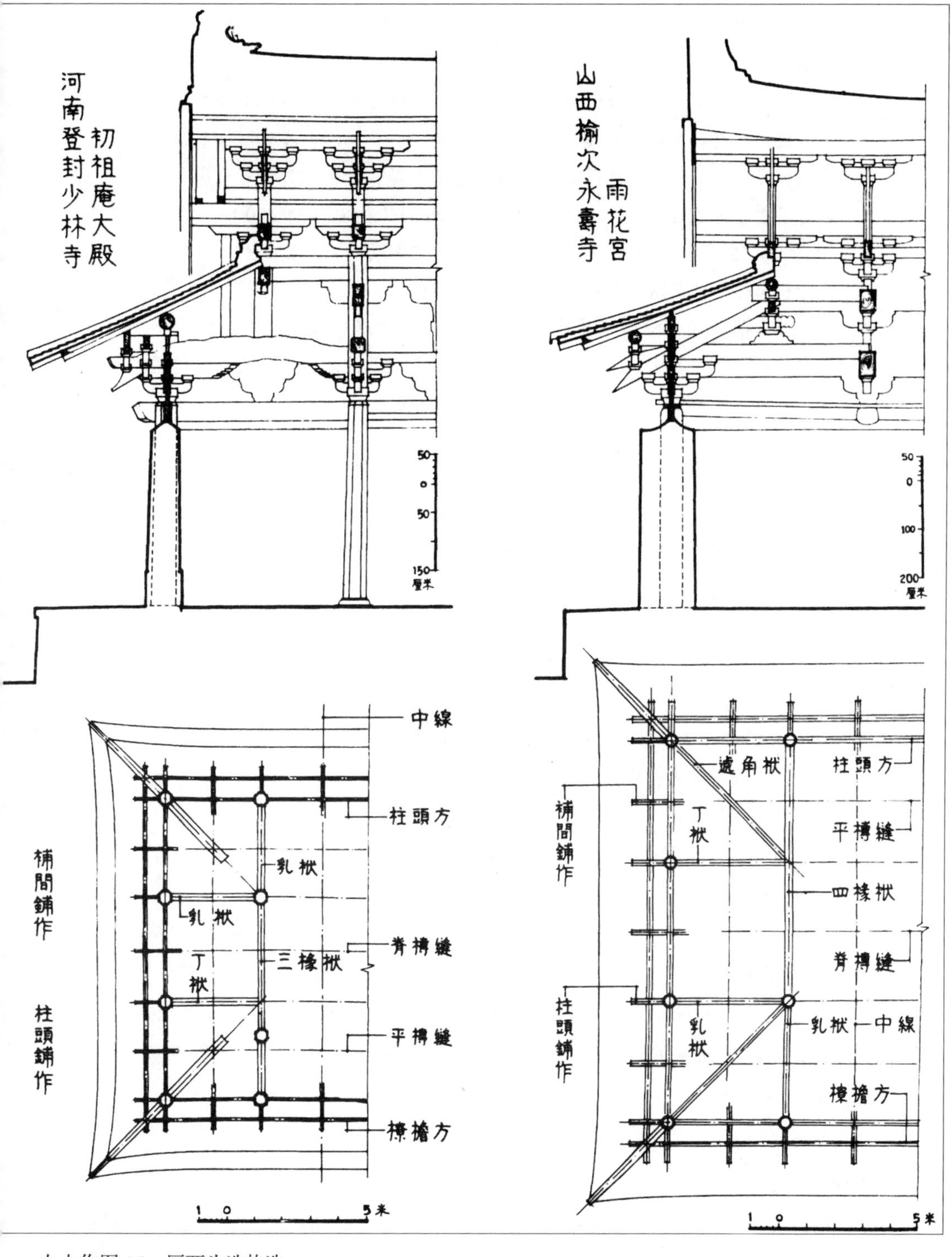
河南登封少林寺
初祖庵大殿
50
0
50
150
厘米
山西榆次永壽寺
雨花宮
50
0
100
200
厘米
中線
柱頭方
乳栿
乳栿
補間鋪作
丁栿
三椽栿
脊槫縫
柱頭鋪作
平槫縫
橑檐方
1 0 5米
遞角栿
柱頭方
補間鋪作
丁栿
平槫縫
四椽栿
脊槫縫
柱頭鋪作
乳栿
乳栿
中線
橑檐方
1 0 5米

大木作图 16　厦两头造构造

【梁注】

[1] 在《大木作制度》中造角梁之制说得最不清楚，为制图带来许多困难，我们只好按照我们的理解能力所及，做了一些解释，并依据这些解释来画图和提出一些问题。为了弥补这样做法的不足，我们列举了若干唐、宋时期的实例作为佐证和补充（大木作图95、96、97、98、99、100）。

[2] "斜杀长三分之二"很含糊。是否按角梁全长，其中三分之二的长度是斜杀的？还是从头下斜杀的？都未明确规定。

[3] 隐角梁相当于清式小角梁的后半段。在宋《法式》中，由于子角梁的长度只到角柱中心，因此隐角梁从这位置上就开始，而且再上去就叫作续角梁。这和清式做法有不少区别。清式小角梁（子角梁）梁尾和老角梁（大角梁）梁尾同样长，它已经包括了隐角梁在内。《法式》说"余随逐架接续"，亦称"续角梁"的，在清式中称"由戗"。

[4] 凿去隐角梁两侧上部，使其断面成"凸"字形，以承椽。

[5] 角梁之长，除这里所规定外，还要参照"造檐之制"所规定的"生出向外"的制度来定。

[6] 这"柱心"是指角柱的中心。

[7] 按构造说，子角梁只能安于大角梁之上。这里说"安于大角梁内"。这"内"字难解。

[8] "安于大角梁中"的"中"字也同样难解。

[9] 四阿殿即清式所称"庑殿"，"庑殿"的"庑"字大概是本条小注中"吴殿"的同音别写。

[10] 这与清式"推山"的做法相类似。

[11] 相当于清式的"歇山顶"。

【译文】

建造角梁的制度：大角梁的宽度为二十八分到加材一倍，厚度为十八分至二十分，头下斜杀长度的三分之二。（或者在斜面上留出二分，其余部分取直，做卷杀三瓣。）

子角梁，宽十八分至二十分，厚度比大角梁的厚度少三分，头部杀四分，向上折入深七分。

隐角梁，上下宽十四分至十六分，厚度和大角梁的相同或比其少二分，上面的两个凸字形断面各宽三分，深度足够接入椽子。（其余的根据每一架的情况接续，隐法都仿照此规格。）

凡是角梁的长度，大角梁从下平槫到下一架的檐头；子角梁跟随飞檐头向外到小连檐下，斜向到柱子中心处。（安在大角梁内。）隐角梁根据屋架的宽度而定，从下平槫到子角梁尾部。（安在大角梁中，都根据斜长情况增加。）

凡是建造四阿殿阁，如果是四椽、六椽五间以及八椽七间，或者十椽九间以上的房屋，角梁前后要相衔接，直到脊槫，各自根据屋架的斜长增加。如果是八椽五间到十椽七间的房屋，角梁两头各增加三尺出头到脊槫。（在所增加的脊槫末端另外建造一重角梁，俗称"吴殿"，也叫"五脊殿"。）

凡是堂厅采用厦两头造的结构，则两梢之间用角梁转过两椽。（亭榭之类转一椽。如今也用此条制度建造殿阁，俗称"曹殿"，又叫"汉殿"，也叫"九脊殿"。根据《唐六典》及《营缮令》上的说法：王公等级以下的人住在厅厦两头的府第里，就是按照此制。）

侏儒柱

其名有六：一曰棳[1]，二曰侏儒柱，三曰浮柱，四曰楸[2]，五曰楹，六曰蜀柱。斜柱附其名有五：一曰斜柱，二曰梧，三曰迕[3]，四曰枝樘，五曰叉手。

【原文】

造蜀柱之制[4]（参阅"大木作制度图样二十三、二十四"）：于平梁上，长随举势高下。殿阁径一材半，余屋量枓厚加减。两面各顺平槫[5]，随举势斜安叉手。

造叉手[6]之制（参阅"大木作制度图样二十三、二十四"）：若殿阁，广一材一栔；余屋，广随材或加二分° 至三分° ；厚取广三分之一。蜀柱下安合楂者，长不过梁之半。

凡中下平槫缝，并于梁首向里斜安托脚，其广随材，厚三分之一，从上梁角过抱槫，出卯以托向上槫缝。

凡屋如彻上明造，即于蜀柱之上安枓。若叉手上角内安栱，两面出耍头者，谓之丁华抹颏栱。枓上安随间襻间[7]（参阅"大木作制度图样二十三"），或一材，或

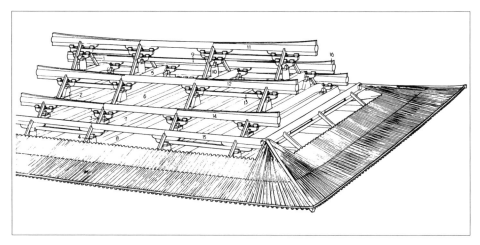

大木作图 17　宋代木构建筑假想图

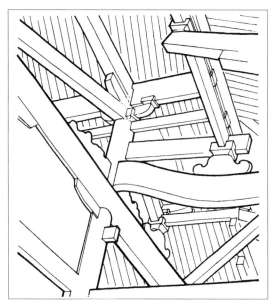

大木作图 18　"梁上用矮柱者，径随相对之柱"河北正定隆兴寺转轮藏殿（宋）

两材；襻间广厚并如材，长随间广，出半栱在外，半栱连身对隐。若两材造，即每间各用一材，隔间上下相闪，令慢栱在上，瓜子栱在下。若一材造，只用令栱，隔间一材，如屋内遍用襻间一材或两材，并与梁头相交。或于两际随槫作楷头，以乘替木。

凡襻间，如在平棊上者，谓之草襻间，并用全条枋[8]。

凡蜀柱，量所用长短，于中心安顺脊串[9]；广厚如材，或加三分°。至四分°；长随间；隔间用之。若梁上用矮柱者，径随相对之柱；其长随举势高下。

凡顺栿串，并出柱作丁头栱，其广一足材；或不及，即作楷头；厚如材。在牵梁或乳栿下[10]。

【梁注】

[1] 梲，音拙。

[2] 椳，音梲。

[3] 迕，音午。

[4] 蜀柱是所有矮柱的通称。例如勾栏也有支承寻杖的蜀柱。在这里则专指平梁之上承托脊槫的矮柱。清式称"脊瓜柱"。

[5] 平梾即平梁。

[6] 叉手在平梁上，顺着梁身的方向斜置的两条方木，从南北朝到唐宋的绘画、雕刻和实物中可以看到曾普遍使用过。

[7] 襻间是与各架槫平行，以联系各缝梁架的长木枋。

[8] 全条枋的定义不明，可能是未经细加工的粗糙的襻间。

[9] 顺脊串和襻间相似，是固定左右两缝蜀柱的相互联系构件。

【译文】

建造蜀柱的制度：蜀柱设在平梁之上，长度根据举折的走势高下而定，殿阁蜀柱的直径为一材半，其余房屋的蜀柱根据梾的厚度增减。蜀柱两面各顺着平梁的方向，跟随着举折的走势斜向装叉手。

建造叉手的制度：如果叉手安设在殿阁内，则宽度为一材一栔，其余屋子的叉手宽度根据材的尺寸而定或者增加二分至三分，厚度为宽度的三分之一。（蜀柱下面安装合楷的，长度不超过梁的一半。）

凡中下部的平槫缝，并列排在梁头位置，向里斜向安置托脚，其宽度根据材的大小而定，厚度为材的三分之一，从上梁角出头超过抱槫，出卯以承托住上面的槫缝。

如果屋子采用彻上明造，则在蜀柱之上设置斗（如果在叉手上的角里安设栱，两面耍头出头，则称为"丁华抹颏栱"）。根据房屋的开间在枓上安设襻间，有的一材，有的两材。襻间的宽度和厚度都和材一样，长度根据开间的宽度而定，向外挑出半个栱身的长度，半个栱身相对凿出凸字形断面。如果是采用两材造，则每间各用一材，隔间的上下相互错过，使慢栱在上面，瓜子栱在下面。如果是一材造，则只用令栱，隔间为一材。如果屋子内普遍采用一材或两材的襻间，则都与梁头相交。（或者在两际之上顺着槫的方向作楷头，用来支撑替木。）

襻间如果在平棋之上，则称作"草襻间"，并全部用全条枋。

凡是蜀柱要根据所用的长短，在其中心位置安设顺脊串。宽度和厚度如材的尺寸，有的增加三分至四分，长度根据开间大小而定，隔间也用蜀柱。（如果梁上用矮柱，直径要根据相对的柱子而定。其长度根据举折的走势高低而定。）

凡顺栿串，全部超出柱子并作丁头栱，其宽度为一足材。如果不足，则作楷头，其厚度与材相同，在牵梁或乳栿之下。

栋

其名有九：一曰栋，二曰桴[1]，三曰檍[2]，四曰芙，五曰薨[3]，六曰极，七曰槫[4]，八曰檩，九曰榜[5]，两际附。

【原文】

用槫之制：若殿阁，槫径一材一栔或加材一倍；厅堂，槫径加材三分°至一栔；余屋，槫径加材一分°至二分°；长随间广。

凡正屋用槫，若心间及西间者，头东而尾西；如东间者，头西而尾东。其廊屋面东西者，皆头南而尾北。

凡出际之制[6]（参阅"大木作制度图样二十三"）：槫至两梢间，两际[7]各出柱头又谓之屋废。如两椽屋，出二尺至二尺五寸；四椽屋，出三尺至三尺五寸；六椽屋，出三尺五寸至四尺；八椽至十椽屋，出四尺五寸至五尺。

若殿阁转角造[8]，即出际长随架。于丁栿上随架立夹际柱子，以柱槫梢；或更于丁栿背上[9]，添关头栿[10]。

凡橑檐枋，更不用橑风槫及替木[11]，当心间之广加材一倍，厚十分°；至角随宜取圆，贴生头木，令里外齐平。

凡两头梢间，槫背上并安生头木[12]（参阅"大木作制度图样二十三"），广厚并如材，长随梢间。斜杀向里，令生势圆和，与前后橑檐枋相应。其转角者，高与角梁背平，或随宜加高，令椽头背低角梁头背一椽分。

凡下昂作，第一跳心之上用槫承椽以代承椽方，谓之牛脊槫[13]；安于草栿之上，至角即抱角梁；下用矮柱敦桥。如七铺作以上，其牛脊槫于前跳内更加一缝。

【梁注】

[1] 栿，音浮。

[2] 槫，音印。

[3] 薨，音萌。

[4] 槫，音团。清式称檩，亦称桁。

[5] 樬，音眠。

[6] 出际即清式"悬山"两头的"挑山"。

[7] 两际清式所谓"两山"。即厅堂廊舍的侧面，上面尖起如山。

[8] "转角造"是指前后两坡最下两架（或一架）椽所构成的屋盖和檐，转过90°角，绕过出际部分，延至出际之下，构成"九脊殿"（即清式所谓"歇山顶"）的形式。

[9] 原文作"方"字，是"上"字之误。

[10] 关头栿，相当于清式的"采步金梁"。

[11] 橑檐枋是方木；橑风槫是圆木，清式称"挑檐桁"。《法式》制度中似以橑檐枋为主要做法，而将"用橑风槫及替木"的做法仅在小注中附带说一句。但从宋、辽、金实例看，绝大多数都"用橑风槫及替木"，用橑檐枋的仅河南登封少林寺初祖庵大殿（宋）等少数几处。

[12] 梢间槫背上安生头木，使屋脊和屋盖两头微微翘起，赋予宋代建筑以明清建筑所没有的柔和的风格。这做法再加以角柱生起，使屋面的曲线、曲面更加显著。这种特征和风格，在山西太原晋祠圣母庙大殿上特别明显。

[13]《法式》卷三十一"殿堂草架侧样"各图都将牛脊槫画在柱头方心之上，而不在"第一跳心之上"，与文字有矛盾。

【译文】

用槫的制度：如果是殿阁用槫，则直径为一材一栔，或者增加到材的一倍；厅堂用槫，直径为加材三分至一栔；其余房屋用槫，直径为加材一分至二分；长度根据开间的宽度而定。

凡是正屋用槫，如果是在中间屋子和西屋内，都是槫头朝东而槫尾朝西；如果是东间的话，则槫头朝西而槫尾朝东。如果是东边或者西边的廊屋的屋面，都是槫头朝南而槫尾朝北。

凡是出际的制度：槫至两梢之间，两际要伸出柱头以外。（又叫"屋废"。）如果是两椽长的屋子，则出二尺至二尺五寸，四椽长度的屋子，则出三尺至三尺五寸，六椽长的屋子出三尺五寸至四尺，八椽至十椽的屋子出四尺五寸至五尺。

如果殿阁采取转角造，则出际的长度根据屋架而定。（在丁栿之上根据架子立一个夹际柱子，用柱承托住槫的末端。或者再在丁栿背上添加关头栿。）

凡是正中间屋子的橑檐枋（不使用橑风槫及替木），宽度加材的一倍，厚度为十分，在转角则根据情况使其缓和，枋上粘贴生头木，使里外齐平。

凡是在两头梢间的槫背上安装生头木，宽度和厚度与材相同，长度随梢间宽度而定，向里斜杀，使生头木走势圆和，和位于前后的橑檐枋相对应。转角处的橑檐枋，高度与角梁背持平；或者根据情况加高，使椽头的背部低于角梁头的背部一椽分的高度。对于第一跳中心位置之上的下昂作，要用槫承接椽子（用来代替承椽方），这称为"牛脊槫"；安设在草栿上面，到达转角的位置就抱住角梁，下面用矮柱填塞敦实。如果是七铺作以上，牛脊槫要在前一跳内再加一缝宽。

搏风板　其名有二：一曰荣，二曰搏风

【原文】

造搏风板之制（参阅"大木作制度图样二十四"）：于屋两际出槫头之外安搏风板，广两材至三材；厚三分° 至四分° ；长随架道。中、上架两面各斜出搭掌，长二尺五寸至三尺。下架随椽与瓦头齐。转角者至曲脊[1]内。

【梁注】

[1]"转角"此处是指九脊殿的角脊，"曲脊"见大木作图110。

【译文】

建造搏风板的制度：在屋子两际槫头露出的地方安设搏风板，宽度为两材至三材，厚度为三分至四分，长度根据架道的长度而定。中架和上架两面各自斜向伸出搭掌，长度为二尺五寸至三尺；下架根据椽子的长度，与瓦头齐平。（转角内的搏风板要延伸到曲脊之内。）

栌　其名有三：一曰栌，二曰复栋，三曰替木。

【原文】

造替木之制[1]（参阅"大木作制度图样二十四"）：其厚十分°，高一十二分°。

单枓上用者，其长九十六分°；

令栱上用者，其长一百四分°；

重栱上用者，其长一百二十六分°。

凡替木两头，各下杀四分°，上留八分°，以三瓣卷杀，每瓣长四分°。若至出际，长与槫齐。随槫齐处更不卷杀。其栱上替木，如补间铺作相近者，即相连用之。

【梁注】

[1] 替木用于外檐铺作最外一跳之上，槫风槫之下，以加强各间槫风槫相衔接处。

【译文】

建造替木的制度：替木厚度为十分，高十二分。

单斗上用的替木，长度为九十六分；

令栱上用的替木，长度为一百零四分；

重栱上用的替木，长度为一百二十六分。

凡替木的两头各向下杀四分，上面留八分，用三瓣卷杀，每瓣长度为四分。如果到出际，长度要和槫相平齐。（与槫齐平的位置不作卷杀。其栱上的替木，做法与补间铺作的做法类似，即相互连接使用。）

椽

其名有四：一曰桷，二曰椽，三曰榱[1]，四曰橑。短椽[2]，其名有二：一曰栋[3]，二曰禁楄[4]。

【原文】

用椽之制（参阅"大木作制度图样二十五"）：椽每架平不过六尺。若殿阁，或加五寸至一尺五寸，径九分°至十分°[5]；若厅堂，椽径七分°至八分°，余屋，径六分°至七分°。长随架斜；至下架，即加长出檐。每槫上为缝，斜批相搭钉之。凡用椽，皆令椽头向下而尾在上。

凡布椽，令一间当心[6]；若有补间铺作者，令一间当耍头心。若四裴回[7]转角者，并随角梁分布，令椽头疏密得所，过角归间，至次角补间铺作心，并随上中架取直。其稀密以两椽心相去之广为法：殿阁，广九寸五分至九寸；副阶，广九寸至八寸五分；厅堂，广八寸五分至八寸；廊库屋，广八寸至七寸五分。

若屋内有平棋者，即随椽长短，令一头取齐，一头放过上架，当槫钉之，不用裁截。谓之雁脚钉。

【梁注】

[1] 榱，音衰。

[2] 短椽见大木作图18a。

[3] 栋，音触，又音速。

[4] 楄，音边。

[5] 在宋《法式》中，椽的长度对梁栿长度和房屋进深起着重要作用。不论房屋大小，每架椽的水平长度都在这规定尺寸之中。梁栿长度则以椽的架数定，所以主要的承重梁栿亦称椽栿。至于椽径则以材分°定。匠师设计时必须考虑椽长以定进深，因此它也间接地影响到正面间广和铺作疏密的安排。

[6] 就是让左右两椽间空当的中线对正每间的中线，不使一根椽落在间的中线上。

[7] "四裴回转角""裴回"是"徘徊"的另一写法，指围廊。四裴回转角即四面都出檐的周围廊的转角。

【译文】

用椽子的制度：椽每架水平长度不超过六尺。如果是殿阁用椽子，则长度可增加五寸至一尺五寸，直径为九分至十分。如果用在厅堂上，椽子直径七分至八分，其余房屋，椽子直径为六分至七分。椽子的长度根据梁架斜向设置，如果伸展到下架，则加长出檐。在每一槫上留缝，斜向成批地相互搭连用钉子钉住。（对于使用椽子，都要让椽子头向下而椽子尾在上面。）

凡是排布椽子时，先确定明间的中心线将椽子左右布置。如果有补间铺作，就让椽子以耍头的中心位置为标准布置。如果是四次徘徊转角的房屋，椽子要根据角梁排布，使椽子头疏密得当，确保使其绕过转角能够收入房间之中（到次角的补间铺作中心位置），再根据上架和中架取直。椽子的疏密程度以两根椽子中心之间的距离为准。如果是用在殿阁上，则椽子间相距九寸五分至九寸；用于副阶上，则相距九寸至八寸五分；用于厅堂上，则相距八寸五分至八寸；用于廊屋库房，则相距八寸至七寸五分。

如果屋内设有平棋，则根据椽子的长短，使一头取齐，一头超过上架在槫上用钉子钉住，不用裁截。（称为"雁脚钉"。）

檐

其名有十四：一曰宇，二曰檐，三曰樀[1]，四曰楣，五曰屋垂，六曰梠，七曰棂，八曰联櫋，九曰橝[2]，十曰庌[3]，十一曰庑，十二曰樓[4]，十三曰槐[5]，十四曰庮[6]。

【原文】

造檐之制[7]（参阅"大木作制度图样二十五"）：皆从橑檐枋心出[8]，如椽径三寸，即檐出三尺五寸；椽径五寸，即檐出四尺至四尺五寸。檐外别加飞檐。每檐一尺，出飞子六寸。其檐自次角补间铺作心，椽头皆生出向外，渐至角梁：若一间生四寸；三间生五寸；五间生七寸。五间以上，约度随宜加减。其角柱之内，檐身亦令微杀向里[9]。不尔恐檐圆而不直。

凡飞子，如椽径十分，则广八分，厚七分。大小不同，约此法量宜加减。各以其广厚分为五分，两边各斜杀一分，底面上留三分，下杀二分；皆以三瓣卷杀，上一瓣长五分，次二瓣各长四分。此瓣分谓广厚所得之分。尾长斜随檐。凡飞子须两条通造；先除出两头于飞魁内出者，后量身内，令随檐长，结角解开[10]。若近角飞子，随势上曲，令背与小连檐平。

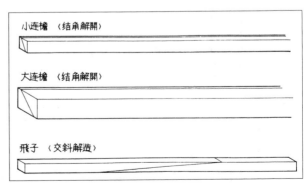

大木作图19 交斜解造、结角解开

凡飞魁　又谓之大连檐，广厚并不越材。小连檐广加栔二分°至三分°，厚不得越栔之厚。并交斜解造。

【梁注】

　　［1］楠，音的。

　　［2］樿，音潭。

　　［3］庌，音雅。

　　［4］槾，音慢。

　　［5］槐，音琵。

　　［6］庙，音酉。

　　［7］大木作制度中，造檐之制，檐出深度取于所用椽之径，而椽径又取决于所用材分°，这里面有极大的灵活性，但也使我们难于掌握。

　　［8］意思就是出檐的宽度，一律从橑檐枋的中线量出来。

　　［9］这种微妙的手法，因现存实例多经后世重修，已难察觉出来。

　　［10］"结角解开""交斜解造"都是节约工料的措施，将长条方木纵向劈开成两条完全相同的断面作三角形或不等边四角形的长条谓之"交斜解造"。将长条方木，横向斜劈成两段完全相同的、一头方整、一头斜杀的木条，谓之"结角解开"。

【译文】

　　建造檐的制度：出檐的宽度都要从橑檐枋的中线量出。如果椽子的直径为三寸，则出檐三尺五寸；椽子的直径为五寸，则出檐四尺至四尺五寸。檐外另外再出飞檐，每出檐一尺，则出飞子六寸。屋檐跨过次角柱的补间铺作中心线，椽子头都向外升起，渐渐到达角梁。如果一间则升高四寸，三间升高五寸，五间升高七寸。（五间以上的，根据情况揣度加减。）在角柱以内，檐身也要微微向里杀。（否则屋檐可能圆而不直。）

　　凡是飞子，如果椽子直径为十分，则飞椽宽八分，厚度为七分。（大小不同的情况照此法酌情加减。）按各自的宽度与厚度分为五分，两边各向里斜杀一分，底面上留三分，下面杀二分，都做成三瓣卷杀。上面的一瓣长度为五分，剩下的二瓣各长四分。（这种分瓣的方式为按宽度和厚度分。）飞子尾部的长度顺檐斜出。（凡是飞子都需要两条通造，先除去两头在飞魁内需要出的长度，再量取身内的长度，使飞子根据屋檐的长度从结角处解开。如果是近角处的飞子，则根据屋檐走势向上弯曲，使它的背部与小连檐相平。）

凡飞魁（又叫"大连檐"），宽度和厚度都不超过一材。小连檐的宽度可以从一架加二分至三分，但厚度不得超过架的厚度。（和交斜解造一样。）

举折

其名有四：一曰陠，二曰峻，三曰陠峭[1]，四曰举折。

【原文】

举折[2]之制（参阅"大木作制度图样二十六、二十七"）：先以尺为丈，以寸为尺，以分为寸，以厘为分，以毫为厘，侧画所建之屋于平正壁上，定其举之峻慢，折之圆和，然后可见屋内梁柱之高下，卯眼之远近。今俗谓之定侧样，亦曰点草架。

举屋之法：如殿阁楼台，先量前后橑檐枋心相去远近，分为三分，若余屋柱梁作，或不出跳者，则用前后檐柱心。从橑檐枋背至脊槫背，举起一分[3]，如屋深三丈，即举起一丈之类。如甋瓦厅堂，即四分中举起一分。又通以四分所得丈尺[4]，每一尺加八分；若甋瓦廊屋及瓪瓦厅堂，每一尺加五分；或瓪瓦廊屋之类，每一尺加三分。若两椽屋不加。其副阶或缠腰，并二分中举一分。

折屋之法：以举高尺丈，每尺折一寸，每架自上递减半为法。如举高二丈，即先从脊槫背上取平[5]，下至橑檐枋背，于第二缝折一尺，若椽数多，即逐缝取平，皆下至橑檐枋背，每缝并减上缝之半。如第一缝二尺，第二缝一尺，第三缝五寸，第四缝二寸五分之类。如取平，皆从槫心抨绳令紧为则。如架道不匀，即约度远近，随宜加减。以脊槫及橑檐枋为准。

若八角或四角斗尖亭榭，自橑檐枋背举至角梁底，五分中举一分；至上簇角梁，即两分中举一分。若亭榭只用瓪瓦者，即十分中举四分。

簇角梁之法[6]：用三折。先从大角梁背，自橑檐枋心量，向上至枨杆卯心，取大角梁背一半，立上折簇梁，斜向枨杆举分尽处。其簇角梁上下并出卯。中、下折簇梁同。次从上折簇梁尽处量至橑檐枋心，取大角梁背一半立中折簇梁，斜向上折簇梁当心之下。又次从橑檐枋心立下折簇梁，斜向中折簇梁当心近下，令中折簇角梁上一半与上折簇梁一半之长同，其折分并同折屋之制。唯量折以曲尺于弦上取方量之。用瓪瓦者同。

大木作图 20　屋顶举折 河北正定隆兴寺摩尼殿

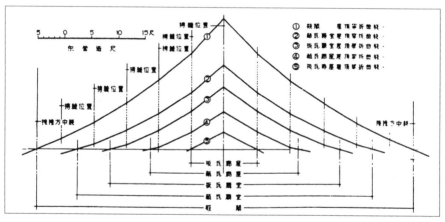

大木作图 21　宋《营造法式》举折图

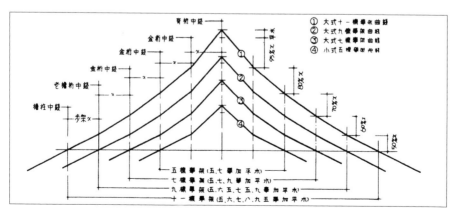

大木作图 22　请工部《工程做法》举架图

【梁注】

[1]　陠，音铺。

[2]　举折是取得屋盖斜坡曲线的方法，宋称"举折"，清称"举架"。这两种方法虽然都使屋盖成为曲面，但"举折"和"举架"的出发点和步骤却完全不同。宋人的"举折"先按房屋进深，定屋面坡度，将脊槫先"举"到预定的高度，然后从上而下，逐架"折"下来，求得各架槫的高度，形成曲线和曲面。清人的"举架"却从最下一架起，先用比较缓和的坡度，向上逐架增加斜坡的陡峻度——例如"檐步"即最下的一架用"五举"（5：10 的角度），次上一架用"六举"，而"六五举"，"七举"……乃至"九举"。因此，最后"举"到多高，仿佛是"偶然"的结果（实际上当然不是）。这两种不同的方法得出不同的曲线，形成不同的艺术效果和风格。

从宋《法式》举折制度的规定中可以看出：建筑物愈大，正脊举起愈高；也就是说在一组建筑群中，主要建筑物的屋顶坡度大，而次要的建筑物屋顶坡度小，至于廊屋的坡度就更小，保证了主要建筑物的突出地位。

从现存的建筑实例中，可以看出宋、辽、金建筑物的屋顶坡度基本上接近《法式》的规定，特别是比《法式》刊行晚 25 年创建的河南登封少林寺初祖庵大殿（1125 年）可以说完全一样。

[3]　等腰三角形，底边长 3，高 1，每面弦的角度为 1：1.5。

[4]　这里所谓"四分所得丈尺"即前后橑檐枋间距离的 1/4。

[5]　"取平"就是拉成一条直线。

[6]　用于平面是等边多角形的亭子上。宋代木构实例已没有存在的。

【译文】

举折的制度：先以一尺为一丈，以一寸为一尺，以一分为一寸，以一厘为一分，以一毫为一厘（即按一比十的比例），在平整的墙壁上画出所要建屋子的侧样草图，确定上举和下折的倾斜和走势，然后可以得出屋内梁柱的高矮和卯眼之间的距离远近。（即如今俗称的"定侧样"，也叫"点草架"。）

举屋的方法：如果是殿阁楼台，先测量前后橑檐枋中线之间的距离，将其三等分（如果是其余房屋的柱梁作，如果不出跳，就量取前后檐柱的中心线。）从橑檐枋的背部到脊槫的背部，举起一分。（如果屋子深三丈，则举起一丈，如此这般。）如果是甋瓦厅堂，则在四分中举起一分；又统一取前后橑檐枋间距的四分之一，每一尺加八分；如果是瓪瓦廊屋和瓪瓦厅堂，每一尺加五分；如果是瓪瓦廊屋之类，则每一尺加三分。（如果是两架椽子的屋子则不加，其副阶或缠腰为二分中举一分。）

折屋的方法：按照举高的尺寸，每一尺折一寸，每一架从上递减一半，以此为准则。如举的高度为二丈，则先从脊槫背部取平，下面至橑檐枋的背部，在这上面的第一条缝出折二尺；又从第一缝的槫背处取平，向下到橑檐枋的背部，在第二条缝处折一尺。如果椽子数较多，则将每条缝逐一取平，最后都要下到橑檐枋的背部，每一条缝都减去上一条缝的一半。（如果第一缝是二尺，则第二缝为一尺，第三缝为五寸，第四缝为二寸五分，其余均照此。）如果取平，都要从槫的中心位置绷紧绳子取直为准。如果架道不均匀，则估计距离远近，酌情增减。（以脊槫和橑檐枋为准。）

如果是八角或四角的斗尖形亭榭，从橑檐枋的背部举到角梁底部，五分中举一分。到上簇角梁的位置，则两分中举一分。（如果亭榭只采用瓪瓦，则十分中举四分。）

簇角梁的方法：采用三次下折。先从大角背，到橑檐枋中心位置向上测量，再到枨杆的卯心位置，量取大角梁背的一半，立起上折簇梁，斜向枨杆上举的末端处。（簇角梁的上下都要出卯。中下折簇梁也一样。）然后从上折簇梁的末端，量到橑檐枋的中心，量取大角梁背部的一半，竖立中折簇梁，斜向对着上折簇梁中心以下的位置。再从橑檐枋中心处竖立下折簇梁，斜向对准中折簇梁中心偏下的位置。（使中折簇角梁上一半与上折簇梁一半的长度相同。）簇角梁的折分都和折屋的标准一样。（只是在量取折的尺寸时，要用曲尺在弦上取方测量。测量使用瓪瓦房屋的举折也一样。）

大木作制度图样

大木作制度圖樣一

材 凡構屋之制,皆以材為祖,材有八等,度屋之大小,因而用之。各以其材之廣分為十五分,以十分為其厚。凡屋宇之高深,名物之短長,曲直舉折之勢,規矩繩墨之宜,皆以所用材之分,以為制度焉。栔(音契)廣六分,厚四分。材上加栔者謂之足材.

第一等
厚六寸
廣九寸
殿身九間至十一間用之。副階并挾屋材分減殿身一等,廊屋减挾屋一等。

第二等
厚五寸五分
廣八寸二分五厘
殿身五間至七間則用之。

第三等
厚五寸
廣七寸五分
殿身三間至五間或堂七間則用之。

第四等
厚四寸八分
廣七寸二分
殿三間,廳堂五間則用之。

第五等
厚四寸四分
廣六寸六分
殿小三間,廳堂大三間則用之;

第六等
厚四寸
廣六寸
亭榭或小廳堂皆用之。

第七等
厚三寸五分
廣五寸二分五厘
小殿及亭榭等用之。

第八等
厚三寸
廣四寸五分
殿内藻井或小亭榭挑斡鋪作多則用之.

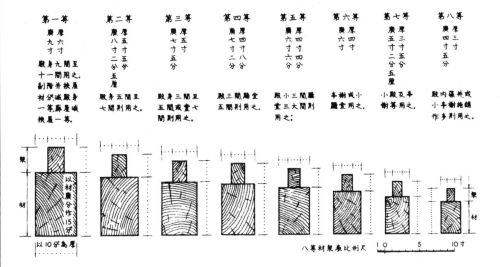

以材廣分作15分

以10分為厚

八等材栔表比例尺

10　5　10寸

科栱部分名稱圖 〔六鋪作重栱出單杪雙下昂,裏轉五鋪作重栱出兩杪,並計心.〕

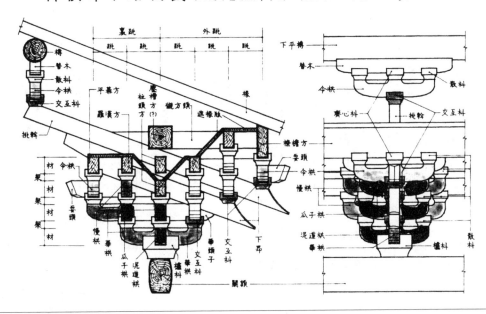

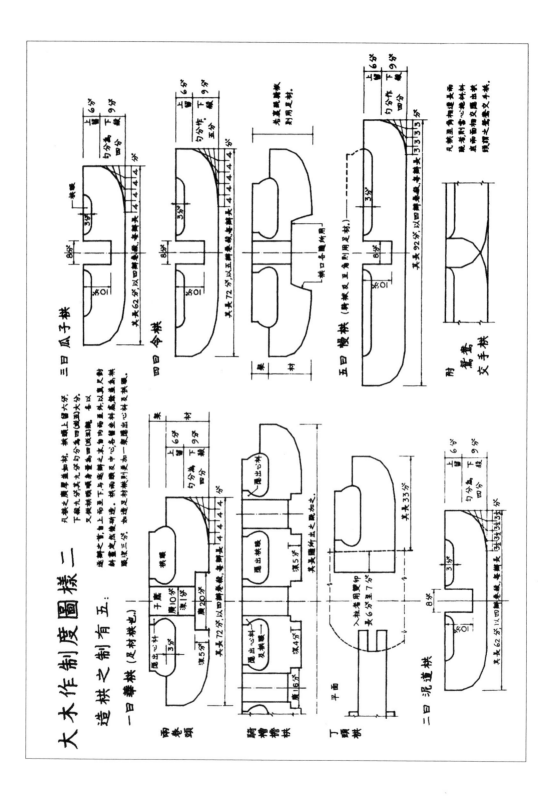

大木作制度圖樣三

造料之制有四

大木作制度圖樣四

下昂尖卷殺之制　造要頭之制 （註：龍牙口未見於實例，位置不詳。）

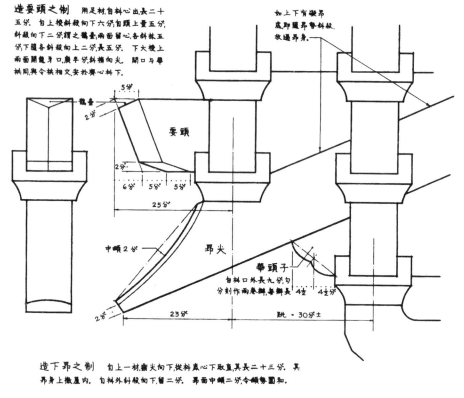

造要頭之制　用足材，自枓心出，長二十五分。自上棱斜殺向下六分，自頭上量五分，斜殺向下二分，謂之鵲臺。兩面留心，各斜抹五分，下隨各斜殺向上二分，長五分。下大棱上兩面開龍牙口，廣半分，斜揹向尖。開口與華栱同，與令栱相交於齊心枓下。

如上下有碩昂，底即隨昂勢斜殺，故通昂身。

造下昂之制　自上一材，盡尖向下，從枓底心下取直，其長二十三分。其昂身上徹屋內。自枓外斜殺向下，留二分。昂面中頔二分，令頔勢圓和。

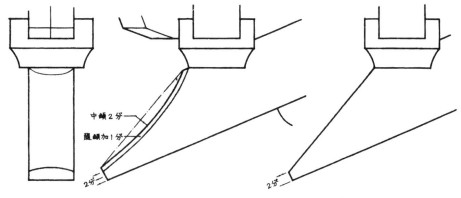

亦有於昂面上隨頔加一分，訛殺至兩棱者，謂之
琴面昂

亦有自枓外斜殺至尖者，其昂面平直謂之
批竹昂

大木作制度圖樣五

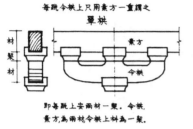

每跳令栱上只用素方一重謂之
單栱

材 栔材

素方

令栱

即每跳上安兩材一栔。令栱,
素方,為兩材令栱上斗為一栔。

素方在泥道栱上者謂之柱頭方,在跳上者謂之羅漢方.

每跳瓜子栱上施慢栱慢栱上用素方,謂之
重栱

材 栔材 栔材

素方

慢栱

瓜子栱

即每跳上安三材兩栔。瓜子栱慢栱素
方為三材,瓜子栱上斗,慢栱上斗,為兩栔。

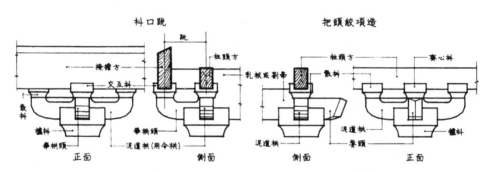

科口跳

跳
撩檐方 柱頭方
交互斗 乳栱或劄牽
散斗

櫨斗 華栱頭
華栱頭 泥道栱(用令栱)
正面 側面

把頭絞項造

柱頭方 齊心斗
散斗
側面 正面
泥道栱 泥道栱
要頭 櫨斗

科口跳及把頭絞項造之制,大木作制度中未詳,謹據大木作功限中所載補圖如上.

下昂出跳分數

四鋪作外插昂

材 栔材 栔材

25分° 30分° 30分° 23分°

裏跳 外跳

櫨斗平+數=12分°

四鋪作裏外並一抄
卷頭壁内用重栱.

材 栔材 栔材

25分° 30分° 30分° 25分°

裏跳 外跳

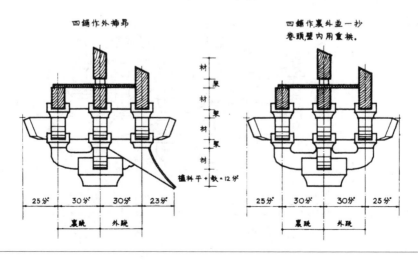

大木作制度圖樣六

下昂出跳分數之二

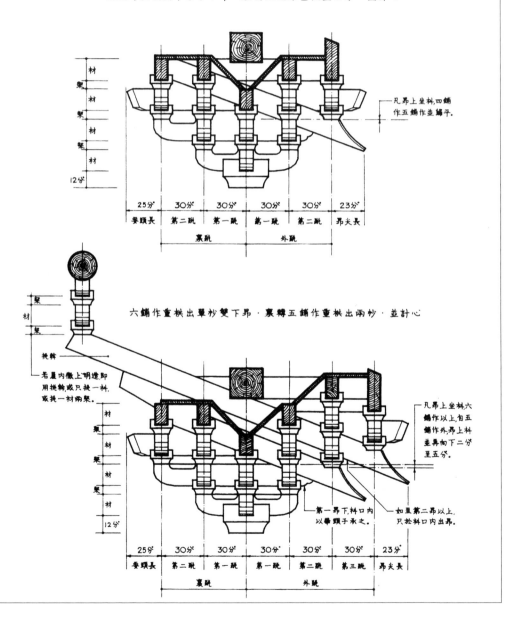

五鋪作重栱出單杪單下昂·裏轉五鋪作重栱出兩杪·並計心

凡昂上坐枓,四鋪作五鋪作並鋪平。

25分	30分	30分	30分	30分	23分
耍頭長	第二跳	第一跳	第一跳	第二跳	昂尖長
	裏跳		外跳		

六鋪作重栱出單杪雙下昂·裏轉五鋪作重栱出兩杪·並計心

挑斡

若屋內徹上明造即
用挑斡或只挑一枓,
或挑一材兩栔.

凡昂上坐枓六
鋪作以上,自五
鋪作外昂上枓
並昂尖向下二分
至五分.

第一昂下枓口內
以華頭子承之.

如至第二昂以上,
只於枓口內出昂.

25分	30分	30分	30分	30分	30分	23分
耍頭長	第二跳	第一跳	第一跳	第二跳	第三跳	昂尖長
	裏跳		外跳			

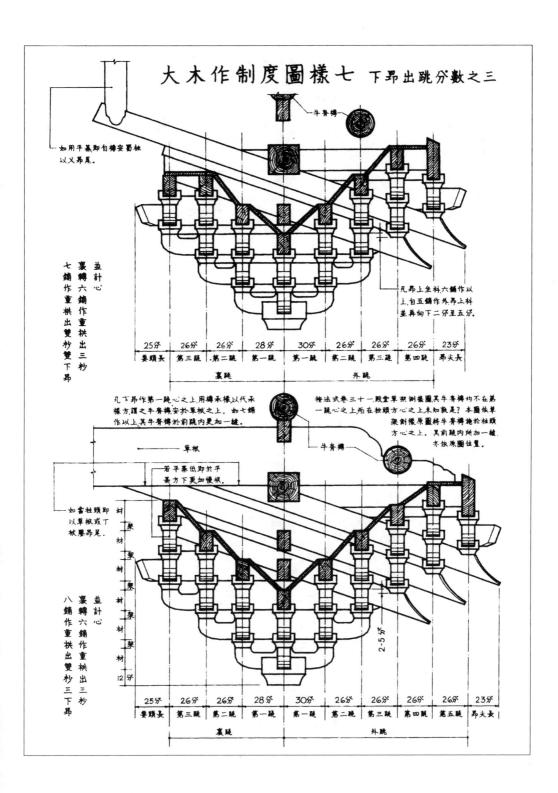

大木作制度圖樣七　下昂出跳分數之三

牛脊槫

如用平槫即自槫安蜀柱以义昂尾.

凡昂上生枓六鋪作以上,自五鋪作外昂上枓並再向下二分至五分.

並計心
裏轉六鋪作重栱出三抄
七鋪作重栱出雙抄雙下昂

25分	26分	26分	28分	30分	26分	26分	26分	23分
要頭長	第三跳	第二跳	第一跳	第一跳	第二跳	第三跳	第四跳	昂尖長
		裏跳				外跳		

凡下昂作第一跳心之上用槫承椽以代承椽方謂之牛脊槫安於草栿之上. 如七鋪作以上其牛脊槫於前跳內更加一縫.

按法式卷三十一殿堂草架側樣圖其牛脊槫均不在第一跳心之上而在柱頭方心之上未知孰是? 本圖依草架劉樣原圖將牛脊槫施於柱頭方心之上. 其前跳內所加一縫亦依原圖位置.

草栿

牛脊槫

若平棊低即於平棊方下更加慢栱.

如當柱頭即以草栿或丁栿壓昂尾.

栔材栔材栔材栔材栔材
12分

2-5分

並計心
裏轉六鋪作重栱出三抄
八鋪作重栱出雙抄三下昂

25分	26分	26分	28分	30分	26分	26分	26分	26分	23分
要頭長	第三跳	第二跳	第一跳	第一跳	第二跳	第三跳	第四跳	第五跳	昂尖長
		裏跳					外跳		

大木作制度圖樣八

上昂出跳分數之一

上昂 廣厚並如材,
施之裏跳之上及平
坐鋪作之內。頭向
外留六分其昂頭外
出昂身斜收向裏並
通過柱心。昂背斜
尖皆至下枓底外昂
底枓跳頭枓口內出,
其枓口外用靴楔剜
作三卷瓣。

外跳心長無規定按華
栱條分數製圖.

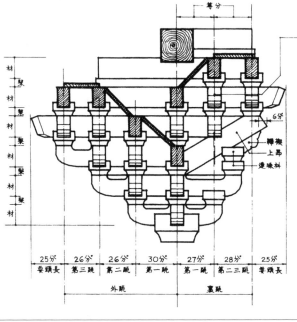

五鋪作重栱出上昂 並計心

如五鋪作單杪上用
者自櫨枓心出第一
跳心長二十五分,第
二跳上昂心長二十
二分。其第一跳上
枓口內用靴楔。其
平棊方至櫨枓口內,
共高五材四栔。其
第一跳重栱計心造.

25分	26分	30分	25分	22分	25分
要頭長	第二跳	第一跳	第一跳	第二跳	要頭長
	外跳		裏跳		

六鋪作重栱出上昂偷心跳內當中施騎枓栱

兩跳當中施騎枓栱……宜
單用其下跳並偷心造。但
法式卷三十上昂側樣騎枓
栱俱用重栱未知孰是?

如六鋪作重栱上用
者自櫨枓心出,第一
跳華栱心長二十七
分,第二跳華栱心及
上昂心共長二十八
分。華栱上用連珠
枓,其枓口內用靴楔。
其平棊方至櫨枓口
內共高六材五栔。
於兩跳之內當中施
騎枓栱.

25分	26分	26分	30分	27分	28分	25分
要頭長	第三跳	第二跳	第一跳	第一跳	第二三跳	要頭長
		外跳		裏跳		

大木作制度圖樣九

上昂出跳分數之二

七鋪作重栱出上昂偷心跳內當中施騎科栱

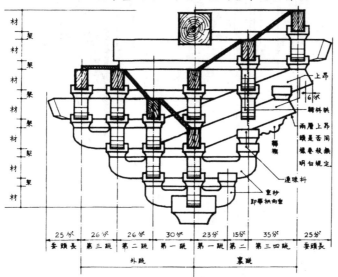

如七鋪作於重抄上用
上昂兩重者,自櫨科心
出第一跳華栱心長二
十三分。第二跳華栱
心長一十五分,華栱上
用連珠科。第三跳上
昂心長三十五分,兩重
上昂共此一跳。其平
棊方至櫨科口內,共高
七材六栔。其騎科栱
與六鋪作同。

25分	26分	26分	30分	23分	15分	35分	25分
要頭長	第三跳	第二跳	第一跳	第一跳	第二	第三四跳	要頭長
		外跳			裏跳		

八鋪作重栱出上昂偷心跳內當中施騎科栱

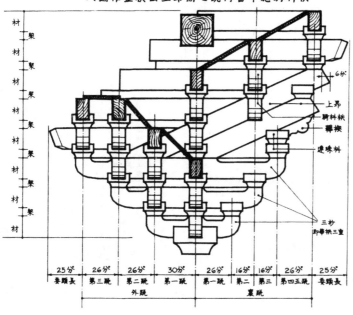

如八鋪作於三抄
上用上昂兩重者,
自櫨科出,第一
跳華栱心長二十
六分。第二跳第
三跳並華栱心各
長一十六分,於第
三跳華栱上用連
珠科。第四跳上
昂心長二十六分,
兩重上昂並此一
跳。其平棊方至
櫨科口內共高八
材七栔。其騎科
栱與七鋪作同。

25分	26分	26分	30分	26分	16分	16分	26分	25分
要頭長	第三跳	第二跳	第一跳	第一跳	第二	第三	第四五跳	要頭長
		外跳			裏跳			

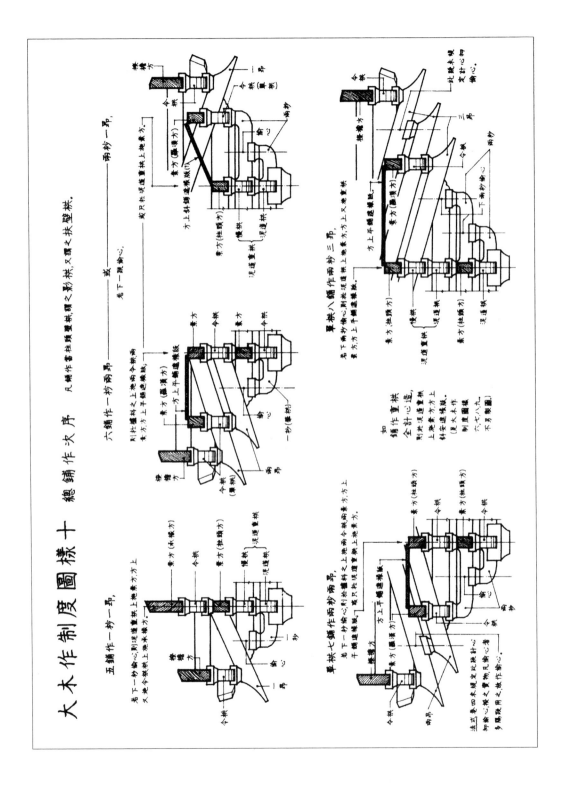

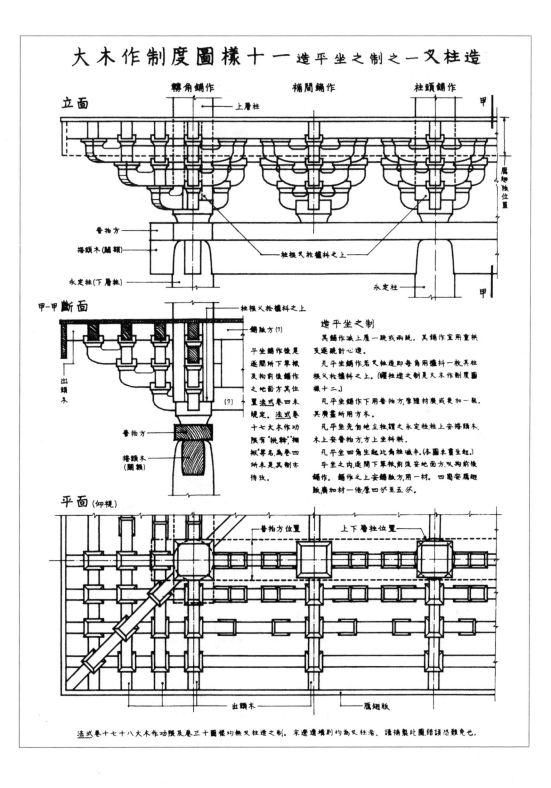

大木作制度圖樣十一 造平坐之制之一 叉柱造

立面

轉角鋪作　　　補間鋪作　　　柱頭鋪作

上層柱

甲

普拍方
搭頭木(闌頭)
永定柱(下層柱)

柱根叉柱櫨枓之上

永定柱

廈椽版位置

甲

甲－甲斷面

柱根叉柱櫨枓之上

鋪版方(?)

出頭木

平坐鋪作後見逐間所下草栿及枸
斜後鋪作之地面方其地位置法式卷四末
規定。法式卷十七大木作功限有「挑斡」襯
枓等名，為卷四所未見，其制未待攷。

普拍方

搭頭木
(闌頭)

造平坐之制

其鋪作減上屋一跳或兩跳。其鋪作宜用重栱
及逐跳計心造。

凡平坐鋪作若叉柱造即每角用櫨枓一枚其柱
根叉柱櫨枓之上。(纏柱造之制見大木作制度圖
樣十二。)

凡平坐鋪作下用普拍方，厚隨材廣，或更加一栔。
其廣盡所用方木。

凡平坐先自地立柱謂之永定柱柱上安搭頭木，
木上安普拍方，方上坐枓栱。

凡平坐四角生起比角柱減半。(本圖未畫生起。)

平坐之內，逐間下草栿前後安地面方以枸斜後
鋪作。鋪作之上安鋪版方，用一材。四周安廈椽
版廣兩倍廣四分至五分。

平面(仰視)

普拍方位置　　　上下層柱位置

出頭木　　　　　廈椽版

法式卷十七十八大木作功限及卷三十圖樣均無叉柱造之制。宋遼遺構則均為叉柱者。謹摹製此圖錯誤恐難免也。

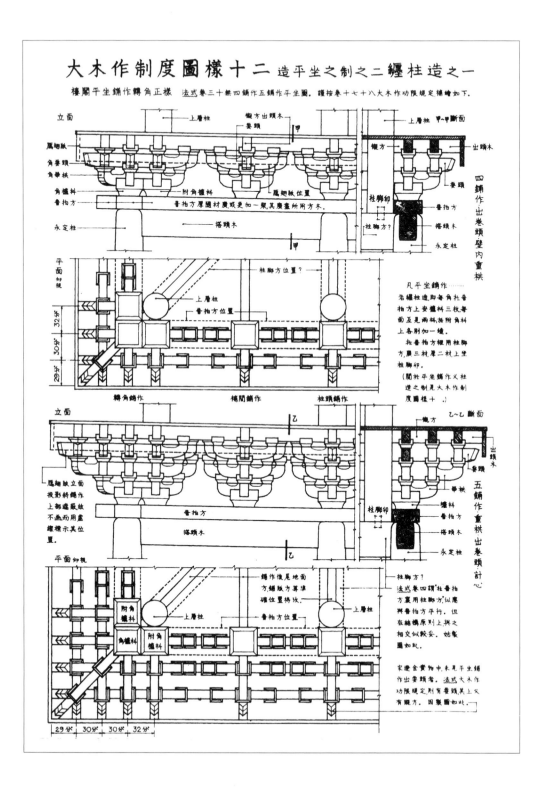

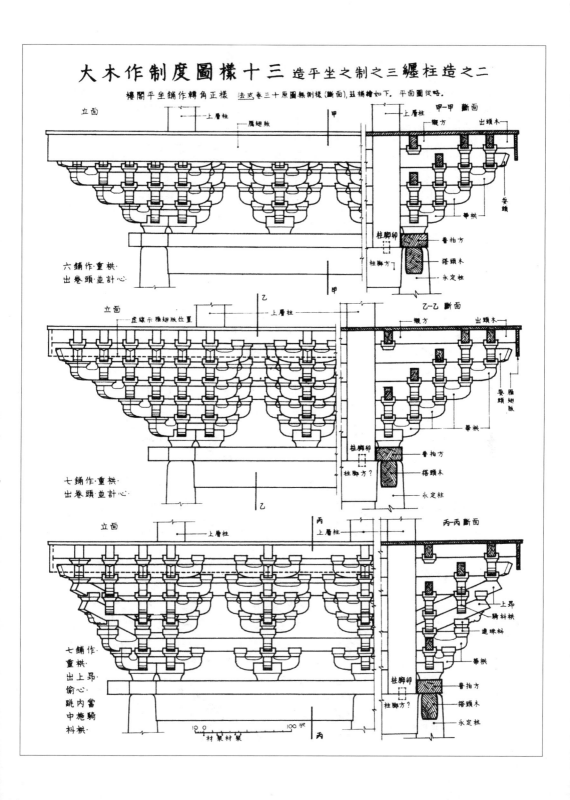

大木作制度圖樣十三 造平坐之制之三 纏柱造之二

樓閣平坐鋪作轉角正樣　法式卷三十原圖無側樣（斷面），茲補繪如下。平面圖從略。

立面

上層柱　鴈翅版　甲

六鋪作·重栱·
出卷頭·並計心·

甲-甲 斷面

上層柱　襯方　出頭木
受頭
華栱
柱鋪卯
柱腳方
魯柎方
搭頭木
永定柱

立面

虛線示鴈翅版位置
上層柱　乙

七鋪作·重栱·
出卷頭·並計心·

乙-乙 斷面

襯方　出頭木
受頭
鴈翅版
華栱
柱鋪卯
柱腳方？
魯柎方
搭頭木
永定柱

立面

上層柱　丙
上層柱

七鋪作·
重栱·
出上昂·
偷心·
跳內當
中施騎
枓栱·

丙-丙 斷面

上昂
騎枓栱
連珠枓
華栱
柱腳卯
柱腳方？
魯柎方
搭頭木
永定柱

材栔材栔

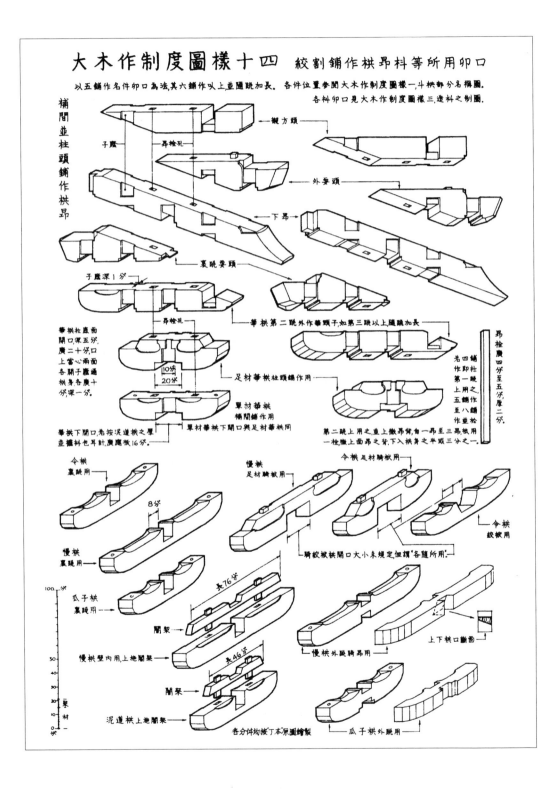

大木作制度圖樣十四 絞割鋪作栱昂枓等所用卯口

以五鋪作名件卯口為法,其六鋪作以上並隨跳加長。各件位置參閱大木作制度圖樣一,斗栱部分名稱圖.

各科卯口見大木作制度圖樣三,造枓之制圖.

補間並柱頭鋪作栱昂

襯方頭

子蓲

昂栓孔

外要頭

下昂

裏跳要頭

子蓲深1分

昂栓孔

華栱第二跳外作華頭子如第三跳以上隨跳加長

華栱柱蓲面開口深五分,廣二十分,口上當心兩面各開于蓲通栱身各廣十分深一分.

10分

20分

足材華栱柱頭鋪作用

單材華栱補間鋪作用

若四鋪作即柱第一號上用之,五鋪作至八鋪作並於

昂栓廣四分至五分,厚二分.

華栱下開口,若按泥道栱之厚並檐枓也耳計,廣應深16分.

單材華栱下開口與足材華栱同

第二跳上用之,並上徹昂背,自一昂至三昂皆用一栓徹其面昂之背,下入栱身之半或三分之一.

令栱裏跳用

8分

慢栱足材騎栱用

令栱足材騎栱用

令栱絞栱用

慢栱裏跳用

騎絞栱栱開口大小未規定但謂「各隨所用」.

瓜子栱裏跳用

長76分

關絞

上下栱口斷面

慢栱壁內用,上抱關絞

長46分

慢栱外跳騎昂用

關絞

泥道栱上抱關絞

各分件均按丁本原圖繪製

瓜子栱外跳用

100分
50
40
30
20
10
0
單材

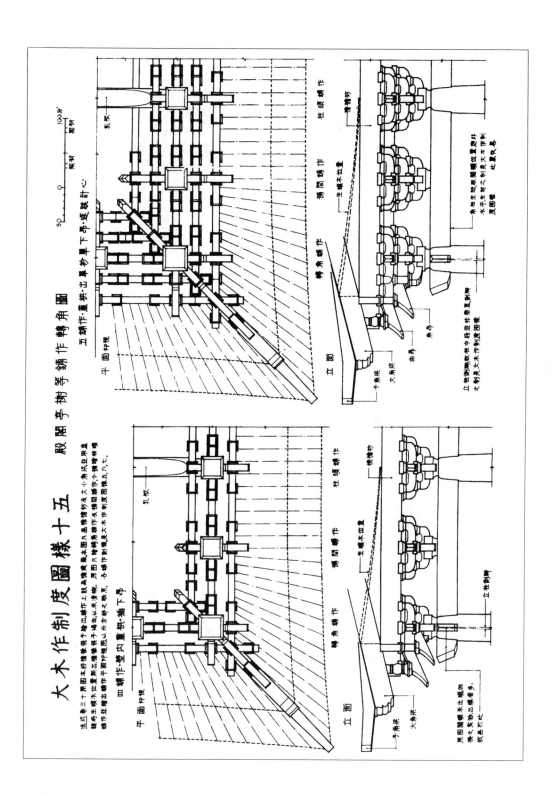

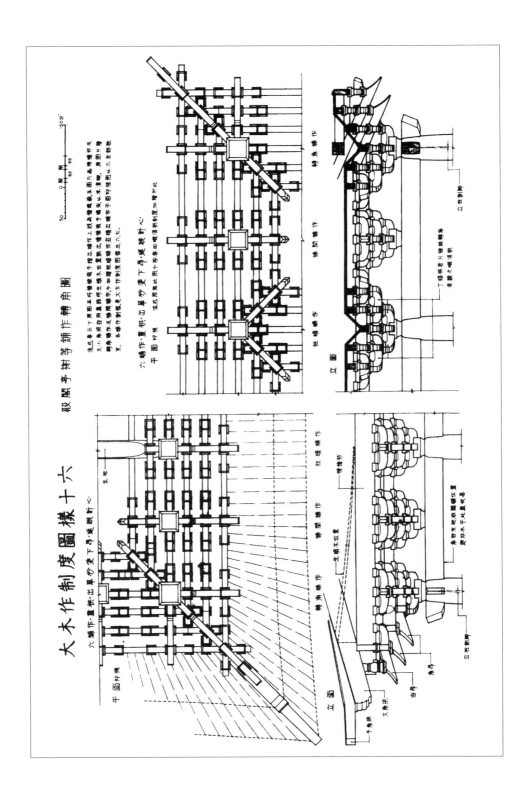

大木作制度圖樣十六

殿閣等樹枓等鋪作轉角圖

大木作制度圖樣十七　殿閣亭榭等鋪作轉角圖

七鋪作·重栱·出雙杪雙下昂·逐跳計心

法式卷三十原圖只繪轉角鋪作及補間鋪作，今加繪柱頭鋪作并繪出鋪作平面卯視圖以示全部聯系。鋪作側樣見大木作制度圖樣七。

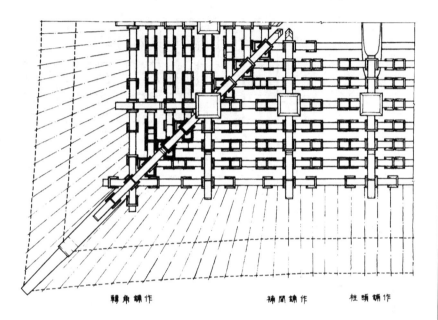

轉角鋪作　　　　　補間鋪作　　柱頭鋪作

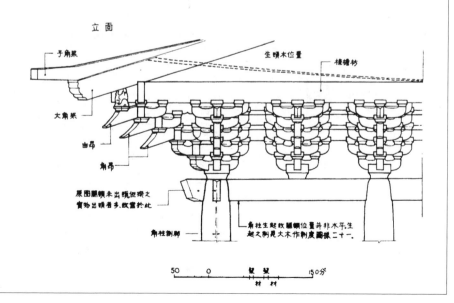

立面

予角梁

生頭木位置

襯鋪枋

大角梁

由昂

角昂

原圖闌頭未出跳但據之實物出頭者多，故當於此

角柱制卯

角柱生起致闌頭位置升非水平生起之制見大木作制度圖樣二十一。

50　　0　　　　　　　150分
材　材

大木作制度圖樣十八
殿閣亭榭等鋪作轉角圖
八鋪作·重栱·出雙杪三下昂·逐跳計心
法式卷三十原圖只繪轉角鋪作及補間鋪作，今加繪柱頭鋪作并繪出鋪作平面仰視圖以示全部联系。鋪作側樣見大木作制度圖樣七。
平面仰視
乳栿
橑及飛子中線
檐椽頭線
飛子頭線
轉角鋪作
補間鋪作
立面
子角梁
角柱生起，故鋪作中線須之偏斜
生頭木位置
橑檐枋
大角梁
由昂
角昂
原圖闌額未出頭，但後之實物出頭者多，故畫於此
角柱生起，故闌額位置并非水平。生起之制見大木作制度圖樣二十一，此處從略
50
0
150分
材
材

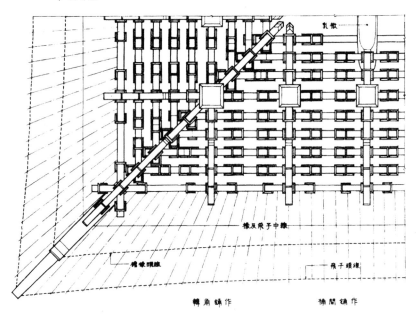

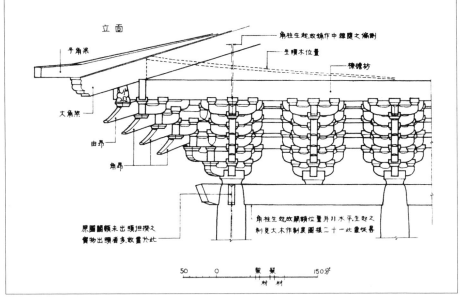

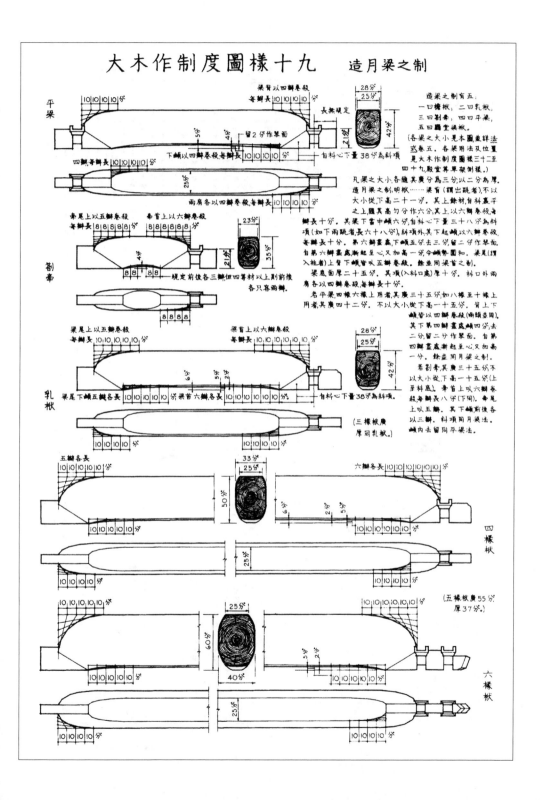

大木作制度圖樣十九　造月梁之制

造梁之制有五：

一曰檐栿，二曰乳栿，

三曰劄牽，四曰平梁，

五曰廳堂梁栿。

（各梁之大小見本圖畫詳法式卷五。各梁用法及位置見大木作制度圖樣三十二至四十九殿堂草架側樣。）

凡梁之大小各隨其廣分為三分以二分為厚。造月梁之制，明栿……梁背（謂出跳者），不以大小從下高二十一分。其上餘材，自枓裏平之上，隨其高匀分作六分，其上以六瓣卷殺每瓣長十分。其梁下當中頔六分，自枓心下量三十八分為斜項（如下兩跳者長六十八分），斜項外其下起頔以六瓣卷殺，每瓣長十分。第六瓣盡處頔五分去三分留二分作挙面。自第六瓣盡處漸起至心，又加高一分，令頔勢圓和。梁首（謂入柱者）上背下頔皆以五瓣卷殺。餘並同梁身之制。

梁底面厚二十五分。其頔（入枓口處）厚十分。枓口外兩肩各以四瓣卷殺，每瓣長十分。

若平梁四椽六椽上用者其廣三十五分，如八椽至十椽上用者，其廣四十二分。不以大小從下高一十五分。背上下頔皆以四瓣卷殺（兩頭並同）。其下第四瓣盡處頔四分，去二分，留二分作挙面。自第四瓣盡處漸起至心，又加高一分。餘並同月梁之制。

若劄牽其廣三十五分不以大小從下高一十五分（上至枓底）。牽首上以六瓣卷殺每瓣長八分（下同）。牽尾上以五瓣。其下頔前後以三瓣。斜項同月梁法。頔內去留同平梁法。

平梁
梁背以四瓣卷殺
每瓣長十分
留2分作挙面
下頔以四瓣卷殺每瓣長
長無規定
自枓心下量38分為斜項
四頔每瓣長十分
兩肩各以四瓣卷殺每瓣長

劄牽
牽尾上以五瓣卷殺
每瓣長八分
牽首上以六瓣卷殺
每瓣長八分
規定前後各三瓣但四瓣材以上則前後各只畫兩瓣。

乳栿
梁背上以五瓣卷殺
每瓣長十分
梁首上以六瓣卷殺
每瓣長十分
梁尾下頔五瓣各長十分　梁首六瓣各長十分
自枓心下量38分為斜項
（三椽栿廣厚同乳栿。）

四椽栿
五瓣各長十分
六瓣各長十分

（五椽栿廣55分厚37分。）

六椽栿

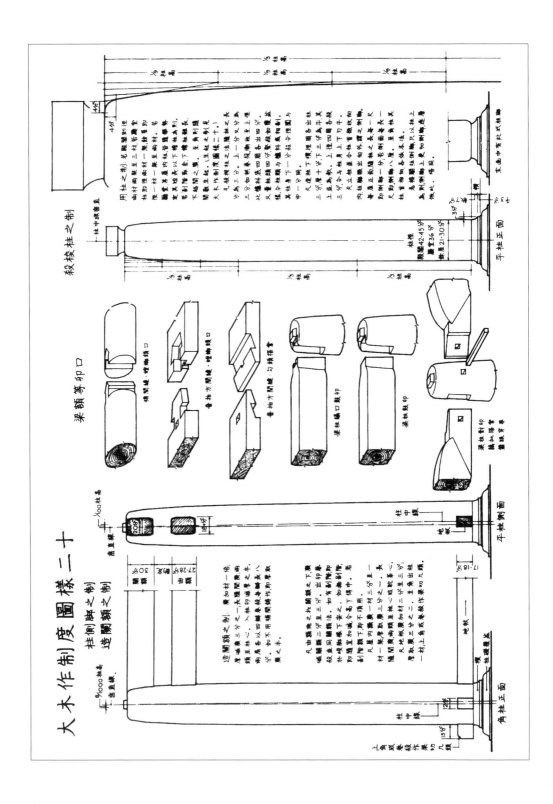

大木作制度图样二十

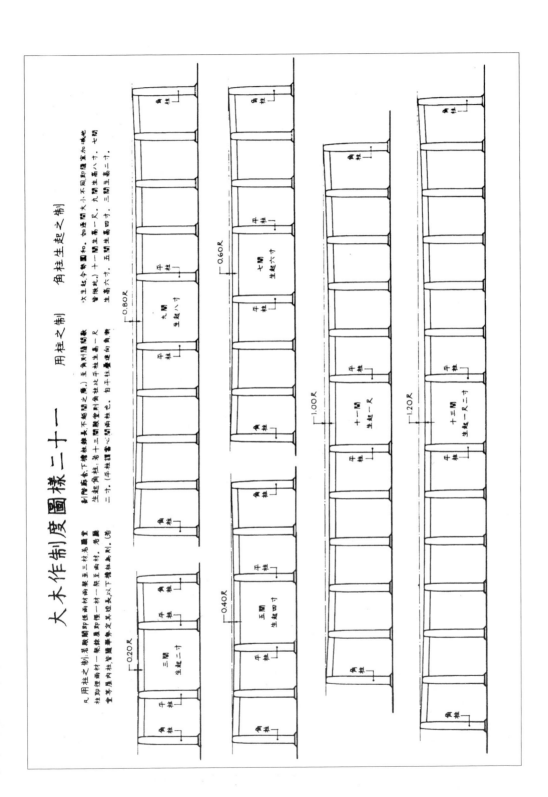

大木作制度圖樣二十一　用柱之制　角柱生起之制

凡用柱之制，若殿閣即徑兩材兩栔至三材；若廳堂柱即徑兩材一栔；餘屋即徑一材一栔至兩材。若廳堂等屋內柱，皆隨舉勢定其長短，以下檐柱為則。（若副階廊舍，下檐柱雖長，不越間之廣。）至角柱隨間數生起角柱：若十三間殿堂，則角柱比平柱生高一尺二寸。（平柱謂當心間兩柱也。自平柱疊進向角柱，各至角漸次生起，令勢圜和。如逐間大小不同，即隨宜加減，他皆倣此。）十一間生高一尺。九間生高八寸。七間生高六寸。五間生高四寸。三間生高二寸。

三間　生起二寸　0.20尺

五間　生起四寸　0.40尺

七間　生起六寸　0.60尺

九間　生起八寸　0.80尺

十一間　生起一尺　1.00尺

十三間　生起一尺二寸　1.20尺

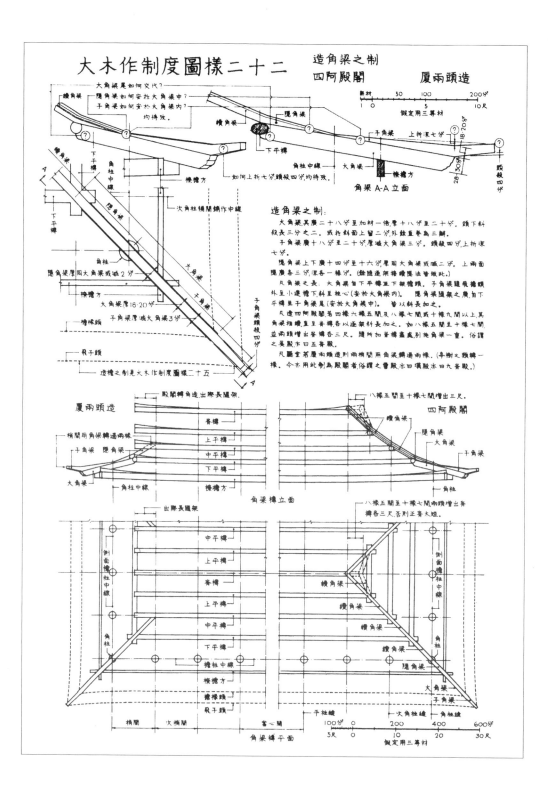

造角梁之制：

　　大角梁其廣二十八分至加材一倍，厚十八分至二十分。頭下斜殺長三分之二，或枮斜面上留二分，外剳直卷為三瓣。

　　子角梁廣十八分至二十分，厚當大角梁三分。頭殺四分上折殺七分。

　　隱角梁上下廣十四分至十六分，厚同大角梁或減二分。上兩面隱廣各三分，深各一梁分。（餘隨逐架接續隨法留之。）

　　尺角梁之長：大角梁自下平槫至下檐檐中。子角梁隨飛擔頭外至小連檐下斜至柱心（安於大角梁內）。隱角梁隨架之廣自下平槫至子角梁屋（安於大角梁中）。皆以斜長加之。

　　尺遣四阿殿閣若四椽六椽五間及八椽七間，或十椽九間以上，其角梁相續直至榑脊以逐架斜長加之。如八椽五間至十椽七間並兩頭增出脊榑各三尺。隨所加脊榑盡處別抱角梁一重。俗謂之曼殿方曰五脊殿。

　　尺厦兩頭若兩椽頭造則兩梢間用角梁轉過兩椽。（亭榭之類轉過一椽，今亦用此制為殿閣者俗謂之曹殿亦曰漢殿亦曰九脊殿。）

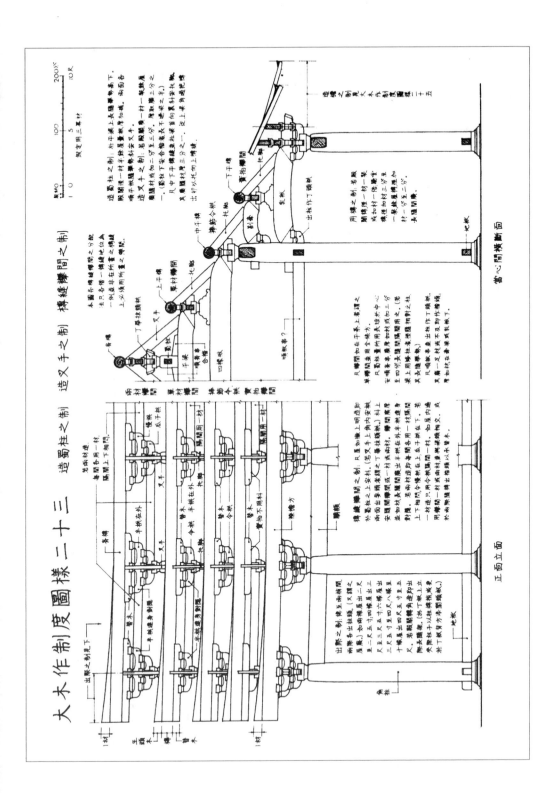

大木作制度圖樣二十三　造蜀柱之制　造叉手之制　槫縫襻間之制

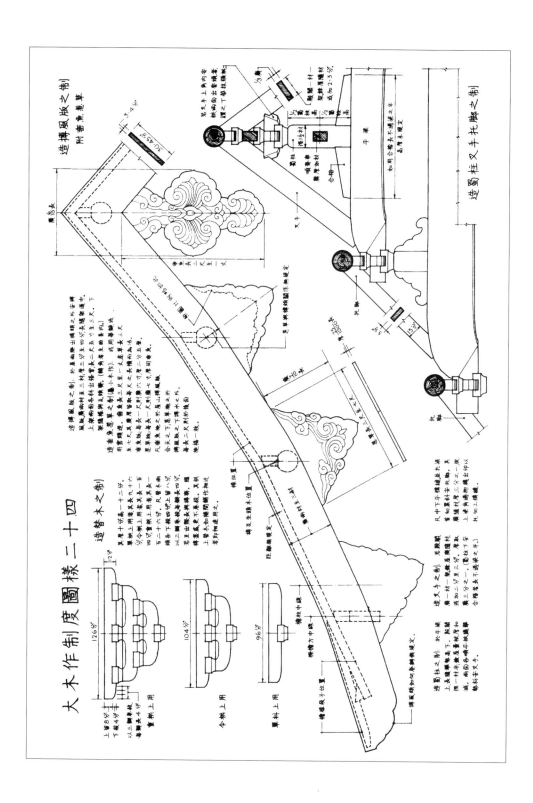

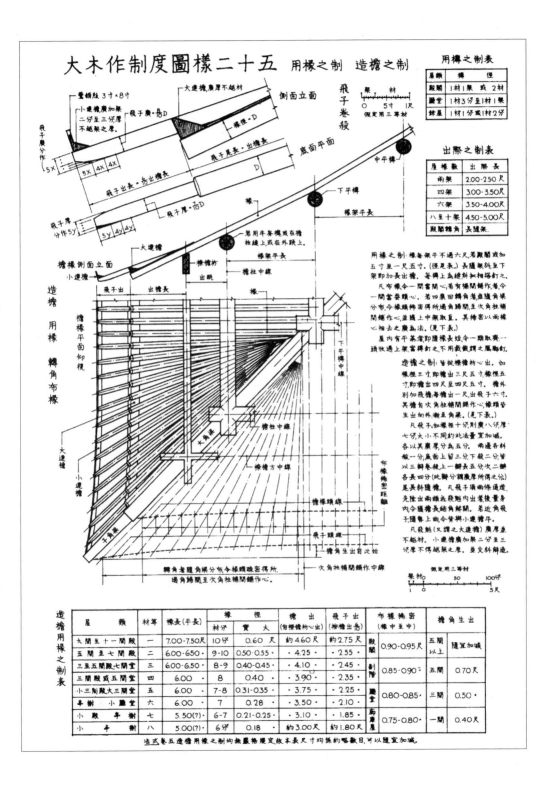

大木作制度圖樣二十五　用椽之制　造簷之制

用椽之制表

屋類	椽　徑
殿閣	1材1槩 或 2材
廳堂	1材3分至1材1槩
餘屋	1材1分或1材2分

出際之制表

屋椽數	出際長
兩架	2.00-2.50 尺
四架	3.00-3.50 尺
六架	3.50-4.00 尺
八至十架	4.50-5.00 尺
殿閣轉角	長隨椽

用椽之制：椽每架平不過六尺，若殿閣或加五寸至一尺五寸。(俓是表。)長隨架斜至下架即加長出簷。每椽上為總斜以枓栱承之。

尺布椽令一間當心。若有椽隔間鋪作者，令一間當要頭心。若四象回轉角者並隨角梁分布，令椽頭皆密俓所，過角歸間至次角柱補間鋪作心，並就上中架取直。其椽密以兩椽心相去之廣為法。(見下表。)

屋內有平棊者即隨椽長短令一頭取齊一頭放過上架當椽釘之不用裁截謂之雁胸釘。

造簷之制：皆從橑檐枋心出。如椽徑三寸即簷出三尺五寸，椽徑五寸即簷出四尺至四尺五寸。簷外別加飛簷每簷加一尺出飛子六寸。其簷有次角柱補間鋪作心，謂頭皆生出向外漸至角梁。(見下表。)

尺飛子，如椽徑十分則廣八分厚七分大小不同的此法當隨加減。各以其廣厚分為五分。兩邊各斜殺一分，底面上留三分下殺二分以三瓣卷殺上一瓣長五分次二瓣各長四分(此瓣分謂廣厚所得之分)是長斜隨俵。凡飛子頭兩條通度先陸出兩頭挫殿魁向出者後貫身内令隨簷長結角解開。若近角飛子隨簷長上曲令背與小連簷平。

凡飛魁(又謂之大連簷)廣厚不越材。小連簷加架二分至三分厚不得越架之厚。並交斜解造。

造簷用椽之制表

屋　類	材等	椽長(平長)	椽徑 材分	椽徑 實大	簷出(自橑檐枋心出)	飛子出(椽簷出舌)	布椽稀密(椽中至中)		簷角生出	
九間至十一間殿	一	7.00-7.50尺	10分	0.60 尺	約4.60尺	約2.75尺	殿閣	0.90-0.95尺	五間以上	隨宜加減
五間至七間殿	二	6.00-6.50	9-10	0.50-0.55	4.25	2.55				
三至五間殿或七間堂	三	6.00-6.50	8-9	0.40-0.45	4.10	2.45	副階	0.85-0.90	五間	0.70尺
三間殿或五間堂	四	6.00	8	0.40	3.90	2.35				
小三間殿或大三間堂	五	6.00	7-8	0.31-0.35	3.75	2.25	廳堂	0.80-0.85	三間	0.50
亭榭　小廳堂	六	6.00	7	0.28	3.50	2.10				
小殿　亭榭	七	5.50(?)	6-7	0.21-0.25	3.10	1.85	兩廈屋	0.75-0.80	一間	0.40尺
小　亭榭	八	5.00(?)	6分	0.18	約3.00尺	約1.80尺				

法式卷五造簷用椽之制均無嚴格規定本表尺寸均係約略數目可以隨宜加減。

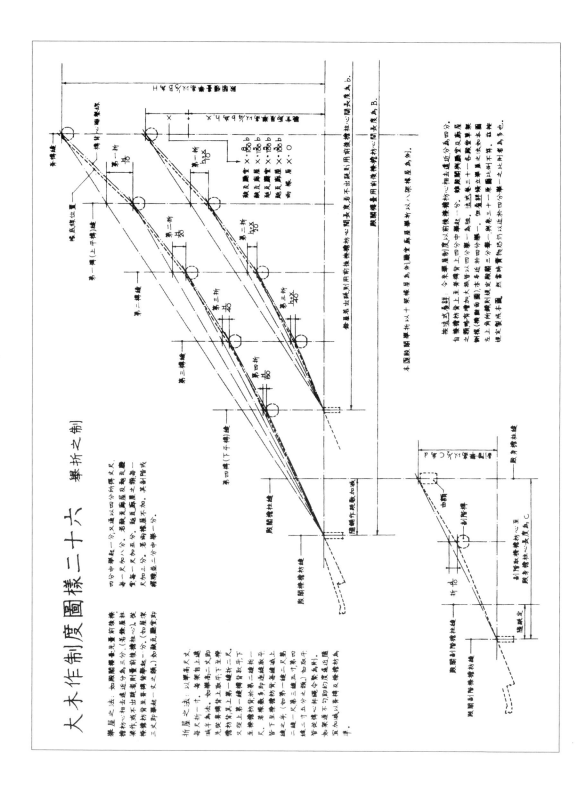

大木作制度圖樣二十六　舉折之制

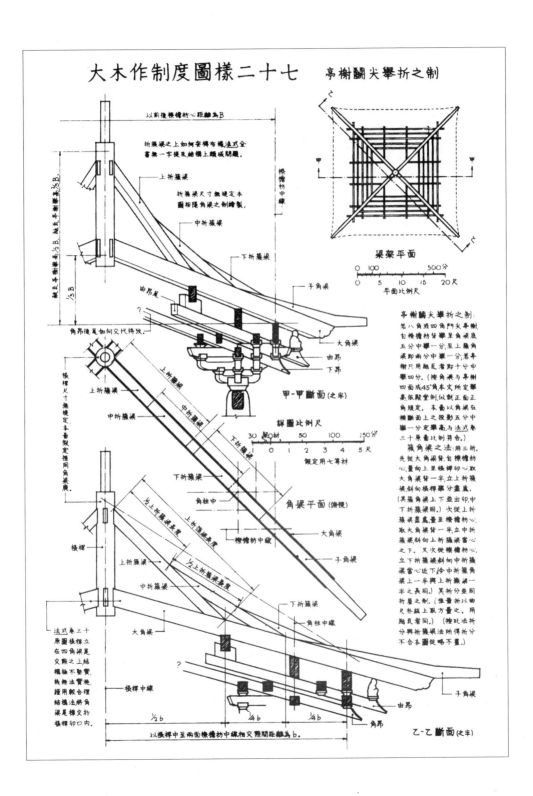

大木作制度圖樣二十七　亭榭鬬尖舉折之制

以前後橑檐枋心距離為B

折檦梁之上如何安槫布椽法式全書無一字提及與繪椽上題成問題.

上折檦梁

折檦梁尺寸無規定本圖按隱角梁之制繪製.

中折檦梁

下折檦梁

橑檐枋中線

子角梁

由昂尾

大角梁

角昂接尾如何交代待攷.

由昂

下昂

甲-甲斷面(之半)

樸桿尺寸無規定本圖假定恆同角梁厚.

上折檦梁

上折檦梁

中折檦梁

下折檦梁

下折檦梁

誤圖比例尺

角柱中

角梁平面(俯視)

½上折檦梁長度

上折檦梁長度

橑檐枋中線

樸桿

大角梁

½上折檦梁長度

子角梁

上折檦梁

中折檦梁

下折檦梁

角柱中線

法式卷三十原圖樸桿立在四角梁尾交際之上結構極不整實,殊無法施造, 經用較合理結構法將角梁是榫文插樸桿卯口内.

大角梁

樸桿中線

½b　¼b　¼b

角昂

由昂

子角梁

以樸桿中至兩面橑檐枋中線相交際間距離為b.

乙-乙斷面(之半)

梁架平面

平面比例尺

亭榭鬬尖舉折之制:若八角或四角鬬尖亭榭,自橑檐枋背舉至角梁底五分中舉一分至上籑角梁即兩分中舉一分,若亭榭只用瓾瓦者即十分中舉四分.(按角梁與亭榭四面成45°角本文所定舉高,依殿堂例,似割正面正角規定.本圖以角梁在橫斷面上之投影五分中舉一分定舉高,與法式卷三十原書比例符合.)

籑角梁之法:用三折,先從大角梁背自橑檐枋心,量向上至樸桿卯心,取大角梁背一半,立上折籑梁斜向樸桿舉分畫處.(其籑角梁上下竝出卯,中下折籑梁同.)次從上折籑梁盡處量至橑檐枋心,取大角梁背一半,立中折籑梁斜向上折籑梁當心之下.又次從橑檐枋心,立下折籑梁斜向中折籑梁當心近下令中折籑角梁上一半與上折籑梁一半之長同.其餘分竝同折屋之制.(惟量折以曲尺於絃上取方量之.用瓾瓦者間.)(按此法折分與折籑梁法所得折分不合本圖從略不量.)

大木作制度圖樣二十八　　殿閣分槽圖

法式卷州一原圖未長明繪製條件本圖按卷三卷四文字中涉及開建深用椽等間題繪製今說明如下

1. 殿閣間間從五-十一間各槽有無副階未作規定本圖選擇七間有副階之兩槽不同狀況繪制.

2. 殿閣間間處分若逐間皆用雙椽間則每間之角丈尺皆同,如心開用雙椽間者假如心開用一丈五尺則次間用一丈之鏡,或間廣不勻,即每補間鋪作一朵不

得過一尺本圖選擇每間之角丈尺皆同,及心開用一丈五尺次間用一丈之鏡兩種情況.

3. 殿閣進深隨用椽梁敷而定(法式規定從六架至十架)殿閣用材自一等至五等舖作等級為五至八鋪作本圖以不起出此規定為原則繪制.

4. 本圖僅蓋為說明殿閣分槽類型舉例故取用尺寸均為相對尺寸建築各部份構件亦僅示意其位置.

殿閣地盤殿身七間副階周币身内單槽

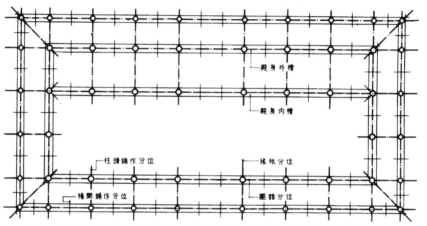

殿閣地盤殿身七間副階周币身内雙槽

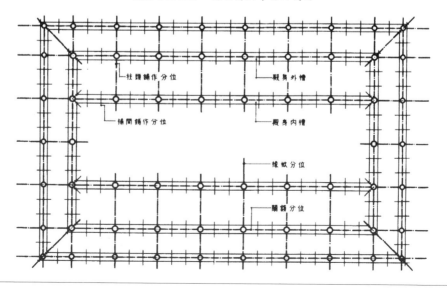

大木作制度圖樣二十九　　殿閣分槽圖

法式卷卅一一幅圖未表明繪制係件本圖按卷三卷四
文字中涉及間道深用椽幂間離制今說明如下
1．殿閣間間從五十一間各種有無副階未作規定,本圖
選擇九間無副階及七間有副階兩種狀況繪制。
2．殿閣間間畫分爲逐間皆用雙補間即每間之爲丈尺
皆同如只心間用雙補間者,假如心間用一丈五尺則
次間用一丈之鋪,或間幂不勻,即每補間鋪作一朵下

得過一尺本圖選擇間廣不勻當心,間用雙補間其餘
各間用單補間及間間相等逐間皆用雙補間兩種。
3．殿閣道深臨用椽架數兩定法式規定從六架至十測
殿閣用什目一等至五等,鋪作等級爲五至八鋪作,本
圖以不過出此規定爲原則繪制。
4．本圖僅爲說明殿閣分槽之類型舉例故所用尺寸
均爲相對尺寸,連鎮各部份鋪件亦僅示意其位置。

殿閣身地盤九間身內分心枓底槽

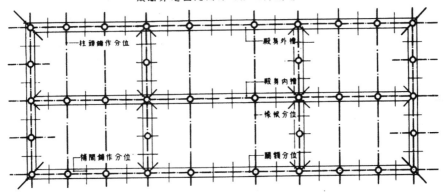

殿閣地盤殿身七間副階周帀各兩架椽身內金箱枓底槽

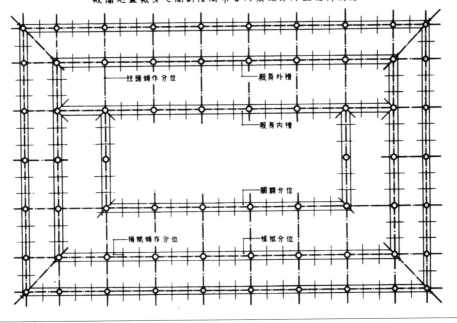

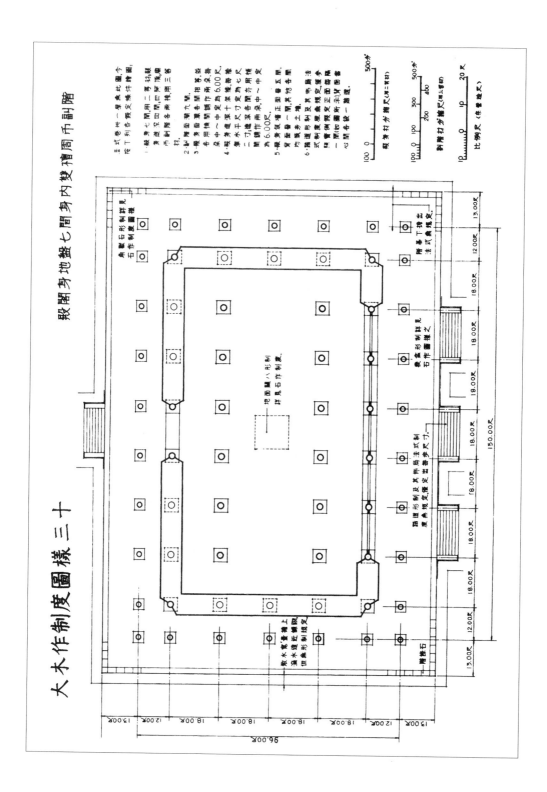

大木作制度圖樣三十

殿閣身地盤七間身內雙槽周币副階

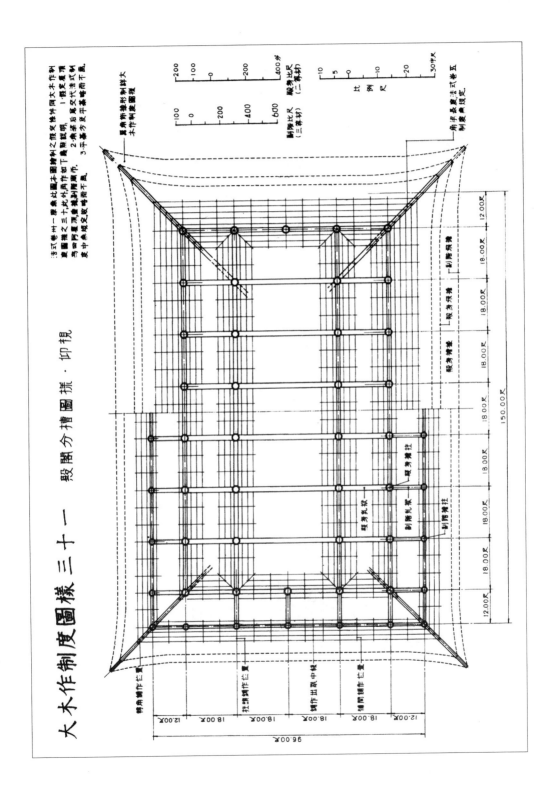

大木作制度圖樣三十一 殿閣分槽圖樣·仰視

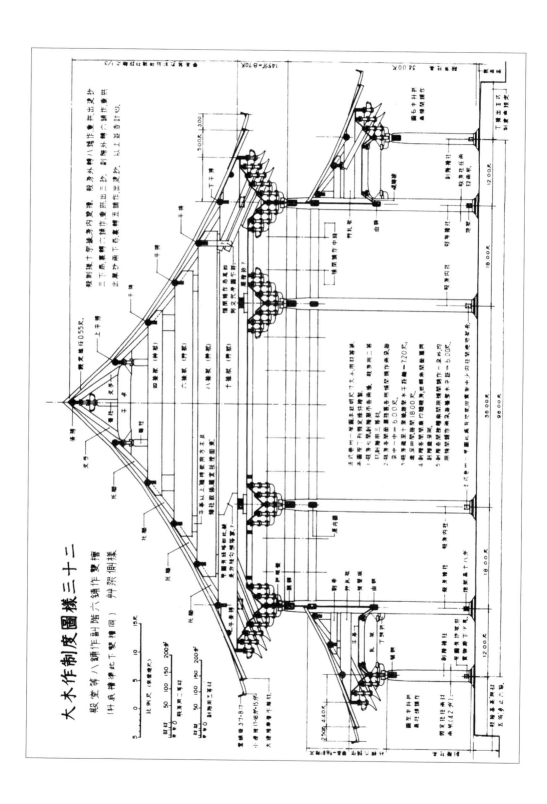

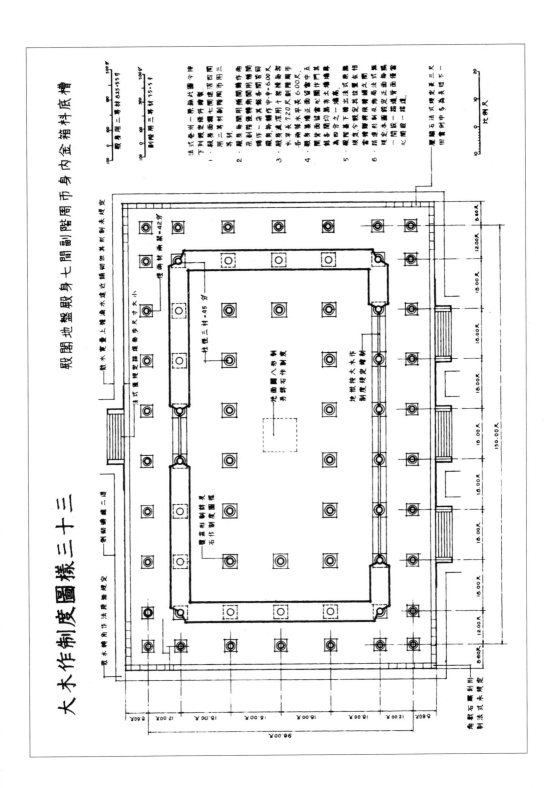

大木作制度圖樣三十三

殿閣地盤殿身七間副階周匝身內金箱斗底槽

殿閣地盤殿身七間副階周匝身內金箱斗底槽

法式卷州一原註比圖今作
下料栱史條件增製
1．殿身各間用補間鋪作兩
　朵，材割陷廣間市三
　朵材。
2．殿身各間用稍間用補間
　鋪作一朵其粽多同皆同
　殿身，稍割作中平・6.00尺
　水平長720尺割陷廣市
　各兩稍水平長 6.00尺。
3．殿身各稍地割及間市其
　柱多閣約為土墙墙壁，
　為四分之一增高。
4．欄梁基下增出法式基礎
　墙方今殿定其故置在伍
　當地本圖製正及其面面
　一間殿一話遺世本面增
　心間殿一話遺。
5．欄身正地當心間作門耳
　相多間約各6.00尺。
6．完建形料及布局法式其
　建地形料正本圖為殿身

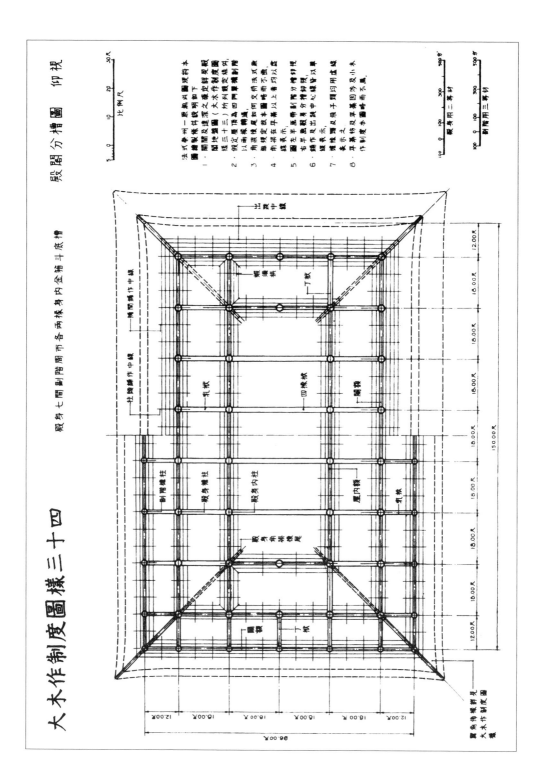

大木作制度圖樣三十四

殿閣分槽圖　仰視

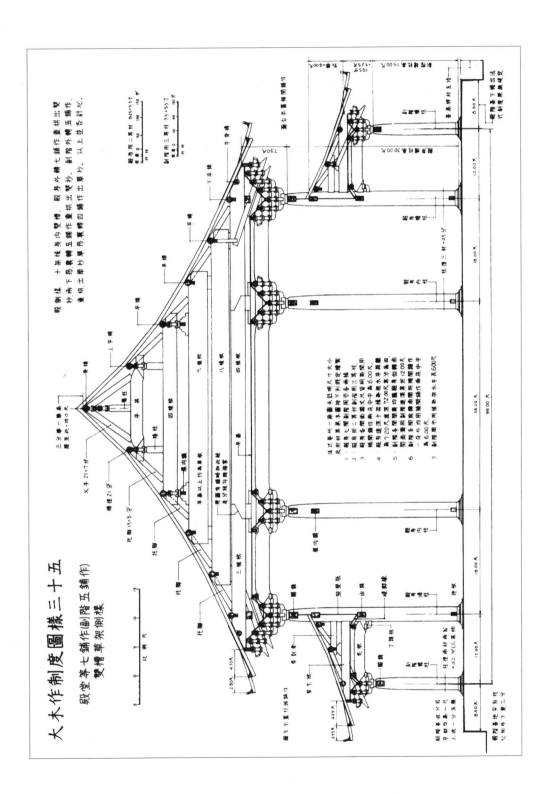

大木作制度圖樣三十五

殿堂等七鋪作（副階）五鋪作
雙槽草架側樣

殿身柱　十架椽殿身內雙槽。殿身外轉七鋪作重栱出雙
杪雙下昂襯槊五鋪作重栱作雙杪。副階外轉五鋪作
重栱出單杪單下昂。襯槊裏轉四鋪作出鋪作。以上並計心。

注式卷十一各圖大註明尺寸大小
及用材尺寸見下列規定增減數
1．殿身七鋪作副階用多栱材
2．殿身用三等材副階用三等材。
3．殿身各鋪作並大尺寬同身內柱高6,00尺。
4．襯槊鋪作作兩卞架總為襯身水平長綫檐
　殿身進深十架總為7200尺分之即
5．副階十架並殿身進深為7200尺水分總為即
　副身架開間副栱栱由襯副用檐開間調作
6．副階各間副栱由用襯副鋪作栱系中平
　為6,00尺。
7．副階應市州城身水平尔長600尺。

殿身用三等材 5.25×5.5寸
副階用三等材 7.5×5.5寸

柱頂三等材 +45寸

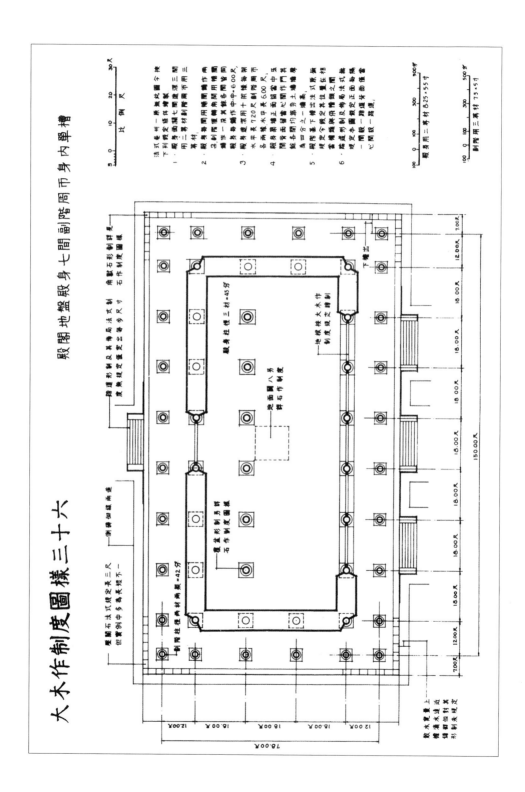

大木作制度圖樣三十六

殿閣地盤殿身七間副階周而身内單槽

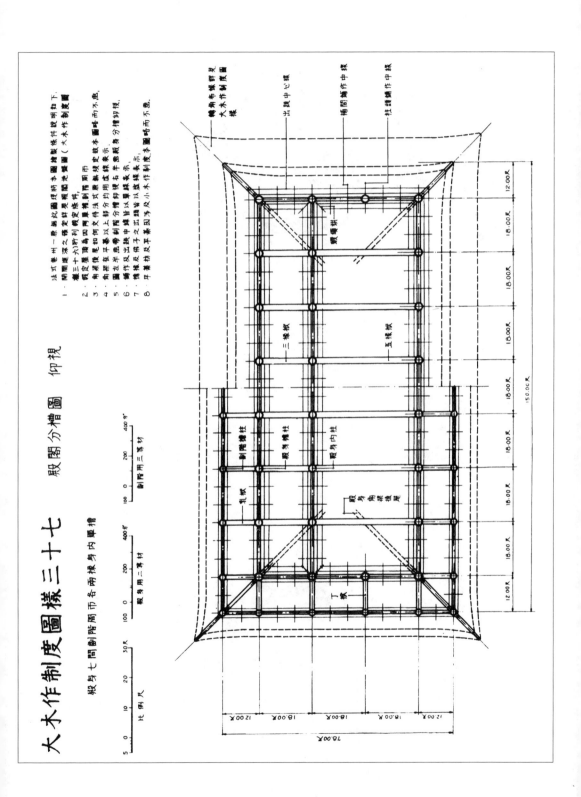

大木作制度圖樣三十七　殿閣分槽圖　仰視

殿身七間副階周匝而各槮身內單槽

比例尺

殿身用三等材
副階用三等材

附注：

1. 法式卷州一畢，與此圖用附本圖繪製說明如下，開間進深之硬定祥見視地雙圖（大木作制度圖樣三十六）所利設定尺。
2. 假皮屬頂為四阿真捲，副階所用。
3. 角梁硬見如何交持法夭察無後驗略而不惠，圖之半梁以上粉分俱仰視，
4. 圖左平梁副階分槍仰捉右卡惠殿務分梁仰視。
5. 襠作及半捉中襠皆以罩線表示，
6. 槍作及出粮署子之出頭皆以立題安以放線表示，
7. 牙荣枋及平桊因涉及小木作制度本圖略而不惠。
8. 欄角补城群見大木作制度圖樣
9. 出跳中心樣
10. 楠間顨作中樣
11. 柱頭鎖作中樣

蝦鬚栿

三椽栿

五椽栿

副階檐柱　殿身檐柱　殿身內柱

乳栿

殿身角梁後尾

丁栿

12.00尺　18.00尺　18.00尺　18.00尺　18.00尺　12.00尺

150.00尺

12.00尺　18.00尺　18.00尺　18.00尺　12.00尺

78.00尺

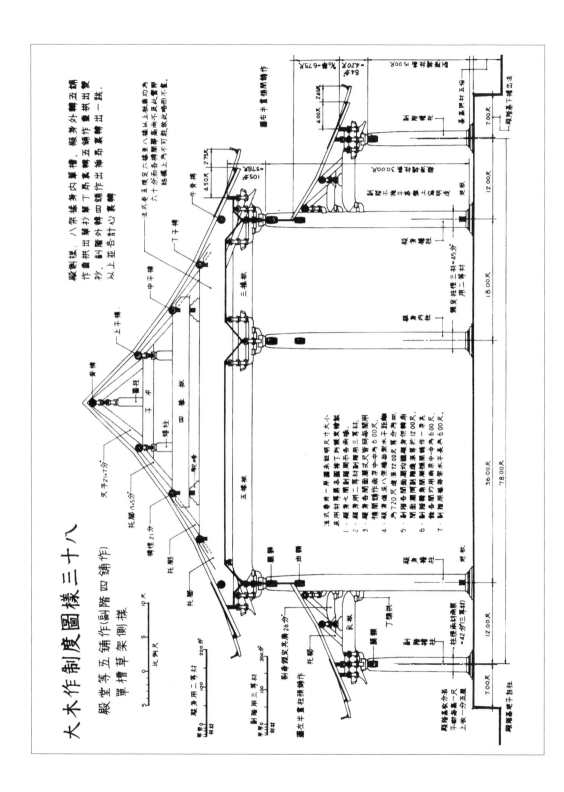

大木作制度圖樣三十九

殿閣九間・身內分心槽・周帀無副階

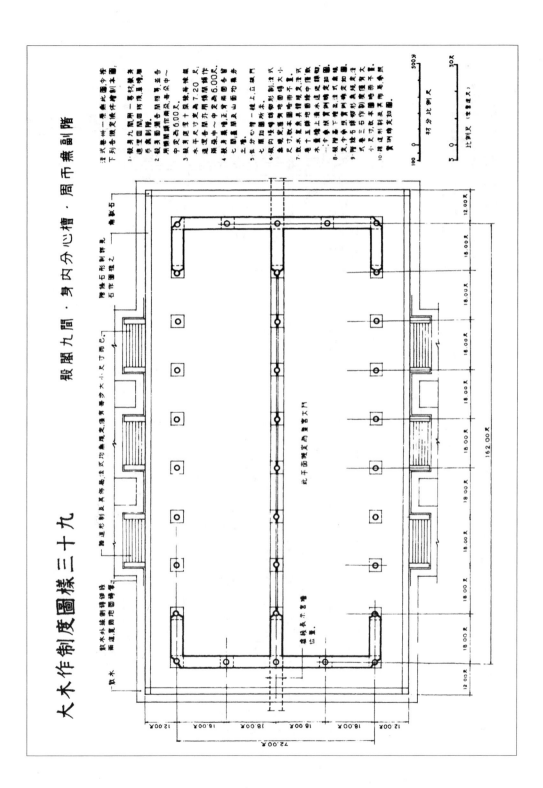

注：本卷卅一至卌頁無此圖，今按
　下列各條文稿補繪制本圖。

1. 殿身九間用一等材，故本
　圖定面闊四間，身槽深
　市或副階。

2. 殿身面濶古間用等間，主各
　用補間鋪作作兩朵，各朵中~
　中皆為6.00尺。

3. 殿身建深十架椽，每椽深
　平尺寸定入尺為7.20尺，
　通進身間并用補間鋪作
　兩朵，中心~中間為6.00尺。

4. 殿身長椽主梁兩間各留
　七間，殿身與山面各分兩
　土樓。

5. 分心槽唯一槽上立柱闢門。

6. 殿內小橋等柱柱形制，例注夫
　尺寸，故本圖略書略不見。

7. 殿外及殿身村柱大小，注夫
　尺寸，故本圖略書略不見。

8. 殿身十五架地上海水道以建横取，
　卷十五縣地面移地又如圖。
　支寸如縣上海承實例橋實取，
　支寸十支又上海承實例移又如圖。

9. 所留五柱村制形制夫度閣尺夫
　天卷二五作別度閣略夫而不早。

10. 拱建刑科及天佈橫臺與與
　貫例鋪橫支如圖。

比例尺（営造尺）

材分比例尺

比例尺（営造尺）

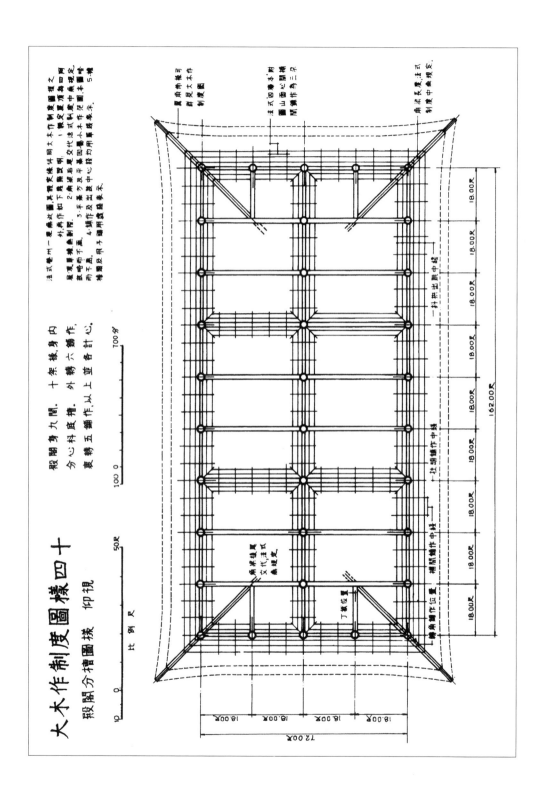

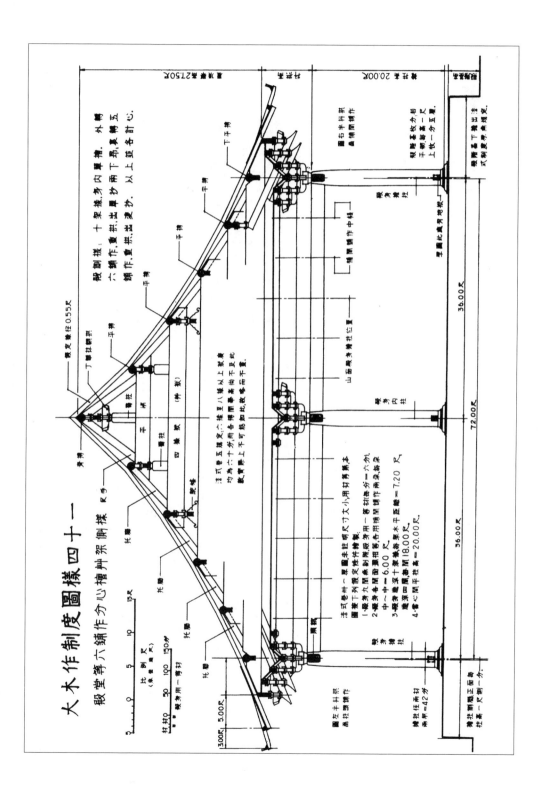

大木作制度圖樣四十一

殿堂等六鋪作分心檔枓架側樣

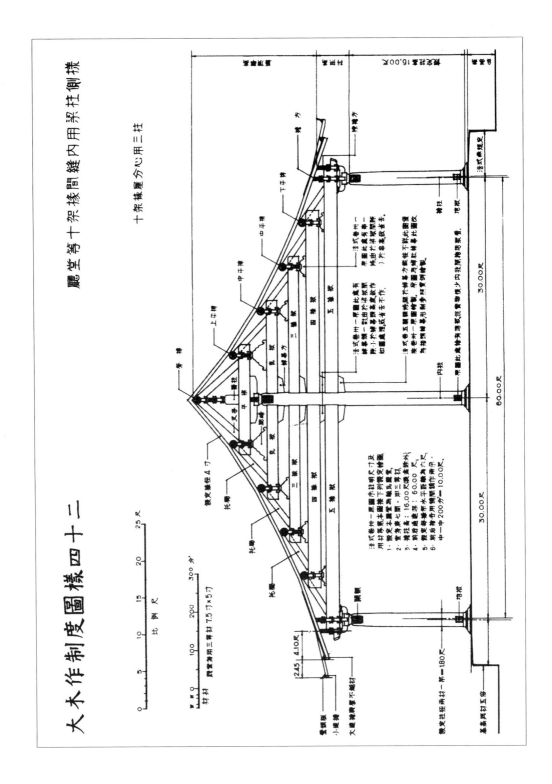

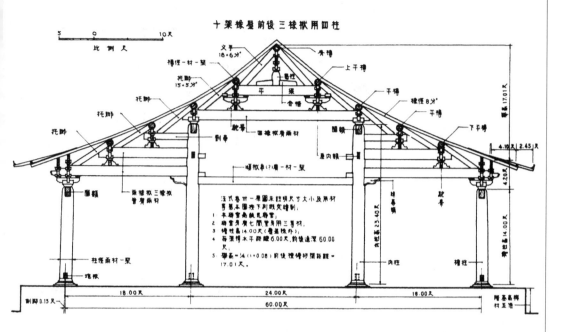

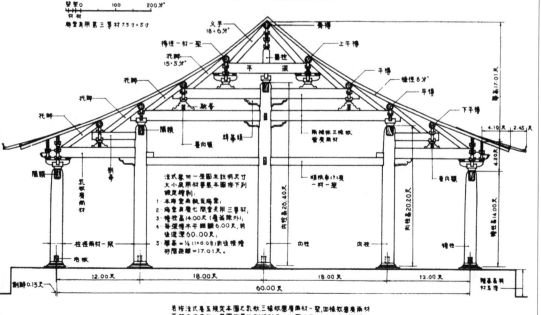

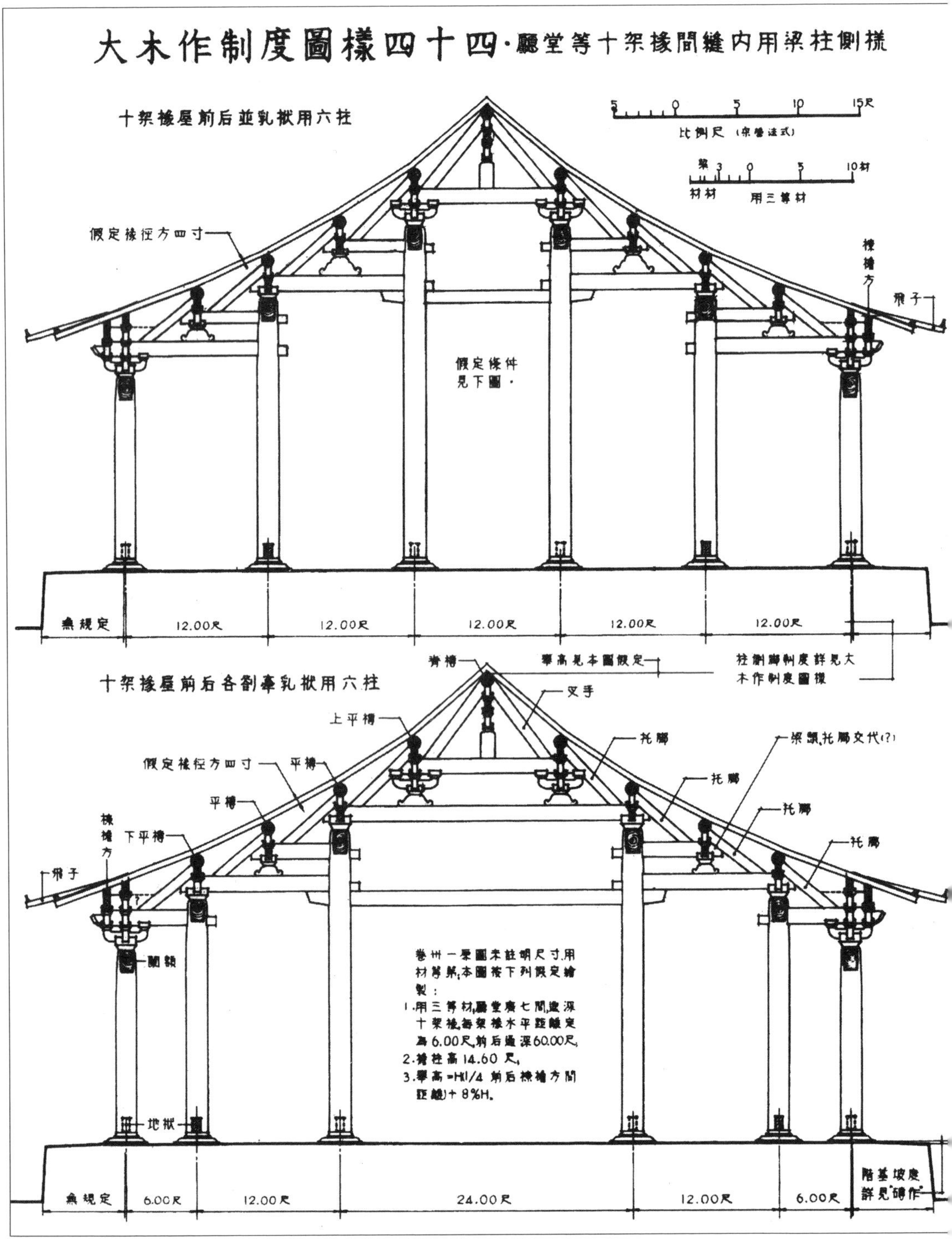

大木作制度圖樣四十四·廳堂等十架椽間縫内用梁柱側樣

十架椽屋前后並乳栿用六柱

比例尺 (宋營造式)

材 用三等材

假定椽徑方四寸

橑檐方

飛子

假定條件
見下圖·

柱側腳制度詳見大
木作制度圖樣

無規定　12.00尺　12.00尺　12.00尺　12.00尺　12.00尺

十架椽屋前后各劄牽乳栿用六柱

脊槫
舉高見本圖假定
叉手
上平槫
托腳
梁頭托腳交代(?)
假定椽徑方四寸　平槫
平槫
托腳
棟檐方　下平槫
托腳
飛子
托腳

闌額

卷卅一諸圖未註明尺寸用
材等第,本圖按下列假定繪
製:
1.用三等材,廳堂廣七間進深
十架椽,每架椽水平距離定
為6.00尺,前后進深60.00尺。
2.檐柱高14.60尺。
3.舉高 =H1/4 前后橑檐方間
距離+8%H.

地栿

階基坡度
詳見磚作

無規定　6.00尺　12.00尺　24.00尺　12.00尺　6.00尺

大木作制度圖樣四十五

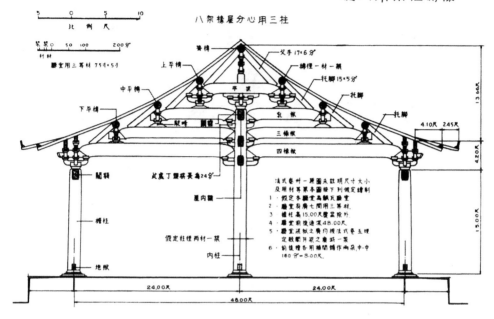

八架椽屋分心用三柱

比例尺

清式卷卅一原圖太柱明尺寸大小
及用材等累本圖接下列假定繪制
1．假定本廳堂為飄天廳堂
2．廳堂列廣七間用三等材，
3．檐柱高15.00尺簷簷除外
4．廳堂前檐進深48.00尺
5．廳堂混板之費內按法式卷五規
　定數關用梁之處繪一梁
6．前後檐各用補間鋪作兩朵中-中
　180分=9.00尺．

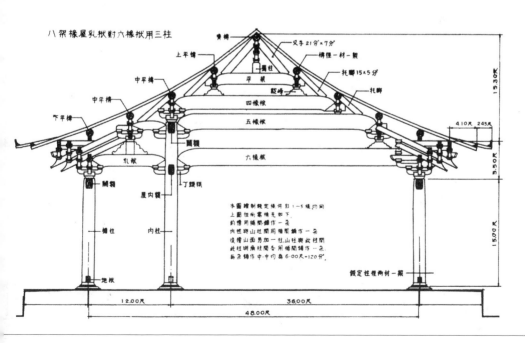

八架椽屋乳栿對六椽栿用三柱

本圖繪制假定條件同1-5條扣同
上間恆制當補充如下：
前檐用補間鋪作一朵
內柱縫對山柱間用補間鋪作一朵
後檐山面另加一柱，山柱與此柱間
此柱與廣柱間合用補間鋪作一朵
另朵鋪作中-中門廣6.00尺=120分．

大木作制度圖樣四十六

廳堂等八架椽間
縫內用梁柱側樣

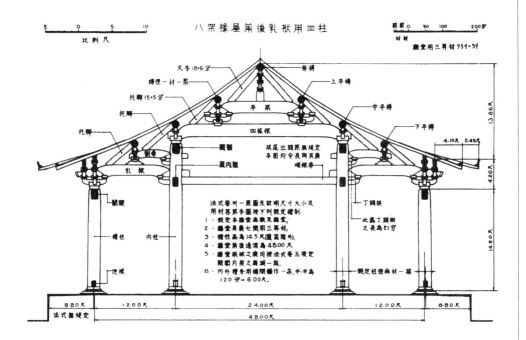

八架椽屋前後乳栿用四柱

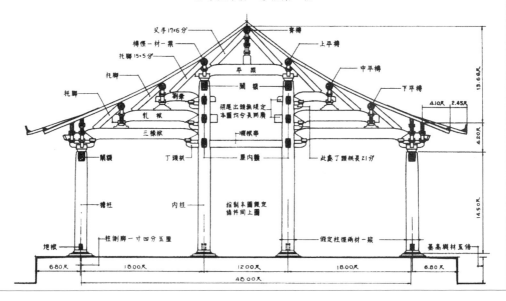

八架椽屋前後三椽栿用四柱

大木作制度圖樣四十七 廳堂等八架椽間縫内用梁柱側樣

法式卷卅一原圖未註明尺寸大小吴用
材等第本圖按下列規定繪制
1. 假定本廳堂爲歇見廳堂.
2. 廳堂身眉七間用三等材.
3. 楮柱高見下圖用註尺寸.
4. 廳堂前後逼深48.00尺.
5. 廳堂樑栿之各均按法式卷五規定題
　關月梁之肩逓减一倍.
6. 廳堂各椽栿間錯作分怖詳見圖註.

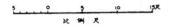

八架椽屋分心乳栿用五柱

廳堂用三等材7.5寸×5寸

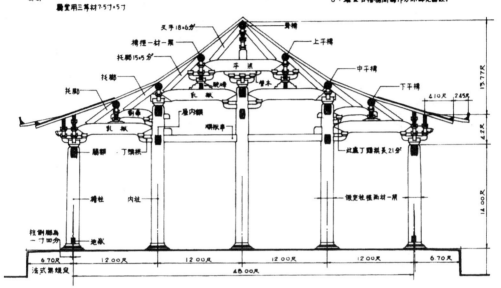

八架椽屋前後劄牽用六柱

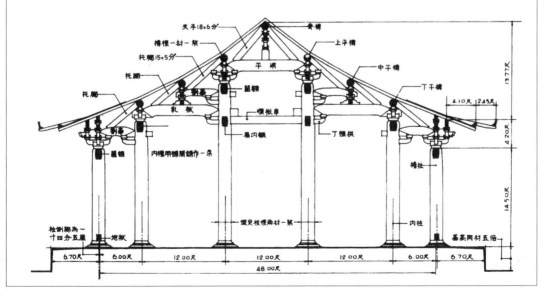

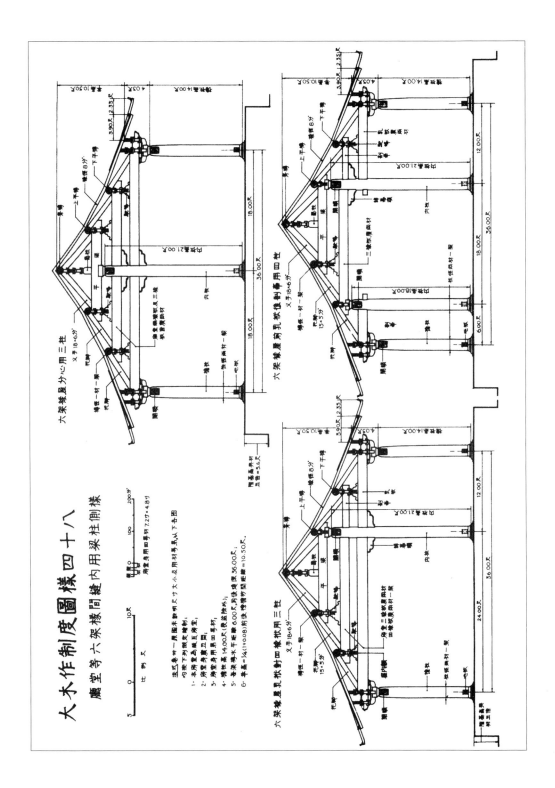

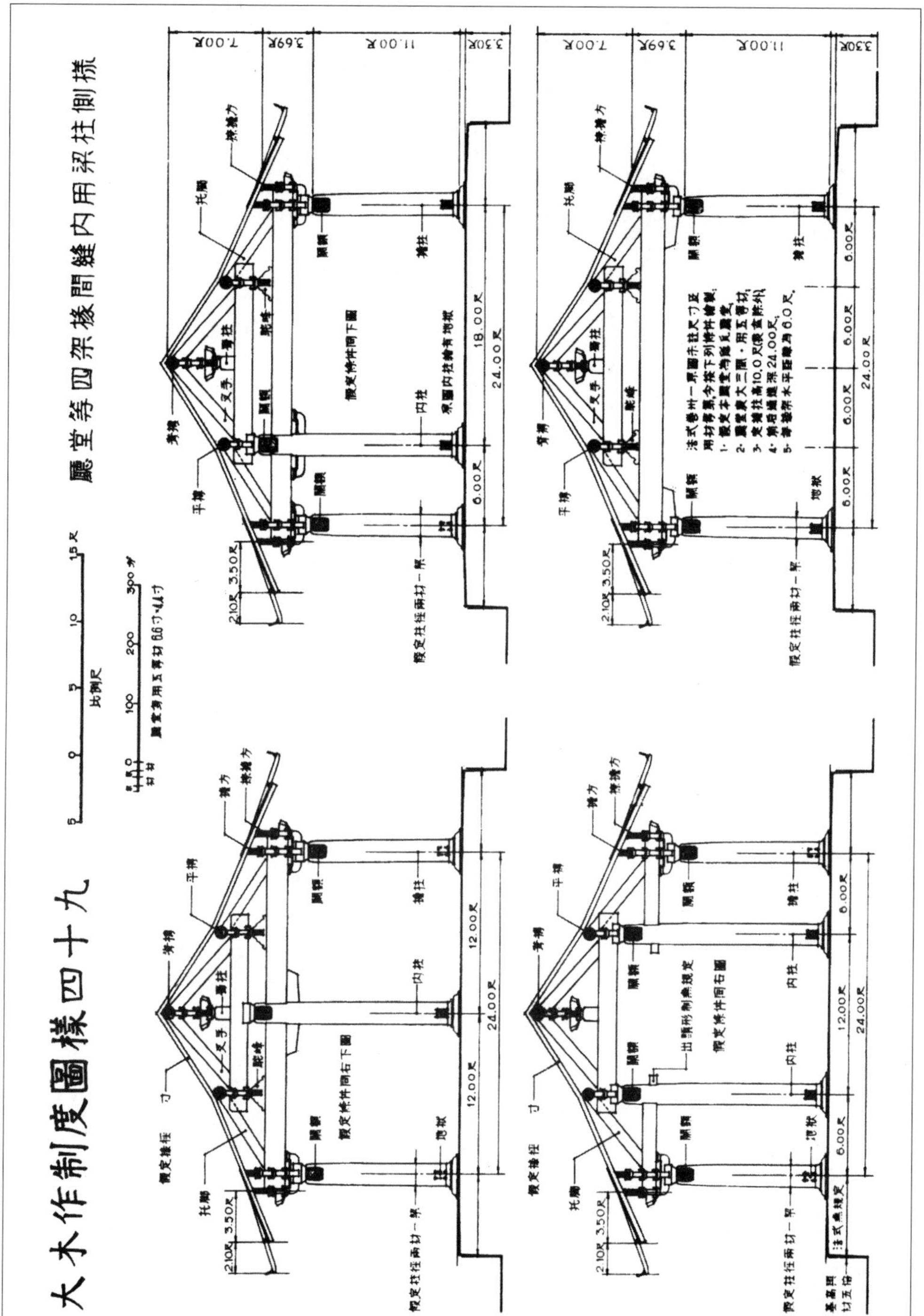
大木作制度圖樣四十九
廳堂等四架椽間縫內用梁柱側樣

陆

小木作制度

　　本部分共有十卷，即卷六到卷十五，主要是阐述小木作必须遵从的规程和原则。其中卷六、七、八为门窗、栏杆；卷九、十、十一为佛、道帐和经藏；卷十二是雕作、旋作、锯作、竹作；卷十三是瓦作和泥作；卷十四是彩画作；卷十五是砖作制度和窑作。

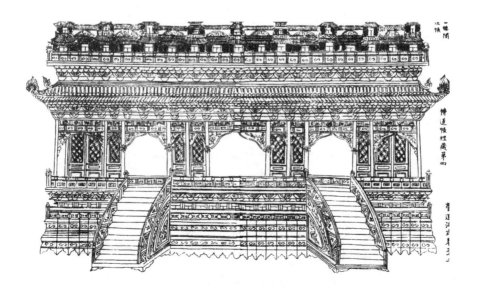

卷六

小木作制度一

板门[1]　双扇板门、独扇板门

【原文】

造板门之制：高七尺至二丈四尺，广与高方[2]。谓门高一丈，则每扇之广不得过[2]五尺之类。如减广者，不得过五分之一。谓门扇合[3]广五尺，如减不得过[2]四尺之类。其名件广厚，皆取门每尺之高[4]，积而为法。独扇用者，高不过七尺，余准此法。

肘板[5]：长视[6]门高。别留出上下两镶[7]；如用铁桶子或靴臼[8]，即下不用镶。每门高一尺，则广一寸，厚三分。谓门高一丈，则肘板广一尺，厚三寸。丈尺不等。依此加减。下同。

副肘板[9]：长广同上，厚二分五厘。高一丈二尺以上用，其肘板与副肘板皆加至一尺五寸止[10]。

身口板[11]：长同上，广随材[12]，通[13]肘板与副肘板合缝计数，令足一扇之广，如牙缝[14]造者，每一板广加五分为定法。厚二分。

楅[15]：每门广一尺，则长九寸二分[16]，广八分，厚五分。衬关楅[17]同。用楅之数：若门高七尺以下用五楅；高八尺至一丈三尺用七楅，高一丈四尺至一丈九尺用九楅；高二丈至二丈二尺用十一楅；高二丈三尺至二丈四尺用十三楅。

额[18]：长随间之广。其广八分，厚三分。双卯入柱。

鸡栖木[19]：长厚同额，广六分。

门簪[20]：长一寸八分，方四分，头长四分半。余分为三分，上下各去一分，留中心为卯[21]。颊、内额上，两壁各留半分，外匀作三分[22]，安簪四枚。

立颊[23]：长同肘板，广七分，厚同额。三分中取一分[24]为心卯，下同。如颊外有余空[25]，即里外[26]用难子[27]安泥道板[28]。

地栿[29]：长厚同额，广同颊。若断砌门[30]，则不用地栿，于两颊之下安卧株、立株。

门砧：[31]长二寸一分，广九分，厚六分。地栿内外各留二分，余并挑肩破瓣。

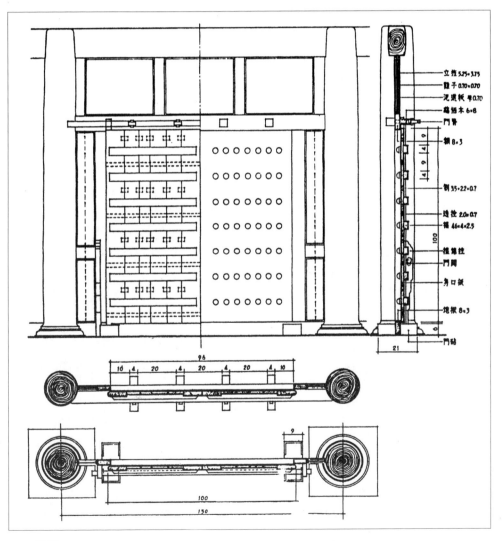

板门

凡板门，如高一丈，所用门关^[32]径四寸。关上用柱门枨^[33]。搕鎼柱^[34]长五尺，广六寸四分，厚二寸六分。如高一丈以下者，只用伏兔、手栓^[35]。伏兔广厚同楅，长令上下至楅。手栓长二尺至一尺五寸，广二寸五分至二寸，厚二寸至一寸五分。缝内透栓^[36]及札^[37]，并间楅用。透栓广二寸，厚七分。每门增高一尺，则关^[38]径加一分五厘；搕鎼柱长加一寸，广加四分，厚加一分，透栓广加一分，厚加三厘。透栓若减，亦同加法。一丈以上用四栓，一丈以下用二栓。其札，若门高二丈以上，长四寸，广三寸二分，厚九分；一丈五尺以上，长同上，广二寸七分，厚八分；一丈以上，长三寸五分，广二寸二分，厚七分；高七尺以上，长三寸，广一寸八分，厚六分。若门高七尺以上，则上用鸡栖木，下用门砧。若七尺以下，则上下并用伏兔。高一丈二尺以上者，或用铁桶子、鹅台石砧。高二丈以上者，门上镶安铁锏^[39]，鸡栖木安铁钏^[40]，下镶安铁靴臼^[41]，用石地栿、门砧及铁鹅台^[42]。如断砌，即卧栿、立栿并用石造。地栿版^[43]长随立栿间^[44]之广，其广同阶之高，厚量长广取宜；每长一尺五寸用楅一枚。

【梁注】

[1] 板门是用若干块板拼成一大块板的门，多少有些"防御"的性质，一般用于外层院墙的大门以及城门上，但也有用作殿堂门的。

[2] "广与高方"的"广"是指两扇合计之"广"，一扇就成"高二广一"的比例。这两个"不得过"，前一个是"不得超过"或"不得多过"，后一个是"不得少于"或"不得少过"。

[3] "合"作"应该是"讲。

[4] "取门每尺之高，积而为法"就是以门的高度为一百，用这个百分比来定各部分的比例尺寸。

[5] 肘板是构成板门的最靠门边的一块板，整扇门的重量都悬在肘板上，所以特别厚。清代称"大边"。

[6] "视"作"按照"或"根据"讲。

[7] "鎼"字不见于字典，读音不详，可能读"篡"。这里是指肘板上下两头延伸出去的转轴。清代就称转轴。

[8] 门砧上容纳并承托鎼的碗形凹坑。

[9] 副肘板是门扇最靠外，亦即离肘板最远的一块板。

[10] 这是肘板和副肘板广（宽度）的最大绝对尺寸，不是"积而为法"

的比例尺寸。

[11]身口板是肘板和副肘板之间的板，清代称"门心板"。

[12]这个"材"不是"大木作制度"中"材分"之"材"，指的只是木料或木材。

[13]"通"就是"连同"。

[14]"牙缝"就是我们所谓的"企口"或压缝。

[15]楅是钉在门板背面使肘板、身口板和副肘板连成一个整体的横木。

[16]"每门广一尺，则长九寸二分"十一个字，《营造法式》各版本都印作小注，按文义及其他各条体制，改为正文。但下面的"广八分，厚五分"则仍是按"门每尺之高"计算。

[17]衬关楅。

[18]额就是门上的横额，清代称"上槛"。

[19]鸡栖木是安在额的背面，两端各凿出一个圆孔，以接纳肘板的上镶。清代称"连楹"。鸡栖木是用门簪"簪"在额上的。

[20]门簪是把鸡栖木系在额上的构件，清代也称门簪。

[21]"余分为三分，上下各留一分，留中心为卯"，是将"长一寸八分"中，除去"头长四分半"所余下的一寸三分五厘的一段，将"方四分"的"断面"，匀分作三等份，每份为一分三厘三毫，将两侧的各一份去掉，留下中间一片长一寸三分五厘，宽四分，厚一分三厘三毫的板状部分就是门簪的卯。

[22]这里所说，是将两类门额的长度，匀分作四份，两端各留半份，中间匀分作三份，以定安门簪的位置，各版本"外匀作三份"都是"外均作三份"，按文义将"均"字改作"匀"字。

[23]立颊是立在门两边的构材，清代称"抱框"或"门框"。[①]

[24]按立颊的厚度匀分作三份，留中心一份为卯。

[25]"颊外有余空"是指门和立颊加在一起的宽度（广）小于间广两柱间的净距离，颊与柱之间有"余空"。

[26]这个"外"是指门里门外的"外"，不是"颊外有余空"的"外"。

[27]难子是在一个框子里镶装木板时，用来遮盖框和板之间的接缝的

---

① 立颊并非清代"抱框"，只是门扇的门框。《营造法式》中相当"抱框"的似乎应是"槫柱"。——徐伯安

细木条。清代称"仔边"。现在我们叫它作压缝条。

［28］泥道板清代称"余塞板"。按"大木作制度"，铺作中安在柱和阑额中线上的最下一层栱称"泥道栱"，因此"泥道"一词可能是指在这一中线位置而言。

［29］地栿清代称"门槛"或"下槛。"

［30］断砌门就是将阶基切断，可通车马的做法，见"石作制度"及图样。

［31］门砧是承托门下镶的构件，一般多用石造。清代称"门枕"。见"石作制度"及图样。

［32］门关是大门背后，在距地面约五尺的高度，两头插在搕鏁柱内，用来挡住门扇使不能开的木棒。

［33］柱门栴是一块楔形长条木块，塞在门关和门扇之间的空当里，使门紧闭不动。栴即"拐"字的异体写法。

［34］搕鏁柱是安在门内两边的立颊上，凿留圆孔以承纳门关的构件。后世所见，有许多不用搕鏁柱而代以活动半圆形铁环的做法。搕音"合"，鏁是"锁"的异体字，读如"搕锁柱"。

［35］伏兔是小型的搕鏁柱，安在板门背面门板上。手栓是安在伏兔内可以横向左右移动，但不能取下来的门栓；清代称"插关"。

［36］透栓是在门板之内，横向穿通全部肘板、身口板和副肘板以固定各条板材之间的连接的木条。

［37］札是仅仅安在两块板缝之间，但不像透栓那样全部穿通，使板缝不致凸凹不平的联系构件。

［38］关，指门关。

［39］铜，音"谏"，jiàn，原义是"车轴铁"。是紧箍在上镶上的铁箍。

［40］钏，音"串"，原义是"臂环""手镯"，是安在鸡栖木圆孔内，以利上镶转动的铁环。

［41］铁鞾臼是安在下镶下端的"铁鞋"，鞾是"靴"的异体字，音"华"；鞾臼读如"华旧"。

［42］铁鹅台是安在石门砧上，上面有碗形圆凹坑以承受下镶铁鞾臼的铁块。

［43］地栿板就是可以随时安上或者取掉的活动门槛，安在立栿的槽内。

［44］各版本原文是"长随立栿之广"，"按文义加一"间"字，改成"长随立栿间之广"。

【译文】

建造板门的制度：板门的高度为七尺至二丈四尺，宽度与高度相同。（例如门高一丈，则每扇门的宽度不得超过五尺。）如果要缩减门扇的宽度，则缩减部分不能超过整体宽度的五分之一。（例如门扇总宽度为五尺，如果缩减则不得少于四尺。）板门各部分构件的宽度和厚度也都以板门每一尺的高度为一百，以这个百分比来确定各部分的比例尺寸。（独扇门的高度不超过七尺，其余的门遵照此法。）

肘板：长度根据门的高度而定。（另外留出上下两个镰。如果使用铁桶子或靴臼，那么下面就不用镰。）门的高度每增加一尺，则肘板宽度增加一寸，厚度增加三分。（例如门高一丈，则肘板宽度为一尺，厚三寸。尺寸不一的，都依此加减尺寸。以下同。）

副肘板：长宽同上，厚度为二分五厘。（高度在一丈二尺以上的门，肘板与副肘板皆相应增加尺寸，但最多加到一尺五寸。）

身口板：长度同上，宽度根据木料大小而定。包括肘板与副肘板的合缝来计算尺寸，使其达到一扇门的宽度，（如果采用牙缝造，则每一板的宽度增加五分为定则。）厚度为二分。

楅：门宽一尺，则楅长九寸二分。门宽八分，则楅厚五分。（衬关楅相同。用楅的数量：如果门的高度在七尺以下，用五楅；高度在八尺至一丈三尺之间，用七楅；高度在一丈四尺至一丈九尺之间，用九楅；高度在二丈至二丈二尺之间，用十一楅；高度在二丈三尺至二丈四尺之间，用十三楅。）

额：门额的长度根据开间宽度而定。宽度为八分，厚三分。（双卯入柱。）

鸡栖木：长度和厚度与门额相同，宽六分。

门簪：长一寸八分，方四分，头部长四分半。（其余部分均分为三份，上部下部各去一份，留出中心部分为门簪的卯。）两颊、内额上两壁部分各留半份，其余部分均分为三份，安装四枚门簪。

立颊：长度和肘板相同，宽七分，厚度和门额厚度相同。（分作三份，中间取一份作卯，以下相同。如果立颊与柱间有空隙，则在门里门外用难子安装泥道板。）

地栿：长度和厚度与门额相同，宽度与颊相同。（如果是断砌门，则不设置地栿，在两颊之下安设卧株和立株。）

门砧：长二寸一分，宽九分，厚六分。（在地栿内外各留出二分，其余部分挑肩破瓣。）

凡板门，如果高度为一丈，则所用门闩直径四寸。（门闩上使用柱门楇。）搉锁柱长度为五尺，宽六寸四分，厚二寸六分。（如果高度在一丈以下，则只用伏兔、手栓。伏兔的宽度和厚度与楅相同，长度要使上下两端能够到达楅。手栓的长度为二尺至一尺五寸，宽二寸五分至二寸，厚二寸至一寸五分。）先在合好的板缝之内安装透栓和札，和楅一起使用。透栓宽二寸，厚七分。门每增高一尺，则门闩直径增加一分五厘；搉锁柱增长一寸，宽度增加四分，厚度增加一分；透栓宽度增加一分，厚度增加三厘。（透栓如果缩减，也照此比例。一丈以上的用四栓，一丈以下用二栓。札的尺寸：如果门高二丈以上，则长为四寸，宽三寸二分，厚九分；如果门高一丈五尺以上，长同上，宽二寸七分，厚八分；门高一丈以上，长三寸五分，宽二寸二分，厚七分；门高七尺以上，长三寸，宽一寸八分，厚六分。）如果门高七尺以上，则上面使用鸡栖木，下面使用门砧。（如果在七尺以下，则上下同时使用伏兔。）门高一丈二尺以上的，或者用铁桶子、鹅台形的石礩子；门高二丈以上的，上镶安装铁锏，鸡栖木上安装铁釧，下镶安铁靴臼，使用石地栿、门砧及铁鹅台。（如果是断砌式门，则卧株、立株都用石头打造。）地栿板的长度根据立株宽度而定，其宽度和台阶的高度相同，厚度根据长宽而定。每长一尺五寸使用一枚楅。

乌头门[1]

其名有三：一曰乌头大门，二曰表楬[2]，三曰阀阅；今呼为棂星门。

【原文】

造乌头门之制[3]。俗谓之棂星门。高八尺至二丈二尺，广与高方。若高一丈五尺以上，如减广不过五分之一。用双腰串。七尺以下或用单腰串；如高一丈五尺以上，用夹腰花板，板心内用樁子[4]。每扇各随其长，于上腰中心分作两份，腰上安子桯[5]、棂子。棂子之数须双用。腰花以下，并安障水板。或下安鋜脚，则于下桯上施串一条。其板内外并施牙头护缝[6]。下牙头或用如意头造。门后用罗文楅[7]。左右结角斜安，当心绞口。其名件广厚，皆取门每尺之高，积而为法。

肘：长视高。每门高一尺，广五分，厚三分三厘。

桯：长同上，方三分三厘。

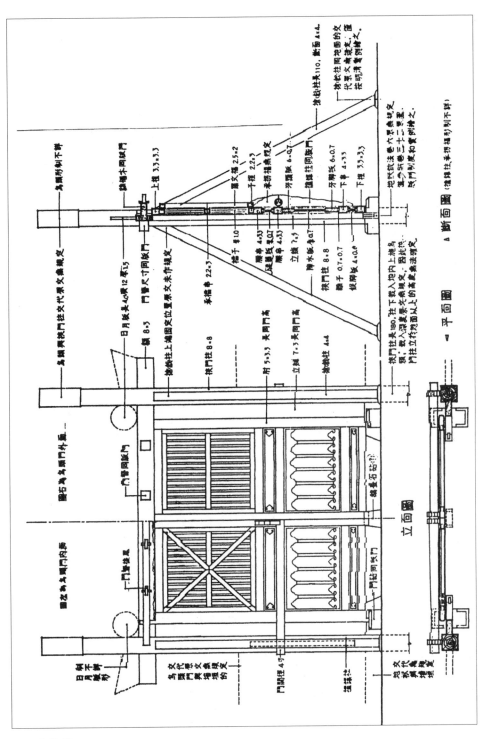

乌头门

腰串：长随扇之广，其广四分，厚同肘。

腰花板：长随两桯之内，广六分，厚六厘。

铌脚板：长厚同上，其广四分。

子桯：广二分二厘，厚三分。

承棂串[8]：窗棂当中，广厚同子桯。于子桯之内横用一条或二条。

棂子：厚一分。长入子桯之内三分之一。若门高一丈，则广一寸八分。如高增一尺，则加一分；减亦如之。

障水板：广随两桯之内，厚七厘。

障水板及铌脚、腰花内难子：长随桯内四周，方七厘。

牙头板：长同腰花板，广六分，厚同障水板。

腰花板及铌脚内牙头板：长视广，其广亦如之[9]，厚同上。

护缝：厚同上。广同棂子。

罗文福：长对角[10]，广二分五厘，厚二分。

额：广八分，厚三分。其长每门高一尺，则加六寸。

立颊：长视门高上下各别出卯。广七分，厚同额。颊下安卧柣、立柣[11]。

挟门柱：方八分。其长每门高一尺，则加八寸。柱下栽入地内[12]，上施乌头。

日月板[13]：长四寸，广一寸二分，厚一分五厘。

抢柱[14]：方四分。其长每门高一尺，则加二寸。

凡乌头门所用鸡栖木、门簪、门砧、门关、搕锁柱、石砧、铁靴臼、鹅台之类，并准板门之制。

【梁注】

[1]乌头门是一种略似牌楼样式的门。牌楼上有檐瓦，下无门扇，乌头门恰好相反，上无檐瓦而下有门扇。乌头门是这种门在宋代的"官名"；"俗谓之棂星门"。到清代，它就只有"棂星门"这一名称；"乌头门"已经被遗忘了，北京天坛圜丘和社稷坛四周矮墙每面都设棂星门，但都是石造的。

[2]楬，音竭，是表识（标志）的意思。

[3]"造乌头门之制"这一段说得不太清楚，有必要先说明它的全貌。乌头门有两个主要部分：一、门扇；二、安装门扇的框架。门扇本身是先做成一个类似"目"字形的框子：左右垂直的是肘（相当于板门的肘板）和

桯（相当于副肘板，肘和桯清代都称"边梃"）；上下两头横的也叫桯，上头的是上桯，下头的是下桯，中间两道横的是串，因在半中腰，所以叫腰串；因用两道，上下相去较近，所以叫双腰串（上桯、下桯、腰串，清代都称"抹头"），腰串以上安垂直的木条，叫作棂子，通过棂子之间的空当，内外可以看通，双腰串之间和腰串以下镶木板；两道腰串之间的叫腰花板（清代称"丝环板"）；腰串和下桯之间的叫障水板（清代称"裙板"）。如果门很高，就在下桯之上，障水板之下，再加一串，这道串和下桯之间也有一定距离（略似双腰串间的距离），也安一块板，叫作锓脚板。以上是门扇的构造情况。

安门的"框架"部分，以两根挟门柱和上边的一道额组成。额和柱相交处，在额上安日月板。柱头上用乌头扣在上面，以防雨水渗入腐蚀柱身。乌头一般是琉璃陶制，清代叫"云罐"。为了防止挟门柱倾斜，前后各用抢柱支撑。抢柱在清代叫作"戗柱"。

[4] 夹腰华板和腰华板有什么区别还不清楚，也不明了桩子是什么，怎样用法。

[5] 子桯是安在腰串的上面和上桯的下面，以安装棂子的横木条。

[6] 护缝是掩盖板缝的木条。有时这种木条的上部做成⌒形的牙头，下部做成如意头。

[7] 罗纹幅是门扇障水板背面的斜撑，可以防止门扇下垂变形，也可以加固障水板，是斜角十字交叉安装的。

[8] 因为棂子细而长，容易折断或变形，用一道或两道较细的串来固定并加固棂子，叫作承棂串。

[9] 这个"长视广"的"广"，是指门扇的肘和桯之间的广，"其广亦如之"的"之"，是说也像那样"视"两道腰串之间的广或障水板下面所加的那道串和下桯之间的空当的距离。

[10] 这是指障水板的斜对角。

[11] 乌头门下一般都要让车马通行，所以要用卧柣、立柣，安地栿板（活门槛）。

[12] 栽入的深度无规定，因为挟门柱上端伸出额以上的长度无规定。

[13] 日月板的长度四寸，是指日板、月板再加上挟门柱的宽度而言。

[14] 抢柱的长度并不很长，用什么角度撑在挟门柱的什么高度上，以及抢柱下端如何，交代都不清楚。

【译文】

建造乌头门的制度。（俗称"棂星门"。）乌头门的高度为八尺至二丈二尺，宽度为高度的一半。如果高度为一丈五尺以上，要减少宽度，不得超过五分之一，用双腰串。（七尺以下有的用单腰串。如果高一丈五尺以上，用夹腰花板，在木板中心处用桩子）。每一扇门的长度要和腰串长度一致，在上腰串的中心位置分成两分，腰上安装子桯、棂子。（棂子须用双数。）腰花板以下安装障水板。或者在下面安装锭脚，那么则在下桯上安装一条腰串。在花板内外全都安装牙头护缝。（下牙头有的用如意头样式。）门后用罗文榑。（左右结角斜向安设，在中心绞口。）其余各部分构件的宽度和厚度都以乌头门每一尺的高度为一百，用这个百分比来确定各部分的比例尺寸。

肘：长度根据高度而定。门高每增加一尺，宽度增加五分，厚增三分三厘。

桯：长度同上，三分三厘见方。

腰串：长度根据门扇宽度而定，宽四分，厚度与肘相同。

腰花板：长在两桯之内，宽六分，厚六厘。

锭脚板：长度与厚度同上，宽四分。

子桯：宽二分二厘，厚三分。

承棂串：位于窗棂正当中，宽厚与子桯相同。（在子桯之中横向使用一条或两条。）

棂子：厚一分。（长度穿入子桯之内三分之一。如果门高一丈，则宽为一寸八分。如果高度增加一尺，则宽度增加一分；减少也是如此。）

障水板：宽度在两桯之间，厚七厘。

障水板及锭脚、腰花内难子：长度根据桯内四周长度而定，七厘见方。

牙头板：长度与腰花板长度相同，宽六分，厚度与障水板相同。

腰花板及锭脚内牙头板：长度根据门扇的肘和桯之间的宽度而定。宽度也根据两道腰串之间的宽度或障水板下所加的那道串和下桯之间的空当距离而定，厚度同上。

护缝：厚度同上。（宽度与棂子宽度相同。）

罗文榑：长度为能够封住障水板斜对角线的长度，宽二分五厘，厚二分。

额：宽八分，厚三分。（门的高度每增一尺，则额增加六寸。）

立颊：长度根据门的高度而定，上下分别出卯。宽七分，厚度与额相同。（立颊下安装卧柣、立柣。）

挟门柱：八分见方。（门高每增长一尺，则挟门柱长增加八寸。柱子下端栽入地面以下，上面施乌头。）

日月板：长为四寸，宽一寸二分，厚一分五厘。

抢柱：四分见方。（门高每增加一尺，则抢柱长增加二寸。）

凡是乌头门所用的鸡栖木、门簪、门砧、门关、搕锁柱、石砧、铁靴臼、鹅台之类，都遵照板门的制度。

软门[1]　牙头护缝软门、合板软门

【原文】

造软门之制：广与高方；若高一丈五尺以上，如减广者不过五分之一[2]。用双腰串造。或用单腰串。每扇各随其长，除桯[3]及腰串外，分作三分，腰上留二分，腰下留一分，上下并安板，内外皆施牙头护缝。其身内板及牙头护缝所用板，如门高七尺至一丈二尺，并厚六分；高一丈三尺至一丈六尺，并厚八分；高七尺以下，并厚五分[4]，皆为定法。腰花板厚同。下牙头或用如意头。其名件广厚。皆取门每尺之高，积而为法。

拢桯内外用牙头护缝软门[5]：高六尺至一丈六尺。额、栿[6]内上下施伏兔[7]用立桥[8]。

肘：长视门高，每门高一尺，则广五分，厚二分八厘。

桯：长同上 上下各出二分，方二分八厘。

腰串：长随每扇之广，其广四分，厚二分八厘。随其厚三分，以一分为卯。

腰花板：长同上，广五分。

合板软门[9]：高八尺至一丈三尺，并用七楅，八尺以下用五楅。上下牙头，通身护缝，皆厚六分[10]。如门高一丈，即牙头广五寸，护缝广二寸，每增高一尺，则牙头加五分，护缝加一分，减亦如之[10]。

肘板：长视高，广一寸，厚二分五厘。

身口板：长同上，广随材。通肘板合缝计数，令足一扇之广。厚一分五厘。

楅：每门广一尺，则长九寸二分广七分，厚四分。

凡软门内或用手栓、伏兔，或用承拐楅，其额、立颊、地栿、鸡栖木、门簪、门砧、石砧、铁桶子、鹅台之类，并准板门之制。

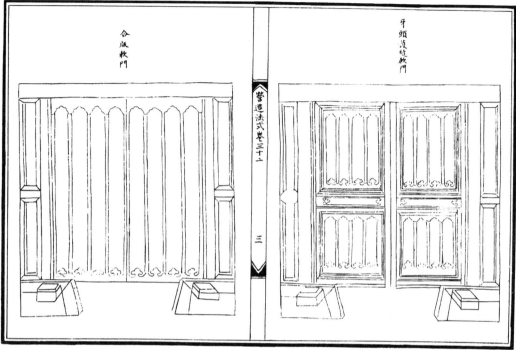

软门

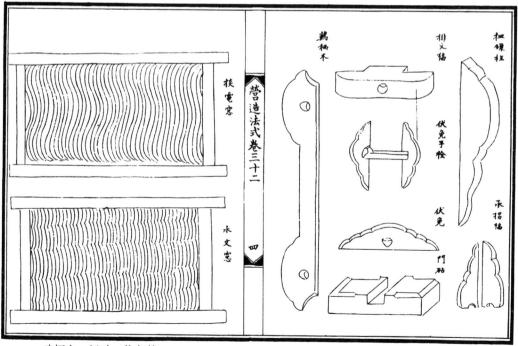

鸡栖木、门砧、伏兔等

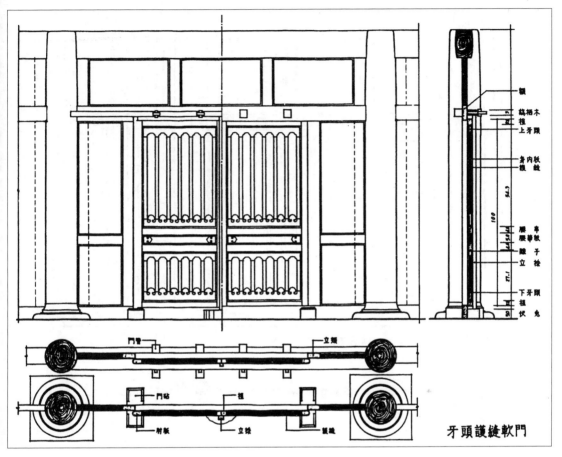

牙头护缝软门

....

【梁注】

[1]"软门"是在构造上和用材上都比较轻巧的门。牙头护缝软门在构造上与乌头门的门扇类似——用桯和串先做成框子，再镶上木板。合板软门在构造上与板门相同，只是板较薄，外面加牙头护缝。

[2]"造软门之制"这一段中，只有这一句适用于两种软门。从"用双腰串"这句起，到小注"下牙头或用如意头"止，说的只是牙头护缝软门。

[3]这个"桯"是指横在门扇头上的上桯和脚下的下桯。

[4]这段小注内的"六分"八分""五分"都是门板厚度的绝对尺寸，而不是"积而为法"的比例尺寸。

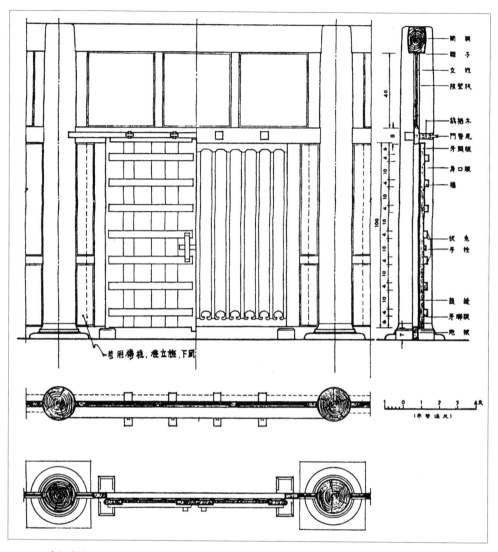

合板软门

[5]"拢程"大概是"四面用程拢或框框"的意思。这种门就是"用程和串拢成框架、身内板的内外两面都用牙头护缝的软门"。

[6]这个"栿"就是地栿或门槛。

[7]这个伏兔安在额和地栿的里面，正在两扇门对缝处。

[8]立掭是一根垂直的门关，安在上述上下两伏兔之间，从里面将门拦闭，"掭"字不见于字典，读音不详，姑且读如"添"。

［9］合板软门在构造上与板门类似，只是门板较薄，只用福而不用透栓和札。外面则用牙头护缝。

［10］这个小注中的尺寸都是绝对尺寸。

【译文】

建造软门的制度：宽度是高度的一半。如果门高在一丈五尺以上，宽度减少，不能超过五分之一。用双腰串制造（或者采用单腰串）。腰串长度与每扇门的长度相同，除了桯和腰串以外，将其余部分均分为相等的三份，腰上留二份，腰下留一份，上下都要安装木板，里外都用牙头护缝。（如果门高在七尺至一丈二尺，那么门身内所用木板和牙头护缝所用木板厚度为六分；如果门高一丈三尺至一丈六尺，则木板厚八分；如果门高七尺以下，则木板厚度为五分，这些都是定制。腰花板的厚度也与上面相同。下牙头有的用如意头样式。）其余各部分构件的宽度和厚度也都以软门每一尺的高度为一百，用这个百分比来确定各部分的比例尺寸。

拢桯内外采用牙头护缝软门：高度为六尺至一丈六尺。（额、地栿内上下设置伏兔造型、立桥。）

肘：长度根据门高而定。门高每增加一尺，则宽增加五分，厚度增加二分八厘。

桯：长度同上（上下各出头二分）。二分八厘见方。

腰串：长度根据每扇门的宽度而定，其宽度为四分，厚度为二分八厘。（根据其厚度分为三份，用一份作卯。）

腰花板：长度同上，宽五分。

合板软门：高度在八尺至一丈三尺之间的，都用七条福。八尺以下的门用五条福。（上下用牙头，木板全身护缝，厚度都是六分。如果门高一丈，则牙头宽五寸，护缝宽二寸。门每增高一尺，则牙头增加五分，护缝增加一分；减少也是按这个标准。）

肘板：长度根据高度而定，宽一寸，厚二分五厘。

身口板：长度同上，宽度根据材的宽而定（计算整个肘板上的合缝之数，使其足够一扇门的宽度），厚度为一分五厘。

福：门的宽度每增加一尺，则长度增加九寸二分。宽度为七分，厚度为四分。

凡软门之内，有的用手栓、伏兔，有的用承拐福。对于其额、立颊、地栿、鸡栖木、门簪、门砧、石砧、铁桶子、鹅台之类，全部按照板门的规格制度。

破子棂窗[1]

【原文】

造破子棂窗之制：高四尺至八尺。如间广一丈，用一十七棂。若广增一尺，即更加二棂。相去空一寸。不以棂之广狭，只以空一寸为定法。其名件广厚，皆以窗每尺之高，积而为法。

破子棂：每窗高一尺，则长九寸八分。令上下入子桯内，深三分之二。广五分六厘，厚二分八厘。每用一条，方四分，结角[2]解作两条，则自得上项广厚也。每间以五棂出卯透子桯。

子桯：长随棂空[3]。上下并合角斜叉立颊[4]。广五分，厚四分。

额及腰串：长随间广，广一寸二分，厚随子桯之广。

立颊：长随窗之高，广厚同额。两壁内隐出子桯。

地栿：长厚同额，广一寸[5]。

凡破子窗，于腰串下，地栿上，安心柱，槫颊[6]。柱内或用障水板、牙脚[7]、牙头填心难子造，或用心柱编竹造[8]；或于腰串下用隔减[9]窗坐造。凡安窗，于腰串下高四尺至三尺[10]。仍令窗额与门额齐平。

【梁注】

[1]破子棂窗以及下文的睒电窗、板棂窗，其实都是棂窗。它们都是在由额、腰串和立颊所构成的窗框内安上下方向的木条（棂子）做成的。所不同者，破子棂窗的棂子是将断面正方形的木条，斜角破开成两根断面做等腰三角形的棂子，所以叫破子棂窗；睒电窗的棂子是弯来弯去，或做成水波纹的形式，板棂窗的棂子就是简单的"广二寸、厚七分"的板条。

在本文中，"破子棂窗"都写成"破子窗"，可能当时匠人口语中已将"棂"字省掉了。

[2]"结角"就是"对角"。

[3]"长随棂空"可理解为"长广按全部棂子和它们之间的空当的尺寸总和而定"。

[4]"合角斜叉立颊"就是水平的子桯和垂直的子桯转角相交处，表面做成45°角，见"小木作图样"。

[5]地栿的广厚，大木作也有规定。如两种规定不一致时，似应以大木作为准。

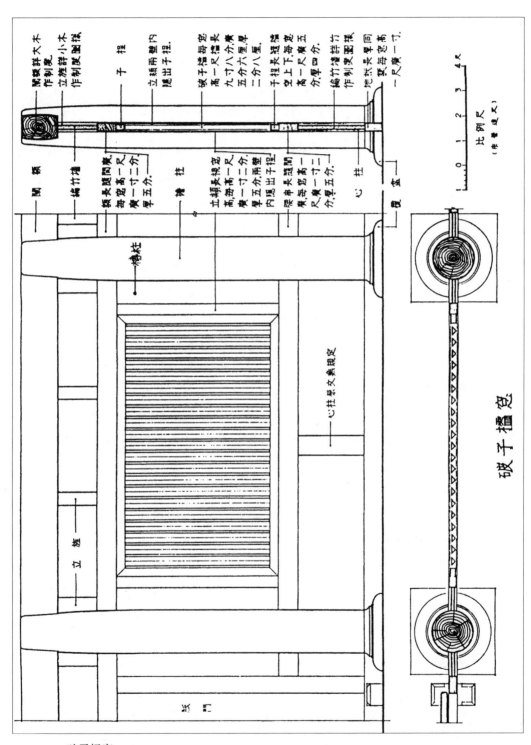

破子棂窗

破子棂窗

［6］槫颊是靠在大木作的柱身上的短立颊。

［7］"牙脚"就是"造乌头门之制"里所提到的"下牙头"。

［8］"编竹造"可能还要内外抹灰。

［9］"隔减"可能是腰串（窗槛）以下砌砖墙，清代称"槛墙"。从文义推测，"隔减"的"减"字可能是"碱"字之讹。

［10］这是说：腰串（窗槛）的高度在地面上四尺至三尺；但须注意，"窗额与门额齐平"。所以，首先是门的高度决定门额和窗额的高度，然后由窗额向下量出窗本身的高度，才决定腰串的位置。

【译文】

建造破子棂窗的制度：高度为四尺至八尺。如果房屋开间宽一丈，则用十七根棂。如果宽度增加一尺，则再加两根窗棂。破子棂窗之间相隔一寸。（不以棂的宽窄而论，只以空一寸为定制。）其余各部分构件的宽度和厚度也都以破子棂窗每一尺的高度为一百，用这个百分比来确定各部分的比例尺寸。

破子棂：窗户每高一尺，则破子棂长九寸八分。（破子棂上下要穿入子桯内，深度为子桯的三分之二。）宽度为五分六厘，厚度为二分八厘。（用一条四分见方的木条，从对角处破成两条，则自然得到上下宽度。）每一间用五根窗棂出卯并透过子桯。

子桯：长度根据全部棂子和它们之间的空当的尺寸总和而定，水平子桯和垂直子桯在转角处成四十五度角相交，并斜插入立颊内，宽五分，厚四分。

额及腰串：长度根据间宽而定，宽一寸二分，厚度根据子桯宽度而定。

立颊：长度根据窗户的高度而定，宽厚与额相同。（两面内壁隐出子桯。）

地栿：长厚与额相同，宽一寸。

凡制作破子棂窗时，在腰串之下地栿之上安装心柱和槫颊，有的在柱子内用障水板、牙脚、牙头做成填心难子，或者心柱用编竹制作；或者在腰串下面用隔减窗坐造。（安装窗户时，腰串高度在地面以上四尺至三尺，但窗额要与门额齐平。）

睒电窗[1]

【原文】

造睒电窗之制：高二尺至三尺。每间广一丈，用二十一棂。若广增一尺，则更加二棂，相去空一寸。其棂实广二寸，曲广二寸七分，厚七分。谓以广二寸七分直棍，左右剜刻取曲势，造成实广二寸也。其广厚皆为定法[2]。其名件广厚，皆取窗每尺之高，积而为法。

榥子：每窗高一尺，则长八寸七分。广厚已见上项。

上下串：长随间广，其广一寸。如窗高二尺，厚一寸七分；每增高一尺，加一分五厘；减亦如之。

两立颊：长视高，其广厚同串。

凡睒电窗，刻作四曲或三曲；若水波文造，亦如之。施之于殿堂后壁之上，或山壁高处。如作看窗[3]，则下用横钤、立旌[4]，其广厚并准板棂窗所用制度。

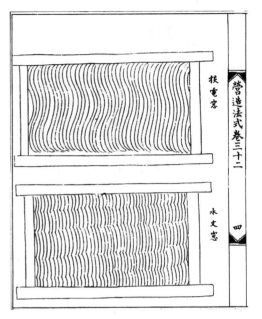

睒电窗

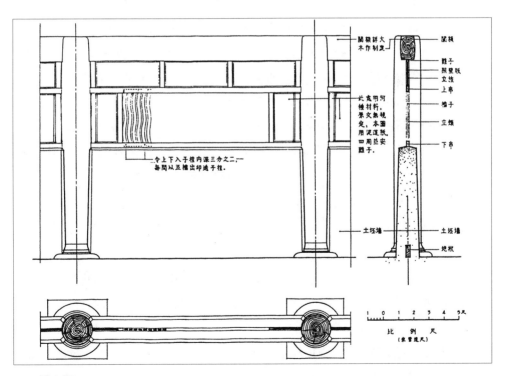

睒电窗

【梁注】

[1]"睒"读如"闪","睒电窗"就是"闪电窗",是开在后墙或山墙高处的窗。

[2]棂子广厚是绝对尺寸。

[3]"看窗"大概是开在较低处,可以往外看的窗。

[4]横钤是一种由柱到柱的大型"串",立旌是较大的"心柱"。参阅下文"隔截横钤立旌"篇。

【译文】

建造睒电窗的制度:高度为二尺至三尺。每间宽一丈,用二十一根棂。如果宽度增加一尺,则另外加两根棂,相隔一寸的宽度。子棂实宽为二寸,曲宽二寸七分,厚度为七分。(即将宽度为二寸七分的直棂左右剜刻成曲面,实际宽度为二寸。其宽度与厚度都是固定的。)其余各部分构件的宽度和厚度也都以睒电窗每一尺的高度为一百,用这个百分比来确定各部分的比例尺寸。

棂子:窗户每高一尺,则棂长八寸七分。(宽厚同上。)

上下串:长度根据开间宽度而定,宽为一寸。(如果窗户高二尺,则厚度为一寸七分;窗户每增高一尺,则厚度增加一分五厘;减少也按照这个比例。)

两立颊:长度根据高度而定,宽度和厚度与腰串相同。

凡睒电窗要雕刻成四道曲或三道曲的弯曲形状。如果是水波纹造型,也是如此。睒电窗安装在殿堂的后壁之上,或者山壁的高处。如果将睒电窗当作看窗,则下面使用横钤、立旌,其宽度和厚度以板棂窗所用制度为准。

板棂窗

【原文】

造板棂窗之制:高二尺至六尺。如间广一丈,用二十一棂。若广增一尺,即更加二棂。其棂相去空一寸,广二寸,厚七分。并为定法。其余名件长及广厚,皆以窗每尺之高,积而为法。

板棂:每窗高一尺,则长八寸七分。

上下串:长随间广,其广一寸。如窗高五尺,则厚二寸,若增高一尺,则加一

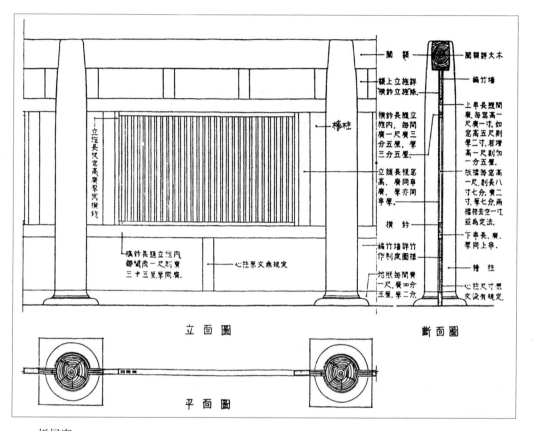

板棂窗

分五厘；减亦如之。

　　立颊：长视窗之高，广同串。厚亦如之。

　　地栿：长同串。每间广一尺，则广四分五厘；厚二分。

　　立旌：长视高。每间广一尺，则广三分五厘，厚同上。

　　横钤：长随立旌内。广厚同上。

　　凡板棂窗，于串下地栿上安心柱编竹造，或用隔减窗坐造。若高三尺以下，只安于墙上[1]。令上串与门额齐平。

【梁注】

　　[1]"只安于墙上"如何理解，不很清楚。

【译文】

建造板棂窗的制度：高二尺至六尺。如果房屋开间宽为一丈，则用二十一根窗棂。如果宽度每增加一尺，则增加二根窗棂。窗棂之间相隔一寸的空隙，宽度为二寸，厚七分。（都为固定尺寸。）其余各部分构件的宽度和厚度也都以板棂窗每一尺的高度为一百，用这个百分比来确定各部分的比例尺寸。

板棂：窗户每增高一尺，则长度增加八寸七分。

上下串：长度根据屋子开间宽度而定，其宽度为一寸。（如果窗户高为五尺，那么上下腰串的厚度为二寸。如果每增高一尺，则厚度增加一分五厘。减少也照此比例。）

立颊：长度根据窗子高度而定，宽度与腰串相同。（厚度也是如此。）

地栿：长度与腰串相同。（每间宽度增加一尺，则宽度增加四分五厘，厚度增加二分。）

立旌：长度根据高度而定。（每间宽度增加一尺，则宽度增加三分五厘，厚度同上。）

横钤：长度根据立旌内的长度而定。（宽厚同上。）

凡制作板棂窗时，在腰串之下、地栿之上安设竹笆的心柱，或者采用隔减窗坐造。如果高度在三尺以下，则只安在墙上。（使上串与门额齐平。）

截间板帐[1]

【原文】

造截间板帐之制：高六尺至一丈，广随间之广，内外并施牙头护缝。如高七尺以上者，用额、栿、槫柱，当中用腰串造。若间远[2]，则立槏柱[3]。其名件广厚，皆取板帐每尺之广，积而为法。

槏柱：长视高，每间广一尺，则方四分。

额：长随间广，其广五分，厚二分五厘。

腰串、地栿：长及广厚皆同额。

槫柱：长视额、栿内广，其广厚同额。

板：长同槫柱，其广量宜分布。板及牙头、护缝、难子，皆以厚六分为定法。

牙头：长随槫柱内广，其广五分。

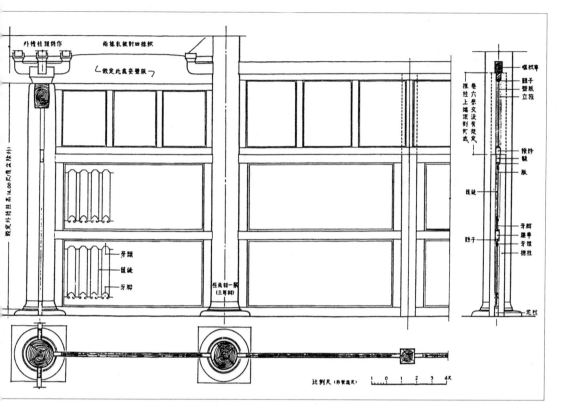

截间板帐

护缝：长视牙头内高，其广二分。

难子：长随四周之广，其广一分。

凡截间板帐，如安于梁外乳栿、札牵之下，与全间相对者，其名件广厚，亦用全间之法[4]。

【梁注】

[1]"截间板帐"，用今天通用的语言来说，就是"木板隔断墙"，一般只用于室内，而且多安在柱与柱之间。

[2]"间远"是说"两柱间的距离大"。

[3]槏柱也可以说是一种较长的心柱。

[4]乳栿和札牵一般用在檐柱和内柱（清代称"金柱"）之间。这两列

柱之间的距离（进深）比室内柱（例如前后两金柱）之间的距离要小，有时要小得多。所谓"全间"就是指室内柱之间的"间"。檐柱和内柱之间是不足"全间"的大小的。

【译文】

建造截间板帐的制度：高度在六尺至一丈，宽度根据开间宽度而定，里外都用牙头护缝。如果高度在七尺以上，则使用额、栿、榑柱，在当中采用腰串。如果两柱之间的距离较远，则立槏柱。其余各部分构件的宽度和厚度也都以板帐每一尺的高度为一百，用这个百分比来确定各部分的比例尺寸。

槏柱：长度根据板帐高而定，间宽每增加一尺，则槏柱的方长增加四分。

额：长度根据开间宽度而定，其宽度为五分，厚度为二分五厘。

腰串、地栿：长、宽、厚都与额相同。

榑柱：长度根据额和地栿内的宽度而定，其宽、厚与额相同。

板：长度与榑柱相同，其宽度视情况而定。（板及牙头、护缝、难子都以厚六分为定则。）

牙头：长度根据榑柱内的宽度而定，其宽度为五分。

护缝：长度根据牙头内的高度而定，其宽度为二分。

难子：长度根据四周的宽度而定，其宽度为一分。

凡是截间板帐，如果安装在梁外的乳栿、札牵之下，且正对室内柱之间，其各部分构件尺寸也采用全间的规制。

照壁屏风骨 [1]

截间屏风骨、四扇屏风骨。其名有四：一曰皇邸，二曰后板，三曰宸 [2]，四曰屏风。

【原文】

造照壁屏风骨之制：用四直大方格眼 [3]。若每间分作四扇者，高七尺至一丈二尺。如只作一段截，间造者，高八尺至一丈二尺。其名件广厚，皆取屏风每尺之高，积而为法。

截间屏风骨。

桯：长视高，其广四分，厚一分六厘。

条桱[4]：长随桯内四周之广，方一分六厘。

额：长随间广，其广一寸，厚三分五厘。

槫柱：长同桯，其广六分，厚同额。

地栿：长厚同额，其广八分。

难子[5]：广一分二厘，厚八厘。

四扇屏风骨。

桯：长视高，其广二分五厘，厚一分二厘。

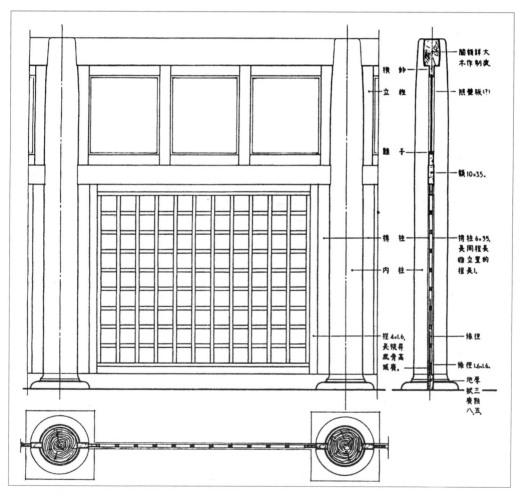

截间屏风骨

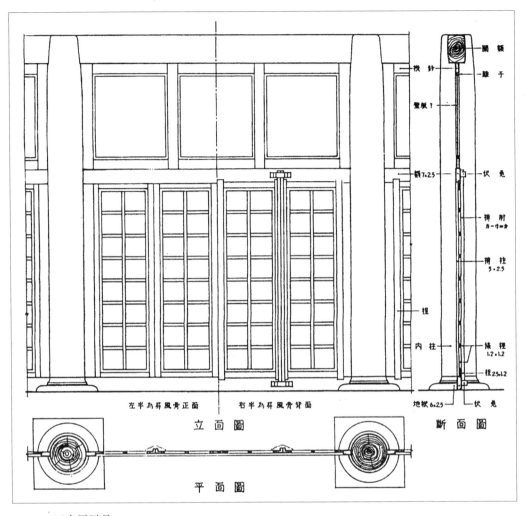

左半为屏风骨正面　　右半为屏风骨背面

立 面 圖　　　　　断 面 圖

平 面 圖

四扇屏风骨

条桱：长同上法，方一分二厘。

额：长随间之广，其广七分，厚二分五厘。

槫柱：长同桯，其广五分，厚同额。

地栿：长厚同额，其广六分。

难子：广一分，厚八厘。

凡照壁屏风骨，如作四扇开闭者，其所用立掭、搏肘[6]，若屏风高一丈，则搏肘方一寸四分；立掭广二寸，厚一寸六分；如高增一尺，即方及广厚各加一分；减亦如之。

【梁注】

[1]"照壁屏风骨"指的是构成照壁屏风的"骨架子"。"其名有四"是说照壁屏风之名有四,而不是说"骨"的名有四,从"二曰后板"和下文"额,长随间广,……"的文义可以看出,照壁屏风是装在室内靠后的两缝内柱(相当于清代之金柱)之间的隔断"墙",照壁屏风是它的总名称;下文解说的有两种:固定的截间屏风和可以开闭的四扇屏风。后者类似后世常见的屏门。从"骨"字可以看出,这种屏风不是用木板做的,而是先用条(一个木一个轻的右边)做成大方格眼的"骨",显然是准备在上面裱糊纸或者绢、绸之类的纺织品的。本篇只讲解了这"骨"的做法。由于后世很少(或者没有)这种做法,更没有宋代原物留存下来,所以做了上面的推测性的注释。

[2]扆,音倚。

[3]大方格眼的大小尺寸。下文制度中未说明。

[4]从这里列举的其他构件——桯、额、搏柱、地栿、难子——以及各构件的尺寸看来,条桯应该是构成方格眼的木条. 那么它的长度就不应该是"随桯内四周之广",而应有两种:竖的应该是"长同桯",而横的应该是"随桯内之广"。

[5]难子在门窗上是桯和板相接处的压缝条;但在屏风骨上,不知应该用在什么位置上。

[6]搏肘是安在屏风扇背面的转轴。下面卷七的格子门也用搏肘,相当于板门的肘板的上下镶。其所以不把桯加长为镶,是因为板门关闭时,门是贴在额、地栿和立颊的里面的,而承托两镶的鸡栖木和石砧鹅台也是在额和地栿的里面,位置相适应,而屏风扇(以及格子门)则装在额、地栿和搏柱(或立颊)构成的框框之中,所以有必要在背面另加搏肘。

【译文】

建造照壁屏风骨的制度:用条桯做成四根直的大方格眼。如果每一间房安设四扇屏风,则高为七尺至一丈二尺。如果只做一段截间造的屏风,则高为八尺至一丈二尺。其余各部分构件的宽度和厚度也都以屏风每一尺的高度为一百,用这个百分比来确定各部分的比例尺寸。

截间屏风骨：

桯：长度根据其高度而定，宽四分，厚为一分六厘。

条柽：长度根据桯内四周的长宽而定，一分六厘见方。

额：长度根据开间宽度而定，宽为一寸，厚三分五厘。

槫柱：长度与桯相同，宽六分，厚度与额相同。

地栿：长厚与额相同，宽八分。

难子：宽一分二厘，厚八厘。

四扇屏风骨：

桯：长度根据其高度而定，宽二分五厘，厚一分二厘。

条柽：长度与制作照壁屏风骨时条柽尺寸相同，一分二厘见方。

额：长度根据开间宽度而定，宽七分，厚二分五厘。

槫柱：长度与桯相同，宽五分，厚度与额相同。

地栿：长厚与额相同，宽六分。

难子：宽一分，厚八厘。

对于采用四扇开闭造型的照壁屏风骨所使用的立掇、搏肘，如果屏风高为一丈，则搏肘为一寸四分见方，立掇宽为二寸，厚度为一寸六分。如果高度增加一尺，则方形边长及宽、厚各增加一分。减少也按这个比例。

隔截横钤立旌 [1]

【原文】

造隔截横钤立旌之制：高四尺至八尺，广一丈至一丈二尺。每间随其广，分作三小间，用立旌，上下视其高，量所宜分布，施横钤。其名件广厚，皆取每间一尺之广，积而为法。

额及地栿：长随间广，其广五分，厚三分。

槫柱及立旌：长视高，其广三分五厘，厚二分五厘。

横钤：长同额，广厚并同立旌。

凡隔截所用横钤、立旌，施之于照壁、门、窗或墙之上；及中缝截间 [2] 者亦用之，或不用额、栿、槫柱。

【梁注】

[1] 这应译作"造隔截所用的横钤和立旌"。主题是横钤和立旌，而不是隔截。隔截就是今天我们所称的隔断或隔断墙。本篇只说明用额、地栿、槫柱、横钤、立旌所构成的隔截的框架的做法，而没有说明框架中怎样填塞的做法。关于这一点，"破子棂窗"一篇末段"于腰串下地栿上安心柱、槫颊。柱内或用障水板、牙脚、牙头填心、难子造，或用心柱编竹造"，可供参考。腰串相当于横钤，心柱相当于立旌；槫颊相当于槫柱。编竹造两面显然还要抹灰泥。钤，音钳（qián）。

[2]"中缝截间"的含义不明。

【译文】

建造隔截所用的横钤和立旌的制度：高度为四尺至八尺，宽一丈至一丈二尺。每间房屋根据其宽度分为三小间，根据隔截上下的高度确定立旌的尺寸；测量所需尺寸，安设横钤。其余各部分构件的宽度和厚度也都以每间屋子每一尺的高度为一百，用这个百分比来确定各部分的比例尺寸。

额及地栿：长度根据开间宽度而定。其宽为五分，厚三分。

槫柱及立旌：长度根据高度而定。其宽为三分五厘，厚二分五厘。

横钤：长度与额相同，宽厚与立旌相同。

凡隔截所使用的横钤、立旌，都安装在照壁、门、窗或墙上，中缝处的截间也采用隔截横钤、立旌。有的不用额、栿和槫柱。

露篱 [1]

其名有五：一曰樀，二曰栅，三曰椐 [2]，四曰藩，五曰落 [3]。今谓之露篱。

【原文】

造露篱之制：高六尺至一丈，广 [4] 八尺至一丈二尺。下用地栿、横钤、立旌；上用榻头木 [4] 施板屋造。每一间分作三小间。立旌长视高，栽入地；每高一尺，则广四分，厚二分五厘。曲枨 [5] 长一寸五分，曲广三分，厚一分。其余名件广厚，皆取每间一尺之广，积而为法。

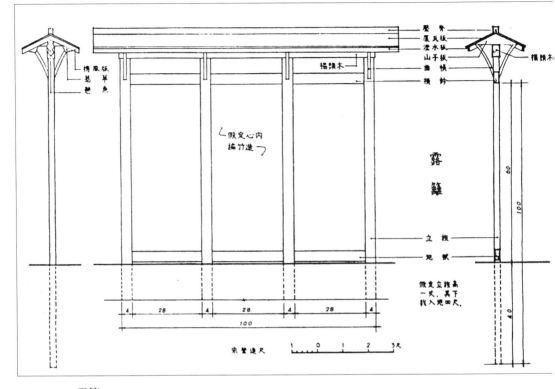

露篱

地栿、横钤：每间广一尺，则长二寸八分[6]，其广厚并同立旌。

榻头木：长随间广，其广五分，厚三分。

山子板：长一寸六分，厚二分。

屋子板：长同榻头木，广一寸二分，厚一分。

沥水板：长同上，广二分五厘，厚六厘。

压脊、垂脊木：长广同上，厚二分。

凡露篱若相连造，则每间减立旌一条[7]。谓如五间只用立旌十六条之类。其横钤、地栿之长，各减一分三厘[8]。板屋两头施搏风板及垂鱼、惹草[9]，并量宜造。

【梁注】

　[1] 露篱是木构的户外隔墙。

［2］榘，音渠。

［3］落，音洛。

［4］这个"广"是指一间之广，而不是指整道露篱的总长度。但是露篱的一间不同于房屋的一间。房屋两柱之间称一间。从本篇的制度看来，露篱不用柱而用立旌，四根立旌构成的"三小间"上用一根整的榻头木（类似大木作中的阑额）所构成的一段叫作"一间"。这一间之广为八尺至一丈二尺。超过这长度就如下文所说"相连造"。因此，与其说"榻头木长随间广"，不如说间广在很大程度上取决于榻头木的长度。

［5］曲枨的具体形状、位置和用法都不明确。小木作制度图样十一中所画是猜测画出来的。山子板和沥水板情形也类似。

［6］这"二寸八分"是两根立旌之间（即"小间"）的净空的长度，是按立旌高一丈，间广一丈的假设求得的。"间广"的定义，一般都指柱中至柱中，但这"二寸八分"，显然是由一尺减去四根立旌之广一寸六分所余的八寸四分，再用三除而求得的。若按立旌中至中计算，则应长二寸九分三厘，但若因篱高有所增减，立旌之广厚随之增减，这"二寸八分"或"二寸九分三厘"就又不对了。若改为"长随立旌间之广"，就比较恰当。

［7］若只做一间则用立旌四条；若相连造，则只需另加三条，所以说"每间减立旌一条"。

［8］为什么要"各减一分三厘"，还无法理解。

［9］垂鱼、惹草见卷七"小木作制度二"及"大木作制度图样"。

【译文】

建造露篱的制度：高度为六尺至一丈，宽八尺至一丈二尺，下面使用地栿、横钤、立旌，上面使用榻头木，适用于板屋。每一间分作三小间。立旌的长度根据露篱高度而定，栽入地面以下，高度每增加一尺，则宽度增加四分，厚度增加二分五厘。曲枨长为一寸五分，曲面宽三分，厚度为一分。其余各部分构件的宽度和厚度也都以每间屋子每一尺的高度为一百，用这个百分比来确定各部分的比例尺寸。

地栿、横钤：开间每增加一尺，则长增加二寸八分。其宽、厚与立旌相同。

榻头木：长度根据开间宽度而定，宽五分，厚三分。

山子板：长一寸六分，厚二分。

屋子板：长度与榻头木相同，宽一寸二分，厚一分。

沥水板：长度同上，宽二分五厘，厚六厘。

压脊垂脊木：长宽同上，厚度为二分。

凡篱笆如果相互连接，则每间屋子减去一条立桩。（比如五间屋子，则只使用十六条立桩，其余类推。）篱笆的横钤、地栿长度各减去一分三厘，板屋两头要安装搏风板、垂鱼、惹草，根据情况确定尺寸大小。

板引檐[1]

【原文】

造屋垂前板引檐之制：广一丈至一丈四尺，如间太广者，每间作两段。长三尺至五尺，内外并施护缝，垂前用沥水板。其名件广厚，皆以每尺之广，积而为法。

桯：长随间广，每间广一尺，则广三分，厚二分。

檐板：长随引檐之长，其广量宜分擘。以厚六分为定法。

护缝：长同上，其广二分。厚同上定法。

沥水板：长广随桯。厚同上定法。

跳椽：广厚随桯，其长量宜用之。

凡板引檐施之于屋垂之外，跳椽上安阑头木、挑斡，引檐与小连檐相续。

【梁注】

[1]板引檐是在屋檐（屋垂）之外另加的木板檐。引檐本身的做法虽然比较清楚，但是跳椽、阑头木和挑斡的做法以及引檐怎样"与小连檐相续"都不清楚。

【译文】

建造屋垂前面的板引檐的制度：宽一丈至一丈四尺（如果开间太宽，则每间做两段），长度为三尺至五尺，内外都使用护缝，垂前安设沥水板。其余各部分构件的宽度和厚度也都以每一尺的高度为一百，用这个百分比来确定各部分的比例尺寸。

桯：长度根据屋间宽度而定，屋子开间每加宽一尺，则其宽度增加三分，厚度增加二分。

檐板：长度根据引檐的长度而定，其宽度根据情况分开量取。（厚度六分为统一规定。）

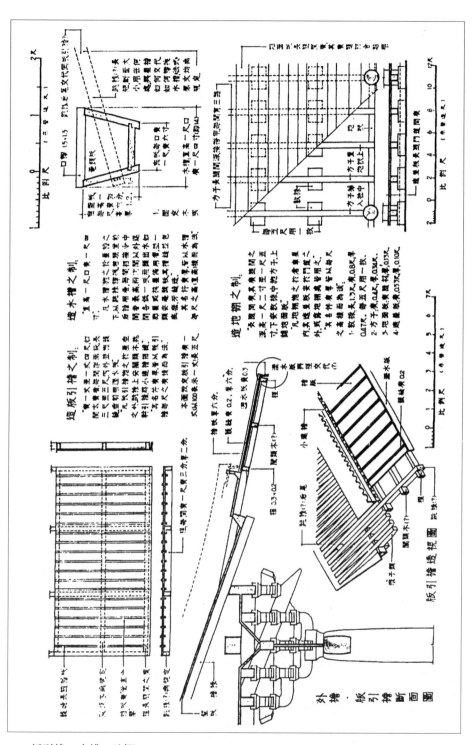

板引檐、水槽、地棚

护缝：长度同上，其宽度为二分。（厚度同上，统一规定。）

沥水板：长宽根据桯而定。（厚度同上，统一规定。）

跳椽：宽厚根据桯而定，长度根据情况裁量使用。

凡板引檐安装在屋垂之外，跳椽上安装阑头木、挑斡，引檐与小连檐相连接。

水槽[1]

【原文】

造水槽之制（见小木作图板引檐、水槽、地棚）：直高一尺，口广一尺四寸。其名件广厚，皆以每尺之高，积而为法。

厢壁板：长随间广，其广视高，每一尺加六分，厚一寸二分。

底板：长厚同上。每口广一尺，则广六寸。

罨头板：长随厢壁板内，厚同上。

口襻：长随口广，其方一寸五分。

跳椽：长随所用，广二寸，厚一寸八分。

凡水槽施之于屋檐之下，以跳椽襻拽。若厅堂前后檐用者，每间相接；令中间者最高，两次间以外，逐间各低一板，两头出水。如廊屋或挟屋偏用者，并一头安罨头板。其槽缝并包底荫牙缝造。

【梁注】

　　[1]水槽的用途、位置和做法，除怎样"以跳椽襻拽"来"施之于屋檐之下"一项不太清楚外，其余都解说得很清楚，无须赘加注释。

【译文】

建造水槽的制度：垂直高一尺，口径宽一尺四寸。其余各部分构件的宽度和厚度也都以每一尺的高度为一百，用这个百分比来确定各部分的比例尺寸。

厢壁板：长度根据屋子开间的宽度而定。其宽度根据高度而定，水槽高度每增加一尺，宽度增加六分，厚为一寸二分。

底板：长厚同上。（水槽口径每加宽一尺，则宽增加六寸。）

罨头板：长度根据厢壁板内情况而定，厚度同上。

口襻：长度根据水槽口径而定。方形边长一寸五分。

跳椽：长度根据使用情况而定，宽两寸，厚一寸八分。

凡水槽如果造在屋檐之下，要以跳椽来支撑固定。如果位于厅堂前后的檐下，要使每间的水槽相互连接，使正中间屋子的水槽最高，两个次间以外的水槽逐间降低一板，在两头出水。如果是廊屋或者挟屋等偏僻处使用，则在水槽一头安设罨头板。水槽的槽缝要采用包底荫牙缝的做法。

井屋子 [1]

【原文】

造井屋子之制：自地[2]至脊共高八尺。四柱，其柱外方五尺[3]。垂檐及两际皆在外。柱头高五尺八寸。下施井匮[4]，高一尺二寸。上用厦瓦板，内外护缝；上安压脊、垂脊；两际施垂鱼、惹草。其名件广厚，皆以每尺之高，积而为法。

柱：每高一尺[5]，则长七寸五分镶、耳在内[6]。方五分。

额：长随柱内，其广五分，厚二分五厘。

栿：长随方每壁[7]每长一尺加二寸，跳头在内，其广五分，厚四分。

蜀柱：长一寸三分，广厚同上。

叉手：长三寸，广四分，厚二分。

槫：长随方每壁每长一尺加四寸，出际在内。广厚同蜀柱[8]。

串：长同上，加亦同上，出际在内。广三分，厚二分。

厦瓦板：长随方，每方一尺，则长八寸[9]，斜长、垂檐在内。其广随材合缝。以厚六分为定法。

上下护缝：长厚同上，广二分五厘。

压脊：长及广厚并同槫。其广取槽在内[10]。

垂脊：长三寸八分，广四分，厚三分。

搏风板：长五寸五分，广五分。厚同厦瓦板。

沥水牙子：长同槫，广四分。厚同上。

垂鱼：长二寸，广一寸二分。厚同上。

惹草：长一寸五分，广一寸。厚同上。

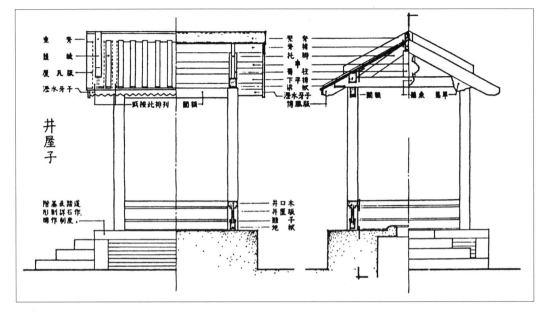

井屋子

井口木：长同额，广五分，厚三分。

地栿：长随柱外，广厚同上。

井匮板：长同井口木，其广九分，厚一分二厘。

井匮内外难子：长同上。以方七分为定法。

凡井屋子，其井匮与柱下齐，安于井阶之上，其举分[11]准大木作之制。

【梁注】

[1] 明清以后叫作井亭。在井口上建亭以保护井水清洁已有悠久的历史。汉墓出土的明器中就已有井屋子。

[2] 这"地"是指井口上石板，即本篇末所称"井阶"的上面。但井阶的高度未有规定。

[3] "外方五尺"不是指柱本身之方，而是指四根柱子所构成的正方形平面的外面长度。

[4] 井匮是井的栏杆或栏板。

[5] 这个"每高一尺"是指井屋子之高的"每高一尺"，而不是指每柱高一尺。因此，按这规定，井屋子高八尺，则柱高（包括脚下的镶和头上的

耳在内）六尺。上文说"柱头高五尺八寸"没有包括镶和耳。

[6]镶和耳在文中没有说明，但按后世无数实例所见，柱脚下出一榫（镶）。放在柱础上凿出的凹池内，以固定柱脚不移动。耳则如大木作中的斗耳，以夹住上面的枓。

[7]井屋子的平面是方形，"每壁"就是每面。

[8]井屋子的槫的断面不是圆的，而是长方形的。

[9]井屋子是两坡顶（悬山）；这"长"是指一面的屋面由脊到檐口的长度。

[10]压脊就是正脊，压在前后厦瓦板在脊上相接的缝上，做成"T"字形，所以下面两侧有槽。这槽是从"广厚并同槫"的压脊下开出来的。

[11]"举分"是指屋脊举高的比例。

【译文】

建造井屋子的制度：自井口上的石板至屋脊一共高八尺，四根柱子。其柱子外面五尺见方（垂檐和两际都在外面）。柱头高度为五尺八寸，下面安装井栏杆，高度为一尺二寸；以上安装厦瓦板，内外设置护缝，上面安装压脊、垂脊，在两个出际部分雕饰垂鱼、惹草。其余各部分构件的宽度和厚度也都以每一尺的高度为一百，用这个百分比来确定各部分的比例尺寸。

柱：井屋子高度每增加一尺，则长度增加七寸五分（包括镶、耳在内）。五分见方。

额：长度根据柱内宽度而定。其宽度为五分，厚度为二分五厘。

枓：长度根据井屋方长而定。（每一面长度增加一尺，则枓增加二寸，包括跳头在内。）其宽度为五分，厚四分。

蜀柱：长度一寸三分，宽、厚同上。

叉手：长三寸，宽四分，厚二分。

槫：长度根据方长而定（每一面长度增加一尺，则槫增加四寸，包括两边出际在内）。宽、厚与蜀柱相同。

串：长度同上（增加的尺寸也同上，包括出头在内）。宽三分，厚二分。

厦瓦板：长度根据方长而定。（方长每增加一尺，则长度增加八寸，包括斜长、垂檐在内）。其宽度根据材合缝，（以厚六分为统一规定。）

上下护缝：长度与厚度同上，宽二分五厘。

压脊：长及宽、厚与槫相同。（其宽度包括取槽的尺寸在内。）

垂脊：长三寸八分，宽四分，厚三分。

搏风板：长五寸五分，宽五分。（厚度与厦瓦板相同。）

沥水牙子：长度与槫相同，宽四分。（厚度同上。）

垂鱼：长二寸，宽一寸二分。（厚度同上。）

惹草：长一寸五分，宽一寸。（厚度同上。）

井口木：长度与额相同，宽五分，厚三分。

地栿：长度根据柱外情况而定，宽、厚同上。

井匮板：长度与井口木相同。其宽度为九分，厚一分二厘。

井匮板内外的难子：长度同上。（以七分见方为统一规定。）

凡井屋子下面的栏杆与柱子的下端齐平，安装在井阶之上。其屋脊举起的比例高度按照大木作制度的规定。

地棚 [1]

【原文】

造地棚之制（见小木作图板引檐、水槽、地棚）：长随间之广，其广随间之深。高一尺二寸至一尺五寸 [2]。下安敦桥。中施方子，上铺地面板。其名件广厚，皆以每尺之高，积而为法。

敦桥：每高一尺，长加三寸 [3]。广八寸，厚四寸七分。每方子长五尺用一枚。

方子：长随间深，接搭用 [4] 广四寸，厚三寸四分。每间用三路。

地面板：长随间广，其广随材，合贴用 厚一寸三分。

遮羞板：长随门道间广，其广五寸三分，厚一寸。

凡地棚施之于仓库屋内。其遮羞板安于门道之外，或露地棚处皆用之。

【梁注】

[1] 地棚是仓库内架起的，下面不直接接触土地的木地板。它和仓库房屋的构造关系待考。

［2］这个"高"是地棚的地面板离地的高度。

［3］这里可能有脱简。没有说明长多少，而突然说"每高一尺，长加三寸"。这三寸在什么长度的基础上加出来的？至于敦桥是直接放在土地上，抑或下面还有砖石基础？也未说明。均待考。

［4］"接搭用"就是说不一定要用长贯整个间深的整条枋子；如用较短的，可以在敦桥上接搭。

【译文】

建造地棚之制：长度根据屋子开间的宽度而定。其宽度与开间的进深一致，高度为一尺二寸至一尺五寸。下面安设敦桥，中间使用方子，上面铺设地面板。其余各部分构件的宽度和厚度也都以每一尺相对应的宽和厚的比例尺寸而定。

敦桥：高度每增一尺，则长度增加三寸。宽八寸，厚四寸七分。（每长五尺的一根方子用一枚敦桥。）

方子：长度与屋间的进深一致（可接搭使用）。宽为四寸，厚三寸四分。（每间使用三路方子。）

地面板：长度根据屋子开间的宽度而定（其宽度与材相同，合贴则用），厚度为一寸三分。

遮羞板：长度根据门道的间广而定。宽为五寸三分，厚一寸。

凡地棚安设在仓库屋内，则其遮羞板安于门道之外，或者露出地棚的地方都可以使用。

卷七

小木作制度二

格子门[1]

四斜球纹格子、四斜球纹上出条桱重格眼、四直方格眼、板壁、两明格子

【原文】

造格子门之制：有六等[2]；一曰四混[3]，中心出双线[4]、入混内出单线，或混内不出线；二曰破瓣[5]、双混、平地、出双线，或单混出单线；三曰通混[6]出双线，或单线。四曰通混压边线[7]；五曰素通混；以上并撺尖[8]入卯；六曰方直破瓣[9]或撺尖或叉瓣造[8]，高六尺至一丈二尺，每间分作四扇。如梢间狭促者，只分作二扇。如檐额及梁栿下用者，或分作六扇造，用双腰串 或单腰串造。每扇各随其长、除桯及腰串外，分作三分；腰上留二分安格眼，或用四斜球纹格眼，或用四直方格眼，如就球纹者，长短随宜加减[10]。腰下留一分安障水板。腰花板及障水板皆厚六分；桯四角外，上下各出卯，长一寸五分[11]，并为定法。其名件广厚，皆取门桯每尺之高，积而为法。

四斜球纹格眼[12]：其条桱厚一分二厘。球纹径三寸至六寸[11]。每球纹圆径一寸，则每瓣长七分，广三分，绞口广一分；四周压边线。其条桱瓣数须双用[13]，四角各令一瓣入角[14]。

桯：长视高，广三分五厘，厚二分七厘。腰串广厚同桯，横卯随桯三分中存向里二分为广；腰串卯随其广。如门高一丈，桯卯及腰串卯皆厚六分；每高增一尺，即

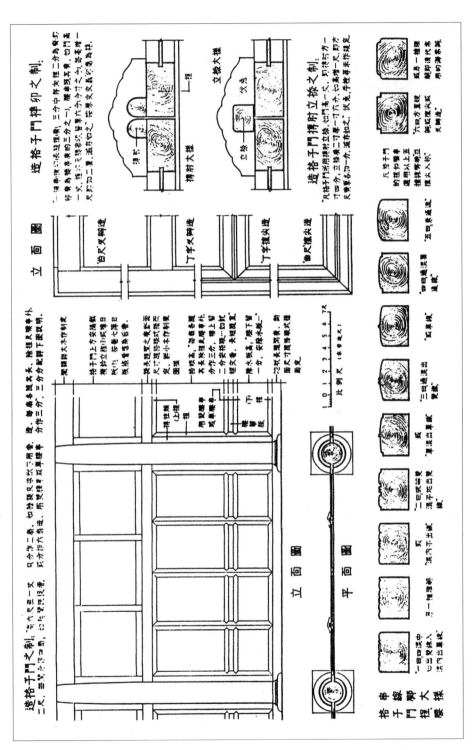

格子门分割形制，门程、腰串、线脚及榫卯大样

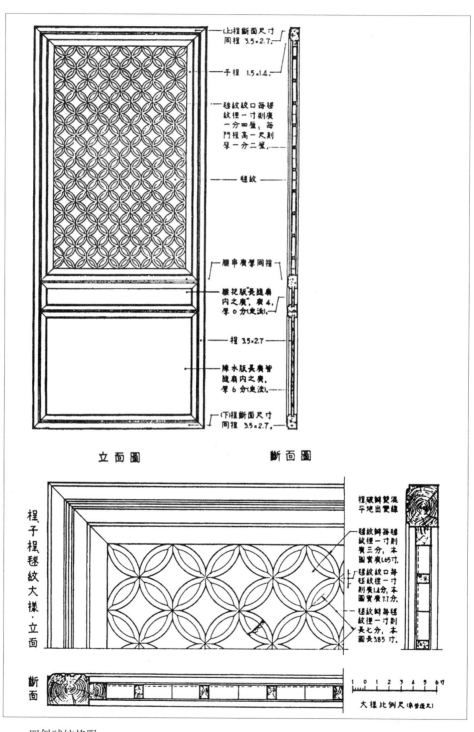

四斜球纹格眼

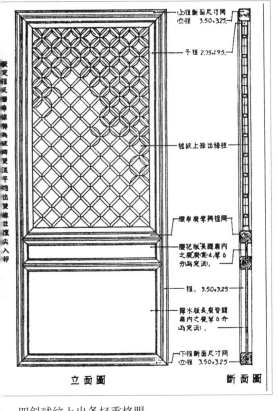

四斜球纹上出条桱重格眼

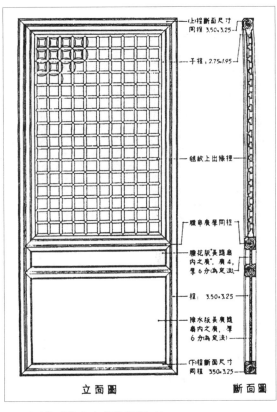

四直球纹上出条重格眼

加二厘；减亦如之。后同。

　　子桱：广一分五厘，厚一分四厘。斜合四角，破瓣单混造。后同。

　　腰华板：长随扇内之广，厚四分。施之于双腰串之内；板外别安雕花[15]。

　　障水板：长广各随桱。令四面各入池槽[16]。

　　额：长随间之广，广八分，厚三分。用双卯。

　　槫柱、颊：长同桱，广五分，量摊掌扇数，随宜加减。厚同额。二分中取一分
为心卯。

　　地栿：长厚同额，广七分。

　　四斜球纹上出条桱重格眼[17]：其条桱之厚，每球纹圆径二寸，则加球纹格
眼之厚二分。每球纹圆径加一寸，则厚又加一分；桱及子桱亦如之。其球纹上采[18]

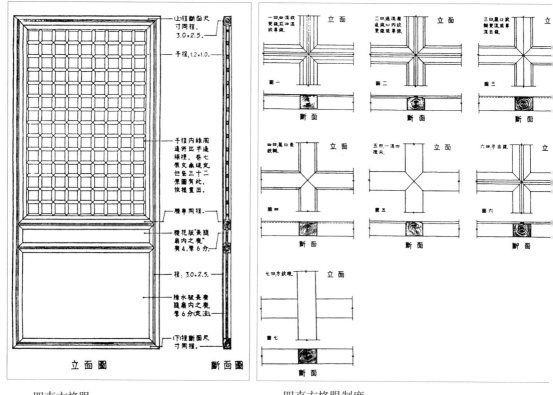

四直方格眼　　　　　　　　　　　　　　　　　四直方格眼制度

出条桱，四撺尖，四混出双线或单线造。如球纹圆径二寸，则采出条桱方三分，若球纹圆径加一寸，则条桱方又加一分。其对格眼子桱，则安撺尖，其尖外入子桱，内对格眼，合尖令线混转过。其对球纹子桱，每球纹圆径一寸，则子桱广五厘；若球纹圆桱加一寸，则子桱之广又加五厘。或以球纹随四直格眼者，则子桱之下采出球纹，其广与身内球纹相应。

　　四直方格眼：其制度有七等[19]：一曰四混绞双线[20]或单线；二曰通混压边线，心内绞双线或单线；三曰丽口[21]绞瓣双混或单混出线；四曰丽口素绞瓣；五曰一混四撺尖；六曰平出线[22]；七曰方绞眼[23]。其条桱皆广一分，厚八厘。眼内方三寸至二寸。

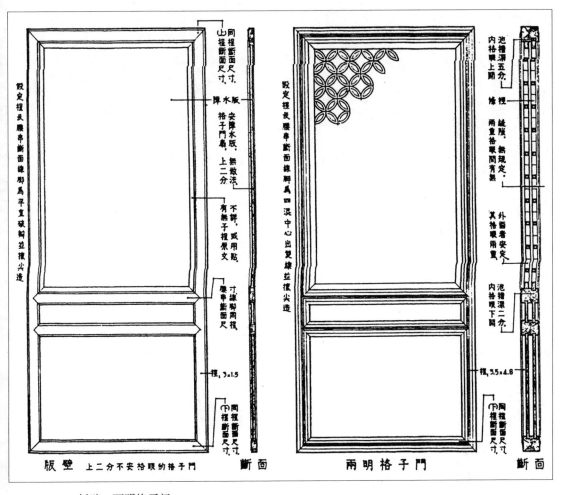

板壁、两明格子门

桯：长视高，广三分，厚二分五厘。腰串同。

子桯：广一分二厘，厚一分。

腰花板及障水板：并准四斜球纹法。

额：长随间之广，广七分，厚二分八厘。

槫柱、頰：长随门高，广四分，量摊撐扇数，随宜加减，厚同额。

地栿：长厚同额，广六分。

板壁：上二分不安格眼，亦用障水板者：名件并准前法，唯桯厚减一分。

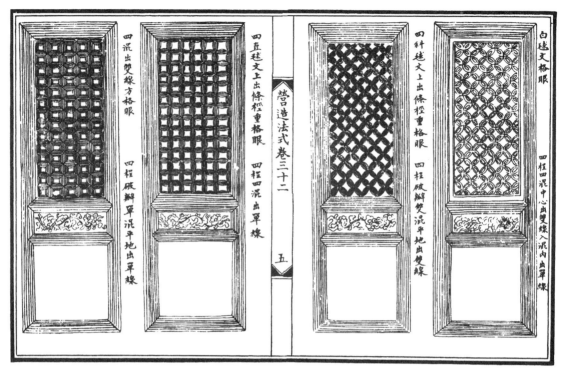

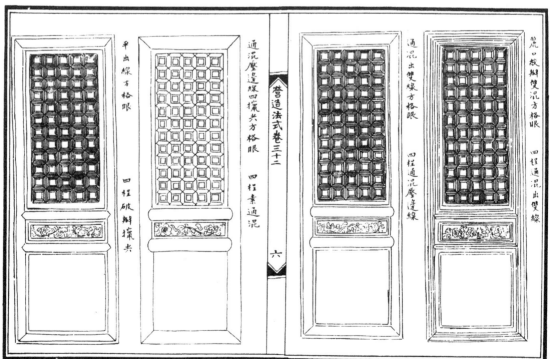

格子门

两明格子门：其腰花、障水板、格眼皆用两重。桯厚更加二分一厘。子桯及条柽之厚各减二厘。额、颊、地栿之厚各加二分四厘：其格眼两重，外面者安定；其内者，上开池槽深五分，下深二分[24]。

凡格子门所用搏肘、立桥，如门高一丈，即搏肘方一寸四分，立桥广二寸，厚一寸六分，如高增一尺，即方及广厚各加一分；减亦如之。

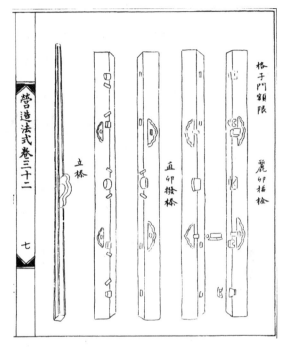

格子门额限

【梁注】

[1]格子门在清代装修中称"格扇"。它的主要特征就在门的上半部（即乌头门安装直棂的部分）用条条柽（清代称"棂子"）做成格子或格眼以糊纸。这格眼部分清代称"槅心"或"花心"；格眼称"菱花"。

本篇在"格子门"的题目下，又分作五个小题目。其实主要只讲了三种格子的做法。"板壁"在安格子的位置用板，所以不是格子门。"两明格子"是前三种的讲究一些的做法。一般的格子只在向外的一面起线，向里的一面是平的，以便糊纸，两明格子是另外再做一层格子，使起线的一面向里是活动的，可以卸下；在外面一层格子背面糊好纸之后，再装上去。这样，格子里外两面都起线，比较美观。

[2]这"六等"只是指桯、串起线的简繁等第有六等，越繁则等第越高。

[3]在构件边、角的处理上，凡断面做成比较宽而扁，近似半个椭圆形的；或角上做成半径比较大的90°弧的，都叫作"混"。

[4]在构件表面鼓出的比较细的 叫作"线"或"出线"。

[5]边或角上向里刻入作"L"形正角凹槽的 叫作"破瓣"。

[6]整个断面成一个混的叫作"通混"。

[7]两侧在混或线之外留下一道细窄平面的线，比混或线的表面"压"

低一些。⌐◠⌐叫作"压边线"。

[8]横直构件相交处，以斜角相交的⌐▭⤆叫作"撺尖"，以正角相交的▯▭⊢叫作"叉瓣"。

[9]断面不起混或线，只在边角破瓣的⌐◻⌐叫作"方直破瓣"。

[10]格眼必须凑成整数，这就不一定刚好与"腰上留二分"的尺寸相符，因此要"随宜加减"。

[11]这个"一寸二分""三寸""六寸"都是"并为定法"的绝对尺寸。

[12]从本篇制度看来，格眼基本上只有球纹和方直两种，都用正角相交的条柽组成。方直格眼比较简单，是用简单方直的条柽，以水平方向和垂直方向相交组成的，球纹的条柽则以与水平方向两个相反的45方向相交组成，而且条柽两侧，各鼓出一个90°的弧线，成为一个◒◯◒形；正角相交，四个弧线就组成一个"球纹"，清式称"古钱"。由于这样组成的球纹是以45角的斜向排列的，所以称四斜球纹。清代装修中所常见的六角形菱纹，在本篇中根本没有提到。

[13]"须双用"就是必须是"双数"。

[14]"令一瓣入角"就是说必须使一瓣正对着角线。

[15]障水板的装饰花纹是另安上去的，而不是由板上雕出来的。

[16]即要"入池槽"，则障水板的"毛尺寸"还须比桯、串之间的尺寸大些。

[17]这是本篇制度中等第最高的一种格眼——在球纹原有的条柽上，又"采出"条柽，既是球纹格眼，上面又加一层相交的条柽方格眼，所以叫作重格眼——双重的格眼。

[18]"采"字含义不详——可能是"隐出"（刻出），也可能另外加上去的。

[19]四直方格眼的等第，也像桯、串的等第那样，以起线简繁而定。

[20]"绞双线"的"绞"是怎样绞法，待考。下面的"绞瓣"一词中也有同样的问题。

[21]什么是"丽口"也不清楚。

[22]"平出线"可能是这样的断面⌐◻⌐◻。

[23]"方绞眼"可能就是没有任何混、线的条柽相交组成的最简单的方直格眼。

[24]池槽上面的深，下面的浅，装卸时格眼往上一抬就可装可卸。

【译文】

建造格子门的制度有六等：一是四混中心出双线，进入混内则出单线（或者混内不出线）。二是破瓣双混平地出双线（或者单混出单线）。三是通混出双线（或单线）。四是通混压边线。五是素通混（以上都做成斜角45度入卯）。六是方直破瓣（或者斜角相交或者正角相交）。高度为六尺至一丈二尺，每一间分成四扇。（如果梢间比较狭窄，则只分成二扇。）如果用在檐额和梁栿以下，有的也分成六扇，使用双腰串（或者用单腰串）。除去桯及腰串部分，将每扇格子门按照长度分成三份，腰上留出二份安装格眼（有的用四斜球纹格眼，有的用四直方格眼。如果采用球纹格眼的，长短尺寸酌情加减）。腰下留出一份安装障水板。（腰花板和障水板的厚度都是六分，桯四个角的外面，上下都出卯，长为一寸五分，都是统一规定。）其余各部分构件的宽度和厚度也都以门桯每一尺的高度为一百，用这个百分比来确定各部分的比例尺寸。

四斜球纹格子眼：条桯的厚度为一分二厘。（球纹桯的厚度为三寸至六寸，每个球纹的圆径为一寸，则每瓣的长度为七分，宽三分，绞口宽一分，四周为压边线。条桯的瓣数要用双数，四个角各使一瓣正对角线。）

桯：长度视高度而定，宽三分五厘，厚二分七厘。（腰串的宽度和厚度与桯相同。横卯的宽度为桯宽度的三分之二。腰串上卯的宽度也是如此，例如门高一丈，则桯卯和腰串的卯厚度皆为六分；高度每增加一尺，则厚度增加二厘；减少也按此比例。后面同。）

子桯：宽一分五厘，厚一分四厘。（斜向合贴四角，破瓣单混造。后同。）

腰花板：长度根据门扇内的宽度而定，厚四分。（安装在双腰串之内，板子外部另做雕花造型。）

障水板：长与宽各根据桯的长宽而定。（使它的四面都伸入池槽内。）

额：长度根据开间的宽度而定，宽八分，厚三分。（使用双卯。）

槫柱颊：长度与桯相同，宽为五分（通过计算张开的扇面数量酌情增减），厚度与额相同。（二分中取一分为心卯。）

地栿：长厚与额相同，宽七分。

四斜球纹上出条桯重格眼：条桯的厚度，球纹的圆径每增加二寸，球纹格眼的条桯则加厚二分。（球纹圆径每增加一寸，则厚度增加一分，桯和子桯也是如此。在球纹上雕凿出条柽四面斜角相交、四混出双线或单线造型。如果球纹圆径为二寸，则刻出条柽的方长为三分。如果球纹圆径增加一寸，则条柽的方形边长又增加一分。正对格眼的子柽则斜角相交，尖部要从外面卯入子柽内，其内正对格眼，合尖令线混转过。正对球纹的子柽，球纹圆径如果为一寸，则子柽宽度为五厘。球纹圆径每增加一寸，则子柽的宽度增加五厘。如果是四直格眼球纹，那么则在子柽下面雕刻出球纹，其宽度和身内的球纹相贴合。）

四直方格眼：四直方格眼的制度有七个等级：一是四混绞双线（或单线）。二是通混压边线，心内绞双线（或单线）。三是丽口绞瓣双混（或单混出线）。四是丽口素绞瓣。五是一混四揎尖。六是平出线。七是方绞眼。它们的条柽宽度都是一分，厚度为八厘。（格眼里为三寸至二寸见方。）

柽：长度根据高度而定，宽三分，厚二分五厘。（腰串与此相同。）

子柽：宽一分二厘，厚一分。

腰花板及障水板：都按照制作四斜球纹法的标准执行。

额：长度根据开间宽度而定，宽七分，厚二分八厘。

槫柱颊：长度根据门的高度而定，宽四分。（通过计算张开的扇面数量酌情增减。）厚度与额相同。

地栿：长度及厚度与额相同，宽六分。

板壁（上面二分如果不安格眼，则也要使用障水板）：各个构件的尺寸都遵循前面的规定，只有柽的厚度减一分。

两明格子门：两明格子门的腰花板、障水板、格眼都用两重，柽厚度要多加二分一厘。子柽和条柽的厚度各减二厘。额、颊、地栿厚度各增加二分四厘。（其格眼有两重，外面一重固定，里面一重上面开出一道深五分的池槽，下面深二分。）

凡格子门所使用的搏肘、立掉，如果门高一丈，则搏肘为一寸四分见方，立掉宽二寸，厚一寸六分。如果高度增加一尺，则方长和宽厚各增加一分。减少也按照这个比例。

栏槛勾窗 [1]

【原文】

造栏槛勾窗之制：其高七尺至一丈，每间分作三扇，用四直方格眼。槛面外施云栱、鹅项、勾栏，内用托柱，各四枚[2]。其名件广厚，各取窗、槛每尺之高，积而为法[3]。其格眼出线，并准格子门四直方格眼制度。

勾窗：高五尺至八尺。

子桯：长视窗高，广随逐扇之广，每窗高一尺，则广三分，厚一分四厘。

条柽：广一分四厘，厚一分二厘。

心柱、槫柱：长视子桯，广四分五厘，厚三分。

额：长随间广，其广一寸一分，厚三分五厘。

槛面：高一尺八寸至二尺。每槛面高一尺，鹅项至寻杖共加九寸。

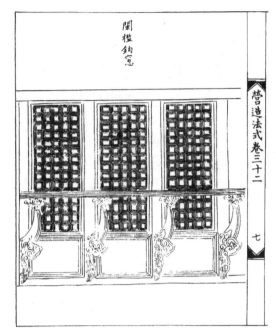

栏槛勾窗

槛面板：长随间心，每槛面高一尺，则广七寸，厚一寸五分。如柱径或有大小，则量宜加减。

鹅项：长视高，其广四寸二分[4]，厚一寸五分。或加减同上。

云栱：长六寸，广三寸，厚一寸七分。

寻杖：长随槛面，其方一寸七分。

心柱及槫柱：长自槛面板下至地栿上，其广二寸，厚一寸三分。

托柱：长自槛面下至地，其广五寸，厚一寸五分。

地栿：长同窗额，广二寸五分，厚一寸三分。

障水板：广六寸。以厚六分为定法。

凡勾窗所用搏肘，如高五尺，则方一寸；卧关如长一丈，即广二寸，厚一寸六分。每高与长增一尺，则各加一分，减亦如之。

【梁注】

[1]栏槛勾窗多用于亭榭，是一种开窗就可以坐下凭栏眺望的特殊装修。现在江南民居中，还有一些楼上窗外设置类似这样的栏槛勾窗的；在园

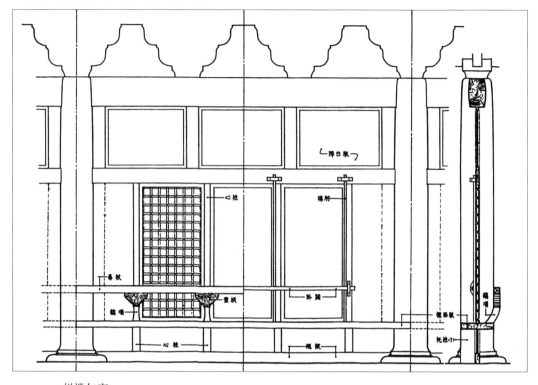

栏槛勾窗

林中一些亭榭、游廊上，也可以看到类似槛面板和鹅项钩栏（但没有勾窗）
做成的，可供小坐凭栏眺望的矮槛墙或栏杆。

[2] 即：外施云栱鹅项勾栏四枚，内用托柱四枚。

[3] 即：窗的名件广厚视窗之高，槛的名件广厚视槛（槛面板至地）之
高积而为法。

[4] 鹅项是弯的，所以这"广"可能是"曲广"。

【译文】

建造栏槛勾窗的制度：总高为七尺至一丈，每间屋子分作三扇，采用四直方
格眼。在槛面外安设云栱、鹅项、勾栏，里面采用托柱（外面四枚，里面也四
枚）。其余各部分构件的宽度和厚度也都以窗槛每一尺的高度为一百，用这个百
分比来确定各部分的比例尺寸。（栏槛勾窗的格眼和出线都遵照格子门四直方格

眼的制度。）

勾窗：高度为五尺至八尺。

子桯：长度根据窗子高度而定，宽度根据每一扇的宽度而定。窗子每增高一尺，则子桯宽度增加三分，厚度增加一分四厘。

条柽：宽一分四厘，厚一分二厘。

心柱、槫柱：长度根据子桯而定，宽四分五厘，厚三分。

额：长度根据开间宽度而定。宽一寸一分，厚三分五厘。

槛面：高度在一尺八寸至二尺之间。（槛面每增高一尺，从鹅项到寻杖则共增加九寸。）

槛面板：长度根据屋子开间中心位置而定。槛面每增高一尺，则宽度增加七寸，厚度增加一寸五分。（如果柱径尺寸大小略有出入，则酌情增减。）

鹅项：长根据高度而定。其宽度为四寸二分，厚一寸五分。（增减同上。）

云栱：长六寸，宽三寸，厚一寸七分。

寻杖：长度根据槛面情况而定。一寸七分见方。

心柱及槫柱：长度为从槛面板以下到地栿以上的距离。其宽度为二寸，厚一寸三分。

托柱：长度为从槛面板以下到地面的距离。其宽度为五寸，厚一寸五分。

地栿：长度与窗额相同，宽二寸五分，厚一寸三分。

障水板：宽六寸。（厚以六分为统一规定。）

凡勾窗所使用的搏肘如果高为五尺，则方长一寸；卧关如果长一丈，则宽二寸，厚一寸六分。搏肘的高度与卧关长度每增加一尺，则搏肘的宽度与卧关的厚度各增加一分。减少也按此比例。

殿内截间格子 [1]

【原文】

造殿堂内截间格子之制：高一丈四尺至一丈七尺。用单腰串，每间各视其长，除桯及腰串外，分作三份。腰上二份安格眼；用心柱、槫柱分作二间。腰下一份为障水板，其板亦用心柱、槫柱分作三间。内一间或作开闭门子。用牙脚、牙头填心，内或合板拢桯。上下四周并缠难子。其名件广厚，皆取格子上下每尺之通

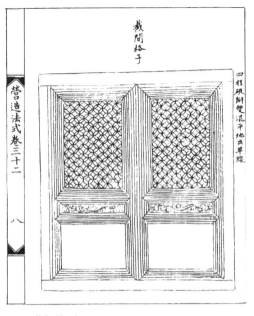

截间格子

高，积而为法。

上下桯：长视格眼之高，广三分五厘，厚一分六厘。

条桱：广厚并准格子门法。

障水子桯：长随心柱，槫柱内，其广一分八厘，厚二分。

上下难子：长随子桯。其广一分二厘，厚一分。

搏肘：长视子桯及障水板，方八厘。出镶在外。

额及腰串：长随间广，其广九分，厚三分二厘。

地栿：长厚同额，其广七分。

上槫柱及心柱：长视搏肘，广六分，厚同额。

下槫柱及心柱：长视障水板，其广五分，厚同上。

凡截间格子，上二份子桯内所用四斜球纹格眼，圆径七寸至九寸。其广厚皆准格子门之制。

【梁注】

[1]就是分隔殿堂内部的隔扇。

【译文】

建造殿堂内的截间格子的制度：高度为一丈四尺至一丈七尺，使用单腰串。根据每间屋子的长度，除去桯和腰串外，将其余部分均分为三等份。腰上二份安装格眼，使用心柱、槫柱分成二间。腰下一份为障水板。障水板也用心柱、槫柱分成三间（在最里面一间做可以开关门的门闩）。用牙脚、牙头填充中心位置内部，或者拼合木板，并使用桯拢住。（上下四周都用难子缠绕。）其余各部分构件的宽度和厚度也都以格子上下每一尺的高度为一百，用这个百分比来确定各部分的比例尺寸。

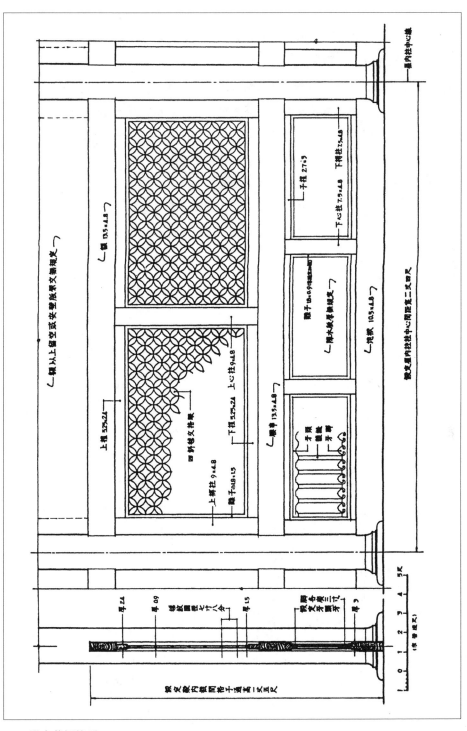

殿内截间格子

上下桯：长度根据格眼的高度而定，宽三分五厘，厚一分六厘。

条桱：宽厚以格子门条桱的宽厚为准。

障水子桯：长度为心柱和槫柱之间的距离，其宽度为一分八厘，厚二分。

上下难子：长度根据子桯而定，其宽度为一分二厘，厚一分。

搏肘：长度根据子桯及障水板而定，八厘见方。（向外出镶。）

额及腰串：长度根据开间宽度而定，其宽度为九分，厚三分二厘。

地栿：长度、厚度与额相同，宽为七分。

上槫柱及心柱：长度根据搏肘而定，宽六分，厚度与额相同。

下槫柱及心柱：长度根据障水板而定，宽度为五分，厚度同上。

凡截间格子上面二份子桯内所使用的四斜球纹格眼，圆径在七寸至九寸，其宽度和厚度都以格子门的制度为准。

堂阁内截间格子[1]

【原文】

造堂阁内截间格子之制：皆高一丈，广一丈一尺[2]。其桯制度有三等：一曰面上出心线，两边压线；二曰瓣内双混，或单混；三曰方直破瓣撺尖。其名件广厚，皆取每尺之高，积而为法。

截间格子：当心及四周皆用桯，其外上用额，下用地栿；两边安槫柱。格眼球纹径五寸。双腰串造。

桯：长视高。卯在内，广五分，厚三分七厘。上下者，每间广一尺，即长九寸二分。

腰串：每间隔一尺，即长四寸六分。广三分五厘，厚同上。

腰花板：长随两桯内，广同上。以厚六分为定法。

障水板：长视腰串及下桯，广随

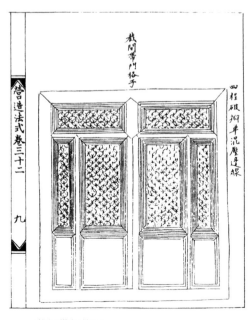

截间带门格子

腰花板之长。厚同腰花板。

子桯：长随格眼四周之广，其广一分六厘，厚一分四厘。

额：长随间广，其广八分，厚三分五厘。

地栿：长厚同额，其广七分。

榑柱：长同桯，其广五分，厚同地栿。

难子：长随桯四周，其广一分，厚七厘。

截间开门格子：四周用额、栿、榑柱。其内四周用桯，桯内上用门额；额上作两间，施球纹，其子桯高一尺六寸；两边留泥道施立颊；泥道施球纹，其子桯广一尺二寸[3]；中安球纹格子门两扇，格眼球纹径四寸 单腰串造。

桯：长及广厚同前法。上下桯广同。

门额：长随桯内，其广四分，厚二分七厘。

立颊：长视门额下桯内，广厚同上。

门额上心柱：长一寸六分，广厚同上。

泥道内腰串：长随榑柱、立颊内，广厚同上。

障水板：同前法。

门额上子桯：长随额内四周之广，其广二分，厚一分二厘。泥道内所用广厚同。

门肘：长视扇高，镶在外。方二分五厘。上下桯亦同。

门桯：长同上，出头在外，广二分，厚二分五厘。上下桯亦同。

门障水板：长视腰串及下桯内，其广随扇之广。以广①六分为定法。

门桯内子桯：长随四周之广，其广厚同额上子桯。

小难子：长随子桯及障水板四周之广。以方五分为定法。

额：长随间广，其广八分，厚三分五厘。

地栿：长厚同上，其广七分。

榑柱：长视高，其广四分五厘，厚同上。

大难子：长随桯四周，其广一分，厚七厘。

上下伏兔：长一寸，广四分，厚二分。

手栓伏兔：长同上，广三分五厘，厚一分五厘。

---

① "陶本"为"厚"字，误。——编者注

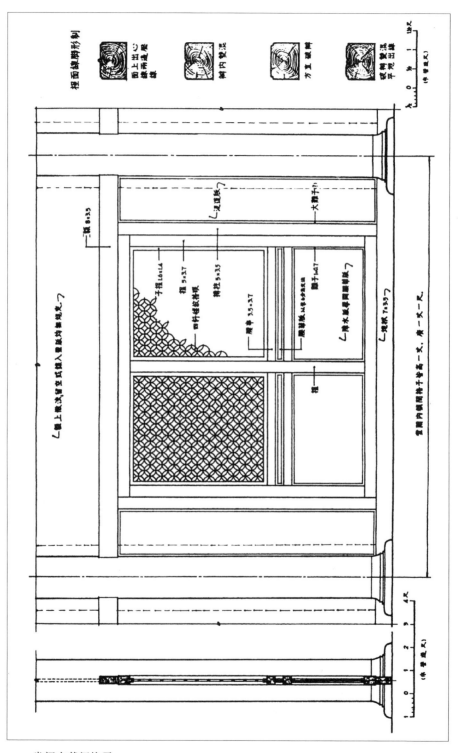

堂阁内截间格子

手栓：长一寸五分，广一分五厘，厚一分二厘。

凡堂阁内截间格子所用四斜球纹格眼及障水板等分数，其长径并准格子门之制。

【译文】

建造堂阁内截间格子的制度：高都是一丈，宽一丈一尺。堂阁内截间格子的桯的制度有三个等级：一是从面上中心出线，两边压线；二是瓣内双混（或单混）；三是方直破瓣撺尖。其余各部分构件的宽度和厚度也都以每一尺的高度为一百，用这个百分比来确定各部分的比例尺寸。

截间格子：正中间位置及四周都要使用桯。外面上部使用额，下部使用地栿，两边安槫柱（格眼球纹的圆径为五寸）。采用双腰串造型。

桯：长度根据高度而定（包括卯在内），宽度为五分，厚三分七厘。（上下方的桯，房屋开间每加宽一尺，则长度增加九寸二分。）

腰串：（开间每加宽一尺，则长度增加四寸六分。）宽三分五厘，厚度同上。

腰花板：长度根据两桯之间的距离而定，宽度同上。（以厚六分为定则。）

障水板：长度根据腰串和下桯之间的距离而定，宽度根据腰花板的长度而定。（厚度与腰花板相同。）

子桯：长度根据格眼四周的宽度而定，宽度为一分六厘，厚一分四厘。

额：长度根据屋子开间的宽度而定，宽度为八分，厚三分五厘。

地栿：长厚与额相同，宽度为七分。

　　榑柱：长度与桯相同，宽度为五分，厚度与地栿相同。

　　难子：长度根据桯四周的尺寸而定，其宽度为一分，厚七厘。

　　截间开门格子：四周用额、栿、榑柱，其里面四周用桯，桯里面上边用门额。（额上分为两间，使用球纹，子桯高度为一尺六寸。）两边留出泥道，使用立颊（泥道上也使用球纹，子桯宽度为一尺二寸）。中间安装两扇球纹格子门（格眼球纹直径为四寸）。使用单腰串。

　　桯：长、宽、厚与前面的做法相同。（上下桯的宽度相同。）

　　门额：长度根据桯内宽度而定，宽四分，厚二分七厘。

　　立颊：长度根据门额下桯内的宽度而定，宽度和厚度同上。

　　门额上心柱：长度为一寸六分，宽厚同上。

　　泥道内腰串：长根据榑柱和立颊之内的尺寸而定，宽厚同上。

　　障水板：同前面的做法。

　　门额上子桯：长度根据额内四周的宽度而定，宽度为二分，厚一分二厘。（泥道内所用的子桯宽厚相同。）

　　门肘：长度根据门扇高度而定（镶在外面），二分五厘见方。（上下桯的尺寸也相同。）

　　门桯：长度同上（出头在外面），宽为二分，厚二分五厘。（上下桯的尺寸也相同。）

　　门障水板：长度根据腰串和下桯内的宽度而定，其宽度根据门扇的宽度而定。（以厚六分为统一规定。）

　　门桯内子桯：长度根据四周的宽度而定，其宽、厚与额上子桯的尺寸相同。

　　小难子：长度根据子桯及障水板四周的宽度而定。（以五分见方为定则。）

　　额：长度根据间宽而定，其宽度为八分，厚三分五厘。

　　地栿：长度与厚度同上，其宽为七分。

　　榑柱：长度根据高度而定，其宽度为四分五厘，厚度同上。

　　大难子：长度根据桯四周的尺寸而定，其宽度为一分，厚七厘。

　　上下伏兔：长一寸，宽四分，厚二分。

　　手栓伏兔：长度同上，宽三分五厘，厚一分五厘。

　　手栓：长度为一寸五分，宽一分五厘，厚一分二厘。

　　凡堂阁内截间格子所使用的四斜球纹格眼以及障水板的尺寸，其长度和直径都以建造格子门的制度为准。

殿阁照壁板[1]

【原文】

造殿阁照壁板之制：广一丈至一丈四尺，高五尺至一丈一尺。外面缠贴，内外皆施难子，合板造。其名件广厚，皆取每尺之高，积而为法。

额：长随间广，每高一尺，则广七分，厚四分。

榑柱：长视高，广五分，厚同额。

板：长同榑柱，其广随榑柱之内，厚二分。

贴：长随桯[2]内四周之广，其广三分，厚一分。

难子：长厚同贴，其广二分。

凡殿阁照壁板，施之于殿阁槽内，及照壁门窗之上者皆用之。

【梁注】

[1] 照壁板和截间格子不同之处，在于截间格子一般用于同一缝的前后两柱之间，上部用球纹格眼；照壁板则用于左右两缝并列的柱之间，不用格眼而用木板填心。

[2] 本篇（以及下面"障日板""廊屋照壁板"两篇）中，名件中并没有"桯"。这里突然说"贴，长随桯内四周之广"，是否可以推论额和榑柱之内还应有桯？

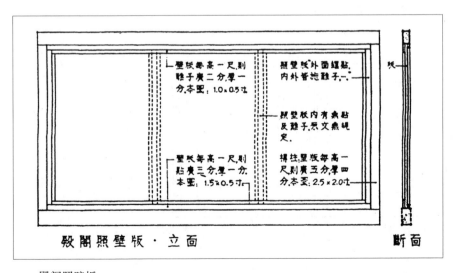

殿阁照壁板

【译文】

建造殿阁之内照壁板的制度：宽为一丈至一丈四尺，高为五尺至一丈一尺，外面缠贴，内外都用难子拼合壁板。其余各部分构件的宽度和厚度也都以每一尺的高度为一百，用这个百分比来确定各部分的比例尺寸。

额：长度根据间宽而定，高度每增加一尺，则宽增七分，厚度增四分。

槫柱：长根据高度而定，宽五分，厚与额相同。

板：长同槫柱，其宽根据槫柱之内的大小而定，厚二分。

贴：长度根据柽内四周的宽度而定，其宽度为三分，厚一分。

难子：长厚与贴相同，其宽度为二分。

凡殿阁照壁板安装在殿阁的槽内，在照壁门窗上也可使用。

障日板

【原文】

造障日板之制：广一丈一尺，高三尺至五尺，用心柱、槫柱，内外皆施难子，合板或用牙头护缝造。其名件广厚，皆以每尺之广，积而为法。

额：长随间之广，其广六分，厚三分。

心柱、槫柱：长视高，其广四分，厚同额。

板：长视高，其广随心柱、槫柱之内。板及牙头、护缝，皆以厚六分为定法。

牙头板：长随广，其广五分。

护缝：长视牙头之内，其广二分。

难子：长随柽内四周之广，其广一分，厚八厘。

凡障日板，施之于格子门及门、窗之上，其上或更不用额。

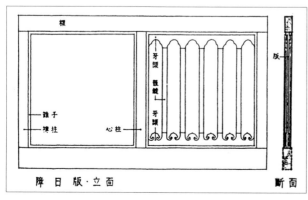

障日板

【译文】

建造障日板的制度：宽为一丈一尺，高三尺至五尺，做心柱、槫柱，里外都用难子，将板材拼合在一起或者用牙头护缝。其余各部分构件的宽度和厚度也都以每一尺的高度为一百，用这个百分比来确定各部分的比例尺寸。

额：长度根据间的宽度而定，其宽度为六分，厚三分。

心柱、槫柱：长度根据高度而定，其宽度为四分，厚度与额相同。

板：长度根据高度而定，其宽度根据心柱和槫柱之间的距离而定。（统一规定板以及牙头、护缝都厚六分。）

牙头板：长度根据宽度而定，其宽度为五分。

护缝：长度根据牙头之内尺寸大小而定，其宽度为二分。

难子：长度根据程内四周的宽度而定，其宽度为一分，厚八厘。

凡障日板用于格子门及门窗之上，板上也可以不使用额。

廊屋照壁板[1]

【原文】

造廊屋照壁板之制：广一丈至一丈一尺，高一尺五寸至二尺五寸。每间分作三段，于心柱、槫柱之内。内外皆施难子，合板造。其名件广厚，皆以每尺之广，积而为法。

心柱、槫柱：长视高，其广四分，厚三分。

板：长随心柱、槫柱内之广，其广视高，厚一分。

难子：长随程内四周之广，方一分。

凡廊屋照壁板，施之于殿廊由额之内。如安于半间之内与全间相对者，其名件广厚亦用全间之法。

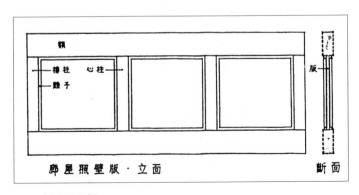

廊屋照壁板

【梁注】

[1] 从本篇的制度看来，廊屋照壁板大概相当于清代的由额垫板，安在阑额与由额之间，但在清代，由额垫板是做法中必须有的东西，而宋代的这种照壁板则似乎可有可无，要看需要而定。

【译文】

建造廊屋照壁板的制度：宽度为一丈至一丈一尺，高一尺五寸至二尺五寸。每间分作三段，安装在心柱与槫柱之间。里外都用难子将板材拼合。其余各部分构件的宽度和厚度都以每一尺的高度为一百，用这个百分比来确定各部分的比例尺寸。

心柱、槫柱：长度根据高度而定。其宽度为四分，厚三分。

板：长度根据心柱与槫柱内的宽度而定。其宽度根据高度而定，厚度为一分。

难子：长度根据程内四周的宽度而定，一分见方。

凡廊屋照壁板都用在殿廊由额之内。如果是安设在半间之内与全间相对的地方，其构件宽和厚等尺寸也要遵照全间的规定。

胡梯 [1]

【原文】

造胡梯之制：高一丈，拽脚长随高，广三尺；分作十二级；拢颊榥[2]施促踏板 侧立者谓之促板，平者谓之踏板；上下并安望柱。两颊随身各用勾栏，斜高三尺五寸，分作四间，每间内安卧榥三条。其名件广厚，皆以每尺之高，积而为法。勾栏名件广厚，皆以勾栏每尺之高，积而为法。

两颊：长视梯，每高一尺，则长加六寸，拽脚、蹬口[3]在内，广一寸二分，厚二分一厘。

榥：长视①两颊内，卯透外，用抱寨[4]，其方三分。每颊长五尺用榥一条。

促踏板：长同上，广七分四厘，厚一分。

勾栏望柱：每勾栏高一尺，则长加四寸五分，卯在内，方一寸五分，破瓣、仰覆莲花，单胡桃子造。

---

① "陶本"为"随"字。——编者注

蜀柱：长随勾栏之高，卯在内，广一寸二分，厚六分。

寻杖：长随上下望柱内，径七分。

盆唇：长同上，广一寸五分，厚五分。

卧棍：长随两蜀柱内，其方三分。

凡胡梯，施之于楼阁上下道内，其勾栏安于两颊之上，更不用地栿。如楼阁高远者，作两盘至三盘造[5]。

【梁注】

[1] 胡梯应该就是"扶梯"。很可能在宋代中原地区将"F"音读作"H"音，致使"胡""扶"同音。至今有些方言仍如此，如福州话就将所有"F"读成"H"；反之，有些方言都将"湖南"读作"扶南"，甚至有"N""L"不分，读成"扶兰"的。

[2]"拢颊棍"三字放在一起，在当时可能是一句常用的术语，但今天读来都难懂。用今天的话解释，应该说成"用棍把两颊拢住"。

[3] 蹬口是梯脚第一步之前，两颊和地面接触处，两颊形成三角形的部分。

[4] 抱寨就是一种楔形的木栓。

[5] 两盘相接处应有"憩脚台"（landing），本篇未提到。

【译文】

建造胡梯的制度：高为一丈，拽脚的长度根据高度而定，宽三尺，分成十二级，用木棍将两个立颊拢住，安装促板、踏板（侧立的叫作"促板"，水平的叫作"踏板"）。上下都安装望柱，两个立颊随着胡梯的走势采用栏杆，斜高三尺五寸，分成四间（每一间内安装三条卧棍）。其余构件的宽度和厚度尺寸都以每一尺的高度为一百，用这个百分比来确定各部分的比例尺寸。（栏杆其余构件的宽度和厚度尺寸都以栏杆每一尺的高度为一百，用这个百分比来确定各部分的比例尺寸。）

两颊：长度根据胡梯的高度而定。高度每增加一尺，则长度增加六寸（包括拽脚和蹬口在内），宽一寸二分，厚二分一厘。

棍：长度根据两颊内的尺寸而定。（卯穿透而露出在外，使用抱寨。）三分见方。（立颊每长五尺用一条棍。）

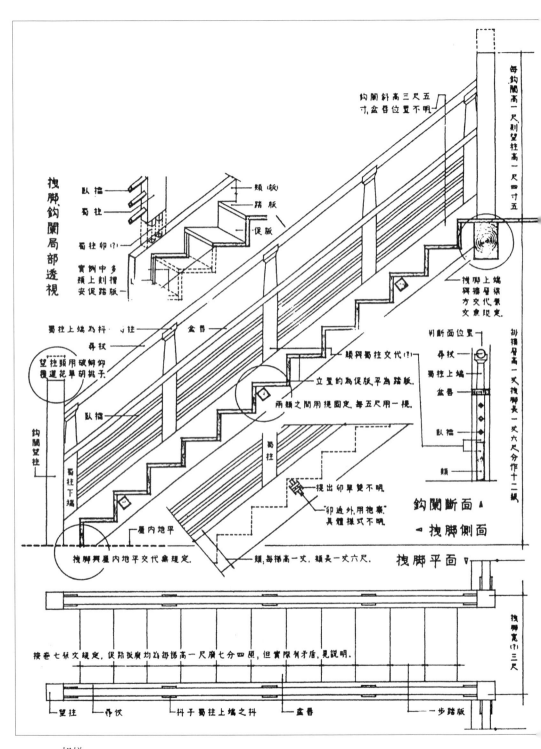

钩阑斜高三尺五寸盆唇位置不明

每钩阑高一尺则望柱高一尺四寸五

搜脚钩阑局部透视

卧楅
蜀柱
蜀柱卯(?)
实例中多颊上剔槽安促踏版

颊(版)
踏版
促版

搜脚上端与楼层误方交代象文意规定.

蜀柱上端为枓…往往
寻杖
盆唇
颊与蜀柱文代(?)
立置的为促版平为踏版.
两颊之间用楔固定,每五尺用一楔.
蜀柱
提出卯单双不明
卯透外用抱寨具体样式不明.

判断面位置
寻杖
蜀柱上端
盆唇
卧楅
颊

胡梯层高一丈搜脚长一丈六尺分作十二级

钩阑断面▲
◀搜脚侧面

望柱头用破瓣仰覆莲花单胡桃子
卧楅
钩阑望柱
蜀柱下端
屋内地平
搜脚兴屋内地平交代象规定.

颊每梯高一丈,颊长一丈六尺.

搜脚平面▽

搜脚宽(?)三尺

接卷七原文规定,促踏版广均为每梯高一尺广七分四厘,但实限有矛盾,见说明.

望柱 寻杖 枓于蜀柱上端之枓 盆唇 一步踏版

胡梯

促踏板：长度同上，宽七分四厘，厚一分。

栏杆望柱：(栏杆每高一尺，则长度增加四寸五分，包括卯在内，)一寸五分见方。(破瓣做成仰覆莲花盆，单胡桃子造型。)

蜀柱：长度根据栏杆的高度而定(包括卯在内)，宽一寸二分，厚六分。

寻杖：长度根据上下望柱之间的距离而定，直径为七分。

盆唇：长度同上，宽一寸五分，厚五分。

卧棍：长度根据两蜀柱之间的距离而定。三分见方。

凡胡梯建造在楼阁上下走道的位置。胡梯的栏杆安装在两立颊的上面(可以不使用地栿)。如果楼阁较高，可以做成两盘到三盘的造型。

垂鱼、惹草

【原文】

造垂鱼、惹草之制：或用花瓣，或用云头造，垂鱼长三尺至一丈，惹草长三尺至七尺。其广厚，皆取每尺之长，积而为法。

垂鱼板：每长一尺，则广六寸，厚二分五厘。

惹草板：每长一尺，则广七寸，厚同垂鱼。

凡垂鱼施之于屋山搏风板合尖之下。惹草施之于搏风板之下、搏水[1]之外。每长二尺，则于后面施楅一枚。

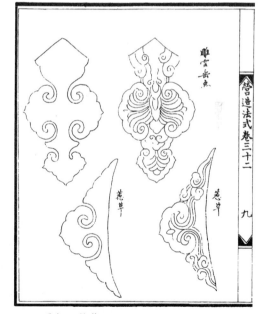

垂鱼、惹草

【梁注】

[1]搏水是什么，还不清楚。

【译文】

建造垂鱼、惹草的制度：有的用花瓣，有的用云头造型。垂鱼长度为三尺至一丈，惹草的长度在三尺至七尺之间。其宽度和厚度也都以每一尺的长度为一百，用这个百分比来确定各部分的比例尺寸。

垂鱼板：长度每增加一尺，则宽度增加六寸，厚度增加二分五厘。

惹草板：长度每增加一尺，则宽度增加七寸，厚度与垂鱼厚度相同。

凡垂鱼用在屋山搏风板合尖的下面，惹草用在搏风板下面，槫的外面，每二尺长则在后面安装一枚榻。

栱眼壁板

【原文】

造栱眼壁板之制：于材下额上两栱头相对处凿池槽，随其曲直，安板于池槽之内。其长广皆以斗栱材分为法，斗栱材分，在大木作制度内。

重栱眼壁板：长随补间铺作，其广五寸四分[1]，厚一寸二分。

单栱眼壁板：长同上，其广三寸四分[1]，厚同上。

凡栱眼壁板，施之于铺作檐头之上。其板如随材合缝，则缝内用札造。

【梁注】

[1]这几个尺寸——"五寸四分""一寸二分""三寸四分"都成问题。

既然"皆以斗栱材分°为法"，那么就不应该用"×寸×分"，而应该写作"××分°"。假使以寸代十，亦即将"五寸四分"作为"五十四分°"，那就正好是两材两栔（一材为十五分°，一栔为六分°），加上栌科的平和欹的高度（十二分°）。但是，单栱眼壁板之广"三寸四分"（三十四分°）就不对头了。它应该是一材一栔（二十一分°），如栌科平和欹的高度（十二分°）——"三寸三分"或三十三分°，至于厚一寸二分°更成问题。如果作为一十二分°，那么它就比栱本身的厚度（十分°）还厚，根本不可能"凿池槽"。因此（按《法式》其他各篇的提法），这个"厚一寸二分"也许应该写作"皆以厚一寸二分为定法"才对。但是这个绝对厚度，如用于一等材（板广三尺二寸四分），已嫌太厚，如用于八、九等材，就厚得太不合理了。

这些都是本篇存在的问题。

【译文】

建造栱眼壁板的制度：在材下、额上、两栱头相对的位置雕凿池槽，根据它的曲直走势，把壁板安装在池槽之内。壁板的长和宽都以斗栱材分的制度为准。（斗栱材分在大木作制度内。）

重栱眼壁板：长度根据补间铺作而定，其宽度为五寸四分。（厚一寸二分。）

单栱眼壁板：长度同上，其宽度为三寸四分。（厚度同上。）

凡栱眼壁板用在铺作的檐额上面。壁板如果与材合缝，则缝内要缠绕结实。

裹栿板[1]

【原文】

造裹栿板之制：于栿两侧各用厢壁板，栿下安底板。其广厚，皆以梁栿每尺之广，积而为法。

两侧厢壁板：长广皆随梁栿，每长一尺，则厚二分五厘。

底板：长厚同上；其广随梁栿之厚，每厚一尺，则广加三寸。

凡裹栿板，施之于殿槽内梁栿；其下底板合缝，令承两厢壁板，其两厢壁板及底板皆雕花造[1]。雕花等次序在雕作制度内。

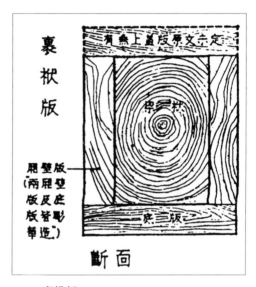

裹栿板

【梁注】

[1]从本篇制度看来，裹栿板仅仅是梁栿外表上赘加的一层雕花的纯装饰性的木板。所谓雕梁画栋的雕梁，就是雕在这样的板上"裹"上去的。

【译文】

建造裹栿板的制度：在栿的两侧各采用厢壁板，栿下面安装底板。其宽度和厚度都以梁栿每尺的高度为一百，用这个百分比来确定各部分的比例尺寸。

两侧厢壁板：长和宽都根据梁栿的尺寸而定，长度每增加一尺，则厚度增二分五厘。

底板：长度和厚度同上。其宽度根据梁栿的厚度而定，厚度每增加一尺，则宽度增加三寸。

凡裹栿板适用于殿槽内的梁栿。下面的底板要合缝，以用于承托两厢壁板。两厢壁板和底板都雕刻花纹。（雕花的等第次序在雕作制度内。）

掸帘竿 [1]

【原文】

造掸帘竿之制：有三等，一曰八混，二曰破瓣，三曰方直，长一丈至一丈五尺。其广厚，皆以每尺之高，积而为法。

掸帘竿：长视高，每高一尺，则方三分。

腰串：长随间广，其广三分，厚二分。只方直造。

凡掸帘竿，施之于殿堂等出跳之下；如无出跳者，则于椽头下安之。

【梁注】

[1] 这是一种专供挂竹帘用的特殊装修，事实是在檐柱之外另加一根小柱，腰串是两竿间的联系构件，并作悬挂帘子之用。腰串安在什么高度，未作具体规定。

【译文】

建造掸帘竿的制度：有三等，一是八混，二是破瓣，三是方直。长一丈至一丈五尺。其宽度和厚度都以每尺的高度为一百，用这个百分比来确定各部分的比例尺寸。

掸帘竿：长度视高度而定，高度每增加一尺，则方形边长增加三分。

腰串：长度根据屋子开间宽度而定，其宽度为三分，厚度为二分。（只适用于方直造型。）

凡掸帘竿适用于殿堂等的出跳栱下面。如果没有出跳的，则在椽子头下面安装。

护殿阁檐竹网木贴[1]

【原文】

造安护殿阁檐斗栱竹雀眼网上下木贴之制：长随所用逐间之广，其广二寸，厚六分，为定法，皆方直造，地衣簟[2]贴同。上于椽头，下于檐头之上，压雀眼网安钉。地衣簟贴，若望柱或碇[3]之类，并随四周，或圆或曲，压簟安钉。

【梁注】

[1]为了防止鸟雀在檐下斗栱间搭巢，所以用竹篾编成格网把斗栱防护起来。这种竹网需要用木条贴钉牢。本篇制度就是规定这种木条的尺寸——一律为0.20×0.06尺的木条。晚清末年，故宫殿堂檐已一律改用铁丝网。

[2]地衣簟就是铺地的竹席。

[3]碇，音定，原义是船舶坠在水底以定泊的石头，用途和后世锚一样，这里指的是什么，不清楚。

【译文】

建造安装护殿阁檐斗栱上的竹雀眼网上下木贴的制度：长度根据所用开间的宽度而定。其宽度为二寸，厚六分（统一规定），都做成直方造型。（地衣簟贴也一样。）上面贴于椽头，下部贴在檐额之上，压住雀眼网并用钉子钉牢。（地衣簟贴如果安装在望柱或者碇上等位置，要根据四周的情况，或圆或曲，压住簟并用钉子钉牢。）

卷八

小木作制度三

平棊 [1]

其名有三：一曰平机，二曰平橑，三曰平棊；俗谓之平起。其以
方椽施素板者，谓之平暗。

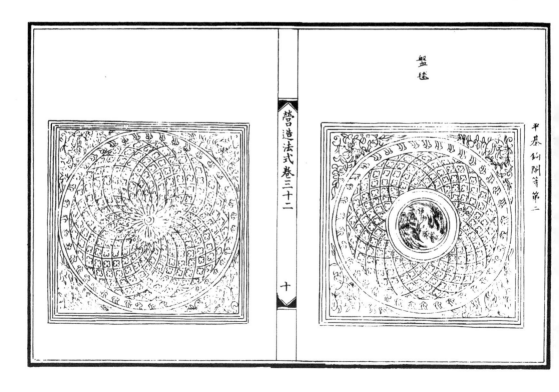

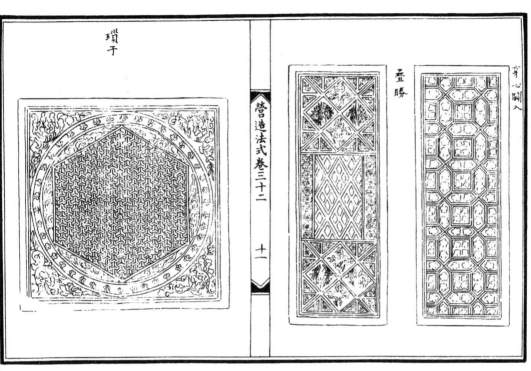

瑣子

營造法式卷三十二　十一

疊勝

穿心鬬入

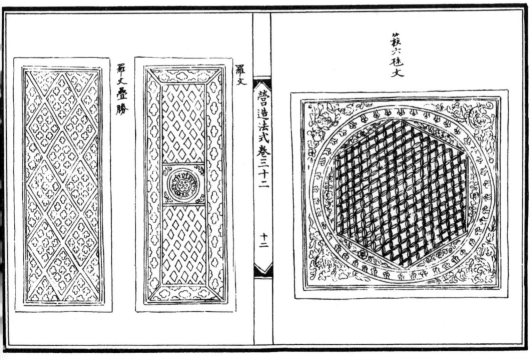

筱六毬文

營造法式卷三十二　十二

羅文疊勝

羅文

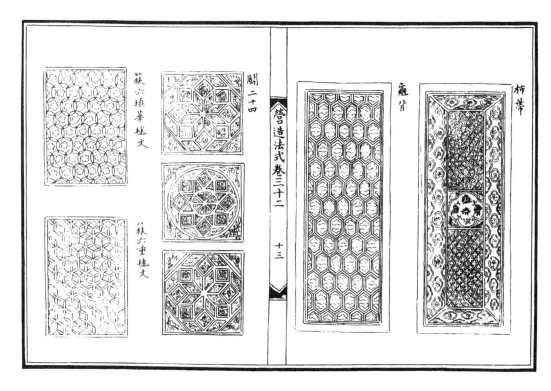

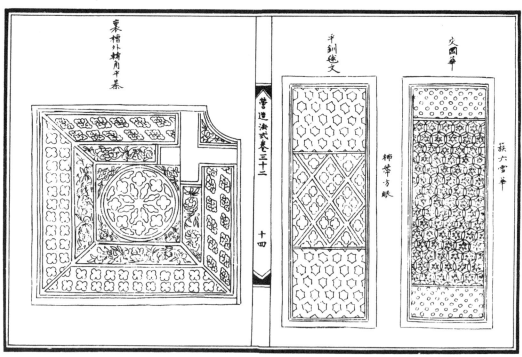

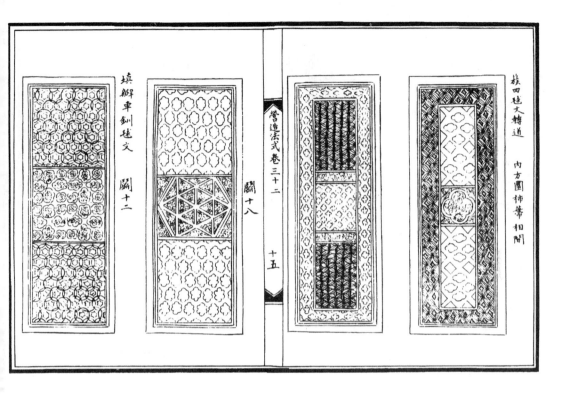

【原文】

　　造殿内平棊之制：于背板之上，四边用桯；桯内用贴，贴内留转道，缠难子。分布隔截，或长或方，其中贴络[2]花纹有十三品：一曰盘球；二曰斗八；三曰叠胜；四曰琐子；五曰簇六球纹；六曰罗文；七曰柿蒂；八曰龟背；九曰斗二十四；十曰簇三簇四球纹；十一曰六入圆花；十二曰簇六雪花；十三曰车钏球纹。其花纹皆间杂互用。花品或更随宜用之。或于云盘花盘内施明镜，或施隐起龙凤及雕花。[2]每段以长一丈四尺，广五尺五寸为率。其名件广厚，若间架虽长广，更不加减。[3]唯盝顶[4]欹斜处，其桯量所宜减之。

　　背板：长随间广，其广随材合缝计数，令足一架[5]之广，厚六分。

　　桯：长①随背板四周之广，其广四寸，厚二寸。

　　贴：长随桯四周之内，其广二寸，厚同背板。

　　难子并贴花：厚同贴。每方一尺用花子十六枚[2]。花子先用胶贴，候干，划

―――――――――
① "陶本"无"长"字。――编者注

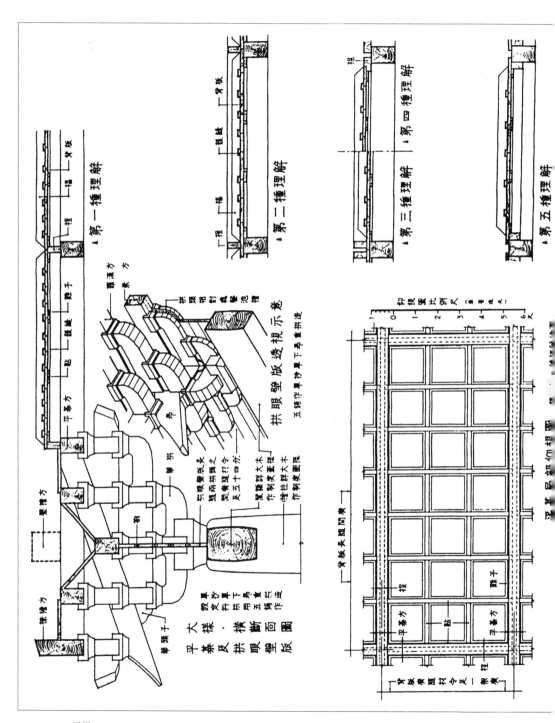

平棊

削令平，乃用钉。

凡平棋，施之于殿内铺作算桯枋之上。其背板后皆施护缝及楅。护缝广二寸，厚六分。楅广三寸五分，厚二寸五分，长皆随其所用。

【梁注】

[1]平棋就是我们所称天花板。宋代的天花板有两种格式。长方形的叫平棋，这是比较讲究的一种，板上用"贴络花纹"装饰。山西大同华严寺薄伽教藏殿（辽，1038年）的平棋就属于这一类。用木条做成小方格子，上面铺板，没有什么装饰花纹，亦即"以方椽施素板者"，叫作平暗。山西五台山佛光寺正殿（唐，857年）和河北蓟县独乐寺观音阁（辽，984年）的平暗就属于这一类。明清以后常用的方格比较大，支条（桯）和背上都加彩画装饰的天花板，可能是平棋和平暗的结合和发展。

[2]这里所谓"贴络"和"花子"，具体是什么，怎样"贴"，怎样做，都不清楚。从明清的做法看，所谓"贴络"，可能就是"沥粉"，至于"雕花"和"花子"，明清的天花上也有将雕刻的花饰附贴上去的。

[3]下文所规定的断面尺寸（广厚）是绝对尺寸，无平棋大小，一律用同一断面的桯、贴和难子，背板的"厚六分"也是绝对尺寸。

[4]覆斗形的屋顶，无论是外面的屋面或者内部的天花，都叫作鬭顶。鬭音鹿。

[5]这"架"就是大木作由榑到榑的距离。

【译文】

建造殿内平棋的制度：平棋位于背板之上，四条边上使用桯，桯内使用木贴，贴内留出转道，用难子缠绕，分隔成或长或方的格子排布。其中贴络的花纹有十三种：一是盘球，二是斗八，三是叠胜，四是琐子，五是簇六球纹，六是罗纹，七是柿蒂，八是龟背，九是斗二十四，十是簇三簇四球纹，十一是六入圆花，十二是簇六雪花，十三是车钏球纹。这些花纹都可以相互交叉使用（花纹的品种都可以根据情况使用）。或者在云盘花盘内安装明镜，或者做龙凤浮雕和雕花。每段以长一丈四尺，宽五尺五寸为标准。其构件长和宽的尺寸随间架结构的尺寸而定，不能随意加减更改，只有鬭顶的歪斜处，桯的尺寸可相应减少。

背板：长度根据开间宽度而定。其宽度根据材合缝数量而定，使其满足一架

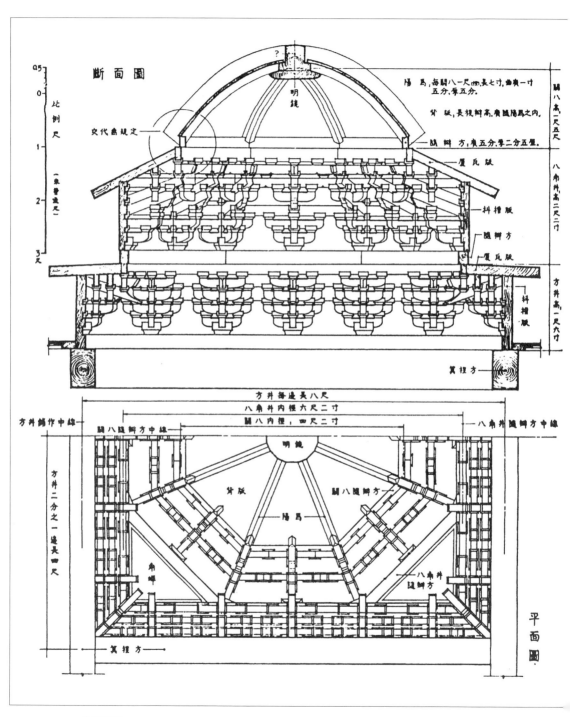

斗八藻井

的宽度，厚度为六分。

　　桯：长度根据背板四周的宽度而定。其宽度为四寸，厚二寸。贴：长度根据桯四周的尺寸而定。其宽度为二寸，厚度与背板相同。

　　难子以及贴花：厚度与贴相同。每一平方尺用十六枚花子。（花子先用胶贴住，等它干后，砍削平整，再用钉子钉住。）

　　凡平棋设置在殿内铺作的算桯枋上面。其背板后面都得用护缝和福。护缝宽两寸，厚六分；福宽三寸五分，厚二寸五分；长度都是根据情况而定。

斗八藻井[1]

　　其名有三：一曰藻井，二曰圆泉，三曰方井。今谓之斗八藻井。

【原文】

　　造斗八藻井之制：共高五尺三寸；其下曰方井，方八尺，高一尺六寸，其中曰八角井，径六尺四寸，高二尺二寸；其上曰斗八，径四尺二寸，高一尺五寸，于顶心之下施垂莲，或雕花云卷，皆内安明镜[2]。其名件广厚，皆以每尺之径，积而为法。

　　方井：于算桯枋之上施六铺作下昂重栱；材广一寸八分，厚一寸二分；其斗栱等分数制度，并准大木作法。四入角[3]。每面用补间铺作五朵。凡所用斗栱并立旌，枓槽板[4]随瓣枋[5]①斗栱之上，用压厦板。八角井同此。

　　枓槽板：长随方面之广，每面广一尺，则广一寸七分，厚二分五厘。压厦板长厚同上，其广一寸五分。

　　八角井：于方井铺作之上施随瓣枋，抹角勒作八角。八角之外，四角谓之角蝉[6]。于随瓣枋之上施七铺作上昂重栱。材分等并同方井法，八入角[7]，每瓣[8]用补间铺作一朵。

　　随瓣枋：每直径一尺，则长四寸，广四分，厚三分。

　　枓槽板[9]：长随瓣，广二寸，厚二分五厘。

　　压厦板：长随瓣，斜广二寸五分，厚二分七厘。

　　斗八：于八角井铺作之上，用随瓣枋；方上施斗八阳马，阳马今俗谓之梁抹；

———————

① "陶本"无此"随瓣枋"三字。——编者注

阳马之内施背板，贴络花纹。

阳马^[10]：每斗八径一尺，则长七寸，曲广一寸五分，厚五分。

随瓣枋：长随每瓣之广，其广五分，厚二分五厘。

背板：长视瓣高，广随阳马之内。其用贴并难子，并准平棋之法。花子每方一尺用十六枚或二十五枚。

凡藻井，施之于殿内照壁屏风之前，或殿身内前门之前平棋之内。

【梁注】

［1］藻井是在平棋的主要位置上，将平棋的一部分特别提高，造成更高的空间感以强调其重要性。这种天花上开出来的"井"，一般都采取八角形，上部形状略似扣上一顶八角形的"帽子"。这种八角形"帽子"是用八根同中心辐射排列的棋起的阳马（角梁）"斗"成的，谓之"斗八"。

［2］这里说的是，斗八的顶心可以有两种做法：一种是枨杆（见大木作"簇角梁"制度）的下端做成垂莲柱；另一种是在枨柱之下（或八根阳马相交点之下）安明镜（明镜是不是铜镜？待考），周圈饰以雕花云卷。

［3］"入角"就是内角或阴角，这里特画"四入角"和"八入角"是要说明在这些角上的斗棋的"后尾"或"里跳"。

［4］这些斗棋是纯装饰性的，只做露明的一面，装在枓槽板上，枓槽板是立放在槽线的木板，所以需要立旌支撑。

［5］在正方形内抹去四角，做成等边八角形；抹去的四个等腰三角形就叫作"角蝉"。

［6］八角形或等边多角形的一面谓之"瓣"。

［7］这个随瓣枋是八角井下边承托枓槽板的随瓣枋。

［8］这个枓槽板是八角形的枓槽板。

［9］阳马就是角梁的别名。

［10］这个随瓣枋是斗八藻井顶部阳马脚下的随瓣枋。

【译文】

建造斗八藻井的制度：总共高五尺三寸。下面是方井，八尺见方，高度为一尺六寸；中间是八角井，直径六尺四寸，高度为二尺二寸；上部叫斗八，直径四尺二寸，高一尺五寸，在顶部中心位置做垂莲造型或雕刻花纹及云卷，里面都安

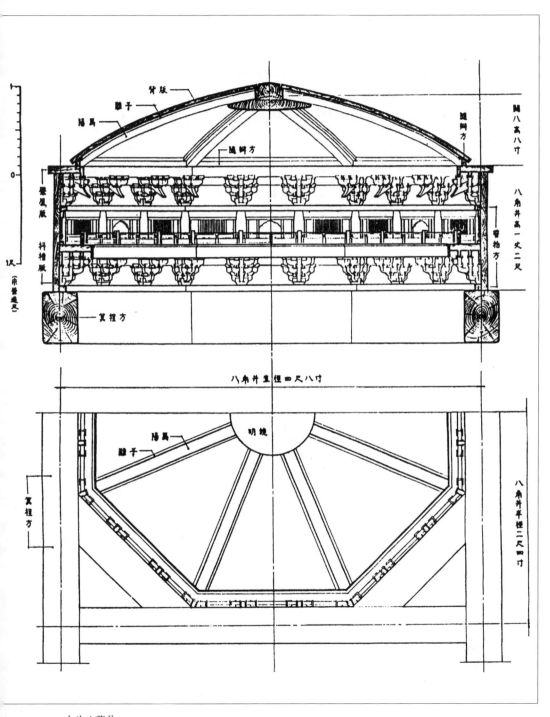

小斗八藻井

设明镜。斗八藻井构件的宽度和厚度也都以每一尺直径长度为一百，用这个百分比来确定各部分的比例尺寸。

方井：在算桯枋上面做六铺作的下昂重棋。（材宽一寸八分，厚一寸二分。相应斗棋等木料的分数制度都以大木作制度为准。）四个入角。每一面用五朵补间铺作。（所使用的斗棋都要有立旌、斗槽板，斗棋之上使用压厦板。八角井与此相同。）

斗槽板：长度根据方井面的宽度而定，方井面宽度每增加一尺，则斗槽板宽度增加一寸七分，厚度增加二分五厘。压厦板的长度和厚度同上，宽度为一寸五分。

八角井：在方井的铺作上面使用随瓣枋，将四方形拐角抹掉，勒出八角造型。（八角之中外面的四个角称作"角蝉"。）在随瓣枋上面设置七铺作的上昂重棋。（材分等都与方井的规定相同。）八个内角。每一瓣用一朵补间铺作。

随瓣枋：直径每增加一尺，则长度增加四寸，宽增四分，厚增三分。

斗槽板：长度根据瓣枋而定，宽二寸，厚二分五厘。

压厦板：长度根据瓣枋而定，斜面宽二寸五分，厚二分七厘。

斗八：在八角井铺作的上面使用随瓣枋，方子上采用斗八阳马造型（阳马即如今俗称的"梁抹"）。阳马里面安装背板，做贴络花纹。

阳马：斗八直径每增加一尺，则长度增加七寸，曲面宽度增加一寸五分，厚度增加五分。

随瓣枋：长度根据每一瓣的宽度而定，宽为五分，厚二分五厘。

背板：长度根据每一瓣的高度而定，宽度根据阳马内的尺寸而定。背板所用木贴和难子，一并参考平棋的规定。（方形边长每增加一尺，则用十六枚或二十五枚花子。）

凡藻井用在殿内照壁屏风前面，或者殿身之内，前门之前，平棋之内。

小斗八藻井

【原文】

造小藻井之制：共高二尺二寸。其下曰八角井，径四尺八寸，其上曰斗八，高八寸。于顶心之下施垂莲或雕花云卷；皆内安明镜，其名件广厚，各以每尺之径及高，积而为法。

八角井：抹角勒算桯枋作八瓣。于算桯枋之上用普拍枋；方上施五铺作卷头重栱。材广六分，厚四分；其斗栱等分数制度，皆准大木作法。斗栱之内用枓槽板，上用压厦板，上施板壁贴络门窗，勾栏，其上又用普拍枋[1]。枋上施五铺作一杪一昂重栱，上下并八入角，每瓣用补间铺作两朵。

枓槽板：每径一尺，则长九寸；高一尺，则广六寸。以厚八分为定法。

普拍枋：长同上，每高一尺，则方三分。

随瓣枋：每径一尺，则长四寸五分；每高一尺，则广八分，厚五分。

阳马：每径一尺，则长五寸；每高一尺，则曲广一寸五分，厚七分。

背板：长视瓣高，广随阳马之内。以厚五分为定法。其用贴并难子，并准殿内斗八藻井之法。贴络花数亦如之。

凡小藻井，施之于殿宇副阶之内[2]。其腰内所用贴络门窗，勾栏，勾栏下施雁翅板[3]，其大小广厚，并随高下量宜用之。

【梁注】

[1] 这个需要注释明确一下。"斗栱之内"的"内"字应理解为背面，即斗栱的背面用枓槽板；"上用压夏板"是"斗栱之上用压厦板"；"上施板壁络门窗，勾栏"是在这块压夏板之上，安一块板子贴络门窗，在压厦板边缘上安勾栏，"其上又安普拍枋"是在贴络门窗之上安普拍枋。

[2] 这就是重檐殿宇的廊内。

[3] 原文作"勾栏上施雁翅板，而实际是在勾栏脚下施雁翅板，所以"上"字改为"下"字。

【译文】

建造小藻井的制度：总共高为二尺二寸。下面的叫作八角井，直径为四尺八寸；上面的叫斗八，高八寸。在顶部中心位置的下面做垂莲造型或雕刻花纹及云卷，里面都安设明镜。小斗八藻井构件的宽度和厚度也都以每一尺的直径长度为一百，用这个百分比来确定各部分的比例尺寸。

八角井：抹掉算桯枋的四角做成八瓣，在算桯枋之上使用普拍枋，枋子上面使用五铺作卷头重栱。（材的宽度为六分，厚四分。斗栱的分数制度都以大木作的制度为准。）斗栱里面用枓槽板，上面用压厦板，在压厦板上使用板壁贴络门窗，并在压厦板边缘安装勾栏。上面再设置普拍枋，普拍枋上做五铺作一杪一昂重棋，上面和下面都做成八个阴角，每一瓣用两朵补间铺作。

斗槽板：直径每增加一尺，则长度增加九寸；高度增加一尺，则宽度增加六寸。（厚度为八分，这是统一规定。）

普拍枋：长度同上，高度每增加一尺，则方形边长增加三分。

随瓣枋：八角井直径每增加一尺，则长度增加四寸五分。高度每增加一尺，则宽度增加八分，厚度增加五分。

阳马：直径每增加一尺，则长度增加五寸。高度每增加一尺，则曲面宽度增加一寸五分，厚度为七分。

背板：长度根据瓣高而定，宽度根据阳马内的尺寸而定。（厚度为五分，是统一规定。）所用的木贴和难子，两者都以殿内斗八藻井之法为准。（贴络花数也是如此。）

凡小藻井应放在殿宇的副阶之内。腰内使用贴络门窗和勾栏（勾栏上安装雁翅板）。其大小宽厚都是根据高低位置而酌情使用。

拒马叉子 [1]

其名有四：一曰梐枑，二曰梐拒 [2]，三曰行马，四曰拒马叉子。

【原文】

造拒马叉子之制：高四尺至六尺。如间广一丈者，用二十一棂；每广增一尺，则加二棂，减亦如之。两边用马衔木，上用穿心串，下用拢棍连梯，广三尺五寸，其卯广减棍之半，厚三分，中留一分。其名件广厚，皆以高五尺为祖，随其大小而加减之。

棂子：其首制度有二：一曰五瓣云头挑瓣；二曰素讹角，叉子首于上串上出者，每高一尺，出二寸四分；挑瓣处下留三分。斜长五尺五寸，广二寸，厚一寸二分，每高增一尺，则长加一尺一寸，广加二分，厚加一分。

马衔木：其首破瓣同棂，减四分。长视高。每叉子高五尺，则广四寸半，厚二寸半。每高增一尺，则广加四分，厚加二分；减亦如之。

上串：长随间广；其广五寸五分，厚四寸。每高增一尺，则广加三分，厚加二分。

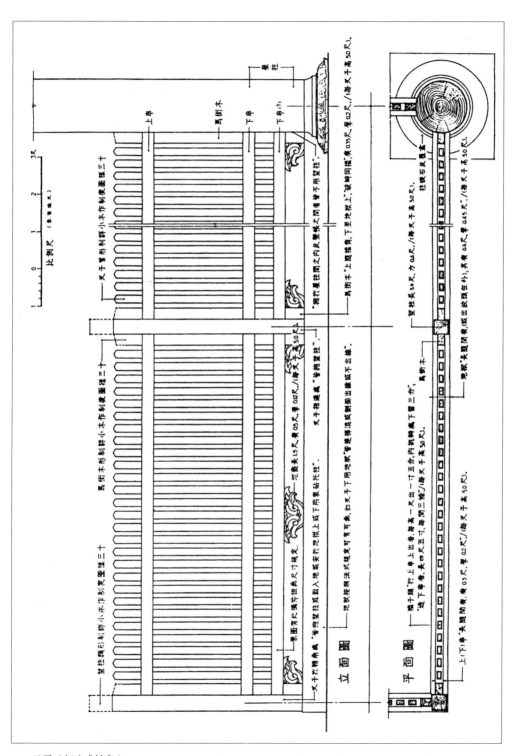

叉子（相连或转角）

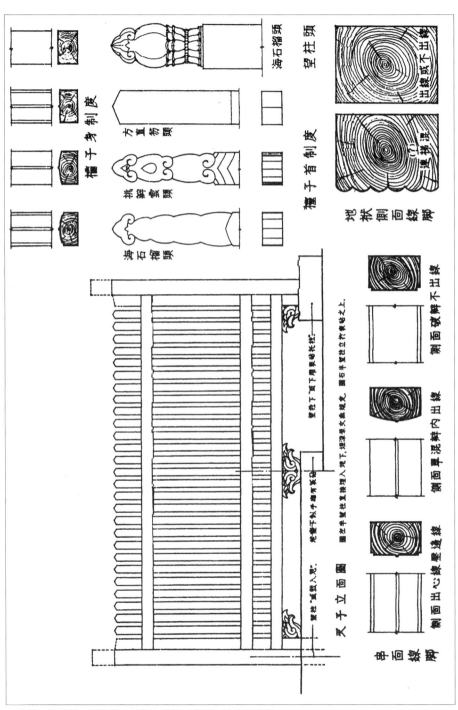

叉子、棂子首、棂子身，望柱头细部，串面、地栿侧线脚

连梯：长同上串，广五寸，厚二寸五分。每高增一尺，则广加一寸，厚加五分。两头者广厚同，长随下广。

凡拒马叉子，其棂子自连梯上，皆左右隔间分布于上串内，出首交斜相向。

【梁注】

[1] 拒马叉子是衙署府第大门外使用的活动路障。

[2] 椹，音陛（bì）；栢，音户。

【译文】

建造拒马叉子的制度：高度为四尺至六尺。如果屋子开间宽一丈，则用二十一根棂子。宽度每增加一尺，则加两根棂子，减少也是如此。两边采用马衔木，上面使用穿心串，下面采用拢桯连梯，宽度为三尺五寸。卯椹的宽度为桯的一半，厚度为三分，中间留出一分。拒马叉子的构件宽厚尺寸，都以五尺高为准则，根据大小酌情加减。

棂子：棂子头的制度有两个：一是五瓣云头挑瓣，二是素讹角。（叉子头从上串的上面伸出，高度每增加一尺，则伸出二寸四分，挑瓣的下面留出三分。）斜面长为五尺五寸，宽二寸，厚一寸二分。高度每增加一尺，则长度增加一尺一寸，宽度增加二分，厚度增加一分。

马衔木：（马衔木的头上破瓣与棂子破瓣相同，但尺寸少四分。）长度根据高度而定。叉子高度为五尺，则宽度为四寸半，厚度为二寸半。高度每增加一尺，则宽度增加四分，厚度增加二分。减少也按照这个比例。

上串：长度根据开间宽度而定。宽为五寸五分，厚四寸。高度每增加一尺，则宽度增加三分，厚度增加二分。

连梯：长度与上串相同，宽五寸，厚二寸五分。高度每增加一尺，则宽度增加一寸。厚度增加五分。（两头的宽度和厚度相同，长度根据下端的宽度而定。）

凡拒马叉子，从它的棂子到连梯上面，都是左右隔间分布，在上串内出头，斜对相向。

叉子 [1]

【原文】

造叉子之制：高二尺至七尺，如广一丈，用二十七棂；若广增一尺，即更加二棂；减亦如之。两壁用马衔木；上下用串；或于下串之下用地栿、地霞造。其名件广厚，皆以高五尺为祖，随其大小而加减之。

望柱：如叉子高五尺，即长五尺六寸，方四寸。每高增一尺，则加一尺一寸，方加四分；减亦如之。

棂子：其首制度有三：一曰海石榴头，二曰挑瓣云头，三曰方直笏头。叉子首于上串上出者，每高一尺，出一寸五分；内挑瓣处下留三分，其身制度有四：一曰一混、心出单线、压边线；二曰瓣内单混、面上出心线；三曰方直、出线、压边线或压白；四曰方直不出线，其长四尺四寸，透下串者长四尺五寸，每间三条，广二寸，厚一寸二分。每高增一尺，则长加九寸，广加二分，厚加一分；减亦如之。

上下串：其制度有三：一曰侧面上出心线、压边线或压白；二曰瓣内单混出线；三曰破瓣不出线；长随间广，其广三寸，厚二寸。如高增一尺，则广加三分，厚加二分；减亦如之。

马衔木：破瓣同棂。长随高，上随棂齐，下至地栿上。制度随棂。其广三寸五分，厚二寸。每高增一尺，则广加四分，厚加二分。减亦如之。

地霞：长一尺五寸，广五寸，厚一寸二分。每高增一尺，则长加三寸，广加一寸，厚加二分；减亦如之。

地栿：皆连梯混，或侧面出线。或不出线。长随间广，或出绞头在外，其广六寸，厚四寸五分。每高增一尺，则广加六分，厚加五分；减亦如之。

凡叉子若相连或转角，皆施望柱，或栽入地，或安于地栿上，或下用衮砧 [2] 托柱。如施于屋柱间之内及壁帐之间者，皆不用望柱。

【梁注】

[1] 叉子是用垂直的棂子排列组成的栅栏，棂子的上端伸出上串之上，可以防止人从上面爬过。

[2] 衮砧是石制的，大体上是方形的，浮放在地面上（可以移动）的"柱础"。

【译文】

建造叉子的制度：高度为二尺至七尺。如果宽度为一丈，则用二十七根棂子。如果宽度增加一尺，即再加二根棂子。减少也是如此。两壁使用马衔木，上下采用腰串。或者在下串的下面采用地栿和地霞。叉子构件的宽度和厚度尺寸，都以五尺高为准则，根据大小酌情加减。

望柱：如果叉子高为五尺，则望柱长五尺六寸，四寸见方。高度每增加一尺，则长度增加一尺一寸，方形边长增加四分。减少也按此比例。

棂子：棂子头的制度有三个：一是海石榴头；二是挑瓣云头；三是方直笏头。（叉子头在上串上面出头，高度每增加一尺，则出头一寸五分，内挑瓣下面留出三分。）棂子身的制度有四个：一是一混心出单线压边线；二是瓣内单混面上出心线；三是方直出线压边线或压白；四是方直不出线。棂子长度为四尺四寸（穿透下串的棂子长四尺五寸，每一间用三条）。宽度为二寸，厚一寸二分。高度每增加一尺，则长度增加九寸，宽度增加二分，厚加一分。减少也按照这个比例。

上下串：上下串的制度有三个：一是侧面上出心线压边线或压白；二是瓣内单混出线；三是破瓣不出线。长度根据屋间宽度而定。其宽度为三寸，厚二寸。如果高度增加一尺，则宽度增加三分，厚度增加二分。减少也按照这个比例。

马衔木：（破瓣的做法与棂子处的破瓣相同。）长度根据高度而定（上面与棂子相平齐，下至地栿上面）。马衔木的制度与棂相同。其宽度为三寸五分，厚度为二寸。高度每增加一尺，则宽度增加四分，厚度增加二分。减少也按照这个比例。

地霞：长度为一尺五寸，宽五寸，厚一寸二分。高度每增加一尺，则长度增加三寸，宽度增加一寸，厚度增加二分。减少也按照这个比例。

地栿：都是连梯混，或者侧面出线。（或者不出线。）长度根据间宽而定（或者绞头出在外面）。其宽度为六寸，厚度为四寸五分。高度每增加一尺，则宽度增加六分，厚度增加五分。减少也是按照这个比例。

凡叉子如果相互连接，或者用在转角处，都要安设望柱，或者栽入地面以下，或者安在地栿上面，或者下面用衮砧托住柱子。如果是用在屋内的柱子之间以及壁帐之间的叉子，则不采用望柱。

勾栏[1]

重台勾栏、单勾栏。其名有八：一曰棂槛，二曰轩槛，三曰柒，四曰
楯牢，五曰栏楯，六曰柃，七曰阶槛，八曰勾栏。

【原文】

造楼阁殿亭勾栏之制有二：一曰重台勾栏，高四尺至四尺五寸；二曰单勾栏，
高三尺至三尺六寸。若转角则用望柱。或不用望柱，即以寻杖绞角[2]。如单勾栏
科子蜀柱者，寻杖或合角[3]。其望柱头破瓣仰覆莲。当中用单胡桃子，或作海石
榴头。如有慢道，即计阶之高下，随其峻势，令斜高与勾栏身齐。不得令高，其
地栿之类，广厚准此。其名件广厚，皆取勾栏每尺之高，谓自寻杖上至地栿下，
积而为法。

重台勾栏：

望柱：长视高，每高一尺，则加二寸，方一寸八分。

蜀柱：长同上，上下出卯在内，广二寸，厚一寸，其上方一寸六分，刻为瘿
项。其项下细处比上减半，其下挑心尖，留十分之二；两肩各留十分中四分；其
上出卯以穿云栱，寻杖；其下卯穿地栿。

云栱：长二寸七分，广减长之半，荫一分二厘，在寻杖下，厚八分。

地霞：或用花盆亦同。长六寸五分，广一寸五分，荫一分五厘，在束腰下，
厚一寸三分。

寻杖：长随间，方八分。或圆混或四混、六混、八混造；下同。

盆唇木：长同上，广一寸八分，厚六分。

束腰：长同上，方一寸。

上花板：长随蜀柱内，其广一寸九分，厚三分。四面各别出卯入池槽，各一
寸；下同。

下花板：长厚同上，卯入至蜀柱卯，广一寸三分五厘。

地栿：长同寻杖，广一寸八分，厚一寸六分。

单勾栏：

望柱：方二寸。长及加同上法。

蜀柱：制度同重台勾栏蜀柱法，自盆唇木之上，云栱之下，或造胡桃子撮项，

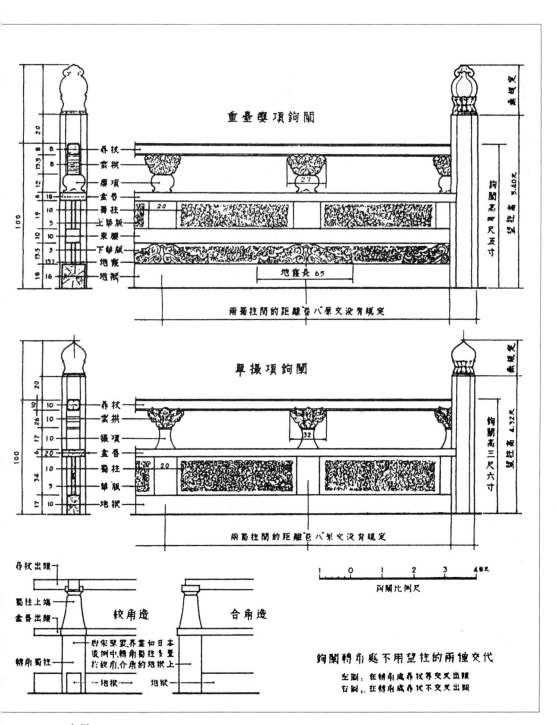

重叠雙項鈎闌

單撮項鈎闌

較角造　　合角造

鈎闌轉角處下用望柱的兩種交代

勾栏

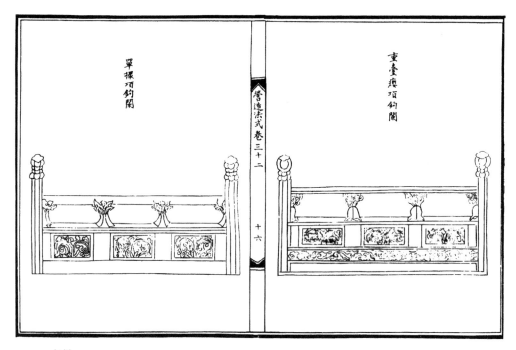

勾栏

或作蜻蜓头[4]，或用枓子蜀柱。

　　云栱：长三寸二分，广一寸六分，厚一寸。

　　寻杖：长随间之广，其方一寸。

　　盆唇木：长同上，广二寸，厚六分。

　　花板：长随蜀柱内，其广三寸四分，厚三分。若万字或钩片造[5]者，每花板广一尺，万字条柽广一寸五分，厚一寸，子柽广一寸二分五厘；钩片条柽广二寸，厚一寸一分，子柽广一寸五分。其间空相去，皆比条柽减半；子柽之厚同条柽。

　　地栿：长同寻杖，其广一寸七分，厚一寸。

　　花托柱[6]：长随盆唇木，下至地栿上，其广一寸四分，厚七分。

　　凡勾栏分间布柱，令与补间铺作相应。角柱外一间与阶齐，其勾栏之外，阶头随屋大小留三寸至五寸为法。如补间铺作太密，或无补间者，量其远近，随宜加减。如殿前中心作折槛者，今俗谓之龙池，每勾栏高一尺，于盆唇内广别加一寸。其蜀柱更不出项，内加花托柱。

【梁注】

[1]以小木作勾栏与石作勾栏相对照，可以看出它们的比例、尺寸，乃至一些构造的做法（如蜀柱下卯穿地栿）基本上是一样的。由于木石材料性能之不同，无论在构造方法上或比例、尺寸上，木石两种勾栏本应有显著的差别，在《营造法式》中，显然故意强求一致，因此石作勾栏的名件就过于纤巧单薄，脆弱易破，而小木作勾栏就嫌沉重笨拙了。

[2]这种寻杖绞角的做法，在唐、宋绘画中是常见的，在日本也有实例。

[3]这种枓子蜀柱上寻杖合角的做法，无论在绘画或实物中都没有看到过。

[4]蜻蜓头的样式待考。可能是顶端做成两个圆形的样子。

[5]从南北朝到唐末宋初，勾片都很普遍使用。云冈石刻和敦煌壁画中所见很多。南京栖霞寺五代末年的舍利塔月台的勾片勾栏是按出土栏板复制的。

[6]华托柱以及本篇末段所说"殿前中心作折槛"等等的做法待考。

【译文】

建造楼阁殿亭栏杆的制度有二：一是重台勾栏（栏杆），高度在四尺至四尺五寸；二是单勾栏（栏杆），高度在三尺至三尺六寸。如果栏杆转角则用望柱。（或者不用望柱，则用寻杖绞角代替。如单勾栏用枓子和蜀柱的，则使用寻杖或合角。）望柱的头用破瓣，做仰覆莲花造型。（当中用单胡桃子，或者做海石榴头的造型。）如果有慢道，则计算阶梯的高矮，根据其倾斜的陡势，使斜高与栏杆的身子齐平。（不能超过栏身。其他地栿之类构件的宽厚也以此为准。）其他构件的宽厚尺寸都以栏杆每尺的高度为一百（即从寻杖上端至地栿下部），用这个百分比来确定各部分的比例尺寸。

重台勾栏：

望柱：长度根据栏杆的高度而定。高度每增加一尺，则长度增加二寸，方形边长增加一寸八分。

蜀柱：长度同上（包括上下出卯在内）。宽二寸，厚一寸。蜀柱上面的一寸六分刻成脖子状的瘿项。（瘿项下面的细处要比上部的尺寸少一半。瘿项下面挑出心尖，留出十分之二的尺寸，两肩各自留出十分中的四分，上端出卯，用来穿进云栱和寻杖。下端出卯以穿地栿。）

云栱：长二寸七分，宽为长度的一半，向里雕刻一分二厘的线槽（在寻杖下面），厚度为八分。

地霞：（或用花盆亦同。）长六寸五分，宽一寸五分，向里雕刻一分五厘（在束腰下），厚一寸三分。

寻杖：长度根据开间而定，八分见方。（或者圆混，或四混、六混、八混。以下相同。）

盆唇木：长度同上，宽一寸八分，厚六分。

束腰：长度同上，一寸见方。

上花板：长度根据蜀柱内尺寸而定。其宽度为一寸九分，厚三分。（四面各自分别出卯，卯入池槽各一寸深，以下相同。）

下花板：长度和厚度同上（卯深入蜀柱的出卯位置），宽一寸三分五厘。

地栿：长度与寻杖相同，宽一寸八分，厚一寸六分。

单勾栏：

望柱：二寸见方。（长度以及加减与上面的办法相同。）

蜀柱：蜀柱的制度与重台勾栏处的蜀柱制法相同。在盆唇木之上，到云栱之下，要么建造胡桃子撮项，要么做成蜻蜓头造型，要么采用枓子蜀柱。

云栱：长三寸二分，宽一寸六分，厚一寸。

寻杖：长度根据开间宽度而定。一寸见方。

盆唇木：长度同上，宽二寸，厚六分。

花板：长度根据蜀柱内的尺寸而定。其宽度为三寸四分，厚度为三分。（如果是万字造型或者勾片造型，每块花板宽度为一尺；万字造型的条桱宽一寸五分，厚一寸，子桱宽一寸二分五厘；勾片的条桱宽二寸，厚一寸一分，子桱宽一寸五分。万字或者勾片造型之间的距离，都要比条桱的宽度减少一半。子桱的厚度与条桱相同。）

地栿：长度与寻杖相同。其宽度为一寸七分，厚一寸。

花托柱：长度从盆唇木下端到地栿上面。其宽度为一寸四分，厚七分。

凡栏杆按照每一个开间分布柱子的位置，使柱子与补间铺作相呼应。（在角柱外的一间与台阶平齐。栏杆之外的阶头，根据屋子的大小，留三寸至五寸为准。）如果补间铺作太密或者没有补间，要测量其位置远近酌情加减。如果宫殿前的中心做折槛（如今俗称"龙池"），栏杆每高一尺，在盆唇内的宽度另外增加一寸。蜀柱不能出项，里面加花托柱。

棵笼子[1]

【原文】

造棵笼子之制：高五尺，上广二尺，下广三尺；或用四柱，或用六柱，或用八柱。柱子上下，各用榥子、脚串、板榥。下用牙子，或不用牙子。或双腰串，或下用双榥子铌脚板造。柱子每高一尺，即首长一寸，垂脚[2]空五分。柱身四瓣方直。或安子桯，或[3]采子桯，或破瓣造，柱首或作仰覆莲，或单胡桃子，或科柱挑瓣方直[4]或刻作海石榴。其名件广厚，皆以每尺之高，积而为法。

柱子：长视高，每高一尺，则方四分四厘；如六瓣或八瓣，即广七分，厚五分。

上下榥并腰串：长随两柱内，其广四分，厚三分。

铌脚板：长同上，下随榥子之长，其广五分。以厚六分为定法。

棍子：长六寸六分，卯在内，广二分四厘。厚同上。

牙子：长同铌脚板。分作二条，广四分。厚同上。

凡棵笼子，其棍子之首在上榥子内，其棍相去准叉子制度。

【梁注】

［1］棵笼子是保护树的周圈栏杆。

［2］垂脚就是下榥离地面的空当的距离。

［3］"安子桯"和"采子桯"有何区别待考，而且也不知子桯用在什么位置上。

［4］"科柱挑瓣方直"的样式待考。

【译文】

建造棵笼子的制度：高度为五尺，上宽二尺，下宽三尺，有的用四根柱子，有的用六根柱子，有的用八根柱子。柱子上下各用榥子、脚串、板榥。（下面有的用牙子，有的不用牙子。）或者使用双腰串，或者下面采用双榥子铌脚板造型。

柱子每高一尺则柱头长为一寸，下梐离地距离空出五分，柱子身采用四瓣方直造型，有的安装子桯，有的安装采子桯，或者采用破瓣。柱子头有的做成仰覆莲花的造型，有的做成胡桃子，有的做斗柱挑瓣方直，有的雕刻成海石榴。其构件的宽度和厚度等尺寸，都以每一尺的高度为一百，用这个百分比来确定各部分的比例尺寸。

柱子：长度根据高度而定，每高一尺，则四分四厘见方。如果采用六瓣或八瓣，则宽七分，厚五分。

上下梐及腰串：长度根据两柱子之间的尺寸而定。宽度为四分，厚三分。

锭脚板：长度同上。（下面根据梶子的长度而定。）宽度为五分。（厚度以六分为定则。）

梶子：长六寸六分（包括卯在内），宽二分四厘。（厚度同上。）

牙子：长度与锭脚板长度相同（分成两条）。宽度为四分。（厚度同上。）

凡棵笼子上的梶子头在上梶子里面，梶子之间的距离以制造叉子的制度为准。

井亭子 [1]

【原文】

造井亭子之制：自下锭脚至脊，共高一丈一尺，鸱尾在外，方七尺。四柱，四椽，五铺作一秒一昂，材广一寸二分，厚八分，重栱造。上用压厦板，出飞檐，作九脊结窑。其名件广厚，皆取每尺之高，积而为法。

柱：长视高，每高一尺，则方四分。

锭脚：长随深广，其广七分，厚四分。绞头在外。

额：长随柱内，其广四分五厘，厚二分。

串：长与广厚并同上。

普拍枋：长广同上，厚一分五厘。

枓槽板 [2]：长同上，减二寸 [3]，广六分六厘，厚一分四厘。

平棋板：长随枓槽板内，其广合板令足。以厚六分为定法。

平棋贴：长随四周之广，其广二分。厚同上。

楅：长随板之广，其广同上，厚同普拍枋。

平棋下难子：长同平棋板，方一分。

压厦板：长同锭脚，每壁加八寸五分[3]，广六分二厘，厚四厘。

栿：长随深，加五寸，广三分五厘，厚二分五厘。

大角梁：长二寸四分，广二分四厘，厚一分六厘。

子角梁：长九分，曲广三分五厘，厚同槫。

贴生[4]：长同压厦板，加六寸，广同大角梁，厚同枓槽板。

脊槫蜀柱[5]：长二寸二分，卯在内，广三分六厘，厚同栿。

平屋槫蜀柱：长八分五厘[6]，广厚同上。

脊槫及平屋槫：长随广，其广三分，厚二分二厘。

脊串：长随槫，其广二分五厘，厚一分六厘。

叉手：长一寸六分，广四分，厚二分[7]。

山板[8]：每深一尺，即长八寸，广一寸五分[3]，以厚六分为定法。

上架椽：每深一尺，即长三寸七分；曲广一分六厘，厚九厘[9]。

下架椽：每深一尺，即长四寸五分；曲广一分七厘，厚同上。

厦头下架椽：每广一尺，即长三寸；曲广一分二厘，厚同上。

从角椽：长取宜，匀摊使用。

大连檐：长同压厦板，每面加二尺四寸，广二分，厚一分。

前后厦瓦板：长随槫，其广自脊至大连檐。合贴令数足，以厚五分为定法，每至角，长加一尺五寸。

两头厦瓦板：其长自山板至大连檐。合板令数足，厚同上。至角加一尺一寸五分。

飞子：长九分，尾在内，广八厘，厚六厘。其飞子至角令随势上曲。

白板[10]：长同大连檐，每壁长加三尺，广一寸。以厚五分为定法。

压脊：长随槫，广四分六厘，厚三分。

垂脊：长自脊至压厦外，曲广五分，厚二分五厘。

角脊：长二寸，曲广四分，厚二分五厘。

曲阑槫脊：每面长六尺四寸，广四分，厚二分。

前后瓦陇条：每深一尺，即长八寸五分。方九厘。相去空九厘。

厦头瓦陇条：每广一尺，即长三寸三分。方同上。

搏风板：每深一尺，即长四寸三分，以厚七分为定法。

瓦口子^[11]：长随子角梁内，曲广四分，厚亦如之。

垂鱼：长一尺三寸。每长一尺，即广六寸。厚同搏风板。

惹草：长一尺。每长一尺，即广七寸。厚同上。

鸱尾：长一寸一分，身广四分，厚同压脊。

凡井亭子，锭脚下齐，坐于井阶之上。其斗栱分数及举折等，并准大木作之制。

【梁注】

　　[1]《法式》卷六《小木作制度一》里已有"井屋子"一篇。这里又有"井亭子"。两者实际上是同样的东西，只有大小简繁之别。井屋子比较小，前后两坡顶，不用斗栱，不用椽，厦瓦板上钉护缝，井亭子较大，九脊结窗式顶，用一杪一昂斗栱，用椽，厦瓦板上钉瓦陇条，做成瓦陇形式脊上用螭尾，亭内上部还做平棋。

　　本篇中的制度尽管列举了各名件的比例、尺寸，占去很大篇幅，但是，由于一些关键性的问题没有交代清楚，或者根本没有交代（这在当时可能是没有必要的，但对我们来说都是绝不可少的），所以尽管我们尽了极大的努力，都还是画不出一张勉强表达出这井亭子的形制的图来。其中最主要的一个环节，就是栿的位置。由于这一点不明确，就使我们无法推算槫的长短，两山的位置，角梁尾的位置和交代的构造，总而言之，我们就怎样也无法把这些名件拼凑成一个大致"过得了关"的"九脊结窗顶"。

　　除此之外，制度中的尺寸，还有许多严重的错误。例如平屋槫蜀柱，"长八寸五分"实际上应是"八分五厘"。又如上架椽"曲广一寸六分"下椽架"曲广一寸七分"，各是"一分六厘"和"一分七厘"之误。又如叉手"广四分，厚二分"，比栿的"广三分五厘"还粗壮，这显然本末倒置很不合理。这些都是我们在我们的不成功的制图过程中发现的错误。此外，很可能还有些具体数字上的错误，我们一时就不易核对出来了。

　　[2]井亭子的斗栱是纯装饰性的，安在枓槽板上。

　　[3]这类小注中的尺寸，大多不是"以每尺之高积而为法"的比例尺寸，而是绝对尺寸，或者是用其他方法（例如"每深×尺"或"每广×尺"，"则长×寸×分"之类）计算的比例尺寸。但须注意，下文接着又用大字的本文，如这里的"广六分六厘，厚一分四厘"，又立即回到按指定的依据"积而为法"的比例上去了，本篇（以及其他各卷、各篇）中类似这样

的小注很多，请读者特加注意。

　　[4] 贴生的这个"生"字，可能有"生起"（如角柱生起）的含义，也就是大木作橑檐枋或槫背上的生头木。它是贴在枓槽板上的，所以厚同枓槽板。因为它是由枓槽板"生起"到角梁背的高度的，所以"广同大角梁"。因此，它也应该像生头木那样，"斜杀向里，令生势圆和"。

　　[5] 脊槫蜀柱和平屋槫蜀柱都是直接立在枨上的蜀柱。

　　[6] 这个尺寸，各本原来都作"长八寸五分"。按大木作举折之制绘图证明，应作"长八分五厘"。

　　[7] 叉手"广四分，厚二分"，比枨"广三分五厘"还大，很不合理。"长一寸六分"只适用于平屋槫下。

　　[8] 山板是什么？不太清楚。可能相当于清代的歌山顶的山花板，但从这里规定的比例尺寸 8∶1.5 看，又很不像。

　　[9] 这里"曲广一分六厘"和下面"曲广一分七厘"的尺寸，各本原来都作"曲广一寸六分"和"曲广一寸七分"。经制图核对，证明是"一分六厘"和"一分七厘"之误。

　　[10] 白板可能是用在檐口上的板条，其准确位置和做法待考。

　　[11] 瓦口子可能是檐口上按瓦陇条的间距做成的瓦当和滴水瓦形状的木条，是否尚待考。

【译文】

　　建造井亭子的制度：从下面的锭脚到亭脊总共高一丈一尺（鸱尾在外），七尺见方。四根柱子，四橡，五铺作一秒一昂，材的宽度为一寸二分，厚度为八分，用重栱。上面使用压厦板，挑出飞檐，做九脊结瓦。其余构件的宽厚尺寸都以每一尺的高度为一百，用这个百分比来确定各部分的比例尺寸。

　　柱：长度根据高度而定。高度每增加一尺，则方形边长增四分。

　　锭脚：长度根据亭深宽而定。宽度为七分，厚四分。（绞头在外。）

　　额：长度根据柱子内尺寸而定。宽度为四分五厘，厚二分。

　　串：长度、宽度、厚度全同上。

　　普拍枋：长度、宽度同上，厚一分五厘。

　　枓槽板：长度同上（减少二寸），宽六分六厘，厚一分四厘。

　　平棋板：长度根据斗槽板内尺寸而定。可以拼合板子使宽度足够。（厚以六分为统一规定。）

平棋贴：长度根据四周宽度而定。宽度为二分。（厚度同上。）

榻：长度根据板子的宽度而定。宽度同上，厚度与普拍枋相同。

平棋下难子：长度与平棋板相同，一分见方。

压厦板：长度与锯脚相同（每一壁增加八寸五分）。宽六分二厘，厚四厘。

栿：长度根据亭深而定（加五寸）。宽三分五厘，厚二分五厘。

大角梁：长度为二寸四分，宽二分四厘，厚一分六厘。

子角梁：长度为九分，曲面宽度为三分五厘，厚度与榻相同。

贴生：长度与压厦板相同（加六寸），宽度与大角梁相同，厚度与斗槽板相同。

脊槫蜀柱：长度为二寸二分（包括卯在内），宽三分六厘，厚度与栿相同。

平屋槫蜀柱：长度为八分五厘，宽度和厚度同上。

脊槫及平屋槫：长度根据宽度而定。宽度为三分，厚二分二厘。

脊串：长度根据槫的长度而定。其宽度为二分五厘，厚一分六厘。

叉手：长度为一寸六分，宽四分，厚二分。

山板：（每深一尺则长增加八寸，宽增加一寸五分。厚度以六分为定则。）

上架椽（亭子进深每增加一尺，则长增加三寸七分）：曲面宽度为一寸六分，厚度为九厘。

下架椽（亭子进深每增加一尺，则长增加四寸五分）：曲面宽度为一寸七分，厚度同上。

厦头下架椽（开间宽度每增加一尺，则长度增加三寸）：曲面宽度为一分二厘，厚度同上。

从角椽：（长度根据情况而定，均匀使用。）

大连檐：长度与压厦板相同（每一面增加二尺四寸），宽二分，厚一分。

前后厦瓦板：长度根据槫的长度而定。宽度为从亭子脊到大连檐之间的距离。（合贴木板使宽度足够，厚度以五分为定则。每到转角则增加一尺五寸。）

两头厦瓦板：长度为从山板到大连檐的距离。（木板拼合的数量要保证厚度足以与上相同。每到转角则增加一尺一寸五分。）

飞子：长度为九分（包括尾在内）。宽为八厘，厚为六厘。（飞子到达转角则根据亭子走势向上弯曲。）

白板：长度与大连檐相同（每一壁长增加三尺），宽一寸。（厚度以五分为定则。）

压脊：长度根据榑的长度而定，宽度为四分六厘，厚三分。

垂脊：长度为从亭脊到压厦外，曲面宽度为五分，厚二分五厘。

角脊：长度为二寸，曲面宽度为四分，厚二分五厘。

曲阑榑脊（每一面的长度为六尺四寸）：宽四分，厚二分。

前后瓦陇条（亭子进深每增加一尺，则长八寸五分）：九厘见方。（瓦陇条之间相隔九厘。）

厦头瓦陇条（开间宽度每增加一尺，则长三寸三分）：方形边长同上。

搏风板：（亭子进深每增加一尺，则长四寸三分。厚度以七分为定则。）

瓦口子：长度根据子角梁内的尺寸而定，曲面宽度为四分，厚度也是四分。

垂鱼：（长度为一尺三寸。长度每增加一尺，则宽增加六寸。厚度与搏风板相同。）

惹草：（长度为一尺。长度每增加一尺，则宽增加七寸。厚度同上。）

鸱尾：长度为一寸一分，鸱尾身部宽为四分，厚度与压脊相同。

井亭子的锭脚下端要齐平，坐落在井的台阶之上。井亭子的斗栱分数及举折尺寸等，都以大木作制度中的规定为准。

牌

【原文】

造殿堂楼阁门亭等牌之制：长二尺至八尺。其牌首牌上横出者、牌带牌两旁下垂者、牌舌牌面下两带之内横施者，每广一尺，即上边绰四寸向外。牌面每长一尺，则首、带随其长，外各加长四寸二分，舌加长四分。谓牌长五尺，即首长六尺一寸，带长七尺一寸，舌长四尺二寸之类，尺寸不等，依此加减；下同。其广厚，皆取牌每尺之长，积而为法。

牌面：每长一尺，则广八寸，其下又加一分。令牌面下广，谓牌长五尺，即上广四尺，下广四尺五分之类，尺寸不等，依此加减；下同。

首：广三寸，厚四分。

带：广二寸八分，厚同上。

舌：广二寸，厚同上。

凡牌面之后，四周皆用楅，其身内七尺以上者用三楅，四尺以上者用二楅，三尺以上者用一楅。其楅之广厚，皆量其所宜而为之。

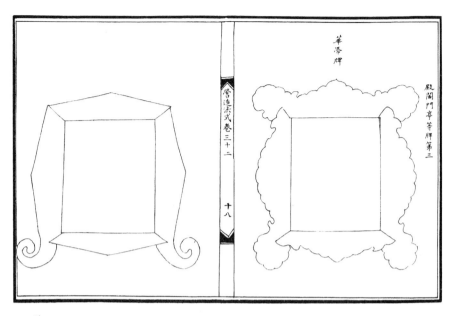

牌

营造法式卷三十二

十八

【译文】

建造殿堂楼阁门亭等牌匾的制度：长度为二尺至八尺。牌首（牌匾上横出的部分）、牌带（牌匾两旁下垂的部分）、牌舌（牌面下两带之间横出的部分），宽度每增加一尺，则上边向外宽出四寸。牌面长度每增加一尺，则牌首、牌带根据其长度向外各加长四寸二分，牌舌加长四分。（如果牌匾长五尺，则牌首长六尺一寸，牌带长七尺一寸，牌舌长四尺二寸，如此之类。尺寸不等的，照此比例加减。以下相同。）其宽度和厚度都以牌匾每一尺的长度为一百，用这个百分比来确定各部分的比例尺寸。

牌面：长度每增加一尺，则宽度增八寸，下面再增加一分。（使牌面的下部略宽，如果牌匾长度为五尺，即上面宽四尺，下面宽四尺五分，如此之类。若尺寸不等，按此比例加减。以下相同。）

牌首：宽三寸，厚四分。

牌带：宽二寸八分，厚度同上。

牌舌：宽二寸，厚度同上。

凡牌面的后面，四周都要使用楅。牌身的长度在七尺以上的用三楅，四尺以上的用二楅，三尺以上的用一楅。楅的宽厚尺寸酌情量取裁用。

卷九

小木作制度四

佛道帐

【原文】

造佛道帐之制：自坐下龟脚至鸱尾，共高二丈九尺；内外拢深一丈二尺五寸。上层施天宫楼阁；次平坐；次腰檐。帐身下安芙蓉瓣、叠涩、门窗、龟脚坐。两面与两侧制度并同。作五间造。其名件广厚，皆取逐层每尺之高，积而为法。后勾栏两等，皆以每寸之高，积而为法。

帐坐：高四尺五寸，长随殿身之广，其广随殿身之深。下用龟脚。脚上施车槽。槽之上下，各用涩一重。于上涩之上，又叠子涩三重；于上一重之下施坐腰。上涩之上，用坐面涩；面上安重台勾栏，高一尺。阑内遍用明金板。勾栏之内，施宝柱两重。外留一重为转道。内壁贴络门窗。其上设五铺作卷头平坐。材广一寸八分，腰檐平坐准此。平坐上又安重台勾栏。并瘿项云栱坐。自龟脚上，每涩至上勾栏，逐层并作芙蓉瓣造。

龟脚：每坐高一尺，则长二寸，广七分，厚五分。

车槽上下涩：长随坐长及深，外每面加二寸，广二寸，厚六分五厘。

车槽：长同上，每面减三寸，安花板在外，广一寸，厚八分。

上子涩：两重，在坐腰上下者，各长同上，减二寸，广一寸六分，厚二分五厘。

下子涩：长同坐，广厚并同上。

坐腰：长同上，每面减八寸，方一寸。安花板在外。

坐面涩：长同上，广二寸，厚六分五厘。

猴面板：长同上，广四寸，厚六分七厘。

明金板：长同上，*每面减八寸*，广二寸五分，厚一分二厘。

枓槽板：长同上，*每面减三尺*，广二寸五分，厚二分二厘。

压厦板：长同上，*每面减一尺*，广二寸四分，厚二分二厘。

门窗背板：长随枓槽板，减长三寸，广自普拍枋下至明金板上。*以厚六分为定法*。

车槽花板：长随车槽，广八分，厚三分。

坐腰花板：长随坐腰，广一寸，厚同上。

坐面板：长广并随猴面板内，其厚二分六厘。

猴面棵：*每坐深一尺，则*长九寸，方八分。*每一瓣用一条*。

猴面马头棵：*每坐深一尺，则*长一寸四分，方同上。*每一瓣用一条*。

连梯卧棵：*每坐深一尺，则*长九寸五分，方同上。*每一瓣用一条*。

连梯马头棵：*每坐深一尺，则*长一寸，方同上。

长短柱脚枋：长同车槽涩，*每一面减三尺二寸*，方一寸。

长短榻头木：长随柱脚枋内，方八分。

长立棵：长九寸二分，方同上。*随柱脚枋、榻头木逐瓣用之*。

短立棵：长四寸，方六分。

拽后棵：长五寸，方同上。

穿串透栓：长随榻头木，广五分，厚二分。

罗文棵：*每坐高一尺，则*加长一寸，方八分。

帐身：高一丈二尺五寸，长与广皆随帐坐，量瓣数随宜取间。*其内外皆拢帐柱。柱下用铤脚隔枓，柱上用内外侧当隔枓。四面外柱并安欢门[4]、帐带。前一面里槽柱内亦用，每间用算桯枋施平棋、斗八藻井。前一面每间两颊各用毬纹格子门。格子桯四混出双线，用双腰串、腰花板造。门之制度，并准本法。两侧及后壁，并用难子安板*。

帐内外槽柱：长视帐身之高。*每高一尺，则*方四分。

虚柱：长三寸二分，方三分四厘。

内外槽上隔枓板：长随间架，广一寸二分，厚一分二厘。

上隔枓仰托棵：长同上，广二分八厘，厚二分。

上隔枓内外上下贴：长同铌脚贴，广二分，厚八厘。

隔枓内外上柱子：长四分四厘。下柱子：长三分六厘。其广厚并同上。

里槽下铌脚板：长随每间之深广，其广五分二厘，厚一分二厘。

铌脚仰托榥：长同上，广二分八厘，厚二分。

铌脚内外贴：长同上，其广二分，厚八厘。

铌脚内外柱子：长三分二厘，广厚同上。

内外欢门：长随帐柱之内，其广一寸二分，厚一分二厘。

内外帐带：长二寸八分，广二分六厘，厚亦如之。

两侧及后壁板：长视上下仰托榥内，广随帐柱、心柱内，其厚八厘。

心柱：长同上，其广三分二厘，厚二分八厘。

颊子：长同上，广三分，厚二分八厘。

腰串：长随帐柱内，广厚同上。

难子：长同后壁板，方八厘。

随间栿：长随帐身之深，其方三分六厘。

算桯枋：长随间之广，其广三分二厘，厚二分四厘。

四面搏难子：长随间架，方一分二厘。

平棊：花纹制度并准殿内平棊。

背板：长随枋子内，广随栿心。以厚五分为定法。

桯：长随枋子四周之内，其广二分，厚一分六厘。

贴：长随桯四周之内，其广一分二厘。厚同背板。

难子并贴花：厚同贴。每方一尺，用贴花二十五枚或十六枚。

斗八藻井：径三尺二寸，共高一尺五寸。五铺作重栱卷头造。材广六分。其名件并准本法，量宜减之。

腰檐：自栌枓至脊，共高三尺。六铺作一杪两昂，重栱造。柱上施枓槽板与山板。板内又施夹槽板，逐缝夹安钥匙头板，其上顺槽安钥匙头榥；又施钥匙头板上通用卧榥，榥上栽柱子；柱上又施卧榥，榥上安上层平坐。铺作之上，平铺压厦板，四角用角梁、子角梁，铺椽安飞子。依副阶举分结瓦。

普拍枋：长随四周之广，其广一寸八分，厚六分。绞头在外。

角梁：每高一尺，加长四寸，广一寸四分，厚八分。

子角梁：长五寸，其曲广二寸，厚七分。

抹角栿：长七寸，方一寸四分。

槫：长随间广，其广一寸四分，厚一寸。

曲椽：长七寸六分，其曲广一寸，厚四分。每补间铺作一朵用四条。

飞子：长四寸，尾在内，方三分。角内随宜刻曲。

大连檐：长同槫，梢间长至角梁，每壁加三尺六寸，广五分，厚三分。

白板：长随间之广。每梢间加出角一尺五寸，其广三寸五分。以厚五分为定法。

夹科槽板：长随间之深广，其广四寸四分，厚七分。

山板：长同科槽板，广四寸二分，厚七分。

科槽钥匙头板：每深一尺，则长四寸。广厚同科槽板。逐间段数亦同科槽板。

科槽压厦板：长同科槽，每梢间长加一尺，其广四寸，厚七分。

贴生：长随间之深广，其方七分。

科槽卧棍：每深一尺，则长九寸六分五厘。方一寸。每铺作一朵用二条。

绞钥匙头上下顺身棍：长随间之广，方一寸。

立棍：长七寸，方一寸。每铺作一朵用二条。

厦瓦板：长随间之广深，每梢间加出角一尺二寸五分，其广九寸。以厚五分为定法。

槫脊：长同上，广一寸五分，厚七分。

角脊：长六寸，其曲广一寸五分，厚七分。

瓦陇条：长九寸，瓦头在内，方三分五厘。

瓦口子：长随间广，每梢间加出角二尺五寸，其广三分。以厚五分为定法。

平坐：高一尺八寸，长与广皆随帐身。六铺作卷头重栱造四出角。于压厦板上施雁翅板，槽内名件并准腰檐法。上施单勾栏，高七寸。撮项云栱造。

普拍枋：长随间之广，合角在外，其广一寸二分，厚一寸。

夹科槽板：长随间之深广，其广九寸，厚一寸一分。

科槽钥匙头板：每深一尺，则长四寸，其广厚同科槽板。逐间段数亦同。

压厦板：长同科槽板，每梢间加长一尺五分，广九寸五分，厚一寸一分。

科槽卧棍：每深一尺，则长九寸六分五厘，方一寸六分。每铺作一朵用二条。

立棍：长九寸，方一寸六分。每铺作一朵用四条。

雁翅板：长随压厦板，其广二寸五分，厚五分。

坐面板：长随枓槽内，其广九寸，厚五分。

天宫楼阁：共高七尺二寸，深一尺一寸至一尺三寸。出跳及檐并在柱外。下层为副阶；中层为平坐；上层为腰檐；檐上为九脊殿结瓦。其殿身，茶楼，有挟屋者，角楼，并六铺作单杪重昂。或单栱或重栱。角楼长一瓣半。殿身及茶楼各长三瓣。殿挟及龟头，并五铺作单杪单昂。或单栱或重栱。殿挟长一瓣，龟头长二瓣。行廊四铺作，单杪，或单栱或重栱，长二瓣、分心。材广六分。每瓣用补间铺作两朵。两侧龟头等制度并准此。中层平坐：用六铺作卷头造。平坐上用单勾栏，高四寸。枓子蜀柱造。

上层殿楼、龟头之内，唯殿身施重檐 重檐谓殿身并副阶，其高五尺者不用外，其余制度并准下层之法。其枓槽板及最上结窊压脊、瓦陇条之类，并量宜用之。

帐上所用勾栏：应用小勾栏者，并通用此制度。

重台勾栏：共高八寸至一尺二寸，其勾栏并准楼阁殿亭勾栏制度。下同。其名件等，以勾栏每尺之高，积而为法。

望柱：长视高，加四寸，每高一尺，则方二寸。通身八瓣。

蜀柱：长同上，广二寸，厚一寸；其上方一寸六分，刻作瘿项。

云栱：长三寸，广一寸五分，厚九分。

地霞：长五寸，广同上，厚一寸三分。

寻杖：长随间广，方九分。

盆唇木：长同上，广一寸六分，厚六分。

束腰：长同上，广一寸，厚八分。

上花板：长随蜀柱内，其广二寸，厚四分。四面各别出卯，合入池槽。下同。

下花板：长厚同上，卯入至蜀柱卯，广一寸五分。

地栿：长随望柱内，广一寸八分，厚一寸一分。上两棱连梯混，各四分。

单勾栏：高五寸至一尺者，并用此法。其名件等，以勾栏每寸之高，积而为法。

望柱：长视高，加二寸，方一分八厘。

蜀柱：长同上。制度同重台勾栏法。自盆唇木上，云栱下，作撮项胡桃子。

云栱：长四分，广二分，厚一分。

寻杖：长随间之广，方一分。

盆唇木：长同上，广一分八厘，厚八厘。

花板：长随蜀柱内，广三分。以厚四分为定法。

地栿：长随望柱内，其广一分五厘，厚一分二厘。

料子蜀柱勾栏：高三寸至五寸者，并用此法。其名件等，以勾栏每寸之高，积而为法。

蜀柱：长视高，卯在内，广二分四厘，厚一分二厘。

寻杖：长随间广，方一分三厘。

盆唇木：长同上，广二分，厚一分二厘。

花板：长随蜀柱内，其广三分。以厚三分为定法。

地栿：长随间广，其广一分五厘，厚一分二厘。

踏道圆桥子：高四尺五寸，斜拽长三尺七寸至五尺五寸，面广五尺。下用龟脚，上施连梯、立旌，四周缠难子合板，内用榥。两颊之内，逐层安促踏板；上随圆势，施勾栏、望柱。

龟脚：每桥子高一尺，则长二寸，广六分，厚四分。

连梯桯：其广一寸，厚五分。

连梯榥：长随广，其方五分。

立柱：长视高，方七分。

拢立柱上榥：长与方并同连梯榥。

两颊：每高一尺，则加六寸，曲广四寸，厚五分。

促板、踏板：每广一尺，则长九寸六分，广一寸三分，踏板又加三分，厚二分三厘。

踏板榥：每广一尺，则长加八分，方六分。

背板：长随柱子内，广视连梯与上榥内。以厚六分为定法。

月板：长视两颊及柱子内，广随两颊与连梯内。以厚六分为定法。

上层如用山花蕉叶造者，帐身之上，更不用结瓷。其压厦板，于橑檐枋外出四十分，上施混肚枋。枋上用仰阳板，板上安山花蕉叶，共高二尺七寸七分。其名件广厚，皆取自普拍枋至山花每尺之高，积而为法。

顶板：长随间广，其广随深。以厚七分为定法。

混肚枋：广二寸，厚八分。

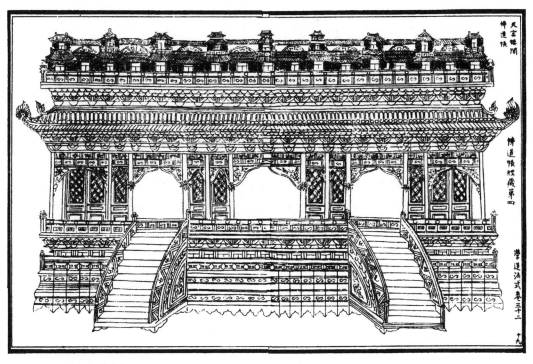

天宫楼阁佛道帐

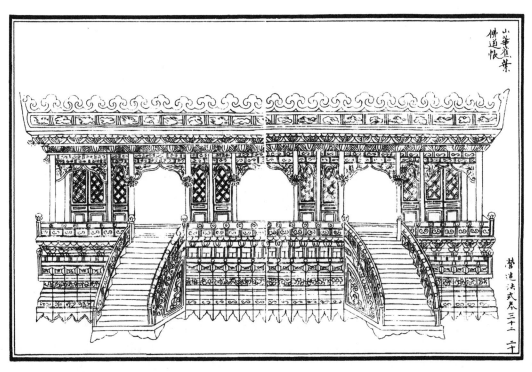

山花蕉叶佛道帐

仰阳板：广二寸八分，厚三分。

山花板：广厚同上。

仰阳上下贴：长同仰阳板，其广六分，厚二分四厘。

合角贴：长五寸六分，广厚同上。

柱子：长一寸六分，广厚同上。

福：长三寸二分，广同上，厚四分。

凡佛道帐芙蓉瓣，每瓣长一尺二寸，随瓣用龟脚。上对铺作。结瓦瓦陇条，每条相去如陇条之广。至角随宜分布。其屋盖举折及斗栱等分数，并准大木作制度随材减之。卷杀瓣柱及飞子亦如之。

【译文】

建造佛道帐之制：从底座下的龟脚到上部的鸱尾总共高二丈九尺，内外拢深为一丈二尺五寸。上层建造天宫楼阁，其次是平坐，再是腰檐。佛道帐身下安装芙蓉瓣、叠涩、门窗、龟脚坐。两面与两侧制度都相同。（作五间造。）其余构件的宽度和厚度都根据每一层每一尺的高度为一百，用这个百分比来确定各部分的比例尺寸，按比例建造。（此后的两等栏杆，都以每一寸的高度为一百，用这个百分比来确定各部分的比例尺寸。）

帐坐：高度为四尺五寸，长度根据殿身的宽度而定，宽度根据殿身的进深而定。下面采用龟脚，脚上采用车槽，槽的上下各用一层涩，在上涩的上面又折叠三层子涩，在上一层子涩下面安装坐腰。在上涩的上面采用坐面涩，面上安设重台勾栏（栏杆），高度为一尺。（栏杆内全部使用明金板。）栏杆内部设立两层宝柱（外面留出一层作为转道）。内壁上贴络门窗。在其上面建造五铺作卷头平坐。（材的宽度为一寸八分，腰檐平坐也按照这个比例。）再在平坐上安装重台栏杆（以及瘿项云栱坐）。从龟脚以上，每层涩到上栏杆，逐层做芙蓉瓣造型。

龟脚：每座增高一尺，则长度增加二寸，宽增七分，厚增五分。

车槽上下涩：长度根据底座的长度和深度而定（外面每一面加二寸），宽二寸，厚六分五厘。

车槽：长度同上（每面减三寸，在外面安装花板），宽一寸，厚八分。

上子涩：两层（上子涩位于坐腰上下），各层长度同上（每面减二寸），宽一寸六分，厚二分五厘。

下子涩：长度与底座相同，宽度和厚度同上。

坐腰：长度同上（每面减八寸），一寸见方。（在外面安装花板。）

坐面涩：长度同上，宽二寸，厚六分五厘。

猴面板：长度同上，宽四寸，厚六分七厘。

明金板：长度同上（每面减八寸），宽二寸五分，厚一分二厘。

斗槽板：长度同上（每面减三尺），宽二寸五分，厚二分二厘。

压厦板：长度同上（每面减一尺），宽二寸四分，厚二分二厘。

门窗背板：长度根据斗槽板而定（比斗槽板长度短三寸），宽度为从普拍枋下端到明金板上部。（厚度以六分为定则。）

车槽花板：长度根据车槽而定，宽八分，厚三分。

坐腰花板：长度根据坐腰而定，宽一寸，厚度同上。

坐面板：长度和宽度根据猴面板内的尺寸而定，厚度为二分六厘。

猴面栿（底座每深一尺，则长度增加九寸）：八分见方。（每一瓣用一条。）

猴面马头栿（底座每深一尺，则长度增加一寸四分）：方形边长同上。（每一瓣用一条。）

连梯卧栿（底座每深一尺，则长度增加九寸五分）：方形边长同上。（每一瓣用一条。）

连梯马头栿（底座每深一尺，则长度增加一寸）：方形边长同上。

长短柱脚枋：长度与车槽涩相同（每面减三尺二寸），一寸见方。

长短榻头木：长度根据柱脚枋内尺寸而定，八分见方。

长立栿：长度为九寸二分，方形边长同上。（随柱脚枋、榻头木逐瓣使用。）

短立栿：长四寸，六分见方。

拽后栿：长五寸，方形边长同上。

穿串透栓：长度根据榻头木而定，宽五分，厚二分。

罗文栿（底座每增高一尺，则长度增加四寸）：八分见方。

帐身：高为一丈二尺五寸，长度和宽度都根据帐坐而定，根据屋子的间数确定瓣的数目。帐身内外都围拢帐柱，柱子下用锃脚隔斗，柱子上面用内外侧当隔斗，四面的外柱都安装欢门、帐带。（前一面的槽柱内也用此设计。）每一间使用算桯枋，建造平棋、斗八藻井。前一面的每间两颊之内，各用球纹格子门。（格子桯四混出双线，用双腰串、腰花板样式。）门的制度一律依照本规则。两侧及后壁，都用难子安装木板。

帐内外槽柱：长度根据帐身高度而定。每增高一尺，则方形边长增四分。

虚柱：长三寸二分，三分四厘见方。

内外槽上隔斗板：长度根据间架而定，宽一寸二分，厚一分二厘。

上隔斗仰托棍：长度同上，宽二分八厘，厚二分。

上隔斗内外上下贴：长度与锃脚贴相同，宽二分，厚八厘。

隔斗内外上柱子：长四分四厘；下柱子：长三分六厘。其宽度和厚度同上。

里槽下锃脚板：长度根据每间的进深和宽度而定。其宽为五分二厘，厚一分二厘。

锃脚仰托棍：长度同上，宽二分八厘，厚二分。

锃脚内外贴：长度同上，宽二分，厚八厘。

锃脚内外柱子：长三分二厘，宽度和厚度同上。

内外欢门：长度根据帐柱之内的尺寸而定。其宽为一寸二分，厚一分二厘。

内外帐带：长二寸八分，宽二分六厘，厚度也是如此。

两侧及后壁板：长度根据上下仰托棍内的尺寸而定，宽度根据帐柱、心柱内的尺寸而定。其厚度为八厘。

心柱：长度同上，宽三分二厘，厚二分八厘。

颊子：长度同上，宽三分，厚二分八厘。

腰串：长度根据帐柱内尺寸而定，宽度和厚度同上。

难子：长度与后壁板相同，八厘见方。

随间栿：长度根据帐身的深度而定，三分六厘见方。

算桯枋：长度根据间宽而定，宽度为三分二厘，厚二分四厘。

四面搏难子：长度根据间架尺寸而定，一分二厘见方。

平棋：（花纹制度以殿内平棋制度为准）。

背板：长度根据方子内尺寸而定，宽度根据栿的中心而定。（厚度以五分为定则。）

桯：长度根据方子四周之内的尺寸而定。其宽度为二分，厚一分六厘。

贴：长度根据桯四周之内的尺寸而定。其宽度为一分二厘。（厚度与背板相同。）

难子并贴花（厚度与贴相同）：每一尺见方，用二十五枚或十六枚贴花。

斗八藻井：直径三尺二寸，总共高一尺五寸，五铺作重栱卷头造型，材的宽度为六分。其构件尺寸一律依照本规则，并酌情增减。

腰檐：从栌斗到脊总共高三尺，六铺作一杪两昂重栱造型，柱上安装斗槽板和山板。（板内又设置夹槽板，逐夹缝安装钥匙头板，上面顺着槽安装钥匙头棍，在钥匙头板上通用卧棍，棍上栽柱子，柱上又设置卧棍，棍上安装上层平坐。）铺作的上面平铺一层压厦板，四角用角梁、子角梁，铺椽安装飞子，按照副阶的举折程度结窔。

普拍枋：长度根据四周宽度而定，宽度为一寸八分，厚六分。（绞头在外面。）

角梁：高度每增加一尺，则长度增加四寸，宽度为一寸四分，厚八分。

子角梁：长度为五寸，其曲面宽度为二寸，厚七分。

抹角栿：长度为七寸，一寸四分见方。

槫：长度根据间宽而定，宽度为一寸四分，厚一寸。

曲椽：长度为七寸六分，其曲面宽度为一寸，厚四分。（每补间铺作一朵用四条。）

飞子：长四寸（包括尾部在内），三分见方。（转角内根据情况雕刻、弯曲。）

大连檐：长度与槫相同（梢间的长度到角梁，每一壁增加三尺六寸），宽五分，厚三分。

白板：长度根据开间宽度而定（每梢间加出角一尺五寸）。其宽度为三寸五分。（厚度以五分为定法。）

夹斗槽板：长度根据开间的进深和宽度而定。其宽度为四寸四分，厚七分。

山板：长度与斗槽板相同，宽四寸二分，厚七分。

斗槽钥匙头板（每深一尺，则长度增加四寸）：宽度和厚度与斗槽板相同，每一间的段数也与斗槽板相同。

斗槽压厦板：长度与斗槽相同（每梢间的长度增加一尺）。其宽度为四寸，厚七分。

贴生：长度根据开间的进深和宽度而定，七分见方。

斗槽卧榥（每深一尺，则长度增加九寸六分五厘）：一寸见方。（每个铺作一朵用两条斗槽卧榥。）

绞钥匙头上下顺身榥：长度根据开间宽度而定，一寸见方。

立榥：长度为七寸，一寸见方。（每一朵铺作用两条立榥。）

厦瓦板：长度根据开间的进深和宽度而定（每梢间加出角一尺二寸五分）。其宽度为九寸。（厚度以五分为定法。）

槫脊：长度同上，宽一寸五分，厚七分。

角脊：长六寸，其曲面宽一寸五分，厚七分。

瓦陇条：长九寸（包括瓦头在内），三分五厘见方。

瓦口子：长度根据开间宽度而定（每梢间加出角二尺五寸）。其宽度为三分。（厚度以五分为定法。）

平坐：高度为一尺八寸，长与宽皆根据帐身而定，六铺作卷头重棋造型，四出角，在压厦板上面设置雁翅板。（槽内的构件都以腰檐处的制法为准。）上面设置单勾栏，高度为七寸。（采用撮项云棋造型。）

普拍枋：长度根据开间宽度而定（合角在外侧）。其宽度为一寸二分，厚一寸。

夹斗槽板：长度根据开间的进深和宽度而定。其宽度为九寸，厚一寸一分。

斗槽钥匙头板（每深一尺，则长增四寸）：其宽度和厚度与斗槽板相同。（每一间的段数也一样。）

压厦板：长度与斗槽板相同（每梢间加长一尺五寸）。宽度为九寸五分，厚一寸一分。

斗槽卧榥（每深一尺，则长度增加九寸六分五厘）：一寸六分见方。（每一朵铺作用两条斗槽卧榥。）

立榥：长度为九寸，一寸六分见方。（每一朵铺作用四条立榥。）

雁翅板：长度根据压厦板而定。其宽度为二寸五分，厚五分。

坐面板：长度根据斗槽内尺寸而定。其宽度为九寸，厚五分。

天宫楼阁：总共高七尺二寸，深一尺一寸至一尺三寸，出跳和房檐都在柱子外面。下层为副阶，中层为平坐，上层为腰檐，檐上采用九脊殿结窠。其殿身、茶楼（有挟屋的建筑）、角楼，全部采用六铺作单杪重昂（或者单棋，或者重栱）。角楼长为一瓣半，殿身及茶楼长度各为三瓣。殿挟和龟头都采用五铺作单杪单昂（或者单栱，或者重栱）。殿挟长为一瓣，龟头长为两瓣。行廊用四铺作单杪（或者单栱，或者重栱），长度为两瓣，分心（材的宽度为六分）。每瓣用两朵补间铺作。（两侧的龟头建造制度也以此为准。）中层平坐用六铺作卷头造型，平坐上面使用单栏杆，高度为四寸。（斗子蜀柱造型。）

上层殿楼、龟头之内，只有殿身使用重檐（重檐指殿身包括副阶，高度有五尺的不用重檐）。其余制度都以下层之法为准。（斗槽板以及最上层的结瓷压脊、瓦陇条之类，根据情况选用。）

帐上所用栏杆：（应用小栏杆的情况，一并通用此制度。）

重台栏杆：（总共高八寸至一尺二寸，其栏杆一并以楼阁殿亭栏杆制度为准，以下相同。）其构件的尺寸，都以栏杆每尺的高度为一百，用这个百分比来确定各部分的比例尺寸。

望柱：长度根据高度而定（加四寸）。每增高一尺，则方形边长增二寸。（通身为八瓣。）

蜀柱：长度同上，宽二寸，厚一寸。其上一寸六分见方，刻瘿项。

云栱：长度三寸，宽一寸五分，厚九分。

地霞：长度五寸，宽度同上，厚一寸三分。

寻杖：长度根据开间宽度而定，九分见方。

盆唇木：长度同上，宽一寸六分，厚六分。

束腰：长度同上，宽一寸，厚八分。

上花板：长度根据蜀柱内尺寸而定。其宽度为二寸，厚四分。（四面分别出卯，合入池槽内，以下相同。）

下花板：长度与厚度同上（卯入到蜀柱卯的位置），宽一寸五分。

地栿：长度根据望柱内尺寸而定，宽度为一寸八分，厚一寸一分。上面两条棱连梯混，各为四分。

单勾栏（高五寸至一尺的都用此法）：其构件尺寸以栏杆每寸的高度为一百，用这个百分比来确定各部分的比例尺寸。

望柱：长度根据高度而定（加两寸），一分八厘见方。

蜀柱：长度同上（制度与重台勾栏规则相同）。从盆唇木以上、云栱以下做撮项胡桃子。

　　云栱：长四分，宽二分，厚一分。

　　寻杖：长度根据开间宽度而定，一分见方。

　　盆唇木：长度同上，宽一分八厘，厚八厘。

　　花板：长度根据蜀柱内尺寸而定，宽三分。（厚度以四分为定则。）

　　地栿：长度根据望柱内尺寸而定。其宽度为一分五厘，厚一分二厘。

　　斗子蜀柱栏杆（高度在三寸至五寸的采用此法）：其构件尺寸以栏杆每寸的高度为一百，用这个百分比来确定各部分的比例尺寸。

　　蜀柱：长度根据高度而定（包括卯在内），宽二分四厘，厚一分二厘。

　　寻杖：长度根据开间宽度而定，一分三厘见方。

　　盆唇木：长度同上，宽二分，厚一分二厘。

　　花板：长度根据蜀柱内尺寸而定。其宽度为三分。（厚度以三分为定则。）

　　地栿：长度根据开间宽度而定。其宽度为一分五厘，厚一分二厘。

　　踏道圆桥子：高度为四尺五寸，斜拽长度为三尺七寸至五尺五寸，面宽五尺，下面使用龟脚，上面安装连梯和立旌，四周用难子缠绕拼合木板，里面用楅，两颊之内每一层都安装促踏板，上面根据圆的走势安装栏杆和望柱。

　　龟脚：桥子每增高一尺，则长增二寸，宽增六分，厚增四分。

　　连梯桯：其宽度为一寸，厚度为五分。

　　连梯榥：长度根据宽度而定，五分见方。

　　立柱：长度根据高度而定，七分见方。

　　拢立柱上榥：长度与方形边长都与连梯榥相同。

　　两颊：每增高一尺，则长度增加六寸，曲面宽度为四寸，厚五分。

　　促板、踏板（每增宽一尺，则长度增加九寸六分）：宽度为一寸三分（踏板再加三分），厚度为二分三厘。

　　踏板榥（每增宽一尺，则长度增加八分）：六分见方。

　　背板：长度根据柱子内尺寸而定，宽度根据连梯与上榥内尺寸而定。（厚度以六分为定则。）

　　月板：长度根据两颊及柱子内尺寸而定，宽度根据两颊与连梯内尺寸而定。（厚度以六分为定则。）

上层如用山花蕉叶造型的，则帐身之上不使用结瓷，压厦板在橑檐枋外出四十分，上面采用混肚枋，枋上使用仰阳板，板上安装山花蕉叶，总共高二尺七寸七分。其构件宽度和厚度都以普拍枋与山花之间的每一尺的高度为一百，用这个百分比来确定各部分的比例尺寸。

顶板：长度根据开间宽度而定，其宽度根据进深而定。（厚度以七分为定则。）

混肚枋：宽度为二寸，厚八分。

仰阳板：宽度为二寸八分，厚三分。

山花板：宽度和厚度同上。

仰阳上下贴：长度同仰阳板，其宽度为六分，厚二分四厘。

合角贴：长度为五寸六分，宽度和厚度同上。

柱子：长度为一寸六分，宽度和厚度同上。

福：长度为三寸二分，宽度同上，厚四分。

凡是佛道帐采用芙蓉瓣，每瓣长度为一尺二寸，根据瓣采用龟脚造型。（上对铺作。）结瓷用的瓦陇条，每条之间的宽度正好与陇条的宽度相同。（到转角位置则酌情分布。）其屋盖举折以及斗栱等材的分数都以大木作制度为准，根据木料大小随宜增减。卷杀瓣柱和飞子也是如此。

小木作制度五

牙脚帐

【原文】

造牙脚帐之制：共高一丈五尺，广三丈，内外拢共深八尺。以此为率。下段用牙脚坐；坐下施龟脚。中段帐身上用隔枓；下用锭脚。上段山花仰阳板；六铺作。每段各分作三段造。其名件广厚，皆随逐层每尺之高，积而为法。

牙脚坐：高二尺五寸，长三丈二尺，深一丈。坐头在内，下用连梯龟脚。中用束腰压青牙子、牙头、牙脚，背板填心。上用梯盘、面板，安重台勾栏，高一尺。其勾栏并准佛道帐制度。

龟脚：每坐高一尺，则长三寸，广一寸二分，厚一寸四分。

连梯：长随坐深，其广八分，厚一寸二分。

角柱：长六寸二分，方一寸六分。

束腰：长随角柱内，其广一寸，厚七分。

牙头：长三寸二分，广一寸四分，厚四分。

牙脚：长六寸二分，广二寸四分，厚同上。

填心：长三寸六分，广二寸八分，厚同上。

压青牙子：长同束腰，广一寸六分，厚二分六厘。

上梯盘：长同连梯，其广二寸，厚一寸四分。

面板：长广皆随梯盘长深之内，厚同牙头。

背板：长随角柱内，其广六寸二分，厚三分二厘。

束腰上贴络柱子：长一寸，两头叉瓣在外，方七分。

束腰上衬板：长三分六厘，广一寸，厚同牙头。

连梯榥：每深一尺，则长八寸六分。方一寸。每面广一尺用一条。

立榥：长九寸，方同上。随连梯榥用五条。

梯盘榥：长同连梯，方同上。用同连梯榥。

帐身：高九尺，长三丈，深八尺。内外槽柱上用隔科，下用锭脚，四面柱内安欢门、帐带。两侧及后壁皆施心柱、腰串、难子安板。前面每间两边，并用立颊泥道板。

内外帐柱：长视帐身之高，每高一尺，则方四分五厘。

虚柱：长三寸，方四分五厘。

内外槽上隔科板：长随每间之深广，其广一寸二分四厘，厚一分七厘。

上隔科仰托榥：长同上，广四分，厚二分。

上隔科内外上下贴：长同上，广二分，厚一分。

上隔科内外上柱子：长五分。下柱子：长三分四厘。其广厚并同上。

内外欢门：长同上，其广二分，厚一分五厘。

内外帐带：长三寸四分，方三分六厘。

里槽下锭脚板：长随每间之深广，其广七分，厚一分七厘。

锭脚仰托榥：长同上，广四分，厚二分。

锭脚内外贴：长同上，广二分，厚一分。

锭脚内外柱子：长五分，广二分，厚同上。

两侧及后壁合板：长同立颊，广随帐柱、心柱内，其厚一分。

心柱：长同上，方三分五厘。

腰串：长随帐柱内，方同上。

立颊：长视上下仰托榥内，其广三分六厘，厚三分。

泥道板：长同上，其广一寸八分，厚一分。

难子：长同立颊，方一分。安平棋亦用此。

平棋：花纹等并准殿内平棋制度。

桯：长随科槽四周之内，其广二分三厘，厚一分六厘。

背板：长广随桯。以厚五分为定法。

贴：长随桯内，其广一分六厘。厚同背板。

难子并贴花：厚同贴。每方一尺，用花子二十五枚或十六枚。

福：长同桯，其广二分三厘，厚一分六厘。

护缝：长同背板，其广二分。厚同贴。

帐头：共高三尺五寸。枓槽长二丈九尺七寸六分，深七尺七寸六分。六铺作，单杪重昂重栱转角造。其材广一寸五分。柱上安枓槽板。铺作之上用压厦板。板上施混肚枋、仰阳山花板。每间用补间铺作二十八朵。

普拍枋：长随间广，其广一寸二分，厚四分七厘。绞头在外。

内外槽并两侧夹枓槽板：长随帐之深广，其广三寸，厚五分七厘。

压厦板：长同上，至角加一尺三寸，其广三寸二分六厘，厚五分七厘。

混肚枋：长同上，至角加一尺五寸，其广二分，厚七分。

顶板：长随混肚枋内。以厚六分为定法。

仰阳板：长同混肚枋，至角加一尺六寸，其广二寸五分，厚三分。

仰阳上下贴：下贴长同上，上贴随合角贴内，广五分，厚二分五厘。

仰阳合角贴：长随仰阳板之广，其广厚同上。

山花板：长同仰阳板，至角加一尺九寸，其广二寸九分，厚三分。

山花合角贴：广五分，厚二分五厘。

卧棍：长随混肚枋内，其方七分。每长一尺用一条。

马头棍：长四寸，方七分。用同卧棍。

福：长随仰阳山花板之广，其方四分。每山花用一条。

凡牙脚帐坐，每一尺作一壶门，下施龟脚，合对铺作。其所用斗栱名件分数，并准大木作制度随材减之。

【译文】

建造牙脚帐的制度：总共高为一丈五尺，宽为三丈，内外拢总共深为八尺。（以此为标准。）下段采用牙脚坐，坐下面采用龟脚。中段的帐身上面用隔斗，下面用铌脚。上段的山花仰阳板，采用六铺作。每一段各平分为三段。其构件的宽度和厚度都根据每一层每一尺的高度为一百，用这个百分比来确定各部分的比例尺寸。

牙脚坐：高度为二尺五寸，长度为三丈二尺，深一丈。（包括坐头在内。）下面使用连梯龟脚；中间采用束腰、压青牙子、牙头、牙脚、背板、填心；上面采用梯盘面板，安设重台勾栏，高度为一尺。（其栏杆尺寸一并以佛道帐的制度为准。）

龟脚：每座增高一尺，则长度增三寸，宽增一寸二分，厚增一寸四分。

连梯：长度根据底座的深而定。其宽为八分，厚一寸二分。

角柱：长度为六寸二分，一寸六分见方。

束腰：长度根据角柱内尺寸而定。其宽为一寸，厚七分。

牙头：长度为三寸二分，宽一寸四分，厚四分。

牙脚：长度为六寸二分，宽二寸四分，厚度同上。

填心：长度为三寸六分，宽二寸八分，厚度同上。

压青牙子：长度与束腰相同，宽一寸六分，厚二分六厘。

上梯盘：长度与连梯相同，宽二寸，厚一寸四分。

面板：长宽都根据梯盘的长和深而定，厚度与牙头相同。

背板：长度根据角柱内尺寸而定。其宽为六寸二分，厚三分二厘。

束腰上贴络柱子：长度为一寸（两头的叉瓣在外），七分见方。

束腰上衬板：长度为三分六厘，宽一寸，厚度与牙头相同。

连梯棍（每增深一尺，则长度增八寸六分）：一寸见方。（每一面宽度达到一尺时用一条连梯棍。）

立棍：长度为九寸，方形边长同上。（根据连梯棍，用五条立棍。）

梯盘棍：长度与连梯相同，方形边长同上。（作用与连梯棍相同。）

帐身：高度为九尺，长度为三丈，深八尺。内外槽柱上面采用隔斗，下面用锃脚，四面的柱子内安装欢门、帐带，两侧和后壁都安装心柱、腰串、难子安板。前面每间的两边，同时采用立颊、泥道板。

内外帐柱：长度根据帐身的高度而定。每增高一尺，则方形边长增四分五厘。

虚柱：长度为三寸，四分五厘见方。

内外槽上隔斗板：长度根据每间的深和宽而定。其宽为一寸二分四厘，厚一分七厘。

上隔斗仰托榥：长度同上，宽四分，厚二分。

上隔斗内外上下贴：长度同上，宽二分，厚一分。

上隔斗内外上柱子：长度为五分。下柱子：长度为三分四厘。其宽度和厚度同上。

内外欢门：长度同上。其宽为二分，厚一分五厘。

内外帐带：长度为三寸四分，三分六厘见方。

里槽下锭脚板：长度根据每间的深和宽而定。其宽为七分，厚一分七厘。

锭脚仰托榥：长度同上，宽四分，厚二分。

锭脚内外贴：长度同上，宽二分，厚一分。

锭脚内外柱子：长度为五分，宽二分，厚度同上。

两侧及后壁合板：长度与立颊相同，宽度根据帐柱、心柱内的尺寸而定。其厚度为一分。

心柱：长度同上，三分五厘见方。

腰串：长度根据帐柱内尺寸而定，方形边长同上。

立颊：长度根据上下仰托榥内尺寸而定。其宽为三分六厘，厚三分。

泥道板：长度同上。其宽为一寸八分，厚一分。

难子：长度与立颊相同，一分见方。（安装平棋亦采用此制度。）

平棋：花纹等一并以殿内的平棋制度为准。

桯：长度根据斗槽四周之内的尺寸而定。其宽为二分三厘，厚一分六厘。

背板：长度和宽度根据桯而定。（厚度以五分为定则。）

贴：长度根据桯内尺寸而定，其宽为一分六厘。（厚度与背板相同。）

难子并贴花（厚度与贴相同）：每一尺见方，用二十五枚或十六枚花子。

福：长度与桯相同。其宽为二分三厘，厚一分六厘。

护缝：长度与背板相同。其宽为二分。（厚度与贴相同。）

帐头：总共高为三尺五寸，斗槽的长度为二丈九尺七寸六分，深度为七尺七寸六分，采用六铺作单杪重昂重棋转角造型。其材的宽度为一寸五分。柱上安装斗槽板，铺作之上用压厦板，板上再安装混肚枋、仰阳山花板。每一间用二十八朵补间铺作。

普拍枋：长度根据间宽而定。其宽为一寸二分，厚四分七厘。（绞头在外。）

内外槽并两侧夹斗槽板：长度根据帐的深度和宽度而定。其宽为三寸，厚五分七厘。

压厦板：长度同上。（至转角则加一尺三寸。）其宽度为三寸二分六厘，厚五分七厘。

混肚枋：长度同上。（至转角则加一尺五寸。）其宽度为二分，厚七分。

顶板：长度根据混肚枋内尺寸而定。（厚度以六分为定法。）

仰阳板：长度与混肚枋相同。（至转角则加一尺六寸。）其宽度为二寸五分，厚三分。

仰阳上下贴：下贴长度同上，上贴根据合角贴内尺寸而定，宽五分，厚二分五厘。

仰阳合角贴：长度根据仰阳板的宽度而定。其宽度和厚度同上。

山花板：长度与仰阳板相同。（至转角则加一尺九寸。）其宽度为二寸九分，厚三分。

山花合角贴：宽度为五分，厚二分五厘。

卧榥：长度根据混肚枋内尺寸而定，七分见方。（每长一尺用一条卧榥。）

马头榥：长度为四寸，七分见方。（作用与卧榥相同。）

福：长度根据仰阳山花板的宽度而定，四分见方。（每一条山花板用一条福。）

凡牙脚帐坐，每一尺做一个壸门，下面采用龟脚以及合对铺作。其所用斗栱等构件分数，都以大木作制度为准，根据材的情况酌情增减。

九脊小帐

【原文】

造九脊小帐之制：自牙脚坐下龟脚至脊，共高一丈二尺，鸱尾在外，广八尺，内外拢共深四尺。下段、中段与牙脚帐同；上段五铺作、九脊殿结瓦造。其名件广厚，皆随逐层每尺之高，积而为法。

牙脚坐：高二尺五寸，长九尺六寸，坐头在内，深五尺。自下连梯、龟脚，上至面板安重台勾栏，并准牙脚帐坐制度。

龟脚：每坐高一尺，则长三寸，广一寸二分，厚六分。

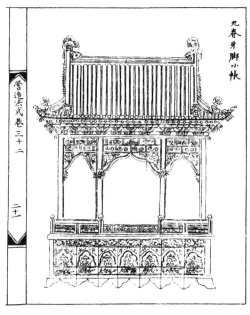

营造法式卷三十二

九脊牙脚小帐

连梯：长随坐深，其广二寸，厚一寸二分。

角柱：长六寸二分，方一寸二分。

束腰：长随角柱内，其广一寸，厚六分。

牙头：长二寸八分，广一寸四分，厚三分二厘。

牙脚：长六寸二分，广二寸，厚同上。

填心：长三寸六分，广二寸二分，厚同上。

压青牙子：长同束腰，随深广。减一寸五分，其广一寸六分，厚二分四厘。

上梯盘：长厚同连梯，广一寸六分。

面板：长广皆随梯盘内，厚四分。

背板：长随角柱内，其广六寸二分，厚同压青牙子。

束腰上贴络柱子：长一寸，别出两头叉瓣，方六分。

束腰锃脚内衬板：长二寸八分，广一寸，厚同填心。

连梯榥：长随连梯内，方一寸。每广一尺用一条。

立榥：长九寸，卯在内，方同上。随连梯榥用三条。

梯盘榥：长同连梯，方同上。用同连梯榥。

帐身：一间，高六尺五寸，广八尺，深四尺。其内外槽柱至泥道板，并准牙脚帐制度。唯后壁两侧并不用腰串。

内外帐柱：长视帐身之高，方五分。

虚柱：长三寸五分，方四分五厘。

内外槽上隔科板：长随帐柱内，其广一寸四分二厘，厚一分五厘。

上隔科仰托榥：长同上，广四分三厘，厚二分八厘。

上隔科内外上下贴：长同上，广二分八厘，厚一分四厘。

上隔枓内外上柱子：长四分八厘；下柱子：长三分八厘。广厚同上。

内欢门：长随立颊内。外欢门：长随帐柱内。其广一寸五分，厚一分五厘。

内外帐带：长三寸二分，方三分四厘。

里槽下锃脚板：长同上隔枓上下贴，其广七分二厘，厚一分五厘。

锃脚仰托榥：长同上，广四分三厘，厚二分八厘。

锃脚内外贴：长同上，广二分八厘，厚一分四厘。

锃脚内外柱子：长四分八厘，广二分八厘，厚一分四厘。

两侧及后壁合板：长视上下仰托榥，广随帐柱、心柱内，其厚一分。

心柱：长同上，方三分六厘。

立颊：长同上，广三分六厘，厚三分。

泥道板：长同上，广随帐柱、立颊内，厚同合板。

难子：长随立颊及帐身板、泥道板之长广，其方一分。

平棋：花纹等并准殿内平棋制度。作三段造。

桯：长随枓槽四周之内，其广六分三厘，厚五分。

背板：长广随桯。*以厚五分为定法。*

贴：长随桯内，其广五分。厚同上。

贴络花纹：厚同上。每方一尺，用花子二十五枚或十六枚。

福：长同背板，其广六分，厚五分。

护缝：长同上，其广五分。厚同贴。

难子：长同上，方二分。

帐头：自普拍枋至脊共高三尺，*鸱尾在外，*广八尺，深四尺。四柱。五铺作，下出一秒，上施一昂，材广一寸二分，厚八分，重栱造。上用压厦板，出飞檐，作九脊结瓦。

普拍枋：长随深广，*绞头在外，*其广一寸，厚三分。

枓槽板：长厚同上，*减二寸，*其广二寸五分。

压厦板：长厚同上，*每壁加五寸，*其广二寸五分。

栿：长随深，加五寸，其广一寸，厚八分。

大角梁：长七寸，广八分，厚六分。

子角梁：长四寸，曲广二寸，厚同上。

贴生：长同压厦板，加七寸，其广六分，厚四分。

脊槫：长随广，其广一寸，厚八分。

脊槫下蜀柱：长八寸，广厚同上。

脊串：长随槫，其广六分，厚五分。

叉手：长六寸，广厚皆同角梁。

山板：每深一尺，则长九寸，广四寸五分。以厚六分为定法。

曲椽：每深一尺，则长八寸，曲广同脊串，厚三分。每补间铺作一朵用三条。

厦头椽：每深一尺，则长五寸，广四分，厚同上。角同上。

从角椽：长随宜，均摊使用。

大连檐：长随深广，每壁加一尺二寸，其广同曲椽，厚同贴生。

前后厦瓦板：长随槫。每至角加一尺五寸。其广自脊至大连檐随材合缝，以厚五分为定法。

两厦头厦瓦板：长随深，加同上，其广自山板至大连檐。合缝同上，厚同上。

飞子：长二寸五分，尾在内，广二分五厘，厚二分三厘。角内随宜取曲。

白板：长随飞檐，每壁加二尺，其广三寸。厚同厦瓦板。

压脊：长随厦瓦板，其广一寸五分，厚一寸。

垂脊：长随脊至压厦板外，其曲广及厚同上。

角脊：长六寸，广厚同上。

曲阑槫脊：共长四尺，广一寸，厚五分。

前后瓦陇条：每深一尺，则长八寸五分，厦头者长五寸五分；若至角，并随角斜长。方三分，相去空分同。

搏风板：每深一尺，则长四寸五分。曲广一寸二分。以厚七分为定法。

瓦口子：长随子角梁内，其曲广六分。

垂鱼：其长一尺二寸；每长一尺，即广六寸；厚同搏风板。

惹草：其长一尺；每长一尺，即广七寸；厚同上。

鸱尾：共高一尺一寸；每高一尺，即广六寸；厚同压脊。

凡九脊小帐，施之于屋一间之内。其补间铺作前后各八朵，两侧各四朵。坐内壶门等，并准牙脚帐制度。

【译文】

建造九脊小帐的制度：从牙脚坐下面的龟脚到脊，总共高一丈二尺（鸱尾在外面）。宽度为八尺，内外拢总共深四尺。下段、中段与牙脚帐相同，上段采用五铺作九脊殿结窟造型。其构件的宽度和厚度都根据每一层每一尺的高度为一百，用这个百分比来确定各部分的比例尺寸。

牙脚坐：高为二尺五寸，长度为九尺六寸（包括坐头在内），深五尺。从下面的连梯龟脚往上到面板，安装重台勾栏，一并以牙脚帐底座制度为准。

龟脚：每座增高一尺，则长度增三寸，宽增一寸二分，厚增六分。

连梯：长度根据底座的深度而定。其宽二寸，厚一寸二分。

角柱：长度为六寸二分，一寸二分见方。

束腰：长度根据角柱内尺寸而定。其宽一寸，厚六分。

牙头：长度为二寸八分，宽一寸四分，厚三分二厘。

牙脚：长度为六寸二分，宽二寸，厚度同上。

填心：长度为三寸六分，宽二寸二分，厚度同上。

压青牙子：长度与束腰相同，宽度根据深度和宽度而定。（长度减一寸五分，则宽为一寸六分，厚为二分四厘。）

上梯盘：长度、厚度与连梯相同，宽为一寸六分。

面板：长度、宽度都根据梯盘内尺寸而定，厚四分。

背板：长度根据角柱内尺寸而定。其宽为六寸二分，厚与压青牙子相同。

束腰上贴络柱子：长度为一寸（另外两头出叉瓣），六分见方。

束腰锃脚内衬板：长度为二寸八分，宽一寸，厚度与填心相同。

连梯榥：长度根据连梯内尺寸而定，一寸见方。（每宽一尺使用一条连梯榥）。

立榥：长度为九寸（包括卯在内），方形边长同上。（根据连梯榥使用三条立榥。）

梯盘榥：长度与连梯相同，方形边长同上。（作用与连梯榥相同。）

帐身：帐身为一间，高度为六尺五寸，宽八尺，深四尺。帐身内外的槽柱到泥道板，都以牙脚帐的制度为准。（只有后壁两侧不使用腰串。）

内外帐柱：长度根据帐身的高度而定，五分见方。

虚柱：长度为三寸五分，四分五厘见方。

内外槽上隔斗板：长度根据帐柱内尺寸而定。其宽为一寸四分二厘，厚一分五厘。

上隔斗仰托榥：长度同上，宽为四分三厘，厚二分八厘。

上隔斗内外上下贴：长度同上，宽为二分八厘，厚一分四厘。

上隔斗内外上柱子：长度为四分八厘；下柱子：长度为三分八厘。宽厚同上。

内欢门：长度根据立颊内尺寸而定。外欢门：长度根据帐柱内尺寸而定。其宽为一寸五分，厚一分五厘。

内外帐带：长度为三寸二分，三分四厘见方。

里槽下锃脚板：长度与上隔斗上下贴相同，其宽七分二厘，厚一分五厘。

锃脚仰托榥：长度同上，宽四分三厘，厚二分八厘。

锃脚内外贴：长度同上，宽二分八厘，厚一分四厘。

锃脚内外柱子：长度四分八厘，宽二分八厘，厚一分四厘。

两侧及后壁合板：长度根据上下仰托榥而定，宽度根据帐柱、心柱内尺寸而定，其厚为一分。

心柱：长度同上，三分六厘见方。

立颊：长度同上，宽三分六厘，厚三分。

泥道板：长度同上，宽度根据帐柱、立颊内尺寸而定，厚度与合板相同。

难子：长度根据立颊及帐身板、泥道板的长宽而定，一分见方。

平棋（花纹等都以殿内平棋制度为准）：做成三段的样式。

程：长度根据斗槽四周内尺寸而定。其宽为六分三厘，厚五分。

背板：长度和宽度根据程而定。（厚度以五分为定则。）

贴：长度根据程内尺寸而定，其宽五分。（厚度同上。）

贴络花纹（厚度同上）：每一尺见方，用二十五枚或十六枚花子。

福：长度与背板相同，其宽为六分，厚五分。

护缝：长度同上，其宽为五分。（厚度与贴相同。）

难子：长度同上，二分见方。

帐头：从普拍枋到脊总共高三尺。（鸱尾在外。）宽为八尺，深为四尺。四柱，五铺作下出一杪，上面用一昂，材宽为一寸二分，厚八分，采用重栱造型。上面采用压厦板，外出飞檐，作九脊结窊结构。

普拍枋：长度根据深度和宽度而定。（绞头在外。）其宽为一寸，厚三分。

斗槽板：长度和厚度同上（减少二寸）。其宽为二寸五分。

压厦板：长度和厚度同上（每壁各加五寸）。其宽为二寸五分。

栿：长度根据开间进深而定（增加五寸）。其宽为一寸，厚八分。

大角梁：长度七寸，宽八分，厚六分。

子角梁：长度四寸，曲面宽为二寸，厚度同上。

贴生：长度与压厦板相同（增加七寸）。其宽为六分，厚四分。

脊槫：长度根据宽度而定。其宽为一寸，厚八分。

脊槫下蜀柱：长度八寸，宽度和厚度同上。

脊串：长度根据槫而定。其宽为六分，厚五分。

叉手：长度六寸，宽度和厚度都与角梁相同。

山板（每深一尺，则长度为九寸）：宽四寸五分。（厚度以六分为定法。）

曲椽（每深一尺，则长度为八寸）：曲面宽度与脊串相同，厚度为三分。（每一朵补间铺作用三条曲椽。）

厦头椽（每深一尺，则长度为五寸）：宽四分，厚度同上。（转角同上。）

从角椽：（长度根据情况平均分配使用。）

大连檐：长度根据深度和宽度而定（每壁加一尺二寸）。其宽度与曲椽相同，厚度与贴生相同。

前后厦瓦板：长度根据槫而定。（每到转角则增加一尺五寸。其宽度从脊到大连檐随材合缝，厚度以五分为定则。）

两厦头厦瓦板：长度根据进深而定（增加的尺寸同上）。其宽度为从山板到大连檐的距离。（合缝同上，厚度同上。）

飞子：长度为二寸五分（包括尾在内）。宽为二分五厘，厚二分三厘。（转角内根据情况弯曲。）

白板：长度根据飞檐而定（每壁增加二尺。）其宽度为三寸。（厚度与厦瓦板相同。）

压脊：长度根据厦瓦板而定。其宽度为一寸五分，厚一寸。

垂脊：长度为从脊到压厦板外的距离。其曲面宽度和厚度同上。

角脊：长度为六寸，宽度和厚度同上。

曲阑槫脊（总共长四尺）：宽一寸，厚五分。

前后瓦陇条：（每深一尺，则长度为八寸五分。厦头的长度为五寸五分。如果到达转角，则都要根据角的斜长而定。）三分见方，瓦陇条之间空隙的尺寸也相同。

搏风板：（每深一尺，则长度为四寸五分。）曲面宽度为一寸二分。（厚度以七分为定则。）

瓦口子：长度根据子角梁内尺寸而定。其曲面宽度为六分。

垂鱼：（其长一尺二寸。每长一尺，则宽六寸，厚度与搏风板相同。）

惹草：（其长一尺。每长一尺，则宽七寸，厚度同上。）

鸱尾：（总共高一尺一寸。每高一尺，则宽六寸，厚度与压脊相同。）

凡九脊小帐，做成一间屋之内的尺寸。补间铺作的用法为前后各八朵，两侧各四朵。坐内的壶门等构件，都以牙脚帐制度为准。

壁帐

【原文】

造壁帐之制：高一丈三尺至一丈六尺。山花仰阳在外。其帐柱之上安普拍枋；枋上施隔料及五铺作下昂重栱，出角入角造。其材广一寸二分，厚八分。每一间用补间铺作一十三朵。铺作上施压厦板、混肚枋，混肚枋上与梁下齐；枋上安仰阳板及山花。仰阳板山花在两梁之间。帐内上施平棊。两柱之内并用叉子栿。其名件广厚，皆取帐身间内每尺之高，积而为法。

帐柱：长视高，每间广一尺，则方三分八厘。

仰托楎：长随间广，其广三分，厚二分。

隔料板：长同上，其广一寸一分，厚一分。

隔料贴：长随两柱之内，其广二分，厚八厘。

隔料柱子：长随贴内，广厚同贴。

料槽板：长同仰托楎，其广七分六厘，厚一分。

压厦板：长同上，其广八分，厚一分。料槽板及压厦板，如减材分，即广随所用减之。

混肚枋：长同上，其广四分，厚二分。

仰阳板：长同上，其广七分，厚一分。

仰阳贴：长同上，其广二分，厚八厘。

合角贴：长视仰阳板之广，其厚同仰阳贴。

山花板：长随仰阳板之广，其厚同压厦板。

平棋：花纹并准殿内平棋制度。长广并随间内。

背板：长随平棋，其广随帐之深。以厚六分为定法。

桯：长随背板四周之广，其广二分，厚一分六厘。

贴：长随桯四周之内，其广一分六厘。厚同上。

难子并贴花：每方一尺，用贴络花二十五枚或十六枚。

护缝：长随平棋，其广同桯。厚同背板。

福：广三分，厚二分。

凡壁帐上山花仰阳板后，每花尖皆施福一枚。所用飞子、马衔，皆量宜用之。其斗栱等分数，并准大木作制度。

【译文】

建造壁帐的制度：高为一丈三尺到一丈六尺。（山花仰阳在外。）在帐柱的上面安设普拍枋，普拍枋上面设置隔斗以及五铺作下昂重栱出角入角造型。材的宽度为一寸二分，厚八分。每一间用十三朵补间铺作，铺作上设置压厦板、混肚枋（混肚枋的上面与梁的下面平齐），在枋上安设仰阳板及山花板。（仰阳板、山花板在两梁之间。）在帐内上方采用平棋，两柱子之间采用叉子栿。其构件的宽度和厚度都根据帐身间内每一尺的宽度为一百，用这个百分比来确定各部分的比例尺寸。

帐柱：长度根据高度而定。每间宽一尺，则三分八厘见方。

仰托榥：长度根据间宽而定。其宽为三分，厚二分。

隔斗板：长度同上。其宽为一寸一分，厚一分。

隔斗贴：长度根据两柱内尺寸而定。其宽为二分，厚八厘。

隔斗柱子：长度根据贴内尺寸而定，宽度和厚度与贴相同。

斗槽板：长度与仰托榥相同。其宽为七分六厘，厚一分。

压厦板：长度同上。其宽为八分，厚一分。（斗槽板及压厦板如果减少材分，则宽度也应根据情况减少。）

　　混肚枋：长度同上。其宽为四分，厚二分。

　　仰阳板：长度同上。其宽为七分，厚一分。

　　仰阳贴：长度同上。其宽为二分，厚八厘。

　　合角贴：长度根据仰阳板宽度而定。厚度与仰阳贴相同。

　　山花板：长度根据仰阳板宽度而定。厚度与压厦板相同。

　　平棋（花纹都以殿内平棋制度为准）：长度、宽度都根据间内尺寸而定。

　　背板：长度根据平棋而定。其宽度根据帐深而定。（厚度以六分为定法。）

　　桯：长度根据背板四周的宽度而定。其宽为二分，厚一分六厘。

　　贴：长度根据桯四周内的尺寸而定。其宽为一分六厘。（厚度同上。）

　　难子并贴花：每一尺见方，用二十五枚或十六枚贴络花。

　　护缝：长度根据平棋而定。其宽度与桯相同。（厚度与背板相同。）

　　楅：宽为三分，厚二分。

　　凡建造壁帐时，上方山花板、仰阳板的后面，每朵花尖都要用一枚楅。所用的飞子、马衔都根据情况使用。斗栱等构件的分数，都以大木作制度为准。

卷十一

小木作制度六

转轮经藏

【原文】

造经藏之制：共高二丈，径一丈六尺，八棱，每棱面广六尺六寸六分。内外槽柱；外槽帐身柱上腰檐平坐，坐上施天宫楼阁。八面制度并同，其名件广厚，皆随逐层每尺之高，积而为法。

外槽帐身：柱上用隔枓、欢门、帐带造，高一丈二尺。

帐身外槽柱：长视高，广四分六厘，厚四分。归瓣造。

隔枓板：长随帐柱内，其广一寸六分，厚一分二厘。

仰托棍：长同上，广三分，厚二分。

隔枓内外贴：长同上，广二分，厚九厘。

内外上下柱子：上柱长四分，下柱长三分，广厚同上。

欢门：长同隔枓板，其广一寸二分，厚一分二厘。

帐带：长二寸五分，方二分六厘。

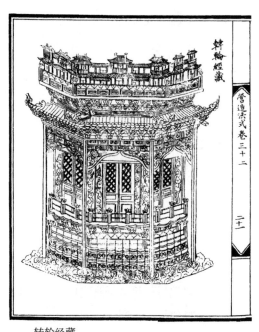

转轮经藏

腰檐并结瓦：共高二尺，枓槽径一丈五尺八寸四分。枓槽及出檐在外。内外并六铺作重栱，用一寸材，厚六分六厘。每瓣补间铺作五朵，外跳单杪重昂，里跳并卷头。其柱上先用普拍枋施斗栱；上用压厦板，出椽并飞子、角梁、贴生，依副阶举折结瓦。

普拍枋：长随每瓣之广，绞角在外。其广二寸，厚七分五厘。

枓槽板：长同上，广三寸五分，厚一寸。

压厦板：长同上，加长七寸，广七寸五分，厚七分五厘。

山板：长同上，广四寸五分，厚一寸。

贴生：长同山板，加长六寸，方一分。

角梁：长八寸，广一寸五分，厚同上。

子角梁：长六寸，广同上，厚八分。

搏脊榑：长同上，加长一寸，广一寸五分，厚一寸。

曲椽：长八寸，曲广一寸，厚四分。每补间铺作一朵用三条，与从椽取匀分攒。

飞子：长五寸，方三分五厘。

白板：长同山板，加长一尺，广三寸五分。以厚五分为定法。

井口榥：长随径，方二寸。

立榥：长视高，方一寸五分。每瓣用三条。

马头榥：方同上。用数亦同上。

厦瓦板：长同山板，加长一尺，广五寸。以厚五分为定法。

瓦陇条：长九寸，方四分。瓦头在内。

瓦口子：长厚同厦瓦板，曲广三寸。

小山子板：长广各四寸，厚一寸。

搏脊：长同山板，加长二寸，广二寸五分，厚八分。

角脊：长五寸，广二寸，厚一寸。

平坐：高一尺，枓槽径一丈五尺八寸四分。压厦板出头在外，六铺作卷头重栱，用一寸材。每瓣用补间铺作九朵。上施单勾栏，高六寸。撮项云栱造，其勾栏准佛道帐制度。

普拍枋：长随每瓣之广，绞头在外，方一寸。

枓槽板：长同上，其广九寸，厚二寸。

压厦板：长同上，加长七寸五分，广九寸五分，厚二寸。

雁翅板：长同上，加长八寸，广二寸五分，厚八分。

井口榥：长同上，方三寸。

马头榥：每直径一尺，则长一寸五分，方三分。每瓣用三条。

钿面板：长同井口榥，减长四寸，广一尺二寸，厚七分。

天宫楼阁：三层，共高五尺，深一尺。下层副阶内角楼子，长一瓣，六铺作，单杪重昂。角楼挟屋长一瓣，茶楼子长二瓣，并五铺作，单杪单昂。行廊长二瓣，分心，四铺作。以上并或单栱或重栱造。材广五分，厚三分三厘，每瓣用补间铺作两朵，其中层平坐上安单勾栏，高四寸。枓子蜀柱造，其勾栏准佛道帐制度。铺作并用卷头，与上层楼阁所用铺作之数，并准下层之制。其结瓦名件，准腰檐制度，量所宜减之。

里槽坐：高三尺五寸。并帐身及上层楼阁，共高一丈三尺；帐身直径一丈。面径一丈一尺四寸四分；枓槽径九尺八寸四分；下用龟脚，脚上施车槽、叠涩等。其制度并准佛道帐坐之法。内门窗上设平坐；坐上施重台勾栏，高九寸。云栱瘿项造，其勾栏准佛道帐制度。用六铺作卷头；其材广一寸，厚六分六厘。每瓣用补间铺作五朵，门窗或用壸门、神龛。并作芙蓉瓣造。

龟脚：长二寸，广八分，厚四分。

车槽上下涩：长随每瓣之广，加长一寸，其广二寸六分，厚六分。

车槽：长同上，减长一寸，广二寸，厚七分。安花板在外。

上子涩：两重，在坐腰上下者，长同上，减长二寸，广二寸，厚三分。

下子涩：长厚同上，广二寸三分。

坐腰：长同上，减长三寸五分，广一寸三分，厚一寸。安花板在外。

坐面涩：长同上，广二寸三分，厚六分。

猴面板：长同上，广三寸，厚六分。

明金板：长同上，减长二寸，广一寸八分，厚一分五厘。

普拍枋：长同上，绞头在外，方三分。

枓槽板：长同上，减长七寸，广二寸，厚三分。

压厦板：长同上，减长一寸，广一寸五分，厚同上。

车槽花板：长随车槽，广七分，厚同上。

坐腰花板：长随坐腰，广一寸，厚同上。

坐面板：长广并随猴面板内，厚二分五厘。

坐内背板：每科槽径一尺，则长二寸五分。广随坐高。以厚六分为定法。

猴面梯盘枓：每科槽径一尺，则长八寸。方一寸。

猴面钿板枓：每科槽径一尺，则长二寸。方八分。每瓣用三条。

坐下榻头木并下卧枓：每科槽径一尺，则长八寸。方同上。随瓣用。

榻头木立枓：长九寸，方同上。随瓣用。

拽后枓：每科槽径一尺，则长二寸五分。方同上。每瓣上下用六条。

柱脚枋并下卧枓：每科槽径一尺，则长五寸。方一寸。随瓣用。

柱脚立枓：长九寸，方同上。每瓣上下用六条。

帐身：高八尺五寸，径一丈，帐柱下用锃脚，上用隔科，四面并安欢门、帐带，前后用门。柱内两边皆施立颊、泥道板造。

帐柱：长视高，其广六分，厚五分。

下锃脚上隔科板：各长随帐柱内，广八分，厚二分四厘^①，内上隔科板广一寸七分。

下锃脚上隔科仰托枓：各长同上，广三分六厘，厚二分四厘。

下锃脚上隔科内外贴：各长同上，广二分四厘，厚一分一厘。

下锃脚及上隔科上内外柱子：各长六分六厘。上隔科内外下柱子：长五分六厘，广厚同上。

立颊：长视上下仰托枓内，广厚同仰托枓。

泥道板：长同上，广八分，厚一分。

难子：长同上，方一分。

欢门：长随两立颊内，广一寸二分，厚一分。

帐带：长三寸二分，方二分四厘。

门子：长视立颊，广随两立颊内。合板令足两扇之数。以厚八分为定法。

帐身板：长同上，广随帐柱内，厚一分二厘。

帐身板上下及两侧内外难子：长同上，方一分二厘。

---

① 一说"厚一分四厘"。——编者注

柱上帐头：共高一尺，径九尺八寸四分。檐及出跳在外。六铺作，卷头重栱造；其材广一寸，厚六分六厘。每瓣用补间铺作五朵，上施平棋。

普拍枋：长随每瓣之广，绞头在外，广三寸，厚一寸二分。

枓槽板：长同上，广七寸五分，厚二寸。

压厦板：长同上，加长七寸，广九寸，厚一寸五分。

角栿：每径一尺，则长三寸。广四寸，厚三寸。

算桯枋：广四寸，厚二寸五分。长用两等：一、每径一尺，长六寸二分；二、每径一尺，长四寸八分。

平棋：贴络花纹等，并准殿内平棋制度。

桯：长随内外算桯枋及算桯枋心，广二寸，厚一分五厘。

背板：长广随桯四周之内。以厚五分为定法。

福：每径一尺，则长五寸七分。方二寸。

护缝：长同背板，广二寸。以厚五分为定法。

贴：长随桯内，广一寸二分。厚同上。

难子并贴络花：厚同贴。每方一尺，用花子二十五枚或十六枚。

转轮：高八尺，径九尺，当心用立轴，长一丈八尺，径一尺五寸；上用铁铜钏，下用铁鹅台桶子。如造地藏，其辐量所用增之。其轮七格，上下各札辐挂辋；每格用八辋，安十六辐，盛经匣十六枚。

辐：每径一尺，则长四寸五分。方三分。

外辋：径九尺，每径一尺，则长四寸八分。曲广七分，厚二分五厘。

内辋：径五尺，每径一尺，则长三寸八分。曲广五分，厚四分。

外柱子：长视高，方二分五厘。

内柱子：长一寸五分，方同上。

立颊：长同外柱子，方一分五厘。

钿面板：长二寸五分，外广二寸二分，内广一寸二分。以厚六分为定法。

格板：长二寸五分，广一寸二分。厚同上。

后壁格板：长广一寸二分。厚同上。

难子：长随格板、后壁板四周，方八厘。

托辐牙子：长二寸，广一寸，厚三分。隔间用。

托枨：每径一尺，则长四寸。方四分。

立绞棁：长视高，方二分五厘。随辐用。

十字套轴板：长随外平坐上外径，广一寸五分，厚五分。

泥道板：长一寸一分，广三分二厘。以厚六分为定法。

泥道难子：长随泥道板四周，方三厘。

经匣：长一尺五寸，广六寸五分，高六寸。盝顶在内。上用趄尘盝顶，陷顶开带，四角打卯，下陷底。每高一寸，以二分为盝顶斜高，以一分三厘为开带。四壁板长随匣之长广，每匣高一寸，则广八分，厚八厘。顶板、底板，每匣长一尺，则长九寸五分；每匣广一寸，则广八分八厘；每匣高一寸，则厚八厘。子口板长随匣四周之内，每高一寸，则广二分，厚五厘。

凡经藏坐芙蓉瓣，长六寸六分，下施龟脚。上对铺作。套轴板安于外槽平坐之上，其结瓦、瓦陇条之类，并准佛道帐制度。举折等亦如之。

- -

【译文】

建造经藏的制度：总共高为二丈，直径一丈六尺，八棱形，每个棱面宽为六尺六寸六分。内外槽柱；外槽帐身柱上采用腰檐、平坐，坐上设置天宫楼阁。八个面的制度全都相同。经藏构件的宽度和厚度也都以每一层每一尺的高度为一百，用这个百分比来确定各部分的比例尺寸。

外槽帐身：柱子上采用隔斗、欢门、帐带等，高为一丈二尺。

帐身外槽柱：长度根据高度而定，宽四分六厘，厚四分。（归瓣造型。）

隔斗板：长度根据帐柱内尺寸而定。其宽为一寸六分，厚一分二厘。

仰托棁：长度同上，宽三分，厚二分。

隔斗内外贴：长度同上，宽二分，厚九厘。

内外上下柱子：上柱长度为四分，下柱长三分，宽度和厚度同上。

欢门：长度与隔斗板相同。其宽为一寸二分，厚一分二厘。

帐带：长度为二寸五分，二分六厘见方。

腰檐并结宽：共高二尺，斗槽径为一丈五尺八寸四分。（斗槽和出檐在外。）里外采用六铺作重栱，用一寸材。（厚度为六分六厘。）每瓣用五朵补间铺作，外跳采用单杪重昂，里跳采用卷头。柱子上先用普拍枋放斗栱，上面使用压厦板，出橑并排飞子、角梁、贴生等，根据副阶的举折走势结瓦。

普拍枋：长度根据每瓣的宽度而定（绞角在外）。其宽度为二寸，厚七分五厘。

斗槽板：长度同上，宽三寸五分，厚一寸。

压厦板：长度同上（加长七寸），宽七寸五分，厚七分五厘。

山板：长度同上，宽四寸五分，厚一寸。

贴生：长度与山板相同（加长六寸），一分见方。

角梁：长度为八寸，宽一寸五分，厚同上。

子角梁：长度为六寸，宽同上，厚八分。

搏脊槫：长度同上（加长一寸），宽一寸五分，厚一寸。

曲橑：长度为八寸，曲面宽为一寸，厚四分。（每一朵补间铺作用三条曲橑，与从橑均匀分开。）

飞子：长度为五寸，三分五厘见方。

白板：长度与山板相同（加长一尺），宽三寸五分。（厚度以五分为定则。）

井口椇：长度根据直径而定，二寸见方。

立椇：长度根据高度而定，一寸五分见方。（每瓣用三条立椇。）

马头椇：方形边长同上。（使用的数量同上。）

厦瓦板：长度与山板相同（加长一尺），宽五寸。（厚度以五分为定则。）

瓦陇条：长度为九寸，四分见方。（包括瓦头在内。）

瓦口子：长度和厚度与厦瓦板相同，曲面宽为三寸。

小山子板：长度和宽度各为四寸，厚一寸。

搏脊：长度与山板相同（加长二寸），宽二寸五分，厚八分。

角脊：长度为五寸，宽二寸，厚一寸。

平坐：高为一尺，斗槽的直径为一丈五尺八寸四分。（压厦板的出头在外面。）采用六铺作卷头重栱造型，用一寸材。每一瓣用九朵补间铺作，上面采用单勾栏，高为六寸。（采用撮项云栱造型，栏杆的尺寸以佛道帐制度为准。）

普拍枋：长度根据每一瓣的宽度而定（绞头在外）。一寸见方。

斗槽板：长度同上。其宽为九寸，厚二寸。

压厦板：长度同上（加长七寸五分），宽九寸五分，厚二寸。

雁翅板：长度同上（加长八寸），宽二寸五分，厚八分。

井口榥：长度同上，三寸见方。

马头榥（每直径为一尺，则长度为一寸五分）：三分见方。（每一瓣用三条马头榥。）

钿面板：长度与井口榥相同（减少四寸），宽一尺二寸，厚七分。

天宫楼阁：三层，总共高为五尺，深一尺。下层副阶内的角楼子长度为一瓣，采用六铺作单杪重昂。角楼挟屋长度为一瓣，茶楼子长度为二瓣，均采用五铺作单杪单昂。行廊的长度为二瓣（分心），采用四铺作。（以上全部采用单栱或重栱造型。）材的宽为五分，厚三分三厘。每瓣用两朵补间铺作。中层的平坐上面安装单勾栏，高度为四寸。（斗子蜀柱造型，其栏杆的尺寸以佛道帐制度为准。）铺作都采用卷头，上层楼阁所用的铺作数量都以下层的制度为准。（其结宽的构件，都以腰檐制度为准，根据情况酌情减少。）

里槽坐：高度为三尺五寸。（包括帐身及上层楼阁总共高度为一丈三尺，帐身的直径为一丈）。面的直径为一丈一尺四寸四分，斗槽的直径为九尺八寸四分。下面采用龟脚，龟脚上采用车槽、叠涩等造型。其制度以佛道帐底座建造规则为准。内门窗上设置平坐，平坐上设置重台勾栏，高度为九寸。（采用云栱瘿项造型，其栏杆的尺寸以佛道帐制度为准。）采用六铺作卷头。材的宽为一寸，厚六分六厘。每一瓣采用五朵补间铺作（门窗或用壶门、神龛）。采用芙蓉瓣造型。

龟脚：长度为二寸，宽八分，厚四分。

车槽上下涩：长度根据每瓣的宽度而定（加长一寸）。其宽为二寸六分，厚六分。

车槽：长度同上（减长一寸）。宽二寸，厚七分。（把花板安装在外面。）

上子涩：两重（即在坐腰上下的地方）。长度同上（减长二寸），宽为二寸，厚三分。

下子涩：长度、厚度同上，宽二寸三分。

坐腰：长度同上（减长三寸五分），宽一寸三分，厚一寸。（把花板安装在外面。）

坐面涩：长度同上，宽二寸三分，厚六分。

猴面板：长度同上，宽三寸，厚六分。

明金板：长度同上（减长二寸），宽一寸八分，厚一分五厘。

普拍枋：长度同上（绞头在外），三分见方。

斗槽板：长度同上（减长七寸），宽二寸，厚三分。

压厦板：长度同上（减长一寸），宽一寸五分，厚同上。

车槽花板：长度根据车槽而定，宽七分，厚同上。

坐腰花板：长度根据坐腰而定，宽一寸，厚同上。

坐面板：长度、宽度根据猴面板内尺寸而定，厚二分五厘。

坐内背板：（每斗槽直径一尺，则长度为二寸五分。宽度根据坐高而定。厚度以六分为定则。）

猴面梯盘榥：（每斗槽直径一尺，则长度为八寸。）一寸见方。

猴面钿板榥：（每斗槽直径一尺，则长度为二寸。）八分见方。（每瓣用三条猴面钿板榥。）

坐下榻头木并下卧榥：（每斗槽直径一尺，则长度为八寸。）方形边长同上。（根据瓣采用。）

榻头木立榥：长度为九寸，方形边长同上。（根据瓣采用。）

拽后榥：（每斗槽直径一尺，则长度为二寸五分。）方形边长同上。（每瓣上下用六条拽后榥。）

柱脚枋并下卧榥：（每斗槽直径一尺，则长度为五寸。）一寸见方。（根据瓣采用。）

柱脚立榥：长度为九寸，方形边长同上。（每瓣上下用六条柱脚立榥。）

帐身：高为八尺五寸，直径一丈。帐柱下面用锃脚，上面用隔斗，四面都安装欢门帐带，前后用门，柱内两边都采用立颊和泥道板。

帐柱：长度根据高度而定。其宽度为六分，厚五分。

下锃脚上隔斗板：各个隔斗板的长度都根据帐柱内尺寸而定，宽八分，厚二分四厘。内上隔斗板宽一寸七分。

下锃脚上隔斗仰托榥：各个长度同上，宽三分六厘，厚二分四厘。

下锃脚上隔斗内外贴：各个长度同上，宽二分四厘，厚一分一厘。

下锃脚及上隔斗上内外柱子：各长六分六厘。上隔斗内外下柱子：长度为五分六厘，宽厚同上。

立颊：长度根据上下仰托榥内尺寸而定，宽度和厚度与仰托榥相同。

泥道板：长度同上，宽八分，厚一分。

难子：长度同上，一分见方。

欢门：长度根据两立颊内尺寸而定，宽一寸二分，厚一分。

帐带：长度为三寸二分，二分四厘见方。

门子：长度根据立颊而定，宽度根据两立颊内尺寸而定。（拼合木板使尺寸足够两扇的数量。厚度以八分为定则。）

帐身板：长度同上，宽度根据帐柱内尺寸而定，厚为一分二厘。

帐身板上下及两侧内外难子：长度同上，一分二厘见方。

柱上帐头：总共高为一尺，直径为九尺八寸四分。（檐和出跳在外。）采用六铺作卷头重栱造型。材的宽度为一寸，厚六分六厘。每瓣用五朵补间铺作，上面采用平棋。

普拍枋：长度根据每瓣的宽度而定（绞头在外），宽三寸，厚一寸二分。

斗槽板：长度同上，宽七寸五分，厚二寸。

压厦板：长度同上（加长七寸），宽九寸，厚一寸五分。

角栿：（每直径一尺，则长三寸。）宽为四寸，厚三寸。

算桯枋：宽为四寸，厚为二寸五分。（长度使用两个等级：一个是每个直径为一尺，长度六寸二分；另一个是每个直径为一尺，长度四寸八分。）

平棋：（贴络花纹等，一并以殿内平棋制度为准。）

桯：长度根据内外算桯枋和算桯枋的中心而定，宽为二寸，厚一分五厘。

背板：长度和宽度根据桯四周之内的尺寸而定。（厚度以五分为定则。）

福：（每直径一尺，则长五寸七分。）二寸见方。

护缝：长度与背板相同，宽二寸。（厚度以五分为定则。）

贴：长度根据桯内尺寸而定，宽一寸二分。厚度同上。

难子并贴络花（厚度与贴相同）：每一尺见方，使用二十五枚或十六枚花子。

转轮：高度为八尺，直径九尺，中心位置用立轴，长度为一丈八尺，直径一尺五寸；上面使用铁铜钏，下面使用铁鹅台桶子。（如果建造地藏，辐的数量要根据使用情况相应增加。）轮子为七个格，上下各札辐挂辋；每格用八个辋，安十六个辐，盛放十六枚经匣。

辐:（每直径一尺，则长四寸五分。）三分见方。

外辋：直径九尺（每直径一尺，则长四寸八分）。曲面宽为七分，厚二分五厘。

内辋：直径五尺（每直径一尺，则长三寸八分）。曲面宽为五分，厚四分。

外柱子：长度根据高度而定，二分五厘见方。

内柱子：长度为一寸五分，方形边长同上。

立颊：长度与外柱子相同，一分五厘见方。

钿面板：长度为二寸五分，外面宽为二寸二分，内里宽为一寸二分。（厚度以六分为定则。）

格板：长度为二寸五分，宽一寸二分。（厚度同上。）

后壁格板：长度和宽度为一寸二分。（厚度同上。）

难子：长度根据格板、后壁板四周的尺寸而定，八厘见方。

托辋牙子：长度为二寸，宽一寸，厚三分。（用在隔间处。）

托枨:（每直径一尺，则长度四寸。）四分见方。

立绞榥：长度根据高度而定，二分五厘见方。（根据辋采用。）

十字套轴板：长度根据外平坐上的外径而定，宽为一寸五分，厚五分。

泥道板：长度为一寸一分，宽三分二厘。（厚度以六分为定则。）

泥道难子：长度根据泥道板四周的尺寸而定，三厘见方。

经匣：长度为一尺五寸，宽为六寸五分，高六寸。（包括盝顶在内。）上面使用趄尘盝顶，陷顶开带，四角打卯，下面陷底。每高为一寸，以二分为盝顶的斜高，以一分三厘为开带的尺寸。四壁板长度根据匣子的长宽而定，每个经匣高一寸，则宽八分，厚八厘。顶板、底板，每匣长一尺，则长度为九寸五分；每匣宽一寸，则宽八分八厘；每匣高一寸，则厚度为八厘。子口板长度根据匣子四周之内的尺寸而定，每高一寸，则宽二分，厚五厘。

制作经藏坐的芙蓉瓣，长度为六寸六分，下面采用龟脚（上对铺作）。套轴板安在外槽的平坐之上。结瓦、瓦陇条之类，一并以佛道帐制度为准。举折等的制作也是如此。

壁藏

【原文】

造壁藏之制：共高一丈九尺，身广三丈，两摆手各广六尺，内外槽共深四尺。坐头及出跳皆在柱外。前后与两侧制度并同。其名件宽厚，皆取逐层每尺之高，积而为法。

坐：高三尺，深五尺二寸，长随藏身之广。下用龟脚，脚上施车槽、叠涩等。其制度并准佛道帐坐之法。唯坐腰之内，造神龛壶门，门外安重台勾栏，高八寸。上设平坐，坐上安重台勾栏。高一尺，用云栱瘿项造。其勾栏准佛道帐制度。用五铺作卷头，其材广一寸，厚六分六厘。每六寸六分施补间铺作一朵，其坐并芙蓉瓣造。

龟脚：每坐高一尺，则长二寸，广八分，厚五分。

车槽上下涩：后壁侧当者，长随坐之深加二寸；内上涩面前长减坐八尺。广二寸五分，厚六分五厘。

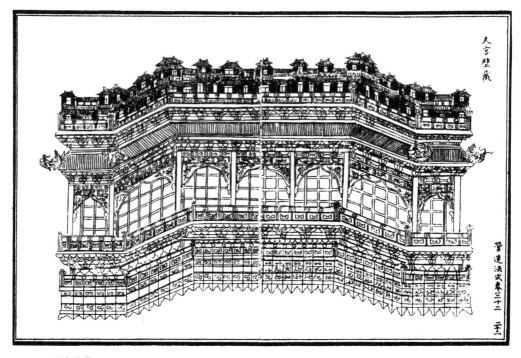

天宫壁藏

车槽：长随坐之深广，广二寸，厚七分。

上子涩：两重，长同上，广一寸七分，厚三分。

下子涩：长同上，广二寸，厚同上。

坐腰：长同上，减五寸，广一寸二分，厚一寸。

坐面涩：长同上，广二寸，厚六分五厘。

猴面板：长同上，广三寸，厚七分。

明金板：长同上，每面减四寸，广一寸四分，厚二分。

枓槽板：长同车槽上下涩，侧当减一尺二寸，面前减八尺，摆手面前广减六寸，广二寸三分，厚三分四厘。

压厦板：长同上，侧当减四寸，面前减八尺，摆手面前减二寸，广一寸六分，厚同上。

神龛壶门背板：长随枓槽，广一寸七分，厚一分四厘。

壶门牙头：长同上，广五分，厚三分。

柱子：长五分七厘，广三分四厘，厚同上。随瓣用。

面板：长与广皆随猴面板内。以厚八分为定法。

普拍枋：长随枓槽之深广，方三分四厘。

下车槽卧棍：每深一尺，则长九寸，卯在内。方一寸一分。隔瓣用。

柱脚枋：长随枓槽内深广，方一寸二分。绞荫在内。

柱脚枋立棍：长九寸，卯在内，方一寸一分。隔瓣用。

榻头木：长随柱脚枋内，方同上。绞荫在内。

榻头木立棍：长九寸一分，卯在内，方同上。隔瓣用。

拽后棍：长五寸，卯在内，方一寸。

罗纹棍：长随高之斜长，方同上。隔瓣用。

猴面卧棍：每深一尺，则长九寸，卯在内。方同榻头木。隔瓣用。

帐身：高八尺，深四尺，帐柱上施隔枓；下用锭脚；前面及两侧皆安欢门、帐带。帐身施板门子。上下截作七格。每格安经匣四十枚。屋内用平棊等造。

帐内外槽柱：长视帐身之高，方四分。

内外槽上隔枓板：长随帐内，广一寸三分，厚一分八厘。

内外槽上隔枓仰托棍：长同上，广五分，厚二分二厘。

内外槽上隔科内外上下贴：长同上，广五分二厘，厚一分二厘。

内外槽上隔科内外上柱子：长五分，广厚同上。

内外槽上隔科内外下柱子：长三分六厘，广厚同上。

内外欢门：长同仰托榥，广一寸二分，厚一分八厘。

内外帐带：长三寸，方四分。

里槽下锃脚板：长同上隔科板，广七分二厘，厚一分八厘。

里槽下锃脚仰托榥：长同上，广五分，厚二分二厘。

里槽下锃脚外柱子：长五分，广二分二厘，厚一分二厘。

正后壁及两侧后壁心柱：长视上下仰托榥内，其腰串长随心柱内，各方四分。

帐身板：长视仰托榥、腰串内，广随帐柱、心柱内。以厚八分为定法。

帐身板内外难子：长随板四周之广，方一分。

逐格前后格榥：长随间广，方二分。

钿板榥：每深一尺，则长五寸五分。广一分八厘，厚一分五厘。每广六寸用一条。

逐格钿面板：长同前后两侧格榥，广随前后格榥内。以厚六分为定法。

逐格前后柱子：长八寸，方二分。每匣小间用二条。

格板：长二寸五分，广八分五厘，厚同钿面板。

破间心柱：长视上下仰托榥内，其广五分，厚三分。

折叠门子：长同上，广随心柱、帐柱内。以厚一分[1]为定法。

格板难子：长随隔版之广，其方六厘。

里槽普拍枋：长随间之深广，其广五分，厚二分。

平棋：花纹等准佛道帐制度。

经匣：盝顶及大小等，并准转轮藏经匣制度。

腰檐：高一尺，科槽共长二丈九尺八寸四分，深三尺八寸四分。斗栱用六铺作，单杪双昂；材广一寸，厚六分六厘。上用压厦板出檐结瓦。

普拍枋：长随深广，绞头在外，广二寸，厚八分。

科槽板：长随后壁及两侧摆手深广，前面长减八寸，广三尺五分，厚一寸。

---

① 一说"厚一寸"。——编者注

压厦板：长同枓槽板，减六寸，前面长减同上，广四寸，厚一寸。

枓槽钥匙头：长随深广，厚同枓槽板。

山板：长同普拍枋，广四寸五分，厚一寸。

出入角角梁：长视斜高，广一寸五分，厚同上。

出入角子角梁：长六寸，卯在内，曲广一寸五分，厚八分。

抹角枋：长七寸，广一寸五分，厚同角梁。

贴生：长随角梁内，方一寸。折计用。

曲椽：长八寸，曲广一寸，厚四分。每补间铺作一朵用三条，从角均摊。

飞子：长五寸，尾在内，方三分五厘。

白板：长随后壁及两侧摆手，到角长加一尺，前面长减九尺，广三寸五分。以厚五分为定法。

厦瓦板：长同白板，加一尺三寸，前面长减八尺，广九寸，厚同上。

瓦陇条：长九寸，方四分。瓦头在内，隔间均摊。

搏脊：长同山板，加二寸，前面长减八尺。其广二寸五分，厚一寸。

角脊：长六寸，广二寸，厚同上。

搏脊槫：长随间之深广，其广一寸五分，厚同上。

小山子板：长与广皆二寸五分，厚同上。

山板枓槽卧棍：长随枓槽内，其方一寸五分。隔瓣上下用二枚。

山板枓槽立棍：长八寸，方同上，隔瓣用二枚。

平坐：高一尺，枓槽长随间之广，共长二丈九尺八寸四分，深三尺八寸四分，安单勾栏，高七寸。其勾栏准佛道帐制度。用六铺作卷头，材之广厚及用压厦板，并准腰檐之制。

普拍枋：长随间之深广，合角在外，方一寸。

枓槽板：长随后壁及两侧摆手，前面减八尺，广九寸，子口在内，厚二寸。

压厦板：长同枓槽板，至出角加七寸五分，前面减同上，广九寸五分，厚同上。

雁翅板：长同枓槽板，至出角加九寸，前面减同上，广二寸五分，厚八分。

枓槽内上下卧棍：长随枓槽内，其方三寸。随瓣隔间上下用。

枓槽内上下立棍：长随坐高，其方二寸五分。随卧棍用二条。

钿面板：长同普拍枋。以厚七分为定法。

天宫楼阁：高五尺，深一尺；用殿身、茶楼、角楼、龟头、殿挟屋、行廊等造。

下层副阶：内殿身长三瓣，茶楼子长二瓣，角楼长一瓣，并六铺作单杪双昂造，龟头、殿挟各长一瓣，并五铺作单杪单昂造；行廊长二瓣，分心四铺作造。其材并广五分，厚三分三厘。出入转角，间内并用补间铺作。

中层副阶上平坐：安单勾栏，高四寸。其勾栏准佛道帐制度。其平坐并用卷头铺作等，及上层平坐上天宫楼阁，并准副阶法。

凡壁藏芙蓉瓣，每瓣长六寸六分，其用龟脚至举折等，并准佛道帐之制。

【译文】

建造壁藏的制度：总共高为一丈九尺，身宽三丈，两个摆手各宽六尺，内外槽总共深为四尺（坐头及出跳都在柱子外）。前后与两侧的制度也都相同。壁藏构件的宽度和厚度也都以每一层每一尺的高度为一百，用这个百分比来确定各部分的比例尺寸。

坐：高为三尺，深五尺二寸，长度根据壁藏身的宽度而定。下面采用龟脚，龟脚上安设车槽、叠涩等构件。其制度全都以佛道帐底座的尺寸为准。只有坐腰之内要建造神龛、壸门，门外安装重台勾栏，高为八寸。上面安设平坐，坐上安装重台勾栏（高为一尺，用云栱瘿项造型。其栏杆制度以佛道帐制度为准）。采用五铺作卷头，其材的宽度为一寸，厚六分六厘。每六寸六分采用一朵补间铺作，底座全用芙蓉瓣造型。

龟脚：每座高一尺，则长为二寸，宽八分，厚五分。

车槽上下涩（用于后壁侧挡的，长度根据底座的深度增加二寸，内上涩面前的长度比底座减少八寸）：宽为二寸五分，厚六分五厘。

车槽：长度根据底座的深度、宽度而定，宽为二寸，厚七分。

上子涩：两重，长度同上，宽一寸七分，厚三分。

下子涩：长度同上，宽二寸，厚同上。

坐腰：长度同上（减五寸），宽一寸二分，厚一寸。

坐面涩：长度同上，宽二寸，厚六分五厘。

猴面板：长度同上，宽三寸，厚七分。

明金板：长度同上（每面减少四寸），宽一寸四分，厚二分。

斗槽板：长度与车槽上下涩相同（侧挡面减少一尺二寸，面前减少八尺，摆手面前的宽度减少六寸）。宽二寸三分，厚三分四厘。

压厦板：长度同上（侧挡面减少四寸，面前减少八尺，摆手面前减少二寸）。宽一寸六分，厚同上。

神龛壶门背板：长度根据斗槽而定，宽一寸七分，厚一分四厘。

壶门牙头：长度同上，宽五分，厚三分。

柱子：长度为五分七厘，宽三分四厘，厚同上。（根据瓣采用。）

面板：长度与宽度都根据猴面板内尺寸而定。（厚度以八分为定则。）

普拍枋：长度根据斗槽的深度和宽度而定，三分四厘见方。

下车槽卧棍（每深一尺，则长九寸，包括卯在内）：一寸一分见方。（隔瓣上使用。）

柱脚枋：长度根据斗槽内深度和宽度而定，一寸二分见方。（包括绞荫在内。）

柱脚枋立棍：长度为九寸（包括卯在内），一寸一分见方。（隔瓣上使用。）

榻头木：长度根据柱脚枋内尺寸而定，方形边长同上。（包括绞荫在内。）

榻头木立棍：长度九寸一分（包括卯在内），方形边长同上。（隔瓣上使用。）

拽后棍：长度五寸（包括卯在内），一寸见方。

罗纹棍：长度根据高的斜长而定，方形边长同上。（隔瓣上使用。）

猴面卧棍（每深一尺，则长度为九寸，包括卯在内）：方形边长与榻头木相同。（隔瓣上使用。）

帐身：高为八尺，深四尺。帐柱上使用隔斗，下面使用锟脚，前面及两侧都安装欢门、帐带（帐身上使用板门子）。上下截成七个格（每个格安四十枚藏经匣子）。屋内使用平棋等造型。

帐内外槽柱：长度根据帐身的高度而定，四分见方。

内外槽上隔斗板：长度根据帐柱内尺寸而定，宽一寸三分，厚一分八厘。

内外槽上隔斗仰托棍：长度同上，宽五分，厚二分二厘。

内外槽上隔斗内外上下贴：长度同上，宽五分二厘，厚一分二厘。

内外槽上隔斗内外上柱子：长度为五分，宽度和厚度同上。

内外槽上隔斗内外下柱子：长度为三分六厘，宽度和厚度同上。

内外欢门：长度与仰托榥相同，宽一寸二分，厚一分八厘。

内外帐带：长度为三寸，四分见方。

里槽下锃脚板：长度与上隔斗板相同，宽七分二厘，厚一分八厘。

里槽下锃脚仰托榥：长度同上，宽五分，厚二分二厘。

里槽下锃脚外柱子：长度为五分，宽二分二厘，厚一分二厘。

正后壁及两侧后壁心柱：长度根据上下仰托榥内尺寸而定，其腰串长度根据心柱内尺寸而定，各四分见方。

帐身板：长度根据仰托榥、腰串内尺寸而定，宽度根据帐柱、心柱内尺寸而定。（厚度以八分为定则。）

帐身板内外难子：长度根据板四周的宽度而定，一分见方。

逐格前后格榥：长度根据间宽而定，二分见方。

钿板榥（每深一尺，则长度为五寸五分）：宽一分八厘，厚一分五厘。（每宽六寸用一条钿板榥。）

逐格钿面板：长度与前后两侧格榥相同，宽度根据前后格榥内尺寸而定。（厚度以六分为定则。）

逐格前后柱子：长度为八寸，二分见方。（每个匣子的小间用两条。）

格板：长度为二寸五分，宽八分五厘，厚度与钿面板相同。

破间心柱：长度根据上下仰托榥内尺寸而定。其宽为五分，厚三分。

折叠门子：长度同上，宽度根据心柱、帐柱内尺寸而定。（厚度以一分为定则。）

格板难子：长度根据格板的宽度而定，六厘见方。

里槽普拍枋：长度根据开间的深度和宽度而定。其宽为五分，厚二分。

平棋：（花纹等都以佛道帐制度为准。）

经匣：（盝顶以及大小等，都以转轮藏经匣制度为准。）

腰檐：高度为一尺，斗槽总共长度为二丈九尺八寸四分，深三尺八寸四分。斗栱采用六铺作单杪双昂，材宽为一寸，厚为六分六厘，上面使用压厦板出檐结瓦。

普拍枋：长度根据深度和宽度而定（绞头在外）。宽二寸，厚八分。

斗槽板：长度根据后壁以及两侧摆手的深度和宽度而定（前面长度减八寸）。

宽三寸五分，厚一寸。

压厦板：长度与斗槽板相同（长度减六寸，前面长度减少部分与上面相同）。宽四寸，厚一寸。

斗槽钥匙头：长度根据深度和宽度而定，厚度与斗槽板相同。

山板：长度与普拍枋相同，宽四寸五分，厚一寸。

出入角角梁：长度根据斜高而定，宽一寸五分，厚同上。

出入角子角梁：长度为六寸（包括卯在内）。曲面宽为一寸五分，厚八分。

抹角枋：长度为七寸，宽为一寸五分，厚度与角梁相同。

贴生：长度根据角梁内尺寸而定，一寸见方。（折算时使用。）

曲椽：长度为八寸，曲面宽一寸，厚四分。（每一朵补间铺作用三条曲椽，从角均摊。）

飞子：长度为五寸（包括尾在内）。三分五厘见方。

白板：长度根据后壁和两侧的摆手而定（到角长度增加一尺，前面长度减少九尺）。宽三寸五分。（厚度以五分为定则。）

厦瓦板：长度与白板相同（增加一尺三寸，前面长度减少八尺）。宽九寸。（厚度同上。）

瓦陇条：长度为九寸，四分见方。（包括瓦头在内，隔间均摊。）

搏脊：长度与山板相同（增加二寸，前面长度减少八尺）。其宽度为二寸五分，厚一寸。

角脊：长度为六寸，宽二寸，厚度同上。

搏脊槫：长度根据开间的深度和宽度而定。其宽为一寸五分，厚度同上。

小山子板：长度与宽度都为二寸五分，厚度同上。

山板斗槽卧棍：长度根据斗槽内尺寸而定，一寸五分见方。（隔瓣上下用二枚。）

山板斗槽立棍：长度为八寸，方形边长同上。（隔瓣用二枚。）

平坐：高为一尺，斗槽长度根据开间宽度而定，总共长为二丈九尺八寸四分，深为三尺八寸四分。安设单勾栏，高为七寸（栏杆的尺寸以佛道帐制度为准）。采用六铺作卷头。材的宽度和厚度，以及使用的压厦板，都以腰檐制度为准。

普拍枋：长度根据开间的深度和宽度而定（合角在外）。一寸见方。

斗槽板：长度根据后壁和两侧摆手而定（前面减少八尺）。宽为九寸（包括子口在内）。厚为二寸。

压厦板：长度与斗槽板相同（到出角则增加七寸五分，前面减少的与上面相同）。宽为九寸五分，厚度同上。

雁翅板：长度与斗槽板相同（到出角则增加九寸，前面减少的与上面相同）。宽二寸五分，厚八分。

斗槽内上下卧棍：长度根据斗槽内尺寸而定，三寸见方。（随瓣隔间上下使用。）

斗槽内上下立棍：长度根据坐高而定，二寸五分见方。（根据卧棍使用两条立棍。）

钿面板：长度与普拍枋相同。（厚度以七分为定则。）

天宫楼阁：高为五尺，深一尺，用殿身、茶楼、角楼、龟头、殿挟屋、行廊等造型。

下层副阶：内殿身长度为三瓣，茶楼子长度为二瓣，角楼长度为一瓣，全都采用六铺作单杪双昂造型。龟头、殿挟各长为一瓣，全用五铺作单杪单昂造型。行廊长度为二瓣，采用分心四铺作造型。其材宽为五分，厚为三分三厘。出入转角间之内全采用补间铺作。

中层副阶上平坐：安设单勾栏，高为四寸。（栏杆的尺寸以佛道帐制度为准。）平坐全部采用卷头铺作等，上层平坐上的天宫楼阁，都以副阶的建造规则为准。

凡壁藏做芙蓉瓣，每瓣的长度为六寸六分。至于所用的龟脚和举折等，一并以佛道帐制度为准。

卷十二^[1]

雕作、旋作、锯作、竹作制度

雕作制度

混作^[2]

【原文】

雕混作之制有八品：

一曰神仙，真人、女真、金童、玉女之类同；二曰飞仙，嫔伽、共命鸟之类同；三曰化生，以上并手执乐器或芝草、花果、瓶盘、器物之属；四曰拂菻^[3]，蕃王 、夷人之类同，手内牵拽走兽，或执旌旗、矛、戟之属；五曰凤凰，孔雀、仙鹤、鹦鹉、山鹧、练鹊、锦鸡、鸳鸯、鹅、鸭、凫、雁之类同；六曰师子，狻猊、麒麟、天马、海马、羚羊、仙鹿、熊、象之类同。以上并施之于勾栏柱头之上或牌带四

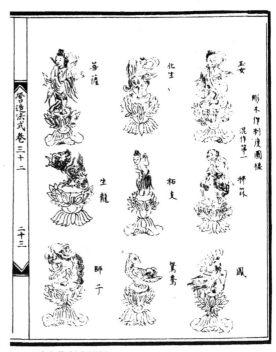

雕木作制度图样

周，其牌带之内，上施飞仙，下用宝床真人等，如系御书，两颊作升龙，并在起突花地之外，及照壁板之类亦用之。七曰角神，宝藏神之类同。施之于屋出入转角大角梁之下，及帐坐腰内之类亦用之。八曰缠柱龙[4]，盘龙、坐龙、牙鱼之类同。施之于帐及经藏柱之上，或缠宝山，或盘于藻井之内。

凡混作雕刻成形之物，令四周皆备，其人物及凤凰之类，或立或坐，并于仰覆莲花或覆瓣莲花坐上用之。

【梁注】

[1] 卷十二包括四种工作的制度。其中雕作和混作都是关于装饰花纹和装饰性小"名件"的做法。雕的名件是雕刻出来的。旋作则是用旋车旋出来的。锯作制度在性质上与前两作极不相同，是关于节约木材，使材尽其用的措施的规定；在《法式》中是值得后世借鉴的东西。至于竹作制度中所说的品种和方法，是我国竹作千百年来一直沿用的做法。

[2] 雕作中的混作，按本篇末尾所说，是"雕刻成形之物，令四周皆备"。从这样的定义来说，就是今天我们所称圆雕"。从雕刻题材来说，混作的题材全是人物鸟兽。八品之中，前四品是人物，第五品是鸟类，第六品是兽类。第七品的角神，事实上也是人物。至于第八品的龙，就自成一类了。

[3] 莍，音歷。

[4] 缠柱龙的实例，山西太原晋祠圣母殿一例最为典型，但是否宋代原物，我们还不能肯定。山东曲阜孔庙大成殿石柱上的缠柱龙，更是杰出的作品。这两例都见于殿屋廊柱，而不是像本篇所说"施之于帐及经藏柱之上"。

【译文】

雕混作的制度有八个品级：

一是神仙（真人、女真、金童、玉女之类也与此相同）；二是飞仙（嫔伽、共命鸟之类与此相同）；三是化生（以上这些造型都手拿乐器或灵芝仙草、花果、瓶盘、器物之类的东西）；四是拂莍（蕃王、夷人之类与此相同。手里牵拽着走兽或者拿着旌旗矛戟之类）；五是凤凰（孔雀、仙鹤、鹦鹉、山鹧、练鹊、锦鸡、鸳鸯、鹅、鸭、兔、雁之类与此相同）；六是狮子（狻猊、麒麟、天马、海马、羚羊、仙鹿、熊、象之类与此相同）。以上造型都用在栏杆柱头的上面，或者牌带的四周（牌带之内，上面要雕刻飞仙，下面用宝床真人等，如果是皇帝的亲笔御书，两颊要做出升龙的造型，都在起突花地之外）。也可以用在照壁板之类的地方。七是角神（宝藏神之类与此相同）。用在屋子里出入转角的大角梁之下，以及帐坐腰内之类的地方。八是缠柱龙（盘龙、坐龙、牙鱼之类与此相同）。用在帐及经藏柱之上（或者缠绕宝山），或者盘桓在藻井之内。

凡是混作雕刻成形的物品，各方面都要兼顾。人物以及凤凰之类，要么站立，要么坐着，用在仰覆莲花或者覆瓣莲花的底座上。

雕插写生花 [1]

【原文】

雕插写生花之制有五品：

一曰牡丹花；二曰芍药花；三曰黄葵花；四曰芙蓉花；五曰莲荷花。以上并施之于栱眼壁之内。

凡雕插写生花，先约栱眼壁之高广，量宜分布画样，随其舒卷，雕成花叶，于宝山之上，以花盆安插之。

栱眼内雕插

【梁注】

[1] 本篇所说的仅仅是栱眼壁上的雕刻装饰花纹。这样的实例，特别是宋代的，我们还没有看到。其所以称为"插写生花"，可能因为是（如末句所说）"以华盆（花盆）安插之"的原故。

【译文】

雕插写生花的制度有五个品级：

一是牡丹花；二是芍药花；三是黄葵花；四是芙蓉花；五是莲荷花。以上花型都雕刻在栱眼壁里面。

凡是雕刻插写生花，先估计栱眼壁的高度和宽度，选取合适的尺寸分布画样，根据花型卷舒走势，雕刻成花和叶，在宝山上面用花盆安插。

起突卷叶花 [1]

【原文】

雕剔地起突 或透突 [2] 卷叶花之制有三品：

一曰海石榴花；二曰宝牙花；三曰宝相花。谓皆卷叶者，牡丹花之类同。每一叶之上，三卷者为上，两卷者次之，一卷者又次之。以上并施之于梁、额 里贴同、格子门腰板、牌带、勾栏板、云栱、寻杖头、椽头盘子 如殿阁椽头盘子，或盘起突龙之类，及花板。凡贴络，如平棋心中角内，若牙子板之类皆用之。或于花内间以龙、凤、化生、飞禽、走兽等物。

凡雕剔地起突花，皆于板上压下四周隐起。身内花叶等雕镂 [3]，叶内翻卷，令表里分明 [4]。剔削枝条，须圆混相压。其花纹皆随板内长广，匀留四边，量宜分布。

【梁注】

[1] 剔地起突花的做法，是"于板上压下四周隐起"的，和混作的"成形之物，四周备"的不同，亦即今天所称浮雕。

[2] "透突"可能是指花纹的一些部分是镂透的，比较接近"四周皆备"。也可以说是突起很高的高浮雕。

[3] 镂，音搜，雕镂也；亦写作锼。

[4] "叶内翻卷，令表里分明"，这是雕刻装饰卷叶花纹的重要原则。一般初学的设计人员对这"表里分明"应该特别注意。

【译文】

雕剔地起突（或透突）卷叶花的制度有三个品级：

一是海石榴花；二是宝牙花；三是宝相花。（所谓的卷叶花，即与牡丹花的花型相类似。）每一片叶子上雕成三卷的为上等，雕成两卷的次之，雕成一卷的又次一等。以上造型都用在梁、额（里贴也相同）、格子门腰板、牌带、栏杆板、云栱、寻杖头、橡头盘子（比如殿阁橡头盘子或盘起突龙之类），以及花板。对于贴络的，比如平棋中心位置角内，牙子板之类也都可以使用。或者在花内间杂着龙凤、化生、飞禽、走兽等形象。

凡雕刻剔地起突花时，需均在板上錾掉四周。身内花叶等镂空雕刻，叶内翻卷，使里外分明；剔削枝条，必须圆混相压。其花纹都要根据板内的长和宽均匀留出四边，选取合适位置排布花型。

剔地洼叶花 [1]

【原文】

雕剔地 或透突 洼叶 或平卷叶 [2] 花之制有七品：

一曰海石榴花；二曰牡丹花，芍药花、宝相花之类，卷叶或写生者并同；三曰莲荷花；四曰万岁藤；五曰卷头蕙草，长生草及蛮云蕙草之类同；六曰蛮云，胡云 [3] 及蕙草云之类同。以上所用，及花内间龙、凤之类并同上。

凡雕剔地洼叶花，先于平地隐起花头及枝条，其枝梗并交起相压，减压下四周叶外空地。亦有平雕透突 [4] 或压地诸花者，其所用并同上。若就地随刃雕压出花纹者，谓之实雕 [5]，施之于云栱、地霞、鹅项或叉子之首，及叉子錕脚板内，及牙子板、垂鱼、惹草等皆用之。

【梁注】

[1] 雕作制度内，按题材之不同，可以分为动物（人物、鸟、兽）和植物（各种花、叶）两大类。按这两大类，也制订了不同的雕法。人物、鸟、兽用混作，即我们所称圆雕：花、叶装饰则用浮雕。花叶装饰中，又分为写生花、卷叶花、洼叶花三类。但是，从"制度"的文字解说中，又很难看出它们之间的显著差别。从使用的位置上看，写生花仅用于栱眼壁；后两类则使用位置相同，区别好像只在卷叶和洼叶上。卷叶和洼叶的区别也很微妙，好像是在雕刻方法上。卷叶是"于板上压下四周隐起。……叶内翻卷，令表里分明。别削枝条，须园混相压"。洼叶则"先于平地隐起花头及枝条，其枝梗并交起相压，减压下四周叶外空地"。从这些词句看，只能理解为起突卷叶花是突出于构件的结构面以外，并且比较接近于圆雕的高浮雕，而洼叶花是从构件的结构面（平地）上向里刻入（剔地），因而不能"园混相压"

的浅浮雕。但是，这种雕法还可以有深浅之别：有雕得较深，"压地平雕透突"的，也有"就地随刃雕压出花纹者，谓之实雕"。

关于三类不同名称的花饰的区别，我们只能做如上的推测，请读者并参阅"石作制度"。

［2］平卷叶和洼叶的具体样式和它们之间的差别，都不清楚。从字面上推测，洼叶可能是平铺的叶子，叶的阳面（即表面）向外；不卷起，有表无里；而平卷叶则叶是翻卷的，"表里分明"，但是极浅的浮雕，不像起突的卷叶那样突起，所以叫平卷叶，但这也只是推测而已。

［3］胡云，有些抄本作"吴云"，它又是作为蛮云的小注出现的，"胡""吴"在当时可能是同音。"胡""蛮"则亦同义。既然版本不同，未知孰是？指出存疑。

［4］平雕突透的具体做法也是能按文义推测，可能是花纹并不突出到结构面之外，而把"地"压得极深，以取得较大的立体感的手法。

［5］实雕的具体做法，从文义上和举出的例子上看，就比较明确：就是就构件的轮廓形状，不压四周的"地"，以浮雕花纹加工装饰的做法。

【译文】

雕剔地（或透突）洼叶（或平卷叶）花的制度有七个品级：

一是海石榴花；二是牡丹花（芍药花、宝相花之类的卷叶或者写生与此相同）；三是莲荷花；四是万岁藤；五是卷头蕙草（长生草以及蛮云蕙草之类与此相同）；六是蛮云（胡云及蕙草云之类与此相同）。以上这几种花型以及花内间杂的龙凤之类的雕刻制度与起突卷叶花的制度相同。

凡雕刻剔地洼叶花时，先以平地浮雕做出花头和枝条（枝梗交错相压），鏊去叶子外部四周的空地。也有平雕透突（或压地）这些花型，使用方法同上。如果是就地根据刀刃雕压出花纹的，称为"实雕"，用在云栱、地霞、鹅项或叉子的头部（包括叉子锃脚板里面），牙子板、垂鱼、蕙草等也可以使用。

旋作制度^[1]

殿堂等杂用名件

【原文】

造殿堂屋宇等杂用名件之制：

椽头盘子：大小随椽之径。若椽径五寸，即厚一寸。如径加一寸，则厚加二分；减亦如之。加至厚一寸二分止，减至厚六分止。

搘^[2]角梁宝瓶：每瓶高一尺，即肚径六寸；头长三寸三分，足高二寸。余作瓶身。瓶上施仰莲胡桃子，下坐合莲。若瓶高加一寸，则肚径加六分；减亦如之。或作素宝瓶，即肚径加一寸。

莲花柱顶：每径一寸，其高减径之半。

柱头仰覆莲花胡桃子：二段或三段造。每径广一尺，其高同径之广。

门上木浮沤^[3]：每径一寸，即高七分五厘。

勾栏上葱台钉^[4]：每高一寸，即径一分。钉头随径，高七分。

盖葱台钉筒子：高视钉加一寸。每高一寸，即径广二分五厘。

【梁注】

　　[1]旋作的名件就是那些平面或断面是圆形的，用脚踏"车床"，用手握的刀具车出来（即旋出来）的小名件，它们全是装饰性的小东西。"制度"中共有三篇，只有"殿堂等杂用名件"一篇是用在殿堂屋宇上的，我们对它做了一些注释。"照壁板宝床上名件"看来像是些布景性质的小"道具"，我们还不清楚这"宝床"是什么，也不清楚它和照壁板的具体关系。从这些名件的名称上，可以看出这"宝床"简直就像小孩子"摆家家"的玩具，明确地反映了当时封建统治阶级生活之庸俗无聊。由于这些东西在《法式》中竟然慎重其事地予以定出"制度"也反映了它的普遍性。对于研究当时统治阶级的生活，也可以作为一个方面的参考资料。至于"佛道帐上名件"，就连这一小点参考价值也没有了。

　　[2]搘，音支，支持也，宝饼（瓶）是放在角由昂之上以支承大角梁的构件，有时刻作力士形象。称角神。清代亦称"宝瓶"。

　　[3]沤，音妪，水泡也。浮沤在这里是指门钉，取其形似浮在水面上的

半圆球形水泡。

　　[4] 葱台钉是什么，不清楚。

【译文】

建造殿堂屋宇等杂用构件的制度：

椽头盘子：大小根据椽子的直径而定。如果椽子的直径为五寸，则盘子厚一寸。如果椽子的直径增加一寸，则厚度增加二分；减少也按照这个比例。（加厚到一寸二分为止，减少到厚六分为止。）

搭角梁宝瓶：每瓶高一尺，则瓶肚的直径为六寸，头部的长为三寸三分，足部的高为二寸。（其余为瓶身部分。）瓶上雕刻仰莲和胡桃子，下坐采用合莲造型。如果瓶子的高度增加一寸，则瓶肚的直径增加六分；减少也按这个比例。或者做成素宝瓶，则瓶肚的直径增加一寸。

莲花柱顶：每直径宽一寸，则高为直径的一半。

柱头仰覆莲花胡桃子（采用两段或三段造）：每直径宽一尺，其高度与直径的宽度相同。

门上木浮沤：每直径宽一寸，则高为七分五厘。

栏杆上葱台钉：每高一寸，则直径二分。钉子头根据直径而定，高为七分。

盖葱台钉筒子：高度根据钉子的情况加一寸。每高一寸，则直径宽为二分五厘。

照壁板宝床上名件

【原文】

造殿内照壁板上宝床等所用名件之制：

香炉：径七寸。其高减径之半。

注子：共高七寸。每高一寸，即肚径七分。两段造，其项高取高十分中以三分为之。

注碗：径六寸。每径一寸，则高八分。

酒杯：径三寸。每径一寸，即高七分。足在内。

杯盘：径五寸。每径一寸，即厚一分。足子径二寸五分。每径一寸，即高四分。心子并同。

鼓：高三寸。每高一寸，即肚径七分。两头隐出皮厚及钉子。

鼓坐：径三寸五分。每径一寸，即高八分。两段造。

杖鼓：长三寸。每长一寸，鼓大面径七分，小面径六分，腔口径五分，腔腰径二分。

莲子：径三寸。其高减径之半。

荷叶：径六寸。每径一寸，即厚一分。

卷荷叶：长五寸。其卷径减长之半。

披莲：径二寸八分。每径一寸，即高八分。

莲蓓蕾：高三寸。每高一寸，即径七分。

【译文】

建造殿内照壁板上的宝床等所用构件的制度：

香炉：直径为七寸。高度为直径的一半。

注子：总共高为七寸。每高一寸，则肚子直径为七分。（采用两段造型。）项高取高的十分之三。

注碗：直径为六寸。每直径一寸，则高八分。

酒杯：直径为三寸。每直径一寸，即高七分。（足在内。）

杯盘：直径为五寸。每直径一寸，即厚一分。（足子直径二寸五分。每直径一寸，即高四分。心子并同。）

鼓：高为三寸。每高一寸，即肚子直径为七分。（两头隐出皮厚和钉子。）

鼓坐：直径为三寸五分。每直径一寸，即高八分。（采用两段造型。）

杖鼓：长为三寸。每长一寸，鼓大面直径为七分，小面直径为六分，腔口直径为五分，腔腰直径为二分。

莲子：直径为三寸。其高为直径的一半。

荷叶：直径为六寸。每直径一寸，即厚一分。

卷荷叶：长为五寸。荷叶卷的直径为长的一半。

披莲：直径为二寸八分。每直径一寸，则高八分。

莲蓓蕾：高为三寸。每高一寸，则直径七分。

佛道帐上名件

【原文】

造佛道等帐上所用名件之制：

火珠：高七寸五分，肚径三寸。每肚径一寸，即尖长七分。每火珠高加一寸，即肚径加四分；减亦如之。

滴当火珠：高二寸五分。每高一寸，即肚径四分。每肚径一寸，即尖长八分。胡桃子下合莲长七分。

瓦头子：每径一寸，其长倍柱^①之广。若作瓦钱子，每径一寸，即厚三分；减亦如之。加至厚六分止，减至厚二分止。

宝柱子：作仰合莲花、胡桃子、宝瓶相间；通长造，长一尺五寸；每长一寸，即径广八厘。如坐内纱窗旁用者，每长一寸，即径广一分。若坐腰车槽内用者，每长一寸，即径广四分。

贴络门盘：每径一寸，其高减径之半。

贴络浮沤：每径五分，即高三分。

平棊钱子：径一寸。以厚五分为定法。

角铃：每一朵九件，大铃、盖子、簧子各一，角内子角铃共六。

大铃：高二寸。每高一寸，即肚径广八分。

盖子：径同大铃，其高减半。

簧子：径及高皆减大铃之半。

子角铃：径及高皆减簧子之半。

圆栌枓：大小随材分。高二十分，径三十二分。

虚柱莲花钱子：用五段，上段径四寸，下四段各递减二分。以厚三分为定法。

虚柱莲花胎子：径五寸。每径一寸，即高六分。

【译文】

建造佛道等帐上所用构件的制度：

火珠：高为七寸五分，肚子直径为三寸。每肚子直径一寸，则尖长七分。火

---

① 其他版本也有说"径"。——编者注

珠的高度每增加一寸，则肚子直径增加四分；减少也按照这个比例。

滴当火珠：高为二寸五分。每高一寸，则肚子直径四分。每肚子直径一寸，则尖长八分。胡桃子和下合莲的长度为七分。

瓦头子：每直径一寸，则长度为直径宽度的二倍。如果做成瓦钱子，每直径增加一寸，则厚对应增加三分；减少也按照这个比例。（厚度增加到六分为止，减少到二分为止。）

宝柱子：做仰合莲花、胡桃子、宝瓶相间，通身长为一尺五寸。每长一寸，则直径宽八厘。如果坐内纱窗旁使用，每长一寸，则直径宽一分。如果坐腰车槽内使用，每长一寸，则直径宽四分。

贴络门盘：每直径一寸，则高度为直径的一半。

贴络浮沤：每直径五分，则高三分。

平棋钱子：直径一寸。（厚度以五分为定则。）

角铃：（每一朵用九件，大铃、盖子、簧子各一个，角内的子角铃共六个。）

大铃：高为二寸。每高一寸，即肚径宽八分。

盖子：直径与大铃相同，其高度减半。

簧子：直径和高度皆为大铃的一半。

子角铃：直径和高度皆为簧子的一半。

圆栌斗：大小根据材分而定。（高二十分，直径三十二分。）

虚柱莲花钱子（使用五段）：上段的直径为四寸，下面四段各依次递减二分。（厚度以三分为定则。）

虚柱莲花胎子：直径为五寸。每直径一寸，则高六分。

锯作制度 [1]

用材植

【原文】

用材植之制：凡材植，须先将大方木可以入长大料者，盘截解割；次将不可以充极长极广用者，量度合用名件，亦先从名件就长或就广解割。

【梁注】

[1] 锯作制度虽然很短，仅仅三篇，约二百字，但是它是《营造法式》中关于节约用材的一些原则性的规定。"用材植"一篇讲的是不要大材小用，尽可能用大料做大构件。"抨墨"一篇讲下线，用料的原则和方法，务求使木材得到充分利用，"勿令将可以充长大（构件）用者截割为细小名件。""就余材"一篇讲的是利用下脚料的方法，要求做到"勿令失料"，这些规定虽然十分简略，但它提出了千方百计充分利用木料以节约木材这样一个重要的原则。在《法式》中，"锯作制度"这样的篇章是可资我们借鉴的。

【译文】

使用材植的制度：先将可以做长大料的大方木料，盘截解割。再将不可以用来做极长极宽构件的木料，根据其尺寸做成合适的木构件，也应该先从构件中选择足够长或足够宽的进行切割裁剪。

抨墨

【原文】

抨绳墨之制：凡大材植，须合大面在下，然后垂绳取正抨墨。其材植广而薄者，先自侧面抨墨。务在就材充用，勿令将可以充长大用者截割为细小名件。

若所造之物，或斜或讹或尖者，并结角交解。谓如飞子，或颠倒交斜解割，可以两就长用之类。

【译文】

用墨斗拉线的制度：对于尺寸较大的木料，应该让木材尺寸较大的一面在下，然后再拉直绳子取正弹出墨线。对于宽而薄的木料，先从侧面拉线。务必要根据木材的大小使其充分使用，千万不能将可以做大料的木头截割成细小的构件。

如果所造构件是斜的，或者是圆角的，或者是尖的，都要做结角交解。（比如飞子，就可以颠倒交斜解割，将就较长的一边使用。）

就余材

【原文】

就余材之制：凡用木植内，如有余材，可以别用或作板者，其外面多有璺[1]裂，须审视名件之长广量度，就璺解割。或可以带璺用者，即留余材于心内，就其厚别用或作板，勿令失料。如璺裂深或不可就者，解作膘板[2]。

【梁注】

[1] 璺，音问，裂纹也。

[2] 膘，音标，肥也，今写作膘。膘板是什么，不清楚，可能是"打小补钉"用的板子。

【译文】

使用余材的制度：凡是使用木料，其中如果有剩余的木料可以另作他用或者做木板使用，其外面多有裂纹，需根据构件的长度和宽度测量选取，就裂纹进行截断切割。有些部分可以使用带着裂纹的材料，则将剩余的木料朝内，将就其较厚的一面另作他用或者做木板，千万不能损耗木料。（如裂纹太深太大而不能将就的，则分解做成膘板。）

竹作制度[1]

造笆

【原文】

造殿堂等屋宇所用竹笆[2]之制：每间广一尺，再经一道。经，顺椽用。若竹径二寸一分至径一寸七分者，广一尺用经一道；径一寸五分至一寸者，广八寸用经一道，径八分以下者，广六寸用经一道。每经一道，用竹四片，纬亦如之。纬，横铺椽上。殿阁等至散舍，如六椽以上，所用竹并径三寸二分至径二寸三分。若四椽以下者，径一寸二分至径四分。其竹不以大小，并劈作四破用之。如竹径八分至径四分者，并椎破用之[3]。

【梁注】

[1] 竹作为一种建筑材料，是中国、日本和东南亚一带所特有的；在一些热带地区，它甚至是主要的建筑材料。但在我国，竹只能算作一种辅助材料。

"竹作制度"中所举的几个品种和制作方法，除"竹笆"一项今天很少见到外，其余各项还一直沿用到今天，做法也基本上没有改变。

[2] 竹笆就等于用竹片编成的望板。一直到今天，北方许多低质量的民房中，还多用荆条编的荆笆，铺在椽子上，上面再铺苦背（厚约三四寸的草泥）窊（wà）瓦（wǎ）。

[3] "椎破用之"，椎就是锤；这里所说是否不用刀劈而用锤子将竹锤裂，待考。

【译文】

建造殿堂屋宇等所用竹笆的制度：每间宽一尺，用经一道。（经，即指将竹片顺着椽子使用。如果竹子的直径为二寸一分至一寸七分，竹笆间宽一尺的用一道经；直径一寸五分至一寸，竹笆间宽八寸的用一道经；直径八分以下，竹笆间宽六寸的用一道经。）每一道经，用四片竹。纬也是如此。（纬即将竹片横着铺在椽子上。）从殿阁到散舍，如果是六椽以上的，所用竹子的直径都在二寸三分到三寸二分之间。如果是四椽以下的，则直径在四分至一寸二分。竹子不论大小，都劈作四片，破开使用。（如果竹子的直径在四分至八分的，用锤子击破使用。）

隔截编道 [1]

【原文】

造隔截壁桯内竹编道之制：每壁高五尺，分作四格。上下各横用经一道。凡上下贴桯者，俗谓之壁齿；不以经数多寡，皆上下贴桯各用一道。下同。格内横用经三道。共五道。至横经纵纬相交织之。或高少而广多者，则纵经横纬织之。每经一道用竹三片，以竹签钉之，纬用竹一片。若栱眼壁高二尺以上，分作三格，共四道，高一尺五寸以下者，分作两格，共三道。其壁高五尺以上者，所用竹径三寸二分至二寸五分；如不及五尺，及栱眼壁、屋山内尖斜壁所用竹，径二寸三分至径一寸；并劈作四破用之。露篱所用同。

【梁注】

　　[1]"隔截编道"就是隔断墙木框架内竹编（以便抹灰泥）的部分。

【译文】

　　建造隔截壁程内竹编道的制度：栱眼壁的高度，每五尺分作四个格子，上下各用一道横经（上下紧贴程的横经，俗称"壁齿"，不论经的数量多寡，都上下各用一道横经贴程，下同）。格子内用三道横经（一共为五道）。格子内横经和纵纬相互交织。（对于高度比宽度小的格子，则用纵经和横纬交织。）每一道经，用三片竹子（用竹签钉在一起）。纬用一片竹。如果栱眼壁高二尺以上，则分成三个格子（一共四道横经），高一尺五寸以下的分成两个格子（一共三道横经）。栱眼壁高五尺以上的，所用竹子的直径为二寸五分至三寸二分；如果不足五尺，那么栱眼壁、屋山内尖斜壁上所使用的竹子直径为一寸至二寸三分，都劈作四片使用。（露篱所用的竹子相同。）

竹栅

【原文】

　　造竹栅之制：每高一丈，分作四格。制度与编道同。若高一丈以上者，所用竹径八分；如不及一丈者，径四分。并去梢全用之。

【译文】

　　建造竹栅的制度：每高一丈，分成四个格子。（建造制度与编道相同。）如果高一丈以上，所用竹子直径为八分；如果不足一丈，则直径为四分。（都要去掉梢尖，全部使用。）

护殿檐雀眼网

【原文】

　　造护殿阁檐斗栱及托窗棂内竹雀眼网之制：用浑青篾[1]。每竹一条，以径一寸二分为率。劈作篾一十二条；刮去青，广三分。从心斜起，以长篾为经，至四边却折篾入身内；以短篾直行作纬，往复织之。其雀眼径一寸。以篾心为则。如于雀眼内，间织人物及龙、凤、花、云之类，并先于雀眼上描定，随描道织补。施之于殿檐斗栱之外。如六铺作以上，即上下分作两格；随间之广，分作两间或三间，当缝施竹贴钉之。竹贴，每竹径一寸二分，分作四片。其窗棂内用者同。其上下或用木贴钉之。其木贴广二寸，厚六分[2]。

【梁注】

　　[1]"浑青篾"的定义待考。"青"可能是指竹外皮光滑的部分。下文的"白"是指竹内部没有皮的部分。

　　[2]参阅卷七"小木作制度"末篇。

【译文】

　　建造护殿阁檐斗栱及托窗棂内竹雀眼网的制度：使用浑青的竹篾。每一条竹子（以直径一寸二分为率），劈成十二条竹篾，刮去青色的部分，宽度为三分。从中心斜向而起，用长篾作为经横向编织，到四周的边时弯折竹篾插入身内，用短篾直行作纵纬，往复来回编织。雀眼的直径为一寸。（以从篾心开始计算为准则。）如果在雀眼内间织人物和龙凤花云之类的图案，要先在雀眼上描定图样，再根据描出的线条编织。雀眼网安装在殿檐斗栱之外。如果采用六铺作以上，则上下分成两格，根据开间的宽度分成两间或三间，正对护缝用竹贴钉住。（竹贴，即将每根直径为一寸二分的竹子分作四片。在窗棂内用的竹子相同。）上下也可以用木贴来钉。（木贴宽为两寸，厚六分。）

地面棋纹簟[1]

【原文】

　　造殿阁内地面棋纹簟之制：用浑青篾，广一分至一分五厘；刮去青，横以刀刃拖令厚薄匀平；次立两刃，于刃中摘令广狭一等[2]。从心斜起，以纵篾为则，先抬二篾，压三篾，起四篾，又压三篾，然后横下一篾织之。复于起四处抬二篾，循环如此。至四边寻斜取正，抬三篾至七篾织水路。水路外折边，归篾头于身内。当心织方胜等，或花纹、龙、凤。并染红、黄篾用之。其竹用径二寸五分至径一寸。障日篛等簟同。

【梁注】

［1］簟，音店，竹席也。

［2］"一等"即"一致""相等"或"相同"。

【译文】

建造殿阁内地面棋纹竹席的制度：使用浑青的竹篾。宽度为一分至一分五厘，刮掉青色部分，用刀刃横向拖拉，使竹片薄厚均匀。然后竖着拉两刀，在刀刃中间劈开，使宽度在一个等级。从中心位置斜向而起，以纵篾为基础，先抬两篾，后压三篾，再起四篾，又压三篾，然后横下一篾编织。（然后再在起四篾的地方抬两篾，如此循环往复。）到四边的时候再根据斜度逐渐取正，抬三篾到七篾织水路。（水路的外面折边，把篾头归于身内。）在中心位置编织方胜等，或者花纹、龙凤。（都用染成红色和黄色的竹篾编织。）所用竹子的直径为一寸至二寸五分。（障日篛等簟，与此相同。）

障日篛等簟

【原文】

造障日篛[1]等所用簟之制：以青白篾相杂用，广二分至四分。从下直起，以纵篾为则，抬三篾，压三篾，然后横下一篾织之。复自抬三处，从长篾一条内，再起压三；循环如此。若造假棋纹，并抬四篾，压四篾，横下两篾织之。复自抬四处，当心再抬；循环如此。

【梁注】

［1］篛，音榻，窗也。障日篛大概是窗上遮阳的竹席。

【译文】

建造障日篛等所用竹席的制度：以青篾和白篾间杂使用，宽度为二分至四分，从下面直起，以纵篾为基础，先上抬三篾，再下压三篾，然后横下一篾再编织。（再抬起三处，顺着一条长篾再上抬三篾，下压三篾，如此循环往复。）如果制作成假棋纹样式，要都上抬四篾，下压四篾，横下两根篾再编织。（再抬起四处，从中心位置再抬，如此循环往复。）

竹笍索 [1]

【原文】

造绾系鹰架竹笍索之制：每竹一条，竹径二寸五分至一寸，劈作一十一片；每片揭作二片，作五股瓣之。每股用篾四条或三条 若纯青造，用青白篾各二条，合青篾在外；如青白篾相间，用青篾一条，白篾二条 造成，广一寸五分，厚四分。每条长二百尺，临时量度所用长短截之。

【梁注】

[1] 笍，音瑞，竹笍索就是竹篾编的绳子。这是"绾系鹰架竹笍索"，"鹰架"就是脚手架。本篇所讲就是绑脚手架用的竹绳的做法。后世绑脚手架多用麻绳。但在古代，我国本无棉花，棉花是从西亚引进来的，麻是织布穿衣的主要原料，所以绑脚手架就用竹绳。

【译文】

建造绾系鹰架竹笍索的制度：每一条竹子（直径为一寸至二寸五分），劈成十一片，每片揭开分成两片，做成五股瓣。每一股用三条或四条篾（如果是要做纯青色的竹绳，则用青篾和白篾各两条，结瓣时青篾在外面；如果青篾和白篾相间，则用青篾一条，白篾二条）。做成之后，宽为一寸五分，厚四分。每一条长为二百尺，根据当时所需要的长短截取。

卷十三

瓦作、泥作制度

瓦作制度^[1]

结瓷^[2]

【原文】

结瓷屋宇之制有二等：

一曰瓯瓦^[3]：施之于殿阁、厅堂、亭榭等。其结瓷之法：先将瓯瓦齐口斫去下棱，令上齐直；次斫去瓯瓦身内里棱，令四角平稳，角内或有不稳，须斫令平正，谓之解挢^[4]。于平板上安一半圈，高广与瓯瓦同，将瓯瓦斫造毕，于圈内试过，谓之撺窠。下铺仰瓯瓦^[5]。上压四分，下留六分；散瓯仰合瓦并准此。两瓯瓦相去，随所用瓯瓦之广，匀分陇行，自下而上。其瓯瓦须先就屋上拽勘陇行，修斫口缝令密，再揭起，方用灰结瓦。瓦毕，先用大当沟，次用线道瓦，然后垒脊。

二曰瓪瓦：施之于厅堂及常行屋舍等。其结瓦之法：两合瓦相去，随所用合瓦广之半，先用当沟等垒脊毕，乃自上而至下，匀拽陇行。其仰瓦并小头向下，合瓦小头在上^[6]。凡结瓦至出檐，仰瓦之下，小连檐之上，用燕领板，花废^[7]之下用狼牙板^[8]。若殿宇七间以上，燕领板广三寸，厚八分，余屋并广二寸，厚五分为率。每长二尺用钉一枚；狼牙板同。其转角合板处，用铁叶裹钉。其当檐所出花头瓯瓦^[9]，身内用葱台钉^[10]。下入小连檐，勿令透。若六椽以上，屋势紧峻者，于正脊下第四瓯瓦及第八瓯瓦背当中用着盖腰钉^[11]。先于栈笆或箔上约度腰钉远近，横安板两道，以透钉脚。

【梁注】

[1] 我国的瓦和瓦作制度有着极其悠久的历史和传统。遗留下来的实物证明，远在周初，亦即在公元前十个世纪以前，我们的祖先已经创造了瓦，用来覆盖屋顶。毫无疑问，瓦的开始制作是从仰韶、龙山等文化的制陶术的基础上发展而来的，在瓦的类型、形式和构造方法上，大约到汉朝就已基本上定型了。汉代石阙和无数的明器上可以看出，今天在北京太和殿屋顶上所看到的，就是汉代屋顶的嫡系子孙。《营造法式》的瓦作制度以及许多宋、辽、金实物都证明，这种"制度"已经沿用了至少二千年。除了一些细节外，明清的瓦作和宋朝的瓦作基本上是一样的。

[2]"结瓬"的"瓬"字（吾化切，去声 wà）各本原文均作"瓦"。在清代，将瓦施之屋面的工作叫作瓬瓦。《康熙字典》引《集韵》，"施瓦于屋也"。"瓦"是名词，"瓬"是动词。因此《法式》中"瓦"字凡作动词用的，我们把它一律改作"瓬"，使词义更明确、准确。

[3] 瓻瓦即筒瓦，瓻音筒。

[4] 解挢（挢，音矫，含义亦同矫正的矫）这道工序是清代瓦作中所没有的，它本身包括"齐口斫去下棱"和"斫去瓻瓦身内里棱"两步。什么是"下棱"？什么是"身内里棱"？我们都不清楚，从文义上推测，可能宋代的瓦，出窑之后，还有许多很不整齐的，但又是烧制过程中不可少的，因而留下来的"棱"。在结瓬以前，需要把这些不规则的部分斫掉。这就是"解挢"。斫造完毕，还要经过"撺尖"这一道检验关，以保证所有约瓦均大小一致，下文小注中还说"瓻瓦须……修斫口缝令密"。这在清代瓦作中都是没有的。清代的瓦一般都是"齐直""四角平稳"的，尺寸大小也都是一致的。由此可以推测，制陶的工艺技术，在我国虽然已经有了悠久的历史，而且宋朝的陶瓷都达到很高的水平，但还有诸如此类的缺点；同时由此可见，制瓦的技术，从宋到清初的六百余年中，还在继续改进、发展。

[5] 瓯瓦即板瓦；瓯，音板。

[6] 仰瓦是凹面向上安放的瓦，合瓦则凹面向下，覆盖在左右两陇仰瓦间的缝上。

[7] 花废就是两山出际时，在垂脊之外，瓦陇与垂脊成正角的瓦。清代称"排山勾滴"。

[8] 燕颔板和狼牙板，在清代称"瓦口"。板的一边按瓦陇距离和仰板瓦的弧线斫造，以承檐口的仰瓦。

[9] 花头瓪瓦就是一端有瓦当的瓦，清代称"勾头"。花头瓪瓦背上都有一个洞，以备钉葱台钉，以防止瓦往下溜。葱台钉上还要加盖钉帽，在"制度"中没有提到。

[10] 葱台钉在清代没有专名。

[11] 清代做法也在同样情况下用腰钉，但也没有腰钉这一专名。

【译文】

结瓦屋宇的制度有两个等级：

一是瓪瓦：瓪瓦用于殿阁、厅堂、亭榭等建筑物上。其结瓦的方法是，先将瓪瓦齐口斫去下棱，使上面平直整齐；再斫去瓪瓦身内的里棱，使四个角平稳（角内如果有不稳的地方，需要斫削平整），这称作"解桥"。在平板上安一个半圈（使高度和宽度与瓪瓦同），将瓪瓦斫削完毕后，在圈内试过，这叫作"撺窠"。下面铺设仰面朝上的瓪瓦。（上面压四分，下面留六分。散瓪瓦和仰合瓦一律以此为准。）两片瓪瓦之间的距离根据所使用瓪瓦的宽度而定，从下往上均匀分布在陇行上。（铺设瓪瓦时需要先在屋顶上取直勘测陇行，斫削修葺口缝使其严密，再揭起来，才能用灰结瓦。）铺瓦完毕后，先用大当沟瓦，再用线道瓦，最后垒屋脊。

二是瓪瓦：瓪瓦用在厅堂和常行屋舍等。结瓦的方法为，两片合瓦之间的间隔约为所用合瓦宽度的一半。先用当沟瓦等垒好屋脊，再从上而下均匀拽直陇行。（仰瓦全部小头向下，合瓦小头在上。）凡是结瓦到出檐，在仰瓦之下和小连檐之上使用燕颔板，在花废的下面使用狼牙板。（如果殿宇在七间以上，燕颔板则宽三寸，厚八分。其余的屋子全都宽二寸，厚五分为准。每长二尺，用钉一枚。狼牙板也一样。在转角合板的位置用铁叶裹钉。）在当檐所出来的花头瓪瓦，瓦身内要用葱台钉。（使其下端进入小连檐，但不能穿透。）如果是六椽以上的屋子，屋顶的斜势比较紧峻，则在正屋脊下的第四瓪瓦和第八瓪瓦的瓦背当中打孔，用盖腰钉。（先在栈笆或箔上估量腰钉的远近，横安两道板，用以固定透过来的钉子脚。）

用瓦

【原文】

用瓦之制：

殿阁厅堂等，五间以上，用瓶瓦长一尺四寸，广六寸五分。仰瓯瓦长一尺六寸，广一尺。三间以下，用瓶瓦长二尺二寸^①，广五寸。仰瓯瓦长一尺四寸，广八寸。

散屋用瓶瓦长九寸，广三寸五分。仰瓯瓦长一尺二寸，广六寸五分。

小亭榭之类，柱心相去方一丈以上者，用瓶瓦长八寸，广三寸五分。仰瓯瓦长一尺，广六寸。若方一丈者，用瓶瓦长六寸，广二寸五分。仰瓯瓦长八寸五分，广五寸五分。如方九尺以下者，用瓶瓦长四寸，广二寸三分。仰瓯瓦长六寸，广四寸五分。

厅堂等用散瓯瓦者，五间以上，用瓯瓦长一尺四寸，广八寸。

厅堂三间以下，门楼同，及廊屋六椽以上，用瓯瓦长一尺三寸，广七寸。或廊屋四椽及散屋，用瓯瓦长一尺二寸，广六寸五分。以上仰瓦合瓦并同。至檐头，并用重唇瓯瓦^[1]。其散瓯瓦结瓷者，合瓦仍用垂尖花头瓯瓦^[2]。

凡瓦下补衬柴栈为上，板栈^[3]次之。如用竹笆苇箔，若殿阁七间以上，用竹笆一重，苇箔五重；五间以下，用竹笆一重，苇箔四重；厅堂等五间以上，用竹笆一重，苇箔三重；如三间以下至廊屋，并用竹笆一重，苇箔二重。以上如不用竹笆，更加苇箔两重；若用荻箔^[4]，则两重代苇箔三重。散屋用苇箔三重或两重。其柴栈之上，先以胶泥遍泥^[5]，次以纯石灰施瓷。若板及笆，箔上用纯石灰结瓷者，不用泥抹，并用石灰随抹施瓦。其只用泥结瓷者，亦用泥先抹板及笆、箔，然后结瓷。所用之瓦，须水浸过，然后用之。其用泥以灰点节缝^[6]者同。若只用泥或破灰泥^[7]，及浇灰下瓦者，其瓦更不用水浸。垒脊亦同。

【梁注】

[1]重唇瓯瓦，各板均作重唇瓶瓦，瓶瓦显然是瓯瓦之误，这里予以改正。重唇瓯瓦即清代所称"花边瓦"，瓦的一端加一道比较厚的边，并沿凸面折角，用作仰瓦时下垂，用作合瓦时翘起，用于檐口上，清代如意头形的

---

① 按文义应为"一尺二寸"。——编者注

"滴水"瓦，在宋代似还未出现。

　　[2]合瓦檐口用的垂尖花头板，在清代官式中没有这种瓦，但各地有用这种瓦的。

　　[3]柴栈、板栈，大概就是后世所称"望板"，两者有何区别不详。

　　[4]荻和苇同属禾本科水生植物，荻箔和苇箔究竟有什么差别，尚待研究。

　　[5]徧即遍，"徧泥"就是普遍抹泥。

　　[6]点缝就是今天所称"勾缝"。

　　[7]破灰泥见本卷"泥作制度""用泥"篇"合破灰"一条。

【译文】

用瓦的制度：

殿阁厅堂等，五间以上的所用瓪瓦长为一尺四寸，宽六寸五分。（仰瓪瓦长为一尺六寸，宽一尺。）三间以下所用瓪瓦长为一尺二寸，宽五寸。（仰瓪瓦长为一尺四寸，宽八寸。）

散屋所用瓪瓦长为九寸，宽三寸五分。（仰瓪瓦长为一尺二寸，宽六寸五分。）

小亭榭之类，四个柱子中心位置相距一丈以上的，所用瓪瓦长为八寸，宽三寸五分。（仰瓪瓦长为一尺，宽六寸。）如果四个柱子中心位置相距一丈，则所用瓪瓦长为六寸，宽二寸五分。（仰瓪瓦长为八寸五分，宽五寸五分。）如果四个柱子中心位置相距九尺以下，则所用瓪瓦长为四寸，宽二寸三分。（仰瓪瓦长为六寸，宽四寸五分。）

厅堂等用散瓪瓦，五间以上的厅堂所用瓪瓦长为一尺四寸，宽八寸。

三间以下的厅堂（包括门楼也一样）以及六椽以上的廊屋，所用瓪瓦长为一尺三寸，宽七寸。四椽廊屋和散屋，所用瓪瓦长为一尺二寸，宽为六寸五分。（以上所用仰瓦、合瓦全都相同。到檐头全部用重唇瓪瓦。那些用散瓪瓦结瓮的，合瓦仍然使用垂尖花头瓪瓦。）

对于瓦下面的补衬，以柴栈为上等，板栈次之。如果使用竹笆、苇箔，则七间以上的殿阁用一重竹笆，五重苇箔；五间以下的殿阁用一重竹笆，四重苇箔；五间以上的厅堂等用一重竹笆，三重苇箔；如果是三间以下的厅堂和廊屋，全都用一重竹笆，二重苇箔。（以上建筑如果不使用竹笆，则需要另外再加两重苇箔。如果使用荻箔，则两重荻箔代替三重苇箔。）散屋使用三重或两重苇箔。在柴栈之上先用胶泥全面地涂抹，再用纯石灰抹瓦。（如果板子和竹笆、苇箔、荻箔上用纯灰铺瓦，不用泥抹，全都用石灰边抹边铺瓦。只用泥铺瓦的，也要用泥先抹板子及竹笆、苇箔、荻箔，然后再铺瓦。）所用的瓦必须要用水浸过，然后才能使用。（用泥和灰涂抹节缝的也一样。如果只用泥或破灰泥，以及用水来浇灰下瓦的，则瓦不需要用水浸湿。垒屋脊也一样。）

垒屋脊[1]

【原文】

垒屋脊之制：

殿阁[2]：若三间八椽或五间六椽，正脊高三十一层[3]，垂脊低正脊两层。并线道瓦在内。下同。

堂屋：若三间八椽或五间六椽，正脊高二十一层。

厅屋：若间、椽与堂等者，正脊减堂脊两层。余同堂法。

门楼屋：一间四椽，正脊高一十一层或一十三层；若三间六椽，正脊高一十七层。其高不得过厅。如殿门者，依殿制。

廊屋：若四椽，正脊高九层。

常行散屋：若六椽用大当沟瓦者，正脊高七层；用小当沟瓦者[4]，高五层。

营房屋：若两椽，脊高三层。

凡垒屋脊，每增两间或两椽，则正脊加两层。殿阁加至三十七层止；厅堂二十五层止；门楼一十九层止；廊屋一十一层止；常行散屋大当沟者九层止，小当沟者七层止；营屋五层止。正脊于线道瓦上厚一尺至八寸[5]，垂脊减正脊二寸。正脊十分中上收二分；垂脊上收一分。线道瓦在当沟瓦之上，脊之下[6]，殿阁等露三寸五分，堂屋等三寸，廊屋以下并二寸五分。其垒脊瓦并用本等。其本等用长一尺六寸至一尺四寸瓪瓦者，垒脊瓦只用长一尺三寸瓦。合脊瓿瓦亦用本等。其本等用八寸、六寸瓿瓦者，合脊用长九寸瓿瓦。令合垂脊瓿瓦在正脊瓿瓦之下。其线道上及合脊瓿瓦下，并用白石灰各泥一道，谓之白道。若瓿瓪瓦结瓦，其当沟瓦所压瓿瓦头，并勘缝刻项子，深三分，令与当沟瓦相衔[7]。其殿阁于合脊瓯瓦上施走兽者，其走兽有九品：一曰行龙，二曰飞凤，三曰行师，四曰天马，五曰海马，六曰飞鱼，七曰牙鱼，八曰狻猊，九曰獬豸。相间用之。每隔三瓦或五瓦安兽一枚[8]。其兽之长随所用瓯瓦，谓如用一尺六寸瓯瓦，即兽长一尺六寸之类。正脊当沟瓦之下垂铁索，两头各长五尺。以备修缮绾系棚架之用。五间者十条，七间者十二条，九间者十四条，并匀分布用之。若五间以下，九间以上，并约此加减。垂脊之外，横施花头瓯瓦及重唇瓪瓦者，谓之花废。常行屋垂脊之外，顺施瓪瓦相垒者，谓之剪边[9]。

【梁注】

[1]在瓦作中，屋脊这部分的做法，以清代的做法，实例和《法式》中的"制度"相比较，可以看到很大的差别。清代官式建筑的屋脊，比宋代官式建筑的屋脊，在制作和施工方法上都有了巨大的发展。宋代的屋脊，是用瓪瓦垒成的。所用的瓦就是结窝屋顶用的瓦，按屋的大小和等第决定用瓦的尺寸和层数。但在清代，脊已经成了一种预制的构件，并按大小、等第之不同，做成若干型号，而且还做成各式各样的线道、当沟等等"成龙配套"，简化了施工的操作过程，也增强了脊的整体性和坚固性。这是一个不小的改进，但在艺术形象方面，由于烧制脊和线道等，都是各用一个模子，一次成坯，一次烧成，因而增加了许多线道（线脚），使形象趋向烦琐，使宋、清两代屋脊的区别更加显著。至于这种发展和转变，在从北宋末到清初这六百年间，是怎样逐渐形成的，还有待进一步研究。

[2]在封建社会的等级制度下，房屋也有它的等第。在前几卷的大木作、小木作制度中，虽然也可以多少看出一些等第次序，但都不如这里以脊瓦层数排列举出的，从殿阁到营房等七个等第明确、清楚；特别是堂屋与厅屋，大木作中一般称"厅堂"，这里却明确了堂屋比厅屋高一等。但是，具体地什么样的叫"堂"，什么样的叫"厅"，还是不明确。推测可能是按它们的位置和用途而定的。

[3]这里所谓"层"，是指垒脊所用瓦的层数。但仅仅根据这层数，我们还难以确知脊的高度。这是因为除层数外，还需看所用瓦的大小、厚度。由于一块瓪瓦不是一块平板，而是一个圆筒的四分之一（即90°），这样的弧面垒叠起来，高度就不等于各层厚度相加的和。例如（按卷十五"窑作制度"长一尺六寸的瓪瓦，"大头广九寸五分，厚一寸；小头广八寸五分，厚八分。"若按大头相垒，则每层高度实际约为一寸四分强，三十一层共计约

高四尺三寸七分左右。但是，这些甌瓦究竟怎样垒砌？大头与小头怎样安排？怎样相互交叠衔接？是否用灰垫砌？等等问题，在"制度"中都没有交代。由于屋顶是房屋各部分中经常必须修缮的部分，所以现存宋代建筑实物中，已不可能找到宋代屋顶的原物。因此，对于宋代瓦屋顶，特别是垒脊的做法，我们所知还是很少的。

[4] 这里提到"大当沟瓦"和"小当沟瓦"，二者的区别未说明，在"瓦作"和"窑作"的制度中也没有说明。在清代瓦作中，当沟已成为一种定型的标准瓦件，有各种不同的大小型号。在宋代，它是否已经定型预制，抑或需要用甌瓦临研造，不得而知。

[5] 最大的甌瓦大头广，在"用瓦"篇中是一尺，次大的广八寸，因此这就是以一块甌瓦的宽度（广）作为正脊的厚度。但"窑作制度"中，最大的甌瓦的大头广仅九寸五分，不知应怎样理解。

[6] 这里没有说明线道瓦用几层。可能仅用一层而已。到了清朝，在正脊之下，当沟之上，却已经有了许多"压当条""群色条""黄道"等等重叠的线道了。

[7] 在最上一节甌瓦上还要这样"刻项子"，是清代瓦作所没有的。

[8] 清代角脊（合脊）上用兽是节节紧接使用，而不是这样"每隔三瓦或五瓦"才"安兽"一枚。

[9] 这种"剪边"不是清代的剪边瓦。

【译文】

垒屋脊的制度：

殿阁：如果是三间八椽或五间六椽的殿阁，则正脊高三十一层，垂脊比正脊低两层。（包括线道瓦在内。下同。）

堂屋：如果是三间八椽或五间六椽的堂屋，则正脊高二十一层。

厅屋：如果厅屋的椽子与堂屋里的相等，则正脊比堂屋的脊低两层。（其余的与堂屋规定相同。）

门楼屋：一间四椽的门楼，正脊高十一层或十三层；如果是三间六椽的门楼，则正脊高十七层。（高度不能超过厅。如果是殿门，则遵循殿的制度。）

廊屋：如果是四架椽子的廊屋，则正脊高九层。

常行散屋：如果是六架椽子的常行散屋，且使用大当沟瓦，则正脊高七层；

用小当沟瓦的，高五层。

营房屋：如果是两架椽子的营房屋，则脊高三层。

凡垒屋脊时，每增加两间或两架椽子，则正脊加两层。（殿阁加到三十七层为止，厅堂加到二十五层为止，门楼加到十九层为止，廊屋加到十一层为止，常行散屋大当沟的加到九层为止，小当沟的加到七层为止，营屋加到五层为止。）正脊位于线道瓦的上面，厚度在八寸至一尺之间，垂脊比正脊少二寸。（正脊向上收十分之二，垂脊向上收十分之一。）线道瓦在当沟瓦之上，屋脊之下。殿阁等露出三寸五分的长度，堂屋等露出三寸，廊屋以下的全都露出二寸五分。垒脊瓦都用本等尺寸（即本来的等级用长为一尺四寸至一尺六寸瓪瓦的，垒脊瓦只用长度为一尺三寸的瓦）。合脊瓪瓦也使用本等尺寸（即本来的等级用八寸六寸瓪瓦的，合脊就用长度为九寸的瓪瓦）。使合瓦和垂脊瓪瓦在正脊瓪瓦的下面。（在线道之上和合脊瓪瓦下，都用白石灰各自涂抹一道，称为"白道"。）如果是使用瓪瓪瓦结瓦，则当沟瓦所压的瓪瓦头全都勘查缝隙，并刻项子，深度为三分，使其与当沟瓦相衔接。殿阁在合脊瓪瓦上安置走兽（走兽有九个品级：一是行龙，二是飞凤，三是行狮，四是天马，五是海马，六是飞鱼，七是牙鱼，八是狻猊，九是獬豸，间隔使用）。每相隔三片瓦或者五片瓦安设一枚走兽。（走兽的长度根据所用的瓪瓦而定。比如用一尺六寸的瓪瓦，则走兽长度为一尺六寸，等等。）正脊的当沟瓦下面向下垂一条铁索，两头各长五尺。（以备修整绾系棚架时使用。五间的就用十条，七间的就用十二条，九间的就用十四条，全部均匀分布使用。如果五间以下、九间以上，并根据此比例加减。）在垂脊的外面，横着铺设花头瓪瓦和重唇瓪瓦的，称为"花废"。在常行屋的垂脊外面，顺着铺设层层相叠的瓪瓦的，称为"剪边"。

用鸱尾

【原文】

用鸱尾之制：

殿屋：八椽九间以上，其下有副阶者，鸱尾高九尺至一丈，无副阶者高八尺；五间至七间，不计椽数，高七尺至七尺五寸，三间高五尺至五尺五寸。

楼阁：三层檐者与殿五间同；两层檐者与殿三间同。

殿挟屋：高四尺至四尺五寸。

廊屋之类：并高三尺至三尺五寸。若廊屋转角，即用合角鸱尾。

小亭殿等：高二尺五寸至三尺。

凡用鸱尾，若高三尺以上者，于鸱尾上用铁脚子及铁束子安抢铁[1]。其抢铁之上，施五叉拒鹊子。三尺以下不用。身两面用铁鞠。身内用柏木桩或龙尾；唯不用抢铁。拒鹊加襻脊铁索。

【梁注】

[1] 本篇末了这一段是讲固定鸱尾的方法。一种是用抢铁的，一种是用柏木桩或龙尾的。抢铁，铁脚子和铁束子具体做法不详。从字面上看，鸟头门柱前后用斜柱（称抢柱）扶持。"抢"的含义是"斜"；书法用笔，"由蹲而斜上急出"（如挑）叫作"抢"，"舟迎侧面之风斜行曰抢"。因此抢铁可能是斜撑的铁杆，但怎样与铁脚子、铁束子交接，脚子、束子又怎样用于鸱尾上，都不清楚。拒鹊子是装饰性的东西。铁锔则用以将若干块的鸱尾锔在一起，像我们今天锔破碗那样。柏木桩大概即清代所称"吻桩"。龙尾与柏木桩的区别不详。

【译文】

使用鸱尾的制度：

殿屋：殿屋为八椽九间以上，并且下面有副阶的，鸱尾高度在九尺到一丈之间。（如果没有副阶则高为八尺。）五间到七间（不考虑椽子的架数），高为七尺到七尺五寸，三间的高度为五尺到五尺五寸之间。

楼阁：三层檐的楼阁与五间殿的制度相同，两层檐的楼阁与三间殿的制度相同。

殿挟屋：高度在四尺至四尺五寸之间。

廊屋之类：全都高三尺至三尺五寸。（如果廊屋转角，就用合角鸱尾。）

小亭殿等：高度在二尺五寸至三尺之间。

凡是使用鸱尾，如果高度在三尺以上的，在鸱尾上使用铁脚子和铁束子，安抢铁。在抢铁之上安装五叉拒鹊子（三尺以下的不用安装）。鸱尾身两面用铁鞠，身内用柏木桩或龙尾，只是不能用抢铁。拒鹊上加设襻脊铁索。

用兽头等

【原文】

用兽头等之制:

殿阁垂脊兽,并以正脊层数为祖。

正脊三十七层者,兽高四尺;三十五层者,兽高三尺五寸;三十三层者,兽高三尺;三十一层者,兽高二尺五寸。

堂屋等正脊兽,亦以正脊层数为祖。其垂脊并降正脊兽一等用之。谓正脊兽高一尺四寸者,垂脊兽高一尺二寸之类。

正脊二十五层者,兽高三尺五寸;二十三层者,兽高三尺;二十一层者,兽高二尺五寸;一十九层者,兽高二尺。

廊屋等正脊及垂脊兽祖并同上。散屋亦同。

正脊九层者,兽高二尺;七层者,兽高一尺八寸。

散屋等。

正脊七层者,兽高一尺六寸;五层者,兽高一尺四寸。

殿阁、厅堂、亭榭转角,上下用套兽、嫔伽、蹲兽、滴当火珠等。

四阿殿九间以上,或九脊殿十一间以上者,套兽径一尺二寸;嫔伽高一尺六寸;蹲兽八枚,各高一尺;滴当火珠高八寸。套兽施之于子角梁首;嫔伽施于角上[1],蹲兽在嫔伽之后。其滴当火珠在檐头花头瓪瓦之上[2]。下同。

四阿殿七间或九脊殿九间,套兽径一尺;嫔伽高一尺四寸;蹲兽六枚,各高九寸;滴当火珠高七寸。

四阿殿五间,九脊殿五间至七间,套兽径八寸;嫔伽高一尺二寸;蹲兽四枚,各高八寸;滴当火珠高六寸。厅堂三间至五间以上,如五铺作造厦两头者,亦用此制,唯不用滴当火珠。下同。

九脊殿三间或厅堂五间至三间,枓口跳及四铺作造厦两头者,套兽径六寸;嫔伽高一尺;蹲兽两枚,各高六寸;滴当火珠高五寸。

亭榭厦两头者,四角或八角撮尖亭子同,如用八寸瓪瓦,套兽径六寸;嫔伽高八寸;蹲兽四枚,各高六寸;滴当火珠高四寸。若用六寸瓪瓦,套兽径四寸;嫔伽高六寸;蹲兽四枚,各高四寸,如枓口跳或四铺作,蹲兽只用两枚;滴当火珠高三寸。

厅堂之类，不厦两头者，每角用嫔伽一枚，高一尺；或只用蹲兽一枚，高六寸。

佛道寺观等殿阁正脊当中用火珠等数：

殿阁三间，火珠径一尺五寸；五间，径二尺；七间以上，并径二尺五寸[3]。火珠并两焰。其夹脊两面造盘龙或兽面。每火珠一枚，内用柏木杆一条，亭榭所用同。

亭榭斗尖用火珠等数：

四角亭子，方一丈至一丈二尺者，火珠径一尺五寸；方一丈五尺至二丈者，径二尺[4]。火珠四焰或八焰；其下用圆坐。

八角亭子，方一丈五尺至二丈者，火珠径二尺五寸；方三丈以上者，径三尺五寸。凡兽头皆顺脊用铁钩一条[5]，套兽上以钉安之。嫔伽用葱台钉。滴当火珠坐于花头甋瓦滴当钉之上。

【梁注】

[1] 嫔伽在清代称"仙人"，蹲兽在清代称"走兽"。宋代蹲兽都用双数；清代走兽都用单数。

[2] 滴当火珠在清代做成光洁的馒头形，叫作"钉帽"。

[3] 这里只规定火珠径的尺寸，至于高度，没有说明，可能就是一个圆球，外加火焰形装饰。火珠下面还应该有座。

[4] 各版原文都作"径一尺"，对照上下文递增的比例、尺度，一尺显然是二尺之误。就此改正。

[5] 铁钩的具体用法待考。

【译文】

使用兽头等的制度：

殿阁垂脊兽都以正脊的层数为根本起始。

正脊高三十七层，兽高四尺；正脊高三十五层，兽高三尺五寸；正脊高三十三层，兽高三尺；正脊高三十一层，兽高二尺五寸。

堂屋等正脊上的兽也以正脊的层数为起始。其垂脊上的兽都比正脊兽降低一等使用。（比如正脊兽高度为一尺四寸，则垂脊兽高度为一尺二寸，等等。）

正脊高为二十五层的，兽高为三尺五寸；正脊高为二十三层的，兽高三尺；

正脊高为二十一层的，兽高二尺五寸；正脊高为十九层的，兽高二尺。

　　廊屋等正脊及垂脊兽遵循原则如上。（散屋也一样。）

　　正脊高为九层的，兽高二尺；高为七层的，兽高一尺八寸。

　　散屋等：

　　正脊高为七层的，兽高一尺六寸；正脊高为五层的，兽高一尺四寸。

　　殿阁、厅堂、亭榭转角的上下使用套兽、嫔伽、蹲兽、滴当火珠等。

　　九间以上的四阿殿或者十一间以上的九脊殿的兽头，套兽直径为一尺二寸；嫔伽高度为一尺六寸；蹲兽八枚，各高一尺；滴当火珠高为八寸。（套兽用在子角梁头上，嫔伽用在角上，蹲兽用在嫔伽之后。滴当火珠用在檐头的花头瓪瓦上面。以下相同。）

　　七间的四阿殿或者九间的九脊殿的兽头，套兽直径一尺；嫔伽高一尺四寸；蹲兽六枚，各高九寸；滴当火珠高七寸。

　　五间的四阿殿，五间至七间的九脊殿的兽头，套兽直径为八寸；嫔伽高为一尺二寸；蹲兽四枚，各高八寸；滴当火珠高六寸。（三间至五间以上的厅堂，如果采用五铺作造厦两头，也采用这个规格，只是不使用滴当火珠。以下相同。）

　　三间的九脊殿或者五间至三间的厅堂、斗口跳以及四铺作造厦两头的兽头，套兽直径为六寸；嫔伽高一尺；蹲兽两枚，各高六寸；滴当火珠高五寸。

　　亭榭厦两头的兽头（四角或八角撮尖亭子相同），如果使用八寸的瓪瓦，套兽直径六寸；嫔伽高八寸；蹲兽四枚，各高六寸；滴当火珠高四寸。如果使用六寸瓪瓦，套兽直径为四寸；嫔伽高六寸；蹲兽四枚，各高四寸（如斗口跳或四铺作，蹲兽只用两枚）；滴当火珠高三寸。

　　厅堂之类不厦两头的兽头，每个转角用一枚嫔伽，高一尺；或只用一枚蹲兽，高六寸。

　　佛道寺观等殿阁正脊当中使用火珠等数：

　　三间的殿阁，火珠直径为一尺五寸；五间的，直径二尺；七间以上的，直径都为二尺五寸。（火珠都为两焰。在其夹脊的两面做盘龙或兽面造型。每一枚火珠，里面用一条柏木杆，亭榭所用的与此相同。）

　　亭榭斗尖使用火珠等数：

　　方一丈至一丈二尺的四角亭子，火珠直径为一尺五寸；方一丈五尺至二丈的，直径为二尺。(火珠为四焰或八焰；下面用圆坐。)

方一丈五尺至二丈的八角亭子，火珠直径为二尺五寸；方三丈以上的，直径为三尺五寸。兽头都要顺着屋脊用一条铁钩固定，用钉子安装。嫔伽用葱台钉。滴当火珠位于花头瓪瓦滴当钉的上面。

泥作制度

垒墙

【原文】

垒墙之制：高广随间。每墙高四尺，则厚一尺。每高一尺，其上斜收六分。每面斜收向上各三分。每用坯墼[1]三重，铺襻竹[2]一重。若高增一尺，则厚加二寸五分[3]；减亦如之。

【梁注】

[1]墼，音激，砖未烧者，今天一般叫作土坯。

[2]每隔几层土坯加些竹网，今天还有这种做法，也同我们在结构中加钢筋同一原理。

[3]各版原文都作"厚加二尺五寸"，显然是二寸五分之误。

【译文】

垒墙的制度：墙的高度和宽度根据开间大小而定。墙每高四尺，则厚一尺。每高一尺，墙的上部则斜收六分。每面各向上斜收三分。每使用三重土坯，则铺一重襻竹。如果高度增加一尺，则厚度增加二尺五寸；减少也按照这个比例。

用泥　其名有四：一曰圬[1]，二曰墐[2]，三曰涂，四曰泥。

【原文】

用石灰等泥涂之制：先用粗泥搭络不平处，候稍干，次用中泥趁平；又候稍干，次用细泥为衬；上施石灰泥毕，候水脉[3]定，收压五遍，令泥面光泽。干厚一分三厘，其破灰泥不用中泥。

合红灰：每石灰一十五斤，用土朱五斤，非殿阁者用石灰一十七斤，土朱三斤，赤土一十一斤八两。

合青灰：用石灰及软石炭[4]各一半。如无软石炭，每石灰一十斤，用粗墨一斤或墨煤一十一两，胶七钱。

合黄灰：每石灰三斤，用黄土一斤。

合破灰：每石灰一斤，用白蔑土[5]四斤八两。每用石灰十斤，用麦𪎭[6]九斤。收压两遍，令泥面光泽。

细泥：一重 作灰衬用 方一丈，用麦䴵[7]一十五斤。城壁增一倍。粗泥同。

粗泥：一重方一丈，用麦䴵八斤。搭络及中泥作衬减半。

粗细泥：施之城壁[8]及散屋内外。先用粗泥，次用细泥，收压两遍。

凡和石灰泥，每石灰三十斤，用麻捣[9]二斤。其和红、黄、青灰等，即通计所用土朱、赤土、黄土、石灰等斤数在石灰之内。如青灰内，若用墨煤或粗墨者，不计数。若矿石灰[10]，每八斤可以充十斤之用。每矿石灰三十斤，加麻捣一斤。

【梁注】

[1]圾，音现，泥涂也。

[2]墐，音觐，涂也。

[3]水脉大概是指泥中所含水分，"候水脉定"就是"等到泥中已经不是湿淋淋的，而是已经定下来，潮而不湿，还有可塑性但不稀而软的状态的时候"。

[4]软石炭可能就是泥煤。

[5]白蔑士是什么土？待考。

[6]𪎭，音确，殼也。

[7]䴵，音涓，麦茎也。

[8]从这里可以看出，宋代的城墙还是土墙，墙面抹泥。元大都的城墙也是土墙，一直到明朝，全国的城墙才普遍甃砖。

[9]麻捣在清朝北方称"蔴刀"。

[10]矿石灰和石灰的区别待考。

【译文】

使用石灰等抹墙的制度：先用粗泥填补坑洼不平的地方，待稍微干后，再用中等的泥抹平；等待稍干，再用细泥打底衬，上面打上石灰。抹完之后，等水痕定，再刮压五遍，使泥的表面有光泽。（干燥以后厚度为一分三厘，破灰泥不使用中泥。）

合红灰：每十五斤石灰，用五斤土朱（不是殿阁类的房屋，则使用十七斤石灰，三斤土朱），赤土十一斤八两。

合青灰：用石灰和软石炭各一半。如果没有软石炭，则每十斤石灰用一斤粗墨或十一两墨煤，七钱胶。

合黄灰：每三斤石灰，用一斤黄土。

合破灰：每一斤石灰，用四斤八两白蔑土。每使用十斤石灰，用九斤麦㪬。刮压两遍，使泥的表面平整光滑。

细泥：一重（用作灰衬）为一丈见方，用麦䴶十五斤。（城墙增加一倍。粗泥也一样。）

粗泥：一重为一丈见方，用麦䴶八斤。（填补以及中泥作底衬减少一半。）

粗细泥：用在城墙壁和散屋内外的墙壁上，先用粗泥，再用细泥，刮压两遍。

凡是和石灰泥，每三十斤石灰，用二斤麻捣。（和红灰、黄灰、青灰等，则将所用的土朱、赤土、黄土、石灰等斤数，一起计算在石灰之内。如果青灰内使用墨煤或者粗墨，不计算在内。）如果是矿石灰，每八斤可以当作十斤石灰来用。（每三十斤矿石灰，加一斤麻捣。）

画壁 [1]

【原文】

造画壁之制：先以粗泥搭络毕，候稍干，再用泥横被竹篾一重，以泥盖平，又候稍干，钉麻花，以泥分披令匀，又用泥盖平。以上用粗泥五重，厚一分五厘。若栱眼壁，只用粗细泥各一重，上施沙泥，收压三遍。方用中泥细衬，泥上施沙泥，候水脉定，收压十遍，令泥面光泽。

凡和沙泥，每白沙二斤，用胶土一斤，麻捣洗择净者七两。

【梁注】

[1] 画壁就是画壁画用的墙壁。本篇所讲的是抹压墙面的做法。

【译文】

建造画壁的制度：先用粗泥填补画壁壁面完毕，等稍干后，再用泥横披一重竹篾，用泥盖平。再等稍干，钉上麻花，用泥分披使其均匀，再用泥盖平。（以上使用五重粗泥，厚度为一分五厘。如果是栱眼壁，则只用粗泥、细泥各一重，上面用沙泥，刮抹三遍）。再用中泥仔细做底衬，泥上用沙泥，等水痕渐消，刮抹十遍，使泥表面平整光滑。

凡和沙泥时，每二斤白沙，用一斤胶土，洗择干净的麻捣七两。

立灶 [1] 转烟、直拔

【原文】

造立灶之制：并台共高二尺五寸。其门、突 [2] 之类，皆以锅口径一尺为祖加减之。锅径一尺者一斗；每增一斗，口径加五分，加至一石止。

转烟连二灶：门与突并隔烟后。

门：高七寸，广五寸。每增一斗，高广各加二分五厘。

身：方出锅口径四周各三寸。为定法。

台：长同上，广亦随身，高一尺五寸至一尺二寸。一斗者高一尺五寸；每加一斗者，减二分五厘，减至一尺二寸五分止。

腔内后项子：高同门。其广二寸，高广五分 [3]。项子内斜高向上入突，谓之抢烟；增减亦同门。

隔烟：长同台，厚二寸，高视身出一尺。为定法。

隔锅项子：广一尺，心内虚，隔作两处，令分烟入突。

直拔立灶：门及台在前，突在烟匮之上。自一锅至连数锅。

门、身、台等：并同前制。唯不用隔烟。

烟匮子：长随身，高出灶身一尺五寸，广六寸。为定法。

山花子：斜高一尺五寸至二尺，长随烟匮子，在烟突两旁匮子之上。

凡灶突，高视屋身，出屋外三尺。如时暂用，不在屋下者 [4]，高三尺，突上作靴头出烟。其方六寸。或锅增大者，量宜加之，加至方一尺二寸止。并以石灰泥饰。

【梁注】

　　[1]这篇，"立灶"和下两篇"釜镬灶""茶炉子"，是按照几种不同的盛器而设计的。立灶是对锅加热用的。釜灶和镬灶则专为釜或镬之用。按《辞海》的解释，三者的不同的断面大致可理解如下：锅 ⌐⌐，釜 ⊔，镬 ⌣。为什么不同的盛器需要不同的灶，我们就不得而知了，至于《法式》中的锅、釜、镬，是否就是这几种，也很难回答。例如今天广州方言就把锅叫作镬，根本不用"锅"字。

　　此外，灶的各部分的专门名称，也是我们弄不清的。因此，除了少数词句稍加注释，对这几篇一些不清楚的地方，我们就"避而不谈"了。

　　[2]突、烟突就是烟囱。

　　[3]"高广五分"四字含义不明。可能有错误或遗漏。

　　[4]即临时或短期间使用，不在室内（即露天）者。

【译文】

　　垒灶立灶的制度：灶身和灶台共高二尺五寸。灶门、烟囱等部分，都以一尺大小的锅口直径作为标准，酌情增减尺寸。（锅口直径为一尺的，则锅的容积为一斗。锅的容积每增加一斗，则口径增加五分，直到锅的容积增加到一石为止。）

　　连接两个灶的转烟式立灶：灶门和烟囱共同安置在隔烟之后。

　　灶门：高为七寸，宽五寸。（锅每增加一斗，灶门的高和宽各增加二分五厘。）

　　灶身：边长为锅口径四边各加三寸。（这是定法。）

　　灶台：长度同上，宽度根据灶身而定，高为一尺二寸至一尺五寸。（如果要烧筑大小为一斗的锅的立灶，则灶台高一尺五寸；每增加一斗，灶台减少二分五厘，一直减到一尺二寸五分为止。）

　　腔内后项子：高度与灶门高相同。其宽度为二寸，高宽为五分。（烟从项子内经由斜高部分向上进入烟囱，这个斜高部分即为"抢烟"。抢烟的增减尺寸也与灶门相同。）

　　隔烟：长度与灶台相同，厚为二寸，高度高出灶身一尺。（这是定法。）

　　隔锅项子：宽为一尺，项子将灶膛虚隔成两部分，使烟分别进入烟囱。

　　直拔立灶：灶门与灶台在前部，烟囱安置于烟柜之上。（直拔立灶可以有一锅至连数锅的形式。)

灶门、灶身、灶台等：都与上述转烟立灶的规定相同。（只是不使用隔烟。）

烟匮子：长度与灶身一致，高度比灶身高出一尺五寸，宽为六寸。（这是定法。）

山花子：斜高为一尺五寸至二尺，长度与烟匮子的长度一致。山花子位于烟囱的两旁，在烟匮子之上。

一般立灶的烟囱高度根据房屋的高度而定，烟囱伸出屋顶三尺高。（如果是暂时使用而不设在房屋内部的立灶，其烟囱高为三尺，烟囱顶部做成靴头的样式进行排烟。）烟囱一般为六寸见方。如果锅增大的话，可以适当增加边长尺寸，增加到一尺二寸见方为止。烟囱要用石灰泥刷饰。

釜镬灶

【原文】

造釜镬灶之制：釜灶，如蒸作用者，高六寸。余并入地内。其非蒸作用，安铁甑或瓦甑[1]者，量宜加高，加至三尺止。镬灶高一尺五寸。其门、项之类，皆以釜口径每增一寸，镬口径每增一尺为祖加减之。釜口径一尺六寸者一石；每增一石，口径加一寸，加至一十石止。镬口径三尺，增至八尺止。

釜灶：釜口径一尺六寸。

门：高六寸，于灶身内高三寸，余入地。广五寸。每径增一寸，高、广各加五分。如用铁甑者，灶门用铁铸造，及门前后各用生铁板。

腔内后项子高、广，抢烟及增加并后突，并同立灶之制。如连二或连三造者，并垒向后。其向后者，每一釜加高五寸。

镬灶：镬口径三尺。用砖垒造。

门：高一尺二寸，广九寸。每径增一尺，高、广各加三寸。用铁灶门，其门前后各用铁板。

腔内后项子：高视身。抢烟同上。若镬口径五尺以上者，底下当心用铁柱子。

后驼项突：方一尺五寸。并二坯垒。斜高二尺五寸，曲长一丈七尺。令出墙外四尺。

凡釜镬灶面并取圆，泥造。其釜镬口径四周各出六寸，外泥饰与立灶同。

【梁注】

[1] 甑，音净，底有七孔，相当于今天的笼屉。

【译文】

建造釜镬灶的制度：釜灶如果用来蒸煮食物，高为六寸。（其余部分都埋入地下。）不用来蒸煮食物，安装了铁甑或瓦甑的，根据情况增加高度，但增加到三尺为止。镬灶高为一尺五寸，灶门、后项子等构件都以釜的口径每增加一寸，镬的口径每增加一尺为起始进行加减。（釜的口径为一尺六寸，即一石；每增一石粮食，口径增加一寸，增加到十石为止。镬的口径为三尺，增至八尺为止。）

釜灶：釜的口径为一尺六寸。

门：高为六寸（在灶身内高为三寸，其余的埋入地下）。宽为五寸。（直径每增加一寸，高度和宽度各增加五分。如果是用铁甑，灶门用铁铸造，门前门后各用生铁板铸造。）

腔内后项子的高度、宽度，抢烟，以及其尺寸的增加和后烟囱的大小都与立灶的制度相同。（如果是连二或连三造的，都向后垒。向后垒的，每一釜增加高度五寸。）

镬灶：镬的口径为三尺。（用砖垒造。）

门：高度为一尺二寸，宽九寸。（直径每增加一尺，则高度和宽度各加三寸。使用铁灶门，门前门后各用铁板。）

腔内后项子：高度根据灶身而定。（抢烟的尺寸同上。）如果镬的口径在五尺以上，底下正中心位置要用铁柱子。

后驼项突：一尺五寸见方（都用二坯垒建）。斜高为二尺五寸，曲面长为一丈七尺。（使其出墙外四尺。）

凡釜镬灶面都做成圆形，用泥垒。釜、镬的口径四周各向外出六寸，泥饰与立灶的相同。

茶炉

【原文】

造茶炉之制：高一尺五寸。其方广等皆以高一尺为祖加减之。

面：方七寸五分。

口：圆径三寸五分，深四寸。

吵眼：高六寸，广三寸。内抢风斜高向上八寸。

凡茶炉，底方六寸，内用铁燎杖八条。其泥饰同立灶之制。

【译文】

建造茶炉的制度：茶炉高为一尺五寸。其边长和宽度等都以高一尺为根据而加减。

面：七寸五分见方。

口：圆径为三寸五分，深四寸。

吵眼：高为六寸，宽三寸。（里面的抢风斜向上高八寸。）

凡茶炉的底部为六寸见方，里面使用八条铁燎杖。茶炉抹泥的制度与立灶的制度相同。

垒射垛 [1]

【原文】

垒射垛之制：先筑墙，以长五丈、高二丈为率。墙心内长二丈，两边墙各长一丈五尺；两头斜收向里各三尺。上垒作五峰。其峰之高下，皆以墙每一丈之长，积而为法。

中峰：每墙长一丈，高二尺。

次中两峰：各高一尺二寸。其心至中峰心各一丈。

两外峰：各高一尺六寸。其心至次中两峰各一丈五尺。

子垛：高同中峰。广减高一尺，厚减高之半。

两边踏道：斜高视子垛，长随垛身。厚减高之半。分作一十二踏，每踏高八寸三分，广一尺二寸五分。

子垛上当心踏台：长一尺二寸，高六寸，面广四寸。厚减面之半。分作三踏，每一尺为一踏。

凡射垛五峰，每中峰高一尺，则其下各厚三寸；上收令方，减下厚之半。上收至方一尺五寸止。其两峰之间，并先约度上收之广。相对垂绳，令纵至墙上，为两峰颙内圆势。其峰上各安莲花坐瓦、火珠各一枚。当面以青石灰、白石灰，上以青灰为缘泥饰之。

【梁注】

[1]从本篇"制度"可以看出，这种"射垛"并不是城墙上防御敌箭的射垛，而是宫墙上射垛形的墙头装饰。正是因为这原因，所以属于"泥作"。

【译文】

垒射垛的制度：先筑墙，以长五丈、高二丈为标准。（墙心内长为二丈，两边墙各长一丈五尺，两头各斜向里收三尺。）上垒成五峰，其峰的高低都以墙每一丈的长度为一百，用这个百分比来确定各部分的比例尺寸。

中峰：墙每长一丈，则高为二尺。

次中两峰：各高一尺二寸。（其中心位置到中峰的中心各一丈。）

两外峰：各高一尺六寸。（其中心到次中两峰的距离各为一丈五尺。）

子垛：高度与中峰相同。（宽度比高度减少一尺，厚度为高度的一半。）

两边踏道：斜高根据子垛而定，长度根据垛身而定。（厚度减为高度的一半。分成十二踏，每踏高度为八寸三分，宽为一尺二寸五分。）

子垛上当心踏台：长为一尺二寸，高为六寸，面宽四寸。（厚度减为面的一半。分成三踏，每一尺为一踏。）

凡射垛有五个峰，每个中峰高一尺，中峰以下各厚三寸，向上斜收成方形，厚度减少为下面的一半。（向上收至一尺五寸见方为止。两峰之间，都要预先估计向上收的宽度。相对垂绳，使绳子竖直垂到墙上，呈两峰颙内的圆形走势。）在峰上安设莲花坐瓦和火珠各一枚。正面用青石灰、白石灰涂抹，上面用青灰封边，用泥涂抹装饰。

卷十四

彩画作制度^[1]

总制度^[2]

【原文】

彩画之制：先遍衬地，次以草色^[3]和粉，分衬所画之物。其衬色上，方布细色或叠晕^[4]，或分间剔填。应用五彩装及叠晕碾玉装者，并以赭笔描画。浅色之外，并旁^[5]描道量留粉晕，其余并以墨笔描画。浅色之外，并用粉笔盖压墨道。

衬地之法：

凡枓、栱、梁、柱及画壁，皆先以胶水遍刷。其贴金地以鳔胶水。

贴真金地：候鳔胶水干，刷白铅粉；候干，又刷；凡五遍。次又刷土朱铅粉，同上，亦五遍。上用熟薄胶水贴金，以绵按，令着实。候干，以玉或玛瑙或生狗牙斫令光。

五彩地：其碾玉装，若用青绿叠晕者同。候胶水干，先以白土遍刷；候干，又以铅粉刷之。

碾玉装或青绿棱间者：刷雌黄合绿者同。候胶水干，用青淀和茶土^[6]刷之。每三分中，一分青淀，二分茶土。

沙泥画壁：亦候胶水干，以好白土纵横刷之。先立刷，候干，次横刷，各一遍。

调色之法：

白土：茶土同。先拣择令净，用薄胶汤，凡下云用汤者同，其称热汤者非^[7]，后同，浸沙时，候化尽，淘出细花，凡色之极细而淡者皆谓之花，后同，入别器中，澄定，倾去清水，量度再入胶水用之。

铅粉：先研令极细，用稍浓水[8]和成剂，如贴真金地，并以鳔胶水和之，再以热汤浸少时，候稍温，倾去；再用汤研化，令稀稠得所用之。

代赭石：土朱、土黄同。如块小者不捣。先捣令极细，次研；以汤淘取花。次取细者，及澄去砂石，粗脚不用。

藤黄：量度所用，研细，以热汤化，淘去砂脚，不得用胶，笔罩粉地用之。

紫矿：先擘开，捎去心内绵无色者，次将面上色深者，以热汤撋取汁，入少汤用之。若于花心内斡淡或朱地内压深用者，熬令色深浅得所用之。

朱红：黄丹同。以胶水调令稀稠得所用之。其黄丹用之多涩燥者，调时用生油一点。

螺青：紫粉同。先研令细，以汤调取清用。螺青澄去浅脚，充合碧粉用；紫粉浅脚充合朱用。

雌黄：先捣次研，皆要极细；用热汤淘细花于别器中，澄去清水，方入胶水用之。其淘澄下粗者，再研再淘细花方可用。忌铅粉黄丹地上用。恶石灰及油不得相近。亦不可施之于缣素。

衬色之法：

青：以螺青合铅粉为地。铅粉二分，螺青一分。

绿：以槐花汁合螺青铅粉为地。粉青同上。用槐花一钱熬汁。

红：以紫粉合黄丹为地。或只用黄丹。

取石色之法：

生青，层青同，石绿，朱砂：并各先捣令略细，若浮淘青，但研令细；用汤淘出向上土、石，恶水不用；收取近下水内浅色，入别器中，然后研令极细，以汤淘澄，分色轻重，各入别器中。先取水内色淡者谓之青花，石绿者谓之绿花，朱砂者谓之朱花；次色稍深者，谓之三青，石绿谓之三绿，朱砂谓之三朱；又色渐深者，谓之二青，石绿谓之二绿，朱砂谓之二朱；其下色最重者，谓之大青，石绿谓之大绿，朱砂谓之深朱；澄定，倾去清水，候干收之。如用时，量度入胶水用之[9]。

五色之中，唯青、绿、红三色为主，余色隔间品合而已。其为用亦各不同。且如用青，自大青至青花，外晕用白；朱、绿同。大青之内，用墨或矿汁压深，此只可以施之于装饰等用，但取其轮奂鲜丽，如组绣花锦之纹尔。至于穷要妙夺生意，则谓之画，其用色之制，随其所写，或浅或深，或轻或重，千变万化，任其自然，虽不可以立言。其色之所相，亦不出于此。唯不用大青、大绿、深朱、雌黄、白土之类。

【梁注】

　　[1]在现存宋代建筑实物中，虽然有为数不算少的木构殿堂和砖石塔，也有少数小木作和瓦件，但彩画实例则可以说没有，这是因为在过去八百余年的漫长岁月中，每次重修，总要油饰一新，原有的彩画就被刮去重画，至少也要重新描补一番。即使有极少数未经这样描画的，颜色也全变了，只能大致看出图案花纹而已，但在中国的古代建筑中，色彩是构成它的艺术形象的一个重要因素，由于这方面实物缺少，因此也使我们难以构成一幅完整的宋代建筑形象图。在《营造法式》的研究中，"彩画作制度"及其图样也因此成为我们最薄弱的一个方面，虽然《法式》中还有其他我们不太懂的方面，如各种灶的砌法，砖瓦窑的砌法等，但不直接影响我们对建筑本身的了解。至于彩画作，我们对它没有足够的了解，就不能得出宋代建筑的全貌，"彩画作制度"是我们在全书中感到困难最多最大但同时又不能忽略而不予注释的一卷。

　　卷十四中所解说的彩画就有五大类，其中三种还附有略加改变的"变"种，再加上几种掺杂的杂间装，可谓品种繁多；比之清代官式只有的"和玺"和"旋子"两种，就复杂得多了。在这两者的比较中，我们看到了彩画装饰由繁而简的这一历史事实，遗憾的是除去少数明代彩画实例外，我们还没有南宋、金、元的实例来看出它的发展过程。但从大木作结构方面，我们也看到一个相应的由繁而简的发展。因此可以说，这一趋势是一致的，是历代匠师在几百年结构、施工方面积累的经验的基础上，逐步改进的结果。

　　[2]这里，"总制度"主要是说明各种染料的泡制和着色的方法。

　　[3]这个"草色"的"草"字，应理解如"草稿""草图"的"草"字，与下文"细色"的"细"字是相对词，并不是一种草绿色。

　　[4]叠晕是用不同深浅同一颜色由浅到深或由深到浅地排列使用，清代称"退晕"。

　　[5]"旁"即"傍"，即靠着或沿着之义。

　　[6]茶土是什么？不很清楚。

[7]简单地称"汤"的，含义略如"汁"；"热汤"是开水、热水，或经过加热的各种"汤"。

[8]"稍浓水"怎样"稍浓"？待考。

[9]各版在这下面有小注一百四十九个字，阐述了绘制彩画用色的主要原则，并明确了彩画装饰和画的区别，对我们来说，这一段小注的内容比正文所说的各种颜料的具体泡制方法重要得多。因此我们擅自把小注"升级"为正文，并顶格排版，以免被读者忽略。

【译文】

彩画的制度：先全面地铺衬画底，再用草色和粉，分别托衬所画的物体。在衬色之上才能精细着色，或者采取叠晕，或者采取分间剔、填的方式。如果作五彩遍装或叠晕碾玉装，除了要用红笔描画浅色，在浅色之外，都要沿着描道留出做粉晕的宽度来，其余部分除用浅黑色描画外，都要用粉笔（沥粉的笔）遮盖并压住黑线使色浅。

衬地之法：

凡是斗、栱、梁、柱以及画壁，都先用胶水全部刷一遍。（贴金地的部分用鳔胶水。）

贴真金地：等鳔胶水干之后，刷白铅粉，等干后再刷，一共刷五遍。然后再刷土朱、铅粉，步骤同上，也刷五遍。（面上用熟薄胶水贴金，用棉花按压，使其附着结实。等干后，再用玉或者玛瑙或者生狗牙砍削平整，使表面光滑。）

五彩地（如果是采用青绿叠晕的碾玉装也一样）：等胶水干以后，先用白土刷一遍。等干后，再用铅粉刷。

碾玉装或青绿棱间者（刷雌黄合绿者也一样）：待胶水干后，用青淀和茶土混合刷一遍。（青淀占三分之一，茶土占三分之二。）

沙泥画壁：待胶水干后，用好白土纵横来回刷。（先立着刷，待干后再横着刷，各刷一遍。）

调色之法：

白土（茶土同）：先拣择干净，同时用稀胶水（凡是下面说用汤的都相同，称热汤的不是，后同）浸泡少时，待土完全溶化后，淘出细而色淡的精花（凡是色泽极细而淡的都称为"花"，后同）。移入其他容器中，澄出清水，用时按需要加入适量胶水即可使用。

铅粉：先将铅粉研为细末，合成浓度较大的铅粉和水的混合物（如果贴真金地还需要用鳔胶水拌和）。然后再用热水浸一会儿，等水稍凉，倒出水，再用稀胶水研化，使稀稠得当能够使用。

代赭石（土朱、土黄相同。如果块较小则不用捣碎）：先将赭石捣为细末，然后用稀胶水研淘，取其精花，然后澄去砂石杂质，取其细粉使用。

藤黄：按用途不同研细，然后用热水淘去杂质即可，不可用胶。（笼罩粉地的时候使用。）

紫矿：先破开，去掉中心绵而无色的部分，然后将面上颜色深的部分，以热水拈取汁，加入少量稀胶水使用。如果用于绘制花心，需使其颜色浅淡，或用于在朱红地内压深，应熬煮到颜色深浅适宜时使用。

朱红（黄丹同）：用胶水调和，使稀稠得当时使用。（如黄丹特别生涩干燥，可加一点生桐油。）

螺青（紫粉同）：先研细，用稀胶水调和，取其清液使用。（螺青澄去浅色部分的下脚料可与绿粉混合使用，紫粉浅色部分的下脚料可与红色混合使用。）

雌黄：先捣碎，后研细，要研得很细，然后用热水淘出精花放入容器中，澄去清水，才能和胶水使用。（淘澄余下的，可再研、再淘细花使用。）不能在铅粉、黄丹地上使用。千万不能接近石灰和油。（也不可用于细绢布之上。）

衬色之法：（衬地上施底色）

青：以螺青和铅粉调和为底色。（铅粉二份，螺青一份。）

绿：以槐花汁调和螺青、铅粉为底色。（铅粉和螺青的比例同上。用一钱槐花熬成汁。）

红：以紫粉调和黄丹为底色。（或者只使用黄丹。）

取石色之法（对矿物性颜料更精细的加工，按细度不同分类收取的办法）：

生青（层青同）、石绿、朱砂应先捣碎，使其基本研细（浮淘青必须研细）。然后淘去砂石等杂物，并倒去脏水，将近水底的浅色的青、绿或朱砂收集起来（放入容器）。研为细粉，用稀胶水再淘澄，按颜色深浅不同收取，分别放入不同容器中。颜色最浅的叫"青花"（石绿为"绿花"，朱砂为"朱花"）。颜色比较深的叫"三青"（石绿叫"三绿"，朱砂叫"三朱"）。颜色更深的叫"二青"（石绿叫"二绿"，朱砂叫"二朱"）。最下面颜色最深的叫"大青"（石绿叫"大绿"，朱砂叫"深朱"）。澄完，倒去清水，等晾干后使用。在使用的时候，根据情况加入胶水。

五种颜色之中，只以青、绿、红三色为主，其余的颜色只是相间品配而已。其用处也各不相同，比如用青色，从大青到青花，外晕都用白色（朱、绿相同）。在大青之内，用墨或者矿汁将颜色压深。这种颜色只能用于装饰等，是为了突显它的颜色鲜丽，就像编织锦绣的花纹一样。至于那些达到精妙绝伦、栩栩如生的，则称为"画"。其用色的制度，根据所画之物，或浅或深，或轻或重，千变万化，顺其自然，不能用言语来表达，其颜色的品相，也不外乎这几种。（只是不使用大青、大绿、深朱、雌黄、白土之类的颜色。）

五彩遍装 [1]

【原文】

五彩遍装之制：梁、栱之类，外棱四周皆留缘道，用青、绿或朱叠晕，梁、栿之类缘道，其广二分 。[2]；斗栱之类，其广一分。内施五彩诸花，间杂用朱或青、绿剔地，外留空缘[3]，与外缘道对晕。其空缘之广，减外缘道三分之一。

花纹有九品：一曰海石榴花，宝牙花、太平花之类同。二曰宝相花，牡丹花之类同。三曰莲荷花。以上宜于梁、额、橑檐枋、椽、柱、枓、栱、材、昂、栱眼壁及白板内；凡名件之上，皆可通用。其海石榴，若花叶肥大，不见枝条者，谓之铺地卷成；若花叶肥大而微露枝条者，谓之枝条卷成；并亦通用。其牡丹花及莲荷花，或作写生画者，施之于梁、额或栱眼壁内。四曰团窠宝照，团窠柿蒂、方胜合罗之类同；以上宜于枋、桁、枓、栱内飞子面，相间用之。五曰圈头合子。六曰豹脚合晕，梭身合晕、连珠合晕、偏晕之类同；以上宜于枋、桁内，飞子及大、小连檐用之。七曰玛瑙地，玻璃地之类同；以上宜于枋、桁、枓内相间用之。八曰鱼鳞旗脚，宜于梁、栱下相间用之。九曰圈头柿蒂，胡玛瑙之类同；以上宜于枓内相间用之。

琐纹有六品：一曰琐子，联环琐、玛瑙琐、叠环之类同。二曰簟纹，金铤、纹银铤、方环之类同。三曰罗地龟纹，六出龟纹、交脚龟纹之类同。四曰四出，六出之类同。以上宜以橑檐枋、槫柱头及枓内；其四出、六出，亦宜于栱头、椽

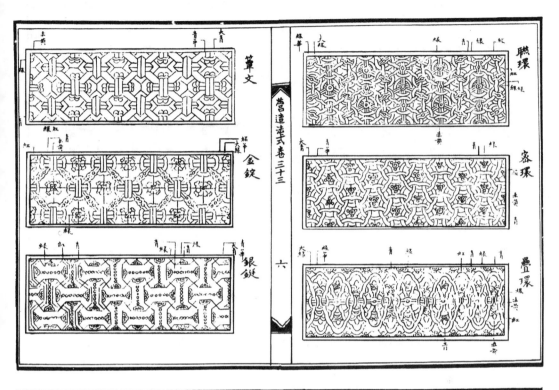

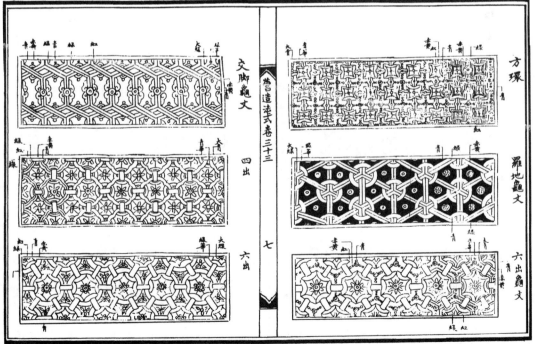

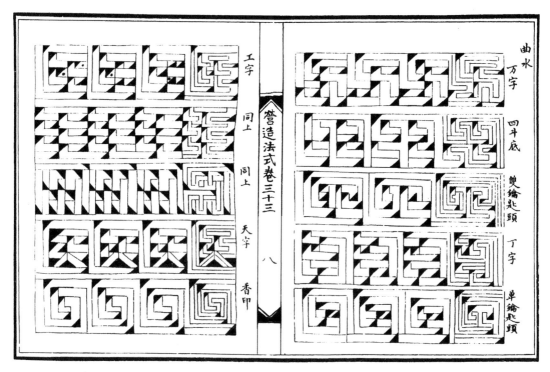

琐纹

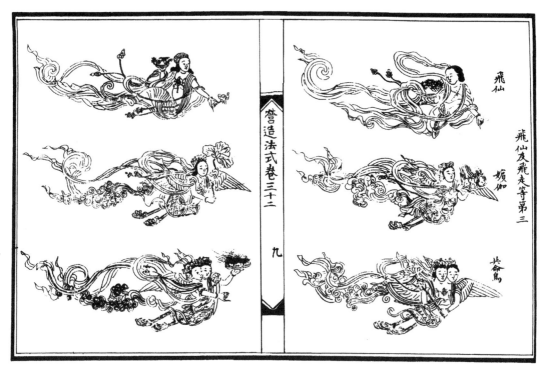

飞仙

头、枋、桁相间用之。五曰剑环，宜于枓内相间用之。六曰曲水，或作"王"字及"万"字，或作枓底及钥匙头，宜于普拍枋内外用之。

凡花纹施之于梁、额、柱者，或间以行龙、飞禽、走兽之类于花内，其飞走之物，用赭笔描之于白粉地上[4]，或更以浅色拂淡。若五彩及碾玉装花内，宜用白画；其碾玉装花内者，亦宜用浅色拂淡，或以五彩装饰。如枋、桁之类全用龙、凤、走、飞者，则遍地以云纹补空。

飞仙之类有二品：一曰飞仙；二曰嫔伽。共命鸟之类同。

飞禽之类有三品：一曰凤凰，鸾、鹤、孔雀之类同。二曰鹦鹉，山鹧、练鹊、锦鸡之类同。三曰鸳鸯，谿𪆮、鹅、鸭之类同。其骑跨飞禽人物有五品：一曰真人，二曰女真，三曰仙童，四曰玉女，五曰化生。

走兽之类有四品：一曰狮子，麒麟、狻猊、獬豸之类同。二曰天马，海马、仙鹿之类同。三曰羚羊，山羊、花羊之类同。四曰白象，驯犀、黑熊之类同。其骑跨、牵拽走兽人物有三品：一曰拂菻[5]，二曰獠蛮，三曰化生。若天马、仙鹿、羚羊，亦可用真人等骑跨。

云纹有二品：一曰吴云；二曰曹云。蕙草云、蛮云之类同。

间装之法：青地上花纹，以赤黄、红、绿相间；外棱用红叠晕。红地上花纹青、绿，心内以红相间；外棱用青或绿叠晕。绿地上花纹，以赤黄、红、青相间；外棱用青、红、赤黄叠晕。其牙头青、绿地用赤黄，牙朱地以二绿。若枝条绿地用藤黄汁罩，以丹花或薄矿水节淡。青红地，如白地上单枝条用二绿，随墨以绿花合粉罩，以三绿、二绿节淡[6]。

叠晕之法：自浅色起，先以青花，绿以绿花，红以朱花粉。次以三青，绿以三绿，红以三朱。次以二青，绿以二绿，红以二朱。次以大青，绿以大绿，红以深朱；大青之内，以深墨压心，绿以深色草汁罩心，朱以深色紫矿罩心。青花之外，留粉地一晕。红绿准此，其晕内二绿花，或用藤黄汁罩，加花纹。缘道等狭小，或在高远处，即不用三青等及深色压罩。凡染赤黄，先布粉地，次以朱花合粉压晕，次用藤黄通罩，次以深朱压心。若合草绿汁，以螺青花汁，用藤黄相和，量宜入好墨数点及胶少许用之。

叠晕之法：凡枓、栱、昂及梁、额之类，应外棱缘道并令深色在外，其花内剔地色，并浅色在外，与外棱对晕，令浅色相对；其花叶等晕，并浅色在外，以

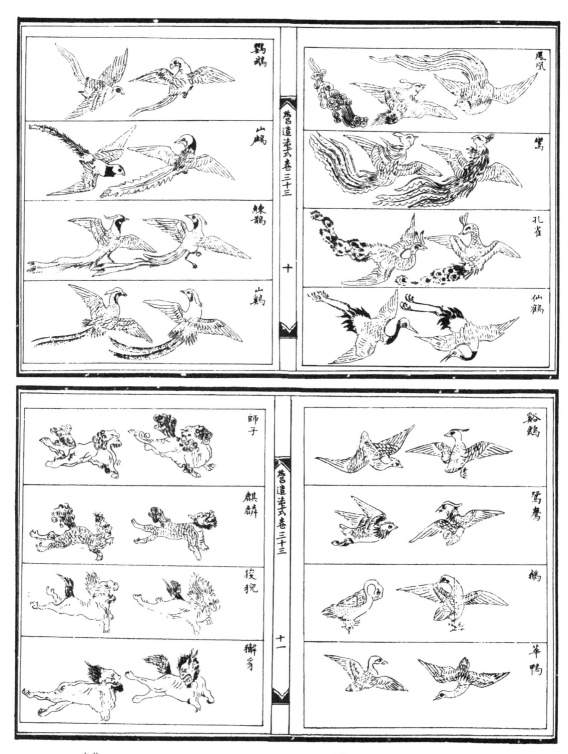

鹦鹉　　山鹧　　练鹊　　山鸡

凤凰　　鸾　　孔雀　　仙鹤

营造法式卷三十三

十

师子　　麒麟　　狻猊　　獬豸

鵁鶄　　鸳鸯　　鹅　　拳鸭

营造法式卷三十三

十一

走兽　　　　　　　　飞禽

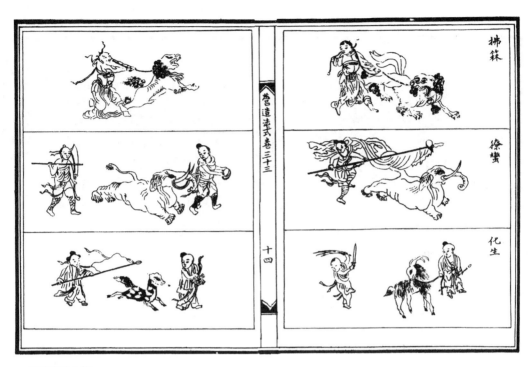

牵拽走兽人物

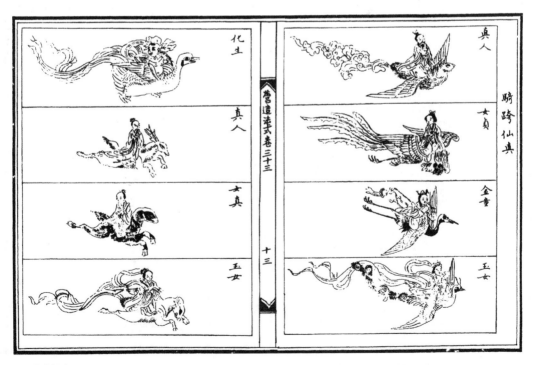

骑跨仙真

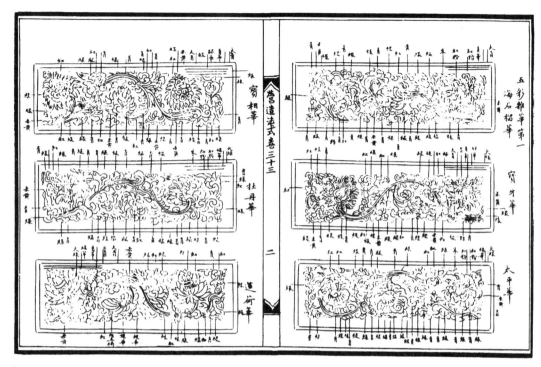

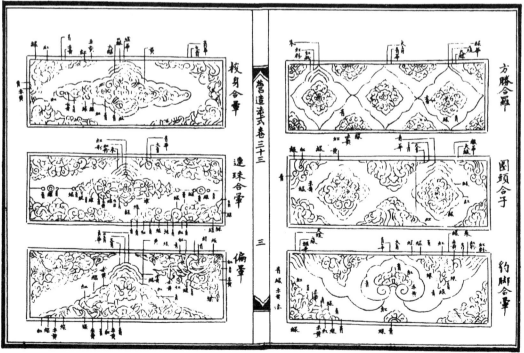

五彩杂花

深色压心。凡外缘道用明金者，梁栿、斗栱之类，金缘之广与叠晕同，金缘内用青或绿压之。其青、绿广比外缘五分之一。

凡五彩遍装，柱头谓额入处作细锦或琐纹，柱身自柱櫍上亦作细锦，与柱头相应，锦之上下，作青、红或绿叠晕一道；其身内作海石榴等花，或于花内间以飞凤之类，或于碾玉花内间以五彩飞凤之类，或间四入瓣窠或四出尖窠，窠内开以化生或龙凤之类。櫍作青瓣或红瓣叠晕莲花。檐额或大额及由额两头近柱处，作三瓣或两瓣如意头角叶，长加广之半。如身内红地，即以青地作碾玉，或亦用五彩装。或随两边缘道作分脚如意头。椽头面子，随径之圆，作叠晕莲花，青、红相间用之；或作出焰明珠，或作簇七车钏明珠，皆浅色在外，或作叠晕宝珠，深色在外，令近上，叠晕向下棱，当中点粉为宝珠心；或作叠晕合螺玛瑙，近头处，作青、绿、红晕子三道，每道广不过一寸。身内作通用六等花，外或用青、绿、红地作团窠，或方胜，或两尖，或四入瓣。白地[7]外用浅色，青以青花，绿以绿花，朱以朱彩圈之，白地内随瓣之方圆，或两尖或四入瓣同，描花，用五彩浅色间装之。其青、绿、红地作团窠、方胜等，亦施之斗栱、梁栿之类者，谓之海锦，亦曰净地锦。飞子作青、绿连珠及棱身晕，或作方胜，或两尖，或团窠。两侧壁，如下面用遍地花，即作两晕青、绿棱间；若下面素地锦，作三晕或两晕青、绿棱间。飞子头作四角柿蒂，或作玛瑙。如飞子遍地花，即椽用素地锦。若椽作遍地花，即飞子用素地锦。白板[8]或作红、青、绿地内两尖窠素地锦。大连檐立面作三角叠晕柿蒂花。或作霞光。

【梁注】

[1] 顾名思义，"五彩遍装"不但是五色缤纷，而且是"遍地开花"的。这是明、清彩画中所没有的。从"制度"和"图样"中可以看出，不但在梁栿、阑额上画各种花纹，甚至枓、栱、椽子、飞子上也画五颜六色的彩画。这和明清以后的彩画在风格上，在装饰效果上有极大的不同，在国内已看不见了，但在日本一些平安、镰仓时期的古建筑中，还可以看到。

[2] 原文作"其广二分"按文义，是指材分之分，故写作"分°"。

[3] 空缘用什么颜色，未说明。

[4] 这里所谓"白粉地"就是上文"衬地之法"中"五彩地"一条下所说的"先以白土遍刷，……又以铅粉刷之"的"白粉地"。我们理解是，在

彩画全部完成后，这一遍"白粉地"就全部被遮盖起来，不露在表面了。

[5]菻，音檩，在我国古史籍中称东罗马帝国为"拂菻"，这里是西方"胡人"的意思。

[6]"节淡"的准确含义待考。

[7][8]这里所称"白地""白板"的"白"，不是白色之义，而是"不画花纹"之义。

【译文】

五彩遍装的制度：梁、栱等构件的外棱四周都留出缘道，用青、绿色或红色叠晕（梁栿之类的缘道，宽度为二分；斗栱之类的缘道，宽度为一分）。在里面做五彩诸花，间杂使用红色或青、绿色剔底，外面留出空白边缘，和外缘道对晕。（其空出边缘的宽度，比外缘道减少三分之一。）

花纹有九个品级：一是海石榴花。（宝牙花、太平花之类的制度与此相同。）二是宝相花。（牡丹花之类的制度与此相同。）三是莲荷花。（以上三品适用于梁、额、橑檐枋、椽、柱、斗、栱、材、昂、栱眼壁及白板之内。在以上构件中，都可以通用。其中海石榴花的花叶如果肥大而不见枝条，就称为"铺地卷成"；如果花叶肥大而微微露出枝条的，就称作"枝条卷成"。二者都能通用。如果牡丹花和莲荷花做成写生画，那么就在梁、额或栱眼壁内施做。）四是团窠宝照。（团窠柿蒂、方胜合罗之类的制度与此相同。以上品级适用于枋、桁、斗、栱之内的飞子面，相间使用。）五是圈头合子。六是豹脚合晕。（梭身合晕、连珠合晕、偏晕之类的制度与此相同。以上适于枋、桁内的飞子以及大小连檐使用。）七是玛瑙地。（玻璃地之类的制度与此相同。以上适于枋、桁、斗内相间使用。）八是鱼鳞旗脚。（适宜于梁、栱之下相间使用。）九是圈头柿蒂。（胡玛瑙之类的制度与此相同。以上适宜于斗内相间使用。）

琐纹有六个品级：一是琐子。（联环琐、玛瑙琐、叠环之类的制度与此相同。）二是簟纹。（金铤、纹银铤、方环之类的制度与此相同。）三是罗地龟纹。（六出龟纹、交脚龟纹之类的制度与此相同。）四是四出。（六出之类的与此相同。以上适宜于橑檐枋、槫柱头及斗内。四出、六出也适宜于在栱头、椽头、枋、桁之上间隔使用。）五是剑环。（适宜于枓内相间使用。）六是曲水。（或者做"王"字以及"万"字，或者做成斗底以及钥匙头，适宜于在普拍枋里外使用。）

凡是花纹雕饰在梁、额、柱上的，可以把行龙、飞禽、走兽之类间杂在花纹之内。对于这些飞禽走兽之类的动物，要用红笔描在白粉底上，或者用浅颜色把这些图案拂淡。（如果是五彩装和碾玉装，花纹适宜用白画。如果是做在碾玉装花纹内的，也适宜用浅颜色拂淡，或者用五彩来装饰。）如果枋、桁之类全部使用龙、凤、走兽、飞禽等物，则整个底都要用云形花纹来填补空白。

飞仙之类有两个品级：一是飞仙。二是嫔伽。（共命鸟之类的制度与此相同。）

飞禽之类有三个品级：一是凤凰。（鸾、鹤、孔雀之类的制度与此相同。）二是鹦鹉。（山鹧、练鹊、锦鸡之类的制度与此相同。）三是鸳鸯。（鸂鶒、鹅鸭之类的制度与此相同。）（骑着或者跨坐这些飞禽的人物有五个品级：一是真人，二是女真，三是仙童，四是玉女，五是化生。）

走兽之类有四个品级：一是狮子。（麒麟、狻猊、獬豸之类的制度与此相同。）二是天马。（海马、仙鹿之类的制度与此相同。）三是羚羊。（山羊、花羊之类的制度与此相同。）四是白象。（驯犀、黑熊之类的制度与此相同。）（骑着或者跨坐、牵着、拽着这些走兽的人物有三个品级：一是拂菻，二是獠蛮，三是化生。如果是天马、仙鹿、羚羊，也可以用真人等骑跨在上面。）

云纹有两个品级：一是吴云。二是曹云。（蕙草云、蛮云之类的制度与此相同。）

间装的方法：青地上的花纹以赤黄色、红色、绿色相间，外棱采用红叠晕。红地上的花纹为青、绿色，中心用红色相间，外棱用青色或绿色叠晕。绿地上的花纹以赤黄色、红色、青色相间，外棱采用青、红、赤黄色叠晕。（牙头上的青绿地用赤黄，牙红地用二绿。如果是枝条的绿地则使用藤黄汁压罩，用红花或薄矿水节淡。青红地，比如白地上的单枝条使用二绿，根据墨色用绿花合粉压罩，用三绿、二绿节淡。）

叠晕的方法：从浅色的地方起，先用青花（绿色用绿花，红色用红花粉）。然后用三青（绿色用三绿，红色用三朱）。再次用二青（绿色用二绿，红色用二朱）。再然后用大青（绿色用大绿，红色用深朱）；在大青之中，用深墨压住中心（绿色用深色的草汁罩住中心位置，红色用深色的紫矿罩住中心位置）。青花之外留一晕粉地。（红绿都以此为准。晕内的二绿花有的用藤黄汁罩住，外加花纹。缘道等狭小或者在又高又远的地方，则不用三青等以及深颜色压罩。）如果是染赤黄色，先铺一层粉地，再用朱花合粉压晕，再用藤黄色全部罩住，最后用深红色压住中心位置。（如果是配草绿汁，则用螺青花汁和藤黄汁相混合，酌量加入几点好墨和少许胶水。）

叠晕的方法：对于斗、栱、昂以及梁、额之类的构件，应施做在外棱缘道上并使深色在外，花内剔出地色并使浅色在外，与外棱对晕，使浅色相对。花叶等晕，全都是浅色在外，用深颜色压住中心位置。（如果外缘道使用明金色，梁栿、斗栱之类构件的金边宽度与叠晕相同，金边以内用青色或绿色压住。青色或绿色的宽度比外边缘宽出五分之一。）

凡是五彩遍装，在柱头（叫作额入的地方）做细锦或者琐纹，柱身从柱栿上也做细锦，与柱头相对应，在细锦的上下做一道青、红色或绿色的叠晕，在柱身上做海石榴等花的造型（或者在花中间夹杂飞凤之类的造型），或者在碾玉花之间夹以五彩飞凤之类的造型，或者间杂四入瓣窠，或四出尖窠（窠内以化生或龙凤之类间杂）。栿做成青瓣或红瓣叠晕莲花的样式。檐额或大额以及从额的两头靠近柱子的位置做三瓣或两瓣如意头角叶（长度在宽度的基础上加一半）。如果柱子身内是红地的，则用青地做碾玉装，或者也用五彩装。（或者根据两边缘道做分脚如意头。）在椽头面子上，根据直径的大小，做叠晕莲花，青色、红色相间使用，或者做出焰明珠，也可做簇七车钏明珠（都是浅色在外面）。或者做叠晕宝珠（使深颜色在外面），在靠近叠晕上端的地方向下棱当中点染颜料粉，作为宝珠的中心。或者做叠晕合螺玛瑙，在靠近头部的位置，做三道青色、绿色、红色的晕子，每一道的宽度不超过一寸。在柱身内做通用的六等花，外面或用青色、绿色、红色的地做团窠，或者方胜，或者两尖，或者四入瓣。白地外面用浅色（青色用青花圈起来，绿色用绿花圈起来，红色用红粉圈起来），白地内根据瓣的方圆（或者两尖，或者四入瓣，都一样）描花，用五彩浅色填充其间。（用青地、绿地、红地作团窠、方胜等图案，也用在斗栱、梁栿之类构件处的，称为"海锦"，也叫"净地锦"。）在飞子上做青色、绿色连珠和棱身晕，或者做方胜，或者两尖，或团窠。两面的侧壁如果下面用遍地花，则在青、绿棱间做两晕；如果下面做素地锦，则在青、绿棱间做两晕或三晕。飞子的头部做四角柿子蒂（或者做玛瑙）。如果飞子采用遍地花，则椽子采用素地锦。（如果椽子做遍地花，则飞子使用素地锦。）白板内也可以做红地、青地、绿地的两尖窠素地锦。大连檐的立面做三角叠晕的柿蒂花。（或者做成霞光。）

碾玉装 [1]

【原文】

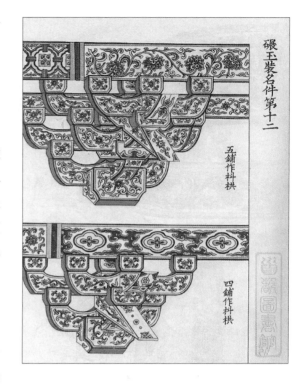

碾玉装之制：梁、栱之类，外棱四周皆留缘道，缘道之广并同五彩之制，用青或绿叠晕。如绿缘内，于淡绿地上描花，用深青剔地，外留空缘，与外缘道对晕。绿缘内者，用绿处以青，用青处以绿。

花纹及琐纹等，并同五彩所用。花纹内唯无写生及豹脚合晕、偏晕、玻璃地、鱼鳞旗脚。外增龙牙蕙草一品。琐纹内无琐子。用青、绿二色叠晕亦如之。内有青绿不可隔间处，于绿浅晕中用藤黄汁罩，谓之菉豆褐。

其卷成花叶及琐纹，并旁赭笔量留粉道，从浅色起，晕至深色。其地以大青、大绿剔之。亦有花纹稍肥者，绿地以二青，其青地以二绿 [2]，随花幹淡后，以粉笔傍墨道描者，谓之映粉碾玉，宜小处用。

凡碾玉装，柱碾玉或间白画 [3]，或素绿。柱头用五彩锦，或只碾玉。枓作红晕或青晕莲花。橑头作出焰明珠，或簇七明珠或莲花。身内碾玉或素绿。飞子正面作合晕，两旁并退晕 [4]，或素绿。仰板素红，或亦碾玉装。

【梁注】

[1] 碾玉装是以青绿两色为主的彩画装饰，装饰所用的花纹题材，如花纹、琐纹、云纹等等，基本上和五装间装所用的一样，但不用五彩，而只用青、绿两色，间以少量的黄色和白色做点缀。明清的旋子彩画就是在色调上继承了碾玉装发展成型的，清式旋子彩画中有"石碾玉"一品，还继承了宋代名称。

[2]这里的"二青""二绿"是指花纹以颜色而言，即：若是绿地，花纹即用二青；若是青地，花纹即用二绿。

[3]"间白画"具体如何"间"法，待考。

[4]"合晕""退晕"，如何"合"，如何"退"，待考。

【译文】

碾玉装的制度：在梁、栱之类构件的外棱四周都留出缘道（缘道的宽度全都遵循五彩遍装的制度），采用青色或绿色叠晕。如果是在绿缘内，则在淡绿地上描花，用深青色别地，外面留出空白边缘，使其与外缘道对晕。（绿缘以内的碾玉装，用绿色处以青色，用青色处以绿色。）

花纹以及琐纹等，全都遵循五彩遍装中的制度。（只是花纹内没有写生和豹脚合晕、偏晕、玻璃地、鱼鳞旗脚。另外增加一品龙牙蕙草。琐纹内没有琐子。）用青、绿两种颜色的叠晕也是如此。（里面有青色、绿色不能间隔使用的地方，在绿浅晕中用藤黄汁罩住中心，称作"菉豆褐"。）

对于卷成的花叶和琐纹，沿着旁边的赭笔测量留出粉道，从浅色逐渐起晕至深色。以大青、大绿二色别地。（也有花纹稍宽的，绿地就用二青，青地用二绿，随着花转淡之后，再用粉笔沿着墨道描摹，称为"映粉碾玉"。适合用在较小的地方。）

凡碾玉装，柱子上可做碾玉，也可以间杂白画，或者素绿色。柱子头上用五彩锦（或者只做碾玉）。枓做成红晕或青晕莲花。椽子头做出焰明珠，或者是簇七明珠，或者是莲花。柱子身内做碾玉装或者素绿色。飞子的正面做合晕，两旁都做退晕，或者素绿。仰板做成素红色（或者也用碾玉装）。

青绿叠晕棱间装[1] 三晕带红棱间装附

【原文】

青绿叠晕棱间装之制：凡枓、栱之类，外棱缘广一分°。

外棱用青叠晕者，身内用绿叠晕，外棱用绿者，身内用青，下同。其外棱缘道浅色在内，身内浅色，在外道压粉线。谓之两晕棱间装。外棱用青花、二青、大青，以墨压深；身内用绿花、三绿、二绿、大绿，以草汁压深。若绿在外缘，不用三绿；如青在身内，更加三青。

其外棱缘道用绿叠晕，浅色在内，次以青叠晕，浅色在外，当心又用绿叠晕者，深色在内，谓之三晕棱间装。皆不用二绿、三青，其外缘广与五彩同。其内均作两晕。

若外棱缘道用青叠晕，次以红叠晕，浅色在外，先用朱花粉，次用二朱，次用深朱，以紫矿压深，当心用绿叠晕，若外缘用绿者，当心以青，谓之三晕带红棱间装。

凡青、绿叠晕棱间装，柱身内筒纹[2]，或素绿或碾玉装；柱头作四合青绿退晕如意头。栌作青晕莲花，或作五彩锦。或团窠方胜素地锦。

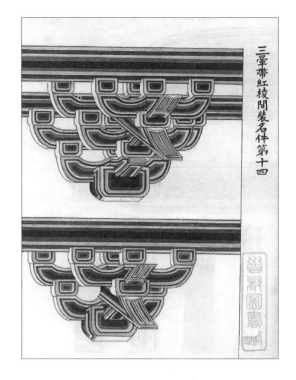

椽素绿，身共头作明珠莲花。飞子正面、大小连檐，并青绿退晕[3]，两旁素绿。

【梁注】

　　[1] 这些叠晕棱间装的特点就在主要用青、绿两色叠晕（但也有"三晕带红"一种），除柱头、柱栿、椽头、飞子头有花纹外，斗栱上就只用叠晕。清代旋子彩画好像就是这种叠晕棱间装的继承和发展。

　　[2] 这一段内所提到的"筒纹"，柱身的碾玉装，"四合如意头"，等等具体样式和画法均待考。

　　[3] 退晕、叠晕、合晕三者的区别待考。

【译文】

青绿叠晕棱间装的制度：斗、栱之类构件的外棱缘道宽度为一分。

外棱采用青色叠晕的，身内采用绿色叠晕（外棱用绿色叠晕的，身内用青色叠晕，下同。外棱缘道的浅色在里面，身内为浅色，在外面的缘道下压粉线），称为"两晕棱间装"。（外棱用青花、二青、大青，用墨压深；身内用绿花、三绿、二绿、大绿，用草汁压深。如果绿色在外缘，则不用三绿；如果青色在身内，多加一道三青。）

如果外棱缘道先用绿色叠晕（浅色在内），次用青色叠晕（浅色在外），中心位置又用绿色叠晕的（深色在内），称为"三晕棱间装"。（都不使用二绿、三青，其外缘的宽度与五彩遍装的相同。里面都做两晕。）

如果外棱缘道先用青色叠晕，次用红色叠晕（浅色在外，先用红花粉，次用二朱，最后用深朱，以紫矿压深），正中心位置用绿色叠晕（如果外缘用绿色，中心位置用青色），称为"三晕带红棱间装"。

凡青、绿叠晕棱间装，柱身上的筍纹，或者是素绿色，或者是碾玉装。柱头做四合青绿退晕如意头。槏上做青晕莲花，或者做五彩锦，或者团窠方胜素地锦。椽子素绿色，椽子身和椽子头做明珠莲花。飞子的正面、大小连檐都做青绿退晕，两旁为素绿色。

解绿装饰屋舍 [1] 解绿结花装附

【原文】

解绿刷饰屋舍之制：应材、昂、科、栱之类，身内通刷土朱，其缘道及燕尾、八白等，并用青、绿叠晕相间。若科用绿，即栱用青之类。

缘道叠晕，并深色在外，粉线在内，先用青花或绿花在中，次用大青或大绿在外，后用粉线在内。其广狭长短，并同丹粉刷饰之制 [2]。唯檐额或梁栿之类，并四周各用缘道，两头相对作如意头。由额及小额并同。若画松纹，即身内通用土黄；先以墨笔界画，次以紫檀间刷，其紫檀用深墨合土朱，令紫色，心内用墨点节。栱、梁等下面用合朱通刷。又有于丹

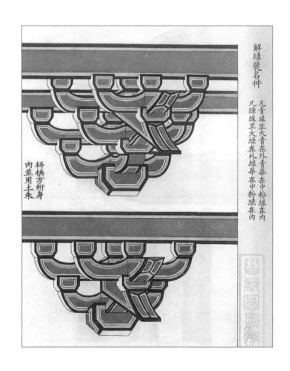

解緑裝名件

凡青緣並大青花在外青暈在中粉緑在内
凡緑緣並大緑在外緑暈在中粉緑在内

科栱方桁身
内並用土朱

地内用墨或紫檀点簇六球纹与松纹名件相杂者，谓之卓柏装。

料、栱、枋、桁缘内朱地上间诸花者，谓之解绿结花装。

柱头及脚并刷朱，用雌黄画方胜及团花，或以五彩画四斜或簇六球纹锦。其柱身内通刷合绿，画作筒纹。或只用素绿。椽头或作青绿晕明珠。若椽身通刷合绿者，其槫亦作绿地筒纹或素绿。

凡额上壁内影作[3]，长广制度与丹粉刷饰同。身内上棱及两头，亦以青绿叠晕为缘。或作翻卷花叶。身内通刷土朱，其翻卷花叶并以青绿叠晕。料下莲花并以青晕。

【梁注】

　　[1]解绿装饰的主要特征是：除柱以外，所有梁、枋、料、栱等构件，一律刷土朱色，而外棱用青绿叠晕缘道。与此相反，柱则用绿色，而柱头、柱脚用朱。此外，还有在料、栱、枋、桁等构件的朱地上用青、绿画花的，谓之解绿结花。用这种配色的彩画，在清代彩画中是少见的。北京清故宫钦安殿内部彩画，以红色为主，是与此类似的罕见的一例。

　　从本篇以及下"一篇""丹粉刷饰屋舍"的文义看来，"解绿"的"解"字应理解为"勾"——例如"勾画轮廓"或"勾抹灰缝"的"勾"。

　　[2]丹粉刷饰见下一篇。

　　[3]南北朝时期的补间铺作，在额上施义手，其上安料以承枋（或桁）。义手或直或曲，略似"人"字形，云冈、天龙山石窟中都有实例；河南登封会善寺唐中叶（745年）的净藏墓塔是现存最晚的实例。以后就没有这种做法了。这样的影作，显然就是把这种补间铺作变成装饰彩画的题材，画在栱眼壁上，它的来源是很明了的。

【译文】

解绿刷饰屋舍的制度：应材、昂、斗、栱之类构件通体刷土朱色，缘道及燕尾、八白等用青绿叠晕间隔。（如斗用绿色，则栱用青色。）

在缘道里做叠晕，深色在外，粉线在内。（先在中间使用青花或绿花，再在外面使用大青或大绿，最后在里面使用粉线。）其宽窄长短都与丹粉刷饰的制度相同。只有檐额、梁栿之类四周各自用缘道，两头对称画如意头。（由额和小额也都相同。）如果画松叶花纹，身内先用土黄通刷，然后用毛笔画界线，再用紫檀色填空（紫檀色用深墨色混合土朱色，使其成紫色），中间用墨点节。（栱、梁等下面通刷红色。也有在红地内用墨色或者紫檀色点画簇六球纹与松纹构件相交的，称"卓柏装"。）

斗、栱、枋、桁的边上，在红色地上画各种花纹的，称作"解绿结花装"。

柱头和柱脚都刷红色，用雌黄色画方胜及团花，或者用五彩色画四斜或簇六球纹锦。柱身上通刷混合绿色，画成筍纹。（或者只用素绿色。椽子头或做成青绿晕的明珠。如果椽子身全部刷混合绿色，槫也要做成绿地的筍纹或者素绿色。）

在由额的壁内影作，长与宽的尺寸都与丹粉刷饰相同。由额的上棱以及两头，也用青绿叠晕作为边缘，或者做成翻卷花叶的造型。（由额通身刷成土朱色，翻卷花叶都做成青绿叠晕。）斗下的莲花也做成青晕。

丹粉刷饰屋舍 [1] 黄土刷饰附

【原文】

丹粉刷饰屋舍之制：应材木之类，面上用土朱通刷，下棱用白粉阑界缘道，两尽头斜讹向下，下面用黄丹通刷。昂、栱下面及耍头正面同。其白缘道长广等依下项。

枓、栱之类，栿、额、替木、叉手、托脚、驼峰、大连檐、搏风板等同，随材之广，分为八分，以一分为白缘道。其广虽多，不得过一寸；虽狭，不得过五分 [2]。

栱头及替木之类，绰幕、仰楷 [3]、角梁等同，头下面刷丹，于近上棱处刷白。燕尾长五寸至七寸；其广随材之厚，分为四分，两边各以一分为尾。中心空二分。上刷横白，广一分半。其耍头及梁头正面用丹处，刷望山子 [4]。其上长随高三分之二；其下广随厚四分之二；斜收向上，当中合尖。

檐额或大额刷八白者，如里面，随额之广，若广一尺以下者，分为五分；一尺五寸以下者，分为六分；二尺以上者，分为七分。各当中以一分为八白。其八白两头近柱，更不用朱阑断，谓之入柱白。于额身内均之作七隔；其隔之长随白之广，俗谓之七朱八白。

柱头刷丹，柱脚同，长随额之广，上下并解粉线。柱身、椽、檩及门、窗之类，皆通刷土朱。其破子窗子桯及屏风难子正侧并椽头，并刷丹。平暗或板壁，并用土朱刷板并桯，丹刷子桯及牙头护缝。

额上壁内，或有补间铺作远者，亦于栱眼壁内，画影作于当心。其上先画枓，以莲花承之。身内刷朱或丹，隔间用之。若身内刷朱，则莲花用丹刷；若身内刷丹，则莲花用朱刷。皆以粉笔解出花瓣。中作项子，其广随宜。至五寸止。下分两脚，长取壁内五分之三，两头各空一分，身内广随项，两头收斜尖向内五寸。若影作花脚者，身内刷丹，则翻卷叶用土朱；或身内刷土朱，则翻卷叶用丹。皆以粉笔压棱。

若刷土黄者，制度并同。唯以土黄代土朱用之。其影作内莲花用朱或丹，并以粉笔解出花瓣。

若刷土黄解墨缘道者，唯以墨代粉刷缘道。其墨缘道之上，用粉线压棱。亦有枓、栱等下面合用丹处皆用黄土者，亦有只用墨缘，更不用粉线压棱者，制度并同。其影作内莲花，并用墨刷，以粉笔解出花瓣；或更不用莲花。

凡丹粉刷饰，其土朱用两遍，用毕并以胶水笼罩，若刷土黄则不用。若刷门、窗，其破子窗子桯及护缝之类用丹刷，余并用土朱。

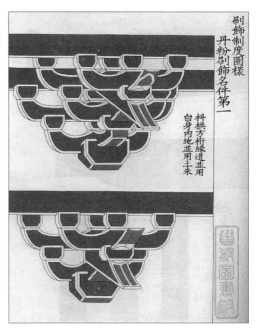

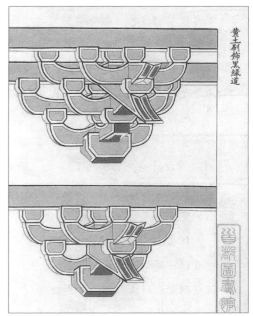

【梁注】

[1]用红土或黄土刷饰，清代也有，只用于仓库之类，但都是单色，没有像这里所规定，在有斗栱的、比较"高级"的房屋上也用红土、黄土的，也没有用土朱、黄土、黑、白等色配合装饰的。

〔2〕即最宽不得超过一寸，最窄面不得小于五分。

〔3〕"仰楷"这一名称在前面"大木作制度"中从来没有提到过，具体是什么？待考。

〔4〕"望山子"具体画法待考。

【译文】

丹粉刷饰房屋的制度：应材木一类的构件，木材面上通刷土朱，下棱用白粉勾勒出缘道的线条（两端的头部斜向下出），下面用黄丹通刷。（昂、栱的下面及耍头正面同样用黄丹通刷。）其空白缘道的长度和宽度等依照下面的规定。

斗、栱之类（枋、额、替木、叉手、托脚、驼峰、大连檐、搏风板等与此相同），根据材的宽度，分为八分，以一分为白色缘道。如果有宽度过大的，也不能超过一寸，再窄也不能低于五分。

栱头以及替木之类（包括绰幕、仰楷、角梁等与此相同），头下面刷红丹，近上棱处刷白色。燕尾长度为五寸至七寸，其宽度根据材的厚度分为四分，两边各留出一分为尾（中心位置空出二分）。上面横向刷白，宽度为一分半。（在耍头以及梁头正面刷红色的地方，刷望山子。其长度为高度的三分之二，下面的宽度为厚度的四分之二，斜向上收，当中合尖。）

檐额或大额刷八白（在内侧刷），根据额的宽度，如果宽度在一尺以下的，分为五分；宽度在一尺五寸以下的，分为六分；宽度在二尺以上的，分为七分。都以当中的一分作为八白（在八白的两头靠近柱子的地方不使用红色的阑干隔断，称为"入柱白"）。在檐额或大额的身内平均分为七个隔断，间隔的长度根据白的宽度而定。（叫"七朱八白"。）

柱头刷朱红（柱脚相同），长度按额的宽度，上下都画出粉线。柱身、椽、槫及门窗等均刷土朱。（破子窗子棂及屏风难子的正侧和椽头均刷红色。）平暗或板壁用土朱刷板和程，并用红丹刷子程和牙头护缝。

额上边的墙壁（或补间铺作间隔较远的栱眼壁内），在中间画影作。上部先画斗，斗用莲花承托。（身内刷土朱或者红丹，隔间使用。若身内刷土朱，则莲花刷红丹；若身内刷红丹，则莲花刷土朱。都要用粉笔勾出花瓣。）中间为项子，其宽以适当为原则。（至五寸为止。）项下分两脚，长取壁内净长的五分之三（两头各空一分）。身内的宽度与项子的宽相同，两头收斜尖，从上向内斜五寸。如果是影作花脚，脚身刷红丹，则翻卷叶刷土朱；或脚身刷土朱，则翻卷叶刷红丹。（都需用粉笔压棱。）

刷土黄的方法与刷丹粉的制度相同。唯一不同的是以土黄代替土朱。（影作内的莲花用朱色或红丹描绘，还要用粉笔勾出花瓣。）

土黄解墨缘道的刷法，以墨代替粉线刷缘道。在墨缘道上用粉线压棱。（也有栿、栱等下面混合使用红色的地方都用黄土的，也有只用墨色缘道而不用粉线压棱的，制度同上。影作内的莲花都用黑墨粉刷，以粉笔勾勒出花瓣，或者不用莲花。）

凡丹粉刷饰，必须刷土朱两遍，用完之后以胶水罩面，如刷土黄则不用罩面。（如果刷门窗，破子窗子桯和护缝之类的构件都用红色粉刷，其余部分全都用土朱。）

杂间装 [1]

【原文】

杂间装之制：皆随每色制度，相间品配，令花色鲜丽，各以逐等分数为法。

五彩间碾玉装。五彩遍装六分，碾玉装四分。

碾玉间画松纹装。碾玉装三分，画松装七分。

青绿三晕棱间及碾玉间画松纹装。青绿三晕棱间装三分，碾玉装二分，画松装四分。

画松纹间解绿赤白装。画松纹装五分，解绿赤白装五分。

画松纹卓柏间三晕棱间装。画松纹装六分，三晕棱间装一分，卓柏装二分。

凡杂间装以此分数为率，或用间红青绿三晕棱间装与五彩遍装及画松纹等相间装者，各约此分数，随宜加减之。

【梁注】

[1]这些用不同花纹"相间品配"的杂间装，在本篇中虽然开出它们搭配的比例，但具体做法，我们就很难知道了。

【译文】

杂间装的制度：根据每间各式制度相间隔组合，使花色艳丽，各种做法按比例配置。

五彩间碾玉装。（五彩遍装六分，碾玉装四分。）

碾玉间画松纹装。（碾玉装三分，画松纹装七分。）

青绿三晕棱间及碾玉间画松纹装。（青绿三晕棱间装三分，碾玉装二分，画松纹装四分。）

画松纹间解绿赤白装。（画松纹装五分，解绿赤白装五分。）

画松纹卓柏间三晕棱间装。（画松纹装六分，三晕棱间装一分，卓柏装二分。）

杂间装的配置以此比例为准则。红、青、绿三晕棱间装与五彩遍装及画松纹等相间装的，大约依此比例，按实际情况加减。

炼桐油

【原文】

炼桐油之制：用文武火煎桐油令清，先煠[1]胶令焦，取出不用，次下松脂搅候化。又次下研细定粉，粉色黄，滴油于水内成珠，以手试之，黏指处有丝缕，然后下黄丹。渐次去火，搅令冷，合金漆用。如施之于彩画之上者，以乱线揩搌用之。

【梁注】

[1] 煠，音叶 yè，把物品放在沸油里进行处理。

【译文】

炼桐油的制度：用文武火将桐油煎煮至清澈，先把胶放入桐油炸至焦煳，取出来不用。然后放入松脂，搅拌等待其熔化。再放入研磨细的定粉，等到粉颜色变黄，把油滴在水中能成珠，用手触摸试验，待黏手指的地方有丝缕时，再放入黄丹。逐渐把火调小，搅拌冷却，混合金漆使用。如果是用在彩画上，用废旧的线团轻轻擦拭使用。

卷十五

砖作、窑作制度

砖作制度[1]

用砖[2]

【原文】

用砖之制：

殿阁等十一间以上，用砖方二尺，厚三寸。

殿阁等七间以上，用砖方一尺七寸，厚二寸八分。

殿阁等五间以上，用砖方一尺五寸，厚二寸七分。

殿阁、厅堂、亭榭等，用砖方一尺三寸，厚二寸五分。以上用条砖，并长一尺三寸，广六寸五分，厚二寸五分。如阶唇用压栏砖，长二尺一寸，广一尺一寸，厚二寸五分。

行廊、小亭榭、散屋等，用砖方一尺二寸，厚二寸。用条砖，长一尺二寸，广六寸，厚二寸。

城壁所用走趄[2]砖，长一尺二寸，面广五寸五分，底广六寸，厚二寸。趄条砖面长一尺一寸五分，底长一尺二寸，广六寸，厚二寸。牛头砖长一尺三寸，广六寸五分，一壁厚二寸五分，一壁厚二寸二分。

- -

【梁注】

[1]"砖作制度"和"窑作制度"内许多砖、瓦以及一些建筑部分，我

们绘了一些图样予以说明，还将各种不同的规格、不同尺寸的砖瓦等表列以醒眉目，但由于文字叙述不够准确、全面，其中有许多很不清楚的地方，我们只能提出问题，以请教于高明。

［2］本篇"用砖之制"，主要规定方砖尺寸，共五种大小，条砖只有两种，是最小两方砖的"半砖"。下面各篇，除少数指明用条砖或方砖者外，其余都不明确。至于城壁所用三种不同规格的砖，用在何处，怎么用法，也不清楚。

［3］趄，音疽，jū，或音且，qiè。

【译文】

用砖的制度：

十一间以上的殿阁等，所用的砖二尺见方，厚度为三寸。

七间以上的殿阁等，所用的砖一尺七寸见方，厚度为二寸八分。

五间以上的殿阁等，所用的砖一尺五寸见方，厚度为二寸七分。

殿阁、厅堂、亭榭等，所用的砖一尺三寸见方，厚度为二寸五分。（以上所用的条形砖全都长度为一尺三寸，宽度为六寸五分，厚度为二寸五分。如果阶唇处使用压栏砖，则长度为二尺一寸，宽度为一尺一寸，厚度为二寸五分。）

行廊、小亭榭、散屋等，所用的砖一尺二寸见方，厚度为二寸。（用条形砖，则长为一尺二寸，宽度为六寸，厚度为二寸。）

城壁所用的走趄砖，长度为一尺二寸，面宽五寸五分，底宽为六寸，厚为二寸。趄条砖面长为一尺一寸五分，底长为一尺二寸，宽为六寸，厚为二寸。牛头砖长为一尺三寸，宽为六寸五分，一面壁的厚度为二寸五分，另一面壁的厚度为二寸二分。

垒阶基　其名有四：一曰阶，二曰陛，三曰陔，四曰墒

【原文】

垒砌阶基之制：用条砖。殿堂、亭榭阶高四尺以下者，用二砖相并；高五尺以上至一丈者，用三砖相并。楼台基高一丈以上至二丈者，用四砖相并；高二丈至三丈以上者，用五砖相并；高四丈以上者，用六砖相并。普拍枋外阶头，自柱心出三尺至三尺五寸。每阶外细砖高十层，其内相并砖高八层。其殿堂等阶，若平砌，每阶高一尺，上收一分五厘；如露龈砌[1]，每砖一层，上收一分。粗垒二

分。楼台、亭榭，每砖一层，上收二分。粗垒五分。

【梁注】

　　[1]龈，音垠，yín。

【译文】

　　垒砌阶基的制度：使用条砖。殿堂、亭榭阶高在四尺以下的，用两块砖并列；高度在五尺以上至一丈的，用三块砖并列。楼台基高度在一丈以上至二丈的，用四块砖并列；高度在二丈至三丈以上的，用五块砖并列；高度在四丈以上的，用六块砖并列。普拍枋外面的台阶头，从柱子的中心位置出三尺至三尺五寸。（每一阶外的细砖高十层，里面相并列的砖高八层。）殿堂等的台阶，如果平砌，每一阶高一尺，则向上收一分五厘；如果采用露龈砌，每一层砖，向上收一分（如果是粗垒，则向上收二分）。楼台亭榭，每一层砖，向上收二分（如果是粗垒，则向上收五分）。

铺地面

【原文】

　　铺砌殿堂等地面砖之制：用方砖，先以两砖面相合，磨令平；次研四边，以曲尺较令方正；其四侧研令下棱收入一分。殿堂等地面，每柱心内方一丈者，令当心高二分；方三丈者，高三分。如厅堂、廊舍等，亦可以两椽为计[1]。柱外阶广五尺以下者[2]，每一尺令自柱心起至阶龈[3]垂二分，广六尺以上者，垂三分。其阶龈压阑，用石或亦用砖。其阶外散水，量檐上滴水远近铺砌；向外侧砖砌线道二周。

【梁注】

　　[1]含义不太明确，可能是说，"可以用两椽的长度作一丈计算"。

　　[2]前一篇"垒阶基之制"中说"自柱心出三尺至三尺五寸"，与这里的"五尺"乃至"六尺以上"有出入。

　　[3]阶龈与"用砖"一篇中的"阶唇"，"垒阶基"一篇中的"阶头"，像是同物异名。

【译文】

铺砌殿堂等地面砖的制度：使用方砖，先把方砖的两个砖面相贴合，相互摩擦使其平整；再砍掉四个边，用曲尺校准使其方正；砍削四个侧面，使下面的棱向里收入一分。殿堂等地面，如果立柱中心位置为一丈见方的，则使地面中心高出二分；三丈见方的，则高出三分。如果是厅堂、廊舍等，也可以按两椽的长度计算。柱子外的台阶宽度在五尺以下的，每宽一尺，则使从柱子中心起到阶龈下垂二分；宽六尺以上的，下垂三分。阶龈使用压栏石，或者也用砖。在台阶外侧做散水，根据檐上滴水的远近铺砌，向外侧用砖铺砌二圈线道。

墙下隔减 [1]

【原文】

垒砌墙隔减之制：殿阁外有副阶者，其内墙下隔减，长随墙广[2]。下同。其广六尺至四尺五寸[3]。自六尺以减五寸为法，减至四尺五寸止。高五尺至三尺四寸。自五尺以减六寸为法，至三尺四寸止。如外无副阶者，厅堂同，广四尺至三尺五寸，高三尺至二尺四寸。若廊屋之类，广三尺至二尺五寸，高二尺至一尺六寸。其上收同阶基制度。

【梁注】

[1] 隔减是什么？从本篇文字，并联系到卷六"小木作制度""破子棂窗"和"板棂窗"两篇中也提到"隔减窗坐"，可以断定它就是墙壁下从阶基面以上用砖砌的一段墙，在它上面才是墙身。所以叫作墙下隔减，亦即清代所称"裙肩"。从表面上看，很像今天我们建筑中的护墙。不过我们的护墙是抹上去的，而隔减则是整个墙的下部。

由于隔减的位置和用砖砌造的做法，又考虑到华北黄土区墙壁常有盐碱化的现象，我们推测"隔减"的"减"字很可能原来是"碱"字。在一般土墙下，先砌这样一段砖墙以隔碱，否则"隔减"两个字很难理解。由于"碱"笔画太繁，当时的工匠就借用同音的"减"字把它"简化"了。

[2] 这个"长随墙广"就是"长度同墙的长度"。

[3] 这个"广六尺至四尺五寸"的"广"就是我们所说的厚，即：厚六尺至四尺五寸。

【译文】

垒砌墙隔减的制度：殿阁外有副阶的，在内墙下做隔减，长度根据墙的宽度而定（下同）。宽度为四尺五寸至六尺（从六尺开始往下减少，每次减少五寸，减到四尺五寸为止）。高度为三尺四寸至五尺（从五尺开始减少，每次减少六寸，减到三尺四寸为止）。如果殿阁外面没有副阶的（厅堂与此相同），宽度为三尺五寸到四尺，高度在二尺四寸至三尺之间。如果是廊屋之类，则宽二尺五寸到三尺，高度在一尺六寸到二尺之间。上收的尺寸与阶基制度相同。

踏道

【原文】

造踏道之制：广随间广，每阶基高一尺，底长二尺五寸，每一踏高四寸[1]，广一尺。两颊各广一尺二寸。两颊内[2]线道各厚二寸。若阶基高八砖，其两颊内地栿、柱子等，平双转[3]一周；以次单转一周，退入一寸；又以次单转一周，当心为象眼[4]。每阶基加三砖，两颊内单转加一周；若阶基高二十砖以上者，两颊内平双转加一周。踏道下线道亦如之。

【梁注】

[1] 从本篇所规定的一些尺寸可以看出，这里所用的是最小一号的，即方一尺二寸，厚二寸的砖。"踏高四寸"是两砖，"颊广一尺二寸"是一砖之广；"线道厚二寸"是一砖等。

[2] 两颊就是踏道两旁的斜坡面，清代时称"垂带"。"两颊内"是指踏道侧面两颊以下、地以上，街基以前那个正角三角形的垂直面。清代称这整个三角形垂直面部分为"象眼"。

[3] 从字面上理解，"平双转"可能是用两层砖（四寸）沿两颊内的三面砌一周。

[4] 与清代"象眼"的定义不同，只指三角形内"退入"最深处的池子为"象眼"。

【译文】

建造踏道的制度：宽度根据开间宽度而定，阶基每高一尺，底边长二尺五寸，每一踏的高度为四寸，宽一尺，两颊各宽一尺二寸，两颊内的线道各厚二寸。如果阶基的高度为八砖，两颊内的地栿、柱子等，需用两层砖沿两颊内的两面砌一周，然后向里退一寸，用一层砖砌一周，又用一层砖再砌一周，当中为象眼。每个阶基增加三层砖的高度，两颊内的单层砖加砌一周。如果阶基的高在二十层砖以上，两颊内用两层砖加砌一周。踏道下面的线道也是如此。

慢道[1]

【原文】

垒砌慢道之制：城门慢道，每露台[2]砖基高一尺，拽脚斜长五尺。其广减露台一尺。厅堂等慢道，每阶基高一尺，拽脚斜长四尺[3]；作三瓣蝉翅[4]；当中随间之广。取宜约度。两颊及线道，并同踏道之制。每斜长一尺，加四寸为两侧翅瓣下之广。若作五瓣蝉翅，其两侧翅瓣下取斜长四分之三。凡慢道面砖露龈[5]，皆深三分。如花砖即不露龈。

【梁注】

[1] 慢道是不做踏步的斜面坡道，以便车马上下。清代称为"马道"，亦称"蹉礠"。

[2] 露台是慢道上端与城墙上面平的台子，慢道和露台一般都作为凸出体靠着城墙内壁面砌造。由于城门楼基座一般都比城墙厚约一倍左右，加厚的部分在城壁内侧，所以这加出来的部分往往就决定城门慢道和露台的宽度。

[3] "拽脚斜长"的准确含义不大明确。根据"大木作制度"所常用的"斜长"和"小木作""胡梯"篇中的"拽脚"，我们认为应理解为慢道斜坡的长度，作为一个不等边直角三角形，垂直的短边（勾）是阶基和露台的高；水平的长边（股）是拽脚，斜角的最长边（弦）就是拽脚斜长。从几何制图的角度来看，这种以弦的长度来定水平长度的设计方法未免有点故意绕弯路自找麻烦，不如直接定出拽脚的长度更简便些。不知为什么要这样做？

[4] 这种三瓣、五瓣的"蝉翅"，只能从文义推测，可能就是三道或五道并列的慢道。其所以称作"蝉翅"，可能是两侧翅瓣是上小下大的，形似蝉翅，但是，虽然两侧翅瓣下之广有这样的规定，但翅瓣上之广都未提到，因此我们只能推测。至于"翅瓣"的"瓣"，按"小木作制度"中所常见的

"瓣"字理解，在一定范围内的一个面常称为"瓣"。所以，这个"翅瓣"可以理解为一道慢道的面。

[5]这种"露龈"就是将慢道面砌成锯齿形，齿尖向上，以防滑步，清代称这种"露龈"也作"蹚蹉"。

【译文】

垒砌慢道的制度：城门的慢道，每个露台的砖基高为一尺，拽脚斜长为五尺。（宽度比露台减少一尺。）厅堂等慢道，每阶基高为一尺，拽脚斜长为四尺，做三瓣蝉翅造型，正当中根据开间的宽度而定。（根据情况选择合适的尺寸。两额以及线道的尺寸都与踏道的制度相同。）斜长每长一尺，两侧的蝉翅瓣下面的宽度增加四寸。如果做五瓣蝉翅，两侧翅瓣下的宽度为斜长的四分之三。慢道的面砖都砌成锯齿形，深入三分。（如果是花砖，则不用砌成锯齿形。）

须弥坐[1]

【原文】

垒砌须弥坐之制：共高一十三砖，以二砖相并，以此为率。自下一层与地平，上施单混肚砖一层，次上牙脚砖一层，比混肚砖下龈收入一寸，次上罨牙砖一层，比牙脚出三分，次上合莲砖一层，比罨牙收入一寸五分，次上束腰砖一层，比合莲下龈收入一寸，次上仰莲砖一层，比束腰出七分，次上壶门、柱子砖三层，柱子比仰莲收入一寸五分，壶门比柱子收入五分，次上罨涩砖一层，比柱子出一分①，次上方涩平砖两层，比罨涩出五分。如高下不同，约此率随宜加减之。如殿阶基作须弥坐砌垒者，其出入并依角石柱制度，或约此法加减。

【梁注】

[1]参阅卷三"石作制度"中"角石""角柱""殿阶基"三篇及各图。

---

① 其他版本也说"比柱子出五分"。——编者注

【译文】

垒砌须弥坐的制度：总共高十三砖，两砖并列，以此为准。最下面一层与地面相平，在上面铺设一层单混肚砖。再往上铺设一层牙脚砖（比混肚砖的下龈多收进去一寸）。再往上铺设一层罨牙砖（比牙脚砖多伸出三分）。再往上铺设一层合莲砖（比罨牙砖多收进去一寸五分）。再往上铺设一层束腰砖（比合莲砖的下龈多收进去一寸）。再往上铺设一层仰莲砖（比束腰砖多伸出七分）。再往上铺设三层壸门、柱子砖（柱子砖比仰莲砖多收进去一寸五分，壸门砖比柱子砖多收进去五分）。再往上铺设一层罨涩砖（比柱子砖多伸出一分）。再往上铺设两层方涩平砖（比罨涩砖多伸出五分）。如果高低不一样，则根据此标准酌情增减尺寸。（如果在殿阶基垒砌须弥坐，伸出与收入的尺寸都以角石柱的制度为准，或者按这个规定酌情加减。）

砖墙

【原文】

垒砖墙之制：每高一尺，底广五寸，每面斜收一寸。若粗砌，斜收一寸三分。以此为率。

【译文】

垒砖墙的制度：墙每高一尺，则底面宽五寸，每一面斜收一寸。如果是粗砌，则斜收一寸三分。以此为标准。

露道

【原文】

砌露道之制：长广量地取宜，两边各侧砌双线道，其内平铺砌。或侧砖虹面[1]垒砌，两边各侧砌四砖为线。

【梁注】

[1] 指道的断面中间高于两边。

【译文】

砌露道的制度：长宽根据地势选取合适的尺寸，两边各自侧砌双线道，露道内铺砌平整。或者采取中间高于两边的砌法，两边各自侧砌四层砖为线。

城壁水道[1]

【原文】

垒城壁水道之制：随城之高，匀分蹬踏。每踏高二尺，广六寸，以三砖相并，用趄条砖。面与城平，广四尺七寸。水道广一尺一寸，深六寸；两边各广一尺八寸。地下砌侧砖散水，方六尺。

【梁注】

[1]这种水道是在土城的墙面上的排水道。砖城只需要在城头女墙下开排水孔，让水顺墙面流下去。但在土墙面上则有必要用砖砌出这种下水道，以保护土城。

【译文】

垒城壁水道的制度：水道根据城的高度，匀分蹬踏。每个蹬踏高度为二尺，宽六寸，用三块砖并列（使用趄条砖）。蹬踏的面与城相平，宽为四尺七寸。水道宽一尺一寸，深六寸，两边各宽一尺八寸。地下铺砌侧砖散水，六尺见方。

卷輂河渠口[1]

【原文】

垒砌卷輂河渠砖口之制：长广随所用。单眼卷輂者，先于渠底铺地面砖一重。每河渠深一尺，以二砖相并垒两壁砖，高五寸。如深广五尺以上者，心内以三砖相并。其卷輂随圆分侧用砖。覆背砖同。其上缴背顺铺条砖。如双眼卷輂者，两壁砖以三砖相并，心内以六砖相并。余并同单眼卷輂之制。

【梁注】

[1]参阅卷三"石作制度""卷輂水窗"篇。

【译文】

垒砌卷輂河渠砖口的制度：长度和宽度根据使用情况而定。如修砌单眼卷輂，先在渠底铺设一重地面砖；河渠每深一尺，即用两块砖并列，垒在两壁上，高度为五寸；如果深度和宽度在五尺以上的，中心位置内用三块砖相并列。其上卷的弧度根据半圆的走势分侧用砖（覆背砖相同）。卷輂的上缴背需要铺设条砖。如果是双眼卷輂，两壁的砖要用三块砖相并列，中心位置内的砖要用六块砖相并列；其余的做法都与单眼卷輂的制度相同。

接甑（zèng）口 [1]

【原文】

垒接甑口之制：口径随釜或锅。先以口径圆样，取逐层砖定样，斫磨。口径内以二砖相并，上铺方砖一重为面。或只用条砖覆面。其高随所用。砖并倍用纯灰下。

【梁注】

[1] 本篇实际上应该是卷十三"泥作制度"中"立灶"和"釜双灶"的一部分，灶身是泥或土坯砌的，这接甑口就是现在我们所称锅台和炉膛，是要砖砌的。

【译文】

垒接甑口的制度：口径根据釜或锅的尺寸而定。先根据口径的圆样，定出每一层砖的样子，砍削打磨。口径以内用两块砖相并列，上面铺一重方砖作为表面。（或者只使用条砖覆盖表面。）其高度根据使用时的要求而定。（两砖相并列时，要加倍使用纯灰涂抹。）

马台 [1]

【原文】

垒马台之制：高一尺六寸，分作两踏。上踏方二尺四寸，下踏广一尺，以此为率。

【译文】

垒马台的制度：高度为一尺六寸，分成两个踏。上踏为二尺四寸见方，下踏宽度为一尺，以此为准。

马槽

【原文】

垒马槽之制：高二尺六寸，广三尺，长随间广，或随所用之长。其下以五砖相并，垒高六砖。其上四边垒砖一周，高三砖。次于槽内四壁，侧倚方砖一周。其方砖后随斜分斫贴，垒三重。方砖之上，铺条砖覆面一重，次于槽底铺方砖一重为槽底面。砖并用纯灰下。

【译文】

垒马槽的制度：高度为二尺六寸，宽度为三尺，长度根据开间的宽度而定（或根据所使用的长度而定）。马槽之下用五块砖相并列，垒成六块砖的高度。马槽之上的四边垒一圈砖，高度为三块砖，然后在马槽内的四面内壁侧砌方砖一圈。（砌完之后，顺着马槽壁面砍削打磨方砖，使其贴合。垒三层）。方砖之上再铺一层条砖覆盖表面。然后在槽底铺一层方砖，作为槽底面。（砖全都要用纯灰涂抹。）

井

【原文】

甃井之制：以水面径四尺为法。

用砖：若长一尺二寸、广六寸、厚二寸条砖，除抹角就圆，实收长一尺，视高计之。每深一丈，以六百口垒五十层。若深广尺寸不定，皆积而计之。

底盘板：随水面径斜，每片广八寸，牙缝搭掌在外[1]。其厚以二寸为定法。

凡甃造井，于所留水面径外，四周各广二尺开掘。其砖甋^[2]用竹并芦蕟^[3]编夹，垒及一丈，闪下甃砌。若旧井损脱难于修补者，即于径外各展掘一尺，拢套接垒下甃。

【梁注】

[1]什么是"径斜"？砖作怎样有"牙缝搭掌"？都不清楚。

[2]这个"砖甋"从本条所说看来，像是砌砖时用的"模子"。

[3]蕟，音费，fèi。粗竹席。

【译文】

甃井的制度：以四尺的水面直径为统一规定。

用砖：如果是长为一尺二寸、宽六寸、厚二寸的条砖，除了抹掉角成圆的部分，实际收长为一尺，根据井的高度计算。井每深一丈，用六百口条砖垒五十层。如果井的深度和宽度尺寸不确定，就都按上述比例来计算。

底盘板：根据水面的径斜，每一片的宽度为八寸，牙缝搭掌在外面。其厚度以二寸为定则。

建造井的时候，在水面直径以外，以四周各延展二尺的距离开掘。砖甋用竹子和芦蕟编夹，垒到一丈的时候，闪下甃砌。如果旧井损坏难于修补，则在水面直径以外延展一尺，用拢套接续垒下面的井。

窑作制度

瓦　其名有二：一曰瓦，二曰甍。^[1]

【原文】

造瓦坯：用细胶土不夹砂者，前一日和泥造坯。鸱、兽事件同。先于轮上安定札圈，次套布筒^[2]，以水搭泥拨圈，打搭收光，取札并布筒曒曝^[3]。鸱、兽事件捏造火珠之类，用轮床收托。其等第依下项。

甋瓦：

长一尺四寸，口径六寸，厚八分。仍留曝干并烧变所缩分数。下准此。

长一尺二寸，口径五寸，厚五分。

长一尺，口径四寸，厚四分。

长八寸，口径三寸五分，厚三分五厘。

长六寸，口径三寸，厚三分。

长四寸，口径二寸五分，厚二分五厘。

瓯瓦：

长一尺六寸，大头广九寸五分，厚一寸；小头广八寸五分，厚八分。

长一尺四寸，大头广七寸，厚七分；小头广六寸，厚六分。

长一尺三寸，大头广六寸五分，厚六分；小头广五寸五分，厚五分五厘。

长一尺二寸，大头广六寸，厚六分；小头广五寸，厚五分。

长一尺，大头广五寸，厚五分；小头广四寸，厚四分。

长八寸，大头广四寸五分，厚四分；小头广四寸，厚三分五厘。

长六寸，大头广四寸，厚同上；小头广三寸五分，厚三分。

凡造瓦坯之制，候曝微干，用刀剺[4]画，每桶作四片。瓯瓦作二片；线道瓦于每片中心画一道，条子十字剺画。线道条子瓦，仍以水饰露明处一边。

【梁注】

[1] 甍，音斛，hù，坯也。

[2] 自周至唐、宋二千余年间留下来的瓦，都有布纹，但明、清以后，布纹消失了，这说明在宋、明之间，制陶技术有了一个重要的改革，《法式》中仍用布筒，可能是用布筒阶基的末期了。

[3] 晒，音 shài，晒字的"俗字"。《改并四声篇海》引《俗字背篇》："晒，曝也。俗作。"《正字通•日部》：晒，俗晒字。

[4] 剺字不见于字典。

【译文】

造瓦坯：用不夹砂的细胶土，提前一天和好泥造成土坯。(造鸱、兽等物件相同。)先在轮子上安置固定好札圈，然后再套上布筒，用水搭泥拨圈，打搭收光，取出札圈和布筒曝晒。(鸱、兽等物件上需要捏造火珠之类，用轮床收托。)

其等级次第按照下面的标准执行。

瓪瓦：长度为一尺四寸，口径六寸，厚八分。（留出晒干和烧造变形缩小的量。以下都相同。）长度为一尺二寸，口径五寸，厚五分。长度为一尺，口径四寸，厚四分。长度为八寸，口径三寸五分，厚三分五厘。长度为六寸，口径三寸，厚三分。长度为四寸，口径二寸五分，厚二分五厘。

瓪瓦：长度为一尺六寸，大头宽度为九寸五分，厚一寸；小头宽度为八寸五分，厚八分。长度为一尺四寸，大头宽度为七寸，厚七分；小头宽度为六寸，厚六分。长度为一尺三寸，大头宽度为六寸五分，厚六分；小头宽度为五寸五分，厚五分五厘。长度为一尺二寸，大头宽度为六寸，厚六分；小头宽度为五寸，厚五分。长度为一尺，大头宽度为五寸，厚五分；小头宽度为四寸，厚四分。长度为八寸，大头宽度为四寸五分，厚四分；小头宽度为四寸，厚三分五厘。长度为六寸，大头宽度为四寸，厚度同上；小头宽度为三寸五分，厚三分。

凡是制造瓦坯，都要等瓦坯晒得微干的时候，用刀子劈画，每桶做四片。（瓪瓦做两片。线道瓦在每片中心的位置画一道，条子瓦做十字形劈画。）线道条子瓦仍然用水饰露明处的一边。

砖　其名有四：一曰甓，二曰瓴甋，三曰毂，四曰甋瓴[1]。

【原文】

造砖坯：前一日和泥打造。其等第依下项。

方砖：

二尺，厚三寸。

一尺七寸，厚二寸八分。

一尺五寸，厚二寸七分。

一尺三寸，厚二寸五分。

一尺二寸，厚二寸。

条砖：

长一尺三寸，广六寸五分，厚二寸五分。

长一尺二寸，广六寸，厚二寸。

压栏砖：[2]

长二尺一寸，广一尺一寸，厚二寸五分。

砖碇：

方一尺一寸五分，厚四寸三分。

牛头砖：

长一尺三寸，广六寸五分，一壁厚二寸五分，一壁厚二寸二分。

走趄砖：

长一尺二寸，面广五寸五分，底广六寸，厚二寸。

趄条砖：

面长一尺一寸五分，底长一尺二寸，广六寸，厚二寸。

镇子砖：

方六寸五分，厚二寸。

凡造砖坯之制，皆先用灰衬隔模匣，次入泥，以杖剖脱曝令干。

【梁注】

［1］甓，音辟，瓴甋，音陵的；甗字不见于字典，甋瓲，音鹿专。

［2］以下各种特殊规格的砖，除压栏砖名称本身说明用途外，其他五种用途及用法都不清楚。

【译文】

造砖坯：前一天要先和泥打造。其等级次第按照下面的标准执行。

方砖：二尺见方，厚三寸。一尺七寸见方，厚二寸八分。一尺五寸见方，厚二寸七分。一尺三寸见方，厚二寸五分。一尺二寸见方，厚二寸。条砖：长度为一尺三寸，宽度为六寸五分，厚二寸五分；长度为一尺二寸，宽度为六寸，厚二寸。压栏砖：长度为二尺一寸，宽度为一尺一寸，厚二寸五分。砖碇：一尺一寸五分见方，厚四寸三分。牛头砖：长度为一尺三寸，宽度为六寸五分，一壁厚二寸五分，一壁厚二寸二分。走趄砖：长度为一尺二寸，面宽为五寸五分，底宽为六寸，厚二寸。趄条砖：面长为一尺一寸五分，底长为一尺二寸，宽度为六寸，厚二寸。镇子砖：六寸五分见方，厚二寸。

凡是制作砖坯，都是先用灰衬隔开模匣，然后加入泥，用棍杖敲打使其脱落，晒干。

琉璃瓦等 炒造黄丹附

【原文】

凡造琉璃瓦等之制：药以黄丹、洛河石和铜末，用水调匀。冬月用汤。瓪瓦于背面，鸱、兽之类于安卓露明处，青掍同，并遍浇刷。瓯瓦于仰面内中心。重唇瓪瓦仍于背上浇大头；其线道、条子瓦，浇唇一壁。

凡合琉璃药所用黄丹阙炒造之制，以黑锡、盆硝等入镬，煎一日为粗釓[1]，出候冷，捣罗作末；次日再炒，砖盖罨；第三日炒成。

【梁注】

[1]釓，同"釉"。

【译文】

建造琉璃瓦等的制度：药用黄丹、洛河石和铜末，用水调匀（冬天用热水）。在瓪瓦的背面，鸱、兽之类的构件高出基座，在显露出来的部分（青掍相同），浇遍通刷。瓯瓦是在仰面内的中心处浇刷。（重唇瓯瓦是在背面浇于大头之上，线道、条子瓦只浇带唇的那一面。）

凡混合琉璃的药物所用的黄丹阙炒制的制度，把黑锡、盆硝等放入镬中，煎熬一天得到粗釉，倒出来等待冷却，捣成粉末；第二天再炒，煎炒后盖住；第三天炒成。

青掍瓦 滑石掍、茶土掍[1]

【原文】

青掍瓦等之制：以干坯用瓦石磨擦，瓪瓦于背，瓯瓦于仰面，磨去布文；次用水、湿布揩拭，候干；次以洛河石掍砑；次掺滑石末令匀。用茶土掍者，准先掺茶土，次以石掍砑。

【梁注】

[1]这三种瓦具体有什么区别，不清楚。

【译文】

青掍瓦等的制度：用瓦石摩擦干坯（瓪瓦在背面，瓯瓦在仰面，磨去表面排布的纹理）；然后用水、湿布擦拭，等待其晒干；再用洛河石混合碾压；再掺入滑石粉末，使其混合均匀。（使用荼土混合的，先掺入荼土，再用石混合碾压。）

烧变次序

【原文】

凡烧变砖瓦之制：素白窑，前一日装窑，次日下火烧变，又次日上水窨[1]，更三日开窑，候冷透，及七日出窑。青掍窑，装窑、烧变、出窑日分准上法，先烧芟草，荼土掍者，止于曝窑内搭带，烧变不用柴草、羊屎、油粖[2]，次蒿草、松柏柴、羊屎、麻粖、浓油，盖鼏不令透烟。琉璃窑，前一日装窑，次日下火烧变，三日开窑，候火冷，至第五日出窑。

【梁注】

［1］窨，音荫，yìn，封闭使冷却意。

［2］粖，音申，shēn；粮食、油料等加工后剩下的渣滓。油粖即油渣。

【译文】

烧变砖瓦的制度：素白窑，前一天装窑，第二天下火烧变，第三天用水封闭使其冷却，等待三天开窑，等其冷透到第七天出窑。青掍窑（装窑、烧变、出窑日等都与上同），先烧杂草（用荼土混合的，只在曝窑内搭带，烧变时不用柴草、羊粪、油渣），然后用蒿草、松柏柴禾、羊粪、麻油渣滓、浓油掩盖，不能使烟漏出。琉璃窑，前一天装窑，第二天下火烧变，第三天开窑，等待火冷却，到第五天出窑。

垒造窑

【原文】

垒窑之制：大窑高二丈二尺四寸，径一丈八尺。外围地在外。曝窑同[1]。
门：高五尺六寸，广二尺六寸。曝窑高一丈五尺四寸，径一丈二尺八寸，门高同大窑，广二尺四寸。

平坐：高五尺六寸，径一丈八尺，曝窑一丈二尺八寸，垒二十八层。曝窑同。其上垒五帀，高七尺，曝窑垒三帀，高四尺二寸。垒七层。曝窑同。

收顶：七帀，高九尺八寸，垒四十九层。曝窑四帀，高五尺六寸，垒二十八层；逐层各收入五寸，递减半砖。

龟壳窑眼暗突：底脚长一丈五尺，上留空分，方四尺二寸，盖罨实收长二尺四寸。曝窑同。广五寸，垒二十层。曝窑长一丈八尺，广同大窑，垒一十五层。

床：长一丈五尺，高一尺四寸，垒七层。曝窑长一丈八尺，高一尺六寸，垒八层。

壁：长一丈五尺，高一丈一尺四寸，垒五十七层。下作出烟口子，承重托柱。其曝窑长一丈八尺，高一丈，垒五十层。

门：两壁各广五尺四寸，高五尺六寸，垒二十八层。仍垒脊。子门同。曝窑广四尺八寸，高同大窑。

子门：两壁各广五尺二寸，高八尺，垒四十层。

外围：径二丈九尺，高二丈，垒一百层。曝窑径二丈二寸，高一丈八尺，垒五十四层。

池：径一丈，高二尺，垒一十层。曝窑径八尺，高一尺，垒五层。

踏道：长三丈八尺四寸。曝窑长二丈。

凡垒窑，用长一尺二寸、广六寸、厚二寸条砖。平坐并窑门、子门、窑床、外围、踏道皆并二砌。其窑池下面作蛾眉[2]垒砌承重，上侧使暗突出烟。

【梁注】

[1]窑有火窑及曝窑两种。除尺寸、比例有所不同外，在用途上有何不同，待考。

[2]从字面上理解，蛾眉大概是我们今天所称弓形栱（券）segmentalarch，即小于180°弧的栱（券）。

【译文】

垒窑的制度：大窑高度为二丈二尺四寸，直径为一丈八尺。（外围地在外。

曝窑与其相同。)

门：高度为五尺六寸，宽度为二尺六寸。(曝窑高度为一丈五尺四寸，直径为一丈二尺八寸，门的高度与大窑相同，宽度为二尺四寸。)

平坐：高度为五尺六寸，直径为一丈八尺(曝窑为一丈二尺八寸)，垒二十八层。(曝窑相同。)其上面垒五匝，高度为七尺(曝窑垒三匝，高度为四尺二寸)，垒七层。(曝窑相同。)

收顶：七匝，高度为九尺八寸，垒四十九层。(曝窑四匝，高度为五尺六寸，垒二十八层，逐层各向里收五寸，每一层递减半砖。)

龟壳窑眼暗突：底脚的长度为一丈五尺(顶部留有空余部分，四尺二寸见方，烟囱出口实际长度为二尺四寸。曝窑相同)。宽度为五寸，垒二十层。(曝窑的长度为一丈八尺，宽度与大窑相同，垒十五层。)

床：长度为一丈五尺，高度为一尺四寸，垒七层。(曝窑长度为一丈八尺，高度为一尺六寸，垒八层。)

壁：长度为一丈五尺，高度为一丈一尺四寸，垒五十七层。(下面做出烟口子，承重托柱。曝窑长度为一丈八尺，高度为一丈，垒五十层。)

门：两壁各宽五尺四寸，高度为五尺六寸，垒二十八层。仍然要垒脊。(子门相同。曝窑宽度为四尺八寸，高度与大窑相同。)

子门：两壁各宽为五尺二寸，高度为八尺，垒四十层。

外围：直径为二丈九尺，高度为二丈，垒一百层。(曝窑直径为二丈二尺，高度为一丈八尺，垒五十四层。)

池：直径为一丈，高度为二尺，垒十层。(曝窑直径为八尺，高度为一尺，垒五层。)

踏道：长度为三丈八尺四寸。(曝窑长度为二丈。)

垒窑使用长度为一尺二寸、宽六寸、厚二寸的条砖。平坐连接窑门、子门、窑床、外围、踏道，都采用二块砖并排铺砌。在窑池下面做蛾眉垒砌承重，上侧使用暗烟囱出烟。

柒

功　限

　　本部分有十卷，即卷十六至卷二十五，主要讲述诸作"功限"，功限就是所述各工种中各种构件、各种工作的劳动定额。其中卷十六讲述壕寨、石作功限；卷十七、卷十八、卷十九讲述大木作功限；卷二十、卷二十一、卷二十二、卷二十三讲述小木作功限；卷二十四、卷二十五讲述诸作功限。

壕寨、石作功限

壕寨功限

总杂功

【原文】

诸土干重六十斤为一担。诸物准此。如粗重物用八人以上、石段用五人以上可举者，或琉璃瓦名件等每重五十斤为一担。

诸石每方一尺[1]，重一百四十三斤七两五钱。方一寸，二两三钱。砖，八十七斤八两。方一寸，一两四钱。瓦，九十斤六两二钱五分。方一寸，一两四钱五分。诸木每方一尺，重依下项：

黄松，寒松、赤甲松同，二十五斤。方一寸，四钱。

白松，二十斤。方一寸，三钱二分。

山杂木，谓海枣、榆、槐木之类，三十斤。方一寸，四钱八分。

诸于三十里外搬运物，一担往复一功。若一百二十步以上，约计每往复共一里，六十担亦如之。牵拽舟、车、筏，地里准此。

诸功作搬运物，若于六十步外往复者，谓七十步以下者，并只用本作供作功。或无供作功者，每一百八十担一功。或不及六十步者，每短一步加一担。

诸于六十步内掘土搬供者，每七十尺一功。如地坚硬或砂礓相杂者，减二十尺。

诸自下就土供坛基、墙等，用本功。如加膊板高一丈以上用者，以一百五十担一功。

诸掘土装车及篸篮，每三百三十担一功。如地坚硬或砂礓相杂者，装一百三十担。

诸磨褫石段，每石面二尺一功。

诸磨褫二尺方砖，每六口一功。一尺五寸方砖八口，压栏砖一十口，一尺三寸方砖一十八口，一尺二寸方砖二十三口，一尺三寸条砖三十五口同。

诸脱造垒墙条墼，长一尺二寸，广六寸，厚二寸，干重十斤。每一百口一功。和泥起压在内。

【梁注】

　　[1] 这里"方一尺"是指一立方尺，但下文许多地方，"尺"有时是立方尺，有时是平方尺，有时又仅仅是长度，读者须注意，按文义去理解它。

【译文】

各种土干重六十斤为一担。（其他物资也以此为准。）如果需要八人以上才能抬起的粗笨重物，五人以上才能举起的石头段，或琉璃瓦等构件，每五十斤为一担。

各种石头每一立方尺的重量为一百四十三斤七两五钱（一立方寸的为二两三钱）。每一立方尺的砖重量为八十七斤八两（一立方寸的为一两四钱）。每一立方尺的瓦重量为九十斤六两二钱五分（一立方寸的为一两四钱五分）。每一立方尺的木料重量根据以下各项规定：

黄松（寒松、赤甲松相同），二十五斤。（一立方寸的重量为四钱。）

白松，二十斤。（一立方寸的重量为三钱二分。）

山杂木（如海枣、榆、槐木等），三十斤。（一立方寸的重量为四钱八分。）

在三十里外搬运物资，每一担来回一趟为一个功。如果一百二十步以上，大约估计往返一次共一里，六十担为一功。（牵拽舟、车、木筏，也以此为准。）

搬运物资的各种功的计算，如果是在六十步以外往返的（到七十步以下），本作功和供作功合并一起计算。如果没有供作功的，则每一百八十担为一个功。或者不到六十步的，每减少一步增加一担。

在六十步以内掘土搬运的，每七十立方尺为一个功。（如果地面坚硬或者砂礓相杂其间的话，减少二十立方尺。）

从下面往上供土到坛基、墙等的上面，用本作功。如果加上脾板的高度在一丈以上，以搬运一百五十担土为一个功。

掘土装车或者篮筐的，每装三百三十担为一个功。（如果地面坚硬或者间杂砂礓的，装一百三十担为一个功。）

磨平石段，每磨平二平方尺的石面为一个功。

磨平二尺见方的方砖，每六口为一个功。（一尺五寸见方的方砖八口，压栏砖十口，一尺三寸方砖十八口，一尺二寸方砖二十三口，一尺三寸条砖三十五口同。）

脱造垒墙的条砖，长为一尺二寸，宽六寸，厚二寸（干重为十斤）。每一百口为一个功。（包括和泥起压在内。）

筑基

【原文】

诸殿、阁、堂、廊等基址开掘，出土在内，若去岸一丈以上，即别计搬土功，方八十尺，谓每长、广、深、方各一尺为计，就土铺填打筑六十尺，各一功。若用碎砖瓦、石札者，其功加倍。

【译文】

各种殿、阁、堂、廊等的地基处开掘（出土在地基内，如果搬运到岸的距离有一丈以上，则搬运泥土的功另算）八十立方尺（比如长、宽、深、方各以一尺计算），或就着地基处的土铺填打筑六十平方尺，各计一个功。如果是用碎砖瓦、石渣，用的功数量加倍。

筑城

【原文】

诸开掘及填筑城基，每各五十尺一功。削掘旧城及就土修筑女头墙及护崄墙者亦如之。

诸于三十步内供土筑城，自地至高一丈，每一百五十担一功。自一丈以上至二丈每一百担，自二丈以上至三丈每九十担，自三丈以上至四丈每七十五担，自四丈以上至五丈每五十五担。同其地步及城高下不等，准此细计。

诸纽草葽二百条，或斫橛子五百枚，若划削城壁四十尺，搬取膊椽功在内，各一功。

【译文】

开掘和填筑城墙地基，以五十尺为一功。整理挖掘旧城墙以及就地取土修筑女头墙和护崄墙的也是如此。

对于在三十步以内运土筑城的，从地面算起，高度为一丈的，每一百五十担为一个功。（从一丈以上到二丈的高度，每一百担为一个功；从二丈以上到三丈的高度，每九十担为一个功；从三丈以上到四丈的高度，每七十五担为一个功；从四丈以上到五丈的高度，每五十五担为一个功。功根据距离远近以及城的高低不同，都以此为准仔细计算。）

编结二百条草葽子，或者砍五百枚橛子，又或者铲削四十尺城墙壁（搬取膊椽的功包括在内），各为一个功。

筑墙

【原文】

诸开掘墙基，每一百二十尺一功。若就土筑墙，其功加倍。诸用葽、橛就土筑墙，每五十尺一功。就土抽纴筑屋下墙同；露墙六十尺亦准此。

【译文】

对于开掘墙基，每一百二十尺为一个功。如果就地取土筑墙，则用功加倍。对于采用草葽、木橛，就地取土筑墙的，每五十尺为一个功。（就地取土，抽丝筑屋下墙也相同。露墙六十尺也遵循这个制度。）

穿井

【原文】

诸穿井开掘，自下出土，每六十尺一功。若深五尺以上，每深一尺，每功减一尺，减至二十尺止。

【译文】

对于穿井开掘的，从下面起土，每六十尺为一个功。如果深度在五尺以上，每深一尺，每个功减少一个立方尺，直至减少到二十尺为止。

搬运功

【原文】

诸舟船搬载物，装卸在内，依下项：

一去六十步外搬物装船，每一百五十担。如粗重物一件及一百五十斤以上者减半。

一去三十步外取掘土兼搬运装船者，每一百担。一去一十五步外者，加五十担。

沂流^[1]拽船，每六十担。

顺流驾放，每一百五十担。

右（上）各一功。

诸车搬载物，装卸、拽车在内。依下项：

螭车载粗重物：重一千斤以上者，每五十斤；重五百斤以上者，每六十斤。右（上）各一功。

辁辂车^[2]载粗重物：重一千斤以下者，每八十斤一功。

驴拽车：每车装物重八百五十斤为一运。其重物一件重一百五十斤以上者，别破装卸功。

独轮小车子：扶、驾二人，每车子装物重二百斤。

诸河内系筏驾放牵拽搬运竹、木，依下项：

慢水沂流，谓蔡河之类，牵拽每七十三尺；如水浅，每九十八尺。

顺流驾放，谓汴河之类，每二百五十尺，绾系在内；若细碎及三十件以上者，二百尺。出瀧，每一百六十尺；其重物一件长三十尺以上者，八十尺。

右（上）各一功。

【梁注】

　[1]沂流即逆流。

　[2]辁、辂二字都音鹿。螭车，辁辂车具体形制待考。

【译文】

用舟船搬载物资（包括装卸在内），依照下面各项：一是在六十步以外搬运物资装船，一百五十担。（如有粗重物一整件及一百五十斤以上的减半。）一是在三十步以外掘取土并搬运装船，一百担。（如果是在十五步以外的，加五十担。）逆流拉船，六十担。顺流驾放，一百五十担。以上各为一个功的工作量。

用车搬载物资（包括装卸、拉车在内），依照以下各项：蝾车拉载粗重物资，重量在一千斤以上的，五十斤；重量在五百斤以上的，六十斤。以上各为一个功的工作量。用辁辂车拉载粗重物资，重量在一千斤以下的，每八十斤为一个功。驴拉车，每辆车装载重为八百五十斤的物资为一运。（一件重物的重量在一百五十斤以上的，装卸功另计。）独轮小车子，扶车、驾车二人，每车子装载物品重量二百斤。

在河里划船驾放牵拉搬运竹木的，依照以下各项：在缓慢的水流中逆流搬运（比如蔡河之类的河流），牵拽七十三尺（如果水较浅，则牵拉九十八尺）。顺流驾放（比如汴河之类的河流），二百五十尺（包括系绳捆扎在内。如果细碎物品达到三十件以上的，则为二百尺）。出漉，一百六十尺（如果一件重物的长度在三十尺以上的，八十尺）。以上各为一个功的工作量。

供诸作功

【原文】

诸工作破[1]供作[2]功依下项：

瓦作结窊；泥作；砖作；铺垒安砌；砌垒井；窑作垒窑。

右（上）本作每一功，供作各二功。

大木作钉椽，每一功，供作一功。

小木作安卓，每一件及三功以上者，每一功，供作五分功。平棋、藻井、栱眼、照壁、裹栿板，安卓虽不及三功者，并计供作功。即每一件供作不及一功者不计。

【梁注】

[1]散耗财物曰"破"；这里是说需要计算这笔开支。

[2]"供作"定义不太清楚。

【译文】

需要计算供作功的工作如下：

瓦作中的结瓷、泥作、砖作、铺垒安砌、砌垒井、窑作垒窑，以上如果本作按每一个功计算，则供作算两个功。

大木作中的钉椽，本作每一功，供作算一功。

小木作中安装本作为一个功的一件构件，或者安装本作为三个功以上的构件，供作按五分功计算。（对于平棋、藻井、栱眼、照壁、裹栿板，安装如果达不到三个功的，合并计算供作功。即每安装一件，供作不够一个功的就不计算。）

石作功限

总造作功

【原文】

平面，每广一尺，长一尺五寸。打剥、粗搏、细漉、斫砟在内。

四边褊棱凿搏缝，每长二丈。应有棱者准此。

面上布墨蜡，每广一尺，长二丈。安砌在内。减地平钑者，先布墨蜡，而后雕镌。其剔地起突及压地隐起花者，并雕镌毕方布蜡，或亦用墨。

右（上）各一功。如平面柱础在墙头下用者，减本功四分功；若墙内用者，减本功七分功。下同。

凡造作石段名件等，除造覆盆及镌凿圆混若成形物之类外，其余皆先计平面及褊棱功。如有雕镌者，加雕镌功。

....

【译文】

平面，每宽度为一尺，长度为一尺五寸。（打剥、粗搏、细漉、斫砟计算在内。）四边褊棱凿搏缝，长度为二丈。（本应有棱的遵照此制度。）面上打墨蜡，每宽一尺，长二丈。（包括安砌在内。如果是减地平钑，要先打墨蜡，然后再雕刻。对于剔地起突及压地隐起花的，都要在雕刻完毕后才能打蜡，或者也可以使用墨。）以上各为一个功。（如果在墙头下使用平面柱础，本功减少四分；如果在墙内使用，本功减少七分。以下相同。）

凡造作石段等构件，除了做覆盆以及雕凿圆混这种成形的物件以外，其余的都先计算平面和褊棱的功。如果有雕刻的，加上雕刻功。

柱础

【原文】

柱础，方二尺五寸，造素覆盆。

造作功：

每方一尺，一功二分。方三尺，方三尺五寸，各加一分功；方四尺，加二分功；方五尺，加三分功；方六尺，加四分功。

雕镌功：其雕镌功并于素覆盆所得功上加之。

方四尺，造剔地起突海石榴花，内间化生，四角水地内间鱼、兽之类，或亦用花，下同，八十功。方五尺，加五十功；方六尺，加一百二十功。

方三尺五寸，造剔地起突水地云龙，或牙鱼、飞鱼、宝山，五十功。方四尺，加三十功；方五尺，加七十五功；方六尺，加一百功。

方三尺，造剔地起突诸花，三十五功。方三尺五寸，加五功；方四尺，加一十五功；方五尺，加四十五功；方六尺，加六十五功。

方二尺五寸，造压地隐起诸花，一十四功。方三尺，加一十一功；方三尺五寸，加一十六功；方四尺，加二十六功；方五尺，加四十六功；方六尺，加五十六功。

方二尺五寸，造减地平钑诸花，六功。方三尺，加二功；方三尺五寸，加四功；方四尺，加九功；方五尺，加一十四功；方六尺，加二十四功。

方二尺五寸，造仰覆莲花，一十六功。若造铺地莲花，减八功。

方二尺，造铺地莲花，五功。若造仰覆莲花，加八功。

【译文】

柱础为二尺五寸见方，做素覆盆。

造作功：一尺见方，一功二分。（三尺见方，三尺五寸见方，各增加一分功；四尺见方，增加二分功；五尺见方，增加三分功；六尺见方，增加四分功。）

雕镌功（雕镌功是在素覆盆造作功让增加而得）：四尺见方，造剔地起突海石榴花，中间做化生童子造型（四个角的水地里间杂鱼、兽之类，也可以用花，下同），八十个功。（五尺见方，增加五十个功；六尺见方，增加一百二十个功。）

三尺五寸见方，造剔地起突水地云龙（或者牙鱼、飞鱼、宝山），五十个功。（四尺见方，增加三十个功；五尺见方，增加七十五个功；六尺见方，增加一百个功。）

三尺见方，造剔地起突诸花，三十五个功。（三尺五寸见方，增加五个功；四尺见方，增加十五个功；五尺见方，增加四十五个功；六尺见方，增加六十五个功。）

二尺五寸见方，造压地隐起诸花，十四个功。（三尺见方，增加十一个功；三尺五寸见方，增加十六个功；四尺见方，增加二十六个功；五尺见方，增加四十六个功；六尺见方，增加五十六个功。）

二尺五寸见方，造减地平钑诸花，六个功。（三尺见方，增加二个功；三尺五寸见方，增加四个功；四尺见方，增加九个功；五尺见方，增加十四个功；六尺见方，增加二十四个功。）

二尺五寸见方，造仰覆莲花，十六个功。（如果造铺地莲花，减八个功。）

二尺见方，造铺地莲花，五个功。（如果造仰覆莲花，增加八个功。）

角石 角柱

【原文】

角石：

安砌功：

角石一段，方二尺，厚八寸，一功。

雕镌功：

角石两侧造剔地起突龙凤间花或云纹，一十六功。若面上镌作狮子，加六功。造压地隐起花，减一十功；减地平钑花，减一十二功。

角柱：城门角柱同。

造作剜凿功：

叠涩坐角柱，两面共二十功。

安砌功：

角柱每高一尺，方一尺，二分五厘功。

雕镌功：

方角柱，每长四尺，方一尺，造剔地起突龙凤间花或云纹，两面共六十功。若造压地隐起花，减二十五功。

叠涩坐角柱，上、下涩造压地隐起花，两面共二十功。

板柱上造剔地起突云地升龙，两面共一十五功。

【译文】

角石：

安砌功：安砌一段二尺见方、厚度为八寸的角石为一个功。

雕镌功：角石两侧造剔地起突，间杂龙、凤花纹或云纹理，十六个功。（如果面上雕刻狮子，加六个功。做压地隐起花，减去十个功；减地平钑花，减十二个功。）

角柱：城门角柱与此相同。

造作剜凿功：做叠涩底座的角柱，两面总共二十个功。

安砌功：角柱每高一尺，一尺见方，二分五厘功。

雕镌功：方角柱，每长为四尺，一尺见方，造剔地起突，龙凤间杂花纹或云纹理，两面共六十个功。（如果造压地隐起花，减去二十五个功。）叠涩坐角柱，上下涩造压地隐起花，两面共二十个功。在板柱上造剔地起突云地升龙，两面共十五个功。

殿阶基

【原文】

殿阶基一坐：

雕镌功，每一段[1]：头子上减地平钑花，二功。束腰造剔地起突莲花，二功。板柱子上减地平钑花同。挞涩减地平钑花[2]，二功。

安砌功，每一段：土衬石，一功。压阑、地面石同。头子石[3]，二功。束腰石、隔身板柱子、挞涩同。

【梁注】

[1] 卷三"石作制度""殿阶基"篇：石段长三尺，广二尺，厚六寸。

〔2〕挞涩是什么样的做法，不详。

〔3〕头子或头子石，在卷三"石作制度"中未提到过。

【译文】

一座的殿阶基：

雕镌功，每一段：头子上做减地平钑花，两个功。束腰做剔地起突莲花，两个功。（板柱子上的减地平钑花相同。）挞涩做减地平钑花，两个功。

安砌功，每一段：土衬石，一个功。（压栏石、地面石相同。）头子石，两个功。（束腰石、隔身板柱子、挞涩相同。）

地面石 压栏石

【原文】

地面石、压栏石：

安砌功：每一段，长三尺，广二尺，厚六寸，一功。

雕镌功：压栏石一段，阶头广六寸，长三尺，造剔地起突龙凤间花，二十功。若龙凤间云纹，减二功；造压地隐起花，减一十六功；造减地平钑花，减一十八功。

【译文】

地面石、压栏石：

安砌功：每安砌一段长三尺、宽二尺、厚六寸的地面石或压栏石，一个功。

雕镌功：压栏石一段，阶头宽六寸，长三尺，造剔地起突，龙凤间杂花纹造型，二十个功。（如果是龙凤间杂云纹则减两个功，造压地隐起花减十六个功，造减地平钑花减十八个功。）

殿阶螭首

【原文】

殿阶螭首，一只，长七尺。

造作镌凿，四十功。

安砌，一十功。

【译文】

殿阶螭首，一只，长七尺。造作镌凿，四十个功。安砌，十个功。

殿内斗八

【原文】

殿阶心内斗八，一段，共方一丈二尺。

雕镌功：斗八心内造剔地起突盘龙一条，云卷水地，四十功。斗八心外诸窠格内，并造压地隐起龙凤、化生诸花，三百功。

安砌功：每石二段，一功。

【译文】

殿阶中间位置的斗八，一段，总共一丈二尺见方。雕镌功：斗八中间位置造剔地起突盘龙一条，云卷水地，四十个功。斗八中心外围的斗格里都做压地隐起的龙、凤、化生等花纹，三百个功。安砌功：每二段石头，一个功。

踏道

【原文】

踏道石，每一段长三尺，广二尺，厚六寸。

安砌功：土衬石，每一段，一功。踏子石同。象眼石，每一段，二功。副子石同。

雕镌功：副子石，一段，造减地平钑花，二功。

【译文】

踏道石，每一段长三尺，宽二尺，厚六寸。安砌功：土衬石，每一段一个功。（踏子石相同。）象眼石，每一段两个功。（副子石相同。）雕镌功：副子石一段，造减地平钑花，两个功。

单勾栏　重台勾栏、望柱

【原文】

单勾栏，一段，高三尺五寸，长六尺。

造作功：

剜凿寻杖至地栿等事件，内万字不透，共八十功。

寻杖下若作单托神，一十五功。双托神倍之。

花板内若作压地隐起花、龙或云龙，加四十功。若万字透空亦如之。

重台勾栏：如素造，比单勾栏每一功加五分功；若盆唇、瘿项、地栿、蜀柱并作压地隐起花，大小花板并作剔地起突花造者，一百六十功。

望柱：

六瓣望柱，每一条，长五尺，径一尺，出上下卯，共一功。

造剔地起突缠柱云龙，五十功。

造压地隐起诸花，二十四功。

造减地平钑花，一十一功。

柱下坐造覆盆莲花，每一枚，七功。

柱上镌凿像生狮子，每一枚，二十功。

安卓：六功。

【译文】

单勾栏，一段，高三尺五寸，长六尺。

造作功：剜凿寻杖、地栿等构件（里面的"万"字不镂空），共八十个功。寻杖下面如果做单托神，十五个功。（双托神，功加倍。）花板里面如果做压地隐起花、龙或者云龙，加四十个功。（如果"万"字镂空，也是如此。）重台勾栏：如果不做雕刻，比单勾栏每一个功多加五分功；如果盆唇、瘿项、地栿、蜀柱都做压地隐起花，大小花板都做剔地起突花造型，一百六十个功。望柱：六瓣望柱，每一条长五尺，直径一尺，上下出卯，共一个功；造剔地起突缠柱云龙，五十个功；造压地隐起的各种花型，二十四个功；造减地平钑花，十一个功；柱下坐造覆盆莲花，每一枚七个功；柱上镌凿仿生狮子，每一枚二十个功。安装：六个功。

螭子石

【原文】

安勾栏螭子石一段，凿札眼、剜口子，共五分功。

【译文】

安装栏杆螭子石一段，凿札眼、剜口子，共五分功。

门砧限　卧立柣、将军石、止扉石

【原文】

门砧一段。

雕镌功：造剔地起突花或盘龙，长五尺，二十五功；长四尺，一十九功；长三尺五寸，一十五功；长三尺，一十二功。

安砌功：长五尺，四功；长四尺，三功；长三尺五寸，一功五分；长三尺，七分功。

门限，每一段长六尺，方八寸。

雕镌功：面上造剔地起突花或盘龙，二十六功。若外侧造剔地起突行龙间云纹，又加四功。

卧、立柣一副。

剜凿功：卧柣，长二尺，广一尺，厚六寸，每一段三功五分。立柣，长三尺，广同卧柣，厚六寸，侧面上分心凿金口一道，五功五分。

安砌功：卧、立柣，各五分功。

将军石一段，长三尺，方一尺。造作，四功。安立在内。

止扉石，长二尺，方八寸。造作，七功。剜口子、凿栓寨眼子在内。

【译文】

门砧一段。

雕镌功：做剔地起突花型或者盘龙造型，长五尺，二十五个功；长四尺，十九个功；长三尺五寸，十五个功；长三尺，十二个功。

安砌功：长五尺，四个功；长四尺，三个功；长三尺五寸，一个功零五分；

长三尺，七分功。

门限，每一段长六尺，八寸见方。

雕镌功：面上做剔地起突花型或者盘龙造型，二十六个功。（如果外侧做剔地起突的游龙，并间杂云纹，再加四个功。）

卧、立柣一副。

剜凿功：卧柣，长二尺，宽一尺，厚六寸，每一段三个功零五分。立柣，长三尺，宽同卧柣，厚六寸（侧面上分心凿金口一道），五个功零五分。

安砌功：卧、立柣，各五分功。

将军石一段，长三尺，一尺见方。造作一段将军石，四个功。（安装和竖立包括在内。）止扉石，长二尺，八寸见方。造作，七个功。（包括剜口子、凿栓寨眼子在内。）

地栿石

【原文】

城门地栿石、土衬石：

造作剜凿功，每一段：地栿，一十功；土衬，三功。

安砌功：地栿，二功；土衬，二功。

【译文】

城门地栿石、土衬石：

造作剜凿功，每一段：地栿，十个功；土衬，三个功。

安砌功：地栿，两个功；土衬，两个功。

流杯渠

【原文】

流杯渠一坐，剜凿水渠造，每石一段，方三尺，厚一尺二寸。

造作，一十功。开凿渠道，加二功。

安砌，四功。出水斗子，每一段加一功。

雕镌功：

河道两边面上络周花，各广四寸，造压地隐起宝相花、牡丹花，每一段三功。

流杯渠一坐，砌垒底板造。

造作功：

心内看盘石，一段，长四尺，广三尺五寸；厢壁石及项子石，每一段；右（上）各八功。

底板石，每一段，三功。

斗子石，每一段，一十五功。

安砌功：

看盘及厢壁、项子石、斗子石，每一段各五功。地架，每段三功。

底板石，每一段，三功。

雕镌功：

心内看盘石，造剔地起突花，五十功。若间以龙凤，加二十功。

河道两边面上遍造压地隐起花，每一段，二十功。若间以龙凤，加一十功。

【译文】

流杯渠一座（剜凿水渠的做法），每一段石头，三尺见方，厚一尺二寸。造作，十个功。（开凿渠道，另加两个功。）安砌，四个功。（每做一段出水斗子，加一个功。）雕镌功：河道两边的面上雕刻宽度为四寸的花纹带一周，造压地隐起宝相花、牡丹花，每一段三个功。

流杯渠一座（垒砌底板的做法）。造作功：中心位置的看盘石，每一段长四尺，宽三尺五寸。厢壁石和项子石，每一段。以上各八个功。底板石，每一段三个功。斗子石，每一段十五个功。安砌功：看盘及厢壁石、项子石、斗子石，每一段各五个功。（安砌一段地架为三个功。）底板石，每一段三个功。雕镌功：中心位置的看盘石造剔地起突花，五十个功。（如果间杂龙凤，加二十个功。）河道两边的面上通体造压地隐起花，每一段二十个功。（如果间杂龙凤，加十个功。）

坛

【原文】

坛一坐。

雕镌功：头子、板柱子、挞涩，造减地平钑花，每一段，各二功。束腰剔地起突造莲花亦如之。

安砌功：土衬石，每一段，一功。头子、束腰、隔身板柱子、挞涩石，每一段，各二功。

【译文】

坛一座。

雕镌功：头子、板柱子、挞涩，做减地平钑花型，每一段各用两个功。（束腰剔地起突造莲花，也是如此。）安砌功：土衬石，每一段一个功。头子、束腰、隔身板柱子、挞涩石，每一段各两个功。

卷輂水窗

【原文】

卷輂水窗石，河渠同，每一段长三尺，广二尺，厚六寸。

开凿功：下熟铁鼓卯，每二枚，一功。

安砌：一功。

【译文】

卷輂水窗石（河渠的造法相同），每一段长三尺，宽二尺，厚六寸。开凿功：下熟铁鼓卯，每二枚用一个功。安砌：一个功。

水槽

【原文】

水槽，长七尺，高、广各二尺，深一尺八寸。

造作开凿，共六十功。

【译文】

水槽，长七尺，高度和宽度各为二尺，深一尺八寸。造作和开凿，总共六十个功。

马台

【原文】

马台一坐，高二尺二寸，长三尺八寸，广二尺二寸。

造作功：剜凿踏道，三十功。叠涩造二十功。

雕镌功：造剔地起突花，一百功；造压地隐起花，五十功；造减地平钑花，二十功；台面造压地隐起水波内出没鱼兽，加一十功。

【译文】

马台一座，高二尺二寸，长三尺八寸，宽二尺二寸。

造作功：剜凿踏道，三十个功。（做叠涩造型，加二十个功。）雕镌功：造剔地起突花，一百个功；造压地隐起花，五十个功；造减地平钑花，二十个功；台面造压地隐起水波内出没鱼兽，加十个功。

井口石

【原文】

井口石并盖口拍子一副。

造作镌凿功：透井口石，方二尺五寸，井口径一尺，共一十二功。造素覆盆，加二功；若花覆盆，加六功。

安砌：二功。

【译文】

井口石和盖口拍子一副。造作镌凿功：凿穿井口石，二尺五寸见方，井的口径为一尺，总共十二个功。（做素覆盆，加两个功；如果做花覆盆，加六个功。）安砌：两个功。

山棚铤脚石

【原文】

山棚铤脚石，方二尺，厚七寸。

造作开凿：共五功。

安砌：一功。

【译文】

山棚铟脚石，二尺见方，厚七寸。造作和开凿，总共五个功。安砌：一个功。

幡竿颊

【原文】

幡竿颊一坐。

造作开凿功：颊，二条，及开栓眼，共十六功；铟脚，六功。

雕镌功：造剔地起突花，一百五十功；造压地隐起花，五十功；造减地平钑花，三十功。

安卓：一十功。

【译文】

幡竿颊一座。

造作和开凿功：两条颊和开栓眼，总共十六个功；铟脚，六个功。雕镌功：造剔地起突花，一百五十个功；造压地隐起花，五十个功；造减地平钑花，三十个功。安装：十个功。

赑屃碑

【原文】

赑屃鳌坐碑一坐。

雕镌功：碑首，造剔地起突盘龙、云盘，共二百五十一功；鳌坐，写生镌凿，共一百七十六功；土衬，周回造剔地起突宝山、水地等，七十五功；碑身，两侧造剔地起突海石榴花或云龙，一百二十功；络周造减地平钑花，二十六功。

安砌功：土衬石，共四功。

【译文】

　　赑屃鳌坐碑一座。

　　雕镌功：碑首，做剔地起突盘龙、云盘，共二百五十一个功；鳌坐，雕凿写生，共一百七十六个功；土衬，四周做剔地起突宝山、水地等，七十五个功；碑身，两侧做剔地起突海石榴花或云龙，一百二十个功；环绕碑身四周做减地平钑花的造型，二十六个功。安砌功：土衬石，共四个功。

笏头碣

【原文】

　　笏头碣一坐。

　　雕镌功：碑身及额，络周造减地平钑花，二十功；方直坐上造减地平钑花，一十五功；叠涩坐，剜凿，三十九功；叠涩坐上造减地平钑花，三十功。

【译文】

　　笏头碣一座。

　　雕镌功：碑身和额，四周做减地平钑花型，二十个功；方直座，上面做减地平钑花型，十五个功；剜凿叠涩座，三十九个功；叠涩座上做减地平钑花型，三十个功。

卷十七

大木作功限一

栱、枓等造作功

【原文】

造作功并以第六等材为准。

材长四十尺，一功。材每加一等，递减四尺；材每减一等，递增五尺。

栱：令栱，一只，二分五厘功。花栱，一只；泥道栱，一只；瓜子栱，一只；右（上）各二分功。慢栱，一只，五分功。

若材每加一等，各随逐等加之：花栱、令栱、泥道栱、瓜子栱、慢栱，并各加五厘功。若材每减一等，各随逐等减之：花栱减二厘功；令栱减三厘功；泥道栱、瓜子栱，各减一厘功；慢栱减五厘功。其自第四等加第三等，于递加功内减半加之。加足材及枓、柱、槫之类并准此。

若造足材栱，各于逐等栱上更加功限：花栱、令栱，各加五厘功；泥道栱、瓜子栱，各加四厘功；慢栱加七厘功。其材每加减一等，递加减各一厘功。如角内列栱，各以栱头为计。

枓：栌枓，一只，五分功，材每增减一等，递加减各一分功；交互枓，九只，材每增减一等，递加减各一只；齐心枓，十只，加减同上；散枓，一十一只，加减同上；右（上）各一功。

出跳上名件：昂尖，一十一只，一功，加减同交互枓法。爵头，一只；花头子，一只；右（上）各一分功。材每增减一等，递加减各二厘功，身内并同材法。

【译文】

造作功都以第六等材为标准。

材长四十尺，一个功。（材每提高一个等级，长度递减四尺；材每降低一个等级，长度增加五尺。）

栱：令栱，一只二分五厘功。花栱，一只；泥道栱，一只；瓜子栱，一只；以上各二分功。慢栱，一只五分功。

如果材每提高一个等级，各构件都随等级逐等增加：花栱、令栱、泥道栱、瓜子栱、慢栱都各自增加五厘功。如果材每降低一个等级，各构件都随等级逐等降低：花栱减少二厘功，令栱减少三厘功，泥道栱、瓜子栱各减少一厘功，慢栱减少五厘功。材从第四等提高到第三等，将所增加的功减少一半再递加。（提高足材以及斗、柱、槫之类的等级都以此为准。）

如果造足材栱，各在相应等级的栱上再另外增加功限：花栱、令栱各增加五厘功，泥道栱、瓜子栱各增加四厘功，慢栱增加七厘功。所用的材每加减一个等级，则各相应增减一厘功。如果是角内列栱，各以栱头来计算。

斗：栌斗，一只五分功（材每提高或者降低一个等级，则相应各增加或减少一分功）。交互斗，九只（材每提高或者降低一个等级，则相应各增加或减少一只）；齐心斗，十只（加减同上）；散斗，十一只（加减同上）；以上各为一个功。

出跳上的名件：昂尖，十一只，一个功（加减与交互斗的方法相同）。爵头，一只；花头子，一只；以上各用一分功（材每提高或者降低一个等级，则相应各增加或减少二厘功。身内其他构件都与材的方法相同）。

殿阁外檐补间铺作用栱、枓等数

【原文】

殿阁等外檐，自八铺作至四铺作，内外并重栱计心，外跳出下昂，里跳出卷头，每补间铺作一朵用栱、昂等数下项。八铺作里跳用七铺作，若七铺作里跳用六铺作，其六铺作以下，里外跳并同。转角者准此。

自八铺作至四铺作各通用：单材花栱，一只，若四铺作插昂，不用；泥道栱，一只；令栱，二只；两出要头，一只，并随昂身上下斜势，分作二只，内四铺作不分；衬方头，一条，足材，八铺作、七铺作各长一百二十分°，六铺作、五铺作各长九十分°，四铺作长六十分°；栌枓，一只；暗栔，二条，一条长四十六分°，一条长七十六分°，八铺作、七铺作又加二条，各长随补间之广；昂栓，二条，八铺作各长一百三十分°，七铺作各长一百一十五分°，六铺作各长九十五分°，五铺作各长八十分°，四铺作各长五十分°。

八铺作、七铺作各独用：第二杪花栱，一只，长四跳；第三杪外花头子、内花栱，一只，长六跳。

六铺作、五铺作各独用：第二杪外花头子内花栱，一只，长四跳。

八铺作独用：第四杪内花栱，一只。外随昂、槫斜，长七十八分°。

四铺作独用：第一杪外花头子内花栱，一只，长两跳；若卷头，不用。

自八铺作至四铺作各用：

瓜子栱：八铺作，七只；七铺作，五只；六铺作，四只；五铺作，二只。四铺作不用。

慢栱：八铺作，八只；七铺作，六只；六铺作，五只；五铺作，三只；四铺作，一只。

下昂：八铺作，三只，一只身长三百分°，一只身长二百七十分°，一只身长一百七十分°；七铺作，二只，一只身长二百七十分°，一只身长一百七十分°；六铺作，二只，一只身长二百四十分°，一只身长一百五十分°；五铺作，一只，身长一百二十分°；四铺作插昂，一只，身长四十分°。

交互枓：八铺作，九只；七铺作，七只；六铺作，五只；五铺作，四只；四铺作，二只。

齐心枓：八铺作，一十二只；七铺作，一十只；六铺作，五只；五铺作同；四铺作，三只。

散枓：八铺作，三十六只；七铺作，二十八只；六铺作，二十只；五铺作，一十六只；四铺作，八只。

【译文】

殿阁等外檐，从四铺作到八铺作，里外都做成重栱计心造，外跳出下昂，里跳出卷头。每一朵补间铺作用栱、昂等的数量如下（八铺作的里跳用七铺作，如果是七铺作的里跳则用六铺作，六铺作以下的里外跳都相同。转角的也以此为准）：

从八铺作到四铺作通用：单材花栱，一只（如果是四铺作插昂不用）；泥道栱，一只；令栱，二只；两出耍头，一只（都根据昂身上下的斜向走势分成二只，里面的四铺作不分）；衬方头，一条（足材，八铺作、七铺作各长度为一百二十分°，六铺作、五铺作各长度为九十分°，四铺作长六十分°）；栌斗，一只；暗栔，两条（一条长四十六分°，一条长七十六分°。八铺作、七铺作又加二条，各长根据补间的宽度而定）；昂栓，两条（八铺作各长一百三十分°，七铺作各长一百一十五分°，六铺作各长九十五分°，五铺作各长八十分°，四铺作各长五十分°）。

八铺作、七铺作单独使用：第二杪花栱，一只（长四跳）；第三杪外花头子内花栱，一只（长六跳）。

六铺作、五铺作单独使用：第二杪外花头子内花栱，一只（长四跳）。

八铺作单独使用的：第四杪内花栱，一只（外面根据昂、槫斜，长七十八分°）。

四铺作单独使用：第一杪外花头子内花栱，一只（长为两跳，如果卷头，则不用）。

自八铺作至四铺作单独使用：瓜子栱，八铺作，七只；七铺作，五只；六铺作，四只；五铺作，两只（四铺作的不用）。慢栱，八铺作，八只；七铺作，六只；六铺作，五只；五铺作，三只；四铺作，一只。下昂，八铺作，三只（一只身长三百分°，一只身长二百七十分°，一只身长一百七十分°）；七铺作，两只（一只身长二百七十分°，一只身长一百七十分°）；六铺作，两只（一只身长二百四十分°，一只身长一百五十分°）；五铺作，一只（身长一百二十分°）；四铺作插昂，一只（身长四十分°）。交互斗，八铺作，九只；七铺作，七只；六铺作，五只；五铺作，四只；四铺作，两只。齐心斗，八铺作，十二只；七铺作，十只；六铺作，五只（五铺作的相同）；四铺作，三只。散斗，八铺作，三十六只；七铺作，二十八只；六铺作，二十只；五铺作，十六只；四铺作，八只。

殿阁身槽内补间铺作用栱、枓等数

【原文】

殿阁身槽内里外跳，并重栱计心出卷头。每补间铺作一朵用栱、枓等数下项：

自七铺作至四铺作各通用：泥道栱，一只。令栱，二只。两出耍头，一只，七铺作，长八跳；六铺作，长六跳；五铺作，长四跳；四铺作，长两跳。衬方头，一只，长同上。栌枓，一只。暗栔，二条，一条长七十六分°，一条长四十六分°。

自七铺作至五铺作各通用：瓜子栱，七铺作，六只；六铺作，四只；五铺作，二只。

自七铺作至四铺作各用：

花栱：七铺作，四只，一只长八跳，一只长六跳，一只长四跳，一只长两跳；六铺作，三只，一只长六跳，一只长四跳，一只长两跳；五铺作，二只，一只长四跳，一只长两跳；四铺作，一只，长两跳。

慢栱：七铺作，七只；六铺作，五只；五铺作，三只；四铺作，一只。

交互枓：七铺作，八只；六铺作，六只；五铺作，四只；四铺作，二只。

齐心枓：七铺作，一十六只；六铺作，一十二只；五铺作，八只；四铺作，四只。

散枓：七铺作，三十二只；六铺作，二十四只；五铺作，一十六只；四铺作，八只。

【译文】

殿阁身槽内的里外跳，都是重栱计心出卷头，每一朵补间铺作使用的斗栱等的数量如下：

从七铺作到四铺作通用：泥道栱，一只。令栱，两只。两出耍头，一只（七铺作长八跳，六铺作长六跳，五铺作长四跳，四铺作长两跳）。衬方头，一只（长度同上）。栌斗，一只。暗栔，二条（一条长七十六分°，一条长四十六分°）。

从七铺作到五铺作通用：瓜子栱，七铺作，六只；六铺作，四只；五铺作，二只。

从七铺作到四铺作单独使用：花栱，七铺作，四只（一只长八跳，一只长六跳，一只长四跳，一只长两跳）；六铺作，三只（一只长六跳，一只长四跳，一只长两跳）；五铺作，两只（一只长四跳，一只长两跳）；四铺作，一只（长两跳）。慢栱，七铺作，七只；六铺作，五只；五铺作，三只；四铺作，一只。交互斗，七铺作，八只；六铺作，六只；五铺作，四只；四铺作，两只。齐心斗，七铺作，十六只；六铺作，十二只；五铺作，八只；四铺作，四只。散斗，七铺作，三十二只；六铺作，二十四只；五铺作，十六只；四铺作，八只。

楼阁平坐补间铺作用栱、枓等数

【原文】

楼阁平坐，自七铺作至四铺作，并重栱计心，外跳出卷头，里跳挑斡棚栿及穿串上层柱身，每补间铺作一朵，使栱、枓等数下项：

自七铺作至四铺作各通用：泥道栱，一只。令栱，一只。要头，一只，七铺作，身长二百七十分°；六铺作，身长二百四十分°；五铺作，身长二百一十分°；四铺作，身长一百八十分°。衬方，一只，七铺作，身长三百分°；六铺作，身长二百七十分°；五铺作，身长二百四十分°；四铺作，身长二百一十分°。栌枓，一只。暗栔，二条，一条长七十六分°，一条长四十六分°。

自七铺作至五铺作各通用：瓜子栱，七铺作，三只；六铺作，二只；五铺作，一只。

自七铺作至四铺作各用：花栱，七铺作，四只，一只身长一百五十分°，一只身长一百二十分°，一只身长九十分°，一只身长六十分°；六铺作，三只，一只身长一百二十分°，一只身长九十分°，一只身长六十分°；五铺作，二只，一只身长九十分°，一只身长六十分°；四铺作，一只，身长六十分°。

慢栱，七铺作，四只；六铺作，三只；五铺作，二只；四铺作，一只。

交互枓，七铺作，四只；六铺作，三只；五铺作，二只；四铺作，一只。

齐心枓，七铺作，九只；六铺作，七只；五铺作，五只；四铺作，三只。

散枓，七铺作，一十八只；六铺作，一十四只；五铺作，一十只；四铺作，六只。

【译文】

楼阁平坐，从七铺作到四铺作，都做重栱计心造，外跳出卷头，里跳挑斡棚栿，以及穿串上层柱身。每一朵补间铺作，使用斗栱等的数量如下：

从七铺作到四铺作通用：泥道栱，一只；令栱，一只；耍头，一只（七铺作身长二百七十分°，六铺作身长二百四十分°，五铺作身长二百一十分°，四铺作身长一百八十分°）；衬方，一只（七铺作身长三百分°，六铺作身长二百七十分°，五铺作身长二百四十分°，四铺作身长二百一十分°）；栌斗，一只；暗栔，两条（一条长七十六分°，一条长四十六分°）。

从七铺作到五铺作通用：瓜子栱，七铺作，三只；六铺作，二只；五铺作，一只。

从七铺作到四铺作单独使用：花栱，七铺作，四只（一只身长一百五十分°，一只身长一百二十分°，一只身长九十分°，一只身长六十分°）；六铺作，三只（一只身长一百二十分°，一只身长九十分°，一只身长六十分°）；五铺作，二只（一只身长九十分°，一只身长六十分°）；四铺作，一只（身长六十分°）。

慢栱，七铺作，四只；六铺作，三只；五铺作，二只；四铺作，一只。交互斗，七铺作，四只；六铺作，三只；五铺作，二只；四铺作，一只。齐心斗，七铺作，九只；六铺作，七只；五铺作，五只；四铺作，三只。散斗，七铺作，十八只；六铺作，十四只；五铺作，十只；四铺作，六只。

枓口跳每缝用栱、枓等数

【原文】

枓口跳，每柱头外出跳一朵，用栱、枓等下项：

泥道栱，一只；花栱头，一只；栌枓，一只；交互枓，一只；散枓，二只；暗栔，二条。

【译文】

斗口跳，每柱头外出一朵跳，用栱、枓等的数量如下：

泥道栱，一只；花栱头，一只；栌斗，一只；交互斗，一只；散斗，两只；暗栔，两条。

把头绞项作每缝用栱、枓等数

【原文】

把头绞项作，每柱头用栱、枓等下项：

泥道栱，一只；耍头，一只；栌枓，一只；齐心枓，一只；散枓，二只；暗栔，二条。

【译文】

把头绞项作，每柱头用栱斗等的数量如下：

泥道栱，一只；耍头，一只；栌斗，一只；齐心斗，一只；散斗，两只；暗栔，两条。

铺作每间用方桁等数

【原文】

自八铺作至四铺作，每一间一缝内外用方桁等下项：

方桁：八铺作，一十一条；七铺作，八条；六铺作，六条；五铺作，四条；四铺作，二条；橑檐枋，一条。

遮椽板：难子加板数一倍；方一寸为定。八铺作，九片；七铺作，七片；六铺作，六片；五铺作，四片；四铺作，二片。

殿槽内，自八铺作至四铺作，每一间一缝内外用方桁等下项：

方桁：七铺作，九条；六铺作，七条；五铺作，五条；四铺作，三条。

遮椽板：七铺作，八片；六铺作，六片；五铺作，四片；四铺作，二片。

平坐，自八铺作至四铺作，每间外出跳用方桁等下项：

方桁：七铺作，五条；六铺作，四条；五铺作，三条；四铺作，二条。

遮椽板：七铺作，四片；六铺作，三片；五铺作，二片；四铺作，一片；

雁翅板，一片，广三十分°。

枓口跳，每间内前后檐用方桁等下项：

方桁，二条；橑檐枋，二条。

把头绞项作，每间内前后檐用方桁下项：

方桁，二条。

凡铺作，如单栱及偷心造，或柱头内骑绞梁栿处，出跳皆随所用铺作除减斗栱。如单栱造者，不用慢栱。其瓜子栱并改作令栱。若里跳别有增减者，各依所出之跳加减。其铺作安勘、绞割、展拽，每一朵 昂栓、暗栔、暗枓口安札及行绳墨等功并在内，以上转角者并准此取所用枓、栱等造作功，十分中加四分。

【译文】

从八铺作到四铺作，每一间一缝的里外所用方桁等的数量如下：

方桁：八铺作，十一条；七铺作，八条；六铺作，六条；五铺作，四条；四铺作，两条。橑檐枋，一条。遮椽板（难子数比板子数多一倍，一寸见方为定法）：八铺作，九片；七铺作，七片；六铺作，六片；五铺作，四片；四铺作，两片。

殿槽内，从八铺作到四铺作，每一间一缝里外用方桁等的数量如下：

方桁：七铺作，九条；六铺作，七条；五铺作，五条；四铺作，三条。遮椽板：七铺作，八片；六铺作，六片；五铺作，四片；四铺作，两片。

平坐，从八铺作到四铺作，每间外出跳用方桁等的数量如下：

方桁：七铺作，五条；六铺作，四条；五铺作，三条；四铺作，两条。遮椽板：七铺作，四片；六铺作，三片；五铺作，两片；四铺作，一片。雁翅板，一片（宽三十分°）。

斗口跳每间内前后檐所用方桁等的数量如下：

方桁，两条；橑檐枋，两条。

把头绞项作，每间内前后檐用方桁数量如下：

方桁，两条。

凡单栱及偷心造的铺作，或者是柱头内骑绞梁栿处的铺作，出跳都根据所用的铺作减除斗栱。（如果采用单栱造，不使用慢栱。瓜子栱都改成令栱。如果里跳另外有增减的，各依照所出的跳加减。）安勘、绞割、展拽每一朵铺作（昂栓、暗栔、暗斗口的安札以及施行绳墨等的功都包括在内，以上如果有转角的也都以此为准），取所用的斗、栱等造作功，十分中增加四分。

卷十八

大木作功限二

殿阁外檐转角铺作用栱、枓等数

【原文】

殿阁等自八铺作至四铺作，内外并重栱计心，外跳出下昂，里跳出卷头，每转角铺作一朵用栱、昂等数下项：

自八铺作至四铺作各通用：花栱列泥道栱，二只，若四铺作插昂，不用。角内耍头，一只，八铺作至六铺作，身长一百一十七分°；五铺作、四铺作，身长八十四分°。角内由昂，一只，八铺作，身长四百六十分°；七铺作，身长四百二十分°；六铺作，身长三百七十六分°；五铺作，身长三百三十六分°；四铺作，身长一百四十分°。栌枓，一只。暗栔，四条，二条长三十一分°，二条长二十一分°。

自八铺作至五铺作各通用：慢栱列切几头，二只。瓜子栱列小栱头分首[1]，二只，身长二十八分°。角内花栱，一只。足材耍头，二只，八铺作、七铺作，身长九十分°；六铺作、五铺作，身长六十五分°。衬方，二条，八铺作、七铺作，长一百三十分°；六铺作、五铺作，长九十分°。

自八铺作至六铺作各通用：令栱，二只；瓜子栱列小栱头分首，二只，身内交隐鸳鸯栱，长五十三分°；令栱列瓜子栱，二只，外跳用；慢栱列切几头分首，二只，外跳用，身长二十八分°；令栱列小栱头，二只，里跳用；瓜子栱列小栱头分首，四只，里跳用，八铺作添二只；慢栱列切几头分首，四只，八铺作同上。

八铺作、七铺作各独用：花头子，二只，身连间内方桁；瓜子栱列小栱头，二只，外跳用，八铺作添二只；慢栱列切几头，二只，外跳用，身长五十三分°；花栱列慢栱，二只，身长二十八分°；瓜子栱，二只，八铺作添二只；第二秒花栱，一只，身长七十四分°；第三秒外花头子内花栱，一只，身长一百四十七分°。

六铺作、五铺作各独用：花头子列慢栱，二只，身长二十八分°。

八铺作独用：慢栱，二只；慢栱列切几头分首，二只，身内交隐鸳鸯栱，长七十八分°；第四秒内花栱，一只，外随昂、槫斜，一百一十七分°。

五铺作独用：令栱列瓜子栱，二只，身内交隐鸳鸯栱，身长五十六分°。

四铺作独用：令栱列瓜子栱分首，二只，身长三十分°；花头子列泥道栱，二只；耍头列慢栱，二只，身长三十分°；角内外花头子内花栱，一只，若卷头造，不用。

自八铺作至四铺作各用：

交角昂：八铺作，六只，二只身长一百六十五分°，二只身长一百四十分°，二只身长一百一十五分°；七铺作，四只，二只身长一百四十分°，二只身长一百一十五分°；六铺作，四只，二只身长一百分°，二只身长七十五分°；五铺作，二只，身长七十五分°；四铺作，二只，身长三十五分°。

角内昂：八铺作，三只，一只身长四百二十分°，一只身长三百八十分°，一只身长二百分°；七铺作，二只，一只身长三百八十分°，一只身长二百四十分°；六铺作，二只，一只身长三百三十六分°，一只身长一百七十五分°；五铺作、四铺作，各一只，五铺作身长一百七十五分°，四铺作身长五十分°。

交互枓：八铺作，一十只；七铺作，八只；六铺作，六只；五铺作，四只；四铺作，二只。

齐心枓：八铺作，八只；七铺作，六只；六铺作，二只，五铺作、四铺作同。

平盘枓：八铺作，一十一只；七铺作，七只，六铺作同；五铺作，六只；四铺作，四只。

散枓：八铺作，七十四只；七铺作，五十四只；六铺作，三十六只；五铺作，二十六只；四铺作，一十二只。

【梁注】

[1]"分首"不见于"大木作制度"，含义不清楚。

【译文】

殿阁等从八铺作到四铺作，内外都用重栱计心造，外跳出下昂，里跳出卷头，每一朵转角铺作所用栱昂等的数量如下：

从八铺作到四铺作通用：花栱列泥道栱，两只（如果是四铺作的插昂，则不用）；角内耍头，一只（八铺作到六铺作，身长一百一十七分°，五铺作、四铺作身长八十四分°）；角内由昂，一只（八铺作身长四百六十分°，七铺作身长四百二十分°，六铺作身长三百七十六分°，五铺作身长三百三十六分°，四铺作身长一百四十分°）；栌斗，一只；暗栔，四条（两条长三十一分°，两条长二十一分°）。

从八铺作到五铺作通用：慢栱列切几头，两只；瓜子栱列小栱头分首，两只（身长二十八分°）；角内花栱，一只；足材耍头，两只（八铺作、七铺作身长九十分°，六铺作、五铺作身长六十五分°）；衬方，两条（八铺作、七铺作长一百三十分°，六铺作、五铺作长九十分°）。

从八铺作到六铺作通用：令栱，两只；瓜子栱列小栱头分首，两只（在身内雕鸳鸯交栱，长五十三分°）；令栱列瓜子栱，两只（外跳用）；慢栱列切几头分首，两只（外跳用，身长二十八分°）；令栱列小栱头，两只（里跳用）；瓜子栱列小栱头分首，四只（里跳用，八铺作添两只）；慢栱列切几头分首，四只（八铺作同上）。

八铺作、七铺作单独使用：花头子，两只（花头子连接屋间内的方桁）；瓜子栱列小栱头，两只（外跳用，八铺作再添两只）；慢栱列切几头，两只（外跳用，身长五十三分°）；花栱列慢栱，两只（身长二十八分°）；瓜子栱，两只（八铺作添两只）；第二杪花栱，一只（身长七十四分°）；第三杪外花头子内花栱，一只（身长一百四十七分°）。

六铺作、五铺作单独使用：花头子列慢栱，两只（身长二十八分°）。

八铺作单独使用：慢栱，两只；慢栱列切几头分首，两只（在身内雕鸳鸯交栱，长七十八分°）；第四杪内花栱，一只（外面根据昂和槫斜而定，一百一十七分°）。

五铺作单独使用：令栱列瓜子栱，两只（在身内雕鸳鸯交栱，身长五十六分°）。

四铺作单独使用：令栱列瓜子栱分首，两只（身长三十分°）；花头子列泥道栱，两只；耍头列慢栱，两只（身长三十分°）；角内外花头子内花栱，一只（如果是卷头造，则不用）。

从八铺作到四铺作单独使用：交角昂：八铺作，六只（两只身长一百六十五分°，两只身长一百四十分°，两只身长一百一十五分°）；七铺作，四只（两只身长一百四十分°，两只身长一百一十五分°）；六铺作，四只（两只身长一百分°，两只身长七十五分°）；五铺作，两只（身长七十五分°）；四铺作，两只（身长三十五分°）。角内昂：八铺作，三只（一只身长四百二十分°，一只身长三百八十分°，一只身长二百分°）；七铺作，两只（一只身长三百八十分°，一只身长二百四十分°）；六铺作，两只（一只身长三百三十六分°，一只身长一百七十五分°）；五铺作、四铺作，各一只（五铺作身长一百七十五分°，四铺作身长五十分°）。

交互斗，八铺作，十只；七铺作，八只；六铺作，六只；五铺作，四只；四铺作，两只。齐心斗，八铺作，八只；七铺作，六只；六铺作，两只（五铺作、四铺作相同）。平盘斗，八铺作，十一只；七铺作，七只（六铺作相同）；五铺作，六只；四铺作，四只。散斗，八铺作，七十四只；七铺作，五十四只；六铺作，三十六只；五铺作，二十六只；四铺作，十二只。

殿阁身内转角铺作用栱、枓等数

【原文】

殿阁身槽内里外跳，并重栱计心出卷头，每转角铺作一朵用栱、枓等数下项：

自七铺作至四铺作各通用：

花栱列泥道栱，三只，外跳用。令栱列小栱头分首，二只，里跳用。角内花栱，一只。角内两出耍头，一只；七铺作，身长二百八十八分°；六铺作，身长一百四十七分°；五铺作，身长七十七分°；四铺作，身长六十四分°。栌枓，一只。暗栔，四条，二条长三十一分°，二条长二十一分°。

自七铺作至五铺作各通用：

瓜子栱列小栱头分首，二只，外跳用，身长二十八分°。；慢栱列切几头分首，二只，外跳用，身长二十八分°。；角内第二杪花栱，一只，身长七十七分°。

七铺作、六铺作各独用：

瓜子栱列小栱头分首，二只，身内交隐鸳鸯栱，身长五十三分°。；慢栱列切几头分首，二只，身长五十三分°。；令栱列瓜子栱，二只；花栱列慢栱，二只；骑栿令栱，二只；角内第三杪花栱，一只，身长一百四十七分°。

七铺作独用：

慢栱列切几头分首，二只，身内交隐鸳鸯栱，身长七十八分°。；瓜子栱列小栱头，二只；瓜子丁头栱，四只；角内第四杪花栱，一只，身长二百一十七分°。

五铺作独用：

骑栿令栱分首，二只，身内交隐鸳鸯栱，身长五十三分°。

四铺作独用：

令栱列瓜子栱分首，二只，身长二十分°。；耍头列慢栱，二只，身长三十分°。

自七铺作至五铺作各用：

慢栱列切几头：七铺作，六只；六铺作，四只；五铺作，二只。瓜子栱列小栱头，数并同上。

自七铺作至四铺作各用：

交互枓：七铺作，四只，六铺作同；五铺作，二只，四铺作同。

平盘枓：七铺作，一十只；六铺作，八只；五铺作，六只；四铺作，四只。

散枓：七铺作，六十只；六铺作，四十二只；五铺作，二十六只；四铺作，一十二只。

【译文】

殿阁身槽内的里外跳，都采用重栱计心造，出卷头，每一朵转角铺作所用斗栱等的数量如下：

从七铺作至四铺作通用：花栱列泥道栱，三只（外跳用）；令栱列小栱头分首，两只（里跳用）；角内花栱，一只；角内两出耍头，一只（七铺作身长二百八十八分°），六铺作身长一百四十七分°，五铺作身长七十七分°，四铺作身长六十四分°）；栌斗，一只；暗栔，四条（两条长三十一分°，两条长二十一分°）。

自七铺作至五铺作单独使用：瓜子栱列小栱头分首，两只（外跳用，身长二十八分°）；慢栱列切几头分首，两只（外跳用，身长二十八分°）；角内第二杪花栱，一只（身长七十七分°）。

七铺作、六铺作单独使用：瓜子栱列小栱头分首，两只（在身内雕鸳鸯交栱，身长五十三分°）；慢栱列切几头分首，两只（身长五十三分°）；令栱列瓜子栱，两只；花栱列慢栱，两只；骑栿令栱，两只；角内第三杪花栱，一只（身长一百四十七分°）。

七铺作单独使用：慢栱列切几头分首，两只（在身内雕鸳鸯交栱，身长七十八分°）；瓜子栱列小栱头，两只；瓜子丁头栱，四只；角内第四杪花栱，一只（身长二百一十七分°）。

五铺作单独使用：骑栿令栱分首，两只（在身内雕鸳鸯交栱，身长五十三分°）。

四铺作单独使用：令栱列瓜子栱分首，两只（身长二十分°）；耍头列慢栱，两只（身长三十分°）。

从七铺作至五铺作单独使用：慢栱列切几头，七铺作，六只；六铺作，四只；五铺作，两只。瓜子栱列小栱头（数量全都同上）。

从七铺作至四铺作单独使用：交互斗，七铺作，四只（六铺作相同）；五铺作，两只（四铺作相同）。平盘斗，七铺作，十只；六铺作，八只；五铺作，六只；四铺作，四只。散斗，七铺作，六十只；六铺作，四十二只；五铺作，二十六只；四铺作，十二只。

楼阁平坐转角铺作用栱、斗等数

【原文】

楼阁平坐，自七铺作至四铺作，并重栱计心，外跳出卷头，里跳挑斡棚栿及穿串上层柱身，每转角铺作一朵用栱、斗等数下项：

自七铺作至四铺作各通用：

第一杪角内足材花栱，一只，身长四十二分°。第一杪入柱花栱，二只，身长三十二分°。第一杪花栱列泥道栱，二只，身长三十二分°。角内足材耍头，一只；七铺作，身长二百一十分°；六铺作，身长一百六十八分°；五铺作，身长一百二十六分°；四铺作，身长八十四分°。耍头列慢栱分首，二只；七铺作，身长一百五十二分°；六铺作，身长一百二十二分°；五铺作，身长九十二分°；四铺作，身长六十二分°。入柱耍头，二只；长同上。耍头列令栱分首，二只；长同上。衬方，三条。七铺作内，二条单材，长一百八十分°；一条足材，长二百五十二分°。六铺作内，二条单材，长一百五十分°；一条足材，长二百一十分°。五铺作内，二条单材，长一百二十分°；一条足材，长一百六十八分°。四铺作内，二条单材，长九十分°；一条足材，长一百二十六分°。栌枓，三只。暗栔，四条，二条长六十八分°，二条长五十三分°。

自七铺作至五铺作各通用：第二杪角内足材花栱，一只，身长八十四分°；第二杪入柱花栱，二只，身长六十三分°；第三杪花栱列慢栱，二只，身长六十三分°。

七铺作、六铺作、五铺作各用：耍头列方桁，二只；七铺作，身长一百五十二分°；六铺作，身长一百二十二分°；五铺作，身长九十一分°。

花栱列瓜子栱分首：七铺作，六只，二只身长一百二十二分°，二只身长九十二分°，二只身长六十二分°；六铺作，四只，二只身长九十二分°，二只身长六十二分°；五铺作，二只，身长六十二分°。

七铺作、六铺作各用：

交角耍头：七铺作，四只，二只身长一百五十二分°，二只身长一百二十二分°；六铺作，二只，身长一百二十二分°。

花栱列慢栱分首：七铺作，四只，二只身长一百二十二分°，二只身长九十二分°；六铺作，二只，身长九十二分°。

七铺作、六铺作各独用：第三杪角内足材花栱，一只，身长二十六分°；第三杪入柱花栱，二只，身长九十二分°；第三杪花栱列柱头枋，二只，身长九十二分°。

七铺作独用：第四杪入柱花栱，二只，身长一百二十二分°；第四杪交角花栱，二只，身长九十二分°；第四杪花栱列柱头枋，二只，身长一百二十二分°；第四杪角内花栱，一只，身长一百六十八分°。

自七铺作至四铺作各用：

交互枓：七铺作，二十八只；六铺作，一十八只；五铺作，一十只；四铺作，四只。

齐心枓：七铺作，五十只；六铺作，四十一只；五铺作，一十九只；四铺作，八只。

平盘枓：七铺作，五只；六铺作，四只；五铺作，三只；四铺作，二只。

散枓：七铺作，一十八只；六铺作，一十四只；五铺作，一十只；四铺作，六只。

凡转角铺作，各随所用，每铺作斗栱一朵，如四铺作、五铺作，取所用栱、枓等造作功，于十分中加八分为安勘、绞割、展拽功。若六铺作以上，加造作功一倍。

【译文】

楼阁平坐，从七铺作至四铺作，都采用重栱计心造，外跳出卷头，里跳挑斡棚栿，以及穿串上层柱身，每一朵转角铺作所用栱斗等数量如下：

从七铺作至四铺作通用：第一杪角内足材花栱，一只（身长四十二分°）；第一杪入柱花栱，二只（身长三十二分°）；第一杪花栱列泥道栱，二只（身长三十二分°）；角内足材耍头，一只（七铺作身长二百一十分°，六铺作身长一百六十八分°，五铺作身长一百二十六分°，四铺作身长八十四分°）；耍头列慢栱分首，二只（七铺作身长一百五十二分°，六铺作身长一百二十二分°，五铺作身长九十二分°，四铺作身长六十二分°）；入柱耍头，二只（长度同上）；耍头列令栱分首，二只（长度同上）；衬方，三条（七铺作内：二条单材，长一百八十分°；一条足材，长二百五十二分°。六铺作内：二条单材，长一百五十分°；一条足材，长二百一十分°。五铺作内：二条单材，长一百二十分°；一条足材，长一百六十八分°。四铺作内：二条单材，长九十分°；一条足材，长一百二十六分°）；炉斗，三只；暗栔，四条（二条长六十八分°，二条长五十三分°）。

从七铺作至五铺作通用：第二杪角内足材花栱，一只（身长八十四分°）；第二杪入柱花栱，二只（身长六十三分°）；第三杪花栱列慢栱，二只（身长六十三分°）。

七铺作、六铺作、五铺作单独使用：耍头列方桁，二只（七铺作身长一百五十二分°，六铺作身长一百二十二分°，五铺作身长九十一分°）。花栱列瓜子栱分首：七铺作，六只（二只身长一百二十二分°，二只身长九十二分°，二只身长六十二分°）；六铺作，四只（二只身长九十二分°，二只身长六十二分°）；五铺作，二只（身长六十二分°）。

七铺作、六铺作单独使用：交角耍头：七铺作，四只（二只身长一百五十二分°，二只身长一百二十二分°）；六铺作，二只（身长一百二十二分°）。花栱列慢栱分首：七铺作，四只（二只身长一百二十二分°，二只身长九十二分°）；六铺作，二只（身长九十二分°）。

七铺作、六铺作单独使用：第三杪角内足材花栱，一只（身长二十六分°）；第三杪入柱花栱，二只（身长九十二分°）；第三杪花栱列柱头枋，二只（身长九十二分°）。

七铺作单独使用：第四杪入柱花栱，二只（身长一百二十二分°）；第四杪交角花栱，二只（身长九十二分°）；第四杪花栱列柱头枋，二只（身长一百二十二分°）；第四杪角内花栱，一只（身长一百六十八分°）。

从七铺作至四铺作单独使用：

交互斗：七铺作，二十八只；六铺作，十八只；五铺作，十只；四铺作，四只。齐心斗：七铺作，五十只；六铺作，四十一只；五铺作，十九只；四铺作，八只。平盘斗：七铺作，五只；六铺作，四只；五铺作，三只；四铺作，两只。散斗：七铺作，十八只；六铺作，十四只；五铺作，十只；四铺作，六只。

对于转角铺作，各自根据其长度，确定斗栱的长度。如果是四铺作、五铺作，将所用斗栱等的造作功的百分之八十作为安勘、绞割、展拽的功。如果是六铺作以上的，则造作功增加一倍。

卷十九

大木作功限三

殿堂梁、柱等事件功限

【原文】

造作功：

月梁，材每增减一等，各递加减八寸。直梁准此[1]。八橼栿，每长六尺七寸；六橼栿以下至四橼栿，各递加八寸；四橼栿至三橼栿，加一尺六寸；三橼栿至两橼栿及丁栿、乳栿，各加二尺四寸。直梁，八橼栿，每长八尺五寸；六橼栿以下至四橼栿，各递加一尺；四橼栿至三橼栿，加二尺；三橼栿至两橼栿及丁栿、乳栿，各加三尺。

右（上）各一功。

柱，每一条长一丈五尺，径一尺一寸，一功。穿凿功在内。若角柱，每一功加一分功。如径增一寸，加一分二厘功。如一尺三寸以上，每径增一寸，又递加三厘功。若长增一尺五寸，加本功一分功；或径一尺一寸以下者，每减一寸，减一分七厘功，减至一分五厘止；或用方柱，每一功减二分功。若壁内暗柱，圆者每一功减三分功，方者减一分功。如只用柱头额者，减本功一分功。

驼峰，每一坐，两瓣或三瓣卷杀，高二尺五寸，长五尺，厚七寸。

绰幕三瓣头，每一只。

柱硕，每一枚。

右（上）各五分功。材每增减一等，绰幕头各加减五厘功，柱硕各加减一分功。其驼峰若高增五寸，长增一尺，加一分功；或作毡笠样造，减二分功。

大角梁，每一条，一功七分。材每增减一等，各加减三分功。

子角梁，每一条，八分五厘功。材每增减一等，各加减一分五厘功。

续角梁，每一条，六分五厘功。材每增减一等，各加减一分功。

襻间、脊串、顺身串，并同材。

替木，一枚，卷杀两头，共七厘功。身内同材。楷子同；若作花楷，加功三分之一。

普拍枋，每长一丈四尺。材每增减一等，各加减一尺。

橑檐枋，每长一丈八尺五寸。加减同上。

槫，每长二丈。加减同上；如草架，加一倍。

札牵，每长一丈六尺。加减同上。

大连檐，每长五丈。材每增减一等，各加减五尺。

小连檐，每长一百尺。材每增减一等，各加减一丈。

椽，缠斫事造者[2]，每长一百三十尺。如斫棱事造者[2]，加三十尺；若事造圆椽者，加六十尺。材每增减一等，加减各十分之一。

飞子，每三十五只。材每增减一等，各加减三只。

大额，每长一丈四尺二寸五分。材每增减一等，各加减五寸。

由额，每长一丈六尺。加减同上，照壁枋、承椽串同。

托脚，每长四丈五尺。材每增减一等，各加减四尺。叉手同。

平暗板，每广一尺，长十丈。遮椽板、白板同。如要用金漆及法油者，长即减三分。

生头，每广一尺，长五丈。搏风板、敦桥、矮柱同。

楼阁上平坐内地面板，每广一尺，厚二寸，牙缝造。长同上；若直缝造者，长增一倍。

右（上）各一功。

凡安勘、绞割屋内所用名件柱、额等，加造作名件功四分，如有草架、压槽枋、襻间、暗栔、樘柱固济等枋木在内；卓立搭架、钉椽、结裹，又加二分。仓廒、库屋功限及常行散屋功限准此。其卓立搭架等，若楼阁五间，三层以上者，自第二层平坐以上，又加二分功。

【梁注】

[1] 这里未先规定以哪一等材"为祖计之",则"每增减一等",又从哪一等起增或减呢?

[2] "缠斫事造""斫棱事造"的做法均待考。下面还有"事造圆椽"。从这几处提法看来,"事造"大概是"从事"某种"造作"的意思。作为疑问提出。

【译文】

造作功:

月梁(材每提高或者降低一等,各尺寸相应增减八寸。直梁也以此为准),八椽栿,每长六尺七寸。(六椽栿以下至四椽栿,各相应增加八寸;四椽栿至三椽栿,各相应增加一尺六寸;三椽栿至两椽栿及丁栿、乳栿,各相应增加二尺四寸)。直梁,八椽栿,每长八尺五寸。(六椽栿以下至四椽栿,各相应增加一尺;四椽栿至三椽栿,各相应增加二尺;三椽栿至两椽栿及丁栿、乳栿,各相应增加三尺)。

以上各为一个功。

柱,每一条长一丈五尺,直径一尺一寸,计一个功。(包括穿凿功在内。如果是角柱,每一个功增加一分功。)如果直径增加一寸,则增加一分二厘功。(如果直径在一尺三寸以上,每增加一寸,再增加三厘功。)如果长度增加一尺五寸,本功增加一分功。(如果直径在一尺一寸以下的,每减少一寸,则减去一分七厘功,减到一分五厘功为止。)如果使用方柱,每一个功减去二分功。如果壁内设暗柱,圆形的每一个功减去三分功,方形的减少一分功。(如果只用柱头额,本功减去一分功。)

驼峰,每一座(做两瓣或三瓣卷杀),高二尺五寸,长五尺,厚七寸。

绰幕三瓣头,每一只。

柱碩,每一枚。

以上各为五分功。(材每提高或者降低一等,绰幕头各增加或减少五厘功,柱碩各相应加减一分功。如果驼峰的高度增加五寸,长度增一尺,则增加一分功。如果做毡笠样的造型,减少二分功。)

大角梁，每一条，用一个功零七分功。（材每提高或者降低一等，各相应增减三分功。）

子角梁，每一条，用八分五厘功。（材每提高或者降低一等，各相应增减一分五厘功。）

续角梁，每一条，用六分五厘功。（材每提高或者降低一等，各相应增减一分功。）

襻间、脊串、顺身串，都与材相同。

替木，一枚，两头做卷杀，共用七厘功。（身内与材相同。楷子也相同；如果做花楷，则增加三分之一的功。）

普拍枋，每长一丈四尺。（材每提高或者降低一等，各尺寸相应增减一尺。）

橑檐枋，每长一丈八尺五寸。（加减同上。）

槫，每长二丈。（加减同上。如草架，加一倍。）

札牵，每长一丈六尺。（加减同上。）

大连檐，每长五丈。（材每提高或者降低一等，各尺寸相应增减五尺。）

小连檐，每长一百尺。（材每提高或者降低一等，各尺寸相应增减一丈。）

椽，四面斫平，每长一百三十尺。（如果斫出棱边，则增加三十尺。如果做圆形椽子，加六十尺。材每提高或者降低一等，各尺寸相应增减十分之一。）

飞子，每三十五只。（材每提高或者降低一等，各相应增减三只。）

大额，每长一丈四尺二寸五分。（材每提高或者降低一等，各尺寸相应增减五寸。）

由额，每长一丈六尺。（加减同上。照壁枋、承椽串同。）

托脚，每长四丈五尺。（材每提高或者降低一等，各尺寸相应增减四尺。叉手相同。）

平暗板，每宽一尺，长十丈。（遮椽板、白板相同。如果要使用金漆以及法油，长度则减少三分。）

生头，每宽一尺，长五丈。（搏风板、敦桥、矮柱相同。）

楼阁上平坐内地面板，每宽一尺，厚二寸，牙缝造。（长同上。如果做直缝造型，长度增加一倍。）

以上各为一个功。

凡安勘、绞割屋内所用的构件，如柱、额等，加四分造作构件功。（如果有草架、压槽枋、襻间、暗栔、槫柱固济等枋木，都包括在内。）安装搭架、钉椽、结裹，再加二分功。（仓廒、库屋所用的功限以及常行散屋所用功限都以此为准。对于所安设的搭架等，如果是五间三层以上的楼阁，从第二层平坐以上再增加二分功。）

城门道功限 楼台铺作准殿阁法

【原文】

造作功：

排叉柱，长二丈四尺，广一尺四寸，厚九寸，每一条，一功九分二厘。每长增减一尺，各加减八厘功。

洪门栿，长二丈五尺，广一尺五寸，厚一尺，每一条，一功九分二厘五毫。每长增减一尺，各加减七厘七毫功。

狼牙栿，长一丈二尺，广一尺，厚七寸，每一条，八分四厘功。每长增减一尺，各加减七厘功。

托脚，长七尺，广一尺，厚七寸，每一条，四分九厘功。每长增减一尺，各加减七厘功。

蜀柱，长四尺，广一尺，厚七寸，每一条，二分八厘功。每长增减一尺，各加减七厘功。

夜叉木[①]，长二丈四尺，广一尺五寸，厚一尺，每一条，三功八分四厘。每长增减一尺，各加减一分六厘功。

永定柱，事造头口，每一条，五分功。

檐门枋，长二丈八尺，广二尺，厚一尺二寸，每一条，二功八分。每长增减一尺，各加减一厘功。

盝顶板，每七十尺，一功。

散子木，每四百尺，一功。

跳枋，柱脚枋、雁翅板同，功同平坐。

凡城门道，取所用名件等造作功，五分中加一分为展拽、安勘、穿拢功。

---

① "陶本"作"涎衣木"。——编者注

【译文】

造作功：

排叉柱，长度为二丈四尺，宽一尺四寸，厚九寸。每一条为一功九分二厘。（长度每增减一尺，各相应增减八厘功。）

洪门栿，长度为二丈五尺，宽一尺五寸，厚一尺。每一条为一功九分二厘五毫。（长度每增减一尺，各相应增减七厘七毫功。）

狼牙栿，长度为一丈二尺，宽一尺，厚七寸。每一条为八分四厘功。（长度每增减一尺，各相应增减七厘功。）

托脚，长度为七尺，宽一尺，厚七寸。每一条为四分九厘功。（长度每增减一尺，各相应增减七厘功。）

蜀柱，长度为四尺，宽一尺，厚七寸。每一条为二分八厘功。（长度每增减一尺，各相应增减七厘功。）

夜叉木，长度为二丈四尺，宽一尺五寸，厚一尺。每一条为三功八分四厘。（长度每增减一尺，各相应增减一分六厘功。）

永定柱，采用带头口的造法，每一条为五分功。

檐门枋，长度为二丈八尺，宽二尺，厚一尺二寸。每一条为二功八分。（长度每增减一尺，各相应增减一厘功。）

盝顶板，每七十尺一个功。

散子木，每四百尺一个功。

跳枋（柱脚枋、雁翅板相同），功与平坐相同。

凡城门道取所用构件等的造作功，每五分中增加一分，作为展拽、安勘、穿拢功。

仓廒、库屋功限

其名件以七寸五分材为祖计之，更不加减。常行散屋同

【原文】

造作功：

冲脊柱，谓十架椽屋用者，每一条，三功五分。每增减两椽，各加减五分之一。

四椽栿，每一条，二功。壶门柱同。

八椽栿项柱，一条，长一丈五尺，径一尺二寸，一功三分。如转角柱，每一功加一分功。

三椽栿，每一条，一功二分五厘。

角栿，每一条，一功二分。

大角梁，每一条，一功一分。

乳栿，每一条；椽，共长三百六十尺；大连檐，共长五十尺；小连檐，共长二百尺；飞子，每四十枚；白板，每广一尺，长一百尺；横抹，共长三百尺；搏风板，共长六十尺；右（上）各一功。

下檐柱，每一条，八分功。

两丁栿，每一条，七分功。

子角梁，每一条，五分功。

槏柱，每一条，四分功。

续角梁，每一条，三分功。

壁板柱，每一条，二分五厘功。

札牵，每一条，二分功。

槫，每一条；矮柱，每一枚；壁板，每一片；右（上）各一分五厘功。

枓，每一只，一分二厘功。

脊串，每一条；蜀柱，每一枚；生头，每一条；脚板，每一片；右（上）各一分功。

护替木楷子，每一只，九厘功。

额，每一片，八厘功。

仰合楷子，每一只，六厘功。

替木，每一枚；叉手，每一片，托脚同；右（上）各五厘功。

【译文】

造作功：

冲脊柱（十架椽的房屋所用），每一条，三功五分。（每增减两架椽子，各相应增减五分之一功。）四椽栿，每一条，二个功。（壶门柱相同。）八椽栿项柱，一条，长一丈五尺，直径一尺二寸，一功三分。（如果是转角柱，每个功另加一分功。）三椽栿，每一条，一功二分五厘。角栿，每一条，一功二分。大角梁，每一条，一功一分。

乳栿，每一条；椽，总共长三百六十尺；大连檐，总共长五十尺；小连檐，总共长二百尺；飞子，每四十枚；白板，每宽一尺，长一百尺；横抹，总共长三百尺；搏风板，总共长六十尺；以上各用一个功。

下檐柱，每一条，八分功。两丁栿，每一条，七分功。子角梁，每一条，五分功。襻柱，每一条，四分功。续角梁，每一条，三分功。壁板柱，每一条，二分五厘功。札牵，每一条，二分功。

槫，每一条；矮柱，每一枚；壁板，每一片；以上各用一分五厘功。

斗，每一只，一分二厘功。

脊串，每一条；蜀柱，每一枚；生头，每一条；脚板，每一片；以上各用一分功。

护替木楷子，每一只，九厘功。额，每一片，八厘功。仰合楷子，每一只，六厘功。

替木，每一枚；叉手，每一片（托脚相同）；以上各用五厘功。

常行散屋功限 官府廊屋之类同

【原文】

造作功：

四椽栿，每一条，二功。

三椽栿，每一条，一功二分。

乳栿，每一条；椽，共长三百六十尺；连檐，每长二百尺；搏风板，每长八十尺；右（上）各一功。

两椽栿，每一条，七分功。

驼峰，每一坐，四分功。

槫，每一条，二分功。梢槫，加二厘功。

札牵，每一条，一分五厘功。

枓，每一只；生头木，每一条；脊串，每一条；蜀柱，每一条；右（上）各一分功。

额，每一条，九厘功。侧项额同。

替木，每一枚，八厘功。梢槫下用者，加一厘功。

叉手，每一片，托脚同；楷子，每一只；右（上）各五厘功。

右（上）若枓口跳以上，其名件各依本法。

【译文】

造作功：

四椽栿，每一条，二个功。三椽栿，每一条，一功二分。

乳栿，每一条；椽，总共长三百六十尺；连檐，每长二百尺；搏风板，每长八十尺。以上各用一个功。

两椽栿，每一条，七分功。驼峰，每一座，四分功。槫，每一条，二分功。（梢槫另加二厘功。）札牵，每一条，一分五厘功。

斗，每一只；生头木，每一条；脊串，每一条；蜀柱，每一条。以上各用一分功。

额，每一条，九厘功。（侧项额相同。）替木，每一枚，八厘功。（用在梢槫下的，加一厘功。）

叉手，每一片（托脚相同）；楷子，每一只。以上各用五厘功。

以上如果用在斗口跳之上，其所用的构件各自遵循本规则。

跳舍行墙[1] 功限

【原文】

造作功：穿凿、安勘等功在内。

柱，每一条，一分功。槫同。

椽，共长四百尺，枊巴子所用同；连檐，共长三百五十尺，枊巴子同上；右（上）各一功。

跳子，每一枚，一分五厘功。角内者，加二厘功。

替木，每一枚，四厘功。

【梁注】

[1] 跳舍行墙是一种什么建筑或墙？杈巴子、跳子又是些什么名件？都是还找不到答案的疑问。

【译文】

造作功（包括穿凿、安勘等功在内）：

柱，每一条，一分功。（槫相同。）

椽，总共长四百尺（杈巴子所用相同）；连檐，共长三百五十尺（杈巴子同上）。以上各为一个功。

跳子，每一枚，一分五厘功。（如果用在角内，加二厘功。）替木，每一枚四厘功。

望火楼功限

【原文】

望火楼一坐，四柱，各高三十尺，基高十尺；上方五尺，下方一丈一尺。

造作功：

柱，四条，共一十六功。

棍，三十六条，共二功八分八厘。

梯脚，二条，共六分功。

平枕，二条，共二分功。

蜀柱，二枚；搏风板，二片；右（上）各共六厘功。

槫，三条，共三分功。

角柱，四条；厦瓦板，二十片；右（上）各共八分功。

护缝，二十二条，共二分二厘功。

压脊，一条，一分二厘功。

坐板，六片，共三分六厘功。

右（上）以上穿凿、安卓，共四功四分八厘。

【译文】

望火楼一座，四根柱子，各高三十尺（地基高为十尺）。上面五尺见方，下面一丈一尺见方。

造作功：

柱子，四条，总共十六功。棍，三十六条，总共二功八分八厘。梯脚，二条，总共六分功。平枓，二条，总共二分功。

蜀柱，二枚；搏风板，二片。以上各共六厘功。

槫，三条，共三分功。

角柱，四条；厦瓦板，二十片。以上各共八分功。

护缝，二十二条，总共二分二厘功。压脊，一条，一分二厘功。坐板，六片，总共三分六厘功。

以上穿凿、安装，总共四功四分八厘。

营屋功限　其名件以五寸材为祖计之

【原文】

造作功：

枓项柱，每一条；两椽枨，每一条；右（上）各二分功。

四椽下檐柱，每一条，一分五厘功。三椽者，一分功；两椽者，七厘五毫功。

枓，每一只；槫，每一条；右（上）各一分功，梢槫加二厘功。

搏风板，每共广一尺，长一丈，九厘功。

蜀柱，每一条；额，每一片；右（上）各八厘功。

牵，每一条，七厘功。

脊串，每一条，五厘功。

连檐，每长一丈五尺；替木，每一只；右（上）各四厘功。

叉手，每一片，二厘五毫功。蚗翅[1]，三分中减二分功。

椽[2]，每一条，一厘功。

右（上）钉椽、结裹，每一椽，四分功。

【梁注】

　　[1] 虬翅是什么？待考。

　　[2] 这"椽"是衡量单位，"每一椽"就是每一架椽的幅度。

【译文】

造作功：

　　枨项柱，每一条；两椽栿，每一条。以上各为二分功。

　　四椽下檐柱，每一条，一分五厘功。（三椽的为一分功，两椽的为七厘五毫功。）

　　斗，每一只；槫，每一条。以上各为一分功。（梢槫另外加二厘功。）

　　搏风板，每总共宽一尺，长一丈，九厘功。

　　蜀柱，每一条；额，每一片。以上各为八厘功。

　　牵，每一条，七厘功。脊串，每一条，五厘功。

　　连檐，每长一丈五尺；替木，每一只。以上各为四厘功。

　　叉手，每一片，二厘五毫功。（虬翅，减去三分之二的功。）椽，每一条，一厘功。

　　以上构件的钉椽、结裹，每一椽为四分功。

拆修、挑、拔舍屋功限　飞檐同

【原文】

拆修铺作舍屋，每一椽：

　　槫檩衮转、脱落，全拆重修，一功二分。枓口跳之类，八分功；单枓双替[1]以下，六分功。

　　揭箔翻修，挑拔柱木，修整檐宇，八分功。枓口跳之类，六分功；单栱双替以下，五分功。

　　连瓦挑拔，推荐柱木，七分功。枓口跳之类以下，五分功；如相连五间以上，各减功五分之一。

　　重别结裹飞檐，每一丈，四分功。如相连五丈以上，减功五分之一；其转角处加功三分之一。

【梁注】

[1]单枓双替虽不见于"大木作制度"中，但从文义上理解，无疑就是跳头上施一枓，枓上安替木以承橑檐枋（橑檐槫）的做法，如山西大同华严寺海仓殿（已毁）所见。

【译文】

拆修铺作舍屋，每一架椽子：

全部拆除松动、脱落的槫、檩，重新修建，一功二分。（斗口、跳头之类，八分功；单斗双替以下的，六分功。）

揭开箔片翻修，挑动拔正柱木，修整檐宇，八分功。（斗口、跳头之类，六分功；单栱双替以下的，五分功。）

挑动拔正连瓦，推倒柱木，七分功。（斗口、跳头以下之类，五分功。如果五间以上相连的，各减去五分之一的功。）

重新对飞檐进行包裹装饰，每一丈，四分功。（如果是五丈以上相连的，减去五分之一的功。转角的地方增加三分之一的功。）

荐拔、抽换柱、栿等功限

【原文】

荐拔抽换殿宇、楼阁等柱、栿之类，每一条。

殿宇、楼阁：

平柱：

有副阶者，以长二丈五尺为率，一十功。每增减一尺，各加减八分功。其厅堂、三门、亭台栿项柱，减功三分之一。

无副阶者，以长一丈七尺为率，六功。每增减一尺，各加减五分功。其厅堂、三门、亭台下檐柱，减功三分之一。

副阶平柱，以长一丈五尺为率，四功。每增减一尺，各加减三分功。

角柱：比平柱每一功加五分功。厅堂、三门、亭台同。下准此。

明栿：

六架椽，八功；草栿，六功五分。四架椽，六功；草栿，五功。三架椽，五功；草栿，四功。两丁栿，乳栿同，四功；草栿，三功，草乳栿同。

　　牵，六分功。札牵减功五分之一。

　　椽，每一十条，一功。如上、中架，加数二分之一。

　　枓口跳以下，六架椽以上舍屋：

　　栿，六架椽，四功。四架椽，二功；三架椽，一功八分；两丁栿，一功五分；乳栿，一功五分。

　　牵，五分功。札牵减功五分之一。

　　栿项柱，一功五分。下檐柱，八分功。

　　单枓双替以下，四架椽以上舍屋，枓口跳之类四椽以下舍屋同：

　　栿，四架椽，一功五分。三架椽，一功二分；两丁栿并乳栿，各一功。

　　牵，四分功。札牵减功五分之一。

　　栿项柱，一功。下檐柱，五分功。

　　椽，每一十五条，一功。中、下架加数二分之一。

【梁注】

　　［1］牵与札牵的具体区别待考。

【译文】

　　荐拔、抽换殿宇、楼阁等的柱栿之类，每一条：

　　殿宇、楼阁：

　　平柱：

　　有副阶的（长度以二丈五尺为准），十个功。（长度每增减一尺，各相应增减八分功。对于厅堂、三门、亭台的栿项柱，减去三分之一的功。）

　　无副阶的（长度以一丈七尺为准），六个功。（长度每增减一尺，各相应增减五分功。对于厅堂、三门、亭台下檐柱，减去三分之一的功。）

　　副阶平柱（长度以一丈五尺为准），四个功。（长度每增减一尺，各相应增减三分功。）

　　角柱，在平柱每个功的基础上加五分功。（厅堂、三门、亭台相同。以下以此为准。）

明栿：

六架椽，八个功（草栿为六功五分）；四架椽，六个功（草栿为五个功）；三架椽，五个功（草栿为四个功）；两丁栿（乳栿同），四个功（草栿三个功，草乳栿相同）。牵，六分功（札牵减去五分之一的功）。椽，每十条一个功（如果是上架和中架，增加二分之一的功）。

斗口跳以下，六架椽以上的屋舍：

栿，六架椽的四个功（四架椽的两个功，三架椽的一功八分，两丁栿一功五分，乳栿一功五分）；牵，五分功（札牵减去五分之一的功）；栿项柱，一功五分（下檐柱八分功）。

单斗双替以下，四架椽以上的屋舍（斗口、跳头等四椽以下的屋舍相同）：

栿，四架椽的一功五分（三架椽的一功二分，两丁栿并乳栿各一个功）；牵，四分功（札牵减去五分之一的功）；栿项柱，一个功（下檐柱为五分功）；椽子，每十五条一个功（中架、下架的椽子，增加二分之一的功）。

小木作功限一

板门 独扇板门、双扇板门

【原文】

独扇板门，一坐，门额、限，两颊及伏兔、手栓全。

造作功：高五尺，一功二分；高五尺五寸，一功四分；高六尺，一功五分；高六尺五寸，一功八分；高七尺，二功。

安卓功：高五尺，四分功；高五尺五寸，四分五厘功；高六尺，五分功；高六尺五寸，六分功；高七尺，七分功。

双扇板门，一间，两扇，额、限、两颊、鸡栖木及两砧全。

造作功：高五尺至六尺五寸，加独扇板门一倍功；高七尺，四功五分六厘；高七尺五寸，五功九分二厘；高八尺，七功二分；高九尺，一十功；高一丈，一十三功六分；高一丈一尺，一十八功八分；高一丈二尺，二十四功；高一丈三尺，三十功八分；高一丈四尺，三十八功四分；高一丈五尺，四十七功二分；高一丈六尺，五十三功六分；高一丈七尺，六十功八分；高一丈八尺，六十八功；高一丈九尺，八十功八分；高二丈，八十九功六分；高二丈一尺，一百二十三功；高二丈二尺，一百四十二功；高二丈三尺，一百四十八功；高二丈四尺，一百六十九功六分。

双扇板门所用手栓、伏兔、立柣、横关等依下项，计所用名件，添入造作功内：

手栓，一条，长一尺五寸，广二寸，厚一寸五分，并伏兔二枚，各长一尺二寸，广三寸，厚二寸，共二分功。

上、下伏兔，各一枚，各长三尺，广六寸，厚二寸，共三分功。

又，长二尺五寸，广六寸，厚二寸五分，共二分四厘功。

又，长二尺，广五寸，厚二寸，共二分功。

又，长一尺五寸，广四寸，厚二寸，共一分二厘功。

立柣，一条，长一丈五尺，广二寸，厚一寸五分，二分功。

又，长一丈二尺五寸，广二寸五分，厚一寸八分，二分二厘功。

又，长一丈一尺五寸，广二寸二分，厚一寸七分，二分一厘功。

又，长九尺五寸，广二寸，厚一寸五分，一分八厘功。

又，长八尺五寸，广一寸八分，厚一寸四分，一分五厘功。

立柣身内手把，一枚，长一尺，广三寸五分，厚一寸五分，八厘功。若长八寸，广三寸，厚一寸三分，则减二厘功。

立柣上、下伏兔，各一枚，各长一尺二寸，广三寸，厚二寸，共五厘功。

搕锁柱，二条，各长五尺五寸，广七寸，厚二寸五分，共六分功。

门横关，一条，长一丈一尺，径四寸，五分功。

立柣、卧柣，一副，四件，共二分四厘功。

地栿板，一片，长九尺，广一尺六寸，楅在内，一功五分。

门簪，四枚，各长一尺八寸，方四寸，共一功。每门高增一尺，加二分功。

托关柱，二条，各长二尺，广七寸，厚三分，共八分功。

安卓功[1]：高七尺，一功二分；高七尺五寸，一功四分；高八尺，一功七分；高九尺，二功三分；高一丈，三功；高一丈一尺，三功八分；高一丈二尺，四功七分；高一丈三尺，五功七分；高一丈四尺，六功八分；高一丈五尺，八功；高一丈六尺，九功三分；高一丈七尺，一十功七分；高一丈八尺，一十二功二分；高一丈九尺，一十三功八分；高二丈，一十五功五分；高二丈一尺，一十七功三分；高二丈二尺，一十九功二分；高二丈三尺，二十一功二分；高二丈四尺，二十三功三分。

【梁注】

[1] 在小木作的施工中,一般都分两个步骤:先是制造各件部件,如门、窗、格扇等的工作,叫作"造作";然后是安装这些部件或装配零件的工作。这一步安装工作计分四种:(1)"安卓"——将完成的部件如门、窗等安装到房屋中去的工作;(2)"安搭"——将一些比较纤巧脆弱的,装饰性的部件,如平棊、藻井等安放在预定位置上的工作;(3)"安钉"——主要用钉子钉上去的,如地棚的地板等的工作;(4)"拢裹"——将许多小名件装配成一个部件,如将枓、栱、昂等装配成一朵铺作的工作。

【译文】

独扇板门,一座,门额、门限、两颊及伏兔、手栓齐全。

造作功:高五尺,一功二分;高五尺五寸,一功四分;高六尺,一功五分;高六尺五寸,一功八分;高七尺,二功。

安装功:高五尺,四分功;高五尺五寸,四分五厘功;高六尺,五分功;高六尺五寸,六分功;高七尺,七分功。

双扇板门,一间,两扇,门额、门限、两颊、鸡栖木及两砧齐全。

造作功:高五尺至六尺五寸,比独扇板门多用一倍功;高七尺,四功五分六厘;高七尺五寸,五功九分二厘;高八尺,七功二分;高九尺,十功;高一丈,十三功六分;高一丈一尺,十八功八分;高一丈二尺,二十四功;高一丈三尺,三十功八分;高一丈四尺,三十八功四分;高一丈五尺,四十七功二分;高一丈六尺,五十三功六分;高一丈七尺,六十功八分;高一丈八尺,六十八功;高一丈九尺,八十功八分;高二丈,八十九功六分;高二丈一尺,一百二十三功;高二丈二尺,一百四十二功;高二丈三尺,一百四十八功;高二丈四尺,一百六十九功六分。

双扇板门所用手栓、伏兔、立掭、横关等的造作功如下项(包括所用的构件添入造作功限内):

手栓,一条,长一尺五寸,宽二寸,厚一寸五分;包括两枚伏兔,各长一尺二寸,宽三寸,厚二寸,共二分功。上、下伏兔,各一枚,各长三尺,宽六寸,厚二寸,共三分功。又,长二尺五寸,宽六寸,厚二寸五分,共二分四厘功。

又，长二尺，宽五寸，厚二寸，共二分功。又，长一尺五寸，宽四寸，厚二寸，共一分二厘功。

立榑，一条，长一丈五尺，宽二寸，厚一寸五分，二分功。又，长一丈二尺五寸，宽二寸五分，厚一寸八分，二分二厘功。又，长一丈一尺五寸，宽二寸二分，厚一寸七分，二分一厘功。又，长九尺五寸，宽二寸，厚一寸五分，一分八厘功。又，长八尺五寸，宽一寸八分，厚一寸四分，一分五厘功。

立榑身内手把，一枚，长一尺，宽三寸五分，厚一寸五分，八厘功。（如果长八寸，宽三寸，厚一寸三分，则减去二厘功。）立榑上、下伏兔，各一枚，各长一尺二寸，宽三寸，厚二寸，共五厘功。搕锁柱，二条，各长五尺五寸，宽七寸，厚二寸五分，共六分功。门横关，一条，长一丈一尺，径四寸，五分功。立桄、卧桄，一副，四件，共二分四厘功。地栿板，一片，长九尺，宽一尺六寸（包括榑在内），一功五分。门簪，四枚，各长一尺八寸，四寸见方，共一功。（每扇门高度增加一尺，则增加二分功。）托关柱，二条，各长二尺，宽七寸，厚三分，共八分功。

安装功：高七尺，一功二分；高七尺五寸，一功四分；高八尺，一功七分；高九尺，二功三分；高一丈，三个功；高一丈一尺，三功八分；高一丈二尺，四功七分；高一丈三尺，五功七分；高一丈四尺，六功八分；高一丈五尺，八个功；高一丈六尺，九功三分；高一丈七尺，十功七分；高一丈八尺，十二功二分；高一丈九尺，十三功八分；高二丈，十五功五分；高二丈一尺，十七功三分；高二丈二尺，十九功二分；高二丈三尺，二十一功二分；高二丈四尺，二十三功三分。

乌头门

【原文】

乌头门，一坐，双扇、双腰串造。

造作功：方八尺，一十七功六分；若下安锞脚者，加八分功；每门高增一尺，又加一分功；如单腰串造者，减八分功；下同；方九尺，二十一功二分四厘；方一丈，二十五功二分；方一丈一尺，二十九功四分八厘；方一丈二尺，三十四功八厘；每扇各加承桄一条，共加一功四分，每门高增一尺，又加一分功；若用双承梘者，准此计功；方一丈三尺，三十九功；方一丈四尺，四十四功二分四厘；方一丈五尺，四十九功八分；方一丈六尺，五十五功六分八厘；方一丈七尺，六十一功八分八厘；方一丈八尺，六十八功四分；方一丈九尺，七十五功二分四厘；方二丈，八十二功四分；方二丈一尺，八十九功八分八厘；方二丈二尺，九十七功六分。

安卓功：方八尺，二功八分；方九尺，三功二分四厘；方一丈，三功七分；方一丈一尺，四功一分八厘；方一丈二尺，四功六分八厘；方一丈三尺，五功二分；方一丈四尺，五功七分四厘；方一丈五尺，六功三分；方一丈六尺，六功八分八厘；方一丈七尺，七功四分八厘；方一丈八尺，八功一分；方一丈九尺，八功七分四厘；方二丈，九功四分；方二丈一尺，一十功八厘；方二丈二尺，一十功七分八厘。

【译文】

乌头门，一座，双扇、双腰串造。

造作功：八尺见方，十七功六分。（如果下面安装锭脚，增加八分功。每扇门的高度增加一尺，再加一分功。如果使用单腰串，减少八分功。以下相同。）九尺见方，二十一功二分四厘。一丈见方，二十五功二分。一丈一尺见方，二十九功四分八厘。一丈二尺见方，三十四功八厘。（每扇各加一条承梘，总共加一功四分。每扇门的高度增加一尺，再加一分功。如果使用双承梘，按此标准计算功。）一丈三尺见方，三十九功。一丈四尺见方，四十四功二分四厘。一丈五尺见方，四十九功八分。一丈六尺见方，五十五功六分八厘。一丈七尺见方，六十一功八分八厘。一丈八尺见方，六十八功四分。一丈九尺见方，七十五功二分四厘。二丈见方，八十二功四分。二丈一尺见方，八十九功八分八厘。二丈二尺见方，九十七功六分。

安装功：八尺见方，二功八分。九尺见方，三功二分四厘。一丈见方，三功七分。一丈一尺见方，四功一分八厘。一丈二尺见方，四功六分八厘。一丈三尺见方，五功二分。一丈四尺见方，五功七分四厘。一丈五尺见方，六功三分。一丈六尺见方，六功八分八厘。一丈七尺见方，七功四分八厘。一丈八尺见方，八功一分。一丈九尺见方，八功七分四厘。二丈见方，九功四分。二丈一尺见方，十功八厘。二丈二尺见方，十功七分八厘。

软门　牙头护缝软门、合板用楅软门

【原文】

软门，一合，上、下、内、外牙头，护缝，拢楎，双腰串造，方六尺至一丈六尺。

造作功：高六尺，六功一分；如单腰串造，各减一功，用楅软门同；高七尺，八功三分；高八尺，一十功八分；高九尺，一十三功三分；高一丈，一十七功；高一丈一尺，二十功五分；高一丈二尺，二十四功四分；高一丈三尺，二十八功七分；高一丈四尺，三十三功三分；高一丈五尺，三十八功二分；高一丈六尺，四十三功五分。

安卓功：高八尺，二功。每高增减一尺，各加减五分功，合板用楅软门同。

软门，一合，上、下牙头，护缝，合板用楅造，方八尺至一丈三尺。

造作功：高八尺，一十一功；高九尺，一十四功；高一丈，一十七功五分；高一丈一尺，二十一功七分；高一丈二尺，二十五功九分；高一丈三尺，三十功四分。

【译文】

软门，一合，上、下、内、外的牙头，护缝，拢楎，双腰串，六尺见方至一丈六尺见方。

造作功：高六尺，六功一分。（如果采用单腰串造型，各减去一个功。用楅软门的相同。）高七尺，八功三分。高八尺，十功八分。高九尺，十三功三分。高一丈，十七功。高一丈一尺，二十功五分。高一丈二尺，二十四功四分。高一丈三尺，二十八功七分。高一丈四尺，三十三功三分。高一丈五尺，三十八功二分。高一丈六尺，四十三功五分。

安装功：高八尺，两个功。（高度每增加或减少一尺，各相应增减五分功。合板用楅软门相同。）

软门，一合，上、下牙头，护缝，合板用楅，八尺见方至一丈三尺见方。

造作功：高八尺，十一功。高九尺，十四功。高一丈，十七功五分。高一丈一尺，二十一功七分。高一丈二尺，二十五功九分。高一丈三尺，三十功四分。

破子棂窗

【原文】

破子棂窗，一坐，高五尺，子桯长七尺。

造作，三功三分。额、腰串、立颊在内。

窗上横钤、立旌，共二分功。横钤三条，共一分功；立旌二条，共一分功。若用槫柱，准立旌。下同。

窗下障水板、难子，共二功一分。障水板、难子，一功七分；心柱二条，共一分五厘功；槫柱二条，共一分五厘功；地栿一条，一分功。

窗下或用牙头、牙脚、填心，共六分功。牙头三枚，牙脚六枚，共四分功；填心三枚，共二分功。

安卓，一功。

窗上横钤、立旌，共一分六厘功。横钤三条，共八厘功；立旌二条，共八厘功。

窗下障水板、难子，共五分六厘功。障水板、难子，共三分功；心柱、槫柱，各二条，共二分功；地栿一条，六厘功。

窗下或用牙头、牙脚、填心，共一分五厘功。牙头三枚，牙脚六枚，共一分功；填心三枚，共五厘功。

【译文】

破子棂窗，一座，高度为五尺，子桯长七尺。

造作，三功三分。（包括额、腰串、立颊在内。）

窗上的横钤、立旌，共二分功。（横钤三条，共一分功。立旌二条，共一分功。如果使用槫柱，以立旌制度为准。以下相同。）

窗下的障水板、难子，共二功一分。（障水板、难子，一功七分。两条心柱，共一分五厘功。两条槫柱，共一分五厘功。一条地栿，一分功。）窗下如果用牙头、牙脚、填心，共六分功。（三枚牙头，六枚牙脚，共四分功。三枚填心，共二分功。）

安装，计一个功。

窗上的横钤、立旌，共一分六厘功。（三条横钤，共八厘功。两条立旌，共八厘功。)

窗下的障水板、难子，共五分六厘功。(障水板、难子，共三分功。心柱、槫柱各二条，共二分功。地栿一条，六厘功。)窗下如果用牙头、牙脚、填心，共一分五厘功。(三枚牙头，六枚牙脚，共一分功。三枚填心，共五厘功。)

睒电窗

【原文】

睒电窗，一坐，长一丈，高三尺。

造作，一功五分。

安卓，三分功。

【译文】

睒电窗，一座，长一丈，高三尺。造作，一功五分。安装，三分功。

板棂窗

【原文】

板棂窗，一坐，高五尺，长一丈。

造作，一功八分。

窗上横钤、立旌，准破子棂窗内功限。

窗下地栿、立旌，共二分功。地栿一条，一分功；立旌二条，共一分功。若用槫柱，准立旌。下同。

安卓，五分功。

窗上横钤、立旌，同上。

窗下地栿、立旌，共一分四厘功。地栿一条，六厘功；立旌二条，共八厘功。

【译文】

板棂窗，一座，高五尺，长一丈。

造作，一功八分。窗上横钤、立旌，以破子棂窗内的功限为准。窗下地栿、立旌，共二分功。(一条地栿，一分功。两条立旌，共一分功。如果使用槫柱，以立桯制度为准。以下相同。）

安装，五分功。窗上横钤、立桯，同上。窗下地栿、立桯，共一分四厘功。（一条地栿，六厘功。两条立桯，共八厘功。）

截间板帐

【原文】

截间牙头护缝板帐，高六尺至一丈，每广一丈一尺，若广增减者，以本功分数加减之。

造作功：高六尺，六功。每高增一尺，则加一功；若添腰串，加一分四厘功；添槏柱，加三分功。

安卓功：高六尺，二功一分。每高增一尺，则加三分功；若添腰串，加八厘功；添槏柱，加一分五厘功。

【译文】

截间牙头护缝板帐，高度在六尺至一丈之间，每宽一丈一尺。（如果宽度有所增减，以本功的分数按比例加减。）

造作功：高六尺，六功。（高度每增加一尺，则增加一个功。如果另添腰串，加一分四厘功。如果添槏柱，再加三分功。）

安装功：高度六尺，二功一分。（高度每增加一尺，则增加三分功。如果另添腰串，再加八厘功。如果添槏柱，再加一分五厘功。）

照壁屏风骨 截间屏风骨、四扇屏风骨

【原文】

截间屏风，每高广各一丈二尺。

造作，一十二功。如作四扇造者，每一功加二分功。

安卓，二功四分。

【译文】

截间屏风，每高度、宽度各一丈二尺。造作，十二个功。（如果做四扇造型，

每一个功增加二分功。）安装，二功四分。

隔截横钤、立旌

【原文】

隔截横钤、立旌，高四尺至八尺，每广一丈一尺。若广增减者，以本功分数加减之。

造作功：高四尺，五分功。每高增一尺，则加一分功。若不用额，减一分功。

安卓功：高四尺，三分六厘功。每高增一尺，则加九厘功。若不用额，减六厘功。

【译文】

隔截横钤、立旌，高度在四尺至八尺之间，每宽一丈一尺。（如果宽度有所增减，以本功的分数按比例加减。）

造作功：高四尺，五分功。（高度每增加一尺，则另加一分功。如果不使用额，减一分功。）

安装功：高四尺，三分六厘功。（高度每增加一尺，则增加九厘功。如果不使用额，减六厘功。）

露篱

【原文】

露篱，每高广各一丈。

造作，四功四分。内板屋二功四分；立旌、横钤等，二功。若高减一尺，即减三分功，板屋减一分，余减二分；若广减一尺，即减四分四厘功，板屋减二分四厘，余减三分；加亦如之。若每出际造垂鱼、惹草、搏风板、垂脊，加五分功。

安卓，一功八分。内板屋八分；立旌、横钤等，一功。若高减一尺，即减一分五厘功，板屋减五厘，余减一分；若广减一尺，即减一分八厘功，板屋减八厘，余减一分；加亦如之。若每出际造垂鱼、惹草、搏风板、垂脊，加二分功。

【译文】

露篱的高度、宽度，各为一丈。

造作，四功四分。（内板屋，二功四分；立旌、横铃等，二功。）如果高度减少一尺，则减三分功。（板屋减一分，其余的减二分。）如果宽度减少一尺，则减去四分四厘功。（板屋减二分四厘，其余的减三分。）增加也按这个办法。如果在每个出际上造垂鱼、惹草、搏风板、垂脊，再加五分功。

安装，一功八分。（内板屋，八分功；立旌、横铃等，一个功。）如果高度减少一尺，则减去一分五厘功。（板屋减少五厘，其余的减一分。）如果宽度减少一尺，则减去一分八厘功。（板屋减八厘，其余的减一分。）增加也是如此。如果在每个出际上造垂鱼、惹草、搏风板、垂脊，增加二分功。

板引檐

【原文】

板引檐，广四尺，每长一丈。

造作，三功六分。

安装，一功四分。

【译文】

板引檐，宽度为四尺，每长一丈。造作，三功六分。安装，一功四分。

水槽

【原文】

水槽，高一尺，广一尺四寸，每长一丈。

造作，一功五分。

安卓，五分功。

【译文】

水槽，高度为一尺，宽一尺四寸，每长一丈。造作，一功五分。安装，五分功。

井屋子

【原文】

井屋子，自脊至地，共高八尺，井匮子高一尺二寸在内，方五尺。

造作，一十四功。拢裹在内。

【译文】

井屋子，从屋脊到地面，总共高八尺（包括井匮子的高度一尺二寸在内），五尺见方。造作，十四个功（包括拢裹在内）。

地棚

【原文】

地棚，一间，六椽，广一丈一尺，深二丈二尺。

造作，六功。

铺放、安钉，三功。

【译文】

地棚，一间，六架椽子，宽一丈一尺，深度为二丈二尺。造作，六个功。铺放、安钉，三个功。

卷二十一

小木作功限二

格子门

四斜球纹格子、四斜球纹上出条柽重格眼、四直方格眼、板壁、两明格子

【原文】

四斜球纹格子门，一间，四扇，双腰串造，高一丈，广一丈二尺。

造作功：额、地栿、槫柱在内。如两明造者，每一功加七分功。其四直方格眼及格子门程准此。

四混中心出双线；破瓣双混平地出双线。右（上）各四十功。若球纹上出条柽重格眼造，即加二十功。

四混中心出单线；破瓣双混平地出单线。右（上）各三十九功。

通混出双线；通混出单线；通混压边线；素通混；方直破瓣。右（上）通混、出双线者，三十八功。余各递减一功。

安卓，二功五分。若两明造者，每一功加四分功。

四直方格眼格子门，一间，四扇，各高一丈，广一丈一尺，双腰串造。

造作功：格眼，四扇，四混绞双线，二十一功；四混出单线；丽口绞瓣双混出边线。右（上）各二十功。

丽口绞瓣单混出边线，一十九功；一混绞双线，一十五功；一混绞单线，一十四功；一混不出线；丽口素绞瓣。右（上）各一十三功。

平地出线，一十功；四直方绞眼，八功。

格子门桯：事件在内。如造板壁，更不用格眼功限。于腰串上用障水板，加六功。若单腰串造，如方直破瓣，减一功；混作出线，减二功。

四混出双线；破瓣双混平地出双线。右（上）各一十九功。

四混出单线；破瓣双混平地出单线。右（上）各一十八功。

一混出双线；一混出单线；通混压边线；素通混；方直破瓣撺尖。右（上）一混出双线，一十七功；余各递减一功。其方直破瓣，若叉瓣造，又减一功。

安卓功：四直方格眼格子门，一间，高一丈，广一丈一尺，事件在内，共二功五分。

【译文】

四斜球纹格子门，一间做成四扇，采用双腰串，高一丈，宽一丈二尺。

造作功（包括额、地栿、槫柱在内。如果采用两明造，每一个功另外加七分功。四直方格眼和格子门桯也以此为准）：

四混中心出双线，破瓣双混平地出双线，以上各用四十功。（如果是球纹上出条柽重格眼造，则加二十个功。）四混中心出单线，破瓣双混平地出单线，以上各用三十九功。通混出双线，通混出单线，通混压边线，素通混，方直破瓣，以上通混出双线的，用三十八个功。（其余各递减一个功。）

安装，二功五分。（如果采用两明造，每一个功加四分功。）

四直方格眼格子门，一间做成四扇，每扇门高一丈，总宽一丈一尺，采用双腰串造型。

造作功：格眼四扇，四混绞双线，二十一个功；四混出单线，丽口绞瓣双混出边线，以上各二十个功。丽口绞瓣单混出边线，十九个功；一混绞双线，十五个功；一混绞单线，十四个功；一混不出线，丽口素绞瓣，以上各用十三个功。平地出线，十个功；四直方绞眼，八个功。

格子门桯（格子门桯制作的所有事项包括在内。如果制作板壁，则不遵循格眼功限。在腰串上使用障水板，加六个功。如果采用单腰串造型，方直破瓣减去一个功，混作出线减去两个功）：

四混出双线，破瓣双混平地出双线，以上各十九个功。四混出单线，破瓣双混平地出单线，以上各十八个功。一混出双线，一混出单线，通混压边线，素通混，方直破瓣撺尖，以上一混出双线用十七个功，其余各递减一个功。（方直破瓣的样式，如果采用叉瓣造，再减去一个功。）

安装功：四直方格眼格子门，一间，高一丈，宽一丈一尺（包括安装所有事项在内），共二功五分。

栏槛勾窗

【原文】

勾窗，一间，高六尺，广一丈二尺，三段造。

造作功：安卓事件在内。

四混绞双线，一十六功。四混绞单线；丽口绞瓣，瓣内双混，面上出线。右（上）各一十五功。

丽口绞瓣，瓣内单混，面上出线，一十四功。一混双线，一十二功五分。一混单线，一十一功五分。丽口绞素瓣；一混绞眼。（右）上各一十一功。

方绞眼，八功。

安卓，一功三分。

栏槛，一间，高一尺八寸，广一丈二尺。

造作，共一十功五厘。槛面板，一功二分；鹅项，四枚，共二功四分；云栱，四枚，共二功；心柱，二条，共二分功；榑柱，二条，共二分功；地栿，三分功；障水板，三片，共六分功；托柱，四枚，共一功六分；难子，二十四条，共五分功；八混寻杖，一功五厘；其寻杖若六混，减一分五厘功；四混减三分功；一混减四分五厘功。

安卓，二功二分。

【译文】

勾窗，一间，高为六尺，宽一丈二尺，做成三段的造型。

造作功（包括安装事项在内）：四混绞双线，十六个功。四混绞单线；丽口绞瓣（瓣内双混）面上出线。以上各用十五个功。丽口绞瓣（瓣内单混）面上出线，十四个功。一混双线，十二功五分。一混单线，十一功五分。丽口绞素瓣；一混绞眼。以上各用十一个功。

方绞眼，八个功。

安装，一功三分。

栏槛，一间，高一尺八寸，宽一丈二尺。

造作，共用十个功零五厘。（槛面板用一功二分。四枚鹅项，总共二功四分。四枚云栱，总共两个功。两条心柱，总共二分功。两条槫柱，总共二分功。地栿用三分功。三片障水板，总共六分功。四枚托柱，总共一功六分。二十四条难子，总共五分功。八混寻杖用一功五厘。寻杖如果采用六混，减去一分五厘功，如果采用四混减去三分功，采用一混则减去四分五厘功。）

安装，二功二分。

殿内截间格子

【原文】

殿内截间四斜球纹格子，一间，单腰串造，高、广各一丈四尺，心柱、槫柱等在内。

造作，五十九功六分。

安卓，七功。

【译文】

制作大殿内截间的四斜球纹格子，一间，采用单腰串，高度和宽度各为一丈四尺（包括心柱、槫柱等在内）。造作，五十九功六分。安装，七个功。

堂阁内截间格子

【原文】

堂阁内截间四斜球纹格子，一间，高一丈，广一丈一尺，槫柱在内。

额子泥道，双扇门造。

造作功：破瓣撺尖，瓣内双混，面上出心线，压边线，四十六功；破瓣撺尖，瓣内单混，四十二功；方直破瓣撺尖，四十功，方直造者减二功。

安卓，二功五分。

【译文】

制作堂阁内截间的四斜球纹格子，一间，高度为一丈，宽一丈一尺（槫柱在内）。额子、泥道，采用双扇门。

造作功：破瓣撺尖、瓣内双混、面上出心线、压边线，四十六个功；破瓣撺尖、瓣内单混，四十二个功；方直破瓣撺尖，四十个功（方直造型的减两个功）。

安装，二功五分。

殿阁照壁板

【原文】

殿阁照壁板，一间，高五尺至一丈一尺，广一丈四尺，如广增减者，以本功分数加减之。

造作功：高五尺，七功。每高增一尺，加一功四分。

安卓功：高五尺，二功。每高增一尺，加四分功。

【译文】

殿阁的照壁板，一间，高度为五尺至一丈一尺，宽一丈四尺。（如果宽度有所增减，以本功的分数按比例增减。）

造作功：高五尺，七个功。（高度每增加一尺，加一功四分。）

安装功：高五尺，两个功。（高度每增加一尺，加四分功。）

障日板

【原文】

障日板，一间，高三尺至五尺，广一丈一尺，如广增减者，即以本功分数加减之。

造作功：高三尺，三功。每高增一尺，则加一功。若用心柱、榑柱、难子合板造，则每功各加一分功。

安卓功：高三尺，一功二分。每高增一尺，则加三分功。若用心柱、榑柱、难子、合板造，则每功减二分功。下同。

【译文】

障日板，一间，高度在三尺至五尺，宽一丈一尺。（如果宽度有所增减，以本功的分数按比例增减。）

造作功：高三尺，三个功。（高度每增加一尺，则加一个功。如果使用心柱、槫柱、难子合板等，则每个功各加一分功。）

安装功：高三尺，一功二分。（高度每增加一尺，则加三分功。如果用心柱、槫柱、难子合板，则每功减二分功。下同。）

廊屋照壁板

【原文】

廊屋照壁板，一间，高一尺五寸至二尺五寸，广一丈一尺，如广增减者，即以本功分数加减之。

造作功：高一尺五寸，二功一分。每增高五寸，则加七分功。

安卓功：高一尺五寸，八分功。每增高五寸，则加二分功。

【译文】

廊屋照壁板，一间，高度在一尺五寸至二尺五寸，宽一丈一尺。（如果宽度有所增减，以本功的分数按比例增减。）

造作功：高一尺五寸，二功一分。（高度每增加五寸，则加七分功。）

安装功：高一尺五寸，八分功。（高度每增加五寸，则加二分功。）

胡梯

【原文】

胡梯，一坐，高一丈，拽脚长一丈，广三尺，作十三踏，用枓子、蜀柱、单勾栏造。

造作，一十七功。

安卓，一功五分。

【译文】

胡梯，一座，高一丈，拽脚长为一丈，宽三尺，做十三个踏，用斗子、蜀柱、单勾栏。造作，十七个功。安装，一功五分。

垂鱼、惹草

【原文】

垂鱼，一枚，长五尺，广三尺。

造作，二功一分；安卓，四分功。

惹草，一枚，长五尺。

造作，一功五分；安卓，二分五厘功。

【译文】

垂鱼，一枚，长五尺，宽三尺。造作，二功一分；安装，四分功。

惹草，一枚，长五尺。造作，一功五分；安装，二分五厘功。

栱眼壁板

【原文】

栱眼壁板，一片，长五尺，广二尺六寸，于第一等材栱内用。

造作，一功九分五厘。若单栱内用，于三分中减一分功。若长加一尺，增三分五厘功；材加一等，增一分三厘功。

安卓，二分功。

【译文】

栱眼壁板，一片，长五尺，宽二尺六寸。（在第一等材栱内使用。）

造作，一功九分五厘。（如果在单栱内使用，则使用三分之二的功。如果长度增加一尺，则增加三分五厘功；材提高一等，增加一分三厘功。）安装，二分功。

裹栿板

【原文】

裹栿板，一副，厢壁两段，底板一片。

造作功：殿槽内裹栿板，长一丈六尺五寸，广二尺五寸，厚一尺四寸，共二十功。

副阶内裹栿板，长一丈二尺，广二尺，厚一尺，共一十四功。

安钉功：殿槽，二功五厘。副阶减五厘功。

【译文】

一副裹栿板，两段厢壁，一片底板。

造作功：殿槽内裹栿板，长一丈六尺五寸，宽二尺五寸，厚一尺四寸，总共二十个功。副阶内裹栿板，长一丈二尺，宽二尺，厚一尺，总共十四个功。

安装钉子的功：殿槽，二功五厘。（副阶则减去五厘功。）

掰帘竿

【原文】

掰帘竿，一条，并腰串。

造作功：竿，一条，长一丈五尺，八混造，一功五分。破瓣造，减五分功；方直造，减七分功。串，一条，长一丈，破瓣造，三分五厘功。方直造减五厘功。

安卓，三分功。

【译文】

掰帘竿，一条。（包括腰串。）

造作功：竿，一条，长一丈五尺，做成八混的，一个功零五分。（破瓣造型减去五分功，方直造型减去七分功。）串，一条，长一丈，破瓣造型，三分五厘功。（方直造型减去五厘功。）

安装，三分功。

护殿阁檐竹网木贴

【原文】

护殿阁檐斗栱雀眼网上、下木贴，每长一百尺。地衣簟贴同。

造作，五分功。地衣簟贴、绕碇之类，随曲剜造者，其功加倍。安钉同。

安钉，五分功。

【译文】

护殿阁檐斗栱的雀眼网的上、下木贴，每长一百尺。（地衣簟贴相同。）

造作，五分功。（地衣簟贴、绕碇等构件根据弧度进行剜造的，所用的功加倍。安钉子相同。）

安钉，五分功。

平棋

【原文】

殿内平棋，一段。

造作功：每平棋于贴内贴络花纹，长二尺，广一尺，背板桯贴在内，共一功。

安搭，一分功。

【译文】

殿内平棋，一段。

造作功：每段平棋在贴内贴络花纹，长二尺，宽一尺（背板桯贴在内），共一个功。

安搭，一分功。

斗八藻井

【原文】

殿内斗八，一坐。

造作功：下斗四方井，内方八尺，高一尺六寸；下昂、重栱、六铺作斗栱，每一朵共二功二分。或只用卷头造，减二功。

中腰八角井，高二尺二寸，内径六尺四寸；枓槽、压厦板、随瓣枋等事件，共八功。

上层斗八，高一尺五寸，内径四尺二寸；内贴络龙凤花板并背板、阳马等，共二十二功。其龙凤并雕作计功。如用平棋制度贴络花纹，加一十二功。

上昂、重栱、七铺作斗栱，每一朵共三功。如入角，其功加倍。下同。

拢裹功：上、下昂，六铺作斗栱，每一朵五分功。如卷头者，减一分功。

安搭，共四功。

【译文】

殿内斗八，一座。

造作功：下斗四方井，里面八尺见方，高度为一尺六寸，下昂、重栱、六铺作斗栱，每一朵共用两个功零二分。（如果采用卷头造型，减去两个功。）

中腰八角井，高度为二尺二寸，内径为六尺四寸，斗槽、压厦板、随瓣枋等构件，共八个功。

上层斗八，高度为一尺五寸，内径为四尺二寸，内贴络龙凤花板和背板、阳马等，共二十二个功。（龙凤等雕作一并计算所用功。如果用平棋制度贴络花纹，加十二个功。）

上昂、重栱、七铺作斗栱，每一朵共三个功。（如果采用入角，所用功加倍。以下相同。）

组合以上构件所用功：上、下昂，六铺作斗栱，每一朵用五分功。（如果采用卷头造型的，减去一分功。）

安搭，共四个功。

小斗八藻井

【原文】

小斗八，一坐，高二尺二寸，径四尺八寸。

造作，共五十二功。

安搭，一功。

【译文】

小斗八，一座，高二尺二寸，直径四尺八寸。造作，共五十二个功。安搭，一个功。

拒马叉子

【原文】

拒马叉子，一间，斜高五尺，间广一丈，下广三尺五寸。

造作，四功。如云头造，加五分功。

安卓，二分功。

【梁注】

[1]拒马叉子：此处指用木交叉架成的栏栅。

【译文】

拒马叉子，一间，斜高为五尺，开间宽一丈，下面宽三尺五寸。造作，四个功。（如果采用云头造型，加五分功。）安装，二分功。

叉子

【原文】

叉子，一间，高五尺，广一丈。

造作功：下并用三瓣霞子。

椹子：笏头，方直，串，方直，三功；挑瓣云头，方直，串，破瓣，三功七分；云头，方直，出心线，串，侧面出心线，四功五分；云头，方直，出边线，压白，串，侧面出心线，压白，五功五分；海石榴头，一混，心出单线，两边线，串，破瓣，单混出线，六功五分；海石榴头，破瓣，瓣里单混，面上出心线，串，侧面上出心线，压白边线，七功。

望柱：仰覆莲花，胡桃子，破瓣，混面上出线，一功。海石榴头，一功二分。

地栿：连梯混，每长一丈，一功二分；连梯混，侧面出线，每长一丈，一功五分。

衮砧：每一枚，云头，五分功；方直，三分功。

托枨：每一条，四厘功。

曲枨：每一条，五厘功。

安卓：三分功。若用地栿、望柱，其功加倍。

【译文】

叉子，一间，高度为五尺，宽一丈。

造作功（下面都用三瓣霞子）：

棂子：笏头，方直（腰串也是方直型），三功；挑瓣云头，方直（腰串破瓣），三功七分；云头，方直，出心线（腰串侧面出心线），四功五分；云头，方直，出边线，压白（腰串侧面出心线压白），五功五分；海石榴头，一混，心出单线，两边线（腰串破瓣单混出线），六功五分；海石榴头，破瓣，瓣里单混，面上出心线（腰串侧面上出心线，压白边线），七个功。

望柱：仰覆莲花，胡桃子，破瓣，混面上出线，一个功。海石榴头，一功二分。

地栿：连梯混，每长为一丈，一功二分；连梯混，侧面出线，每长为一丈，一功五分。

衮砧：每一枚，云头，五分功；方直，三分功。

托枨：每一条，四厘功。

曲枨：每一条，五厘功。

安装：三分功。（如果采用地栿、望柱，所用的功数量加倍。）

勾栏　重台勾栏、单勾栏

【原文】

重台勾栏，长一丈为率，高四尺五寸。

造作功：

角柱，每一枚，一功三分。[1]望柱，破瓣，仰覆莲胡桃子造，每一条，一功五分。矮柱，每一枚，三分功。花托柱，每一枚，四分功。蜀柱，瘿项，每一枚，六分六厘功。花盆霞子，每一枚，一功。云栱，每一枚，六分功。上花板，每一片，二分五厘功。下花板，减五厘功，其花纹并雕作计功。地栿，每一丈，二功。束腰，长同上，一功二分。盆唇并八混，寻杖同。其寻杖若六混造，减一分五厘功；四混，减三分功；一混，减四分五厘功。

拢裹：共三功五分。

安卓：一功五分。

单勾栏，长一丈为率，高三尺五寸。

造作功：

望柱：海石榴头，一功一分九厘。仰覆莲胡桃子，九分四厘五毫功。

万字，每片四字，二功四分。如减一字，即减六分功，加亦如之。如作钩片，每一功减一分功。若用花板，不计。托枨，每一条，三厘功。蜀柱，撮项，每一枚，四分五厘功。蜻蜓头，减一分功；枓子，减二分功。地栿，每长一丈四尺，七厘功。盆唇，加三厘功。花板，每一片，二分功。其花纹并雕作计功。八混寻杖，每长一丈，一功。六混减二分功；四混减四分功；一混减六分七厘功。云栱，每一枚，五分功。卧櫺子，每一条，五厘功。

拢裹：一功。

安卓：五分功。

【译文】

重台勾栏，长一丈为准，高度为四尺五寸。

造作功：角柱，每一枚，一个功零三分。望柱（破瓣仰覆莲胡桃子造型），每一条，一功五分。矮柱，每一枚，三分功。花托柱，每一枚，四分功。蜀柱瘿项，每一枚，六分六厘功。花盆霞子，每一枚，一个功。云栱，每一枚，六分功。上花板，每一片，二分五厘功。（下面的花板减去五厘功。花纹及其雕作都计入所用功。）地栿，每一丈，两个功。束腰（长度同上），一功二分。（盆唇与八混寻杖相同。寻杖如果采用六混造型，则减去一分五厘功，四混则减去三分功，一混减去四分五厘功。）

拢裹：共三功五分。

安装：一功五分。

单勾栏，长度以一丈为标准，高三尺五寸。

造作功：望柱，海石榴头，一功一分九厘。仰覆莲胡桃子，九分四厘五毫功。万字，每片做四字，二功四分。（如果减少一字，则减去六分功。增加也是如此。如果做钩片，每一个功减去一分功。如果采用花板，不计功。）托枨，每一条，三厘功。蜀柱撮项，每一枚，四分五厘功。（蜻蜓头，减去一分功。斗子，减去二分功。）地栿，每长一丈四尺，七厘功。（做盆唇，另加三厘功。）花板，每一片，二分功。（花纹及其雕作计入所用功。）八混寻杖，每长一丈，一个功。（六混减二分功，四混减四分功，一混减六分七厘功。）云栱，每一枚，五分功。卧棂子，每一条，五厘功。

拢裹：一个功。

安装：五分功。

椀笼子

【原文】

椀笼子，一只，高五尺，上广二尺，下广三尺。

造作功：四瓣，锃脚、单楅、棂子，二功。四瓣，锃脚、双楅、腰串、棂子、牙子，四功。六瓣，双楅、单腰串、棂子、子桯、仰覆莲花胡桃子，六功。八瓣[1]，双楅、锃脚、腰串、棂子、垂脚、牙子、柱子、海石榴头，七功。

安卓功：四瓣，锃脚、单楅、棂子；四瓣，锃脚、双楅、腰串、棂子、牙子；右（上）各三分功。六瓣，双楅、单腰串、棂子、子桯、仰覆莲花胡桃子；八瓣，双楅、锃脚、腰串、棂子、垂脚、牙子、柱子、海石榴头。右（上）各五分功。

【梁注】

[1] 这里所谓"八瓣""六瓣""四瓣"是指椀笼子平面作八角形、六角形或四方形。其余"锃""楅""棂子"等等是指所用的各种名件。"仰覆莲花胡桃子"和"海石榴头"是指棂子上端出头部分的雕饰样式。

【译文】

椀笼子，一只，高度为五尺，上面宽二尺，下面宽三尺。

造作功：四瓣，锃脚、单楅、棂子，两个功。四瓣，锃脚、双楅、腰串、棂子、牙子，四个功。六瓣，双楅、单腰串、棂子、子桯、仰覆莲花胡桃子，六个功。八瓣，双楅、锃脚、腰串、棂子、垂脚、牙子、柱子海石榴头，七个功。

安装功：四瓣，锃脚、单楅、棂子；四瓣，锃脚、双楅、腰串、棂子、牙子。以上各用三分功。六瓣，双楅、单腰串、棂子、子桯、仰覆莲花胡桃子；八瓣，双槐、锭脚、腰串、栿子、垂脚、牙子、柱子、海石榴头。以上各用五分功。

井亭子

【原文】

井亭子，一坐，锭脚至脊共高一丈一尺，鸱尾在外，方七尺。

造作功：结窋、柱木、锭脚等，共四十五功。斗栱，一寸二分材，每一朵，一功四分。

安卓：五功。

【译文】

井亭子，一座，从锭脚到脊，总共高一丈一尺（不包括鸱尾），七尺见方。

造作功：结窋、柱木、锭脚等，共四十五个功。斗栱，一寸二分的材，每一朵，一个功零四分。

安装：五个功。

牌

【原文】

殿、堂、楼、阁、门、亭等牌，高二尺至七尺，广一尺六寸至五尺六寸。如官府或仓库等用，其造作功减半，安卓功三分减一分。

造作功：安勘头、带、舌内花板在内。高二尺，六功。每高增一尺，其功加倍。安挂功同。

安挂功：高二尺，五分功。

【译文】

殿、堂、楼、阁、门、亭等的牌匾，高度为二尺至七尺，宽一尺六寸至五尺六寸。（如果是官府或仓库等使用，造作功减去一半，安装功减去三分之一。）

造作功（包括安装校勘牌头、牌带、牌舌内的花板在内）：高二尺，六个功。（高度每增加一尺，所用功加倍。安挂牌匾所用的功相同。）

安挂功：高二尺，五分功。

小木作功限三

佛道帐

【原文】

佛道帐，一坐，下自龟脚，上至天宫鸱尾，共高二丈九尺。

坐，高四尺五寸，间广六丈一尺八寸，深一丈五尺。

造作功：车槽上下涩、坐面猴面涩，芙蓉瓣造，每长四尺五寸；子涩，芙蓉瓣造，每长九尺；卧棵，每四条；立棵，每一十条；上下马头棵，每一十二条；车槽涩并芙蓉板，每长四尺；坐腰并芙蓉花板，每长三尺五寸；明金板芙蓉花瓣，每长二丈；拽后棵，每一十五条，罗纹棵同；柱脚枋，每长一丈二尺；榻头木，每长一丈三尺；龟脚，每三十枚；枓槽板并钥匙头，每长一丈二尺，压厦板同；钿面合板，每长一丈，广一尺。右（上）各一功。

贴络门窗并背板，每长一丈，共三功。

纱窗上五铺作，重栱、卷头斗栱，每一朵，二功。枋桁及普拍枋在内。若出角或入角者，其功加倍。腰檐、平坐同。诸帐及经藏准此。

拢裹：一百功。

安卓：八十功。

帐身，高一丈二尺五寸，广五丈九尺一寸，深一丈二尺三寸，分作五间造。

造作功：帐柱，每一条；上内外槽隔枓板，并贴络及仰托棵在内，每长五尺；

欢门，每长一丈。右（上）各一功五分。

里槽下锃脚板，并贴络等，每长一丈，共二功二分。

帐带，每三条；虚柱，每三条；两侧及后壁板，每长一丈，广一尺；心柱，每三条；难子，每长六丈；随间枨，每二条；方子，每长三丈；前后及两侧安平棋搏难子，每长五尺。右（上）各一功。平棋依本功。斗八，一坐，径三尺二寸，并八角，共高一尺五寸；五铺作，重栱、卷头，共三十功。四斜球纹截间格子，一间，二十八功；四斜球纹泥道格子门，一扇，八功。

拢裹：七十功。

安卓：四十功。

腰檐，高三尺，间广五丈八尺八寸，深一丈。

造作功：前后及两侧枓槽板并钥匙头，每长一丈二尺；压厦板，每长一丈二尺，山板同；枓槽卧棍，每四条；上下顺身棍，每长四丈；立棍，每一十条；贴身，每长四丈；曲椽，每二十条；飞子，每二十五枚；屋内搏，每长二丈，榑脊同；大连檐，每长四丈，瓦陇条同；厦瓦板并白板，每各长四丈，广一尺；瓦口子，并签切，每长三丈。右（上）各一功。抹角枨，每一条，二分功；角梁，每一条；角脊，每四条。右（上）各一功二分。

六铺作，重栱、一杪、两昂斗栱，每一朵，共二功五分。

拢裹：六十功。

安卓：三十五功。

平坐，高一尺八寸，广五丈八尺八寸，深一丈二尺。

造作功：枓槽板并钥匙头，每一丈二尺；压厦板，每长一丈；卧棍，每四条；立棍，每一十条；雁翅板，每长四丈；面板，每长一丈。右（上）各一功。

六铺作，重栱、卷头斗栱，每一朵，共二功三分。

拢裹：三十功。

安卓：二十五功。

天宫楼阁：

造作功：殿身，每一坐，广三瓣，重檐，并挟屋及行廊，各广二瓣，诸事件并在内，共一百三十功；茶楼子，每一坐，广三瓣，殿身、挟屋、行廊同上；角楼，每一坐，广一瓣半，挟屋、行廊同上。右（上）各一百一十功。龟头，每一坐，广二瓣，四十五功。

拢裹：二百功。

安卓：一百功。

圆桥子，一坐，高四尺五寸，搜脚长五尺五寸，广五尺，下用连梯、龟脚，上施勾栏、望柱。

造作功：连梯桯，每二条；龟脚，每一十二条；促踏板棍，每三条。右（上）各六分功。连梯当，每二条，五分六厘功。连梯棍，每二条，二分功。望柱，每一条，一分三厘功。背板，每长、广各一尺；月板，长、广同上。右（上）各八厘功。望柱上棍，每一条，一分二厘功。难子，每五丈，一功。颊板，每一片，一功二分。促踏板，每一片，一分五厘功。随圆势勾栏，共九功。

拢裹：八功。

右（上）佛道帐总计：造作共四千二百九功九分，拢裹共四百六十八功，安卓共二百八十功。

若作山花帐头造者，唯不用腰檐及天宫楼阁，除造作、安卓共一千八百二十功九分，于平坐上作山花帐头，高四尺，广五丈八尺八寸，深一丈二尺。

造作功：顶板，每长一丈，广一尺；混肚枋，每长一丈；榅，每二十条。右（上）各一功。仰阳板，每长一丈，贴络在内；山花板，长同上。右（上）各一功二分。合角贴，每一条，五厘功。右（上）造作计一百五十三功九分。

拢裹：一十功。

安卓：一十功。

【译文】

佛道帐，一座，下面从龟脚算起，上面至天宫鸱尾，总共高二丈九尺。

坐，高四尺五寸，开间宽度为六丈一尺八寸，深一丈五尺。

造作功：车槽上下涩、坐面猴面涩，芙蓉瓣的做法，每长四尺五寸；子涩，芙蓉瓣的做法，每长九尺；卧棍，每四条；立棍，每十条；上下马头棍，每十二条；车槽涩和芙蓉花板，每长四尺；坐腰和芙蓉花板，每长三尺五寸；明金板芙蓉花瓣，每长二丈；搜后棍，每十五条（罗纹棍与此相同），柱脚枋，每长一丈二尺；榅头木，每长一丈三尺；龟脚，每三十枚；斗槽板和钥匙头，每长一丈二尺（压厦板与此相同）；钿面合板，每长一丈，宽一尺。以上各一功。

贴络门窗和背板，每长一丈，共三个功；纱窗上五铺作重栱卷头斗栱，每一朵两个功。（包括方桁和普拍枋在内。如果是出角或者入角，所用的功数量加倍。腰檐平坐与此相同。其他诸帐和经藏也以此为准。）

拢裹：一百个功。

安装：八十个功。

帐身，高度为一丈二尺五寸，宽五丈九尺一寸，深一丈二尺三寸，分成五间建造。

造作功：帐柱，每一条；上面的内外槽隔斗板（包括贴络和仰托程在内），每长五尺；欢门，每长一丈。以上各用一个功零五分。里槽下锃脚板（包括贴络等在内），每长一丈，共二功二分。帐带，每三条；虚柱，每三条；两侧及后壁板，每长一丈，宽一尺；心柱，每三条；难子，每长六丈；随间栿，每二条；方子，每长三丈；前后及两侧安平棋搏难子，每长五尺。以上各一个功。平棋，依照本功。斗八，一座，直径三尺二寸，包括八个分角，总共高一尺五寸，五铺作重栱卷头，共三十个功。四斜球纹截间格子，一间，二十八个功；四斜球纹泥道格子门，一扇，八个功。

拢裹：七十个功。

安装：四十个功。

腰檐，高三尺，间宽五丈八尺八寸，深一丈。

造作功：前后及两侧斗槽板和钥匙头，每长一丈二尺；压厦板，每长一丈二尺（山板与此同）；斗槽卧棍，每四条；上下顺身棍，每长四丈；立棍，每十条；贴身，每长四丈；曲椽，每二十条；飞子，每二十五枚；屋内槫，每长二丈（槫脊与此同）；大连檐，每长四丈（瓦陇条与此同）；厦瓦板和白板，每各长四丈，宽一尺；瓦口子（包括签切），每长三丈。以上各一功。抹角栿，每一条，二分功。角梁，每一条；角脊，每四条。以上各一功二分。

六铺作重栱一杪两昂斗栱，每一朵，共二功五分。

拢裹：六十个功。

安装：三十五个功。

平坐，高一尺八寸，宽五丈八尺八寸，深一丈二尺。

造作功：斗槽板和钥匙头，每一丈二尺；压厦板，每长一丈；卧榥，每四条；立榥，每十条；雁翅板，每长四丈；面板，每长一丈。以上各一功。

六铺作重栱卷头斗栱，每一朵，共二功三分。

拢裹：三十个功。

安装：二十五个功。

天宫楼阁：

造作功：殿身，每一座（宽三瓣），重檐包括挟屋和行廊（各宽二瓣，其余所用构件都包括在内），共一百三十个功。茶楼子，每一座（宽三瓣，殿身、挟屋、行廊同上）；角楼，每一座（宽一瓣半，挟屋、行廊同上）。以上各一百一十个功。龟头，每一座（宽二瓣），四十五个功。

拢裹：二百个功。

安装：一百个功。

圆桥子，一座，高四尺五寸（拽脚长五尺五寸），宽五尺，下面使用连梯、龟脚，上面设置栏杆、望柱。

造作功：连梯程，每二条；龟脚，每十二条；促踏板榥，每三条。以上各六分功。连梯当，每二条，五分六厘功。连梯榥，每二条，二分功。望柱，每一条，一分三厘功。背板，每长宽各一尺；月板，长度和宽度同上。以上各八厘功。望柱上榥，每一条，一分二厘功。难子，每五丈，一个功。颊板，每一片，一功二分。促踏板，每一片，一分五厘功。跟随圆势建造栏杆，共九个功。

拢裹：八个功。

以上佛道帐总计：制作的用功限额，总计四千二百零九个功零九分，拢裹总计四百六十八个功，安装总计二百八十个功。

如果做山花帐头的造型，只是不使用腰檐和天宫楼阁（除去制作的用功定额、安装功，总计一千八百二十个功零九分），在平坐之上做山花帐头，高四尺，宽五丈八尺八寸，深一丈二尺。

造作功：顶板，每长一丈，宽一尺；混肚枋，每长一丈；槫，每二十条。以上各一个功。仰阳板，每长一丈（包括贴络在内）；山花板，长度同上。以上各一个功零二分。合角贴，每一条，五厘功。以上制作用功限额总计一百五十三个功零九分。

拢裹：十个功。

安装：十个功。

牙脚帐

【原文】

牙脚帐，一坐，共高一丈五尺，广三丈，内、外槽共深八尺，分作三间，帐头及坐各分作三段，帐头斗栱在外。

牙脚坐，高二尺五寸，长三丈二尺，坐头在内，深一丈。

造作功：连梯，每长一丈；龟脚，每三十枚；上梯盘，每长一丈二尺；束腰，每长三丈；牙脚，每一十枚；牙头，每二十片，剜切在内；填心，每一十五枚；压青牙子，每长二丈；背板，每广一尺，长二丈；梯盘榥，每五条；立榥，每一十二条；面板，每广一尺，长一丈。右（上）各一功。角柱，每一条；锃脚上衬板，每一十片。右（上）各二分功。重台小勾栏，共高一尺，每长一丈，七功五分。

拢裹：四十功。

安卓：二十功。

帐身，高九尺，长三丈，深八尺，分作三间。

造作功：内、外槽帐柱，每三条；里槽下锃脚，每二条。右（上）各三功。内、外槽上隔枓板，并贴络仰托榥在内，每长一丈，共二功二分。内、外槽欢门同。颊子，每六条，共一功二分，虚柱同。帐带，每四条；帐身板难子，每长六丈，泥道板难子同；平棋搏难子，每长五丈；平棋贴内贴络花纹[1]，每广一尺，长二尺。右（上）各一功。两侧及后壁帐身板，每广一尺，长一丈，八分功。泥道板，每六片，共六分功。心柱，每三条，共九分功。

拢裹：四十功。

安卓：二十五功。

帐头，高三尺五寸，枓槽长二丈九尺七寸六分，深七尺七寸六分，分作三段造。

造作功：内、外槽并两侧夹枓槽板，每长一丈四尺，压厦板同；混肚枋，每长一丈，山花板、仰阳板并同；卧榥，每四条；马头榥，每二十条，福同。右（上）各一功。六铺作，重栱、一杪、两下昂斗栱，每一朵，共二功三分。顶板，每广一尺，长一丈，八分功。合角贴，每一条，五厘功。

拢裹：二十五功。

安卓：一十五功。

右（上）牙脚帐总计：造作共七百四功三分，拢裹共一百五功，安卓共六十功。

【梁注】

[1]各本均作"平棋贴内每广一尺长二尺"，显然有遗漏，按卷二十一"平棋"篇："每平棋内于贴内贴络花纹，广一尺，长二尺，共一功"；因此在这里增补"贴络花纹"四字。

【译文】

牙脚帐，一座，总共高一丈五尺，宽三丈，内外槽总共深八尺，分成三间，帐头和底座各分成三段（不包括帐头斗栱在内）。牙脚坐，高二尺五寸，长三丈二尺（包括坐头在内），深一丈。

造作功：连梯，每长一丈；龟脚，每三十枚；上梯盘，每长一丈二尺；束腰，每长三丈；牙脚，每十枚；牙头，每二十片（包括剜凿切割在内）；填心，每十五枚；压青牙子，每长二丈；背板，每宽一尺，长二丈；梯盘榥，每五条；立榥，每十二条；面板，每宽一尺，长一丈。以上各一个功。角柱，每一条；锃脚上衬板，每十片。以上各二分功。重台小勾栏，共高一尺，每长一丈，七功五分。

拢裹：四十个功。

安装：二十个功。

帐身，高九尺，长三丈，深八尺，分成三间。

造作功：内外槽帐柱，每三条；里槽下锃脚，每二条。以上各三个功。内外槽上隔斗板（包括贴络仰托榥在内），每长一丈，共二功二分（内外槽欢门相同）。颊子，每六条，共一功二分（虚柱相同）。帐带，每四条；帐身板难子，每长六丈（泥道板、难子相同）；平棋搏难子，每长五丈；平棋贴内贴络花纹，每宽一尺，长二尺。以上各一个功。两侧及后壁帐身板，每宽一尺，长一丈，八分功。泥道板，每六片，共六分功。心柱，每三条，共九分功。

拢裹：四十个功。

安装：二十五个功。

帐头，高三尺五寸，斗槽长二丈九尺七寸六分，深七尺七寸六分，分成三段制作。

造作功：内外槽和两侧夹斗槽板，每长一丈四尺（压厦板相同）；混肚枋，每长一丈（山花板、仰阳板都相同）；卧棍，每四条；马头棍，每二十条（福相同）。以上各一个功。六铺作重栱一秒两下昂斗栱，每一朵，共二功三分。顶板，每宽一尺，长一丈，八分功。合角贴，每一条，五厘功。

拢裹：二十五个功。

安装：十五个功。

以上牙脚帐总计：制作用功定额，共七百零四个功零三分，拢裹总计一百零五个功，安装总计共六十功。

九脊小帐

【原文】

九脊小帐，一坐，共高一丈二尺，广八尺，深四尺。

牙脚坐，高二尺五寸，长九尺六寸，深五尺。

造作功：连梯，每长一丈；龟脚，每三十枚；上梯盘，每长一丈二尺。右（上）各一功。连梯棍；梯盘棍。右（上）各共一功。面板，共四功五分。立棍，共三功七分。背板；牙脚。右（上）各共三功。填心；束腰铤脚。右（上）各共二功。牙头；压青牙子。右（上）各共一功五分。束腰铤脚衬板，共一功二分。角柱，共八分功。束腰铤脚内小柱子，共五分功。重台小勾栏并望柱等，共一十七功。

拢裹：二十功。

安卓：八功。

帐身，高六尺五寸，广八尺，深四尺。

造作功：内、外槽帐柱，每一条，八分功。里槽后壁并两侧下铤脚板并仰托棍，贴络在内，共三功五厘。内、外槽两侧并后壁上隔枓板并仰托棍，贴络柱子在内，共六功四分。两颊；虚柱。右（上）各共四分功。心柱，共三分功。帐身板，共五功。帐身难子；内、外欢门；内、外帐带。右（上）各二功。泥道板，共二分功。泥道难子，六分功。

拢裹：二十功。

安卓：一十功。

帐头，高三尺，鸱尾在外，广八尺，深四尺。

造作功：五铺作，重栱、一杪、一下昂斗栱，每一朵，共一功四分。结瓷事件等，共二十八功。

拢裹：一十二功。

安卓：五功。

帐内平棊：造作，共一十五功。安难子又加一功。

安挂功：每平棊一片，一分功。

右（上）九脊小帐总计：造作共一百六十七功八分，拢裹共五十二功，安卓共二十三功三分。

【译文】

九脊小帐，一座，共高一丈二尺，宽八尺，深四尺。

牙脚坐，高二尺五寸，长九尺六寸，深五尺。

造作功：连梯，每长一丈；龟脚，每三十枚；上梯盘，每长一丈二尺。以上各一个功。连梯棍；梯盘棍。以上各自共计一个功。面板，共四功五分。立棍，共三功七分。背板；牙脚。以上各共三个功。填心；束腰锃脚。以上各自共计两个功。牙头；压青牙子。以上各共一功五分。束腰锃脚衬板，共一功二分。角柱，共八分功。束腰锃脚内小柱子，共五分功。重台小勾栏和望柱等，共十七个功。

拢裹：二十个功。

安装：八个功。

帐身，高六尺五寸，宽八尺，深四尺。

造作功：内外槽帐柱，每一条，八分功；里槽后壁以及两侧下锃脚板和仰托棍（包括贴络在内），共三功五厘；内外槽两侧及后壁上隔斗板和仰托棍（包括贴络柱子在内），共六功四分。两颊；虚柱。以上各自共计四分功。心柱，共三分功。帐身板，共五个功。帐身难子；内外欢门；内外帐带。以上各两个功。泥道板，共二分功。泥道难子，六分功。

拢裹：二十个功。

安装：十个功。

帐头，高三尺（不包括鸱尾在内），宽八尺，深四尺。

造作功：五铺作重栱一杪一下昂斗栱，每一朵，共一功四分。结宽事件等，共二十八个功。

拢裹：十二个功。

安装：五个功。

帐内平棋：造作，十五个功。（安装难子，再加一个功。）

安挂功：每平棋一片，一分功。

以上九脊小帐总计：制作用功定额，共计一百六十七个功零八分，拢裹共计五十二个功，安装共计二十三个功零三分。

壁帐

【原文】

壁帐，一间，高一丈一尺[1]，共广一丈五尺。

造作功：拢裹功在内。斗栱，五铺作，一杪、一下昂，普拍枋在内，每一朵，一功四分。

仰阳山花板、帐柱、混肚枋、枓槽板、压厦板等，共七功。球纹格子、平棋、叉子，并各依本法。

安卓：三功。

【梁注】

[1]各本均作"广一丈一尺"，"广"显是"高"之误，予以改正。

【译文】

壁帐，一间，宽一丈一尺，总宽度为一丈五尺。

造作功（包括拢裹功在内）：斗栱五铺作一杪一下昂（包括普拍枋在内），每一朵，用一功四分；仰阳山花板、帐柱、混肚枋、斗槽板、压厦板等，共七个功；球纹格子、平棋、叉子，全都依照本规定。

安装：三个功。

卷二十三

小木作功限四

转轮经藏

【原文】

转轮经藏，一坐，八瓣，内、外槽帐身造。

外槽帐身，腰檐、平坐上施天宫楼阁，共高二丈，径一丈六尺。

帐身，外柱至地，高一丈二尺。

造作功：帐柱，每一条；欢门，每长一丈。右（上）各一功五分。隔枓板并贴柱子及仰托棍，每长一丈，二功五分。帐带，每三条，一功。

拢裹：二十五功。

安卓：一十五功。

腰檐，高二尺，枓槽径一丈五尺八寸四分。

造作功：枓槽板，长一丈五尺，压厦板及山板同，一功。内、外六铺作，外跳一杪、两下昂，里跳并卷头斗栱，每一朵，共二功三分。角梁，每一条，子角梁同，八分功。贴生，每长四丈；飞子，每四十枚；白板，约计每长三丈，广一尺，厦瓦板同；瓦陇条，每四丈；榑脊，每长二丈五尺，搏脊榑同；角脊，每四条；瓦口子，每长三丈；小山子板，每三十枚；井口棍，每三条；立棍，每一十五条；马头棍，每八条。右（上）各一功。

拢裹：三十五功。

安卓：二十功。

平坐，高一尺，径一丈五尺八寸四分。

造作功：枓槽板，每长一丈五尺，压厦板同；雁翅板，每长三丈；井口棜，每三条；马头棜，每八条；面板，每长一丈，广一尺。右（上）各一功。斗栱，六铺作并卷头，材广、厚同腰檐，每一朵，共一功一分。单勾栏，高七寸，每长一丈，望柱在内，共五功。

拢裹：二十功。

安卓：一十五功。

天宫楼阁，共高五尺，深一尺。

造作功：角楼子，每一坐，广二瓣，并挟屋、行廊，各广二瓣，共七十二功。茶楼子，每一坐，广同上，并挟屋、行廊，各广同上，共四十五功。

拢裹：八十功。

安卓：七十功。

里槽，高一丈三尺，径一丈。坐，高三尺五寸，坐面径一丈一尺四寸四分，枓槽径九尺八寸四分。

造作功：龟脚，每二十五枚；车槽上下涩、坐面涩、猴面涩，每各长五尺；车槽涩并芙蓉花板，每各长五尺；坐腰上下子涩，三涩，每各长一丈，壶门神龛并背板同；坐腰涩并芙蓉花板，每各长四尺；明金板，每长一丈五尺；枓槽板，每长一丈八尺，压厦板同；坐下榻头木，每长一丈三尺，下卧棜同；立棜，每一十条；柱脚枋，每长一丈二尺，枋下卧棜同；拽后棜，每一十二条，猴面钿面棜同；猴面梯盘棜，每三条；面板，每长一丈，广一尺。右（上）各一功。六铺作，重栱、卷头斗栱，每一朵，共一功一分。上、下重台勾栏，高一尺，每长一丈，七功五分。

拢裹：三十功。

安卓：二十功。

帐身，高八尺五寸，径一丈。

造作功：帐柱，每一条，一功一分。上隔枓板并贴络柱子及仰托棜，每各长一丈，二功五分。下锃脚隔枓板并贴络柱子及仰托棜，每各长一丈，二功。两颊，每一条，三分功。泥道板，每一片，一分功。欢门花瓣，每长一丈；帐带，每三条；帐身板，约计每长一丈，广一尺；帐身内、外难子及泥道难子，每各长六丈。右（上）各一功。门子，合板造，每一合，四功。

拢裹：二十五功。

安卓：一十五功。

柱上帐头，共高一尺，径九尺八寸四分。

造作功：枓槽板，每长一丈八尺，压厦板同；角栿，每八条；搭平棋方子，每长三丈。右（上）各一功。平棋，依本功。六铺作，重栱、卷头斗栱，每一朵，一功一分。

拢裹：二十功。

安卓：一十五功。

转轮，高八尺，径九尺；用立轴长一丈八尺，径一尺五寸。

造作功：轴，每一条，九功。辐，每一条；外辋，每二片；里辋，每一片；里柱子，每二十条；外柱子，每四条；挟木，每二十条；面板，每五片；格板，每一十片；后壁格板，每二十四片；难子，每长六丈；托辐牙子，每一十枚；托枨，每八条；立绞榥，每五条；十字套轴板，每一片；泥道板，每四十片。右（上）各一功。

拢裹：五十功。

安卓：五十功。

经匣，每一只，长一尺五寸，高六寸，盝顶在内，广六寸五分。

造作、拢裹：共一功。

右（上）转轮经藏总计：造作共一千九百三十五功二分，拢裹共二百八十五功，安卓共二百二十功。

【译文】

转轮经藏，一座，八边形，帐身做内、外槽两部分。外槽帐身，腰檐、平坐上面建造天宫楼阁，共高二丈，直径为一丈六尺。帐身外面的柱子到地面，高一丈二尺。

造作功：帐柱，每一条；欢门，每长一丈。以上各用一功五分。隔斗板包括贴柱子和仰托榥，每长一丈，二功五分。帐带，每三条，一个功。

拢裹：二十五个功。

安装：十五个功。

腰檐，高二尺，斗槽直径为一丈五尺八寸四分。

造作功：斗槽板，长一丈五尺（压厦板及山板与此相同），一个功；内外六铺作，外跳一杪两下昂，里跳并卷头斗栱，每一朵，共用二功三分。角梁，每一条（子角梁与此相同），八分功。贴生，每长四丈；飞子，每四十枚；白板，粗略计算每长三丈，宽一尺（厦瓦板与此相同）；瓦陇条，每四丈；槫脊，每长二丈五尺（搏脊槫与此相同）；角脊，每四条；瓦口子，每长三丈；小山子板，每三十枚；井口榥，每三条；立榥，每十五条；马头榥，每八条。以上各一个功。

拢裹：三十五个功。

安装：二十个功。

平坐，高一尺，直径一丈五尺八寸四分。

造作功：斗槽板，每长一丈五尺（压厦板与此相同）；雁翅板，每长三丈；井口榥，每三条；马头榥，每八条；面板，每长一丈，宽一尺。以上各一个功。斗栱六铺作并卷头（材的宽度和厚度与腰檐相同），每一朵，共用一功一分。单勾栏，高七寸，每长一丈（包括望柱在内），共五功。

拢裹：二十个功。

安装：十五个功。

天宫楼阁，共高五尺，深一尺。

造作功：角楼子，每一座（宽为二瓣），连带挟屋行廊（各宽为二瓣），共七十二个功。茶楼子，每一座（宽度同上），连带挟屋行廊（各宽同上），共四十五个功。

拢裹：八十个功。

安装：七十个功。

里槽，高一丈三尺，直径一丈。坐，高三尺五寸，坐面直径一丈一尺四寸四分，斗槽直径九尺八寸四分。

造作功：龟脚，每二十五枚；车槽上下涩、坐面涩、猴面涩，每各长五尺；车槽涩和芙蓉花板，每各长五尺；坐腰上下子涩，三涩，每各长一丈（壶门神龛和背板与此相同）；坐腰涩和芙蓉花板，每样各长四尺；明金板，每长一丈五尺；斗槽板，每长一丈八尺（压厦板与此相同）；坐下榻头木，每长一丈三尺（下卧榥与此相同）；立榥，每十条；柱脚枋，每长一丈二尺（枋下卧榥与此相同）；拽后榥，每十二条（猴面钿面榥与此相同）；猴面梯盘榥，每三条；面板，每长一丈，宽一尺。以上各用一个功。六铺作重栱卷头斗栱，每一朵，共用一功一分。上下重台勾栏，高一尺，每长一丈，七功五分。

拢裹：三十个功。

安装：二十个功。

帐身，高八尺五寸，直径一丈。

造作功：帐柱，每一条，一功一分。上隔斗板和贴络柱子以及仰托榥，每各长一丈，二功五分。下锃脚隔斗板和贴络柱子以及仰托榥，每各长一丈，二功。两颊，每一条，三分功。泥道板，每一片，一分功。欢门花瓣，每长一丈；帐带，每三条；帐身板，粗略计为每长一丈，宽一尺；帐身内外难子以及泥道难子，每各长六丈。以上各用一个功。门子，采用合板做法，每一合，四个功。

拢裹：二十五个功。

安装：十五个功。

柱上帐头，共高一尺，直径九尺八寸四分。

造作功：斗槽板，每长一丈八尺（压厦板与此相同）；角栿，每八条；搭平棋方子，每长三丈。以上各一个功。平棋，依照本功。六铺作重栱卷头斗栱，每一朵，一功一分。

拢裹：二十个功。

安装：十五个功。

转轮，高八尺，直径九尺，用立轴的长度为一丈八尺，直径一尺五寸。

造作功：轴，每一条，九个功。辐，每一条；外辋，每两片；里辋，每一片；里柱子，每二十条；外柱子，每四条；挟木，每二十条；面板，每五片；格板，每十片；后壁格板，每二十四片；难子，每长六丈；托辐牙子，每十枚；托枨，每八条；立绞榥，每五条；十字套轴板，每一片；泥道板，每四十片。以上各用一个功。

拢裹：五十个功。

安装：五十个功。

经匣，每一只，长一尺五寸，高六寸（包括盝顶在内），宽六寸五分。造作、拢裹，共一功。

以上转轮经藏总计：制作用功定额，共计一千九百三十五个功零二分，拢裹共计二百八十五个功，安装共计二百二十个功。

壁藏

【原文】

壁藏，一坐，高一丈九尺，广三丈，两摆手各广六尺，内、外槽共深四尺。

坐，高三尺，深五尺二寸。

造作功：车槽上下涩并坐面猴面涩，芙蓉瓣，每各长六尺；子涩，每长一丈；卧棍，每一十条；立棍，每一十二条，拽后棍、罗纹棍同；上下马头棍，每一十五条；车槽涩并芙蓉花板，每各长五尺；坐腰并芙蓉花板，每各长四尺；明金板，并造瓣，每长二丈，枓槽、压厦板同；柱脚枋，每长一丈二尺；榻头木，每长一丈三尺；龟脚，每二十五枚；面板，合缝在内，约计每长一丈，广一尺；贴络神龛并背板，每各长五尺；飞子，每五十枚；五铺作，重栱、卷头斗栱，每一朵。右（上）各一功。上下重台勾栏，高一尺，长一丈，七功五分。

拢裹：五十功。

安卓：三十功。

帐身，高八尺，深四尺；作七格，每格内安经匣四十枚。

造作功：上隔科并贴络及仰托棍，每各长一丈，共二功五分。下锃脚并贴络及仰托棍，每各长一丈，共二功。帐柱，每一条；欢门，剜造花瓣在内，每长一丈；帐带，剜切在内，每三条；心柱，每四条；腰串，每六条；帐身合板，约计每长一丈，广一尺；格棍，每长三丈，逐格前、后柱子同；钿面板棍，每三十条；格板，每二十片，各广八寸；普拍枋，每长二丈五尺；随格板难子，每长八丈；帐身板难子，每长六丈。右（上）各一功。平棊，依本功。折叠门子，每一合，共三功。逐格钿面板，约计每长一丈，广一尺，八分功。

拢裹：五十五功。

安卓：三十五功。

腰檐，高二尺，枓槽共长二丈九尺八寸四分，深三尺八寸四分。

造作功：枓槽板，每长一丈五尺，钥匙头及压厦板并同；山板，每长一丈五尺，合广一尺；贴生，每长四丈，瓦陇条同；曲椽，每二十条；飞子，每四十枚；白板，约计每长三丈，广一尺，厦瓦板同；搏脊槫，每长二丈五尺；小山子板，每三十枚；瓦口子，签切在内，每长三丈；卧榥，每一十条；立榥，每一十二条。右（上）各一功。六铺作，重栱、一杪、两下昂斗栱，每一朵，一功二分。角梁，每一条，子角梁同，八分功。角脊，每一条，二分功。

拢裹：五十功。

安卓：三十功。

平坐，高一尺，枓槽共长二丈九尺八寸四分，深三尺八寸四分。

造作功：枓槽板，每长一丈五尺，钥匙头及压厦板并同；雁翅板，每长三丈；卧榥，每一十条；立榥，每一十二条；钿面板，约计每长一丈，广一尺。右（上）各一功。六铺作，重栱、卷头斗栱，每一朵，共一功一分。单勾栏，高七寸，每长一丈，五功。

拢裹：二十功。

安卓：一十五功。

天宫楼阁：

造作功：殿身，每一坐，广二瓣，并挟屋、行廊，各广二瓣，各三层，共八十四功。

角楼，每一坐，广同上，并挟屋、行廊等并同上；茶楼子，并同上。右（上）各七十二功。龟头，每一坐，广一瓣，并行廊屋，广二瓣，各三层，共三十功。

拢裹：一百功。

安卓：一百功。

经匣，准转轮藏经匣功。

右（上）壁藏一坐总计：造作共三千二百八十五功三分，拢裹共二百七十五功，安卓共二百一十功。

【译文】

壁藏，一座，高度为一丈九尺，宽三丈，两个摆手各宽六尺，内外槽总共深四尺。坐，高为三尺，深五尺二寸。

造作功：车槽上下涩包括坐面、猴面涩，芙蓉瓣，每各长六尺；子涩，每长一丈；卧棍，每十条；立棍，每十二条（拽后棍、罗纹棍与此相同）；上下马头棍，每十五条；车槽涩和芙蓉花板，每各长五尺；坐腰和芙蓉花板，每各长四尺；明金板（包括造瓣），每长二丈（枓槽、压厦板与此相同）；柱脚枋，每长一丈二尺；榻头木，每长一丈三尺；龟脚，每二十五枚；面板（包括合缝在内），约计每长一丈，宽一尺；贴络神龛和背板，每各长五尺；飞子，每五十枚；五铺作重栱卷头斗栱，每一朵。以上各用一个功。上下重台勾栏，高一尺，长一丈，七功五分。

拢裹：五十个功。

安装：三十个功。

帐身，高八尺，深四尺，做七个格，每个格内安装四十枚经匣。

造作功：上隔斗并贴络及仰托棍，每各长一丈，共二功五分。下锭脚并贴络及仰托棍，每各长一丈，共二功。帐柱，每一条；欢门（包括剜造花瓣在内），每长一丈；帐带（包括剜凿切割在内），每三条；心柱，每四条；腰串，每六条；帐身合板，约计每长一丈，宽一尺；格棍，每长三丈（每一格前后的柱子与此相同）；钿面板棍，每三十条；格板，每二十片，各宽八寸；普拍枋，每长二丈五尺；依随格板的难子，每长八丈；帐身板难子，每长六丈。以上各一个功。平棋，依照本功。折叠门子，每一合，共三个功。逐格钿面板，约计每长一丈，宽一尺，八分功。

拢裹：五十五个功。

安装：三十五个功。

腰檐，高度为二尺，斗槽全长二丈九尺八寸四分，深三尺八寸四分。

造作功：斗槽板，每长一丈五尺（钥匙头及压厦板都与此相同）；山板，每长一丈五尺，合宽一尺；贴生，每长四丈（瓦陇条与此相同）；曲椽，每二十条；飞子，每四十枚；白板，约计每长三丈，宽一尺（厦瓦板与此相同）；搏脊槫，每长二丈五尺；小山子板，每三十枚；瓦口子（包括签切在内），每长三丈；卧棍，每十条；立棍，每十二条。以上各一个功。六铺作重栱一杪两下昂斗栱，每一朵，一功二分。角梁，每一条（子角梁相同），八分功。角脊，每一条，二分功。

拢裹：五十个功。

安装：三十个功。

平坐，高一尺，斗槽共长二丈九尺八寸四分，深三尺八寸四分。

造作功：斗槽板，每长一丈五尺（钥匙头及压厦板都与此相同）；雁翅板，每长三丈；卧棍，每十条；立棍，每十二条；钿面板，约计每长一丈，宽一尺。以上各一个功。六铺作重栱卷头斗栱，每一朵，共一功一分。单勾栏，高七寸，每长一丈，五功。

拢裹：二十个功。

安装：十五个功。

天宫楼阁：

造作功：殿身，每一座（宽二瓣），连带挟屋行廊（各宽二瓣），各三层，共八十四个功。角楼，每一座（宽度同上），连带挟屋行廊等，都与以上相同；茶楼子，全都同上。以上各七十二个功。龟头，每一座（宽一瓣），连带行廊屋（宽二瓣），各三层，共三十个功。

拢裹：一百功。

安装：一百功。

经匣以转轮藏的经匣功为准。

以上一座壁藏总计：制作用功定额，共计三千二百八十五个功零三分，拢裹共计二百七十五个功，安装共计二百一十个功。

卷二十四

诸作功限一

雕木作

【原文】

每一件，混作：

照壁内贴络。

宝床，长三尺，每尺高五寸[1]，其床垂牙、豹脚造，上雕香炉、香合、莲花、宝窠、香山、七宝等，共五十七功。每增减一寸，各加减一功九分；仍以宝床长为法。

真人，高二尺，广七寸，厚四寸，六功。每高增减一寸，各加减三分功。

仙女，高一尺八寸，广八寸，厚四寸，一十二功。每高增减一寸，各加减六分六厘功。

童子，高一尺五寸，广六寸，厚三寸，三功三分。每高增减一寸，各加减二分二厘功。

角神，高一尺五寸，七功一分四厘。每增减一寸，各加减四分七厘六毫功。宝藏神，每功减三分功。

鹤子，高一尺，广八寸，首尾共长二尺五寸，三功。每高增减一寸，各加减三分功。

云盆或云气，曲长四尺，广一尺五寸，七功五分。每广增减一寸，各加减五分功。

帐上：

缠柱龙，长八尺，径四寸，五段造，并爪、甲、脊膊焰、云盆或山子，三十六功。每长增减一尺，各加减三功。若牙鱼并缠写生花，每功减一分功。

虚柱莲花蓬，五层，下层蓬径六寸为率，带莲荷、藕叶、枝梗，六功四分。每增减一层，各加减六分功。如下层莲径增减一寸，各加减三分功。

扛坐神，高七寸，四功。每增减一寸，各加减六分功。力士每功减一分功。

龙尾，高一尺，三功五分。每增减一寸，各加减三分五厘功。鸱尾功减半。

嫔伽，高五寸，连翅并莲花坐，或云子或山子，一功八分。每增减一寸，各加减四分功。

兽头，高五寸，七分功。每增减一寸，各加减一分四厘功。

套兽，长五寸，功同兽头。

蹲兽，长三寸，四分功。每增减一寸，各加减一分三厘功。

柱头：取径为准。

坐龙，五寸，四功。每增减一寸，各加减八分功。其柱头如带仰覆莲荷台坐，每径一寸，加功一分。下同。

狮子，六寸，四功二分。每增减一寸，各加减七分功。

孩儿，五寸，单造，三功。每增减一寸，各加减六分功。双造，每功加五分功。

鸳鸯，鹅、鸭之类同，四寸，一功。每增减一寸，各加减二分五厘功。

莲荷：

莲花，六寸，实雕六层，三功。每增减一寸，各加减五分功。如增减层数，以所计功作六分，每层各加减一分，减至三层止。如莲叶造，其功加倍。

荷叶，七寸，五分功。每增减一寸，各加减七厘功。

半混：

雕插及贴络写生花。透突造同。如剔地，加功三分之一。

花盆：

牡丹，芍药同，高一尺五寸，六功。每增减一寸，各加减五分功；加至二尺五寸，减至一尺止。

杂花，高一尺二寸，卷搭造，三功。每增减一寸，各加减二分三厘功，平雕减功三分之一。

花枝，长一尺，广五寸至八寸。

牡丹，芍药同，三功五分。每增减一寸，各加减三分五厘功。

杂花，二功五分。每增减一寸，各加减二分五厘功。

贴络事件：

升龙，行龙同，长一尺二寸，下飞凤同，二功。每增减一寸，各加减一分六厘功。牌上贴络者同。下准此。

飞凤，立凤、孔雀、牙鱼同，一功二分。每增减一寸[2]，各加减一分功。内凤如花尾造，平雕每功加三分功；若卷搭，每功加八分功。

飞仙，嫔伽类，长一尺一寸，二功。每增减一寸，各加减一分七厘功。

狮子，狻猊、麒麟、海马同，长八寸，八分功。每增减一寸，各加减一分功。

真人，高五寸，下至童子同，七分功。每增减一寸，各加减一分五厘功。

仙女，八分功。每增减一寸，各加减一分六厘功。

菩萨，一功二分。每增减一寸，各加减一分四厘功。

童子，孩儿同，五分功。每增减一寸，各加减一分功。

鸳鸯，鹦鹉、羊、鹿之类同，长一尺，下云子同，八分功。每增减一寸，各加减八厘功。

云子，六分功。每增减一寸，各加减六厘功。

香草，高一尺，三分功。每增减一寸，各加减三厘功。

故实人物，以五件为率，各高八寸，共三功。每增减一件，各加减六分功；即每增减一寸，各加减三分功。

帐上：

带，长二尺五寸，两面结带造，五分功。每增减一寸，各加减二厘功。若雕花者，同花板功。

山花蕉叶板，以长一尺、广八寸为率，实云头造，三分功。

平棋事件：

盘子，径一尺，划云子间起突盘龙，其牡丹花间起突龙、凤之类，平雕者同；卷搭者加功三分之一，三功。每增减一寸，各加减三分功，减至五寸止。下云圈、海眼板同。

云圈，径一尺四寸，二功五分。每增减一寸，各加减二分功。

海眼板，水地间海鱼等，径一尺五寸，二功。每增减一寸，各加减一分四厘功。

杂花，方三寸，透突、平雕，三分功。角花减功之半，角蝉又减三分之一。

花板：

透突[3]，间龙、凤之类同，广五寸以下，每广一寸，一功。如两面雕，功加倍。其剔地，减长六分之一；广六寸至九寸者，减长五分之一；广一尺以上者，减长三分之一。花板带同。

卷搭，雕云龙同，如两卷造，每功加一分功。下海石榴花两卷，三卷造准此，长一尺八寸。广六寸至九寸者，即长三尺五寸；广一尺以上者，即长七尺二寸。

海石榴，长一尺。广六寸至九寸者，即长二尺二寸；广一尺以上者，即长四尺五寸。

牡丹，芍药同，长一尺四寸。广六寸至九寸者，即长二尺八寸；广一尺以上者，即长五尺五寸。

平雕，长一尺五寸。广六寸至九寸者，即长六尺；广一尺以上者，即长一十尺。如长生蕙草间羊、鹿、鸳鸯之类，各加长三分之一。

勾栏、槛面：实云头两面雕造。如凿扑，每功加一分功。其雕花样者，同花板功。如一面雕者，减功之半。

云栱，长一尺，七分功。每增减一寸，各加减七厘功。

鹅项，长二尺五寸，七分五厘功。每增减一寸，各加减三厘功。

地霞，长二尺，一功三分。每增减一寸，各加减六厘五毫功。如用花盆，即同花板功。

矮柱，长一尺六寸，四分八厘功。每增减一寸，各加减三厘功。

划万字板，每方一尺，二分功。如钩片，减功五分之一。

橡头盘子，勾栏寻杖头同，剔地云凤或杂花，以径三寸为准，七分五厘功。每增减一寸，各加减二分五厘功。如云龙造，功加三分之一。

垂鱼，凿扑实雕云头造，惹草同，每长五尺，四功。每增减一尺，各加减八分功。如间云鹤之类，加功四分之一。

惹草，每长四尺，二功。每增减一尺，各加减五分功。如间云鹤之类，加功三分之一。

搏枓莲花，带枝梗，长一尺二寸，一功三分[①]。每增减一寸，各加减一分功。

---

① 其他版本也说"一功二分"。——编者注

如不带枝梗，减功三分之一。

手把飞鱼，长一尺，一功二分。每增减一寸，各加减一分二厘功。

伏兔荷叶，长八寸，四分功。每增减一寸，各加减五厘功。如莲花造，加功三分之一。

叉子：

云头，两面雕造双云头，每八条，一功。单云头加数二分之一。若雕一面，减功之半。

锃脚壶门板，实雕结带花，透突花同，每一十一盘，一功。

球纹格子挑白，每长四尺，广二尺五寸，以球纹径五寸为率计，七分功。如球纹径每增减一寸，各加减五厘功。其格子长广不同者，以积尺加减。

【梁注】

［1］"每尺高五寸"这五个字含义很不明确；从下文"仍以宝床长为法"推测，可能是说"每床长一尺，其高五寸"。

［2］这里显然是把长度尺寸遗漏了。从加减分数推测，似应也在一尺或一尺一寸左右。

［3］"透突"以及下面"卷搭""海石榴""牡丹""平雕"各条，虽经反复推敲，仍未能读懂。"透突"有"广"无"长"而规定"广一寸一功"；小注又说"减长"若干，其"长"从何而来？其余四条虽有"长"，小注虽有假定的"长""广"比例，但又无"功"。因此感到不知所云。此外，"透突""卷搭""平雕"是三种手法，而"海石榴""牡丹"却是两种题材，又怎能并列排比呢？

【译文】

每一件，混作雕刻：

照壁内做贴络装饰花纹。

宝床，长为三尺（每一尺的高为五寸，其床做垂牙、豹脚造型，上面雕刻香炉、香合、莲花、宝窠、香山、七宝等），共五十七个功。（尺寸每增减一寸，各加减一个功零九分。仍然以宝床的长度为标准。）

真人，高二尺，宽七寸，厚四寸，六个功。（高度每增减一寸，各加减三分功。）

仙女，高一尺八寸，宽八寸，厚四寸，十二个功。（高度每增减一寸，各加减六分六厘功。）

童子，高一尺五寸，宽六寸，厚三寸，三功三分。（高度每增减一寸，各加减二分二厘功。）

角神，高一尺五寸，七功一分四厘。（每增减一寸，各加减四分七厘六毫功。如果是宝藏神，则在原来每个功里减去三分功。）

鹤子，高一尺，宽八寸，首尾总共长二尺五寸，三个功。（高度每增减一寸，各加减三分功。）

云盆或云气，曲长四尺，宽一尺五寸，七功五分。（宽度每增减一寸，各加减五分功。）

帐上：

缠柱龙，龙身长八尺，直径为四寸（做成五段，包括爪、甲、脊膊焰、云盆或山子），三十六个功。（长度每增减一尺，各加减三个功。如果牙鱼都缠绕写生花，每个功减去一分功。）

虚柱莲花蓬，五层（下层莲花蓬的直径以六寸为标准，连带莲荷、藕叶、枝梗），六个功零四分。（每增减一层，各加减六分功。如果下层莲荷的直径增减一寸，则各分别加减三分功。）

扛坐神，高七寸，四功。（每增减一寸，各加减六分功。如果做大力士造型，每个功减去一分功。）

龙尾，高一尺，三功五分。（每增减一寸，各加减三分五厘功。鸱尾所用功减半。）

嫔伽，高五寸（连翘带莲花座，或云子，或山子），一功八分。（每增减一寸，各加减四分功。）

兽头，高五寸，七分功。（每增减一寸，各加减一分四厘功。）

套兽，长为五寸，所用功与兽头相同。

蹲兽，长三寸，四分功。（每增减一寸，各加减一分三厘功。）

柱头（取直径为准）：

坐龙，五寸，四个功。（每增减一寸，各加减八分功。坐龙的柱头如果连带仰覆莲荷台平坐，每直径一寸，加一分功。以下相同。）

　　狮子，六寸，四个功零二分。（每增减一寸，各加减七分功。）

　　孩儿，五寸，单个造型，三个功。（每增减一寸，各加减六分功。双个孩儿造型的，每个功加五分功。）

　　鸳鸯（鹅鸭等与此同），四寸，一个功。（每增减一寸，各加减二分五厘功。）

　　莲荷：

　　莲花，六寸（实雕六层），三个功。（每增减一寸，各加减五分功。如果增减层数，以所计功作为六分，每层各加减一分，减少至三层为止。如果做蓬叶造型，功的数量加倍。）

　　荷叶，七寸，五分功。（每增减一寸，各加减七厘功。）

　　半混：

　　雕插及贴络写生花。（透突形式与此相同。如果用剔地雕法，加三分之一的功。）

　　花盆：

　　牡丹（芍药与此同），高一尺五寸，六个功。（每增减一寸，各加减五分功；加至二尺五寸，减至一尺为止。）

　　杂花，高一尺二寸（采用卷搭造型），三个功。（每增减一寸，各加减二分三厘功。如果是平雕，则所用功减去三分之一。）

　　花枝，长为一尺（宽五寸至八寸）。

　　牡丹（芍药与此同），三功五分。（每增减一寸，各加减三分五厘功。）

　　杂花，二功五分。（每增减一寸，各加减二分五厘功。）

　　贴络装饰花纹等构件：

　　升龙（与行龙相同），长为一尺二寸（下面的飞凤相同），两个功。（每增减一寸，各加减一分六厘功。牌匾上做贴络装饰的与此同。以下以此为准。）

　　飞凤（立凤、孔雀、牙鱼与此同），一功二分。（每增减一寸，各加减一分功。其中的凤如果采取花尾造型，用平雕手法，每个功增加三分功；如果是卷搭造型，每个功增加八分功。）

　　飞仙（嫔伽类），长为一尺一寸，两个功。（每增减一寸，各加减一分七厘功。）

　　狮子（狻猊、麒麟、海马与此同），长为八寸，八分功。（每增减一寸，各加减一分功。）

　　真人，高五寸（向下一直至童子，与此相同），七分功。（每增减一分五厘功。）

　　仙女，八分功。（每增减一寸，各加减一分六厘功。）

　　菩萨，一功二分。（每增减一寸，各加减一分四厘功。）

　　童子（孩儿与此同），五分功。（每增减一寸，各加减一分功。）

　　鸳鸯（鹦鹉、羊、鹿之类与此同），长为一尺（下面的云子相同），八分功。（每增减一寸，各加减八厘功。）

　　云子，六分功。（每增减一寸，各加减六厘功。）

　　香草，高一尺，三分功。（每增减一寸，各加减三厘功。）

　　神话典故中的人物（以五件为一组），各高为八寸，共三个功。（每增减一件，各加减六分功；即每增减一寸，各加减三分功。）

　　帐上：

　　带，长为二尺五寸（做成两面结带的样式），五分功。（每增减一寸，各加减二厘功。如果雕花，则与花板功相同。）

　　山花蕉叶板（以长一尺、宽八寸为标准。做成实云头的形状），三分功。

　　平棋构件及事项：

　　盘子，直径为一尺（在云子之间做盘龙浮雕，在牡丹花之间做龙凤之类的浮雕，平雕的情况与此相同，做卷搭的形式加三分之一的功），三个功。（每增减一寸，各加减三分功，减少至五寸为止。下面的云圈、海眼板相同。）

　　云圈，直径一尺四寸，二功五分。（每增减一寸，各加减二分功。）

　　海眼板（水纹底之间做海鱼图案等），直径为一尺五寸，两个功。（每增减一寸，各加减一分四厘功。）

　　杂花，三寸见方（用透突或平雕的手法），三分功。（做角花减去一半的功，做角蝉再减去三分之一。）

　　花板：

　　透突（间杂龙、凤之类与此相同），宽度在五寸以下，每宽一寸，一个功。（如果做两面雕刻，所用功加倍。如果做剔地，长度减去六分之一；宽六寸至九寸的，长度减去五分之一；宽一尺以上的，长度减去三分之一。花板带与此相同。）

　　卷搭（雕刻云龙同此；如果是两卷造型，每个功加一分功。下面的两卷、三卷海石榴花造型以此为准），长为一尺八寸。（宽六寸到九寸的，则长三尺五寸；

宽一尺以上的，则长七尺二寸。）

海石榴，长一尺。（宽六寸至九寸的，则长二尺二寸；宽一尺以上的，则长四尺五寸。）

牡丹（芍药同此），长一尺四寸。（宽六寸到九寸的，则长二尺八寸；宽一尺以上的，则长五尺五寸。）

平雕，长一尺五寸。（宽六寸到九寸的，则长六尺；宽一尺以上的，则长十尺。如果在长生蕙草之间雕刻羊、鹿、鸳鸯之类，长度各加三分之一。）

勾栏、槛面（做成实云头，两面雕刻。如果凿扑，每个功加一分功。雕花样的，与花板所用功相同。如果在上面雕的话，所用功减去一半）：

云栱，长一尺，七分功。（每增减一寸，各加减七厘功。）

鹅项，长二尺五寸，七分五厘功。（每增减一寸，各加减三厘功。）

地霞，长二尺，一功三分。（每增减一寸，各加减六厘五毫功。如果使用花盆，则与花板功相同。）

矮柱，长一尺六寸，四分八厘功。（每增减一寸，各加减三厘功。）

划万字板，每一尺见方，二分功。（如果使用钩片，减去五分之一的功。）

橡头的盘子（做栏杆寻杖头同此），剔地云凤或杂花，以直径三寸为准，七分五厘功。（每增减一寸，各加减二分五厘功。如果是云龙造型，加三分之一的功。）

垂鱼（凿扑实雕云头造型，蕙草同此），每长五尺，四个功。（每增减一尺，各加减八分功。如果间杂云鹤之类图样，加四分之一个功。）

蕙草，每长四尺，两个功。（每增减一尺，各加减五分功。如果间杂云鹤之类图样，加三分之一个功。）

搏斗莲花（连带枝梗），长一尺二寸，一功三分。（每增减一寸，各加减一分功。如果不带枝梗，减去三分之一的功。）

手把飞鱼，长一尺，一功二分。（每增减一寸，各加减一分二厘功。）

伏兔荷叶，长八寸，四分功。（每增减一寸，各加减五厘功。如果是莲花造型，加三分之一的功。）

叉子：

云头，两面雕刻双云头造型，每八条，一个功。（如果是单云头，数量增加二分之一。如果只雕一面，功减半。）

锟脚壸门板，实雕结带花（做透突的花同此），每十一盘，一个功。

球纹格子挑白，每长为四尺，宽为二尺五寸，球纹直径以五寸为标准，共计七分功。（如果球纹直径每增减一寸，则各加减五厘功。格子的长度和宽度不相同的，根据其面积尺寸增减。）

旋作

【原文】

殿堂等杂用名件：椽头盘子，径五寸，每一十五枚，每增减五分，各加减一枚；搘角梁宝瓶，每径五寸，每增减五分，各加减一分功；莲花柱顶，径二寸，每三十二枚，每增减五分，各加减三枚；木浮沤，径三寸，每二十枚，每增减五分，各加减二枚；勾栏上葱台钉，高五寸，每一十六枚，每增减五分，各加减二枚；盖葱台钉筒子，高六寸，每二十二枚，每增减三分，各加减一枚。右（上）各一功。柱头仰覆莲胡桃子，二段造，径八寸，七分功。每增一寸，加一分功。若三段造，每一功加二分功。

照壁宝床等所用名件：注子，高七寸，一功，每增一寸，加二分功；香炉，径七寸，每增一寸，加一分功；下酒杯盘、荷叶同；鼓子，高三寸，鼓上钉、镙等在内；每增一寸，加一分功；注碗，径六寸，每增一寸，加一分五厘功。右（上）各八分功。酒杯盘，七分功。荷叶，径六寸；鼓坐，径三寸五分，每增一寸，加五厘功。右（上）各五分功。酒杯，径三寸，莲子同；卷荷，长五寸；杖鼓，长三寸。右（上）各三分功。如长、径各加一寸，各加五厘功。其莲子外贴子造，若剔空旋屬贴莲子，加二分功。披莲，径二寸八分，二分五厘功。每增减一寸，各加减三厘功。莲蓓蕾，高三寸，并同上。

佛道帐等名件：火珠，径二寸，每一十五枚，每增减二分，各加减一枚；至三寸六分以上，每径增减一分同；滴当子，径一寸，每四十枚，每增减一分，各加减二枚；至一寸五分以上，每增减一分，各加减一枚；瓦头子，长二寸，径一寸，每四十枚，每径增减一分，各加减四枚，加至一寸五分止；瓦钱子，径一寸，每八十枚，每增减一分，各加减五枚；宝柱子，长一尺五寸，径一寸二分，如长一尺、径二寸者同，每一十五条，每长增减一寸，各加减一条，如长五寸，径二寸，每三十条，每长增减一寸，各加减二条；贴络门盘浮沤，径五分，每二百枚，每增减一分，各加减一十五枚；平棋钱子，径一寸，每一百一十枚，每增减一分，各加减八枚，加至一寸二分止；角铃，以大铃高三寸为率，每一钩，每增减五分，各加减一分功；栌枓，径二寸，每四十枚，每增减一分，各加减一枚。右（上）各一功。虚柱头莲花并头瓣，每一副胎钱子，径五寸，八分功。每增减一寸，各加减一分五厘功。

【译文】

殿堂等各处杂用构件：橑头的盘子，直径五寸，每十五枚。（每增减五分，各加减一枚。）楷角梁宝瓶，每直径五寸。（每增减五分，各加减一分功。）莲花柱顶，直径二寸，每三十二枚。（每增减五分，各加减三枚。）木浮沤，直径三寸，每二十枚。（每增减五分，各加减二枚。）栏杆上的葱台钉，高五寸，每十六枚。（每增减五分，各加减二枚。）盖葱台钉的筒子，高六寸，每二十二枚。（每增减三分，各加减一枚。）以上各用一个功。柱头的仰覆莲胡桃子（采用二段制作），直径八寸，七分功。（每增加一寸，加一分功。如果采用三段制作，每一个功加二分功。）

照壁宝床等所用构件：注子，高七寸，一个功。（每增加一寸，加二分功。）香炉，直径七寸（每增加一寸，加一分功。下面的酒杯盘、荷叶与此相同）；鼓子，高三寸（鼓上的钉镮等包括在内。每增一寸，加一分功）；注碗，直径六寸（每增加一寸，加一分五厘功）。以上各八分功。酒杯盘，七分功。荷叶，直径六寸；鼓坐，直径三寸五分（每增加一寸，加五厘功）。以上各五分功。酒杯，直径三寸（莲子与此相同）；卷荷，长五寸；杖鼓，长三寸。以上各用三分功。（如果长度、直径各增加一寸，则各另加五厘功。莲子外贴子的，如果剔空旋靥贴莲子，则再加二分功。）披莲，直径二寸八分，二分五厘功。（每增减一寸，各加减三厘功。）莲蓓蕾，高三寸，其余全都同上。

佛道帐等构件：火珠，直径二寸，每十五枚（每增减二分，各加减一枚。到三寸六分以上，每直径则增减一分，其余以此类推）；滴当子，直径一寸，每四十枚（每增减一分，各加减二枚。至一寸五分以上，每增减一分，各加减一枚滴当子）；瓦头子，长二寸，直径一寸，每四十枚（每直径增减一分，各加减四枚，增加至一寸五分为止）；瓦钱子，直径一寸，每八十枚（每增减一分，各加减五枚）；宝柱子，长为一尺五寸，直径一寸二分（如果是长一尺，直径二寸的与此相同），每十五条（长度每增减一寸，宝柱子各加减一条），如果长度为五寸，直径二寸，每三十条（长度每增减一寸，各加减二条）；贴络门盘的浮沤，直径五分，每二百枚（每增减一分，各加减十五枚）；平棋钱子，直径一寸，每一百一十枚（每增减一分，各加减八枚，增加到一寸二分为止）；角铃，以大铃高三寸为标准，每一个钩（每增减五分，各加减一分功）；护斗，直径二寸，每四十枚（每增减一分，各加减一枚）。以上各用一个功。虚柱头莲花的并头瓣，每一副胎钱子，直径为五寸，八分功。（每增减一寸，各加减一分五厘功。）

锯作

【原文】

　　椆、檀、枥木，每五十尺；榆、槐木、杂硬材，每五十五尺，杂硬材谓海枣、龙菁之类；白松木，每七十尺；柟、柏木、杂软材，每七十五尺，杂软材谓香椿、桋木之类；榆、黄松、水松、黄心木，每八十尺；杉、桐木，每一百尺。右（上）各一功。每二人为一功，或内有盘截，不计。若一条长二丈以上，枝撑高远，或旧材内有夹钉脚者，并加本功一分功。

【译文】

　　截取切割木料用功：椆木、檀木、枥木，每五十尺；榆木、槐木、杂硬材，每五十五尺（杂硬材即指海枣木、龙菁木之类）；白松木，每七十尺；楠木、柏木、杂软材，每七十五尺（杂软材即指香椿木、桋木之类）；榆木、黄松、水松、黄心木，每八十尺；杉木和桐木，每一百尺。以上锯割木头各一个功。（每两个人为一个功，如果中间截断，不计。）如果其中一条长度在二丈以上，用来支撑的梁柱又高又长，或者是旧材内有夹钉脚的情况，都在本功的基础上加一分功。

竹作

【原文】

　　织簟，每方一尺：细棋纹素簟，七分功。劈篾、刮削、拖摘，收广一分五厘。如刮篾收广三分者，其功减半。织花加八分功，织龙、凤又加二分五厘功。粗簟，劈篾青白，收广四分，二分五厘功。假棋纹造，减五厘功。如刮篾收广二分，其功加倍。

织雀眼网，每长一丈，广五尺：间龙、凤、人物、杂花，刮篾造，三功四分五厘六毫。事造、钉贴在内。如系小木钉贴，即减一分功，下同。浑青刮篾造，一功九分二厘。青白造，一功六分。

笆索，每一束：长二百尺，广一寸五分，厚四分。浑青造，一功一分。青白造，九分功。障日篛，每长一丈，六分功。如织箪造，别计织箪功。

每织方一丈：笆，七分功。楼阁两层以上处，加二分功。编道，九分功。如缚棚阁两层以上，加二分功。竹栅，八分功。夹截，每方一丈，三分功。劈竹篾在内。搭盖凉棚，每方一丈二尺，三功五分。如打笆造，别计打笆功。

【译文】

织竹席，每一尺见方：细篾的无花棋纹席，七分功。（包括劈篾、刮削、拖摘，收边的宽度为一分五厘。如果刮篾收宽为三分，所用功减去一半。织花要加八分功，织龙、凤再加二分五厘功。）粗篾竹席（用青白篾劈篾，收边的宽度为四分），二分五厘功。（如果做假棋纹造型的，减五厘功。如果刮篾收边的宽度为二分，所用的功加倍。）

织雀眼网，每长度为一丈，宽为五尺：其间做龙、凤、人物、杂花，用刮篾的手法，三功四分五厘六毫。（包括造构件、钉贴在内。如果是小木钉贴，则减去一分功，以下相同。）浑青刮篾的手法，一个功零九分二厘；青白的手法，一功六分。

笆索，每一束：（长二百尺，宽一寸五分，厚四分。）浑青的手法，一功一分；青白的手法，九分功。障日篛，每长一丈，六分功。（如果采用织箪的手法，织箪所用的功另计。）

每织一丈见方的竹席：竹笆，七分功。（楼阁两层以上的地方，加二分功。）编道，九分功。（如果绑在棚阁两层以上的地方，加二分功。）竹栅，八分功。夹截，每一丈见方，三分功。（包括劈竹篾在内。）搭盖凉棚，每一丈二尺见方，三功五分。（如果采用打笆的做法，打笆所用的功另计。）

卷二十五

诸作功限二

瓦作

【原文】

斫事瓪瓦口，以一尺二寸瓶瓦、一尺四寸瓪瓦为准。打造同。

琉璃：揮窠，每九十口。每增减一等，各加减二十口。至一尺以下，每减一等，各加三十口。解挢，打造大当沟同，每一百四十口。每增减一等，各加减三十口。至一尺以下，每减一等，各加四十口。

青掍素白：揮窠，每一百口。每增减一等，各加减二十口。至一尺以下，每减一等，各加三十口。

解挢，每一百七十口。每增减一等，各加减三十五口。至一尺以下，每减一等，各加四十五口。

右（上）各一功。

打造瓶瓪瓦口：

琉璃瓪瓦：线道，每一百二十口。每增减一等，各加减二十五口，加至一尺四寸止。至一尺以下，每减一等，各加三十五口。剺画者加三分之一。青掍素白瓦同。条子瓦，比线道加一倍。剺画者加四分之一。青掍素白瓦同。

青掍素白：瓶瓦大当沟，每一百八十口。每增减一等，各加减三十口。至一尺以下，每减一等，各加三十五口。

瓪瓦：线道，每一百八十口。每增减一等，各加减三十口，加至一尺四寸止。

条子瓦，每三百口。每增减一等，各加减六分之一，加至一尺四寸止。小当沟，每四百三十枚。每增减一等，各加减三十枚。

右（上）各一功。

结瓷，每方一丈：如尖斜高峻，比直行每功加五分功。

瓪甋瓦：琉璃，以一尺二寸为准，二功二分。每增减一等，各加减一分功。青掍素白，比琉璃其功减三分之一。散甋、大当沟，四分功。小当沟减功三分之一。垒脊，每长一丈。曲脊，加长二倍。琉璃，六层。青掍素白，用大当沟，一十一层。用小当沟者，加二层。

右（上）各一功。

安卓：火珠，每坐，以径二尺为准，二功五分。每增减一等，各加减五分功。

琉璃，每一只：龙尾，每高一尺，八分功。青掍素白者，减二分功。鸱尾，每高一尺，五分功。青掍素白者，减一分功。兽头，以高二尺五寸为准，七分五厘功。每增减一等，各加减五厘功。减至一分止。套兽，以口径一尺为准，二分五厘功。每增减二寸，各加减六厘功。嫔伽，以高一尺二寸为准，一分五厘功。每增减二寸，各加减三厘功。阀阅，高五尺，一功。每增减一尺，各加减二分功。蹲兽，以高六寸为准，每一十五枚，每增减二寸，各加减三枚；滴当子，以高八寸为准，每三十五枚，每增减二寸，各加减五枚。右（上）各一功。系大箔，每三百领，铺箔减三分之一；抹栈及笆箔，每三百尺；开燕颔板，每九十尺，安钉在内；织泥篮子，每一十枚。右（上）各一功。

【译文】

瓪瓦口的砍斫修整（以一尺二寸瓪瓦、一尺四寸甋瓦为准。打造同）：

琉璃：搏窠，每九十口。（每增减一等，各加减二十口。到一尺以下，每减一等，各加三十口。）解挢（打造大当沟与此相同），每一百四十口。（每增减一等，各加减三十口。到一尺以下，每减一等，各加四十口。）

青掍素白：搏窠，每一百口。（每增减一等，各加减二十口。至一尺以下，每减一等，各加三十口。）解挢，每一百七十口。（每增减一等，各加减三十五口。至一尺以下，每减一等，各加四十五口。）

以上各一个功。

打造甋瓪瓦口：

琉璃甋瓦：线道，每一百二十口。（每增减一等，各加减二十五口，增加到一尺四寸为止。到一尺以下，每降低一个等级，各加三十五口。髹画的增加三分之一。青掍素白瓦与此相同。）条子瓦，比线道增加一倍。（髹画的增加四分之一。青掍素白瓦与此相同。）

青掍素白：甋瓦大当沟，每一百八十口。（每增减一等，各加减三十口。到一尺以下，每降低一个等级，各加三十五口。）

瓪瓦：线道，每一百八十口。（每增减一等，各加减三十口，加至一尺四寸止。）条子瓦，每三百口。（每增减一等，各加减六分之一，加至一尺四寸止。）小当沟，每四百三十枚。（每增减一等，各加减三十枚。）

以上各用一个功。

结瓦，每一丈见方（如果是尖斜高峻的一面，比照直行的面，每个功加五分功）。

甋瓪瓦：琉璃（以一尺二寸为标准），二功二分（每增减一个等级，各加减一分功）。青掍素白，比照制琉璃的功减去三分之一。散瓪、大当沟，四分功。（小当沟的功减去三分之一。）垒脊，每长一丈（曲脊，加长二倍）；琉璃，六层；青掍素白，用大当沟，一十一层（用小当沟的，增加二层）。以上各一个功。

安装：火珠，每坐（以直径二尺为标准），二功五分。（每增减一等，各加减五分功。）

琉璃，每一只：龙尾，每高一尺，八分功。（青掍素白的减去二分功。）鸱尾，每高一尺，五分功。（青掍素白的减去一分功。）兽头（以高二尺五寸为标准），七分五厘功。（每增减一等，各加减五厘功，减少至一分为止。）套兽（以口径一尺为标准），二分五厘功。（每增减二寸，各加减六厘功。）嫔伽（以高度一尺二寸为标准），一分五厘功。（每增减二寸，各加减三厘功。）阀阅，高五尺，一个功。（每增减一尺，各加减二分功。）蹲兽（以高六寸为标准），每十五枚（每增减二寸，各加减三枚）；滴当子（以高八寸为标准），每三十五枚（每增减二寸，各加减五枚）。以上各一个功。系大箔，每三百领（铺箔减去三分之一）；抹栈及笆箔，每三百尺；开燕颔板，每九十尺（包括安装钉子在内）；织泥篮子，每十枚。以上各一个功。

泥作

【原文】

每方一丈：殿宇、楼阁之类，有转角、合角、托匙处，于本作每功上加五分功。高二丈以上，每一丈每一功各加一分二厘功，加至四丈止。供作并不加。即高不满七尺，不须棚阁者，每功减三分功，贴补同。

红石灰，黄、青、白石灰同，五分五厘功。收光五遍、合和、斫事、麻捣在内。如仰泥缚棚阁者，每两椽加七厘五毫功，加至一十椽止。下并同。

破灰，细泥，右（上）各三分功。收光在内。如仰泥缚棚阁者，每两椽各加一厘功。其细泥作画壁，并灰衬，二分五厘功。粗泥，二分五厘功。如仰泥缚棚阁者，每两椽加二厘功。其画壁披盖麻篾，并搭乍中泥。若麻灰细泥下作衬，一分五厘功。如仰泥缚棚阁，每两椽各加五毫功。

沙泥画壁：劈篾、被篾，共二分功。披麻，一分功。下沙收压，一十遍，共一功七分。栱眼壁同。垒石山，泥假山同，五功。壁隐假山，一功。盆山，每方五尺，三功。每增减一尺，各加减六分功。

用坯：殿宇墙，厅、堂、门、楼墙，并补垒柱窠同，每七百口。廊屋、散舍墙，加一百口。贴垒脱落墙壁，每四百五十口。创、接、垒墙头射垛，加五十口。垒烧钱炉，每四百口。侧札照壁，窗坐、门颊之类同，每三百五十口。垒砌灶，茶炉同，每一百五十口。用砖同，其泥饰各约计积尺别计功。右（上）各一功。织泥篮子，每一十枚，一功。

【译文】

每一丈见方（殿宇、楼阁之类的建筑，有转角、合角、托匙的地方，在本作功的基础上每个加五分功。高度在二丈以上的，每一丈、每一个功各加一分二厘的功，加到四丈为止。供作所用的功不增加。如果高度不满七尺，不需要棚阁的，每个功减去三分功。贴补相同）：

红石灰（黄石灰、青石灰、白石灰相同），五分五厘功。（包括收光五遍、和泥、砍斫、麻捣在内。如果是仰泥缚棚阁的情况，每两架椽子增加七厘五毫功，增加到十椽为止。以下都相同。）

破灰，细泥，以上各用三分功。（包括收光在内。如果是仰泥缚棚阁，每两架椽子各增加一厘功。所用细泥作画壁，以及灰衬，共二分五厘功。）粗泥，二分五厘功。（如果是仰泥缚棚阁，每两架椽子加二厘功。画壁上披盖麻篾，并要搭配中泥。如果麻灰细泥下做衬，则一分五厘功。如果是仰泥缚棚阁，每两架椽子各加五毫功。）

沙泥画壁：劈篾、被篾，共二分功。披麻，一分功。下沙收压，十遍，总共一功七分。（栱眼壁与此相同。）垒石山（泥假山同此），五个功。壁隐假山，一个功。盆山，每五尺见方，三个功。（每增减一尺，各加减六分功。）

用坯：殿宇墙（厅堂、门楼墙，包括补垒柱窠也相同），每七百口。（如果是廊屋散舍墙，则增加一百口。）贴垒脱落的墙壁，每四百五十口。（创、接、垒墙头和射垛，加五十口。）垒烧钱炉，每四百口。侧札照壁（窗坐、门颊之类同此），每三百五十口。垒砌锅灶（茶炉同此），每一百五十口。（用砖相同。其泥饰各纽计积尺别计功。）以上各一个功。织泥篮子，每十枚，一个功。

彩画作

【原文】

五彩间金：描画、装染，四尺四寸。平棋、花子之类，系雕造者，即各减数之半。上颜色雕花版，一尺八寸。五彩遍装，亭子、廊屋、散舍之类，五尺五寸。殿宇、楼阁，各减数五分之一。如装画晕锦，即各减数十分之一。若描白地枝条花，即各加数十分之一。或装四出、六出锦者同。右（上）各一功。上粉贴金出褫，每一尺，一功五分。

青绿碾玉，红或抢金碾玉同，亭子、廊屋、散舍之类，一十二尺。殿宇、楼阁各项，减数六分之一。

青绿间红、三晕棱间，亭子、廊屋、散舍之类，二十尺。殿宇、楼阁各项，减数四分之一。

青绿二晕棱间，亭子、廊屋、散舍之类，二十五尺。殿宇、楼阁各项，减数五分之一。

解绿画松、青绿缘道，厅堂、亭子、廊屋、散舍之类，四十五尺。殿宇、楼阁，减数九分之一。如间红三晕，即各减十分之二。

解绿赤白，廊屋、散舍、花架之类，一百四十尺。殿宇，即减数七分之二。

若楼阁、亭子、厅堂、门楼及内中屋各项，减廊屋数七分之一。若间结花或卓柏，各减十分之二。

丹粉赤白，廊屋、散舍、诸营、厅堂及鼓楼、花架之类，一百六十尺。殿宇、楼阁，减数四分之一。即亭子、厅堂、门楼及皇城内屋，各减八分之一。

刷土黄、白缘道，廊屋、散舍之类，一百八十尺。厅堂、门楼、凉棚各项，减数六分之一。若墨缘道，即减十分之一。

土朱刷，间黄丹或土黄刷，带护缝、牙子抹绿同，板壁、平暗、门、窗、叉子、勾栏、棵笼之类，一百八十尺。若护缝、牙子解染青绿者，减数三分之一。

合朱刷：

格子，九十尺。抹合绿方眼同。如合绿刷球纹，即减数六分之一。若合朱画松，难子、壶门解压青绿，即减数之半。如抹合绿于障水板之上，刷青地描染戏兽、云子之类，即减数九分之一。若朱红染，难子、壶门、牙子解染青绿，即减数三分之一。如土朱刷间黄丹，即加数六分之一。

平暗、软门、板壁之类，难子、壶门、牙头、护缝解青绿，一百二十尺。通刷素绿同。若抹绿，牙头、护缝解染青花，即减数四分之一。如朱红染，牙头、护缝等解染青绿，即减数之半。

槛面、勾栏，抹绿同，一百零八尺。万字、钩片板、难子上解染青绿，或障水板之上描染戏兽、云子之类，即各减数三分之一。朱红染同。

叉子，云头、望柱头，五彩或碾玉装造，五十五尺。抹绿者，加数五分之一。若朱红染者，即减数五分之一。

棵笼子，间刷素绿，牙子、难子等解压青绿，六十五尺。

乌头绰楔门，牙头、护缝、难子压染青绿，棍子抹绿，一百尺。若高、广一丈以上，即减数四分之一。如若土朱刷间黄丹者，加数二分之一。

抹合绿窗，难子刷黄丹，颊、串、地栿刷土朱，一百尺。

花表柱并装染柱头、鹤子、日月板。须缚棚阁者，减数五分之一。

刷土朱通造，一百二十五尺。

绿榫通造，一百尺。

用桐油，每一斤。煎合在内。

右（上）各一功。

【译文】

五彩色间描金色：描画、装染，四尺四寸。（平棋、花子之类属于雕造的构件，则各减去一半的数量。）雕花板上颜色，一尺八寸。五彩遍装，描绘亭子、廊屋、散舍之类的，五尺五寸。（如果是殿宇、楼阁，数量各减去五分之一。如果装画晕锦，则各减去十分之一的数量。如果描画白底的枝条花朵，则各增加十分之一的数量。另外，装饰四出、六出的锦，情况相同。）以上各一个功。上粉贴金出褫，每一尺，一个功零五分。

青绿碾玉（红碾玉或者抢金碾玉同此），绘制亭子、廊屋、散舍之类的，十二尺。（殿宇、楼阁各项，数量减去六分之一。）

青绿间红、三晕棱间，绘制亭子、廊屋、散舍之类，二十尺。（殿宇、楼阁各项，数量减去四分之一。）

青绿二晕棱间，绘制亭子、廊屋、散舍之类，二十五尺。（殿宇、楼阁各项，数量减去五分之一。）

解绿画松、青绿缘道，绘制厅堂、亭子、廊屋、散舍之类，四十五尺。（殿宇、楼阁，数量减去九分之一。如果是间红三晕，则各减去十分之二。）

解绿赤白，绘制廊屋、散舍、花架之类，一百四十尺。（殿宇，则数量减去七分之二。如果是楼阁、亭子、厅堂、门楼及内中屋的各项，则廊屋的数量减去七分之一。如果其间结花或者卓柏，各减去十分之二。）

丹粉赤白，绘制廊屋、散舍、诸营、厅堂以及鼓楼、花架之类，一百六十尺。（殿宇、楼阁，数量减去四分之一。如果是亭子、厅堂、门楼及皇城内的屋子，各减去八分之一。）

刷土黄、白缘道，绘制廊屋、散舍之类，一百八十尺。（厅堂、门楼、凉棚各项，数量减去六分之一。如果涂黑缘道，则减去十分之一。）

土朱刷（间杂黄丹或者土黄刷，带护缝、牙子抹绿相同），绘制板壁、平暗、门窗、叉子、栏杆、棵笼之类，一百八十尺。（如果是护缝、牙子解染青绿，数量减去三分之一。）

合朱刷：

染刷格子，九十尺。（方眼上混合绿色同此。如果球纹上混合绿色，则数量减去六分之一。如果混合红色画松，难子、壸门上绘解压青绿，则减去数量的一半。如果在障水板上混合绿色，刷青底描染戏兽、云子之类的，则数量减去九分之一。如果用朱红色染，难子、壶门、牙子解染青绿色，则数量减去三分之一。如果土朱刷间杂黄丹色，则数量增加六分之一。）

绘制在平暗、软门、板壁之类的（难子、壶门、牙头、护缝用解染青绿），一百二十尺。（通体刷素绿色相同。如果是抹绿，牙头、护缝刷解染青花，则数量减去四分之一。如果是朱红染，牙头、护缝等刷解染青绿，则数量减去一半。）

槛面、勾栏（抹绿同此），一百零八尺。（万字、钩片板、难子上解染青绿，或者障水板上描染戏兽、云子之类的，则数量各减去三分之一。朱红染的与此相同。）

叉子（云头、望柱头，采用五彩装或碾玉装），五十五尺。（抹绿的，数量增加五分之一。如果是朱红染的，则数量减去五分之一。）

棵笼子（间或刷染素绿，牙子、难子等解压青绿），六十五尺。

乌头绰楔门（牙头、护缝、难子压染青绿，楔子抹绿），一百尺。（如果高度和宽度在一丈以上，则数量减去四分之一。如果采用土朱刷间杂黄丹的，则数量增加二分之一。）

抹合绿窗（难子上刷黄丹色，颊、串、地栿刷土朱色），一百尺。

刷染花表柱的同时装染柱头、鹤子、日月板。（如果需要绑缚棚阁者，数量减去五分之一。）

刷土朱通造，一百二十五尺。

绿桦通造，一百尺。

用桐油，每一斤。（煎熬煮合在内。）

以上各一个功。

砖作

【原文】

斫事：

方砖，二尺，一十三口，每减一寸，加二口；一尺七寸，二十口，每减一寸，加五口；一尺二寸，五十口。压栏砖，二十口。右（上）各一功。铺砌功，并以斫事砖数加之。二尺以下，加五分；一尺七寸，加六分；一尺五寸以下，各倍加；一尺二寸，加八分；压栏砖，加六分。其添补功，即以铺砌之数减半。

条砖，长一尺三寸，四十口，趄面砖加一分，一功。垒砌功，即以斫事砖数加一倍；趄面砖同。其添补者，即减创垒砖八分之五。若砌高四尺以上者，减砖四分之一。如补换花头，即以斫事之数减半。

粗垒条砖，谓不斫事者，长一尺三寸，二百口，每减一寸，加一倍，一功。其添补者，即减创垒砖数。长一尺三寸者，减四分之一；长一尺二寸，各减半；若垒高四尺以上，各减砖五分之一；长一尺二寸者，减四分之一。

事造剜凿，并用一尺三寸砖：地面斗八，阶基、城门坐砖侧头、须弥台坐之类同。龙、凤、花样、人物、壶门、宝饼之类。方砖，一口，间窠球纹，加一口半。条砖，五口。右（上）各一功。

透空气眼：方砖，每一口，神子，一功七分；龙、凤、花盆，一功三分。

条砖：壶门，三枚半，每一枚用砖百口，一功。

刷染砖甋、基阶之类，每二百五十尺，须缚棚阁者，减五分之一，一功。

甃垒井，每用砖二百口，一功。

淘井，每一眼，径四尺至五尺，二功。每增一尺，加一功。至九尺以上，每增一尺，加二功。

【译文】

斫雕工事：

方砖，二尺，十三口（每减少一寸，增加二口）；一尺七寸，二十口（每减少一寸，增加五口）；一尺二寸，五十口。压栏砖，二十口。以上各一个功。（铺砌所用的功加上斫雕砖的数量。二尺以下的增加五分，一尺七寸的增加六分，一尺五寸以下的各加倍，一尺二寸的增加八分，压栏砖增加六分。添补功则在铺砌功的基础上数量减半。）

条砖，长度为一尺三寸，四十口（趄面砖则增加一分），一个功。（垒砌功则以雕斫砖的数量增加一倍。趄面砖与此相同。如果有所添补，则减去创垒砖的八分之五。如果砌高四尺以上的砖墙，则减去四分之一。如果需要修补更换花头，则在斫雕功的基础上数量减半。）

粗垒条砖（即指不进行砍斫的砖），长一尺三寸，二百口（每减一寸，增加一倍），一个功。（如果是添补的，则减去创垒砖的数量。长度为一尺三寸的减去四分之一，长度为一尺二寸的各减一半，如果垒高四尺以上各减去五分之一的砖，如果长一尺二寸的减去四分之一。）

剜凿之功（全都用一尺三寸的砖）：地面斗八之上（阶基、城门坐砖的侧头、须弥台坐之类的与此相同）。雕龙、凤、花样、人物、壶门、宝饼之类。方砖，一口。（如果其间挖凿球纹花纹，则加一口半。）条砖，五口。以上各一个功。

透空气眼：

方砖，每一口，神像，一功七分；龙、凤、花盆，一功三分。

条砖，用于壶门，三枚半（每一枚用百口砖），一个功。

刷染砖甋、基阶之类，每二百五十尺（如果必须绑缚棚阁的，减去五分之一），一个功。

垒砌井，每用砖二百口，一个功。

淘井，每一眼，直径为四尺至五尺，两个功。（每增加一尺，加一个功。到九尺以上，每增加一尺，加两个功。）

窑作

【原文】

造坯：

方砖，二尺，一十口，每减一寸，加二口；一尺五寸，二十七口，每减一寸，加六口，砖碇与一尺三寸方砖同；一尺二寸，七十六口，盘龙、凤、杂花同。

条砖，长一尺三寸，八十二口，牛头砖同，其趄面砖加十分之一；长一尺二寸，一百八十七口，趄条并走趄砖同。

压栏砖，二十七口。

右（上）各一功。搬取土末、和泥、事褪、晒曝、排垛在内。

甋瓦，长一尺四寸，九十五口。每减二寸，加三十口。其长一尺以下者，减一十口。

瓪瓦，长一尺六寸，九十口，每减二寸，加六十口。其长一尺四寸展样，比长一尺四寸瓦，减二十口。长一尺，一百三十六口，每减二寸，加一十二口。

右（上）各一功。其瓦坯并花头所用胶土，并别计。

黏瓹瓦花头，长一尺四寸，四十五口。每减二寸，加五口。其一尺以下者，即倍加。

拨瓹瓦重唇，长一尺六寸，八十口。每减二寸，加八口。其一尺二寸以下者，即倍加。

黏镇子砖系，五十八口。

右（上）各一功。

造鸱、兽等，每一只：

鸱尾，每高一尺，二功。龙尾，功加三分之一。

兽头，高三尺五寸，二功八分，每减一寸，减八厘功；高二尺，八分功，每减一寸，减一分功；高一尺二寸，一分六厘八毫功，每减一寸，减四毫功。

套兽，口径一尺二寸，七分二厘功。每减二寸，减一分三厘功。

蹲兽，高一尺四寸，二分五厘功。每减二寸，减二厘功。

嫔伽，高一尺四寸，四分六厘功。每减二寸，减六厘功。

角珠，每高一尺，八分功。

火珠，径八寸，二功。每增一寸，加八分功。至一尺以上，更于所加八分功外，递加一分功。谓如径一尺，加九分功；径一尺一寸，加一功之类。

阀阅，每高一尺，八分功。

行龙、飞凤、走兽之类，长一尺四寸，五分功。

用茶土掍瓹瓦，长一尺四寸，八十口，一功。长一尺六寸瓹瓦同。其花头、重唇在内。余准此。如每减二寸，加四十口。

装素白砖瓦坯，青掍瓦同，如滑石掍，其功在内，大窑计烧变所用芟草数，每七百八十束，曝窑，三分之一，为一窑。以坯十分为率，须于往来一里外至二里，般六分，共三十六功。递转在内。曝窑，三分之一。若般取六分以上，每一分加三功，至四十二功止。曝窑，每一分加一功，至一十五功止。即四分之外，及不满一里者，每一分减三功，减至二十四功止。曝窑，每一分减一功，减至七功止。

烧变大窑，每一窑：烧变，一十八功。曝窑，三分之一。出窑功同。出窑，一十五功。烧变琉璃瓦等，每一窑，七功。合和、用药、般装、出窑在内。捣罗洛河石末，每六斤一十两，一功。炒黑锡，每一料，一十五功。

垒窑，每一坐：大窑，三十二功。曝窑，一十五功三分。

【译文】

造制待烧土坯：

方砖，二尺，十口（每减少一寸，增加二口）；一尺五寸，二十七口（每减少一寸，增加六口。砖碇和一尺三寸的方砖与此相同）；一尺二寸，七十六口（盘龙、凤、杂花与此相同）。

条砖，长一尺三寸，八十二口（牛头砖同此，趄面砖则增加十分之一）；长一尺二寸，一百八十七口（趄条砖和走趄砖与此相同）。

压栏砖，二十七口。

以上各一个功。（包括搬取土末、和泥、事褫、曝晒、排垛在内。）

瓶瓦，长一尺四寸，九十五口（每减二寸，加三十口。其长一尺以下的，减十口）。

瓯瓦，长一尺六寸，九十口（每减少二寸，加六十口。其长度为一尺四寸，比长一尺四寸的瓦，减少二十口）；长一尺，一百三十六口（每减少二寸，增加十二口）。

以上各一个功。（其瓦坯和花头所用的胶土则另当别计。）

黏瓶瓦花头，长一尺四寸，四十五口。（每减少二寸，增加五口。一尺以下的则加倍。）

拨瓯瓦重唇，长一尺六寸，八十口。（每减少二寸，增加八口。一尺二寸以下的则加倍。）

黏合镇子砖系，五十八口。

以上各一个功。

造鸱、兽等，每一只：

鸱尾，每高一尺，两个功。（龙尾所用的功，增加三分之一。）

兽头，高为三尺五寸，二功八分。（每减少一寸，减去八厘功。）高为二尺，八分功。（每减少一寸，减去一分功。）高为一尺二寸，一分六厘八毫功。（每减少一寸，减去四毫功。）

套兽，口径为一尺二寸，七分二厘功。（每减少二寸，减去一分三厘功。）

蹲兽，高为一尺四寸，二分五厘功。（每减少二寸，减去二厘功。）

嫔伽，高为一尺四寸，四分六厘功。（每减少二寸，减去六厘功。）

角珠，每高一尺，八分功。

火珠，直径为八寸，两个功。（每增加一寸，增加八分功。到一尺以上，再在所加的八分功之外另加一分功。即如果直径一尺则增加九分功，直径一尺一寸则增加一个功，等等。）

阀阅，每高一尺，八分功。

行龙、飞凤、走兽之类，长一尺四寸，五分功。

用茶土捏瓪瓦，长一尺四寸，八十口，一个功。（长为一尺六寸的瓪瓦相同。包括花头、重唇在内。其余以此为准。如果每减少二寸，则增加四十口。）

装运素白砖瓦坯（青捏瓦相同。如果是滑石捏，其功计算在内），大窑计算烧变所用的芨草数量，每七百八十束（曝窑，计烧制三分之一的功），为一窑。以制坯需要十分功为标准，需要在往来一里外至二里搬运六分功，共计三十六个功。（包括递转在内，曝窑的功为三分之一。）如果搬取的功在六分以上，每一分加三个功，加到四十二个功为止。（曝窑，每一分加一个功，加到十五个功为止。）搬运功在四分之下，以及不满一里的，每一分减三个功，减到二十四个功为止。（曝窑，每一分减一个功，减到七个功为止。）

大窑的烧变，每一窑：烧变，十八个功（曝窑，占三分之一功，出窑的功与此相同）。出窑，十五个功。烧变琉璃瓦等，每一窑七个功（包括混合、用药、搬装、出窑在内）。捣碎洛河石粉末，每六斤十两为一个功。炒黑锡，每一料十五个功。

垒窑，每一座：大窑，三十二个功。曝窑，十五功三分。

捌

—

料　例

　　本部分有三卷，即卷二十六到卷二十八，主要是讲述诸作"料例"，规定各作按构件的等第、大小所需要的材料限量。

诸作料例一

石作

【原文】

蜡面，每长一丈，广一尺，碑身鳌坐同：黄蜡，五钱；木炭，三斤，一段通及一丈以上者，减一斤；细墨，五钱。安砌，每长三尺，广二尺，矿石灰五斤。赑屃碑一坐，三十斤；笏头碣，一十斤。

每段：熟铁鼓卯，二枚。上下大头各广二寸，长一寸，腰长四寸，厚六分，每一枚重一斤。铁叶，每铺石二重，隔一尺用一段。每段广三寸五分，厚三分。如并四造，长七尺；并三造，长五尺。灌鼓卯缝，每一枚，用白锡三斤。如用黑锡，加一斤。

【译文】

蜡面，每长为一丈，宽为一尺（碑身、鳌坐与此相同）：黄蜡，五钱；木炭，三斤（一段通和一丈以上的，减去一斤）；细墨，五钱。安砌，每长为三尺，宽为二尺，需要矿石灰五斤。（赑屃碑一座，用矿石灰三十斤。笏头碣，用矿石灰十斤。）

每段：熟铁鼓卯，两枚。（上下大头各宽二寸，长一寸，腰长四寸，厚六分，每一枚重一斤。）铁叶，每铺两重石头，隔一尺用一段。（每一段宽三寸五分，厚三分。如果是四段并排，则长七尺；三段并排，则长五尺。）灌鼓卯缝，每一枚用三斤白锡。（如果用黑锡，则加一斤。）

大木作 小木作附

【原文】

用方木：大料模方，长八十尺至六十尺，广三尺五寸至二尺五寸，厚二尺五寸至二尺，充十二架椽至八架椽栿。广厚方，长六十尺至五十尺，广三尺至二尺，厚二尺至一尺八寸，充八架椽栿并檐栿、绰幕、大檐头。长方，长四十尺至三十尺，广二尺至一尺五寸，厚一尺五寸至一尺二寸，充出跳六架椽至四架椽栿。松方，长二丈八尺至二丈三尺，广二尺至一尺四寸，厚一尺二寸至九寸，充四架椽至三架椽栿、大角梁、檐额、压槽枋，高一丈五尺以上板门及裹栿板、佛道帐所用枓槽、压厦板。其名件广厚非小松方以下可充者同。朴柱，长三十尺，径三尺五寸至二尺五寸，充五间八架椽以上殿柱。松柱，长二丈八尺至二丈三尺，径二尺至一尺五寸，就料剪截，充七间八架椽以上殿副阶柱，或五间、三间八架椽至六架椽殿身柱，或七间至三间八架椽至六架椽厅堂柱。

就全条料又剪截解割用下项：小松方，长二丈五尺至二丈二尺，广一尺三寸至一尺二寸，厚九寸至八寸；常使方，长二丈七尺至一丈六尺，广一尺二寸至八寸，厚七寸至四寸；官样方，长二丈至一丈六尺，广一尺二寸至九寸，厚七寸至四寸；截头方，长二丈至一丈八尺，广一尺三寸至一尺一寸，厚九寸至七寸五分；材子方，长一丈八尺至一丈六尺，广一尺二寸至一尺，厚八寸至六寸；方八方，长一丈五尺至一丈三尺，广一尺一寸至九寸，厚六寸至四寸；常使方八方，长一丈五尺至一丈三尺，广八寸至六寸，厚五寸至四寸；方八子方，长一丈五尺至一丈二尺，广七寸至五寸，厚五寸至四寸。

【译文】

用方木：大料的模方，长为六十尺至八十尺，宽为二尺五寸至三尺五寸，厚为二尺至二尺五寸，充任八架椽至十二架椽栿。宽厚方，长五十尺至六十尺，宽二尺至三尺，厚一尺八寸至二尺，充任八架椽栿以及檐栿、绰幕、大檐头。长方，长三十尺至四十尺，宽一尺五寸至二尺，厚一尺二寸至一尺五寸，充任出跳四架椽至六架椽栿。松方，长二丈三尺至二丈八尺，宽一尺四寸至二尺，厚九寸至一尺二寸，充当三架椽至四架椽栿，大角梁，檐额，压槽枋，高一丈五尺以上的板门和裹栿板，佛道帐所用的斗槽压厦板。（这些构件中，凡是宽度和厚度用小松方以下不可以充当的，尺寸相同。）朴柱，长三十尺，直径二尺五寸至三尺五寸，充当五间八架椽以上的殿柱。松柱，长二丈三尺至二丈八尺，直径一尺五寸至二尺，根据木料切割剪截，充当七间八架椽以上的殿副阶的柱子，或者五间、三间八架椽至六架椽殿身的柱子，或者七间至三间八架椽至六架椽厅堂的柱子。

根据整条木料剪截解割的尺寸用以下各项：小松方，长二丈二尺至二丈五尺，宽一尺二寸至一尺三寸，厚八寸至九寸。常使方，长一丈六尺至二丈七尺，宽八寸至一尺二寸，厚四寸至七寸。官样方，长一丈六尺至二丈，宽九寸至一尺二寸，厚四寸至七寸。截头方，长一丈八尺至二丈，宽一尺一寸至一尺三寸，厚七寸五分至九寸。材子方，长一丈六尺至一丈八尺，宽一尺至一尺二寸，厚六寸至八寸。方八方，长一丈三尺至一丈五尺，宽九寸至一尺一寸，厚四寸至六寸。常使方八方，长一丈三尺至一丈五尺，宽六寸至八寸，厚四寸至五寸。方八子方，长一丈二尺至一丈五尺，宽五寸至七寸，厚四寸至五寸。

竹作

【原文】

色额等第：

上等：每径一寸，分作四片，每片广七分。每径加一分，至一寸以上，准此计之。中等同。其打笆用下等者，只推竹造。漏三，长二丈，径二寸一分，系除梢实收数，下并同；漏二，长一丈九尺，径一寸九分；漏一，长一丈八尺，径一寸七分。

中等：大竿条，长一丈六尺，织簟，减一尺，次竿头竹同，径一寸五分；次竿条，长一丈五尺，径一寸三分。头竹，长一丈二尺，径一寸二分；次头竹，长一丈一尺，径一寸。

下等：笪竹，长一丈，径八分；大管，长九尺，径六分；小管，长八尺，径四分。织细棋纹素簟，织花及龙、凤造同，每方一尺，径一寸二分，竹一条。衬簟在内。织粗簟，假棋纹簟同，每方二尺，径一寸二分，竹一条八分。织雀眼网，每长一丈，广五尺，以径一寸二分竹：浑青造，一十一条，内一条作贴，如用木贴，即不用，下同；青白造，六条。

筏索，每一束，长二百尺，广一寸五分，厚四分，以径一寸三分竹；浑青叠四造，一十九条；青白造，一十三条。

障日㭟，每三片，各长一丈，广二尺，径一寸三分竹，二十一条，劈篾在内；芦蕟，八领，压缝在内，如织箪造，不用。

每方一丈：打笆，以径一寸三分竹为率，用竹三十条造。一十二条作经，一十八条作纬，钩头、挽压在内。其竹，若甋瓦结宽，六椽以上，用上等；四椽及瓪瓦六椽以上，用中等；甋瓦两椽、瓪瓦四椽以下，用下等。若阙本等，以别等竹比折充。编道，以径一寸五分竹为率，用二十三条造。棍并竹钉在内。阙，以别色充。若照壁中缝及高不满五尺，或栱壁、山斜、泥道，以次竿或头竹、次竹比折充。竹栅，以径八分竹一百八十三条造。四十条作经，一百四十三条作纬编造。如高不满一丈，以大管竹或小管竹比折充。

夹截：中箔，五领，挽压在内。径一寸二分竹，一十条，劈篾在内。搭盖凉棚，每方一丈二尺：中箔，三领半，径一寸三分竹，四十八条，三十二条作椽，四条走水，四条裹唇，三条压缝，五条劈篾，青白用）；芦蕟，九领，如打笆造不用。

【译文】

竹材的色差和等级：

上等（每直径一寸，分作四片，每片宽七分。每直径增加一分，加到一寸以上，依照此标准计算尺寸。中等同此。如果用下等竹材打竹笆的，只用竹材的制作标准推算）：孔隙为三个的，长二丈，直径二寸一分（系除梢实收数量，以下都同此）；孔隙为二个的，长一丈九尺，直径一寸九分；孔隙为一个的，长一丈八尺，直径一寸七分。

中等：大竿竹条，长一丈六尺（织竹席，减去一尺，次竿、头竹与此相同），直径一寸五分；次竿竹条，长一丈五尺，直径一寸三分。头竹，长一丈二尺，直径一寸二分；次头竹，长一丈一尺，直径一寸。

下等：笪竹，长一丈，直径八分；大管，长九尺，直径六分；小管，长八尺，直径四分。织细篾棋纹素竹席（织花或龙凤图案同此），每一尺见方，直径一寸二分，用竹一条。（包括衬席在内。）织粗竹席（假棋纹竹席同此），每二尺见方，直径一寸二分，用竹一条八分。织雀眼网（每长一丈，宽五尺），用直径为一寸二分的竹子：全部青竹篾制作，十一条（里面一条作贴，如果用木制贴则不用，以下相同）；用青白竹篾制作，六条。

笍索，每一束（长为二百尺，宽一寸五分，厚四分），用直径一寸三分的竹子：全部青竹篾叠四制作，十九条；青白竹篾制作，十三条。

障日篛，每三片，各长一丈，宽二尺，用直径一寸三分的竹子，共二十一条（包括劈篾在内）；芦席，八领（包括压缝在内，如果制竹席则不用）。

每方一丈：打竹笆，以直径一寸三分竹为标准，用三十条竹子制作。（用十二条作经，十八条作纬，包括钩头、挽压在内。对于竹材的选用，如果是瓪瓦结瓷，六椽以上的，用上等竹材；四椽以及瓪瓦六椽以上的，用中等竹材；瓪瓦两椽、瓪瓦四椽以下的，用下等竹材。如果缺乏本等竹材，则依照原等级竹材用别等竹材抵换充当。）编道，以直径一寸五分竹为标准，用二十三条竹子制作。（包括楥和竹钉在内，如果缺乏，就用别等竹材充当。如果用在照壁中缝和高不满五尺，或者栱壁、山斜、泥道等，则次竿或头竹、次竹，比照标准尺寸抵换充当。）竹栅，用直径八分的竹材，一百八十三条制作。（四十条作经，一百四十三条作纬，编制。如果高度不满一丈，则用大管竹或小管竹，比照标准尺寸抵换充当。）

夹截：中箔，五领（包括挽压在内），直径一寸二分的竹材，十条（包括劈篾在内）。搭盖凉棚，每一丈二尺见方：中箔，三领半；直径一寸三分的竹材，四十八条（三十二条作椽，四条走水，四条裹唇，三条压缝，五条劈篾，青白使用）；芦席，九领（如果是打竹笆则不用）。

瓦作

【原文】

用纯石灰，谓矿灰，下同：

结瓷（wà），每一口：瓪瓦，一尺二寸，二斤。即浇灰结瓷用五分之一。每增减一等，各加减八两；至一尺以下，各减所减之半。下至垒脊条子瓦同。其一尺二寸瓪瓦，准一尺瓪瓦法。仰瓪瓦，一尺四寸，三斤。每增减一等，各加减一斤。点节瓪瓦，一尺二寸，一两。每增减一等，各加减四钱。垒脊，以一尺四寸瓪瓦结瓷为率；大当沟，以瓪瓦一口造，每二枚，七斤八两。每增减一等，各加减四分之一。线道同。线道，以瓪瓦一口造二片，每一尺，两壁共二斤。条子瓦，以瓪瓦一口造四片，每一尺，两壁共一斤。每增减一等，各加减五分之一。泥脊白道，每长一丈，一斤四两。用墨煤染脊，每层，长一丈，四钱。用泥垒脊，九层为率，每长一丈：麦䴬，一十八斤，每增减二层，各加减四斤；紫土，八担，每一担重六十斤，余应用土并同，每增减二层，各加减一担。小当沟，每瓪瓦一口造二枚。仍取条子瓦二片。燕颔或牙子板，每合角处，用铁叶一段。殿宇，长一尺，广六寸，余长六寸，广四寸。结窊，以瓪瓦长，每口搀压四分，收长六分。其解挢剪截，不得过三分。合溜处尖斜瓦者，并计整口。

布瓦陇，每一行，依下项：

瓪瓦，以仰瓪瓦为计：

长一尺六寸，每一尺[1]；长一尺四寸，每八寸；长一尺二寸，每七寸；长一尺，每五寸八分；长八寸，每五寸；长六寸，每四寸八分。

瓪瓦：

长一尺四寸，每九寸；长一尺二寸，每七寸五分。

结窊，每方一丈：

中箔，每重，二领半。压占在内。殿宇、楼阁，五间以上，用五重；三间，四重；厅堂，三重；余并二重。土，四十担。系瓪、瓪结窊，以一尺四寸瓪瓦为率，下箚䴬同。每增一等，加一十担；每减一等，减五担；其散瓪瓦，各减半。麦䴬，二十斤。每增一等，加一斤；每减一等，减八两；散瓪瓦，各减半。如纯灰结窊，不用。其麦䐡同。麦䐡，一十斤。每增一等，加八两；每减一等，减四两；散瓪瓦，不用。泥篮，二枚。散瓪瓦，一枚。用径一寸三分竹一条，织造二枚。系箔常使麻，一钱五分。抹柴栈或板、笆、箔，每方一丈，如纯灰于板并笆、箔上结窊者，不用：土，二十担；麦䐡，一十斤。

安卓：鸱尾，每一只，以高三尺为率，龙尾同。铁脚子，四枚，各长五寸。每高增一尺，长加一寸。铁束，一枚，长八寸。每高增一尺，长加二寸。其束子大头广二寸，小头广一寸二分为定法。抢铁，三十二片，长视身三分之一。每高增一尺，加八片；大头广二寸，小头广一寸为定法。拒鹊子，二十四枚，上作五叉子，每高增一尺，加三枚，各长五寸。每高增一尺，加六分。

安拒鹊等石灰，八斤。坐鸱尾及龙尾同。每增减一尺，各加减一斤。墨

煤，四两。龙尾，三两。每增减一尺，各加减一两三钱；龙尾，加减一两；其
琉璃者不用。鞠，六道，各长一尺。曲在内，为定法。龙尾同。每增一尺，添
八道；龙尾，添六道；其高不及三尺者不用。柏桩，二条，龙尾同，高不及三尺
者，减一条，长视高，径三寸五分。三尺以下，径三寸。

　　龙尾：铁索，二条，两头各带独脚屈膝，其高不及三尺者不用；一条长视高
一倍，外加三尺；一条长四尺，每增一尺，加五寸。

　　火珠，每一坐：以径二尺为准。柏桩，一条，长八尺。每增减一等，各加减
六寸，其径以三寸五分为定法。石灰，一十五斤。每增减一等，各加减二斤。墨
煤，三两。每增减一等，各加减五钱。

　　兽头，每一只：

　　铁钩，一条。高二尺五寸以上，钩长五尺；高一尺八寸至二尺，钩长三尺；
高一尺四寸至一尺六寸，钩长二尺五寸；高一尺二寸以下，钩长二尺。系腮铁
索，一条，长七尺。两头各带直脚屈膝；兽高一尺八寸以下，并不用。滴当子，
每一枚，以高五寸为率：石灰，五两。每增减一等，各加减一两。嫔伽，每一
只，以高一尺四寸为率：石灰，三斤八两。每增减一等，各加减八两；至一尺
以下，减四两。蹲兽，每一只，以高六寸为率：石灰，二斤。每增减一等，各
加减八两。石灰，每三十斤，用麻捣一斤。出光琉璃瓦，每方一丈，用常使麻，
八两。

【梁注】

　　[1] 即：如用长一尺六寸瓪瓦，即每一尺为一行（一陇）。

【译文】

　　用纯石灰（即矿灰，下同）：

　　结窑，每一口：瓪瓦，一尺二寸，用二斤纯石灰。（浇灰、结窑用五分之一。
每增减一个等级，则各加减八两。到一尺以下的瓦，各减去所减的一半。下至垒
脊、条子瓦与此相同。一尺二寸的瓪瓦以一尺瓪瓦的制度为准。）仰瓪瓦，一尺
四寸，三斤。（每增减一等，各加减一斤。）点节瓪瓦，一尺二寸，用一两纯石
灰。（每增减一等，各加减四钱。）垒脊（以一尺四寸的瓪瓦结窑为准）：大当沟

（用瓪瓦一口建造），每二枚，用七斤八两纯石灰。（每增减一等，各加减四分之一。制作线道所用纯石灰量同此。）线道（用瓪瓦一口，建造两片），每一尺，两壁共需要二斤纯石灰。条子瓦（以瓪瓦一口，建造四片），每一尺，两壁共需要一斤纯石灰。（每增减一等，各加减五分之一。）泥脊白道，每长一丈，用一斤四两纯石灰。用墨煤染脊，每一层，长一丈，用四钱纯石灰。用泥垒脊，以九层为标准，每长一丈：用麦𥝆十八斤（每增减两层，各加减四斤）；紫土，八担（每一担重六十斤，其余所应用土都与此相同。每增减两层，各相应加减一担）。小当沟，每瓯瓦一口，建造两枚。（仍取两片条子瓦。）燕颔或牙子板，每个合角处用一段铁叶。（殿宇所用燕颔或牙子板长一尺，宽六寸。其余的长六寸，宽四寸。）结瓷，以瓯瓦的长度，每一口揿压四分，收边长为六分。（解挤、剪截，不能超过三分。）合溜处的尖斜瓦，都以整口计算。

排布瓦陇，每一行依照以下各项：

瓪瓦（以仰瓯瓦的尺寸计算）：长一尺六寸，每一尺；长一尺四寸，每八寸；长一尺二寸，每七寸；长一尺，每五寸八分；长八寸，每五寸；长六寸，每四寸八分。

瓯瓦：长一尺四寸，每九寸；长一尺二寸，每七寸五分。

结瓷，每一丈见方：中箔，每一重，用二领半。（压占所用的计算在内。殿宇、楼阁五间以上的用五重，三间的用四重，厅堂用三重，其余都用两重。）土，四十担。（系瓪瓦、瓯瓦，结瓷，以一尺四寸的瓯瓦为标准。下面的𥝆𥝆与此相同。每增加一个等级，加十担；每减少一个等级，减去五担；散瓯瓦，各样都减半。）麦𥝆，二十斤。（每增加一个等级，加一斤，每减一等减八两，散瓯瓦各减一半。如果用纯石灰结瓷则不用。下面的麦𦱻与此相同。）麦𦱻，十斤。（每增加一等加八两，每减少一等减四两，散瓯瓦不用。）泥篮，两枚。（散瓯瓦一枚。用直径一寸三分的竹子一条，织造两枚。）系箔常使的麻，一钱五分。抹柴栈或板、笆、箔，每一丈见方（如果是在板、笆、箔上用纯石灰结瓷的，则不用）：土，二十担；麦𦱻，十斤。

安装：鸱尾，每一只（以高三尺为标准。龙尾相同）：铁脚子，四枚，各长五寸。（高度每增加一尺，长度增加一寸。）铁束，一枚，长八寸。（高度每增加一尺，长度增加二寸。所用束子大头的宽度为二寸，小头宽一寸二分，这是定法。）抢铁，三十二片，长度根据身长的三分之一而定。（高度每增加一尺，则增加八片抢铁。大头宽二寸，小头宽一寸，这是定法。）拒鹊子，二十四枚（上面做五叉子造型，高度每增加一尺，加三枚），各长五寸。（高度每增加一尺，增加六分。）安拒鹊等所用石灰，八斤。（安放鸱尾和龙尾与此相同。每增减一尺，各加减一斤。）墨煤，四两。（龙尾用三两。每增减一尺，各加减一两三钱。龙尾加减一两。如果是琉璃的不用。）鞠，六道，各长为一尺。（包括曲面在内，此为定法。龙尾同此。每增加一尺，添八道，龙尾添六道，高度不及三尺的不用。）柏桩，两条（龙尾同，高度不及三尺的，减去一条），长度根据高度而定，直径三寸五分。（三尺以下的，直径三寸。）

龙尾：铁索，两条。（两头各带独脚屈膝，高度不及三尺的不用。）一条的长度根据高度的一倍，另外加三尺。另一条长四尺（每增一尺加五寸）。

火珠，每一座（直径以二尺为准）：柏桩，一条，长度为八尺（每增减一等，各加减六寸。其直径以三寸五分为定法。）石灰，十五斤。（每增减一等，各加减二斤。）墨煤，三两。（每增减一等，各加减五钱。）

兽头，每一只：铁钩，一条。（高度在二尺五寸以上的，钩长五尺；高度在一尺八寸至二尺的，钩长三尺；高度在一尺四寸至一尺六寸的，钩长二尺五寸；高一尺二寸以下的，钩长二尺。）系腮铁索，一条，长为七尺。（两头各带直脚屈膝。兽的高度在一尺八寸以下的，都不用。）滴当子，每一枚（以高五寸为标准）：石灰，五两。（每增减一等，各加减一两。）嫔伽，每一只（以高一尺四寸为标准）：石灰，三斤八两。（每增减一等，各加减八两。到一尺以下的，减去四两。）蹲兽，每一只（以高六寸为标准）：石灰，二斤。（每增减一等，各加减八两。）石灰，每三十斤，用一斤麻捣。出光琉璃瓦，每方一丈，用常使麻八两。

卷二十七

诸作料例二

泥作

【原文】

每方一丈：

红石灰：干厚一分三厘，下至破灰同。石灰，三十斤。非殿阁等，加四斤；若用矿灰，减五分之一。下同。赤土，二十三斤。土朱，一十斤。非殿阁等，减四斤。

黄石灰：石灰，四十七斤四两。黄土，一十五斤十二两。

青石灰：石灰，三十二斤四两。软石炭，三十二斤四两。如无软石炭，即倍石灰之数。每石灰一十斤，用粗墨一斤，或墨煤十一两。

白石灰：石灰，六十三斤。

破灰：石灰，二十斤。白蔑土，一担半。麦麸，一十八斤。

细泥：麦麸，一十五斤。作灰衬，同；其施之于城壁者，倍用。下麦𥿭准此。土，三担。

粗泥，中泥同：麦𥿭，八斤。搭络及中泥作衬，并减半。土，七担。

沙泥画壁：沙土、胶土、白蔑土，各半担。麻捣，九斤。栱眼壁同。每斤洗净者，收一十二两。粗麻，一斤。径一寸三分竹，三条。

垒石山：石灰，四十五斤。粗墨，三斤。

泥假山：长一尺二寸，广六寸，厚二寸砖，三十口。柴，五十斤，曲堰者。径一寸七分竹，一条。常使麻皮，二斤。中箔，一领。石灰，九十斤。粗墨，九斤。麦麸，四十斤。麦𥿭，二十斤。胶土，一十担。

壁隐假山：石灰，三十斤。粗墨，三斤。

盆山，每方五尺：石灰，三十斤。每增减一尺，各加减六斤。粗墨，二斤。

每坐：

立灶，用石灰或泥，并依泥饰料例约计；下至茶炉子准此：突，每高一丈二尺，方六寸，坯四十口。方加至一尺二寸，倍用。其坯系长一尺二寸，广六寸，厚二寸。下应用砖、坯，并同。垒灶身，每一斗，坯八十口。每增一斗，加一十口。

釜灶，以一石为率：突，依立灶法。每增一石，腔口直径加一寸；至十石止。垒腔口坑子罨烟，砖五十口。每增一石，加一十口。

坐甑：生铁灶门。依大小用。镬灶同。生铁板，二片，各长一尺七寸，每增一石，加一寸，广二寸，厚五分。坯，四十八口。每增一石，加四口。矿石灰，七斤。每增一口，加一斤。

镬灶，以口径三尺为准：突，依釜灶法。斜高二尺五寸，曲长一丈七尺，驼势在内。自方一尺五寸并二垒砌为定法。砖，一百口。每径加一尺，加三十口。生铁板，二片，各长二尺，每径长加一尺，加三寸，广二寸五分，厚八分。生铁柱子，一条，长二尺五寸，径三寸。仰合莲造。若径不满五尺不用。

茶炉子，以高一尺五寸为率：燎杖，用生铁或熟铁造，八条，各长八寸，方三分。坯，二十口。每加一寸，加一口。

垒坯墙：用坯，每一千口，径一寸三分竹，三条。造泥篮在内。暗柱，每一条，长一丈一尺，径一尺二寸为准，墙头在外。中箔，一领。

石灰，每一十五斤，用麻捣一斤。若用矿灰，加八两；其和红、黄、青灰，即以所用土朱之类斤数在石灰之内。泥篮，每六椽屋一间，三枚。以径一寸三分竹一条织造。

【译文】

每一丈见方：

红石灰的拌和比例（干了之后，厚度为一分三厘。以下到破灰，与此相同）：石灰，三十斤。（如果不是殿阁等房屋，则加四斤。如果使用矿灰，则减去五分之一。以下相同。）赤土，二十三斤。土朱，十斤。（如果不是殿阁等房屋，则减去四斤。）

黄石灰的拌和比例：石灰，四十七斤四两。黄土，十五斤十二两。

青石灰的拌和比例：石灰，三十二斤四两。软石炭，三十二斤四两。（如果没有软石炭，则石灰的数量加倍。每十斤石灰，用粗墨一斤，或者墨煤十一两。）

白石灰的拌和比例：石灰，六十三斤。

破灰的拌和比例：石灰，二十斤。白蔑土，一担半；麦䴬，十八斤。

细泥的拌和比例：麦䴬，十五斤。（做灰衬与此相同。如果是施用在城壁上的则加倍。以下的麦䴬以此为准。）土，三担。

粗泥的拌和比例（中泥同此）：麦䴬，八斤。（如果做搭络，以及用中泥做衬，都要减半。）土，七担。

用沙泥做画壁：沙土、胶土、白蔑土，各半担。麻捣，九斤。（做栱眼的墙壁与此相同。每一斤洗净后，收为十二两。）粗麻，一斤。直径一寸三分的竹子，三条。

垒石山：石灰，四十五斤；粗墨，三斤。

泥抹假山：长一尺二寸，宽六寸，厚二寸的砖，三十口；柴，五十斤（曲堰）；直径一寸七分的竹子，一条；常使麻皮，二斤；中箔，一领；石灰，九十斤；粗墨，九斤；麦䴬，四十斤；麦䴬，二十斤；胶土，十担。

垒砌壁隐假山：石灰，三十斤；粗墨，三斤。

盆山，每五尺见方：石灰，三十斤（每增减一尺，各加减六斤）；粗墨，二斤。

每座：

立灶（用石灰或泥，都依据泥饰料例的细则计算。以下直至茶炉子都以此为准）：烟囱，每高一丈二尺，六寸见方，用四十口坯。（如果加到一尺二寸见方，则用料加倍。所用坯长一尺二寸，宽六寸，厚二寸。以下应用的砖、坯，都与此相同。）垒灶身，每一斗用八十口坯。（每增加一斗，加十口。）

釜灶（以一石为标准）：烟囱，依照立灶的规则。（每增一石，腔口直径增加一寸，增加至十石为止。）垒腔口坑子罨烟，用砖五十口。（每增一石，增加十口。）

坐甑：生铁灶门。（根据大小而用。镬灶与此相同。）生铁板，两片，各长一尺七寸（每增加一石，长度增加一寸），宽二寸，厚五分。坯，四十八口。（每增一石，加四口。）矿石灰，七斤。（每增一口，加一斤。）

镬灶（口径以三尺为准）：烟囱，依照釜灶的规则。（斜高为二尺五寸，曲长一丈七尺，包括驼形弯曲走势在内。一尺五寸见方，采取并排二垒砌，这是定法。）砖，一百口。（直径每增加一尺，加三十口。）生铁板，两片，各长二尺（直径每增加一尺，加三寸），宽二寸五分，厚八分。生铁柱子，一条，长二尺五寸，直径三寸。（采用仰合莲造型。如果直径不满五尺，不用。）

茶炉子（以高一尺五寸为标准）：燎杖（用生铁或熟铁铸造），八条，各长八寸，三分见方。坯，二十口。（每加一寸，加一口。）

垒坯墙：用坯，每一千口，直径为一寸三分的竹子，三条。（包括造泥篮在内。）暗柱，每一条（长一丈一尺，直径一尺二寸为准，墙头在外）。中箔，一领。

石灰，每十五斤，用麻捣一斤。（如果用矿灰，则增加八两。和红灰、黄灰、青灰，即以所用的土朱之类的斤数和在石灰之内。）泥篮，每六椽屋一间，做三枚。（以直径一寸三分的竹子一条编造。）

彩画作

【原文】

应刷染木植，每面方一尺，各使下项，栱眼壁各减五分之一，雕木花板加五分之一，即描花之类，准折计之：

定粉，五钱三分。墨煤，二钱二分八厘五毫。土朱，一钱七分四厘四毫。殿宇、楼阁，加三分；廊屋、散舍，减二分。白土，八钱。石灰同。土黄，二钱六分六厘。殿宇、楼阁，加二分。黄丹，四钱四分。殿宇、楼阁，加二分；廊屋、散舍，减一分。雌黄，六钱四分。合雌黄、红粉，同。合青花，四钱四分四厘。合绿花同。合深青，四钱，合深绿及常使朱红、心子朱红、紫檀并同。合朱，五钱。生青、绿花、深朱红，同。生大青，七钱。生大青、浮淘青、梓州熟大青绿、二青绿，并同。生二绿，六钱。生二青同。常使紫粉，五钱四分。藤黄，三钱。槐花，二钱六分。中绵胭脂，四片。若合色，以苏木五钱二分，白矾一钱三分煎合充。描画细墨，一分。熟桐油，一钱六分。若在暗处不见风日者，加十分之一。

应合和颜色，每斤，各使下项：

合色：

绿花，青花减定粉一两，仍不用槐花、白矾：定粉，一十三两；青黛，三两；槐花，一两；白矾，一钱。

朱：黄丹，一十两；常使紫粉，六两。

绿：雌黄，八两；淀，八两。

红粉：心子朱红，四两；定粉，一十二两。

紫檀：常使紫粉，一十五两五钱；细墨，五钱。

草色：

绿花，青花减槐花、白矾：淀，一十二两；定粉，四两；槐花，一两；白矾，一钱。

深绿，深青即减槐花、白矾：淀，一斤；槐花，一两；白矾，一钱。

绿：淀，一十四两；石灰，二两；槐花，二两；白矾，二钱。

红粉：黄丹，八两；定粉，八两。

衬金粉：定粉，一斤；土朱，八钱，颗块者。

应使金箔，每面方一尺，使衬粉四两，颗块土朱一钱。每粉三十斤，仍用生白绢一尺，滤粉，木炭一十斤，㸁粉，绵半两，描金。

应煎合桐油，每一斤：松脂、定粉、黄丹，各四钱；木扎，二斤。

应使桐油，每一斤，用乳丝四钱。

【译文】

应刷的染木植油，每面为一尺平方，各种原料使用如以下各项（栱眼壁的各项减去五分之一，雕木花板增加五分之一，即描花之类，按照这个标准折算）：

定粉，五钱三分；墨煤，二钱二分八厘五毫；土朱，一钱七分四厘四毫（殿宇、楼阁增加三分，廊屋、散舍减去二分）；白土，八钱（石灰同此）；土黄，二钱六分六厘（殿宇、楼阁增加二分）；黄丹，四钱四分（殿宇、楼阁增加二分，廊屋、散舍减去一分）；雌黄，六钱四分（混合雌黄、红粉与此相同）；混合青花，四钱四分四厘（混合绿花相同）；混合深青，四钱（混合深绿及常使用的朱红、心子朱红、紫檀，都相同）；混合朱，五钱（生青、绿花、深朱红与此相同）；生大青，七钱（生大青、浮淘青、梓州熟大青绿、二青绿，都相同）；生二绿，六钱（生二青与此相同）；常使用的紫粉，五钱四分；藤黄，三钱；槐花，二钱六分；中绵胭脂，四片（如果混合颜色，用五钱二分苏木，一钱三分白矾，煎煮调和充当）；描画细墨，一分；熟桐油，一钱六分。（如果是在阴暗不见阳光和风的地方，增加十分之一。）

几种混合颜色的调制，每斤所使用的配料如以下各项：

混合色：

绿花（青花减一两定粉，仍然不用槐花和白矾）：定粉，十三两；青黛，三两；槐花，一两；白矾，一钱。

朱：黄丹，十两；常使紫粉，六两。

绿：雌黄，八两；淀，八两。

红粉：心子朱红，四两；定粉，十二两。

紫檀：常使紫粉，十五两五钱；细墨，五钱。

草色：

绿花（青花减槐花、白矾）：淀，十二两；定粉，四两；槐花，一两；白矾，一钱。

深绿（深青则减去槐花、白矾）：淀，一斤；槐花，一两；白矾，一钱。

绿：淀，十四两；石灰，二两；槐花，二两；白矾，二钱。

红粉：黄丹，八两；定粉，八两。

衬金粉：定粉，一斤；土朱，八钱（用颗粒块状的矿料）。

应使金箔，每面一平方尺，使用四两衬粉，一钱颗粒块状土朱。每三十斤粉，仍然使用生白绢一尺（滤粉），木炭十斤（焙粉），半两棉花（描金）。

应煎煮调和的桐油，每一斤：松脂、定粉、黄丹，各四钱；木扎，二斤。

应使桐油，每一斤，用四钱乳丝。

砖作

【原文】

应铺垒、安砌，皆随高、广，指定合用砖等第，以积尺计之。若阶基、慢道之类，并二或并三砌，应用尺三条砖，细垒者，外壁斫磨砖，每一十行，里壁粗砖八行填后。其隔减、砖甋，及楼阁高窎[1]，或行数不及者，并依此增减计定。

应卷輂河渠，并随圆用砖，每广二寸，计一口，覆背卷准此。其缴背，每广六寸，用一口。

应安砌所需矿灰，以方一尺五寸砖，用一十三两。每增减一寸，各加减三两。其条砖，减方砖之半；压阑，于二尺方砖之数，减十分之四。

应以墨煤刷砖甋、基阶之类，每方一百尺，用八两。

应以灰刷砖墙之类，每方一百尺，用一十五斤。

应以墨煤刷砖甋、基阶之类，每方一百尺，并灰刷砖墙之类，计灰一百五十斤，各用苫荐一枚。

应甃垒，并所用盘板，长随径，每片广八寸，厚二寸，每一片：常使麻皮，一斤；芦蔧，一领；径一寸五分竹，二条。

【梁注】

[1] 窵，音鸟或音吊，深远也。

【译文】

关于铺垒、安砌，都根据高度和宽度而定，指定适合用途的砖的等级，按照该面积或体积的数量来计算所需砖的用量。如果是阶基、慢道之类的，采用两砖并列或者三砖并列的砌法，应该用尺度为三条砖，细垒，外壁用砍斫消磨的砖，每壁十行，里面的墙壁用八行粗砖填后。（隔减、砖甋，以及楼阁高窵，或者行数不够的，都依照这个标准增减计算确定。）

关于卷輂河渠，根据涵洞的弧形用砖，每宽两寸，计一口，覆背的卷曲处以此为准。其缴背，每宽六寸，用一口。

关于安砌所需要的矿灰，以每一尺五寸见方的砖为单位，用十三两。（每增减一寸，各加减三两。条砖要减去方砖的一半；砌压栏，二尺方砖的数量减去十分之四。）

关于用墨煤刷砖甋、基阶之类，每一百尺见方，用八两。

关于用灰刷砖墙之类，每一百尺见方，用十五斤。

关于用墨煤刷砖甋、基阶之类，每一百尺见方，包括用灰刷砖墙之类，总计用灰一百五十斤，各用苫荐一枚。

关于用瓮垒，包括所用的盘板，长度根据直径而定（每片宽八寸，厚二寸），每一片：常使麻皮，一斤；芦苇编成的粗席子，一领；直径一寸五分的竹子，二条。

窑作

【原文】

烧造用茭草：

砖，每一十口：

方砖：方二丈，八束。每束重二十斤，余茭草称束者，并同。每减一寸，减六分。方一尺二寸，二束六分。盘龙、凤、花，并砖碇同。

条砖：长一尺三寸，一束九分。牛头砖同。其趄面即减十分之一。长一尺二寸，九分。走趄并趄条砖，同。

压栏砖：长二尺一寸，八束。

瓦：

素白，每一百口：

瓪瓦：长一尺四寸，六束七分。每减二寸，减一束四分。长六寸，一束八分。每减二寸，减七分。

瓪瓦：长一尺六寸，八束。每减二寸，减二束。长一尺，三束。每减二寸，减五分。

青掍瓦：以素白所用数加一倍。

诸事件，谓鸱、兽、嫔伽、火珠之类，本作内余称事件者准此，每一功，一束。其龙尾所用茭草，同鸱尾。

琉璃瓦并事件，并随药料，每窑计之。谓曝窑。大料，分三窑，折大料同，一百束，折大料八十五束。中料，分二窑，小料同，一百一十束。小料，一百束。

掍造鸱尾，龙尾同，每一只，以高一尺为率，用麻捣，二斤八两。

青掍瓦：

滑石掍：

坯数[1]：大料，以长一尺四寸瓪瓦，一尺六寸瓪瓦，各六百口。花头重唇在内，下同。中料，以长一尺二寸瓴瓦，一尺四寸瓪瓦，各八百口。小料，以瓴瓦一千四百口，长一尺，一千三百口，六寸并四寸，各五千口。瓪瓦一千三百口，长一尺二寸，一千二百口，八寸并六寸，各五千口[2]。

柴药数：大料，滑石末，三百两；羊粪，三篑。中料减三分之一，小料减半。浓油，一十二斤；柏柴，一百二十斤；松柴，麻糁，各四十斤。中料减四分之一，小料减半。

茶土掍：长一尺四寸瓴瓦，一尺六寸瓪瓦，每一口一两[3]。每减二寸，减五分。

造琉璃瓦并事件：

药料：每一大料，用黄丹二百四十三斤。折大料，二百二十五斤；中料，二百二十二斤；小料，二百九斤四两。每黄丹三斤，用铜末三两，洛河石末一斤。

用药，每一口，鸱、兽、事件及条子、线道之类，以用药处通计尺寸折大料：

大料，长一尺四寸瓴瓦，七两二钱三分六厘。长一尺六寸瓪瓦，减五分。

中料，长一尺二寸瓴瓦，六两六钱一分六毫六丝六忽。长一尺四寸瓪瓦，减五分。

小料，长一尺瓴瓦，六两一钱二分四厘三毫三丝二忽。长一尺二寸瓪瓦，减五分。

药料所用黄丹阙，用黑锡炒造。其锡，以黄丹十分加一分，即所加之数，斤以下不计。每黑锡一斤，用密驼僧二分九厘，硫黄八分八厘，盆硝二钱五分八厘，柴二斤一十一两。炒成收黄丹十分之数。

【梁注】

[1] 这里所列坯数，是适用于下文的柴药数的大、中、小料的坯数。

[2] "五千口"各本均作"五十口"，按比例，似应为五千口。

[3] 一两什么？没有说明。

【译文】

烧造所用的苇草：

烧制砖，每十口：

方砖：二丈见方的，八束。（每束重为二十斤。下文所提到的"苇草"称"束"的，一并同此。每减一寸，则减六分。）一尺二寸见方的，二束六分。（盘龙、凤、花，都与砖碇相同。）

条砖：长为一尺三寸的，一束九分。（牛头砖与此相同。起面则减去十分之一。）长为一尺二寸的，九分。（走起砖和起条砖与此相同。）

压栏砖：长为二尺一寸的，八束。

瓦：

素白，每一百口：

瓵瓦：长为一尺四寸的，六束七分。（每减少二寸，减去一束四分。）长为六寸的，一束八分。（每减少二寸，减去七分。）

瓪瓦：长为一尺六寸的，八束。（每减少二寸，减去二束。）长为一尺的，三束。（每减少二寸，减去五分。）

青掍瓦：在素白瓦所用数量的基础上增加一倍。

各个构件（例如鸱、兽、嫔伽、火珠之类，本工序内其他各处提到的构件都以此为准），每一个功，用一束。（烧制龙尾所用的莒草数量，与鸱尾数相同。）

琉璃瓦及其构件，一同根据药料，以每窑为单位来计算（即曝窑）。大料（分三窑，折大料相同），一百束，折大料八十五束，中料（分二窑，小料相同），一百一十束，小料一百束。

掍造鸱尾（龙尾同此），每一只，以高一尺为标准，用麻捣，二斤八两。

青掍瓦：

滑石掍：

坯数：大料，以长一尺四寸的瓵瓦、一尺六寸的瓪瓦，各六百口。（包括花头、重唇在内。以下相同。）中料，以长一尺二寸的瓵瓦、一尺四寸的瓪瓦，各八百口。小料，以瓵瓦一千四百口（长一尺一寸的，三百口，四寸以及六寸的，各五十口）。瓪瓦一千三百口（长一尺二寸的，一千二百口，六寸和八寸的，各五十口）。

所用柴禾以及配药数量：烧制大料，滑石末用三百两，羊粪用三篦（中料减去三分之一，小料减半）。浓油用十二斤，柏柴用一百二十斤，松柴麻糁各四十斤（中料减去四分之一，小料减半）。

茶土掍：用长为一尺四寸的瓵瓦、一尺六寸的瓪瓦，每一口一两。（每减少二寸，减去五分。）

造琉璃瓦等构件：

药料：每一大料，用黄丹二百四十三斤。（折大料用二百二十五斤，中料用二百二十二斤，小料用二百零九斤四两。）每三斤黄丹用三两铜末，一斤洛河石粉末。

用药以每一口为计量单位（鸱、兽等构件以及条子、线道之类，以用药处总计所有尺寸折合大料计算）：大料，长一尺四寸的瓯瓦，需要七两二钱三分六厘。（长一尺六寸的瓯瓦，则减去五分。）中料，长一尺二寸的瓯瓦，需要六两六钱一分六毫六丝六忽。（长一尺四寸的瓯瓦，则减去五分。）小料，长一尺的瓯瓦，需要六两一钱二分四厘三毫三丝二忽。（长一尺二寸的瓯瓦，则减去五分。）

药料所用的黄丹阙，用黑锡炒制而成。所用的锡以十分黄丹加一分。（即所加的数量，一斤以下不计算在内。）每一斤黑锡，用密驼僧二分九厘，硫黄八分八厘，盆硝二钱五分八厘，柴二斤十一两。炒制完成后加进十分的黄丹数便成。

卷二十八

诸作用钉料例、诸作用胶料例、诸作等第

诸作用钉料例

用钉料例

【原文】

大木作：

椽钉，长加椽径五分[1]。有余分者从整寸。谓如五寸椽用七寸钉之类。下同。角梁钉，长加材厚一倍。柱碩同。飞子钉，长随材厚。大、小连檐钉，长随飞子之厚。如不用飞子者，长减椽径之半。白板钉，长加板厚一倍。平暗遮椽板同。搏风板钉，长加板厚两倍。横抹板钉，长加板厚五分。隔减并襻同。

小木作：

凡用钉，并随板木之厚。如厚三寸以上，或用签钉者，其长加厚七分。若厚二寸以下者，长加厚一倍；或缝内用两入钉[2]者，加至二寸止。

雕木作：

凡用钉，并随板木之厚。如厚二寸以上者，长加厚五分，至五寸止。若厚一寸五分以下者，长加厚一倍；或缝内用两入钉者，加至五寸止。

竹作：

压笆钉，长四寸；雀眼网钉，长二寸。

瓦作：

瓪瓦上滴当子钉，如高八寸者，钉长一尺。若高六寸者，钉长八寸。高一尺

二寸及一尺四寸嫔伽，并长一尺二寸。瓪瓦同。或高三寸及四寸者，钉长六寸。高一尺嫔伽并六寸。花头瓪瓦同，并用本作葱台长钉。套兽长一尺者，钉长四寸。如长六寸以上者，钉长三寸。月板及钉箔同。若长四寸以上者，钉长二寸。燕颔板牙子同。

　　泥作：

　　沙壁内麻花钉，长五寸。造泥假山钉同。

　　砖作：

　　井盘板钉，长三寸。

【梁注】

　　[1]这"五分"是"十分之五""椽径之半"，而不是绝对尺寸。

　　[2]两入钉就是两头尖的钉子。

【译文】

　　大木作：椽钉，长度在椽子直径的基础上再增加五分。（如果椽钉有多余的部分，则采用整寸。例如，五寸的椽子就用七寸的椽钉，等等。下同。）角梁钉，长度在材厚度的基础上增加一倍。（柱硕与此相同。）飞子钉，长度根据材的厚度而定。大小连檐钉，长度根据飞子的厚度而定。（如果不使用飞子的，长度在椽子直径的基础上减半。）白板钉，长度在板材厚度的基础上增加一倍。（平暗遮椽板相同。）搏风板钉，长度在板材厚度的基础上增加两倍。横抹板钉，长度在板材厚度的基础上增加五分。（隔减和襻相同。）

　　小木作：凡是使用椽钉，都根据板木的厚度而定。如果厚度在三寸以上，需要嵌入椽钉的，长度要在厚度的基础上增加七分。（如果厚度在二寸以下的，长度要比厚度增加一倍。或者缝内用两根椽钉嵌入的，增加到二寸为止。）

　　雕木作：凡是使用椽钉，都根据板木的厚度而定。如果厚度在二寸以上，长度要在厚度的基础上增加五分，加到五寸为止。（如果厚度在一寸五分以下，长度要在厚度的基础上增加一倍。或者缝内用两根椽钉嵌入的，增加到五寸为止。）

　　竹作：压笆钉，长为四寸。雀眼网钉，长为二寸。

　　瓦作：瓪瓦上的滴当子钉，如果高度为八寸，椽钉长为一尺。如果高六寸，椽钉长为八寸。（如果是高一尺二寸和一尺四寸的嫔伽，则椽钉都长一尺二寸。

甋瓦与此相同。）如果高度为三寸和四寸，椽钉长为六寸。（如果是高一尺的嫔伽，则椽钉全长六寸。花头甋瓦与此相同，同时采用本作中葱台钉的长度。）套兽长为一尺，椽钉长四寸。如果长度在六寸以上，椽钉长三寸。（月板和钉箔同此。）如果长度在四寸以上的，椽钉长为二寸。（燕颔板牙子用钉与此相同。）

泥作：沙壁内的麻花钉，长为五寸。（造泥假山的椽钉同此。）

砖作：井盘板钉，长为三寸。

用钉数

【原文】

大木作：

连檐，随飞子椽头，每一条，营房隔间同；大角梁，每一条，续角梁二枚，子角梁三枚；托槫，每一条；生头，每长一尺，搏风板同[1]；搏风板，每长一尺五寸；横抹，每长二尺。右（上）各一枚。

飞子，每一条，襻槫同；遮椽板，每长三尺，双使，难子，每长五寸，一枚；白板，每方一尺；槫、枓，每一只；隔减，每一出入角，襻，每条同。右（上）各二枚。

椽，每一条，上架三枚，下架一枚；平暗板，每一片；柱碢，每一只。右（上）各四枚。

小木作：

门道立、卧柣，每一条。平棋花、露篱、帐、经藏猴面等棍之类同；帐上透栓、卧棍，隔缝用；井亭大连檐，随椽隔间用。乌头门上如意牙头，每长五寸。难子、贴络、牙脚、牌带签面并楅、破子窗填心、水槽底板、胡梯促踏板、帐上山花贴及楅、角脊、瓦口、转轮经藏钿面板之类同；帐及经藏签面板等，隔棍用；帐上合角并山花络牙脚、帐头楅，用二枚。勾窗槛面搏肘，每长七寸。乌头门并格子签[2]子桯，每长一尺。格子等搏肘板、引檐，不用；门簨、鸡栖、平棋、梁抹瓣、方井亭等搏风板、地棚地面板、帐、经藏仰托棍、帐上混肚枋、牙脚帐压青牙子、壁藏斗槽板、签面之类同；其裹栿，随水路两边，各用。破子窗签子桯，每长一尺五寸。签平棋桯，每长二尺。帐上槫同。藻井背板，每广二寸，两边各用。水槽底板罨头，每广三寸。帐上明金板，每广四寸。帐、经藏厦瓦板，随椽隔间用。随榀签门板，每广五寸。帐并经藏坐面，随棍背板；井亭厦瓦板，随椽隔间用，其山板，用二枚。平棋背板，每广六寸。签角蝉板，两边各用。帐上山花蕉叶，每广八寸。牙脚帐随棍钉，顶板同。帐上坐面板，随棍每广一尺。铺作，每科一只。帐并经藏车槽等涩、子涩、腰花板，每瓣。壁藏坐壶门、牙头同；车槽坐腰面等涩、背板，隔瓣用；明金板，隔瓣用二枚。右（上）各一枚。

乌头门抢柱，每一条。独扇门等伏兔、手栓、承拐榀用；门簪、鸡栖、立牌牙子、平棋护缝、斗四瓣方、帐上桩子、车槽等处卧棍、方子、壁帐马衔、填心、转轮经藏辋、颊子之类同。护缝，每长一尺。井亭等脊、角梁、帐上仰阳、隔科贴之类同。右（上）各二枚。

七尺以下门榀，每一条。垂鱼、钉榑头板、引檐跳椽、勾栏花托柱、叉子、马衔、井亭子搏脊、帐并经藏腰檐、抹角栿、曲剜椽子之类同。露篱上屋板，随山子板，每一缝。右（上）各二枚。

七尺至一丈九尺门榀，每一条，四枚。平棋榀、小平棋科槽板、横钤、立旌、板门等伏兔、榑柱、日月板、帐上角梁、随间栿、牙脚帐格棍、经藏井口棍之类同。二丈以上门榀，每一条，五枚。随圆桥子上促踏板之类同。斗四并井亭子上科槽板，每一条。帐带、猴面棍、山花、蕉叶、钥匙头之类同。帐上腰檐鼓作、山花、蕉叶、科槽板，每一间。右（上）各六枚。

截间格子榑柱，每一条，一十二枚[3]。上面八枚，下面四枚。斗八上科槽板，每一片，一十枚。小斗四、斗八、平棋上并勾栏、门窗、雁翅板、帐并壁藏天宫楼阁之类，随宜计数。

雕木作：

宝床，每长五寸。脚并事件，每件三枚。云盆，每长五寸。右（上）各一枚。

角神安脚，每一只。膝窠，四枚；带，五枚；安钉，每身六枚。扛坐神，力士同，每一身。花板，每一片。每通长造者，每一尺一枚；其花头系贴钉者，每朵一枚；若一寸以上，加一枚。虚柱，每一条钉卯。右（上）各二枚。

混作真人、童子之类，高二尺以上，每一身。二尺以下，二枚。柱头、人物之类，径四寸上，每一件。如三寸以下，一枚。宝藏神臂膊，每一只。腿脚，四枚；裙，二枚；带，五枚；每一身安钉，六枚。鹤子腿，每一只。每翅，四枚；尾，每一段一枚；如施于花表柱头者，加脚钉，每只四枚。龙、凤之类，接搭造，每一缝。缠柱者，加一枚；如全身作浮动者，每长一尺又加二枚；每长增五寸加一枚。应贴络，每一件。以一尺为率，每增减五寸，各加减一枚，减至二枚止。橡头盘子，径六寸至一尺，每一个。径五寸以下，三枚。右（上）各三枚。

竹作：

雀眼网贴，每长二尺，一枚；压竹笆，每方一丈，三枚。

瓦作：

滴当子嫔伽，瓪瓦花头同，每一只；燕颔或牙子板，每二尺。右（上）各一枚。

月板，每段，每广八寸，二枚；套兽，每一只，三枚；结瓷铺作系转角处者，每方一丈，四枚。

泥作：

沙泥画壁披麻，每方一丈，五枚；造泥假山，每方一丈，三十枚。

砖作：

井盘板，每一片，三枚。

【梁注】

　　[1] 与次行矛盾，指出存疑。

　　[2] 签，在这里是动词。

　　[3] 各本均无"一十二枚"四字，显然遗漏，按小注数补上。

【译文】

　　大木作：连檐，依据飞子橡头，每一条（营房隔间与此相同）；大角梁，每一条（续角梁用两枚钉，子角梁用三枚钉）；托槫，每一条；生头，每长一尺（搏风板与此相同）；搏风板，每长一尺五寸；横抹，每长二尺。以上各用一枚橡钉。飞子，每一条（襻槫同此）；遮橡板，每长三尺，使用双份（难子每长五寸，用一枚橡钉）；白板，每一尺见方；槫斗，每一只；隔减，每一个出入角（每条襻同此）。以上各用两枚橡钉。橡，每一条（上架用三枚，下架用一枚）；平暗板，每一片；柱碩，每一只。以上各用四枚橡钉。

　　小木作：门道的立桥、卧桥，每一条（平棋花、露篱、帐、经藏猴面等楎之类与此相同；帐上的透栓、卧楎，隔缝使用；井亭大连檐，随橡隔间使用）；乌头门上的如意牙头，每长五寸（难子、贴络、牙脚、牌带签面及福、破子窗填心、水槽底板、胡梯促踏板、帐上山花贴及福、角脊、瓦口、转轮经藏钿面板之类与此相同；帐及经藏签面板等，隔榥用；帐上合角和山花络牙脚、帐头福，用二枚橡钉）；勾窗槛面搏肘，每长七寸；乌头门并格子签子槵，每长一尺（格子等搏肘板、引檐，不用橡钉。门簪、鸡栖、平棋、梁抹瓣、方井亭等搏风板、地棚地面板、帐、经藏仰托榥、帐上混肚枋、牙脚帐压青牙子、壁藏斗槽板、签面之类的，与此相同。裹栿根据水路两边，各需用钉）；破子窗签子槵，每长一尺五寸；签平棋槵，每长二尺（帐上槫与此相同）；藻井背板，每宽二寸，各在两边使用；水槽底板卷头，每宽三寸；帐上明金板，每宽四寸（帐、经藏的厦瓦板，根据橡子的隔间使用）；随福签门板，每宽五寸（帐和经藏坐面根据榥背板而定；井亭厦瓦板根据橡子的隔间使用；山板用两枚钉）；平棋背板，每宽六寸（签角蝉板，两边各用）；帐上的山花、蕉叶，每宽八寸（牙脚帐随榥所用钉数。顶板与此相同）；帐上坐面板，随榥，每宽一尺；铺作，每斗一只；帐和经藏的车槽等涩、子涩、腰花板，每一瓣（壁藏的坐壶门、牙头与此相同；车槽坐腰面等涩、背板，隔瓣用；明金板，隔瓣用两枚）。以上各用一枚钉。乌头门的抢柱，每一条（独扇门等伏兔、手栓、承拐福使用，门簪、鸡栖、立牌牙子、平棋护缝、斗四瓣方、帐上桩子、车槽等处卧榥、方子、壁帐马衔、填心、转轮经藏的辋颊子之类，与此相同）；护缝，每长一尺（井亭等的脊、角梁，帐上的仰阳、隔斗贴之类，与此相同）。以上各用两枚钉。七尺以下的门福，每一条（垂鱼、钉槫头板、引檐跳椽、栏杆花托柱、叉子、马衔、井亭搏脊、帐并经藏腰檐、抹角栿、曲剜椽子之类的，与此相同）；露篱上的屋板，依随山子板，每一缝。以上各用二枚。七尺至一丈九尺的门福，每一条，用四枚钉（平棋福、小平棋斗槽板、横钤、立旌、板门等伏兔、槫柱、日月板、帐上角梁、随间栿、牙脚帐格榥、经藏井口榥之类，与此相同）；二丈以上的门福，每一条，用五枚钉（随圆桥子上的促踏板之类，与此相同）；斗四以及井亭子上的斗槽板，每一条（帐带、猴面榥、山花、蕉叶、钥匙头之类，与此相同）；帐上的腰檐、鼓坐、山花、蕉叶、斗槽板，每一间。以上各用六枚钉。截间格子槫柱，每一条十二枚（上面八枚，下面四枚）；斗八上的斗槽板，每片十枚；小斗四、斗八、平棋上以及栏杆、门窗、雁翅板、帐和壁藏天宫楼阁之类，酌情计算所需数量。

雕木作：宝床，每长五寸（床脚等构件，每件用三枚钉）；云盆，每长五寸。

以上各用一枚。角神安脚，每一只（膝窠用四枚钉，带用五枚钉；安钉，每身用六枚钉）；扛坐神（力士造型与此相同），每一身；花板，每一片（如果是通长造，每一尺用一枚。花头应该贴钉的，每一朵用一枚钉；如果是一寸以上，增用一枚钉）；虚柱，每一条钉卯。以上各用两枚钉。混作真人童子之类，高度在二尺以上，每一身（二尺以下的，用两枚钉）；柱头人物之类，直径在四寸以上的，每一件（如果三寸以下的，用一枚钉）；宝藏神臂膊，每一只（腿脚用四枚钉，襜用两枚钉，带用五枚钉。每一身的安钉，用六枚钉）；鹤子腿，每一只（每一翅用四枚钉，尾每一段用一枚钉；如果施用在花表柱头上的，加用脚钉，每一只用四枚）；龙凤之类的接搭造型，每一缝（缠柱的增加用一枚钉子。如果全身做成浮动的造型，每长二尺，再加两枚钉子。长度每增加五寸，增加用一枚钉子）；应贴络，每一件（以一尺为标准，每增减五寸，各加减一枚，减少至两枚为止）；橡头盘子，直径六寸至一尺的，每一个（直径五寸以下的用三枚钉）。以上各用三枚。

竹作：雀眼网贴，每长二尺，用一枚钉；压竹笆，每方一丈，用三枚钉。

瓦作：滴当子、嫔伽（瓴瓦花头与此相同），每一只；燕颔或牙子板，每长二尺。以上各用一枚钉。月板，每段每宽八寸，用二枚钉；套兽，每一只，用三枚钉；位于转角处的结瓮铺箔，每方一丈，用四枚钉。

泥作：沙泥画壁的披麻，每方一丈，用五枚钉；造泥假山，每方一丈，用三十枚钉。

砖作：井盘板，每一片用三枚钉。

通用钉料例

【原文】

每一枚：

葱台头钉[1]：长一尺二寸，盖下方五分，重一十一两。长一尺一寸，盖下方四分八厘，重一十两一分。长一尺，盖下方四分六厘，重八两五钱。

猴头钉：长九寸，盖下方四分，重五两三钱。长八寸，盖下方三分八厘，重四两八钱。

卷盖钉：长七寸，盖下方三分五厘，重三两。长六寸，盖下方三分，重二两。长五寸，盖下方二分五厘，重一两四钱。长四寸，盖下方二分，重七钱。

圆盖钉：长五寸，盖下方二分三厘，重一两二钱。长三寸五分，盖下方一分八厘，重六钱五分。长三寸，盖下方一分六厘，重三钱五分。

拐盖钉：长二寸五分，盖下方一分四厘，重二钱二分五厘。长二寸，盖下方一分二厘，重一钱五分。长一寸三分，盖下方一分，重一钱。长一寸，盖下方八厘，重五分。

葱台长钉：长一尺，头长四寸，脚长六寸，重三两六钱。长八寸，头长三寸，脚长五寸，重二两三钱五分。长六寸，头长二寸，脚长四寸，重一两一钱。

两入钉：长五寸，中心方二分二厘，重六钱七分。长四寸，中心方二分，重四钱三分。长三寸，中心方一分八厘，重二钱七分。长二寸，中心方一分五厘，重一钱二分。长一寸五分，中心方一分，重八分。

卷叶钉：长八分，重一分，每一百枚重一两。

【梁注】

[1] 各版仅把各种钉的名称印作正文，以下的长和方的尺寸和重量都印作小注。由于小注里所说的正是"料例"的具体内容，是主要部分，所以这里一律改作正文排印。

【译文】

以下每一枚用钉：

葱台头钉：长为一尺二寸的钉，钉盖部分为五分见方，重十一两。长一尺一寸的钉，钉盖部分为四分八厘见方，重十两一分。长一尺的钉，钉盖部分为四分六厘见方，重八两五钱。

猴头钉：长为九寸的钉，钉盖部分为四分见方，重五两三钱。长八寸的钉，钉盖部分为三分八厘见方，重四两八钱。

卷盖钉：长为七寸的钉，钉盖部分为三分五厘见方，重三两。长六寸的钉，钉盖部分为三分见方，重二两。长五寸的钉，钉盖部分为二分五厘见方，重一两四钱。长四寸的钉，钉盖部分为二分见方，重七钱。

圆盖钉：长为五寸的钉，钉盖部分为二分三厘见方，重一两二钱。长三寸五分的钉，钉盖部分为一分八厘见方，重六钱五分。长三寸的钉，钉盖部分为一分六厘见方，重三钱五分。

拐盖钉：长为二寸五分的钉，钉盖部分为一分四厘见方，重二钱二分五厘。长二寸的钉，钉盖部分为一分二厘见方，重一钱五分。长一寸三分的钉，钉盖部分为一分见方，重一钱。长一寸的钉，钉盖部分为八厘见方，重五分。

葱台长钉：长为一尺的钉，头长四寸，脚长六寸，重三两六钱。长八寸的钉，头长三寸，脚长五寸，重二两三钱五分。长六寸的钉，头长二寸，脚长四寸，重一两一钱。

两入钉：长为五寸的钉，中心二分二厘见方，重六钱七分。长四寸的钉，中心二分见方，重四钱三分。长三寸的钉，中心一分八厘见方，重二钱七分。长二寸的钉，中心一分五厘见方，重一钱二分。长一寸五分的钉，中心一分见方，重八分。

卷叶钉：长为八分的钉，重一分，每一百枚重一两。

诸作用胶料例

诸作用胶料例

【原文】

小木作雕木作同：

每方一尺，入细生活，十分中三分用鳔；每胶一斤，用木札二斤煎；下准此：

缝，二两。卯，一两五钱。

瓦作：

应使墨煤，每一斤，用一两。

泥作：

应使墨煤，每一十一两，用七钱。

彩画作：

应使颜色，每一斤，用下项，拢窨在内：

土朱，七两；黄丹，五两；墨煤，四两；雌黄，三两，土黄、淀、常使朱红、大青绿、梓州熟大青绿、二青绿、定粉、深朱红、常使紫粉同；石灰，二两，白土、生二青绿、青绿花同。

合色：朱，绿，右（上）各四两。绿花，青花同，二两五钱。红粉，紫檀，右（上）各二两。

草色：绿，四两。深绿，深青同，三两。绿花，青花同，红粉，右（上）各二两五钱。

衬金粉，三两。用鳔。煎合桐油，每一斤，用四钱。

砖作：

应用墨煤，每一斤，用八两。

【译文】

小木作（雕木作与此相同）：每一尺见方（精细的活计，十分中三分用鳔。每一斤胶，用二斤木札煎熬。以下以此为准）：缝，用二两。卯，用一两五钱。

瓦作：应使用的墨煤，每一斤，用一两。

泥作：应使用的墨煤，每十一两，用七钱。

彩画作：所使用的颜色，每一斤用以下各项调和（包括拢窨在内）。土朱，七两；黄丹，五两；墨煤，四两；雌黄，三两（土黄、淀、常使朱红、大青绿、梓州熟大青绿、二青绿、定粉、深朱红、常使紫粉，与此相同）；石灰，二两（白土、生二青绿、青绿花同此）。混合色：朱色，绿色，以上各用四两；绿花（青花同此），二两五钱；红粉，紫檀，以上各二两。草色：绿，四两；深绿（深青同此），三两；绿花（青花同此），红粉，以上各用二两五钱。衬金粉，用三两（用鳔）。煎合桐油，每一斤，用四钱。

砖作：应使用的墨煤，每一斤，用八两。

诸作等第

【原文】

诸作等第

石作：

镌刻混作剔地起突及压地隐起花或平钑花。混作，谓螭头或勾栏之类。右（上）为上等。

柱碇，素覆盆，阶基、望柱、门砧、流杯之类，应素造者同；地面，踏道、地栿同；碑身，笏头及坐同；露明斧刃卷輂水窗；水槽，井口、井盖同。右

（上）为中等。

勾栏下螭子石，暗柱碇同；卷輂水窗拽后底板，山棚铌脚同。右（上）为下等。

大木作：

铺作斗栱，角梁、昂、杪、月梁同；绞割展拽地架[1]。右（上）为上等。

铺作所用槫、柱、栿、额之类[2]，并安椽；枓口跳，绞泥道栱或安侧项方及用把头栱者同，所用斗栱、花驼峰、楷子、大连檐、飞子之类同。右（上）为中等。

枓口跳以下所用槫、柱、栿、额之类，并安椽；凡平暗内所用草架栿之类，谓不事造者，其枓口跳以下所用素驼峰、楷子、小连檐之类同。右（上）为下等。

小木作：

板门、牙、缝、透栓、垒肘造。格子门，栏槛勾窗同；球纹格子眼，四直方格眼，出线，自一混，四撺尖以上造者同；桯，出线造。斗八藻井，小斗八藻井同。叉子，内霞子、望柱、地栿、衮砧，随本等造，下同；槏子，马衔同，海石榴头，其身瓣内单混、面上出心线以上造；串，瓣内单混、出线以上造。重台勾栏，并亭子并胡梯同。牌带贴络雕花。佛道帐，牙脚、九脊、壁帐、转轮经藏、壁藏同。右（上）为上等。

乌头门，软门及板门牙缝同。破子窗，井屋子同。格子门，平棋及栏槛勾窗同；格子，方绞眼，平出线或不出线造；桯，方直、破瓣、撺尖，素通混或压边线造同。栱眼壁板，裹栿板，五尺以上垂鱼、惹草同。照壁板，合板造，障日板同。擗帘竿，六混以上造。叉子；槏子，云头、方直出心线或出边线、压白造；串，侧面出心线或压白造。单勾栏，撮项蜀柱、云栱造，素牌及裸笼子，六瓣或八瓣造同。右（上）为中等。

板门，直缝造，板榥窗、睒电窗同。截间板帐，照壁、障日板，牙头护缝造，并屏风骨子及横钤、立旌之类同。板引檐，地棚并五尺以下垂鱼、惹草同。擗帘竿，通混、破瓣造。叉子，拒马叉子同；槏子，挑瓣云头或方直笏头造；串，破瓣造，托枨或曲枨同。单勾栏，枓子蜀柱、蜻蜓头造。裸笼子，四瓣造同。右（上）为下等。

凡安卓，上等门、窗之类为中等[3]，中等以下并为下等。其门并板壁、格子，以方一丈为率，于计定造作功限内，以一功二分作下等。每增减一尺，各加减一分功。乌头门比板门合得下等功限加倍。破子窗，以六尺为率，于计定功限内，以五分功作下等功。每增减一尺，各加减五厘功。

雕木作：

混作：

角神，宝藏神同；花牌，浮动神仙、飞仙、升龙、飞凤之类；柱头，或带仰覆莲荷，台坐造龙、凤、狮子之类；帐上缠柱龙，缠宝山或牙鱼，或间花，并扛坐神、力士、龙尾、嫔伽同。

半混：

雕插及贴络写生牡丹花、龙、凤、狮子之类，宝床事件同；牌头，带、舌同，花板；橡头盘子，龙、凤或写生花，勾栏寻杖头同；槛面，勾栏同，云栱、鹅项、矮柱、地霞、花盆之类同，中、下等准此，剔地起突，二卷或一卷造；平棋内盘子，剔地云子间起突雕花、龙、凤之类，海眼板、水地间海鱼等同。

花板：

海石榴或尖叶牡丹，或写生，或宝相，或莲荷，帐上欢门，车槽、猴面等花板及裹栿、障水、填心板、格子、板壁腰内所用花板之类同，中等准此；剔地起突，卷搭造，透突起突造同；透突洼叶间龙、凤、狮子、化生之类。

长生草或双头蕙草，透突龙、凤、狮子、化生之类。

右（上）为上等。

混作帐上鸱尾。兽头、套兽、蹲兽同。

半混：

贴络鸳鸯、羊、鹿之类，平棋内角蝉并花之类同；槛面，勾栏同，云栱、洼叶平雕；垂鱼、惹草，间云、鹤之类，立桥手把飞鱼同。

花板，透突洼叶平雕长生草或双头蕙草，透突平雕或剔地间鸳鸯、羊、鹿之类。

右（上）为中等。

半混：

贴络香草、山子、云霞；槛面，勾栏同，云栱，实云头，万字钩片剔地；叉子，云头或双云头；锭脚壸门板，帐带同，造实结带或透突花叶；垂鱼、惹草，实云头；团窠莲花，伏兔莲荷及帐上山花、蕉叶板之类同。

球纹格子，挑白。

右（上）为下等。

旋作：

宝床上所用名件，揩角梁、宝饼、穗铃同。右（上）为上等。

宝柱，莲花柱顶、虚柱莲花并头瓣同；火珠，滴当子、橡头盘子、仰覆莲胡桃子、葱台钉并盖钉筒子同。右（上）为中等。

栌枓；门盘浮沤，瓦头子、钱子之类同。右（上）为下等。

竹作：

织细棋纹簟，间龙、凤或花样。右（上）为上等。

织细棋纹素簟；织雀眼网，间龙、凤、人物或花样。右（上）为中等。

织粗簟，假棋纹簟同；织素雀眼网；织笆，编道竹栅、打箦、笍索、夹载盖棚同。右（上）为下等。

瓦作：

结瓷殿阁、楼台；安卓鸱、兽事件；斫事琉璃瓦口。右（上）为上等。

甋瓪结瓷厅堂、廊屋，用大当沟、散瓪结瓷、摊钉行垅同；斫事大当沟，开剜燕颔、牙子板同。右（上）为中等。

散瓪瓦结瓷；斫事小当沟并线道、条子瓦；抹栈、笆、箔，混染黑脊、白道、系箔并织造泥篮同。右（上）为下等。

泥作：

用红灰，黄、白灰同；沙泥画壁，被篾、披麻同；垒造锅镬灶，烧钱炉、茶炉同；垒假山，壁隐山子同。右（上）为上等。

用破灰泥；垒坯墙。右（上）为中等。

细泥，粗泥并搭乍中泥作衬同；织造泥篮。右（上）为下等。

彩画作：

五彩装饰，间用金同；青绿碾玉。右（上）为上等。

青绿棱间；解绿赤、白及结花，画松文同；柱头、脚及槫画束锦。右（上）为中等。

丹粉赤白，刷土黄丹；刷门、窗，板壁，叉子、勾栏之类同。右（上）为下等。

砖作：

镌花；垒砌象眼、踏道，须弥花台坐同。右（上）为上等。

垒砌平阶、地面之类，谓用斫磨砖者；斫事方、条砖。右（上）为中等。

垒砌粗台阶之类，谓用不斫磨砖者；卷輂河渠之类。右（上）为下等。

窑作：

鸱、兽，行龙、飞凤、走兽之类同；火珠，角珠、滴当子之类同。右（上）为上等。

瓦坯，黏绞并造花头、拨重唇同；造琉璃瓦之类；烧变砖、瓦之类。右（上）为中等。

砖坯：装窑，墨輂窑同。右（上）为下等。

【梁注】

　　［1］地架是什么？大木作制度、功限、料例都未提到过。

　　［2］"铺作所用"四个字过于简略。这里所说的不是铺作本身，而应理解为"有铺作斗栱的殿堂，楼阁等所用的槫、柱、柎、额之类"。

　　［3］应理解为：门窗之类，造作工作算作上等的，它的安卓工作就按中等计算；造作在中等以下的，安卓一律按下等计。

【译文】

石作的等级：

镌刻混作、剔地起突以及压地隐起花或平钑花。（混作，即螭头或勾栏之类的构件。）以上为上等。

柱碇、素覆盆（阶基、望柱、门砧、流杯之类，所有不雕花的构件与此相同）；地面（踏道、地栿同此）；碑身（笏头及底座同此）；露明斧刃卷輂水窗；水槽（井口、井盖同此）。以上为中等。

栏杆下的螭子石（暗柱碇同此）；卷輂水窗拽后底板（山棚锊脚同此）。以上为下等。

大木作的等级：

铺作斗栱（角梁、昂、杪、月梁同此）；绞割展拽地架。以上为上等。

铺作所用的槫、柱、柎、额之类，包括安椽；斗口跳（绞泥道栱，或者安侧项方，以及用把头栱的，与此相同）；所用的斗栱（花驼峰、楷子、大连檐、飞子之类，与此相同）。以上为中等。

斗口跳以下所用的榑、柱、栿、额之类构件，包括安椽；凡是平暗内所用草架栿之类构件（指不进行艺术加工的构件；斗口跳以下所用的素驼峰、楷子、小连檐之类，与此相同）。以上为下等。

小木作的等级：

板门、牙、缝、透栓、垒肘造。格子门（栏槛勾窗，与此相同），球纹格子眼（四直方格眼，出线，自一混，四攛尖以上的构件，与此相同）；桯出线造。斗八藻井（小斗八藻井，与此相同）。叉子（内霞子、望柱、地栿、衮砧随本等级别的制式。以下相同），棍子（马衔同此），海石榴头，棍子身瓣内的单混、面上出心线以上的制作；串，瓣内单混、出线以上的制作。重台勾栏（井亭子和胡梯，与此相同）。牌带贴络雕花。佛道帐（牙脚、九脊、壁帐、转轮经藏、壁藏，与此相同）。以上为上等。

乌头门（软门及板门牙缝同此）。破子窗（井屋子同此）。格子门（平棋和栏杆勾窗同此）：格子，方绞眼，平出线或不出线的制作；桯，方直、破瓣、攛尖（素通混或压边线的制作同此）。棋眼壁板（裹栿板、五尺以上的垂鱼、惹草同此）。照壁板，合板造（障日板同此）。擗帘竿，六混以上的制作。叉子：棍子，云头、方直出心线或出边线、压白的制作方式；串，侧面出心线或压白制作。单勾栏，撮项蜀柱，用云棋造型（素牌及裸笼子，六瓣或八瓣的造型，与此相同）。以上为中等。

板门，直缝造型（板棍窗、睒电窗同此）。截间板帐（照壁、障日板、牙头护缝造，包括屏风骨子以及横铃、立旌之类同此）。板引檐（地棚以及五尺以下的垂鱼、惹草同此）。擗帘竿，通混、破瓣造型。叉子（拒马叉子同此）：棍子，挑瓣云头或方直笏头造；串，破瓣造（托枨或曲枨同此）。单勾栏，斗子蜀柱、蜻蜓头的造型（裸笼子，四瓣造同此）。以上为下等。

凡是安装，上等门窗之类为中等，中等以下的都为下等。门井板壁、格子，以一丈见方为标准，在计划确定的造作功限内，以一个功零二分作为下等。（每增减一尺，各加减一分功。乌头门比照板门合计为下等功限应加倍。）破子窗，以六尺为标准，在计划确定的造作功限内，以五分功作为下等。（每增减一尺，各加减五厘功。）

雕木作的等级：

混作：角神（宝藏神与此相同）；花牌，浮动神仙、飞仙、升龙、飞凤之类；柱头，或者带仰覆莲荷，台坐造龙、凤、狮子之类；帐上缠柱龙（缠宝山，或者牙鱼，或者间杂花型，包括扛坐神、力士、龙尾、嫔伽，与此相同）。

半混的构件：雕插及贴络写生牡丹花、龙、凤、狮子之类（宝床等构件，与此相同）；牌头（牌带、牌舌，与此相同），花板；椽头盘子，龙、凤或写生花（栏杆寻杖头，与此相同）；槏面（栏杆同此），云栱（鹅项、矮柱、地霞、花盆之类，与此相同。中下等以此为准），剔地起突二卷或一卷造；平棋内盘子，剔地云子间起突雕花、龙、凤之类（海眼板、水底间杂海鱼等，与此相同）。

花板：海石榴，或尖叶牡丹，或写生，或宝相，或莲荷（帐上的欢门，车槽猴面等花板，以及裹栿、障水、填心板、格子、板壁腰内所用花板之类，与此相同。中等级别以此为准）；剔地起突卷搭造型（透突、起突造型同此）；透突洼叶间杂龙、凤、狮子、化生之类。

长生草或双头蕙草，透突龙、凤、狮子、化生之类。

以上为上等。

混作的构件，如帐上鸱尾。（兽头、套兽、蹲兽同此。）

半混：贴络鸳鸯、羊、鹿之类（平棋内的角蝉包括花样之类，同此）；槏面（栏杆同此），云栱、洼叶平雕；垂鱼、惹草，间杂云鹤之类（立榥手把飞鱼，与此相同）。

花板，透突洼叶平雕长生草，或者双头蕙草，透突平雕，或剔地间杂鸳鸯、羊、鹿之类。

以上为中等。

半混：贴络香草、山子、云霞；槏面（栏杆同此），云栱，实云头，万字钩片剔地；叉子，云头或双云头；铤脚壶门板（帐带同此），造实结带或透突花叶；垂鱼、惹草，实云头；团窠莲花（伏兔莲荷及帐上山花、蕉叶板之类同此）。

球纹格子，挑白。

以上为下等。

旋作的等级：

宝床所用的构件（搘角梁、宝饼、穗铃同此）。以上为上等。

宝柱（莲花柱顶、虚柱莲花包括头瓣同此）；火珠（滴当子、椽头盘子、仰覆莲胡桃子、葱台钉包括盖钉筒子同此）。以上为中等。

栌斗，门盘浮沤（瓦头子、钱子之类同此）。以上为下等。

竹作的等级：

织细棋纹竹席，间杂龙凤或花样。以上为上等。

织细棋纹素竹席；织雀眼网，间杂龙凤人物或花样。以上为中等。

织粗竹席（假棋纹竹席同此）；织素雀眼网；织笆（编道竹栅、打篱、笍索、夹载盖棚同此）。以上为下等。

瓦作的等级：

结窑殿阁、楼台；安装鸱、兽等构件；雕斫琉璃瓦口。以上为上等。

瓪瓦、瓯瓦结窑厅堂、廊屋（用大当沟、散瓯瓦结窑，摊钉行垅同此）；斫事大当沟（开剜燕颔、牙子板同此）。以上为中等。

散瓯瓦结瓦；雕斫小当沟包括线道、条子瓦；涂抹栈、笆、箔（混染黑脊、白边、系箔包括织造泥篮同此）。以上为下等。

泥作的等级：用红灰（黄白灰同此）；沙泥画壁（被篾、披麻同此）；垒造锅的镬灶（烧钱炉、茶炉同此）；垒假山（壁隐山子同此）。以上为上等。

用破灰泥；垒坯墙。以上为中等。

细泥（与粗泥混合为中泥做衬底同此）；织造泥篮。以上为下等。

彩画作的等级：

五彩装饰（间杂用金色同此）；青绿碾玉装。以上为上等。

青绿棱间；解绿赤、白以及结花（描画松纹同此）；柱头、脚以及槫画束锦。以上为中等。

丹粉赤白（刷土黄丹）；刷门窗（板壁、叉子、栏杆之类同此）。以上为下等。

砖作的等级：

镌花；垒砌象眼、踏道（须弥花台坐同此）。以上为上等。

垒砌平阶、地面之类（指用消斫砍磨砖的情况）；雕斫方条砖。以上为中等。

垒砌粗台阶之类（指不用消斫砍磨砖的情况）；卷辇河渠之类。以上为下等。

窑作的等级：

鸱兽（行龙、飞凤、走兽之类同此）；火珠（角珠、滴当子之类同此）。以上为上等。

瓦坯（黏胶包括花头、拨重唇同此）；造琉璃瓦之类；烧变砖瓦之类。以上为中等。

砖坯；装窑（墨辇窑同此）。以上为下等。

玖

权衡尺寸表

三种营造尺与现代公尺（米）对照：

宋制营造尺：1 营造尺 =31.20 厘米

清制营造尺：1 营造尺 =31.96 厘米

吴制营造尺（鲁班曲尺）：1 鲁班尺 =27.5 厘米

吴制门光尺（鲁班直尺）：1.44 清营造尺 =46 厘米

石作制度权衡尺寸表

（一）石作重台勾阑权衡尺寸表

表1

名件	尺寸（宋营造尺）〈尺〉		比例	附注
勾阑	高	4.00	100	
望柱	高	5.20	130	
	径	1.00		
寻杖	方	0.32	8	长随片
云栱	长	1.08	27	
	广	0.54	13.5	
	厚	0.32	8	
瘿项	径高	0.64	16	
盆唇	广	0.72	18	长随片
	厚	0.24	6	
大花板	广	0.76	19	长随蜀柱内
	厚	0.12	3	
蜀柱	长	0.76	19	
	广	0.80	20	
	厚	0.40	10	
束腰	广	0.40	10	长随片
	厚	0.36	9	
小花板	广	0.60	15	厚同大花板
	长	0.54	13.5	
地霞	长	2.06	65	广、厚同小花板
地栿	广	0.72	18	长同寻仗
	厚	0.64	16	

（二）石作单勾阑权衡尺寸表

表2

名件	尺寸（宋营造尺）〈尺〉		比例	附注
勾阑	高	3.50	100	
望柱	高	4.55	130	
	径	1.00		
寻杖	广	0.35	10	长随片
	厚	0.35	10	
云栱	长	1.12	32	
	广	0.56	16	
	厚	0.35	10	
撮项	高	0.90	26	
	厚	0.56	16	
盆唇	广	0.21	6	
	厚	0.70	20	
万字板	广	1.19	34	
	厚	0.105	3	
蜀柱	高	1.19	34	
	广	0.70	20	
	厚	0.35	10	
地栿	广	0.35	10	
	厚	0.63	18	

大木作制度权衡尺寸表

（一）材栔等第及尺寸表

表1

等第	使用范围	材的尺寸（寸）		分°的大小（寸）	栔的尺寸（寸）		附注
		高	宽		高	宽	
一等材	殿身九至十一间用之；副阶、挟屋减殿身一等；廊屋减挟屋一等	（15分°）9	（10分°）6	材宽1/10 0.6	（6分°）3.6	（4分°）2.4	1. 材高15分°，宽10°； 2. 分°高为材宽1/10； 3. 材、栔的高度比为3:2； 4. 栔，高6°，宽4分°； 5. 一般提到×材×栔，均指高度而言； 6. 表中的寸，均为宋营造寸。
二等材	殿身五间至七间用之	8.25	5.5	0.55	3.3	2.2	
三等材	殿身三间至五间用之；厅堂七间用之	7.5	5	0.5	3.0	2.0	
四等材	殿身三间，厅堂五间用之	7.2	4.8	0.48	2.88	1.92	
五等材	殿身小三间，厅堂大三间用之	6.6	4.4	0.44	2.64	1.76	
六等材	亭榭或小厅堂用之	6	4	0.4	2.4	1.6	
七等材	小殿及亭榭等用之	5.25	3.5	0.35	2.1	1.4	
八等材	殿内藻井，或小亭榭施铺作多者用之	4.5	3	0.3	1.8	1.2	

（二）各类栱的材分°及尺寸表

表2

名称 \ 等第	材分°	尺寸（宋营造尺）								附注
		一等材	二等材	三等材	四等材	五等材	六等材	七等材	八等材	
花栱　长　广（高）　厚（宽）	7~2分°　21分°　10分°	4.32　1.26　〈0.9+0.36〉　0.60	3.96　1.16　〈0.83+0.33〉　0.50	3.60　1.05　〈0.75+0.3〉　0.50	3.46　1.01　〈0.72+0.29〉　0.48	3.17　0.92　〈0.66+0.26〉　0.44	2.88　0.84　〈0.60+0.24〉　0.40	2.52　0.74　〈0.53+0.21〉　0.35	2.16　0.63　〈0.45+0.18〉　0.30	足材栱
骑槽檐栱										其长随所出之跳加之，广厚同花栱
丁头栱　长	33分卯　长：6~7分	1.98　〈卯长除外〉	1.82	1.65	1.58	1.45	1.32	1.16	0.99	广厚同花栱入柱用双卯
泥道栱　长　广（高）　厚（宽）	62分°　15分°　10分°	3.72　0.90　0.60	3.41　0.83　0.55	3.10　0.75　0.50	2.98　0.72　0.48	2.73　0.66　0.44	2.48　0.60　0.40	2.17　0.53　0.35	1.86　0.45　0.30	单材栱
瓜子栱　长　广（高）　厚（宽）	62分°　15分°　10分°	3.72　0.90　0.60	3.41　0.83　0.55	3.10　0.75　0.50	2.98　0.72　0.48	2.73　0.66　0.44	2.48　0.60　0.40	2.17　0.53　0.35	1.86　0.45　0.30	单材栱
令栱　长　广（高）　厚（宽）	72分°　15分°　10分°	4.32　0.90　0.60	3.96　0.83　0.55	3.60　0.75　0.50	3.46　0.72　0.48	3.17　0.66　0.44	2.88　0.60　0.40	2.52　0.53　0.35	2.16　0.45　0.30	单材栱
足材令栱　广（高）　厚（宽）	21分°　〈15+6〉　10分°	1.26　0.60	1.16　0.55	1.05　0.50	1.01　0.48	0.92　0.44	0.84　0.40	0.74　0.35	0.63　0.30	长同令栱裹跳骑枓用
慢栱　长　广（高）　厚（宽）	92分°　15分°　10分°	5.52　0.90　0.60	5.06　0.83　0.55	4.60　0.75　0.50	4.42　0.72　0.48	4.05　0.66　0.44	3.68　0.60　0.40	3.22　0.53　0.35	2.76　0.45　0.30	单材栱
足材慢栱　广（高）　厚（宽）	21分°　〈15+6〉　10分°	1.26　0.60	1.16　0.55	1.05　0.50	1.01　0.48	0.92　0.44	0.84　0.40	0.74　0.35	0.63　0.30	长同慢栱骑枓或转角铺作中用

（三）各类枓的材分°及尺寸表

表3

名称	等第	材分°	尺寸（宋营造尺）								附注
			一等材	二等材	三等材	四等材	五等材	六等材	七等材	八等材	
栌枓	长	32 分°	1.92	1.76	1.60	1.54	1.41	1.28	1.12	0.96	长：枓的迎面宽度〈立面〉宽：广
	广（宽）	32 分°	1.92	1.76	1.60	1.54	1.41	1.28	1.12	0.96	
	高	20 分°	1.20	1.10	1.0	0.96	0.88	0.80	0.70	0.60	
角圆栌枓	面径	36 分°	2.16	1.98	1.80	1.73	1.58	1.44	1.26	1.08	高同栌枓
	底径	28 分°	1.68	1.54	1.40	1.34	1.23	1.12	0.98	0.84	
角方栌枓	长	36 分°	2.16	1.98	1.80	1.73	1.58	1.44	1.26	1.08	高同栌枓
	广（宽）	36 分°	2.16	1.98	1.80	1.73	1.58	1.44	1.26	1.08	
交互枓	长	18 分°	1.08	0.99	0.90	0.86	0.79	0.72	0.63	0.54	
	广（宽）	16 分°	0.96	0.88	0.80	0.77	0.70	0.64	0.56	0.48	
	高	10 分°	0.60	0.55	0.50	0.48	0.44	0.40	0.35	0.30	
交栿枓	长	24 分°	1.44	1.32	1.20	1.15	1.06	0.96	0.84	0.72	屋内梁栿下所用的交互枓
	广（宽）	18 分°	1.08	0.99	0.90	0.86	0.79	0.72	0.63	0.54	
	高	12.5 分°	0.75	0.69	0.63	0.60	0.55	0.50	0.44	0.37	
齐心枓	长	16 分°	0.96	0.88	0.80	0.77	0.70	0.64	0.56	0.48	
	广（宽）	16 分°	0.96	0.88	0.80	0.77	0.70	0.64	0.56	0.48	
	高	10 分°	0.60	0.55	0.50	0.48	0.44	0.40	0.35	0.30	
平盘枓	长	16 分°	0.96	0.88	0.80	0.77	0.70	0.64	0.56	0.48	
	广（宽）	16 分°	0.96	0.88	0.80	0.77	0.70	0.64	0.56	0.48	
	高	6 分°	0.36	0.33	0.30	0.29	0.26	0.24	0.21	0.18	
散枓	长	16 分°	0.96	0.88	0.80	0.77	0.70	0.64	0.56	0.48	
	广（宽）	14 分°	0.84	0.77	0.70	0.67	0.62	0.56	0.49	0.42	
	高	10 分°	0.60	0.55	0.50	0.48	0.44	0.40	0.35	0.30	

（四）枓的各部分材分°表

表4

部位\枓名	耳平				欹		底四面各杀（分°）	欹凹（分°）	枓口	
	高（分°）	高/总高	高（分°）	高/总高	高（分°）	高/总高			宽（分°）	深（分°）
栌枓	8	2/5	4	1/5	8	2/5	4	1	10	8
角圆栌枓	8	2/5	4	1/5	8	2/5	4	1	10	8
角方栌枓	8	2/5	4	1/5	8	2/5	4	1	10	8
交互枓	4	2/5	2	1/5	4	2/5	2	0.5	10	4
交栿枓	5	2/5	2.5	1/5	5	2/5	2	0.5	量栿材而定	5
齐心枓	4	2/5	2	1/5	4	2/5	2	0.5	10	4
平盘枓	无	耳	2	1/3	4	2/3	2	0.5	无枓口	无枓口
散枓	4	2/5	2	1/5	4	2/5	2	0.5	10	4

（五）栱瓣卷杀形制表

表5

名称\项目	花栱	泥道栱	瓜子栱	令栱	慢栱	骑槽檐栱	丁头栱
瓣数	4	4	4	5	4	4	4
瓣长（分°）	4	3.5	4	4	3	4	4

（六）月梁形制表

表6

项目\名称	梁背卷杀瓣数		梁背卷杀每瓣大小		两肩卷杀瓣数		梁首尾处理				下凹瓣数		下凹每瓣大小	
	梁首	梁尾	梁首	梁尾	梁首	梁尾	斜项长	下高	下凹	琴面	梁首	梁尾	梁首	梁尾
明栿	6	5	10分°	10分°	4	4	38分°	21分°	6分°	2分°	6	5	10分°	10分°
乳栿	6	5	10分°	10分°	4	4	38分°	21分°	6分°	2分°	6	5	10分°	10分°
平梁	4	4	10分°	10分°	4	4	38分°	25分°	4分°	1分°	4	4	10分°	10分°
札牵	6	5	8分°	8分°	4	4	38分°	15分°	4分°	1分°	3	3	8分°	8分°

（七）月梁材分°及尺寸表

表7

等级名称			殿阁月梁								厅堂月梁							
名称			梁栿			乳栿	札牵		平梁		梁栿			乳栿	札牵		平梁	
铺作等第			未规定	未规定	未规定	未规定	未规定	未规定	未规定	未规定	未规定	未规定	未规定	未规定	未规定	未规定	未规定	未规定
椽架范围			四椽栿	五椽栿	六椽栿	〈或三椽栿〉	出跳	不出跳	用于四至六椽栿上	用于八至十椽栿上	四椽栿	五椽栿	六椽栿	〈或三椽栿〉	出跳	不出跳	用于四至六椽栿上	用于六至八椽栿上
断面材分°	高	明栿草栿	50分°	55分°	60分°	42分°	35分°	〈26分°〉	35分°	42分°	44分°	49分°	54分°	36分°	29分°	〈20分°〉	29分°	36分°
断面材分°	宽	明栿草栿	33.3分°	33.6分°	40分°	28分°	23.3分°	〈17.3分°〉	23.3分°	28分°	29.3分°	32.6分°	36分°	24分°	19.3分°	13.3分°	19.3分°	24分°
断面尺寸（宋营造尺）	一等材	广（高）	3.00	3.30	3.60	2.52	2.10	1.56		2.10	2.52							
		厚（宽）	2.00	2.20	2.40	1.68	1.40	1.04		1.40	1.68							
	二等材	广（高）	2.75	3.03	3.30	2.31	1.93	（1.43）	1.93	2.31								
		厚（宽）	1.83	2.02	2.20	1.54	1.29	0.95	1.29	1.54								
	三等材	广（高）	2.50	2.75	3.00	2.10	1.75	（1.30）	1.75	2.10	2.20	2.45	2.70	1.80	1.45	1.00	1.45	1.80
		厚（宽）	1.67	1.83	2.00	1.40	1.17	0.87	1.17	1.40	1.47	1.63	1.80	1.20	0.97	0.67	0.97	1.20
	四等材	广（高）	2.40	2.64	2.88	2.02	1.68	（1.25）	1.68	2.02	2.11	2.35	2.59	1.73	1.39	0.96	1.39	1.73
		厚（宽）	1.60	1.76	1.92	1.35	1.12	0.84	1.12	1.35	1.40	1.57	1.73	1.15	0.93	0.64	0.93	1.15
	五等材	广（高）	2.20	2.42	2.64	1.85	1.54	1.14	1.54	1.85	1.94	2.16	2.38	1.58	1.28	0.88	1.28	1.58
		厚（宽）	1.47	1.61	2.42	1.23	1.03	0.76	1.03	1.23	1.29	1.44	1.59	1.05	0.85	0.59	0.85	1.05
	六等材	广（高）									1.76	1.96	2.16	1.44	1.16	0.80	1.16	1.44
		厚（宽）									1.17	1.31	1.44	0.56	0.78	0.53	0.78	0.56

附注：1. 因实例中无七、八等材之梁栿，故此处略之。

2. 厅堂月梁六寸，为根据殿阁月梁及厅堂直梁之大小推算所得。

3. 殿阁"札牵〈不出跳〉"条之数据为依据直梁〈不出跳〉"条算出。

（八）梁栿（直梁）材分°及尺寸表

表8

使用等级			殿阁直梁梁栿								厅堂直梁梁栿							
梁栿名称			檐栿	檐栿	乳栿	乳栿	札牵	札牵	平梁	平梁	檐栱	檐栱	乳栿	乳栿	札牵	札牵	平梁	平梁
铺作等第			4~8	4~8	4~5	6以上	4~8	4~8	4~5	6以上			4~5	6以上	4~8	4~8	4~5	6椽以上
椽架范围			4~5	6~8	2~3	2~3	出跳	不出跳	2	2	4~5	3	2	2	出跳	不出跳	2	2
断面材分°广(高)		明栿	42分°	60分°	36分°	42分°	30分°	21分°	30分°	36分°	36分°	30分°	30分°	36分°	24分°	15分°	24分°	30分°
		草栿	45分°	60分°	30分°	42分°	30分°	21分°										
断面材分°厚(宽)		明栿	28分°	40分°	24分°	28分°	20分°	14分°	20分°	24分°	24分°	20分°	20分°	24分°	16分°	10分°	16分°	20分°
		草栿	30分°	40分°	20分°	28分°	20分°	14分°										
一等材	广	明栿	2.52	3.60	2.16	2.52	1.80	1.26	1.80	2.16								
		草栿	2.70	3.60	1.80	2.52	1.80	1.26										
	厚	明栿	1.68	2.40	1.44	1.68	1.20	0.84	1.20	1.44								
		草栿	1.80	2.40	1.20	1.68	1.20	0.84										
二等材	广	明栿	2.31	3.3	1.98	2.31	1.65	1.16	1.65	1.98	1.98	1.65	1.65	1.98	1.32	0.83	1.32	1.65
		草栿	2.48	3.3	1.65	2.31	1.65	1.16										
	厚	明栿	1.54	2.2	1.32	1.54	1.10	0.77	1.10	1.32	1.32	1.10	1.10	1.32	0.88	0.55	0.88	1.10
		草栿	1.65	2.2	1.10	1.54	1.10	0.77										
三等材	广	明栿	2.10	3.0	1.8	2.1	1.5	1.05	1.50	1.80	1.8	1.5	1.5	1.8	1.2	0.75	1.2	1.5
		草栿	2.25	3.0	1.5	2.1	1.5	1.05										
	厚	明栿	1.40	2.0	1.2	1.4	1.0	0.7	1.0	1.2	1.2	1.0	1.0	1.2	0.8	0.5	0.8	1.0
		草栿	1.50	2.0	1.0	1.4	1.0	0.7										
四等材	广	明栿	2.02	2.88	1.73	2.02	1.44	1.01	1.44	1.73	1.73	1.44	1.44	1.73	1.15	0.72	1.15	1.44
		草栿	2.16	2.88	1.44	2.02	1.44	1.01										
	厚	明栿	1.34	1.92	1.15	1.34	0.76	0.67	0.96	1.15	1.15	0.96	0.96	1.15	0.77	0.48	0.77	0.96
		草栿	1.44	1.92	0.96	1.34	0.96	0.67										
五等材	广	明栿	1.85	2.64	1.58	1.85	1.32	0.92	1.32	1.58	1.58	1.32	1.32	1.58	1.06	0.66	1.06	1.32
		草栿	1.98	2.64	1.32	1.85	1.32	0.92										
	厚	明栿	1.23	1.76	1.06	1.23	0.88	0.62	0.88	1.06	1.06	0.88	0.88	1.06	0.70	0.44	0.70	0.88
		草栿	1.32	1.76	0.88	1.23	0.88	0.62										
六等材	广	明栿	1.68	2.4	1.44	1.68	1.2	0.84	1.2	1.44	1.44	1.2	1.2	1.44	0.96	0.6	0.96	1.2
		草栿	1.8	2.4	1.2	1.68	1.2	0.84										
	厚	明栿	1.12	1.6	0.96	1.12	0.8	0.56	0.8	0.96	0.96	0.8	0.8	0.96	0.64	0.4	0.64	0.8
		草栿	1.2	1.6	0.8	1.12	0.8	0.56										

左侧纵向标目：断面材分°；断面尺寸（宋营造尺）。

附注：1. 因实例中无七、八等材之梁栿，故此略之。

2. 厅堂梁栿之数据为依殿阁梁栿之数据推算出。

（九）大木作构件权衡尺寸表之一

表9

项目		尺寸	材分°（分°）	实际尺寸（宋营造尺）								附注
				一等材	二等材	三等材	四等材	五等材	六等材	七等材	八等材	
阑额	殿阁与厅堂	广（高）	30	1.80	1.65	1.50	1.44	1.32	1.20	1.05	0.90	长随间广
		厚	20	1.20	1.10	1.00	0.96	0.88	0.80	0.70	0.60	不用补间铺作时厚15分°
			15	0.90	0.82	0.75	0.72	0.66	0.60	0.53	0.45	
由额	殿阁与厅堂	广（高）	27	1.62	1.49	1.35	1.30	1.19	1.08	0.95	0.81	长随间广厚无规定
檐额	殿阁与厅堂	广（高）	36～45	2.16～2.70	1.98～2.48	1.80～2.25	1.73～2.16	1.58～1.98	1.44～1.80	1.26～1.58	1.08～1.35	长随间广
		广（高）	51～63	3.06～3.78	2.80～3.46	2.55～3.15	2.44～3.02	2.24～2.77	2.04～2.52	1.79～2.20	1.53～1.89	厚无规定
内额	殿阁与厅堂	广（高）	18～21	1.08～1.26	0.99～1.16	0.9～1.05	0.86～1.01	0.79～0.92	0.72～0.84	0.63～0.74	0.54～0.63	长随间广
		厚	6～7	0.36～0.42	0.33～0.39	0.30～0.35	0.29～0.34	0.26～0.31	0.24～0.28	0.21～0.25	0.18～0.21	
大角梁	殿阁与厅堂	广（高）	28～30	1.68～1.80	1.54～1.65	1.40～1.50	1.35～1.44	1.23～1.32	1.12～1.20	0.98～1.05	0.84～0.90	长：下平槫至下架檐头
		厚	18～20	1.08～1.20	0.99～1.10	0.90～1.00	0.86～0.96	0.79～0.88	0.72～0.80	0.63～0.70	0.54～0.60	
子角梁	殿阁与厅堂	广（高）	18～20	1.08～1.20	0.99～1.10	0.90～1.00	0.86～0.96	0.79～0.88	0.72～0.80	0.63～0.70	0.54～0.60	长：角柱心至小连檐
		厚	15～17	0.9～1.02	0.82～0.94	0.75～0.85	0.72～0.82	0.66～0.75	0.60～0.68	0.53～0.59	0.45～0.51	
隐角梁	殿阁与厅堂	广（高）	14～16	0.84～0.96	0.77～0.88	0.70～0.80	0.67～0.77	0.62～0.70	0.56～0.64	0.49～0.56	0.42～0.48	长随架之广
		厚	18～20	1.08～1.20	0.99～1.10	0.90～1.00	0.86～0.96	0.79～0.88	0.72～0.80	0.63～0.70	0.54～0.60	
			或16	0.96	0.88	0.80	0.77	0.70	0.64	0.56	0.48	
平棋枋	殿阁与厅堂	广（高）	15	0.90	0.82	0.75	0.72	0.66	0.60	0.53	0.45	长随间广
		厚	10	0.60	0.55	0.50	0.48	0.44	0.40	0.35	0.30	
绰幕枋	殿阁与厅堂	广（高）	24～30	1.44～1.80	1.32～1.65	1.20～1.50	1.15～1.44	1.06～1.32	0.96～1.20	0.84～1.05	0.72～0.90	一头出柱一头长至补间
		广（高）	34～42	2.04～2.52	1.87～2.31	1.70～2.10	1.63～2.02	1.50～1.85	1.36～1.68	1.19～1.47	1.02～1.26	
橑檐枋	殿阁与厅堂	广（高）	30	1.80	1.65	1.50	1.44	1.32	1.20	1.05	0.90	长随间广
		厚	10	0.60	0.55	0.50	0.48	0.44	0.40	0.35	0.30	
襻间	殿阁与厅堂	广（高）	15	0.90	0.82	0.75	0.72	0.66	0.60	0.53	0.45	长随间广若一材造隔间用之
		厚	10	0.60	0.55	0.50	0.48	0.44	0.40	0.35	0.30	

（十）大木作构件权衡尺寸表之二

表 10

项目	尺寸	材分°（分°）	实际尺寸（宋营造尺）								附注
			一等材	二等材	三等材	四等材	五等材	六等材	七等材	八等材	
顺脊串	殿阁与厅堂	广（高） 厚	15 ~ 18 10 ~ 13	0.90 ~ 1.08 0.60 ~ 0.78	0.83 ~ 0.99 0.55 ~ 0.72	0.75 ~ 0.90 0.50 ~ 0.65	0.72 ~ 0.86 0.48 ~ 0.62	0.66 ~ 0.79 0.44 ~ 0.57	0.60 ~ 0.72 0.40 ~ 0.52	0.53 ~ 0.63 0.35 ~ 0.46	0.45 ~ 0.54 0.30 ~ 0.39	长随间广隔间用之
顺栿串	殿阁与厅堂	广（高） 厚	21 10	1.26 0.60	1.16 0.55	1.05 0.50	1.01 0.48	0.92 0.44	0.84 0.40	0.74 0.35	0.63 0.30	
地栿	殿阁与厅堂	广（高） 厚	15 10	0.90 0.60	0.83 0.55	0.75 0.50	0.72 0.48	0.66 0.44	0.60 0.40	0.53 0.35	0.45 0.30	长随间广
替木	殿阁与厅堂	广（高） 厚	12 10	0.72 0.60	0.66 0.55	0.60 0.50	0.58 0.48	0.53 0.44	0.48 0.40	0.42 0.35	0.36 0.30	
		长	96 （用于单栱上） 104 （用于令栱上） 116 （用于重栱上）	5.76 6.24 6.96	5.28 5.73 6.38	4.80 5.21 5.81	4.61 5.00 5.56	4.22 4.57 5.11	3.84 4.16 4.64	3.36 3.64 4.06	2.88 3.12 3.48	
生头木	殿阁与厅堂	广（高） 厚	15 10	0.90 0.60	0.83 0.55	0.75 0.50	0.72 0.48	0.66 0.44	0.60 0.40	0.53 0.35	0.45 0.30	长随梢间
衬方头	殿阁与厅堂	广（高） 厚	15 10	0.90 0.60	0.83 0.55	0.75 0.50	0.72 0.48	0.66 0.44	0.60 0.40	0.53 0.35	0.45 0.30	
大连檐	殿阁与厅堂	广（高） 厚	15 10	0.90 0.60	0.83 0.55	0.75 0.50	0.72 0.48	0.66 0.44	0.60 0.40	0.53 0.35	0.45 0.30	交斜解造
小连檐	殿阁与厅堂	广（高） 厚	8 ~ 9 6	0.48 ~ 0.54 0.36	0.44 ~ 0.50 0.33	0.40 ~ 0.45 0.30	0.38 ~ 0.43 0.29	0.34 ~ 0.40 0.26	0.32 ~ 0.36 0.24	0.28 ~ 0.32 0.21	0.24 ~ 0.27 0.18	交斜解造
槫	殿阁厅堂余屋	径 径 径	21 ~ 30 18 ~ 21 17	1.26 ~ 1.80 1.08 ~ 1.26 1.02	1.16 ~ 1.65 0.99 ~ 1.16 0.94	1.05 ~ 1.50 0.90 ~ 1.05 0.85	1.01 ~ 1.44 0.86 ~ 1.01 0.82	0.92 ~ 1.32 0.79 ~ 0.92 0.75	0.84 ~ 1.20 0.72 ~ 0.84 0.68	0.74 ~ 1.05 0.63 ~ 0.74 0.59	0.63 ~ 0.90 0.54 ~ 0.63 0.51	长随间广

（十一）大木作构件权衡尺寸表之三

表11

项目		尺寸	材分°（分°）	实际尺寸（宋营造尺）								附注
叉手	殿阁	广厚	21 7	1.26 0.42	1.16 0.39	1.05 0.35	1.01 0.34	0.92 0.31	0.84 0.28	0.74 0.25	0.63 0.21	
	余屋	广厚	15~18 5~6	0.9~1.08 0.30~0.36	0.82~0.99 0.28~0.33	0.75~0.90 0.25~0.30	0.72~0.86 0.24~0.29	0.66~0.75 0.22~0.26	0.60~0.72 0.20~0.24	0.53~0.63 0.18~0.21	0.45~0.54 0.15~0.18	
托脚		广（高）厚	15 5	0.90 0.30	0.82 0.28	0.75 0.25	0.72 0.24	0.66 0.22	0.60 0.20	0.53 0.18	0.45 0.15	
蜀柱	殿阁余屋	径径	22.5 量栿厚加减	1.35	1.24	1.12	1.08	0.99	0.90	0.79	0.68	长随举势高下
柱	殿阁厅堂余屋	径径径	42~45 36 21~30	2.52~2.70 2.16 1.26~1.80	2.32~2.48 1.98 1.16~1.65	2.10~2.25 1.80 1.05~1.50	2.02~2.16 1.73 1.01~1.44	1.84~1.98 1.58 0.92~1.32	1.68~1.80 1.44 0.84~1.20	1.48~1.58 1.26 0.74~1.05	1.26~1.35 1.08 0.63~0.90